污染减排与清洁生产

WURAN JIANPAI YU QINGJIE SHENGCHAN

程言君　宋　云　孙晓峰 ◎主编

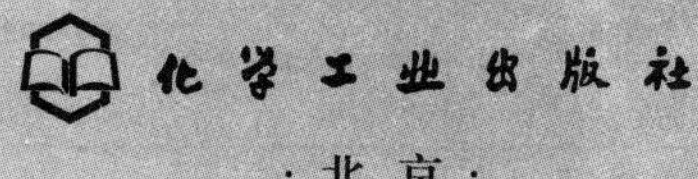

·北京·

图书在版编目（CIP）数据

污染减排与清洁生产/程言君，宋云，孙晓峰主编. —北京：化学工业出版社，2012.12
ISBN 978-7-122-15517-7

Ⅰ.①污… Ⅱ.①程…②宋…③孙… Ⅲ.①污染物-总排污量控制-研究-中国②无污染工艺-研究-中国 Ⅳ.①X506②X383

中国版本图书馆 CIP 数据核字（2012）第 237689 号

责任编辑：刘兴春　　装帧设计：韩　飞
责任校对：陶燕华

出版发行：化学工业出版社（北京市东城区青年湖南街 13 号　邮政编码 100011）
印　　刷：北京永鑫印刷有限责任公司
装　　订：三河市万龙印装有限公司
787mm×1092mm　1/16　印张 35　字数 924 千字　2013 年 2 月北京第 1 版第 1 次印刷

购书咨询：010-64518888（传真：010-64519686）　售后服务：010-64518899
网　　址：http://www.cip.com.cn
凡购买本书，如有缺损质量问题，本社销售中心负责调换。

定　　价：180.00 元

《污染减排与清洁生产》编委会

主　　编：程言君　宋　云　孙晓峰

编　　委：（按姓氏笔画排序）

刁晓华　王　璐　吕竹明　刘　丹

孙晓峰　孙　慧　李　兵　李晓鹏

李培中　李　键　宋　云　沈振寰

张忠国　张　琳　钱　堃　郭逸飞

蒋　彬　程言君　简玉平　薛鹏丽

序

污染减排是调整产业结构、转变发展模式、改善民生的重要手段；是改善环境质量、解决区域性环境问题的重要举措。“十一五”期间，国家以主要污染物排放总量显著减少作为经济社会发展的约束性指标，着力解决突出环境问题，在认识、政策、体制和能力等方面取得重要进展。

当然，我国环境保护工作任重道远。“十二五”期间我国工业化和城市化仍将处于加快发展阶段，资源、能源与环境矛盾将更加集中。为实现2020年全面建设小康社会、主要污染物排放量得到有效控制、生态环境质量明显改善的战略目标，应抓住“十二五”这一经济社会发展的转型期和解决重大环境问题的战略机遇期，继续强化污染减排，促进经济发展模式转变，推动经济与环境协调发展。

众所周知，清洁生产是污染防治的最佳模式，是转变经济增长方式的重要措施，是实现社会可持续发展的必由之路。《节能减排“十二五”规划》、《国家环境保护“十二五”规划》等提出将清洁生产作为推进污染减排、降低能源消耗的重要举措。因此，我国实施污染减排，不仅要着眼于脱硫、脱硝等治污工程的建设，还应大力推行清洁生产，两者协调一致，可以加快我国环境友好型社会的建设步伐，实现经济又好又快的发展。

十余年来，中国轻工业清洁生产中心致力于环境保护标准、污染防治规划研究和清洁生产技术服务等工作。在国家“十二五”环保规划的指导下，结合实践工作，组织编写了《污染减排与清洁生产》一书。该书以论文集的形式，结合工业、农业、服务业的实际特点，从环境保护政策法规标准、清洁生产技术、清洁生产审核等方面较为深入、系统地分析了重点领域清洁生产的主要进展、经验和具体措施，并针对存在的问题提出了相应的解决方案。该书对政府部门、科研机构、大专院校和企事业单位制定环境保护政策法规标准、推进清洁生产技术改造、实施污染减排等工作都有一定的参考价值。

谨以此序表达对本书出版的贺意。愿本书的出版为我国环境保护事业的发展做出应有的贡献！

中国工程院院士 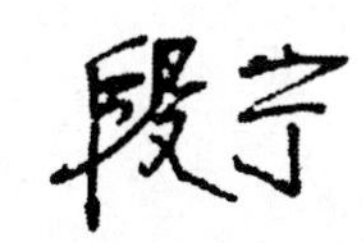

2012年9月于北京

FOREWORD

随着人类经济社会的快速发展，环境污染、生态破坏和资源枯竭等问题日显突出。环境、资源和能源已经成为制约经济社会发展的重要“瓶颈”。作为发展中国家，我国在满足人们日益增长的物质文化需求的同时，必须避免重蹈发达国家“先污染，后治理”的覆辙。我们必须在科学发展观和可持续发展的指引下，积极调整经济结构，采用“绿色化”发展模式，促进经济与环境协调发展，建设生态文明。

污染减排是调整经济结构、转变发展方式、改善民生的重要抓手，是改善环境质量、解决区域性环境问题的重要手段。“十一五”期间，我国通过实施减排措施，使环境恶化趋势得到一定程度的缓解，但总体环境形势依然严峻。“十二五”期间我国仍然处于工业化中后期，工业化和城市化仍将处于加快发展阶段，资源、能源与环境矛盾将更加集中。为实现2020年全面建设小康社会、主要污染物排放量得到有效控制、生态环境质量明显改善的战略目标，应抓住“十二五”这一经济社会发展的转型期和解决重大环境问题的战略机遇期，继续强化污染减排，加大落后产能淘汰力度，促进经济发展模式转变，推动经济与环境协调发展。

本书编委会根据多年来开展环境保护政策标准研究、清洁生产技术开发和清洁生产审核的经验心得，结合大量案例，力求深入系统地分析环境保护政策标准、清洁生产技术应用对污染减排的促进作用。希望《污染减排与清洁生产》的出版对有关政府、研究部门研究制定环境政策、推行清洁生产具有较好的借鉴意义，对咨询机构、企事业单位开展清洁生产审核起到技术指导作用。

因编者水平有限，书中如有不当之处，敬请广大读者批评指正。

编者

2012年8月于北京

污染减排与清洁生产
WURAN JIANPAI YU QINGJIE SHENGCHAN

CONTENTS

目录

第二篇　环境保护标准 ······ 165

第三篇　清洁生产技术 ······ 267

第四篇　清洁生产案例 ······ 317

绪 论

环境问题从19世纪工业革命开始产生，到20世纪60年代在西方国家积累成严重问题，由美国的雷切尔·卡逊所写的《寂静的春天》一书引起了全世界对环境问题的广泛关注。半个世纪以来，世界各国都在努力解决环境问题，力图实现资源与环境的可持续发展。但是，人类面临的环境问题依然严重，温室效应、臭氧层被破坏、酸雨、白色污染、森林减少，土地荒漠化、物种减少，生态破坏等愈演愈烈，人类与环境的关系依然紧张。

我国在1949年之前由于工业发展一直都很缓慢，环境污染并不严重，新中国成立以后，随着我国工业的快速发展，环境污染问题日益显现出来，尤其是20世纪80年代以来，我国以经济建设为中心，注重GDP的增长，虽然中央一再强调环境保护，但各地重视程度不一，随之而来的环境污染、生态破坏问题，包括在西方发达国家曾经发生过的一系列问题相继出现。

目前，我国环境污染主要包括：一是水体污染，我国的水体污染主要是由工业废水、农药、生活污水，以及各种固、气体等废物排放所造成的，工业污水排放指数比国际先进水平高出几倍到几十倍，城市生活污水排放量日益上升；在全国700多条重要河流中，有近50%的河段、90%以上的城市沿河水域污染严重；全国以地下水为主的城市，地下水几乎全部受到不同程度的污染，北方许多城市由于超采严重，使地下水的硬度、硝酸盐、氯化物的含量逐年上升一致超标。二是大气污染，由于城市工业集中，人口密度大，大气污染十分严重，主要的污染源是工业和家庭燃煤污染，属于煤烟型污染。烟尘、二氧化碳和二氧化硫是我国城市大气污染的主要污染物。据统计，人为排放的烟尘、粉尘、二氧化碳和二氧化硫日益增加，加上我国对燃烧产生的二氧化硫没有采取有效的控制措施，导致酸雨面积在逐步扩大，酸雨频率逐步提高；随着城市化进程的不断加快，城市中机动车辆日趋增多，汽车尾气污染也开始成为城市大气污染的主要污染源之一。三是固体废物污染，城市生活垃圾堆放及简易处理占78.95%。2008年，我国工业固废产生量达1.9亿吨，工业固废综合利用率为64.33%，整体利用水平不高。大量固废排放不但占用土地、污染环境，还是对资源的一种浪费。

面对严峻的环境形势，党中央、国务院高度重视，将改善环境质量作为落实科学发展观、构建社会主义和谐社会的重要内容，在《国民经济和社会发展第十一个五年规划纲要》中，提出了“十一五”期间全国主要污染物排放总量减少10%的约束性指标，接着在《节能减排综合性工作方案》中进一步明确“‘十一五’期间，主要污染物排放总量减少10%，到2010年，二氧化硫排放量由2005年的2549万吨减少到2295万吨，化学需氧量（COD）由1414万吨减少到1273万吨；全国设市城市污水处理率不低于70%，工业固体废物综合利用率达到60%以上。”

“十一五”期间，我国通过加大环保工程投入力度、积极推进产业结构调整和加强环境管理等措施，取得了明显的污染减排效果，2010年COD排放量比2005年减少了14.29%，二氧化硫排放量比2005年减少了12.45%，超额完成了“十一五”污染减排任务。

在此基础上《国民经济和社会发展第十二个五年规划纲要》进一步提出了“十二五”减排目标：“主要污染物排放总量显著减少，化学需氧量、二氧化硫排放分别减少8%，氨氮、氮氧化物排放分别减少10%。”与“十一五”比较，“十二五”主要污染物减排指标新增氮氧化物和氨氮两项，减排领域新增烟气脱硝、农业源减排和机动车尾气控制三个方面，加上“十二五”期间经济增长带来的新增排放量压力和现有减排空间限制，都决定了“十二五”减排面临的形势更为严峻、减排任务更加艰巨、减排目标的实现需要付出更大努力。面对严峻的污染减排任务，我们有必要对我国的环境保护工作，尤其是对“十一五”以来的环境保护工作进行总结和回顾，从而更好地指导我们完成“十二五”

的减排任务。

本书主要包括四篇内容，第一篇为环境保护政策，第二篇为环境保护标准，第三篇为清洁生产技术，第四篇为清洁生产案例。

1. 环境保护政策

1.1 我国环境保护政策的起步

我国的环境保护政策产生于20世纪70年代，1972年6月5～16日，联合国在斯德哥尔摩召开了人类环境会议，根据周总理指示，中国派代表团参加了会议，了解了世界环境状况，认识到中国环境问题的严重性。在1973年8月5～20日，在北京召开了第一次全国环境保护会议，由此，中国的环境保护工作，开始列入国家议事日程，同时在这次会议上通过了中国第一个全国性环境保护文件《关于保护和改善环境的若干规定（试行)》，提出了一个避免“先污染，后治理”的原则，要求新建、改建和扩建项目，防治污染的措施必须同主体工程同时设计、同时施工、同时投产，即“三同时”原则。之后又相继推行“环境影响评价制度”和“排污收费制度”，这些制度的建立和推行在防治新污染和治理老污染方面起到很大的推动作用。

1979年9月通过《中华人民共和国环境保护法》（试行)，并予以颁布。它是中国环境保护的基本法，为制定环境保护方面的其他法规提供了依据。确定了环境保护的基本方针和“谁污染谁治理”政策。

1.2 我国环境保护政策的形成

1983年12月31日至1984年1月7日，国务院在北京召开了第二次全国环境保护会议。这次会议是中国环境保护工作的一个转折点，在这次会议上确定环境保护是中国现代化建设中的一项战略任务，是一项基本国策。会议还提出了“预防为主、防治结合、综合治理”、“谁污染谁治理”、“强化环境管理”三大环境政策。1984年5月，我国又颁布了《中华人民共和国水污染防治法》。

1985年10月在洛阳召开了“全国城市环境保护工作会议”，这次会议明确了城市环境综合整治工作内容和做法，这些政策有力地推动了我国城市环境保护工作的开展。

1987年9月5日，第六届全国人民代表大会第22次会议审议通过了《中华人民共和国大气污染防治法》，该法对工业、民用、运输、建筑等产生烟尘的部门做出了规定。

1989年4月底至5月初在北京召开了第三次全国环境保护会议，这次会议总结确定了8项有中国特色的环境管理制度：“三同时”制度、环境影响评价制度、排污收费制度、环境目标责任制、城市环境综合整治定量考核制度、排污许可证制度、污染集中控制制度和限期治理制度。这些管理制度把不同的管理目标、不同的控制层面和不同的操作方式组成为一个比较完整的体系，基本上把主要的环境问题置于这个管理体系的覆盖之下，努力建立一个充满活力而又灵活有效的环境管理机制。

1989年12月，我国正式颁布《中华人民共和国环境保护法》，这个基本法的颁布实施是把环境保护作为基本国策的重要体现。

1.3 环境保护政策的发展

1992年6月，在里约热内卢召开了联合国环境与发展大会，标志着世界环境保护工作迈上了新的征程：探求环境与人类社会发展的协调方法，实现人类与环境的可持续发展。联合国号召各国走可持续发展道路。至此，环境保护工作从单纯的治理污染扩展到人类发展、社会进步这个更广阔的范围，即可持续发展成为世界环境保护工作的主题。1994 年，中国在国家计委、国家科委、国家经贸委、国家环保局主持下，组织 52 个部门、机构和社会团体，在联合国开发署的（UNDP）支持和帮助下，又制定了具有重要意义的《中国 21 世纪议程——中国 21 世纪人口、环境与发展白皮书》，表述了中国可持续发展战略的核心是发展，发展经济，摆脱贫困与落后是中国政府和人民首要目标和任务，这里所说的发展力求结合中国国情、有计划、有重点、分阶段摆脱传统发展模式，逐步由资源型经济发展过渡到技术性经济发展。

1993 年，在第二次全国工业污染防治会议上，国家提出了环境管理“三个转变”，即从“末端治理”向全过程控制转变，从单纯浓度控制向浓度与总量控制相结合转变，从分散治理向分散与集中治理相结合转变，体现了我国环境管理方式方法的转变。

1996 年 7 月在北京召开了第四次全国环境保护会议。会议进一步明确了控制人口和保护环境是中国必须长期坚持的两项基本国策。第四次全国环保会议后，国务院发布了《国务院关于环境保护若干问题的决定》：到 2000 年，全国所有工业污染物要达到地方规定的标准；各地区内主要污染物排放总量控制在国家规定的排放总量指标内；实行“一控双达标”，污染防治的重点是控制工业污染；要重点保护好饮用水源、防治大气污染。

1999 年至 2000 年，国务院发布大量有关生态保护的规范性文件，如《全国生态建设规划》、《国家生态安全大纲》、《全国保护野生动植物及其生境规划》、《关于加强自然保护区管理的通知》、《关于保护森林、禁止开垦湿地和占用林地的通知》和《全国生态环境保护纲要》等。

2001 年，国家环保总局发布《淮河和太湖流域排放重点水污染物许可证管理办法（试行)》，在流域管理和排污许可证管理方面试行规范性管理。

2002 年 1 月，我国召开了第五次全国环境保护会议，提出环境保护是政府的一项重要职能，要按照社会主义市场经济的要求，动员全社会的力量做好这项工作。会后，研究出台了一系列运用经济手段管理环境的新规定，如 2002 年 1 月 30 日，国务院发布了第 369 号令《排污费征收使用管理条例》。之后，国家计委、财政部、国家环境保护总局、国家经贸委等部门陆续联合出台了《排污费征收标准管理办法》、《排污费资金收缴使用管理办法》、《关于环保部门实行两条线管理后经费安排的实施办法》等规范性文件，对我国的排污收费制度进行了全方位的改革。

1.4 “十一五”期间环保政策的大发展

“十一五”规划将环保目标提升至前所未有的高度，通过环保实现民生目标，环境保护已由单纯的国策变成一项长期的战略任务和全面建设小康社会的奋斗目标。

2006 年 4 月，我国召开了第六次全国环境保护大会，温家宝总理出席会议并发表了重要讲话，提出了实行三个历史性转变“从重经济增长轻环境保护转变为保护环境与经济增长并重、从环境保护滞后于经济发展转变为环境保护和经济发展同步、从主要用行政办法保护环境转变为综合运用法律、经济、技术和必要的行政办法解决环境问题”。此次会议，以三个“转变”为标志，将环境保护与经济发展的关系做了重大调整，从战略定位上进一步强化了环境保护的国策地位，具有里程碑意义。

“十一五”期间，环保法规不断完善。《水污染防治法》修订颁布，《大气污染防治法》

正在修订，《循环经济法》制定实施，《规划环境影响评价条例》、《废弃电器电子产品回收处理管理条例》等7项环境保护行政法规相继出台，《节能减排综合性工作方案》、《应对气候变化国家方案》等法规性文件先后发布。

重点流域区域污染防治力度不断加大。2008年初，胡锦涛总书记从生态文明建设的战略高度，提出让江河湖泊休养生息，成为我国水环境综合治理的指导思想。我们认真贯彻落实，不断创新政策举措。国务院办公厅转发《重点流域水污染防治专项规划实施情况考核暂行办法》，重点流域省界断面水质考核制度全面建立，成为重点流域水污染防治的关键抓手。

建立了区域污染联防联控新机制。2010年5月，国务院办公厅转发《关于推进大气污染联防联控工作改善区域空气质量指导意见》，组织开展上海世博会两省一市、广州亚运会四省一区、环北京护城河三省两市一区等区域性环境执法督查，着力构建“统一规划、统一监测、统一监管、统一评估、统一协调”的区域空气联防联控机制。

饮水安全保障工作扎实推进。2010年，环境保护部会同国家发展改革委、住房和城乡建设部、水利部与卫生部5部门联合印发了《全国城市饮用水水源地环境保护规划（2008～2020年）》，提出到2015年，水质达标的饮用水水源地比例不低于90%，到2020年达到并稳定在95%以上。

重金属污染防治取得新进展。继2008年妥善处置多起密集发生的重金属、类金属污染事件后，环境保护部联合国务院八部门开展重金属污染企业专项检查，有力遏制了重金属污染事件高发态势，并编制完成《重金属污染综合防治规划（2010～2015年）》，中央财政增设重金属污染防治专项，2010年首次下达资金15亿元，支持重点防控区综合防治、新技术示范和推广。

环境执法监督力度不断加大。2006年以来，针对重金属污染、造纸企业、污水处理厂和垃圾填埋场等重点问题开展专项检查，并先后编制和发布了《电解金属锰企业环境监察指南》、《制浆造纸行业现场环境监察指南》、《焦化行业现场环境监察指南》、《铅酸蓄电池行业现场环境监察指南》、《味精行业现场环境监察指南》。

环境应急处置体制机制日益完善。2006年，环境保护部发布了《国家突发环境事件应急预案》，加强对环境事件危险源的监测、监控并实施监督管理，建立环境事件风险防范体系，积极预防、及时控制、消除隐患，提高环境事件防范和处理能力，尽可能地避免或减少突发环境事件的发生，消除或减轻环境事件造成的中长期影响，最大限度地保障公众健康，保护人民群众生命财产安全。

环境经济政策的作用日益显现。由环境保护部提出的“双高”（高污染、高环境风险）产品名录成为出口退税、加工贸易、安全监管等政策制定与调整的重要依据；燃煤电厂脱硫实行每千瓦时电1.5分钱的加价政策，推动燃煤电厂脱硫装机容量快速提升，增加了10倍以上；绿色产品政府采购比例不断加大，排污权交易、生态补偿试点走向深入。

上市环保核查日益严格。环境保护部先后发布了《关于对申请上市的企业和申请再融资的上市企业进行环境保护核查的通知》、《关于进一步规范重污染行业生产经营公司申请上市或再融资环境保护核查工作的通知》、《首次申请上市或再融资的上市公司环境保护核查工作指南》、《关于加强上市公司环境保护监督管理工作的指导意见》、《上市公司环保核查行业分类管理目录》、《关于进一步严格上市环保核查管理制度加强上市公司环保核查后督察工作的通知》和《关于进一步规范监督管理 严格开展上市公司环保核查工作的通知》等文件，加强了对上市或再融资企业的环境保护核查。目前，上市环保核查已经成为了我国污染综合防治的重要手段。

2. 环境保护标准

2.1 我国排放标准的发展

环境标准是国家环境保护法规的重要组成部分，是数字化的环境法规，是一个国家或地区环境政策的综合体现，是执行环境法规政策的主要依据，具有行政法律效力。它是推动环境科技进步的动力和搞好科学环境管理的重要技术基础，是制订环境规划和改善环境质量的重要手段，是强化环境管理的核心，是环境评价的准绳。

我国的环境保护标准工作与国家环境保护事业同时起步。1973 年，第一个国家环境保护标准《工业“三废”排放试行标准》发布。这个集“废水、废气和废渣”于一体的综合型排放标准满足了当时工业发展情况下的环境保护和污染排放控制的需要。接着在 1982 年到 1985 年期间，我国又陆续发布了一些行业排放标准，包括：《合成洗涤剂工业污染物排放标准》(GB 3548—1983)、《火炸药工业硫酸浓缩污染物排放标准》(GB 4276—1984)、《硫酸工业污染物排放标准》(GB 4282—1984)、《船舶工业污染物排放标准》(GB 4286—1984)、《钢铁工业污染物排放标准》(GB 4911—1985)、《轻金属工业污染物排放标准》(GB 4912—1985)、《重有色金属工业污染物排放标准》(GB 4913—1985)、《沥青工业污染物排放标准》(GB 4916—1985) 和《普钙工业污染物排放标准》(GB 4917—1985)。

1988 年和 1996 年我国分别发布了《污水综合排放标准》(GB 8978—1988) 和《大气污染物综合排放标准》(GB 16297—1996) 两项综合性排放标准。到 2008 年以前，我国除了造纸、钢铁、合成氨、纺织染整、兵器工业、磷肥等 20 多个行业有相应的行业污染物排放标准，大部分行业环境管理的依据是现行的《污水综合排放标准》(GB 8978—1996) 和《大气污染物综合排放标准》(GB 16297—1996)。随着环境管理要求的提高、执法力度的加强，特别是随着经济的快速发展，各行业新产品、新工艺不断涌现，污染因子不断增加，两个综合排放标准已不能全面体现行业特点，其环境管理要求反映不了真正的技术水平；而且由于包含行业太多，细化内容不够，不能充分体现标准在技术措施、评判、管理监督、实施等方面的要求，标准可操作性不强。

为此，“十一五”以来我国加大了行业排放标准的制定和修订工作，根据《“十一五”国家环境保护标准规划》，我国将加大制定行业型污染物排放标准工作的力度，增加行业型排放标准覆盖面，逐步缩小综合型（通用型）污染物排放标准适用范围。对实施时间较长的排放标准进行全面复审和修订，不断调整和完善国家排放标准体系。目前，已列入标准制修订计划的国家水污染物排放标准约有 100 项，逐步形成以重点行业水污染物排放标准和《污水综合排放标准》互为补充的国家水污染物排放标准体系。

2008 年，国家环保部、国家质监总局先后出台了 7 个行业共计 12 个污染物排放标准，其中有 2 个行业的水气综合排放标准、5 个行业水污染物排放标准。新发布的标准与 2008 年以前发布的污染物排放标准有明显的区别。

2008 年以前发布的标准具有以下特点。

① 按照环境功能区分别对待，不同的功能区执行不同的标准。功能区要求越高，标准越严格。

② 分时段规定不同的标准，但没有现有污染源达到新标准的过渡期要求。

③ 主要以限值（尤其是浓度限值）的控制为主。

与功能区挂钩的排放标准分级控制，容易强化管理上的主观性，造成“低功能弱保护”的局面；按照建厂时间划分时段则客观上保护了“落后”，而控制浓度就难以避免稀释达标排放行为。与2008年以前发布的标准相比，2008年以后发布的排放标准具有以下特点。

(1) 明确了仅适用于法律允许的污染物排放行为。对法律禁止的排放行为，排放标准中不规定排放控制要求，并阐明新设立污染源的选址和特殊保护区域内现有污染源的管理，按照现行法律、法规、规章的相关规定执行。

(2) 污染物排放限值不与环境功能区挂钩。排放限值是以可行技术为主要依据，综合考虑经济成本、环境效益等因素确定。避免了低功能区由于污染物排放限值宽松引起的水环境质量下降，同时也体现了标准对同一行业企业的公平和公正性。

(3) 现有企业的标准实施划分为两个时间段。在第一时间段，考虑到现有企业的实际情况以及与老标准的衔接，给予相对于新建企业较为宽松的排放限值。在一定时间的过渡期后，要求现有企业达到第二时间段限值要求，即新建企业限值。通过这一要求，体现新老企业的公平原则，并达到促进现有企业生产工艺和污染治理技术进步，推动产业升级和结构调整的目的。

(4) 设置了水污染物特别排放限值。为促进区域经济与环境协调发展，推动经济结构的调整和经济增长方式的转变，针对太湖流域等重点区域水污染防治的实际需求，新标准增加水污染物特别排放限值的规定。特别排放限值在国土开发密度较高，环境承载能力开始减弱，或环境容量较小、生态环境脆弱，容易发生严重环境污染问题而需要采取特别保护措施的地区执行，而具体执行的地域范围、时间，由国务院环境保护行政主管部门或省级人民政府规定。

(5) 重新规定排水量的定义，并设定基准排水量限值。新标准规定的排水量指生产设施或企业向企业法定边界以外排放的废水的量，包括与生产有直接或间接关系的各种外排废水(如厂区生活污水、冷却废水、厂区锅炉和电站废水等)，而以往标准中的排水量不包括与生产有间接关系的废水量。另外，为防止稀释排放，新标准均规定了基准排水量限值。根据不同行业的实际情况，基准排水量有不同的表现形式，可以用单位产品、单位班次、单位数量等计算。

(6) 明确达标排放的判定依据，并细化标准实施与监督的规定。新标准中水污染物排放浓度限值适用于实际排水量不高于基准排水量的情况。如果实际排水量超过基准排水量，必须按给定的公式将实测浓度换算为基准排水量排放浓度，并以水污染物基准排水量排放浓度作为判定排放是否达标的依据。

2.2 我国和美国排放标准的比较

在美国，国家层面的环境标准主要由美国环境保护局(EPA)制定并颁布，其效力等同于联邦法规，并在美国全境统一执行。因此，美国的环境标准具有一般法律的规范效力，境内的污染物排放企业或者个人必须严格按照环境标准所规定的内容从事生产生活。

一直以来，美国污染物排放标准都是我国标准制订时主要参考的对象，但是我国排放标准在制定思路、制定过程和标准框架设计又与美国有很大区别。

从标准限值来看，我国的污染物排放标准遵循以技术为依据的原则。2007年《国家环保总局加强国家污染物排放标准制修订工作的指导意见》提出，“国家级水污染物和大气污染物排放标准的排放控制要求，主要应根据技术经济可行性确定，并与当前和今后一定时期内环境保护的总体要求相适应”，其中对新设立污染源应根据国际先进的污染控制技术设定严格的排放控制要求；对现有污染源应根据较先进技术设定排放控制要求，并规定在一定时期内达到或接近新设立污染源的控制要求。美国的水污染物直排排放标准也是以技术为依据制订，但是制定限值根据不同工业行业的工艺技术、污染物产生量水平、处理技术等因素确定各种污染物排放限值。根据美国《清洁水法》规定，一般采用的技术包括最佳实用技术(BPT)、最佳常规污染物控制技术（BCT）和最佳可行技术（BAT)。对新建企业，则一般会应用经证实了的最佳可行控制技术（BADT）所能达到的最大排放量确定标准，制订新源排放标准（NSPS)。不同技术手段结合标准的控制对象以及控制的不同时间阶段，较为合理地体现美国排污单位的污染治理能力。在实际可达和可操作的前提下，最大限度地实现对水环境污染物的控制目标。

从标准监控频次设计来看，之前我国发布的一系列水污染物排放标准中限值指标设计多为日均浓度指标。在实际工作中由于环境监管能力的不足，这一日均浓度指标往往又被允许作为瞬时采样的评价标准。美国排放标准中污染排放限值指标设计不拘一格，不同的污染物有不同的表达方式。对于水环境污染物，尤其是常规污染因子如COD、BOD、SS等，一般会给出任何1d最大排放限值、7d平均或连续30d不得超过的平均值，且30d平均值标准远小于日最大值。在实际的污水处理过程中，设施运行和自然条件等各方面因素都会导致污染指标的波动。多日平均的指标设计能充分考虑废水处理的过程特性，更为全面有效地对排污单位的治理过程和行为做出法律判断。

我国目前的水环境污染物排放标准体系已基本成熟，但在标准执行的操作性和标准制定的合理性方面和美国的标准体系仍存在着差距。我们需要不断学习美国及欧洲发达国家在标准制定方面的先进经验，同时结合我国的实际情况，不断完善我国的环境标准体系。

2.3 我国清洁生产标准的发展

从2002年开始，清洁生产标准作为我国环境标准体系的重要部分正式启动制定，清洁生产标准是我国环境保护从末端治理向污染全过程控制的产物，随着政府和企业对清洁生产的需求越来越迫切，更加要求我国尽快完善清洁生产标准体系的建立，并把实施清洁生产同实施环境标准的最终目标结合起来，充分发挥标准的引领和支撑作用。

我国的行业清洁生产标准，是根据生产（服务）过程的八个方面，从污染预防思想出发，将清洁生产指标分为六大类，即生产工艺与装备要求（定性)，资源能源利用指标（定量)，产品指标（定量)，污染物产生指标（末端处理前）（定量)，废物回收利用指标（定量)，环境管理要求（定性)。在上述指标的基础上，根据行业特点、行业技术、装备水平、管理水平和行业企业在清洁生产方面的发展趋势，又将每个指标分为三个等级：一级为国际清洁生产先进水平，二级为国内清洁生产先进水平，三级为国内清洁生产基本水平。其中，三级代表目前在国家技术许可的前提下，进行清洁生产的企业应该达到的最基本的水平，二级水平代表目前国内相关行业清洁生产的发展方向，一级水平则代表目前国际上相关行业清洁生产的发展方向。

清洁生产标准是企业进行清洁生产审核的关键依据。根据清洁生产标准中的各级指标，可以判断出生产过程中各项数据的优劣，进而采取科学的分析，找出废物产生和排放的原因，有针对性地制定清洁生产方案并加以实施，达到减排的清洁生产目的。清洁生产标准还可以作为企业清洁生产审核实际效果的评判标准。

到目前为止环境保护部已经发布了56项清洁生产标准。这些清洁生产标准的颁布实施对指导相关行业推行清洁生产，推进行业清洁生产技术革新具有重要的指导意义。

3. 清洁生产实践和清洁生产技术

在节能减排工作的开展过程中，清洁生产技术的开发应用和清洁生产审核工作的开展对于落实节能减排的目标具有重要的作用。

3.1 清洁生产的概念

清洁生产是指不断采取改进设计、使用清洁的能源和原料、采取先进的工艺技术与设备、改善管理、综合利用等措施，从源头削减污染，提高资源利用效率，减少或者避免生产、服务和产品使用过程中污染物的产生和排放，以减轻或者消除对人类健康和环境的危害。

清洁生产是一种全新的环境保护战略，是从单纯依靠末端治理逐步转向过程控制的一种转变。清洁生产从生态-经济两大系统的整体优化出发，借助各种相关理论和技术，在产品的整个生命周期的各个环节采取战略性、综合性、预防性措施，将生产技术、生产过程、经营管理及产品等与物流、能量、信息等要素有机结合起来并优化其运行方式，从而实现最小的环境影响、最少的资源能源使用、最佳的管理模式以及最优化的经济增长水平，最终实现经济的可持续发展。

传统的工业经济不注重资源的合理利用和回收利用，大量、快速消耗资源，并且经常使用有毒有害物料，对人类健康和环境造成危害。清洁生产则相反，它注重将综合预防的环境战略持续地应用到生产过程、产品和服务中，以减少对人类和环境的风险。

具体来说，清洁生产主要包括三个方面的含义：一是指自然资源的合理利用，即要求投入最少的原材料和能源，生产出尽可能多的产品，提供尽可能多的服务，包括最大限度节约能源和原材料、利用可再生能源或清洁能源、利用无毒无害原材料、减少使用稀有原材料、循环利用物料等措施；二是指经济效益最大化，即通过节约能源、降低损耗、提高生产效益和产品质量，达到降低生产成本、提升企业的竞争力的目的；三是指对人类健康和环境的危害最小化，即通过最大限度减少有毒有害物料的使用、采用无废或者少废技术和工艺、减少生产过程中的各种危险因素、废物的回收和循环利用、采用可降解材料生产产品和包装、合理包装以及改善产品功能等措施，实现对人类健康和环境的危害最小化。

清洁生产起源于20世纪60年代美国化工行业的污染预防审计。1989年5月联合国环境署工业与环境规划活动中心（UNEP IE/PAC）根据UNEP理事会会议的决议，制定了《清洁生产计划》，在全球范围内推行清洁生产。1998年10月在韩国汉城第五次国际清洁生产高级研讨会上，出台了《国际清洁生产宣言》，该《宣言》是国际社会及相关各方对清洁生产做出的公开承诺。

3.2 我国的清洁生产实践

我国政府对国际社会倡导的清洁生产战略一直积极响应。1992年，中国积极响应联合国环发大会可持续发展战略和《21世纪议程》倡导的清洁生产号召，将推行清洁生产列入《环境与发展十大对策》，由此正式拉开了中国实施清洁生产的序幕。1992年5月中国国家环保局与联合国环境署工业与环境办公室联合组织了在中国举办的第一次国际清洁生产研讨会，会上中方首次推出“中国清洁生产行动计划（草案）”。

1993年10月在上海召开的第二次全国工业污染防治会议上，国务院、国家经贸委及国家环保总局的领导提出清洁生产的重要意义和作用，明确了清洁生产在我国工业污染防治中的地位。

2002年6月，全国人大常委会第二十八次会议审议通过了《中华人民共和国清洁生产促进法》，并于2003年1月1日起正式施行。《清洁生产促进法》的颁布使清洁生产纳入法制化轨道。为了全面贯彻实施《清洁生产促进法》，国家发展和改革委员会会同国家环境保护总局联合下发了《清洁生产审核暂行办法》。

随着《中华人民共和国清洁生产促进法》的出台，各省（区、市）根据本地区的实际情况，也制定下发了推行清洁生产的配套政策法规和实施办法，如："推行清洁生产实施意见"、"清洁生产审核暂行办法实施细则"、"清洁生产企业验收办法"等。天津、云南、太原等省市还颁布了《清洁生产条例》。据统计，全国共有20个省市颁布了《推行清洁生产的实施意见》，30个省市制定了《清洁生产审核实施细则》，有22个省市制定了《清洁生产企业验收办法》。

同时，各级政府在推行清洁生产方面也加大了资金投入，2004年10月13日，财政部发布了《中央补助地方清洁生产专项资金使用管理办法》，由中央财政预算安排用于支持重点行业中小企业实施清洁生产，重点支持石化、冶金、化工、轻工、纺织、建材等污染相对严重的行业。补助范围包括：①通过采取改进产品设计、采用无毒无害的原材料、使用清洁的或者再生的能源、运用先进的物耗低的生产工艺和设备等措施，从源头削减污染物的清洁生产项目；②通过采取改进生产流程、调整生产布局、改善管理、加强监测等措施，在生产过程中控制污染物产生的清洁生产项目；③对物料、水和能量等资源进行综合利用或循环使用的清洁生产项目；④采用成熟的清洁生产技术和工艺，具有推广示范效应的清洁生产项目；⑤其他具有推广示范效应的清洁生产项目。

2009年10月30日，财政部与工业和信息化部又联合发布了《中央财政清洁生产专项资金管理暂行办法》，中央财政预算安排的，专项用于补助和事后奖励清洁生产技术示范项目，具体内容如下。①应用示范项目，指新技术推广前的产业化应用示范项目。重点支持对行业整体清洁生产水平影响较大、具有推广应用前景的共性、关键技术应用示范。示范技术应基本成熟，具备应用条件；②推广示范项目，指应用成熟的先进、适用清洁生产技术实施的重大技术改造项目。重点支持能够显著提升企业清洁生产水平的中高费技术改造项目。专项资金安排采取补助或事后奖励方式。对应用示范项目，按照不超过项目总投资的20%给予资金补助；对推广示范项目，按照不超过项目实际投资额的15%给予资金奖励。

2007年5月，北京市财政局、市发改委、市工业促进局和市环保局联合制定了《北京市支持清洁生产资金使用办法》，在整合中小企业专项资金、固定资产投资资金和排污收费资金的基础上，统筹建立了清洁生产专项资金支持渠道。具体支持内容包括：①企业自愿组织实施清洁生产审核所产生的清洁生产审核费用；②通过审核提出的需要较高的投资和较长的时间才能完成的清洁生产中、高费项目。

3.3 清洁生产技术

清洁生产技术的研发和推广是推进清洁生产的最有效手段。我国政府一直以来都非常重视清洁生产技术的研发和推广应用，自2000年以来，多次发布清洁生产技术导向目录，用于指导行业的清洁生产技术进步。

2000年2月15日，国家经济贸易委员会发布了《国家重点行业清洁生产技术导向目录》(第一批)，涉及冶金、石化、化工、轻工和纺织5个重点行业，共57项清洁生产技术；2002年3月27日，国家经济贸易委员会会同国家环境保护总局发布了《国家重点行业清洁生产技术导向目录》（第二批），涉及冶金、机械、有色金属、石油和建材5个重点行业，共56项清洁生产技术；2006年11月27日，国家发展改革委会同原国家环境保护总局发布了《国家重点行业清洁生产技术导向目录》（第三批），涉及钢铁、有色金属、电力、煤炭、化工、建材、纺织等行业，共28项清洁生产技术。这些技术经过生产实践证明，具有明显的环境效益、经济效益和社会效益，可以在本行业或同类性质生产装置上推广应用。

2010年3月14日，工业和信息化部发布了聚氯乙烯、发酵、啤酒、酒精、纯碱、氮肥、电解锰、钢铁、磷肥、硫酸、农药、染料、热处理、肉类加工、烧碱、印制电路、纺织染整等17个重点行业清洁生产技术推行方案；2011年3月，工业和信息化部发布了铜冶炼、铅锌冶炼、造纸行业、皮革行业、制糖5个行业清洁生产技术推行方案；2011年3月，工业和信息化部发布了铬盐、钛白粉、涂料、黄磷、碳酸钡5个行业清洁生产技术推行方案。这些行业的清洁生产技术推行方案明确了行业的总体发展目标，同时列出了每一个行业的应用示范技术和推广技术，要求企业作为应用清洁生产技术的主体，要把应用先进适用的技术实施清洁生产技术改造，作为提升企业技术水平和核心竞争力，从源头预防和减少污染物产生，实现清洁发展的根本途径。

参考文献

[1] 关伯仁等．环境科学基础教程［M］．北京：中国环境科学出版社，1997.
[2] 郭祥．谈污染减排存在的问题及措施［J］．大观周刊，2012，(17)：112.
[3] 苏杨，林家彬，周宏春．“十一五”期间环境保护和生态建设的思路、目标及对策［J］．中国人口·资源与环境，2005，15 (3)：104-108.
[4] 张桂习．我国环境问题的现状及其法律思考［J］．管理学家，2009，(11)：29.
[5] 乌恩图，温玫，丁学平等．我国面临的主要环境问题及其防治对策的探讨［J］．内蒙古林业调查设计，2006，29 (2)：9-10.
[6] 张传秀，宋晓铭．我国环境标准工作中存在的不足与对策探讨［J］．化工环保，2004，(24)：453-455.
[7] 司蔚．我国水污染物排放标准评析［J］．环境监测管理与技术，2010，22 (4)：7-9.
[8] 李丽．新颁行业排放标准解读［J］．环境监控与预警，2010，2 (1)：51-53.
[9] 沈鹏，毛玉如，李艳萍等．中国清洁生产标准进展研究［J］．环境与可持续发展，2008，(3)：19-21.
[10] 沈鹏，李艳萍，毛玉如等．中国清洁生产标准方法学研究［J］．环境与可持续发展，2008，(4)：12-14.
[11] 裴蓓．中美水环境污染物排放标准比较［J］．净水技术，2011，30 (4)：1-3.

第一篇

环境保护政策

中国造纸行业二噁英污染防控机制研究[1]

宋云，孙晓峰，郭逸飞，张琳，李晓鹏，李键
（中国轻工业清洁生产中心，北京，100012）

摘要：中国是造纸大国，氯漂技术应用广泛，是产生二噁英类污染物的重要来源。根据中国履行 POPs 公约《国家实施计划》（NIP）要求，造纸行业是履约重点行业。本文从环境法规标准、科研能力、技术推广应用、环境监管、环保自律等方面回顾中国造纸行业二噁英污染防控机制发展历程和趋势，在此基础上，提出完善造纸行业二噁英污染防控机制相关建议。

关键词：造纸；二噁英；污染防控

Research on Dioxin Pollution Prevention & Control Mechanism for Chinese Pulp & Paper Industry

Song Yun, Sun Xiaofeng, Guo Yifei, Zhang Lin, Li Xiaopeng, Li Jian
(China Cleaner Production Center of Light Industry, Beijing, 100012)

Abstract: China is a large producer of paper products. Chlorine bleaching is widely used in Chinese paper industry, becoming an important source of dioxin emission. According to China's National Implementation Plan (NIP) on Stockholm Convention, paper industry is a key sector for complying with the Convention. This paper reviews the development process and trends of dioxin pollution prevention & control mechanism via environmental policies (including regulations and standards), R&D capacity building, technical promotion and application, environmental inspection, and environmental protection self-discipline of enterprises. Based on these studies, some recommendations will be proposed to integrate the dioxin pollution prevention & control mechanism for China's pulp & paper industry.

Key words: papermaking; dioxin; pollution prevention & control

1 前言

2010 年中国纸浆消费总量 8461 万吨，纸及纸板产量 9270 万吨，预计在“十二五”期间，中国造纸行业仍呈快速发展趋势。近年来，随着产业结构调整、清洁生产等减排措施的实施，造纸行业 COD 等主要污染物排放逐年削减，但其排放总量仍居工业之首。2009 年造纸行业 COD 排放量 109.7 万吨，占工业排放总量（379.2 万吨）的 28.93%。中国造纸行业现有制浆技术有氯漂白技术应用广泛，该工艺是制浆造纸行业

[1] “中国非木浆造纸行业二噁英减排项目”之能力评估子项目。

二噁英的主要来源。

《关于持久性有机污染物的斯德哥尔摩公约》(以下简称 POPs 公约) 于 2004 年 11 月 11 日对中国正式生效。根据中国履行 POPs 公约《国家实施计划》(NIP) 要求，到 2008 年基本建立包括造纸行业在内的 UPOPs 重点行业有效实施最佳可行技术 (BAT) /最佳环境实践 (BEP) 的管理体系，实现对重点行业的新源应用 BAT 和促进 BEP。

本文从环境法规标准、科研能力、技术推广应用、环境监管、环保自律等方面回顾中国造纸行业二噁英污染防控机制发展历程和趋势，并提出相关建议，希望能够给造纸行业二噁英污染防控机制的完善提供借鉴。

2 环境保护政策法规标准促进技术进步， 实现污染减排

由于造纸行业的特殊地位 (废水及 COD 排放长期居工业首位)，自 20 世纪 90 年代以来，我国出台了一系列与造纸行业相关的产业政策、环境保护政策法规、通知公告、环境保护标准以及技术规范，从产业结构调整、生产全过程控制、末端治理、环境监管等方面加强对造纸行业的环境管理；环境保护的理念也从传统的末端治理实现了向全过程控制的转变。通过结构减排、工程减排以及监管减排等措施，造纸行业整体技术水平显著提升，主要污染物减排效果明显。

2.1 产业及环境保护政策优化产业结构

《造纸行业十五规划》、《全国林纸一体化工程建设‘十五’及 2010 年专项规划》、《产业结构调整指导目录》、《造纸产业发展政策》、《国家发展改革委、环保总局关于做好淘汰落后造纸、酒精、味精、柠檬酸生产能力工作的通知》等政策和通知的实施，加快了造纸行业产业结构调整的速度。从近年来纸浆消费情况看 (见图 1)，纸浆消费总量增长很快，2010 年比 2005 年增长 62%，而非木浆仅增长 2%；2008 年中国非木浆产量首次出现下降，2008 年非木浆产量为 1297 万吨，比 2007 年的 1302 万吨减少了 5 万吨。可以看出非木浆产量增长基本被遏制。

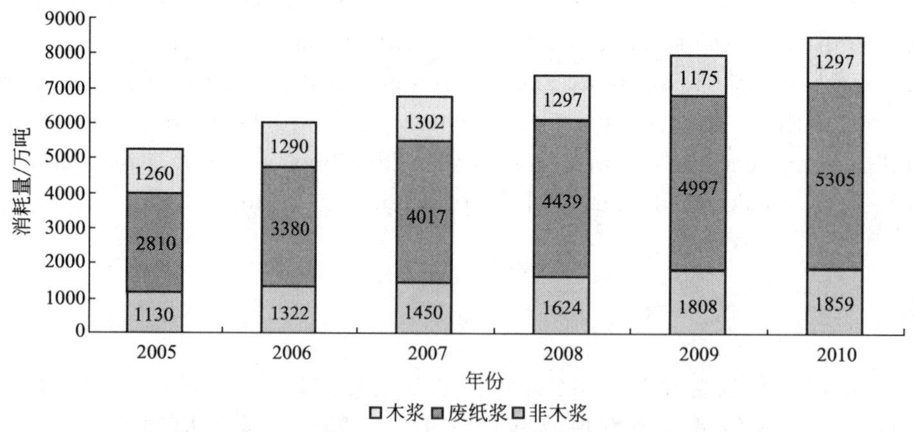

图 1 2005～2010 年中国纸浆消耗情况

2.2 环境保护标准引导企业实施技术改造，实现污染减排

从 1983 年至今，《造纸工业水污染物排放标准》经历了 5 次修订。2008 年颁布实施的《造纸工业水污染物排放标准》(GB 3544—2008) 无论是标准限值还是单位产品排水量都更

为严格。近年来，造纸企业为实现达标排放，积极应用清洁生产技术，水污染防治已经取得显著成效。造纸工业废水排放达标量的比例逐年提高，造纸工业排放废水中化学需氧量、万元产值化学需氧量也呈现逐年降低的趋势（见图 2）。

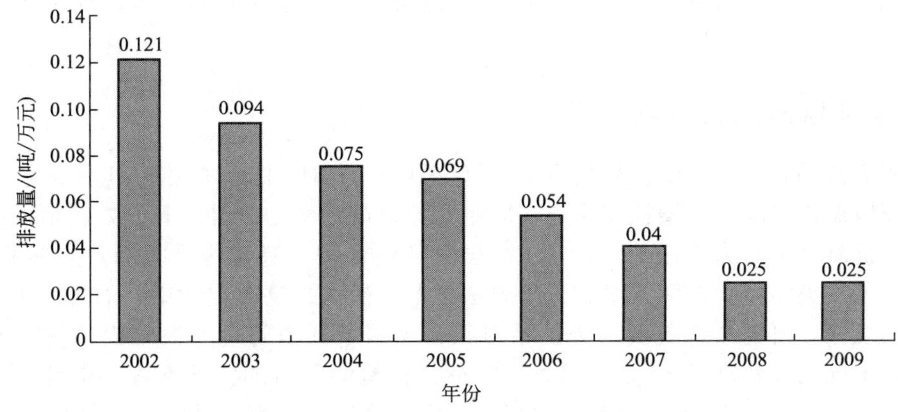

图 2　2002～2009 年造纸行业万元产值化学需氧量排放强度

3　环境保护政策法规标准体现履约要求，树立负责任大国形象

自 2004 年 6 月 25 日，中国正式加入斯德哥尔摩公约以来，中国在履行斯德哥尔摩公约的道路上付出了巨大的努力，在公约的履约方面取得了重大进展。自 2001 年以来中国出台的法规、环境标准及政策中开始对二噁英类 POPs 进行较为系统的管理。在造纸行业，中国从环境保护政策、法规、标准层面提出二噁英控制的规定，鼓励清洁生产技术的开发、应用和推广，进而限制和淘汰落后技术，从源头和全过程控制以减少造纸行业二噁英的产生和排放。

《产业结构调整指导目录》提出“鼓励无元素氯（ECF）漂白和全无氯（TCF）漂白化学纸浆漂白工艺开发及应用。”《造纸产业发展政策》提出“禁止新上项目采用元素氯漂白工艺（现有企业应逐步淘汰）。”这些政策是中国淘汰造纸落后产能、落后工艺的重要依据。

《清洁生产标准 造纸行业（漂白化学烧碱法麦草浆生产工艺）》（HJ/T 339—2007）等五项清洁生产标准和指标体系是推进清洁生产的重要技术指导依据。这五项标准无一例外，均提出了采用氧脱木素，无元素氯（ECF）或全无氯（TCF）漂白的要求。

《造纸工业水污染物排放标准》（GB3544—2008）将 AOX 作为强制性指标，同时增加了二噁英的排放指标。标准要求：新建制浆企业及国家规定需要特别保护地区的企业从 2008 年 8 月 1 日起 AOX 限制为 12mg/L，二噁英为 30pgTEQ/L；现有制浆企业 2009 年 5 月 1 日至 2011 年 6 月 30 日 AOX 限制为 15mg/L，2011 年 6 月 30 日后执行新建制浆企业标准。而企业要实现二噁英达标排放，就必须采用 ECF、TCF 等清洁生产技术，即从源头削减二噁英的产生。

4　造纸行业二噁英控制能力全面提升

4.1　技术研发与技术服务能力快速提升

目前，中国造纸行业已经形成了由协会、科研院所、大专院校、生产企业组成的较为完善的技术研发、应用和推广体系。随着节能减排意识的逐步提高，多数造纸领域科研院所和机构在开发新工艺的同时，兼顾节能环保问题。在二噁英污染防治领域，一些科研机构积极开展国际交流，引进国际先进理念和检测设备开展二噁英污染防治政策研究、新技术研发和污染监测工作，为中国造纸行业二噁英履约和污染防治工作的顺利开展起到了积极的促进作用。

4.2 二噁英监测能力得以加强

在二噁英监测和实验室能力建设方面，2005 年 5 月 31 日，《国家环境保护总局关于批准“国家环境保护二噁英污染控制重点实验室”建设的通知》批准中日友好环境保护中心以国家环境分析测试中心为依托单位，建设“国家环境保护二噁英污染控制重点实验室”。目的是建立二噁英类污染物监测技术和分析方法规范，研究二噁英类污染物的排放源、排放因子及其排放规律，研究二噁英类污染防治对策，为国家环境管理与决策提供理论与技术支持。目前，中国已经建立了 30 多所具备二噁英分析检测能力的实验室，其中环保领域已有和正在建设的实验室有 14 家，分布在北京、武汉、西安、杭州、重庆等 9 个城市。

4.3 造纸行业环保自律管理机制与能力显著提高

为推进造纸行业二噁英污染防治工作的顺利开展，环境保护部 POPs 公约履约办、中国造纸协会、清华大学等机构和组织开展了大量的宣传和培训工作。通过“持久性有机污染物论坛暨持久性有机污染物全国学术研讨会”、“全国造纸行业生产现状及污染物治理技术调查培训会”、“造纸行业环保工作和技术发展研讨会”等研讨会对《斯德哥尔摩公约》的宣贯，更多的造纸企业对造纸行业的履约形势、造纸企业的履约义务有了更清楚地认识，越来越多的企业自觉地加入到履约行列。

此外，要实现二噁英污染控制，除了政府正确的政策引导和监管、相关科研机构的技术服务和支持外，企业自身社会责任意识的提高也起着重要的作用。一些造纸企业从自身出发，在遵守国家及地方的政策法规的同时，根据自身特点通过发展循环经济、实施“林纸一体化”、采用先进的制浆技术、形成自己的环保产业链等等措施，都将有助于 POPs 减排工作的开展。

5 造纸行业二噁英污染防控机制建设需要解决的问题

尽管中国制浆造纸行业在履行《斯德哥尔摩公约》的工作中取得的成就值得肯定。然而，要在造纸行业建立完善的二噁英污染防控机制，仍有一些问题需要解决，主要表现在以下几个方面。

5.1 环境政策、法规、标准体系有待完善

尽管已经颁布的造纸行业政策、法规和标准体现了二噁英污染防治，但政策、法规、标准体系建设仍需不断完善。如草浆企业 COD、AOX 等很难符合《造纸工业水污染物排放标准》(GB 3544—2008) 达标排放。需要尽快颁布《制浆造纸工业污染防治最佳可行技术导则》。《导则》可为企业方便、快捷地选择相应经济、技术最佳的污染防治技术，以及企业设计、建设、改造和相关部门进行项目及环境评价审批等提供依据；也可以指导造纸企业达标排放；对于造纸行业完成节能减排任务、履行《斯德哥尔摩公约》，完善环境管理技术体系

也具有积极的意义。

5.2 二噁英监测能力有待加强

在监测数据方面，国内研究机构一般仅开展局部地区和个别案例 POPs 污染防治研究与监测工作，没有对全国 POPs 污染来源和向环境中排放、迁移、转归情况以及对人类健康和环境影响进行过综合系统研究和常规监测。由于 2008 年之前针对造纸行业的污染物排放标准没有对二噁英提出要求，加之二噁英检测费用昂贵，造纸行业二噁英的监测数据很少。

在实验室监测能力建设方面，由于二噁英的异构体多，且检出限极低，通常需要具有高灵敏度、高分辨性的仪器和方法。但是这些高端的设备投资较大，运行成本较高，所以到目前为止中国具备二噁英监测能力的实验室还是很少，这些实验室主要分布在卫生检疫部门、国家级实验室、高等院校和省级环境监测站。其中，省级以下监测单位由于资金投入不够，监测硬件条件不足，监测运行经费难以得到保障等原因还不具备二噁英监测、检测的能力。

5.3 技术研发及应用推广能力有待提高

中国草类浆生产以化学麦草浆和化学苇浆为主，其二噁英污染物主要产生于氯化漂白阶段。目前，大部分草浆企业还在应用次氯酸钠和次氯酸钙单段漂白，部分企业使用 CEH 三段漂，个别企业采用了先进的氧脱木素＋ECF 漂白技术。总体而言，中国草浆漂白技术较为落后，几乎没有企业使用中浓度或高浓度漂白，仍采用水耗多的低浓度漂白技术。漂白的洗浆设备效率低，一般是圆网浓缩机和侧压浓缩机。部分企业使用部分纸机白水洗浆。

二噁英污染预防技术、设备较高的投资成为在中国制浆造纸企业，特别是中小企业推广 BAT/BEP 的障碍之一。适用于木浆 ECF 漂白工艺、设备的投资较大，一个 10 万吨/年的漂白浆厂 ECF 漂白系统的投资就需要一亿元人民币，5 万吨/年的也要 7000 万～8000 万元人民币。而中国非木浆生产企业，尤其是草浆企业一般规模较小，这样的费用企业一般都无法承受，所以必须有适合中国非木浆生产的低污染、低投入的漂白技术。

5.4 企业自愿执行环境政策、法规的自我管理机制和能力有待增强

中国造纸企业在自愿施行环境管理政策法规方面主要存在几个问题：①企业管理水平差，环境管理意识薄弱；②技术水平低，生产方式相对落后，大部分企业都是以国内市场为主，没有开拓国际市场的意识，近期很难有满足环境管理的需求；③很多企业缺少节能环保工作长期规划；④POPs 控制未进入企业环境管理计划；⑤企业监测计划没有包括 AOX、二噁英。

因此，企业要进一步增强环境保护意识和社会责任感，改变先污染后治理、边治理边污染的状况；要从源头预防和治理造纸工业污染，采取清洁生产工艺技术减少污染物产生，用先进技术治理环境污染，淘汰落后产能，降低污染物排放；要加大环境保护监督、监管和执法力度，把造纸工业环境污染降低到最低程度。

6 “十二五” 造纸行业二噁英污染防控建议

与发达国家相比，中国二噁英污染防治工作起步较晚，导致管理和技术手段相对落后。

中国需要在学习和借鉴国外经验的基础上，结合实际情况，逐步完善造纸行业二噁英污染防控机制（见图3）。为加快中国造纸工业二噁英防控机制的建设，应开展以下几个方面工作。

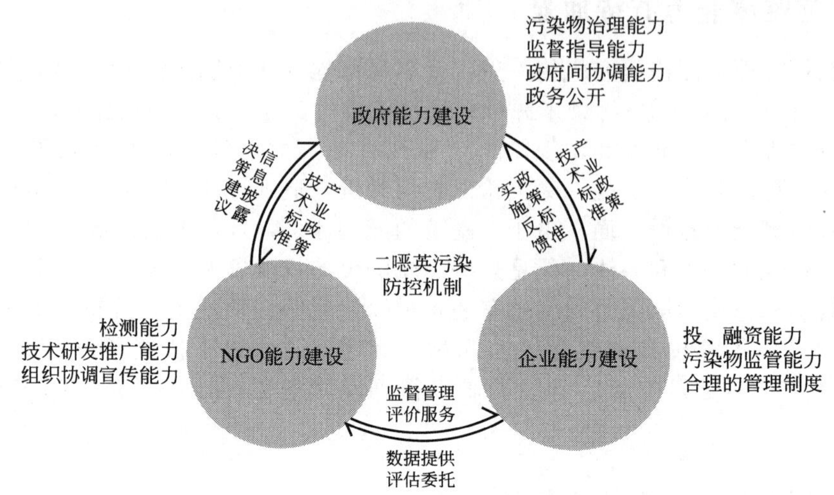

图3　造纸行业二噁英污染防控机制示意

6.1　完善二噁英污染防治政策、法规、标准体系，强化政策引导

发达国家实践经验表明，完整的立法体系是二噁英类削减能够顺利进行的保障。“十二五”期间，中国需要重视环境技术管理在环境管理的技术支撑作用。将环境技术管理积极应用于环境保护标准制修订、环境影响评价、排污许可证、主要污染物总量减排、环境监察、国际履约等各项环境保护工作。将二噁英污染防治思想引入产业政策，从产业结构调整、工艺技术改进等控制二噁英污染；进一步完善造纸行业技术规范和清洁生产标准体系，制订《环境影响评价技术导则 造纸建设项目》和《制浆造纸工业污染防治最佳可行技术导则》等技术规范。一个完善的造纸行业二噁英污染防控政策、法规、标准体系如图4所示。

6.2　加强造纸行业二噁英监测能力建设

二噁英的危害已经逐渐为政府所关注，随着对监测和分析需求的加大，国内二噁英分析实验室的建设也将加速。由于二噁英分析本身的复杂性和高成本等特点，要求在实验室的建设和运行过程中必须充分考虑人员和环境的安全，数据的质量保证等保障措施，确保在提供科学可靠的数据的同时不会带来二次污染等问题。为保障监测数据的准确有效及实验室正常、有序运行，构建二噁英实验室科学管理体系，确保管理体系持续有效运行，具有十分重要的现实意义。

此外，虽然UNEP提供的造纸行业的排放因子可供参考，但由于中国造纸行业的设备、工况等与其他国家有较大差别，要通过开展大量的实际监测工作，获取排放数据，以完成对排放因子的校正。对中国工况下的非木浆造纸企业排放因子进行测定。

6.3　全面推行清洁生产

实施清洁生产，从源头和过程削减二噁英的产生和排放，是造纸行业实现履约目标的重要手段。要积极开展最佳可行性技术（BAT）和最佳环境实践（BEP）的研究和设施开发活

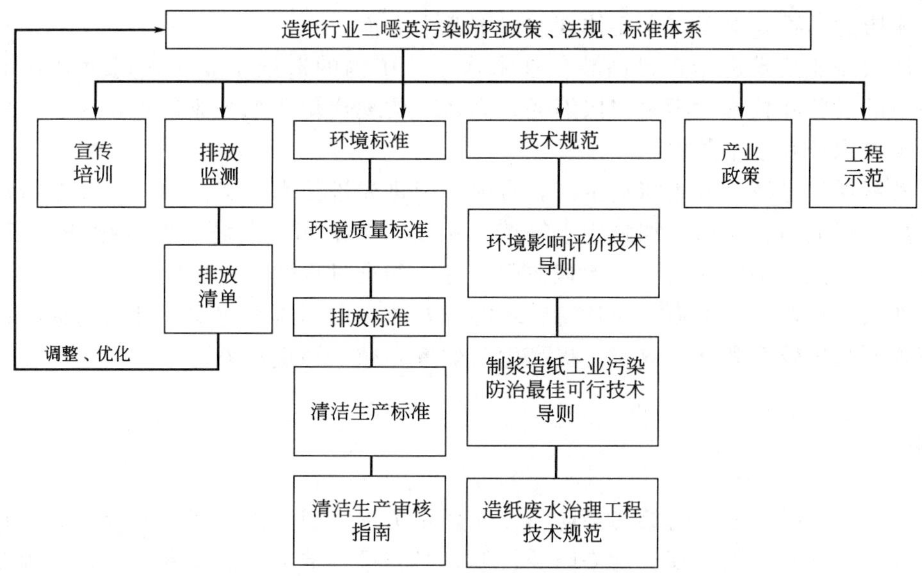

图 4　制浆造纸行业二噁英污染防控政策、法规、标准体系构想

动，主要技术措施可以根据企业自身情况从以下几个方面进行改进。

（1）工艺替代类措施　ECF 或 TCF，直接消除二噁英产生条件。

（2）工艺优化类措施　采用生物酶预漂；增加氧漂；增加过氧化氢漂白段。

（3）采用有效的制浆洗涤方式　强化漂前洗浆；加强措施提高黑液提取率。

（4）改进蒸煮工艺　尽量脱除木素以减少前躯体。

（5）从原料上控制　不使用被氯酚污染的原料；不使用含 DBD 和 DBF 的消泡剂。

（6）加强企业管理能力　加强污泥的管理与处置；加强碱回收工艺管理等。

6.4　促进投融资机制建设

总体而言，中国大多数非木浆造纸企业仍然还沿用着传统的生产工艺，造成这现象的主要原因是由于企业资金有限，无法满足技术升级的需要。因此，当前最重要的问题之一就是如何消除二噁英污染的资金机制问题。一方面，应当对中国造纸行业履行《斯德哥尔摩公约》所需要的资金，尤其是增加成本有一个相对准确的把握；另一方面，要研究国内各种可能的资金渠道和可筹集的资金数量。在此基础上，开展下列各项工作。

通过合理、合法的途径，在《公约》的框架下，推进《公约》的资金机制的建立和有效运作，进一步确保发展中国家为履行公约实施技术升级所需要的资金保障。

依据《中华人民共和国固体废物污染环境防治法》以及其他相关法律法规的规定，制定和落实有关控制 POPs 的责任制度，建立履约的国内资金机制。

无论是二噁英排放清单的制定、替代技术的研发、监测机构的建立等都需要强大的资金和技术的支持。在筹措资金方面除了利用国际贷款、赠款以及其他多边或双边的政府援助、资金支持，进行基线调研、技术研发和推广外，更重要的是灵活利用国内的资金机制，一些赞助者、环保部内的资金调配以及灵活的政策引导就显得极为重要。

6.5　增强企业自我管理机制及管理能力建设

造纸企业是实现履约目标的执行者，因此增强企业在环境和生态保护方面的社会责任，是造纸行业履约的重要保障，主要体现在以下几个方面。

（1）加快企业技术进步，提高装备技术水平。中国的造纸企业应该通过高强度、高得率、低污染的设备和技术，不断向低消耗、高效率的现代化造纸企业迈进，这是实现节能降耗工作的重要保证和基本条件。

（2）发展循环经济，实施清洁生产。首先，引进先进技术、工艺，建设和改造污水处理设备，提高环保能力；其次，加强废水等综合利用，解决污染问题、实现循环利用；第三，推行清洁生产，把污染防治由末端治理向生产源头和全过程转变。

（3）加大宣传培训，加强企业环境管理能力，提高国际履约意识，继续向集约型管理发展。提高资源配置效率和利用效益，提高生产效率，减少环境污染。

7 结论

总之，中国造纸行业二噁英污染防治工作任重道远。通过借鉴国外的成功经验和全行业的共同努力，建立有效的二噁英污染防控机制，必将推进造纸行业技术进步，实现造纸行业可持续发展。

参考文献

[1] 卓志国，张安龙．制浆造纸工业二噁英类持久性有机污染物控制和减排研究［J］．湖南造纸，2008（3）：33-35.

[2] 杨玲，曾觉群，王梦溪．制浆造纸行业二噁英问题的探讨［J］．环境保护科学，2006，32（6）：41-43.

[3] 中华人民共和国国家发展与改革委员会．产业结构调整指导目录（2011年本），2011第9号令.

[4] 耿静．二噁英类的控制政策及效果分析［M］．北京：冶金工业出版社，2011.

[5] 蔡振霄，黄俊，张清等．二噁英类减排的国际动向和我国的战略构想［J］．环境化学，2006，25（3）：277-282.

[6] 钟树明，薛其福，郑韶青等．ECF和TCF漂白是我国非木浆行业可持续发展的方向［J］．环境科学与技术，2009，32（4）：199-201.

[7] UNEP Chemicals. Stockholm Convention on Persistent Organic Pollutants（POPs）. 2001. Geneva：UNEP Chemicals.

[8] UNEP. Standard Toolkit for Identification & Quantification of Dioxin and Furan Releases. 2005. Geneva.

[9] European Commission. Integrated Pollution Prevention and Control（IPPC）：Reference Document on Best Available Techniques in the Pulp and Paper Industry. 2001.

淮河流域造纸行业水污染防治研究

宋云，吕竹明，张琳，简玉平

（中国轻工业清洁生产中心，北京，100012）

摘要：本研究在详细调研我国造纸工业的基础上，针对淮河流域造纸工业水污染物排放现状，分析了造纸行业相关政策法规及其对造纸工业水污染物排放影响，尤其是新标准对淮河流域的影响。对淮河流域的具体特征，提出了相应的污染物减排的建议。

关键词：造纸行业；水污染；防治研究

Research on water pollution prevention from pulp and paper industry along Huaihe river basin

Song Yun，Lv Zhuming，Zhang Lin，Jian Yuping
（China Cleaner Production Center of Light Industry，Beijing，100012）

Abstract：On the basis of detailed investigation on china's pulp and paper industry，this study analyzed the current situations，related policies，laws，regulations and standards，and the influences on pulp and paper industry especially by the new discharge standard of water pollutants. The specific characteristics of the huaihe river basin，and proposed the corresponding suggestions to reduce the pollutants discharge.
Key words：paper industry；water pollution；prevention & control policies

近十年来，造纸行业一直处于快速增长的状态，2000～2008 年造纸产量的年平均增长率为 12.78%，而造纸行业废水排放量和 COD 排放量在我国工业总排放量中所占比例分别为 18.1%、33.6%。可见，造纸行业废水及水污染物的控制对实现全国主要水体污染物排放总量消减目标具有重要的意义。

淮河流域包括河南、山东、江苏和安徽四省，其中河南和山东是我国草浆生产的大省，所以研究淮河流域造纸行业水污染防治对淮河流域水质的改善有重要意义。

1　淮河流域造纸行业水污染物排放现状

1.1　淮河流域概况

1.1.1　自然地理

淮河流域地处我国东部，介于长江和黄河两流域之间，位于东经 111°55′～121°25′，北纬 30°55′～36°36′，面积为 27 万平方公里。流域西起桐柏山、伏牛山，东临黄海，南以大别山、江淮丘陵、通扬运河及如泰运河南堤与长江分界，北以黄河南堤和泰山为界与黄河流域毗邻。

淮河流域西部、西南部及东北部为山区、丘陵区，其余为广阔的平原。山丘区面积约占总面积的 1/3，平原面积约占总面积的 2/3。流域西部的伏牛山、桐柏山区，一般高程200～500m（85 黄海高程，下同），沙颍河上游石人山高达 2153m，为全流域的最高峰；南部大别山区高程在 300～1774m；东北部沂蒙山区高程在 200～1155m。丘陵区主要分布在山区的延伸部分，西部高程一般为 100～200m，南部高程为 50～100m，东北部高程一般在 100m 左右。淮河干流以北为广大冲、洪积平原，地面自西北向东南倾斜，高程一般 15～50m；淮河下游苏北平原高程为 2～10m；南四湖湖西为黄泛平原，高程为 30～50m。流域内除山区、丘陵和平原外，还有为数众多、星罗棋布的湖泊、洼地。

1.1.2　社会经济

淮河流域包括湖北、河南、安徽、山东、江苏五省 40 个地（市），181 个县（市），总人口为 1.7 亿人，平均人口密度是全国平均人口密度的 4.8 倍，居各大江大河流域人口密度之首。2005 年流域内人口约 1.7 亿，GDP 约 1.6 万亿元，人均 GDP 低于全国平均水平。

1.1.3 河流水系

淮河流域以黄河为界，分淮河及沂沭泗河两大水系，流域面积分别为 19 万平方公里和 8 万平方公里，有京杭大运河、淮沭新河和徐洪河贯通其间。

淮河发源于河南省桐柏山，东流经河南、安徽、江苏三省，在三江营入长江，全长 1000 公里，总落差 200m。洪河口以上为上游，长 360 公里，地面落差 178m，流域面积 3.06 万平方公里；洪河口以下至洪泽湖出口中渡为中游，长 490 公里，地面落差 16m，中渡以上流域面积 15.8 万平方公里；中渡以下至三江营为下游入江水道，长 150 公里，地面落差约 6m，三江营以上流域面积为 16.46 万平方公里。

洪泽湖的排水出路，除入江水道以外，还有苏北灌溉总渠和向新沂河相机分洪的淮沭新河。淮河上中游支流众多。南岸支流都发源于大别山区及江淮丘陵区，源短流急，流域面积在 2000～7000 平方公里的有白露河、史灌河、淠河、东淝河、池河。北岸支流主要有洪汝河、沙颍河、西淝河、涡河、濉潼河、新汴河、奎濉河，其中除洪汝河、沙颍河上游有部分山丘区以外，其余都是平原排水河道，流域面积以沙颍河最大，近 4 万平方公里，其他支流都在 3000～16000 平方公里之间。

淮河下游里运河以东，有射阳港、黄沙港、新洋港、斗龙港等滨海河道，承泄里下河及滨海地区的雨水，流域面积为 2.5 万平方公里。

沂沭泗河水系位于淮河流域东北部，大都属江苏、山东两省，由沂河、沭河、泗河组成，多发源于沂蒙山区。泗河流经南四湖，汇集蒙山西部及湖西平原各支流后，经韩庄运河、中运河、骆马湖、新沂河于灌河口燕尾港入海。沂河、沭河自沂蒙山区平行南下，沂河流至山东省临沂市进入中下游平原，在江苏省邳县入骆马湖，由新沂河入海。在刘家道口和江风口有“分沂入沭”和邳苍分洪道，分别分沂河洪水入沭河和中运河。沭河在大官庄分新、老沭河，老沭河南流至新沂县入新沂河，新沭河东流经石梁河水库，至临洪口入海。

沂沭泗水系流域面积大于 1000 平方公里的平原排水支流有东鱼河、洙赵新河、梁济运河等。该水系直接入海的河流 15 条，流域面积 16100 平方公里。

1.1.4 水质情况

2008 年淮河水质总体为中度污染（见图 1)。86 个断面中，Ⅱ～Ⅲ类、Ⅳ类、Ⅴ类和劣Ⅴ类水质断面比例分别为 38.4%、33.7%、5.8%和 22.1%。主要污染指标为高锰酸盐指数、五日生化需氧量和氨氮。

近 5 年淮河流域水质变化如图 2 所示，近 5 年淮河流域废水及主要污染物排放如图 3 所示；淮河流域内各省 COD 排放情况如图 4 所示。

淮河干流水质为轻度污染，与 2007 年相比，淮河干流水质明显好转。

淮河支流水质为中度污染。与 2007 年相比，水质无明显变化。主要一级支流中，史灌河和潢河水质为优；浉河和西淝河水质良好，洪河、沱河和浍河轻度污染；涡河和颍河为重度污染。沂沭泗河水系总体为中度污染。

省界河段水质为中度污染。33 个断面中，Ⅱ～Ⅲ类、Ⅳ类、Ⅴ类和劣Ⅴ类水质断面比例分别为 21.2%、42.4%、6.1%和 30.3%（见图 5)。主要污染指标为五日生化需氧量、高锰酸盐指数和石油类。与 2007 年相比，水质无明显变化。

从图 2 可以看出，劣Ⅴ类水近五年总体是在减少，2007 年比 2003 年减少了 30%，Ⅰ～Ⅲ类水的比例也逐年增加，2007 年比 2003 年增加了 30%。

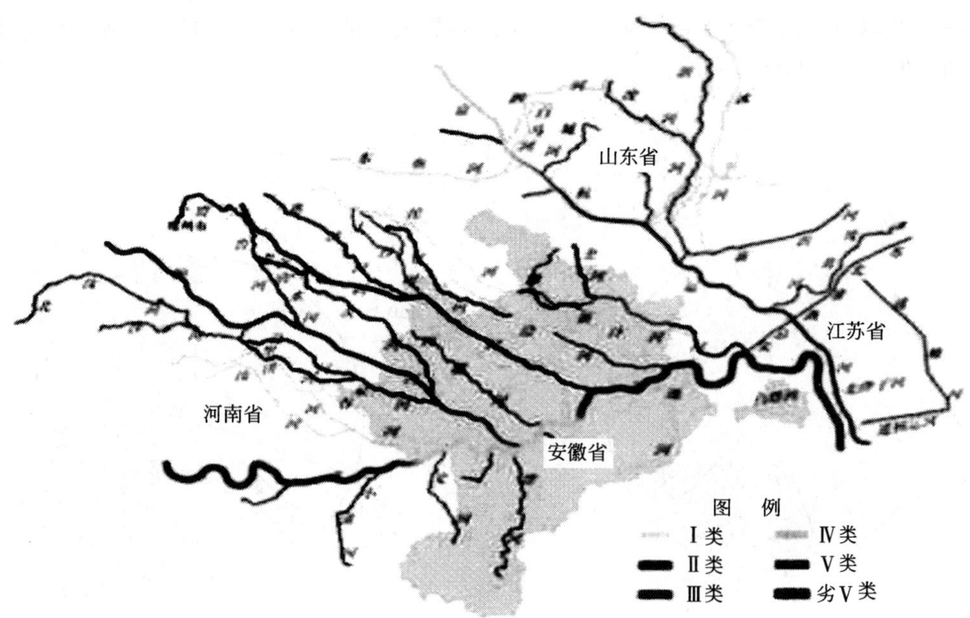

图 1　2008 年淮河水质情况

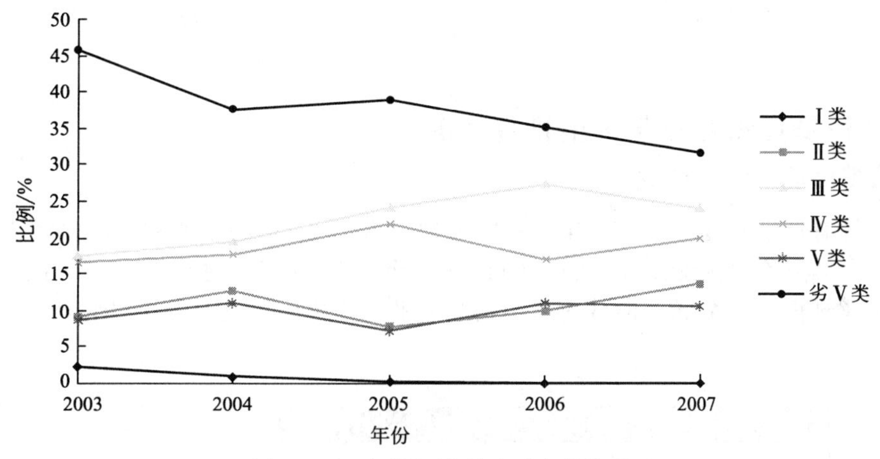

图 2　近 5 年淮河流域水质变化情况

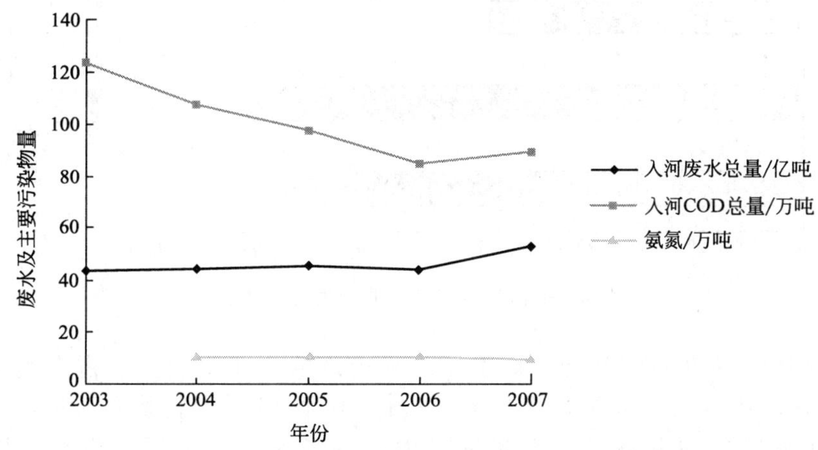

图 3　近 5 年淮河流域废水及主要污染物排放情况

从图 3 可以看出近 5 年 COD 排放量总的趋势是减少的但 2007 年有所反弹。废水量近 5 年较平稳，但 2007 年有所增加。

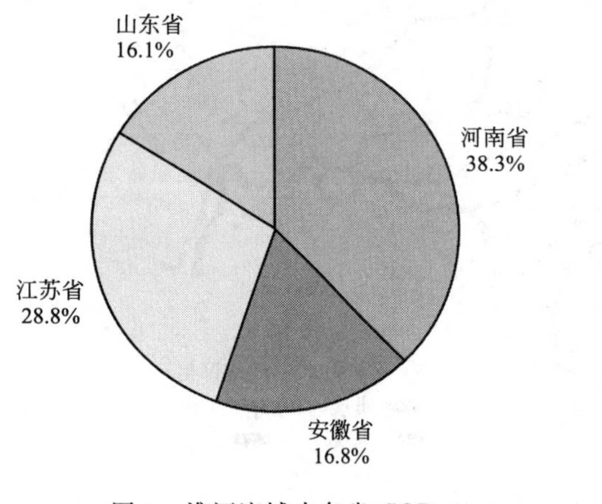

图 4 淮河流域内各省 COD 排放情况

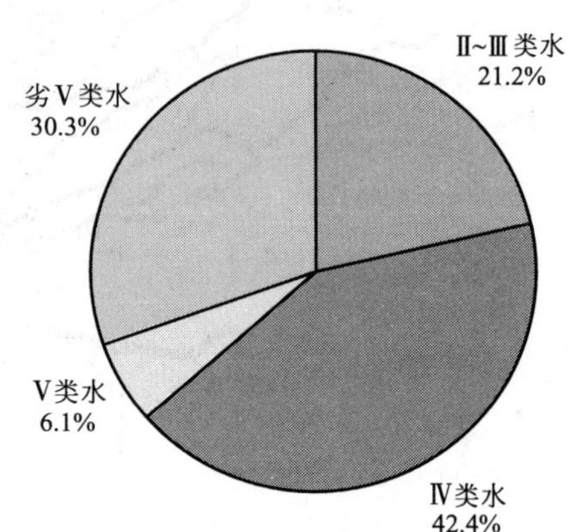

图 5 2008 年淮河流域断面水质类别比例

1.2 淮河流域造纸行业水污染排放情况

1.2.1 流域内造纸企业情况

流域内约有造纸企业 356 家，年生产能力超过 5 万吨/年的企业有 133 家，占到整个流域的 37.4%，其中年生产能力超过 10 万吨/年的企业有 44 家，占到 12.3%。图 6 为流域内各省造纸企业规模分布情况。流域内造纸企业的平均规模已接近 5 万吨/年。

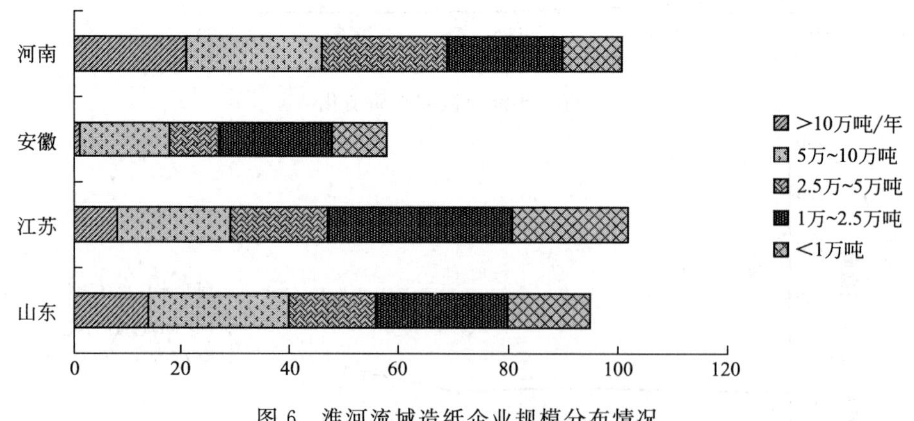

图 6 淮河流域造纸企业规模分布情况

流域内没有单纯的制浆企业，只用商品浆造纸的企业也较少，占全流域造纸企业的 10%，而废纸造纸企业数量最多占到 79%，其余 11%为制浆和造纸联合企业。制浆造纸联合企业中多为麦草浆，木浆量很少，且多为与草浆配套生产，以提高黑液提取率。

1.2.2　流域内造纸行业污染排放及治理情况

据不完全统计，2007 年淮河流域造纸行业废水排放总量为 3.9 亿吨，占流域内工业废水排放量的 24.7%；COD 排放总量为 8.2 万吨，占工业 COD 排放量的 32.8%，流域内造纸企业 COD 排放平均浓度 210mg/L。各省的排放情况见图 7、图 8。

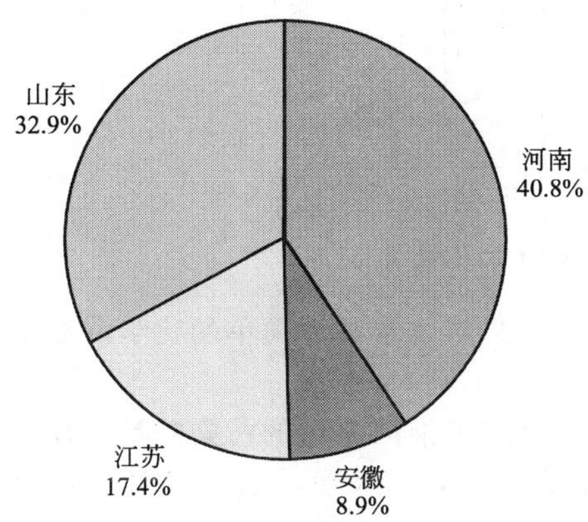

图 7　淮河流域各省造纸企业废水排放比例

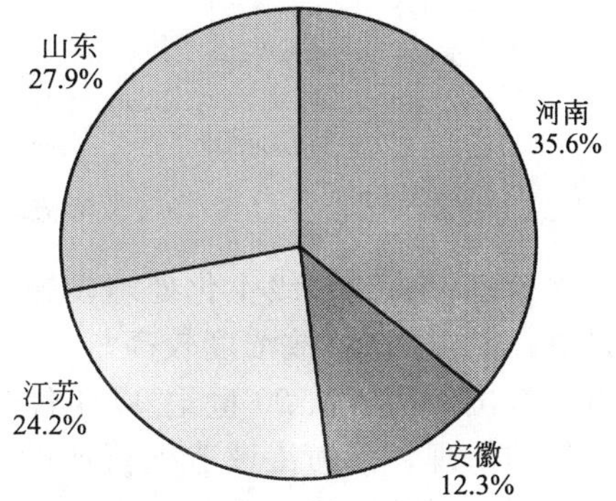

图 8　淮河流域各省造纸企业 COD 排放比例

造纸行业中制浆的污染最大，图 9 和图 10 为流域内造纸企业污染排放情况。从两个图可以看出，含制浆的造纸企业无论是单位废水排放量还是 COD 负荷都比单纯造纸和废纸造纸高。

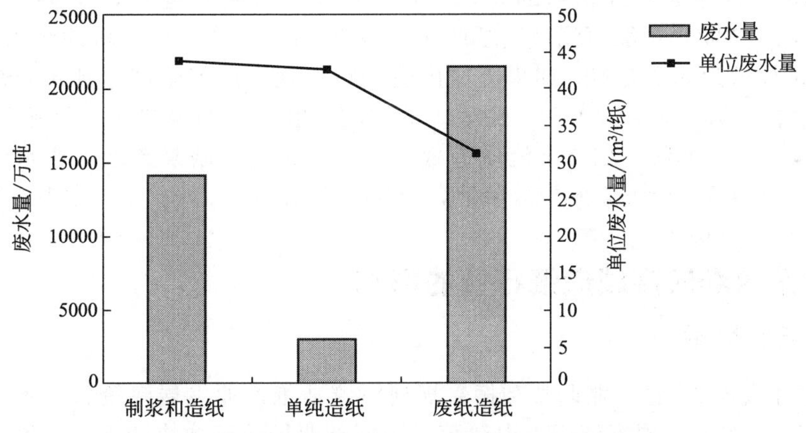

图 9　淮河流域各类型造纸企业废水排放情况

调查数据显示，流域内有化学制浆的企业生产规模大都达到年产 5 万吨纸，在生产规模小于 1 万吨/年的纸厂已基本没有化学浆的生产，所以流域内有化学制浆的造纸企业的 COD_{Cr} 排放浓度为 262mg/L。流域内小纸厂中废纸造纸较多，由于其生产设备较落后，所以其 COD 排放浓度接近 200mg/L。

从总量上来说，有化学制浆的造纸企业虽然其 2007 年纸产量占全流域的 24%，但其废水排放量占全流域造纸行业总废水排放量的 37%，COD 排放量占到 45%。可见化学制浆对流域的 COD 的影响较大。

就治理设施的情况看，企业大都有自己的污水处理设施，有化学制浆的造纸企业一般规模较大，所以其废水处理都配有二级生化处理设施；而造纸和废纸造纸，规模较大的企业也

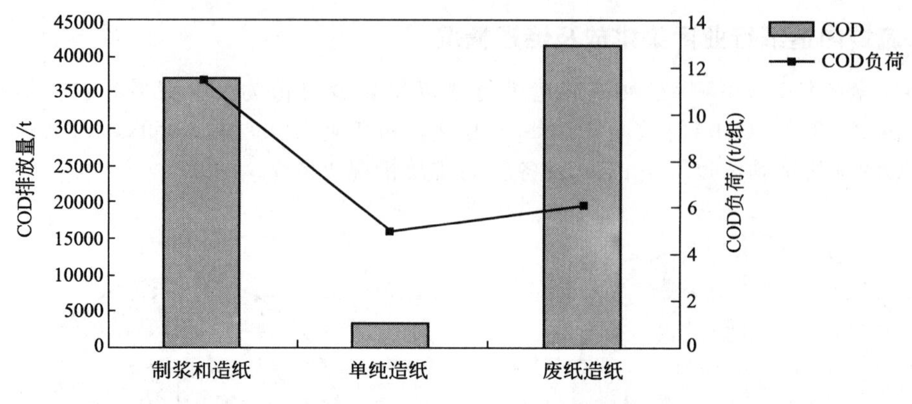

图 10　淮河流域内各类型企业 COD 排放情况

都有白水处理设施和二级生化处理设施，但一些小纸厂只对废水进行简单的化学混凝沉淀处理后排放，其 COD 排放浓度较高。

可以看出，由于从 20 世纪 90 年代起，国家就非常重视淮河流域的污染防治工作，通过这十几年的治理，淮河流域造纸行业的情况明显好于全国平均水平，如其 COD_{Cr} 排放的平均浓度小于全国的平均水平（370mg/L），企业规模得到提高，平均规模接近 5 万吨/年。

1.3　淮河流域造纸行业减排潜力分析

根据前面的统计调查数据可知，流域内约有造纸企业 356 家，年生产能力超过 5 万吨/年的企业有 133 家，占到整个流域的 37.4%，其中年生产能力超过 10 万吨/年的企业有 44 家，占到 12.3%。2007 年淮河流域造纸产能在 1600 万吨左右，全流域的废水排放量为 3.9 亿吨，COD 排放量为 8.2 万吨。如果流域内造纸行业现有产能全部达到《制浆造纸工业水污染物排放标准（GB 3544—2008)》中表 1 的排放限值，COD 减排 1.7 万吨/年，占现有量的 20.7%；在十二五期间，如果全流域造纸企业均能达到《制浆造纸工业水污染物排放标准（GB 3544—2008)》中表 2 的排放限值，COD 可减排 4.6 万吨/年，占现有量的 56%。

2　现有政策对淮河流域造纸行业的影响

2.1　现有主要标准

现有标准主要有：《轻工业调整和振兴规划》；《造纸产业发展政策》；《产业结构调整指导目录》（2011 年本）；《国家计委、财政部、国家林业局关于加快造纸工业原料林基地建设的若干意见》；《全国林纸一体化工程建设“十五”及 2010 年专项规划》；《国家发展改革委、环保总局关于做好淘汰落后造纸、酒精、味精、柠檬酸生产能力工作的通知》；《国家环境保护“十一五”规划》；《“十一五”主要污染物总量减排核查办法（试行）》；《排污费征收工作稽查办法》；《关于加强上市公司环境保护监督管理工作的指导意见》。

2.2　对淮河流域的影响

淮河流域河南、山东、江苏、安徽等省，多年平均年降雨量 530～780mm，水资源开发利用程度高，属严重缺水区，人均水资源量不足 300m³，最高的河南省也不足 600m³；COD 普遍重度超载或极度超载；以耕地为主，生态环境较脆弱，目前该地区的造纸行业原料结构为草浆、废纸浆、木浆。

对于淮河流域造纸产业的发展，在国家发改委《造纸产业发展政策》提出“黄淮海地区要淘汰落后草浆产能，增加商品木浆和废纸的利用，适度发展林纸一体化，控制大量耗水的纸浆项目，加快区域产业升级，确保在发展造纸产业的同时不增加或减少水资源消耗和污染物排放”。在《全国林纸一体化工程建设“十五”及2010年专项规划》中提出：由于黄淮海地区水资源严重短缺，水资源开发利用程度已很高，水环境污染严重，水体环境已无纳污能力，特别是草浆造纸造成的高耗水和重污染已严重超过区域内水资源和水环境的承受能力，急需针对草浆造纸进行结构调整，不宜再建设高耗水、污染重的草浆造纸企业。鉴于该区域造纸工业发展对全国造纸工业发展全局特别是纸张市场供应影响甚大，该地区林纸一体化工程建设必须紧密结合造纸工业结构调整，一方面要关闭现有落后的草浆造纸生产线，加大节约用水和治理污染的力度；另一方面要应用现代化造纸工业技术和手段，采用国际先进的制浆造纸工艺技术装备，在适宜地区有重点地建设几个年产化学机械浆10万吨及以上的大中型林纸一体化项目，以大代小，以新代老，确保在发展造纸工业的同时不增加或减少水资源消耗，减少污染物排放，并以控制污染物排放总量定产，保护生态环境，促进区域经济、社会、环境的协调发展。

2008年淮河86个断面中，Ⅱ～Ⅲ类、Ⅳ类、Ⅴ类和劣Ⅴ类水质断面比例分别为38.4%、33.7%、5.8%和22.1%，淮河流域的水污染仍然较为严重。在《淮河流域水污染防治规划（2006～2010年）》的第十二条中提出了“到2010年，全流域COD排放量控制在88.4万吨，比2005年削减15.2%。”据不完全统计，2007年淮河流域造纸工业废水排放总量为3.9亿吨，占流域内工业废水排放量的24.7%；COD排放总量为8.19万吨，占工业COD排放量的32.8%。因此，加强造纸行业污染控制，对于改善淮河流域的水质环境具有重要的意义。

淮河流域内共有造纸企业356家，年生产能力超过5万吨/年的企业有133家，占到整个流域的37.4%，其中年生产能力超过10万吨/年的企业有44家，占到12.3%。

可以看出，淮河流域的大型造纸企业数量较多，行业规模结构基本较为合理，按照国家相关产业政策的要求，淮河流域应当进一步压缩草浆生产能力，提高草浆生产线的技术水平，减少草浆生产企业的环境污染，鼓励发展木浆和废纸浆生产。

3 造纸行业的相关标准及其对重点流域的影响

3.1 造纸行业的相关标准

目前，造纸工业主要执行的环境保护标准包括：《制浆造纸工业水污染物排放标准》（GB 3544—2008）；《清洁生产标准 造纸工业（漂白碱法蔗渣浆生产工艺）》（HJ/T 317—2006）；《火电厂大气污染物排放标准》（GB 13223—2003）；《恶臭污染物排放标准》（GB 14554—1993）；《大气污染物综合排放标准》（GB 16297—1996）；《工业炉窑大气污染物排放标准》（GB 9078—1996）；《常用化学危险品储存通则》（GB 15603—1995）；《一般工业固体废物贮存处置污染控制标准》（GB 18599—2001）；《清洁生产标准 造纸工业（硫酸盐化学木浆生产工艺）》（HJ/T 340—2007）；《清洁生产标准 造纸工业（漂白化学烧碱法麦草浆生产工艺）》（HJ/T 339—2007）；《建设项目竣工环境保护验收技术规范 造纸工业》（HJ/T 408—2007）。

以上标准中，《制浆造纸工业水污染物排放标准》（GB 3544—2008）、《清洁生产标准造纸工业（漂白碱法蔗渣浆生产工艺）》（HJ/T 317—2006）、《清洁生产标准 造纸工业（硫酸盐化学木浆生产工艺）》（HJ/T 340—2007）和《清洁生产标准 造纸工业（漂白化学烧碱法麦草浆生产工艺）》（HJ/T 339—2007）是专门针对造纸行业的标准，也是对造纸行业来说较为重要的标准，而其中2008年新发布的《制浆造纸工业水污染物排放标准》(GB 3544—2008) 对于造纸企业的影响尤为明显。

3.2 新标准对淮河流域造纸企业的影响

3.2.1 河南省

2004年12月河南省环保局发布了《河南省造纸工业水污染物排放标准》，并于2005年7月1日起实施，该标准分两个时间段实施，2005年7月1日至2010年12月31日为第一时间段，第二时间段从2011年1月1日开始。

表1和表2为《制浆造纸工业水污染物排放标准》(GB 3544—2001)、《河南省造纸工业水污染物排放标准》和《制浆造纸工业水污染物排放标准》(GB 3544—2008) 排水量、生化需氧量 (BOD_5) 和化学需氧量 (COD_{Cr}) 指标限值的对比。

表1 制浆造纸企业BOD、COD污染排放对比（第一时段）

类型	排水量			生化需氧量(BOD_5)			化学需氧量(COD_{Cr})		
	m^3/t			mg/L			mg/L		
	2001年	河南①	2008年②	2001年	河南①	2008年②	2001年	河南①	2008年②
本色木浆	150	100	80	70	70	50	350	280	200
漂白木浆	220	150		70	70		400	320	
本色非木浆	100	100		100	90		400	300	
漂白非木浆	300	180		100	90		450	350	
本色废纸浆	60	40	20	70	40	30	350	100	120
脱墨废纸浆	60	50		70	40		400	150	120
造纸	60	30		60	40		100	100	100

①《河南省造纸工业水污染物排放标准》第一时段（2005年7月1日起，至2010年12月31日）执行标准值。

②《制浆造纸工业水污染物排放标准》(GB 3544—2008) 现有企业2011年8月前执行标准值。

表2 制浆造纸企业BOD、COD污染排放对比（第二时段）

类型	排水量			生化需氧量(BOD_5)			化学需氧量(COD_{Cr})		
	m^3/t			mg/L			mg/L		
	2001年	河南①	2008年②	2001年	河南①	2008年②	2001年	河南①	2008年②
本色木浆	150	80	0	70	30	20	350	150	100
漂白木浆	220	120		70	30		400	150	
本色非木浆	100	100		100	30		400	150	
漂白非木浆	300	150		100	30		450	150	
本色废纸浆	60	20	20	70	30	20	350	100	90
脱墨废纸浆	60	30		70	30		400	100	90
造纸	60	20		60	30		100	100	80

①《河南省造纸工业水污染物排放标准》第二时段（2011年1月1日起）执行标准值。

②《制浆造纸工业水污染物排放标准》(GB 3544—2008) 现有企业2011年8月后和新建企业。

可以看出，新发布的《制浆造纸工业水污染物排放标准》(GB 3544—2008) 中的废水排放量和废水污染物指标限值要求比《河南省造纸工业水污染物排放标准》要严格一些，但是与《制浆造纸工业水污染物排放标准》(GB 3544—2001) 相比，《河南省造纸工业水污染物排放标准》对于各类制浆造纸企业的废水排放量和废水污染物指标限值明显更加严格。而且由于《河南省造纸工业水污染物排放标准》在2005年7月1日起就开始实施，到2008年6月《制浆造纸工业水污染物排放标准》(GB 3544—2008)，《河南省造纸工业水污染物排放标准》已经是实施了近三年，因此，新标准对河南的企业影响相对较小。以第一时段的标准要求为例，不同类型的造纸企业废水量的减排比例最高为

56%，最低仅为20%，COD浓度减排比例最高为43%，而对于本色废纸浆的COD的浓度要求，《河南省造纸工业水污染物排放标准》还比《制浆造纸工业水污染物排放标准》（GB 3544—2008）更加严格。

根据对河南省在淮河流域的101家造纸企业的统计，2007年其废水排放量和COD排放量分别为15964.1万吨和2.911万吨，分别占到淮河流域废水排放量和COD排放量的40.82%和35.56%，COD平均排放浓度为182mg/L。可以看出，《河南省造纸工业水污染物排放标准》实施有较为明显的效果，《制浆造纸工业水污染物排放标准》（GB 3544—2008）实施后，河南省在淮河流域的造纸企业面临的减排压力相对较小。

3.2.2　山东省

2003年2月山东省环保局发布了《山东省造纸工业水污染物排放标准》（DB37/336—2003），并于2003年5月1日起实施，该标准分三个时间段实施，2003年5月1日起至2006年12月31日，为第一时段，2007年1月1日起至2009年12月31日，为第二时段，2010年1月1日起为第三时段。由于第一时段已过，下面主要分析第二时段和第三时段。

表3和表4为《制浆造纸工业水污染物排放标准》（GB 3544—2001）、《山东省造纸工业水污染物排放标准》（DB 37/336—2003）和《制浆造纸工业水污染物排放标准》（GB 3544—2008）排水量、生化需氧量（BOD_5）和化学需氧量（COD_{Cr}）指标限值的对比。

表3　制浆造纸企业BOD、COD污染排放对比（第一时段）

类型	排水量			生化需氧量(BOD_5)			化学需氧量(COD_{Cr})		
	m^3/t			mg/L			mg/L		
	2001年	山东①	2008年②	2001年	山东①	2008年②	2001年	山东①	2008年②
本色木浆	150	100	80	70	50	50	350	150	200
漂白木浆	220	150		70	50		400	200	
本色非木浆	100	100		100	60		400	250	
漂白非木浆	300	150		100	60		450	300	
本色废纸浆	60	15	20	70	40	30	350	100	120
脱墨废纸浆	60	20		70	50		400	150	120
造纸	60	20		60	30		100	100	100

①《山东省造纸工业水污染物排放标准》（DB 37/336—2003）第二时段（2007年1月1日起，至2009年12月31日）执行标准值。

②《制浆造纸工业水污染物排放标准》（GB 3544—2008）现有企业2011年8月前执行标准值。

表4　制浆造纸企业BOD、COD污染排放对比（第二时段）

类型	排水量			生化需氧量(BOD_5)			化学需氧量(COD_{Cr})		
	m^3/t			mg/L			mg/L		
	2001年	山东①	2008年②	2001年	山东①	2008年②	2001年	山东①	2008年②
本色木浆	150	100	50	70	30	20	350	120	100
漂白木浆	220	150		70	30		400	120	
本色非木浆	100	100		100	30		400	120	
漂白非木浆	300	150		100	30		450	120	
本色废纸浆	60	15	20	70	30	20	350	100	90
脱墨废纸浆	60	20		70	30		400	100	90
造纸	60	20		60	30		100	100	80

①《山东省造纸工业水污染物排放标准》（DB 37/336—2003）第三时段（2010年1月1日）执行标准值。

②《制浆造纸工业水污染物排放标准》（GB 3544—2008）现有企业2011年8月后和新建企业。

可以看出，新发布《制浆造纸工业水污染物排放标准》（GB 3544—2008）中的废水排放量和废水污染物指标限值要求比《山东省造纸工业水污染物排放标准》（DB 37/336—2003）要严格一些，但是与《制浆造纸工业水污染物排放标准》（GB 3544—2001）相比，《山东省造纸工业水污染物排放标准》（DB 37/336—2003）对于各类制浆造纸企业的废水排放量和废水污染物指标限值明显更加严格。而且由于《山东省造纸工业水污染物排放标准》（DB 37/336—2003）在 2003 年 5 月 1 日起就开始实施，到 2008 年 6 月《制浆造纸工业水污染物排放标准》（GB 3544—2008），《山东省造纸工业水污染物排放标准》（DB 37/336—2003）已经是实施了五年多。因此，新标准对山东的企业影响相对较小，以第一时段的标准要求为例，不同类型的造纸企业废水量的减排比例最高为 47%，而对于本色废纸浆的废水量要求，《山东省造纸工业水污染物排放标准》（DB 37/336—2003）还比《制浆造纸工业水污染物排放标准》（GB 3544—2008）更加严格。对于 COD 浓度要求，除本色非木浆、漂白非木浆、脱墨废纸浆《制浆造纸工业水污染物排放标准》（GB 3544—2008）比《山东省造纸工业水污染物排放标准》（DB 37/336—2003）略严外，对于其他类型的造纸企业，《山东省造纸工业水污染物排放标准》（DB 37/336—2003）与《制浆造纸工业水污染物排放标准》（GB 3544—2008）相同，有的甚至比《制浆造纸工业水污染物排放标准》（GB 3544—2008）还严格。而第二时段的标准要求，《制浆造纸工业水污染物排放标准》（GB 3544—2008）中的各项指标要求都要严于《山东省造纸工业水污染物排放标准》（DB 37/336—2003）。

根据对山东省在淮河流域的 95 家造纸企业的统计，2007 年其废水排放量和 COD 排放量分别为 12848.7 万吨和 22847 吨，分别占到淮河流域废水排放量和 COD 排放量的 32.85%和 27.91%，COD 平均排放浓度为 178mg/L。可以看出，《山东省造纸工业水污染物排放标准》（DB 37/336—2003）实施有较为明显的效果，《制浆造纸工业水污染物排放标准》（GB 3544—2008）实施后，山东省在淮河流域的造纸企业面临的减排压力相对较小。

3.2.3 江苏省

江苏省环境保护厅在 2007 年 9 月发布了《太湖地区城镇污水处理厂及重点工业行业主要水污染物排放限值》。该标准对造纸企业提出了远高于《制浆造纸工业水污染物排放标准》（GB 3544—2001）的要求，商品浆造纸企业吨纸最高允许排水量为 12 m^3/t 纸，COD 浓度要求为 80 mg/L，废纸造纸企业吨纸最高允许排水量为 15 m^3/t 纸，COD 浓度要求为 100mg/L。但是该标准仅适用于太湖流域，对于太湖流域以外江苏省的其他地区的造纸企业，在《制浆造纸工业水污染物排放标准》（GB 3544—2008）发布之前，仍然执行《制浆造纸工业水污染物排放标准》（GB 3544—2001）的要求。

据统计，目前江苏省在淮河流域的造纸企业约 102 家，2007 年造纸企业废水量和 COD 排放量分别为 6810.5 万吨和 1.98 万吨，分别占淮河流域的 17.41%和 24.2%，COD 平均排放浓度为 291mg/L，新标准实施后该区域的造纸企业将会受到较大的影响，多数企业需要通过工艺改进和增加污水处理设施，才能达到新标准。

3.2.4 安徽省

在《制浆造纸工业水污染物排放标准》（GB 3544—2008）发布之前，安徽省的造纸企业执行《制浆造纸工业水污染物排放标准》（GB 3544—2001）的要求。

据统计，目前安徽省在淮河流域的造纸企业约 58 家，2007 年造纸企业废水量和 COD 排放量分别为 3488.4 万吨和 1.01 万吨，分别占淮河流域的 8.91%和 12.33%，COD 平均排放浓度为 289mg/L，新标准实施后该区域的造纸企业将会受到较大的影响，多数企业需要通过工艺改进和增加污水处理设施，才能达到新标准。

4　淮河流域造纸工业水污染物减排建议

淮河流域我国造纸行业主产区，流域范围内分布着大量的造纸企业，特别是草浆造纸企业，也是草浆造纸集中区。淮河流域水资源紧缺，环境容量低，水体的天然稀释功能差，污染大，COD超载非常严重。因此，流域内的造纸企业减排任务重，应采取多种环境经济政策推动造纸企业污染减排。

（1）建议在豫南、鲁南等水资源相对丰富的地区，适当发展林纸一体化，但应控制速生林生产规模，严禁占用耕地，尤其是基本农田建设速生林；

（2）控制区域草浆生产量，鼓励使用废纸和进口商品木浆；

（3）原则上不再兴建化学草浆生产企业，技改项目起始规模7.5万吨以上，清洁生产均应达到国际先进水平，继续将草类制浆的关停规模提升到5万吨浆/年，关闭石灰法半化学草浆厂；

（4）废纸脱墨造纸单条生产线和单台造纸机的规模在25t/d以上；

（5）进行三级废水处理，全面达到新修订的造纸排放标准；

（6）实施排污许可证制度，加强废水排放量监测，推动按COD排放量为基础进行排污收费；

（7）严格造纸行业控制水资源消耗量和污染物排放量，实施流域造纸工业COD总量控制。

参考文献

[1] 环境保护部.2008年中国水环境状况.http://wfs.mep.gov.cn.

[2] 第一次全国污染源普查产排污手册，2008.

造纸行业排污许可证试点研究[❶]

宋云，张琳，孙晓峰，吕竹明，郭逸飞

（中国轻工业清洁生产中心，北京，100012）

摘要：通过对国内外排污许可证的深入研究，结合我国造纸行业实际特点，设计造纸行业排污许可证框架，并提出污染物排放总量计算方法，最后提出排污许可证制度有效实施的政策建议。

关键词：造纸；排污；许可证；试点

❶ “国家水污染物重点源排污许可证管理制度研究”项目。

Pilot study of pollutants discharge permits for paper industry

Song Yun, Zhang Lin, Sun Xiaofeng, Lv Zhuming, Guo Yifei
(China Cleaner Production Center of Light Industry, Beijing, 100012)

Abstract: By studying on domestic and foreign pollutants discharge permitting systems for pulp and paper industry, according to the characteristics of China's pulp and paper industry, this paper designed a discharge permitting framework for pulp and paper industry and proposed the calculation methods, and finally proposed some recommendations on the effective implementation of this discharge permitting system.
Key words: paper making; pollutant discharge; permit; pilot

1 研究背景

“十二五”我国环保工作将面临严峻挑战，国家将进一步加大污染物排放总量控制，COD、氨氮是水污染物重点控制指标。造纸工业的废水排放量占全国重点统计企业废水排放总量的18.1%，COD排放量占全国重点统计企业COD排放量的33.6%，氨氮排放量占全国重点统计企业氨氮排放量的9.7%。所以，造纸工业水污染物的控制对实现全国主要水污染物排放总量削减目标具有重要意义。

排污许可证制度实行的目的是加强对污染源的监督管理，控制和减少污染物排放，规范排污许可行为。通过对造纸工业排污许可证试点研究，可为更有效地控制和减少造纸工业水污染物排放，规范企业排污行为提供支撑；为排污许可证在其他污染行业的实施提供帮助。

实施排污许可证制度是实现污染物总量控制与减排的基础，通过造纸行业排污许可证的研究和实施，有利于动态、准确地掌握与控制造纸行业的污染排放情况，从而为实现造纸行业的污染物排放控制提供充分的技术支撑。

2 我国排污许可证的发展现状

2.1 排污许可证发展历程

从20世纪80年代中期，国内一些城市环保部门开始探索从国外引入排污许可证这一基本的环境管理制度。天津、苏州、扬州、厦门等十余个城市在排污申报登记的基础上，向企业发放水污染物排放许可证。1988年3月，国家环保局发布了《水污染物排放许可证管理暂行办法》。1989年7月，经国务院批准，国家环保局发布的《水污染防治法实施细则》第九条规定，对企业事业单位向水体排放污染物的，实行排污许可证管理。此后，云南、贵州省于1992年，辽宁省于1993年，上海市、江苏省于1997年，在地方法规（环保条例）中规定对所有排放污染物的单位实行许可证管理。1995年国务院发布的《淮河水污染防治条例》第十九条规定“淮河流域……持有排污许可证的单位应当保证其排污总量不超过排污许可证规定的排污总量控制指标。”2000年3月，国务院修订发布的《水污染防治法实施细则》第十条规定，地方环保部门根据总量控制实施方案，发放水污染物排放许可证。

2.2 排污许可证存在的主要问题

虽然水污染物排放许可证已在我国存在了二十多年，但一直处于试点阶段，并没有充分发挥排污许可证应有的作用，尤其是在总量控制中的作用。主要表现如下。

首先，制度缺乏有效的法律依据。对水污染物排放许可证的规定，国家法律几乎是空白，只有一些行政法规和规章规定。例如，我国 1988 年颁布的《水污染物许可证管理办法》，当中有许多规定在法律上没有明确的禁止排污行为，造成一种“行政管理制度”无明确法律效力的尴尬境地。目前，我国对超标排污所承担的法律责任制裁力度不够，仅限行政处罚手段，而对违法者的刑事制裁强度不足，造成环境污染进一步恶化。

其次，配套制度没有建立起来。跟我国许可证制度配套的一系列制度、措施相对滞后，法律法规不完善。法规文件之间缺乏一致性。这些造成排污者的权利义务规定模糊，导致排污单位弄虚作假，甚至造成负面效应。另外，由于地域性差异或排放污染物类型不同，在制度实施过程中对排污单位的管理要求往往不统一。

第三，缺乏科学管理，监管力度不严。长期以来，我国的污染物总量控制是以排污目标总量为基础，而不是以环境容量为基础，仅对本辖区内的水质提出要求，而出境的水质往往不达标，造成环境恶化。当前对领取排污许可证的条件要求不严，仅把排放污染物达标排放和满足排污总量控制目标作为必要条件，而对排污单位是否履行或达到其他环境管理要求没有做出硬性规定。同时，政府部门之间协调不力，造成监管疏漏。

第四，缺乏公众参与机制。我国的《行政许可法》所要求的“设定和实施行政许可，应当遵循公开、公平、公正的原则”目前没有具体显现出来。由于企业担心信息公开化会增加自身压力；政府担心组织召开听证会耗费人力物力成本，都对信息公开与公众参与缺乏热情。同时，由于公众参与过程的反馈意见和建议如何处理还没有具体规定，而且公众参与的法律效力不明确，所以排污许可证的公众参与机制在我国没有真正建立起来。

第五，排污许可证未能实现动态更新。一般地方的排污许可证为五年一换，当国家环境保护政策、标准发生变化时，排污许可证未能及时更换。以造纸企业为例，当 2008 年版排放标准颁布实施后，很多企业排污许可证规定的达标排放浓度仍为 2001 年版或地方排放标准，形成了不能达标排放又属于合法排污的现象。

2.3　现有排污许可证主要内容

目前，我国各省市基本均有排污许可证，一些省市也制定了排污许可证管理办法。此外，为了加强流域环境管理，还颁布了《淮河和太湖流域排放重点水污染物许可证管理办法（试行）》(2001 年 7 月 2 日)。目前，环境保护部还在制订《排污许可证管理条例》(征求意见中)。排污许可证分为正本和副本。部分省市对排污许可证正本和副本内容进行了规定。正本一般载明下列事项：（一）排污单位名称、地址、法定代表人（主要负责人）；（二）排放污染物的种类、浓度、数量；（三）有效期；（四）发证机关、发证日期和证书编号。各省市在排污许可证正本和副本的格式和内容方面略有区别，部分省市排污许可证副本内容如表 1 所列。

表 1　部分省市排污许可证副本内容

序号	文件名称	排污许可证副本内容
1	《浙江省排污许可证管理暂行办法》(2010 年 5 月 14 日)	(一)污染物排放的方式、时间、去向 (二)排污口地点和数量 (三)产生污染物的主要工艺、设备 (四)污染物的处理方式和流程 (五)污染物排放的执行标准 (六)有污染物排放总量控制任务的，应当载明污染物排放总量控制指标、削减数量和时限 (七)排污权交易情况 (八)其他应当载明的事项

续表

序号	文件名称	排污许可证副本内容
2	《湖北省实施排污许可证暂行办法》(2008年10月20日)	(一)排放口的数量,各排放口的编号、名称、位置,排放污染物的种类、数量、浓度、速率、方式、去向以及排放的特殊要求 (二)污染物排放的监测和报告要求 (三)有总量控制义务的排污者,其排污许可证中应当规定污染物排放总量控制指标、削减数量及时限 (四)其他应执行的环境保护法律、法规、政策的有关规定要求 (五)年度审验记录 (六)现场执法检查记录
3	《广东省排污许可证实施细则》(2009年10月26日)	(一)排污口的数量,各排污口的名称、编号、位置 (二)排放污染物的数量、浓度限值、去向等要求 (三)主要生产工艺 (四)污染物处理工艺和能力 (五)年审记录 (六)主要污染物排放总量按规定需要削减的数量及时限 (七)污染物排放执行的国家或地方标准
4	《排污许可证管理条例》(征求意见稿)	(一)污染物排放执行的国家或地方标准 (二)排污口的数量,各排污口的编号、名称、位置,排放污染物的种类、数量、浓度、速率、方式、去向以及时段、季节要求 (三)产生污染物的主要工艺、设备 (四)污染物处理设施种类和能力 (五)污染物排放的监测和报告要求 (六)定期检验记录 (七)有总量控制义务的排污者,其排污许可证中应当规定污染物排放总量控制指标、削减数量及时限 (八)有清洁生产审核义务的排污者,其排污许可证中应当规定清洁生产审核结果的要求 (九)其他应执行的环境保护法律、法规、政策的有关规定要求

3 美国排污许可证的实施情况

3.1 排污许可证框架体系

美国的排污许可证体系是从事水污染控制的关键手段。美国环保局(EPA)1972年制定了《国家污染物排放消除体系》(NPDES),该制度是美国河流、湖泊和近海水体保护与恢复的主要手段,同时该制度作为世界上最完善的排污许可证制度之一,也是各国排污许可证制度的蓝本。NPDES规定了对直接向水体排放污染物的工厂排放各种污染物的浓度限制。排放许可的限制包括联邦环保局颁布的对特种类工业污染物的排放标准,以及对国家水体的水质标准。NPDES实施范围包括任何向国家水体排放污染物的点源设施。《联邦水污染控制法》规定这些设施排放废水必须要持有美国联邦环保局或被授权的地方政府颁发的NPDES许可证。典型的点源包括市政污水系统、市政和企业雨水收集系统、工业和商业设施、规模化养殖场。许可体系的具体结构如图1所示。

排污许可证包括两方面的限制:技术控制和水质控制。技术控制包括最佳使用控制技术(BPT)、最佳常规污染物控制技术(BCT)和最佳经济可行技术(BAT)。

而水质控制则通过对每日最大总负荷(Total Maximum Daily Loads,TMDL)的规定得以实现。TMDL是指"在满足水质标准的前提下,水体能够接受的污染物最大负荷量"。TMDL相对较为完整全面地将点源和非点源污染纳入总量控制系统。根据《清洁水法》有关条款和美国环境保护局(USEPA)的规定,州政府有责任为不达标水体制定综合考虑点

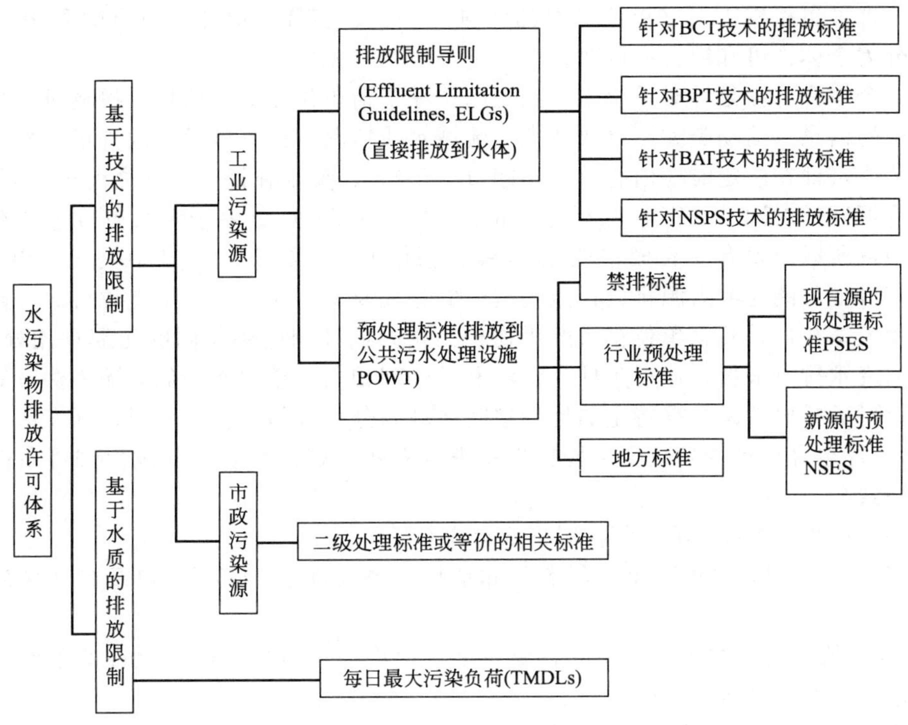

图 1 美国排污许可证框架体系

源和非点源污染的 TMDLs 计划。TMDLs 计划逐步形成一套完整系统的总量控制策略和技术方法体系，成为美国确保地表水质达标的关键手段。TMDLs 体系的具体内容如表 2 所列。

表 2 TMDLs 内容列表

TMDLs 内容	详细描述
问题陈述	水体背景描述、功能、受损情况以及引起损害的污染物质
量化目标	对 TMDLs 中的各项污染物，在定量和定性水质标准基础上制定适当的测量指标及相关量化目标以保护水体的制定功能
污染源分析	评价引起水体损害的相关污染源
负荷容量分析	量化目标及污染源之间的差距，计算水体对于各污染物质的吸收容量
TMDL 及分配	通过非点源的污染负荷分配以及点源的污染负荷分配得出允许分配到污染源的污染负荷总量。TMDLs 即是对所有分配值的加总并且不得超过各污染物的负荷容量
确定安全系数	通过设置安全系数以防止 TMDLs 分析中的技术不确定性
季节性变化因素	考虑流量的变化和季节性污染物负荷及作用效果的变化

在 TMDL 计划中，污染负荷的分配通过下式来计算：

$$TMDL=\sum WLAi+\sum LAi+\sum BLi+MOS$$

式中，WLA（Waste Load Allocation）为允许的现存和未来的点源污染负荷；LA（Load Allocation）为允许的现存和未来的非点源污染负荷；BL（Background Level）为水体自然背景值；MOS（Margin of Safety）为安全余量。

3.2 排污许可证的主要内容

在美国，固定的点源污染（污水处理设施，工业设施，矿山，建筑工地等）必须获得国家污染物排放许可证。许可证允许工厂（或单位）在特定情况下向水体排放一定总量的污染物；同时，许可也授权工厂（单位）对污泥进行加工、焚烧、填埋、或有效利用。NPDES 许可同时分为个体许可和综合许可两种。

其中，个体许可证是针对单个工厂制定的。在申请单位提交申请后，授权机关将根据许可申请表中的信息（活动类型、排放特点、流域水质情况）经审核后发放许可。授权机关签发给单位的许可证在一定时期内有效（不超过 5 年），并要求在许可到期之前进行再申请。

综合许可证针对同一（行业）类型的多家工厂（或单位）。由于多家单位包含在单独一张许可证中，所以需要有一套成本-效益方案。根据 CFR 第 122.28 条中关于 NPDES 的法规，综合许可证可能注明点源排放行业类型中的相关要素，如：风暴水点源排放；几家工厂的运行类型大体相似；几家单位排放的废物种类相同或计划应用相同的污泥利用处置方法；几家单位的废水排放限值、运行条件、污泥利用处理相同；相同或相似监测方法；等等。综合许可证针对的排放者是根据特定的地理空间区域划分（各州、行政区界、开发区、污水处理区域等）。综合许可证的发放要求授权机关进行有效的资源配置，并确保许可条件的对各单位保持一致。

所有的 NPDES 许可都至少包括以下部分内容。

① 封面：一般包括被许可单位的名称和地址，授权排放的声明，以及允许排放的特定位置（区域）。

② 排放限值：污染物排放控制的首要机制，允许被许可方在时间允许的条件下通过有效技术和水质指标，确定排放限值。

③ 监测及通报要求：对排放的废物（流）和流域（接受水体）进行描述，评估废水处理效率，决定服从许可适用条件。

④ 特殊条件：废水排放指标导则的补充，例如，最佳管理实践（BMPs），额外监测、周边流域调查、毒性削减评估（TREs）等。

⑤ 标准条件：所有 NPDES 许可的先前条件，能够表示许可在法律、行政管理和程序上的要求。

所有的许可证都包括这 5 部分，当中的内容根据市政或工业设施、单个设施或多重排放源等情况而定。

个体许可证只适用于单一企业。企业递交必要的申请，许可证负责机构根据许可证申请中的信息为企业制定许可证。个体许可证的制定发放程序如下：a. 收到受许可方的申请；b. 审核申请内容的完整性与准确性；c. 需求其他信息（如有必要）；d. 应用申请的数据和其他资源制定基于技术的废水限值；e. 应用申请的数据和其他资源制定基于水质的废水限值；f. 比较两种废水限值，筛选当中最严格的一项作为许可的限值；g. 针对不同污染物制定监测要求；h. 设定特定条件；i. 设定标准条件；j. 差异分析，参考其他相关规定；k. 制定问题清单（当中总结包含许可证草案的法律法规组成以及公众意见文件）；l. 完成审核及许可证编制；m. 发放最终许可；n. 持续监测，确保执行许可要求。

为了进一步确保排放许可的正确实施就需要确定监测和汇报要求。同时也要求排污者进行常规的自我监测并报告监测的结果，向许可证管理当局提供必需的信息来评估排放物的特性和执行情况。周期性的监测和汇报能够督促环境管理人员履行责任，并反馈排污处理设备的运行情况。

一份 NPDES 特定许可证的监测和汇报应该包括：a. 取样位置；b. 样品收集方法；c. 监测频率；d. 分析手段；e. 报告及记录要求。

在制定特殊要求时，还应当综合考虑到可以影响取样位置、取样手段和取样频率的一些基本要素，比如排放和过程的多样性、排放污染物的不同特性、受纳水体污染负荷情况以及被许可者的执行和守法情况。

3.3　排污许可证的管理部门

EPA在《清洁水法》中被直接批准从事NPDES许可证的全部工作。同时，EPA也被批准可委托其他联邦或州级机构从事许可证发放的全部或部分工作。但EPA必须检查由州级政府颁发的许可证，它有权反对许可证中与联邦要求有矛盾的内容。如果许可证颁发机构没有异议，EPA将直接颁发许可证。许可证一旦颁发，就要被强制执行，被授权的州和联邦机构有权监督和强迫企业执行许可证的要求。当州政府不同意管理NPDES项目时，则由EPA来负责该项目的实施。

4　造纸行业排污许可证内容研究与设计

4.1　《排污许可证管理条例》（征求意见稿）对排污许可证的要求

环境保护部制定的《排污许可证管理条例》（征求意见稿）中对排污许可证内容进行了如下规定。

（1）正本一般载明事项

主要包括：a. 排污单位名称、地址、法定代表人（主要负责人）；b. 排放污染物的种类、浓度、数量；c. 有效期；d. 发证机关、发证日期和证书编号。

（2）副本内容

主要包括：a. 污染物排放执行的国家或地方标准；b. 排污口的数量，各排污口的编号、名称、位置，排放污染物的种类、数量、浓度、速率、方式、去向以及时段、季节要求；c. 产生污染物的主要工艺、设备；d. 污染物处理设施种类和能力；e. 污染物排放的监测和报告要求；f. 定期检验记录（现场执法检查记录、年度审验记录等）；g. 违法、违章记录；h. 排污权交易情况；i. 有总量控制义务的排污者，其排污许可证中应当规定污染物排放总量控制指标、削减数量及时限；j. 有清洁生产审核义务的排污者，其排污许可证中应当规定清洁生产审核结果的要求；k. 其他应执行的环境保护法律、法规、政策的有关规定要求；l. 其他应当载明的事项。

4.2　造纸行业一般污染源排污许可证内容设计

4.2.1　排污许可证内容设计

4.2.1.1　基本框架

根据《排污许可证管理条例》（征求意见稿）的要求以及制浆造纸企业的一般特性，本课题制订了造纸行业排污许可证的内容，正本和副本内容如下所示。

（1）正本内容

包括：a. 排污单位名称、地址、法定代表人（主要负责人）；b. 排放污染物的种类、浓度、数量；（根据副本中污染物的种类决定）；c. 有效期；d. 发证机关、发证日期和证书编号。

（2）副本内容

包括：a. 基本要求；b. 废水排放要求；c. 产生污染物的主要工艺、设备；d. 污染物处理设施种类和能力；e. 污染物排放的监测和报告要求；f. 定期检验记录（现场执法检查记录、年度审验记录等)；g. 违法、违章记录。

其中，正本内容与现行排污许可证的内容基本一致；而副本内容更全面地体现了造纸企业的特点。各部分主要内容如下所示。

4.2.1.2 基本要求

包括：a. 按本证核准的污染物种类、浓度、数量、去向及方式排放污染物；b. 持有本证，不免除缴纳排污费和其他法律规定的责任；c. 在有效期满前一个月，向发证机关申请换证；d. 排放污染物的种类、数量、浓度有重大变化或改变排放方式、排放去向，必须提前十五天向发证机关申请履行变更登记手续；e. 不按本排污许可证要求排放污染物者，将依照有关环保法规处罚。

4.2.1.3 废水排放要求

（1）污染物排放执行的国家或地方标准

在排污许可证中要列出各种污染物排放执行的标准名称及各污染物的限值。制浆造纸行业执行的排放标准主要是 GB 3544—2008《制浆造纸工业水污染物排放标准》，如企业所在地区的标准严于 GB 3544—2008，则执行地方标准限值。

（2）排污口的数量，各排污口的编号或名称、位置，排放污染物的种类、数量、浓度、去向要求

a. 废水排放口位置图排污许可证中要有废水排放口的位置图，最好有地理坐标。

b. 废水排放要求，见表 3。

表 3　废水排放要求

废水排放口名称或编号				
废水允许最大年排放量/万吨				
废水允许最大日排放量/t				
允许废水排放去向				
主要污染物最大允许排放浓度及排放量	COD_{Cr}	最大允许排放浓度/(mg/L)		
		最大允许排放量/(t/a)		
	氨氮	最大允许排放浓度/(mg/L)		
		最大允许排放量/(t/a)		
	AOX	最大允许排放浓度/(mg/L)		
		最大允许排放量/(t/a)		

废水及污染物最大允许排放量的计算将在 5.4 进行说明。

污染物的最大允许排放浓度一般按 GB 3544—2008 标准填写，如地方标准严于 GB 3544—2008 标准，则按地方标准填写。

AOX 只针对有漂白工序的制浆造纸企业。由于 AOX 和二噁英检测较困难，费用较高，所以主要是通过在排污许可证审核时对企业漂白生产工艺进行核查，如核查结果符合排污许可证前置条件对于漂白工艺的要求，则在表 3 中不对 AOX 的排放浓度和总量做出规定；如果漂白工艺不符合要求，则在表 3 中规定 AOX 的排放浓度和总量限值。对于漂白工艺的要求是企业生产中必须使用氧脱木素、ECF 或 TCF 漂白工艺。在进行核查时，应根据企业申请表的填写内容、企业环评报告和竣工验收报告的相关内容，在现场对企业的漂白工艺进行确认。

4.2.1.4 产生污染物的主要工艺、设备

这部分内容应主要根据企业填写的申请表，在进行现场核实后完成。

4.2.1.5 污染物处理设施种类和能力

这部分内容主要根据企业填写的申请表，在进行现场核实后完成。

对于废水处理设施的要求，所有制浆造纸企业都应有二级生化处理设施，对于化学浆生产企业为了达标排放，应上三级处理设施。

4.2.1.6 污染物排放的监测和报告要求

根据企业的类型及企业现有的监测制度，提出监测要求。每年、每季度定期向环境主管部门报告监测情况。监测报告包括取样位置、样品收集方法、监测频率、分析手段及分析方法、记录和报告。

监测样品的位置、收集方法、监测频率、分析手段及分析方法按 GB 3544—2008 中要求执行。

监测频率除了考虑 GB 3544—2008 中的要求外，还要考虑企业废水处理能力、废水处理工艺、守法历史、监测费用、废水去向和污染物性质等。

监测报告应包括企业名称、取样位置、取样时间、样品收集方法、监测频率、监测污染物名称、污染物分析方法及分析手段、检测结果。

在排污许可证现场检查阶段，应检查其监测制度是否符合 HJ/T《水污染物排放总量监测技术规范》的要求。如符合，可使用企业现有的监测制度作为许可证的监测要求；如不符合，则要求企业修改现有监测制度使其符合 HJ/T《水污染物排放总量监测技术规范》要求。

4.2.1.7 定期检验记录（现场执法检查记录、年度审验记录等）

现场执法检查记录应包括检查时间、人员、检查的内容、检查的结果、检查负责人签字、盖章。

年度审验记录包括年检时间、结果确认盖章。具体的年检内容填写在排污许可证年检表中。

4.3 造纸行业重点源排污许可证

造纸行业重点污染源排污许可证应在一般污染源排污许可证的基础上进一步完善。与一般污染源排污许可证不同的部分主要是废水排放要求、排放污染物监测及报告要求、定期检查等。

4.3.1 废水排放要求

对于重点污染源，除了考虑清洁生产标准和污染物排放标准要求外，还应从企业废水排放的受纳水体的环境容量考虑废水中污染物的排放总量。

4.3.2 污染物排放监测要求更为严格

对于重点源企业都应按要求安装在线监测设施，其中必须包括水量监测设施，并有完善的在线监测设施管理维护程序。增加企业日常监测次数，并保存现场记录。

4.3.3 对企业的清洁生产水平提出要求

COD 是造纸行业最大的污染物，对于重点源应重视其生产过程中 COD 产生量的控制，所以对于重点源，应要求企业在申请许可证时，详细介绍其生产工艺及所用设备，尤其是生产过程中水的使用情况，最好有水平衡图及各部分排放废水的情况。而环境主管部门在进行审批时，要评估企业所使用的生产设备及工艺的清洁生产水平，对于重点源至少要达到三级以上水平。

由于制浆造纸废水中COD、BOD浓度较高，使得废水中氮磷等营养物质的含量无法满足废水生物处理的要求，在废水处理时要加入尿素等营养盐，所以造纸废水氨氮的排放量与在废水处理时加入的营养盐的量有关。对于重点源应要求企业在申请时，就其营养盐的使用情况做出说明；环境主管部门在现场检查时应检查其营养盐的使用记录、废水处理过程营养盐投加参数的检测记录等，以检查填报数据的准确性及企业是否是按废水中COD、BOD及氨氮的含有量添加营养盐。

对于重点污染源企业，如果其处在水源保护区附近，对于有漂白工序的企业申请排污许可证时，将使用氧脱木素、ECF或TCF漂白作为一个前置条件，如不符合则不予发放排污许可证。

4.4 排污许可证废水及污染物排放总量计算说明

废水及污染物排放总量一般从两个方面进行计算：一是以清洁生产技术和排放标准为基础进行计算；二是以企业所在地的水环境质量为基础进行计算。对于一般污染源，执行由以清洁生产技术和排放标准为基础计算出的限值，而对于重点污染源，则对这两种限值进行比较，执行其中较严的限值。

4.4.1 以排放标准和清洁生产技术为基础进行计算

(1) 以排放标准为基础计算

废水年允许最大排放量和日允许最大排放量一般根据企业执行的排放标准的基准水量和企业产品产量计算得出。产品产量可根据企业申请表填写的数值，在现场调查核实后确定。

污染物的排放总量根据废水量和排放浓度计算得出。

(2) 以清洁生产技术为基础计算

以我国已发布的清洁生产标准、取水定额、产排污系数及国外BAT技术为参考，计算出废水及各个污染物的产生量，再根据企业废水处理设施对污染物的去除效率，计算排放总量限值。

(3) 对第一步和第二步计算出的排放限值进行比较

选择其中较严的限值，作为一般污染源的排放限值；对于重点污染源，也选其中较严的限值作为与后面以水环境质量为基础计算出的排放限值进行比较时使用。

4.4.2 以水环境质量为基础进行计算

考虑水环境质量的污染物排放总量主要从以下几方面得出：a. 企业所在地区分配给企业的总量；b. 根据企业所在地的水质功能，选择适合的模型计算得出（可使用环评导则中的模型）；c. 新建企业以环境影响评价报告及验收时核算的总量为准。

5 造纸企业排污许可证试点研究

5.1 企业概况

某造纸企业是按林浆纸一体化的经营理念建设的大型制浆造纸企业。年产100万吨漂白硫酸盐木浆，现已扩产至136万吨/年。

该企业生产周期为340天/年，连续生产，四班三运转。

该企业制浆生产线采用的主要工艺和设备为：紧凑型低温蒸煮、压榨式洗涤、压力筛选、氧脱木素、D_0-E/O-D_1-D_2四段ECF中浓漂白、管式降膜蒸发、低臭碱炉等，此生产线的黑液提取率为99%，碱回收率为98%，浆板车间的白水回收率为90%。

5.2　主要生产工艺及产污特点

企业木浆生产的生产工艺流程及产污环节如图2所示。该企业主要产污节点是木片筛

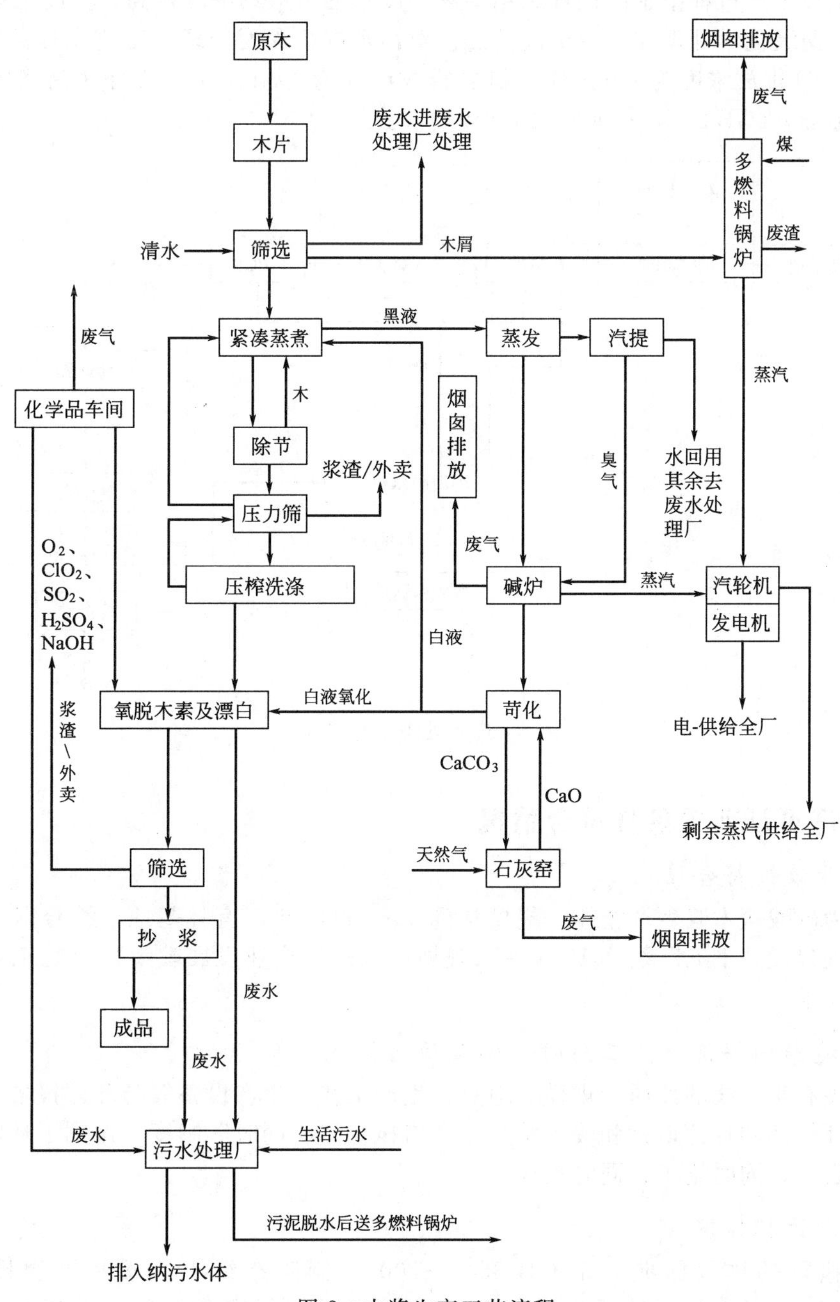

图2　木浆生产工艺流程

选、蒸煮、压力筛选、漂白、抄浆、化学品制备和污冷凝水气提，产生的污染物为黑液、漂白废水、废渣等，其中黑液去碱回收系统回收碱以重复利用。

5.3 废水排放及治理情况

该企业废水主要来自制浆车间，废水量为47200t/d，占到每日废水总量的70%。其次是浆板车间，废水量为6850t/d，占到每日废水总量的10%，因为90%的纸机白水回用于浆板车间和制浆车间。另外，备料、碱回收、化学品制备、冷却水系统等也有废水产生。

由于该企业生产过程中水的循环利用率高，废水的污染物浓度较高，其废水处理系统采用生物处理、两级化学处理和三级沉淀的工艺对污水进行深度处理，工艺流程见图3。废水经处理后，COD排放浓度为80mg/L，氨氮排放浓度为1.4mg/L，符合《制浆造纸工业水污染物排放标准》（GB 3544—2008）的排放要求。

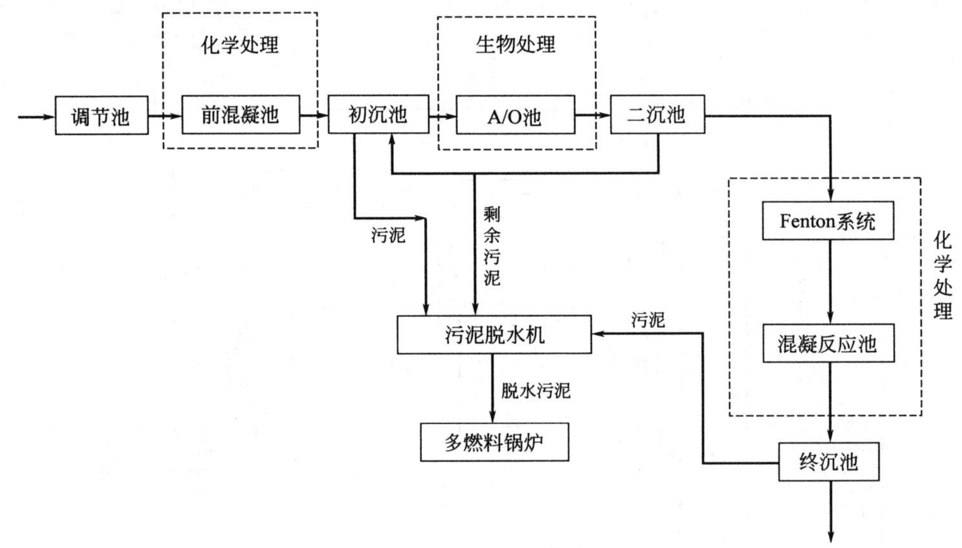

图3 废水处理工艺流程

5.4 排污许可证前置条件符合情况

（1）产业政策符合性

该企业为硫酸盐木浆生产企业，规模达到136万吨/年，有林基地，符合国家《全国林纸一体化工程建设"十五"及2010年专项规划》、《造纸产业发展政策》、《轻工业调整和振兴规划》的要求。

（2）环境影响评价与"三同时"制度执行情况

该企业现有生产线的性质、规模、地点、生产工艺、生产设备等与环评报告一致。企业环评通过了环保部的环评审批和竣工验收。严格执行"三同时"制度，做到了环保设施与主体工程同时设计、同时施工、同时投运。

（3）排放达标情况

该企业执行的排放标准严于GB 3544—2001《制浆造纸工业水污染物排放标准》，COD_{Cr}执行100mg/L，废水处理设施的COD_{Cr}排放浓度可稳定在100mg/L以下，符合当地的排放标准，其他污染物指标的排放浓度也符合《制浆造纸工业水污染物排放标准》（GB 3544—2008）的排放要求。

（4）清洁生产技术（漂白工艺）符合性分析

该企业采用氧脱木素、ECF 漂白，符合排污许可证对漂白工艺的要求。

（5）清洁生产标准符合情况

清洁生产水平大多数指标达到《清洁生产标准 造纸工业（硫酸盐化学木浆生产工艺）》（HJ/T 340—2007）的一级标准。

（6）排污登记及排污缴费的符合性

企业每年均按照国家规定及当地政府排污缴纳计划及时进行排污申报登记，并按时足额上缴排污费。

5.5 确定污染物排放总量

5.5.1 废水年最大允许排放量

（1）以排放标准和清洁生产技术为基础

按该企业执行的排放标准规定的废水排放 $40m^3/t$，计算其废水年排放量为 5280 万吨；《清洁生产标准 造纸工业（硫酸盐化学木浆生产工艺）》（HJ/T 340—2007）中废水产生量的一级指标为 45 m^3/t，高于企业执行的排放标准的规定。所以企业废水允许最大年排放量的值为 5208 万吨。

（2）以水环境质量为基础

该企业所在省对企业要求的废水排放量为每年 2409 万吨。

（3）确定废水排放量

企业目前废水排放量为 2285 万吨/年，考虑到企业产量的波动性及设备运行的波动性，所以该企业排污许可证执行该企业所在省为其制定的总量指标 2409 万吨/年。

（4）废水允许最大日排放量

根据废水年排放总量、预计年产量、预计日最大产量计算，得出废水允许最大日排放量为 70853t/d，该企业废水处理系统已满负荷运行。

5.5.2 COD 年最大允许排放量

5.5.2.1 以排放标准和清洁生产技术为基础

按浓度 100mg/L，废水量为 2409 万吨计算，排放量为 2409t/a；按《清洁生产标准 造纸工业（硫酸盐化学木浆生产工艺）》（HJ/T 340—2007）一级指标规定的 COD 产生量为 55kg/t 计算，得出的 COD 年产生量为 74800t/a，企业采用二级生化＋三级 fenton＋混凝对企业废水进行处理，COD 去除率大于 95%，则 COD 的排放量为 3740 万吨/年。

根据企业现有生产技术水平核算 COD 的产生量，计算如下。

（1）企业备料

企业原料为桉木，一部分为进口木片，一部分为原料林基地的原木。林基地的原木在林区剥皮，然后削片，采用全封闭式木片筛选技术对木片进行筛选，筛选合格的木片送木片仓。没有废水产生。

（2）制浆

合格木片进入蒸煮器进行蒸煮，企业采用低温紧凑型蒸煮。这种蒸煮方法得率、排渣少、蒸煮温度低；蒸煮后黑液的 COD 发生量约为 1400kg/t 浆。

企业采用压榨式洗涤，封闭压力筛选，黑液提取率达到 99%，采用压榨式洗涤器，其原理主要是置换洗涤，即使浆料在很高的浓度下通过一均匀分散的浆层。高洗涤效率与经过压榨后高出浆浓度给出了良好的洗涤效果，由于出浆浓度很高，故洗涤效率较高；洗涤因子低，用水量少；经黑液提取后随浆料进入下一工序的 COD 量为 14kg/t 浆。

随后进入氧脱木素段，此时经过蒸煮后浆料卡伯值一般在 14～18 的范围内，经两段氧脱木素后，可去除 50%的木素，使卡伯值降到 7～9。

氧脱木素后的浆料进入漂白段，漂白过程采用中浓度漂白，可显著减少漂白用水量。漂白工段第一段采用 ClO_2 漂白，第二段碱抽提（氧加强），第三、第四段都是 ClO_2 漂白，漂白间洗涤采用压榨式洗涤器。ECF 漂白可使 AOX 发生量减少 60%以上。

漂白段 COD 的生产量与浆料的卡伯值有关。一般一个卡伯值大约产生 2kg/t 浆的 COD，即在漂白段产生 14～18kg/t 浆的 COD。

（3）碱回收

主体设备为六效式降膜蒸发器组及其配套装置和重污冷凝水汽提系统。该设备具有传热性能好、蒸汽耗量低、蒸发元件不易结垢以及负荷率变动范围大的优点，可得到高浓度（75%～80%）的黑液。进蒸发站稀黑液浓度 15%～17%，出蒸发站浓黑液浓度 75%～80%，直接送碱回收炉燃烧。

碱回收炉选用低臭型炉燃烧黑液，回收能量。苛化工段引进预挂式绿泥、白泥真空过滤机以减少碱损失。采用闪急干燥的节能型石灰窑进行石灰回收。石灰窑使用清洁能源——天然气。

碱回收蒸发段会有一部分污冷凝水产生，这部分水经气提后废水中 COD 的发生量在 2～8kg/t 浆。

（4）浆板车间

① 浆料准备　浆料经一级五段筛选，所用的设备为单鼓外流式旋翼筛。浆料洗涤在 10%左右的中浓度下进行，节能节水。

② 抄浆系统　流浆箱及网部：采用封闭式流浆箱，内设稀释系统，双网成形部配有楔形漂浮区、蒸汽风箱可提高浆板温度由 65℃升高到 81℃，可以达到很高的脱水量。

压榨部：压榨部先经三辊两压区的复合压榨，接着是靴式压榨，浆板在压区的停留时间长、脱水量大，压榨干度达 52%，为后面的干燥减轻负荷。

干燥部：气垫式干燥机采用热风干燥原理。大部分空气可循环利用，减少用汽量及能耗。在传动侧采用自动引纸，操作安全，节省人力，断纸少，工作效率高。

③ 白水回收系统　抄浆车间的白水主要来自成形部和压榨部。本项目采用循环方式，白水被回收到白水塔后，主要输送到筛选工段、流浆箱、湿损槽、干损槽、高浓槽、配浆槽等地方，其主要作用是稀释。多余的白水被送到制浆车间使用，少量排放，白水回收率高达 90%以上。

浆板车间产生的白水大部分回用于浆板车间和制浆车间，白水回用率大于 90%。此段 COD 的产生量为 0.36kg/t。

该企业废水处理设施为二级生化加三级 fenton＋混凝，最终 COD 去除率为 96％，经计算得出 COD 排放量的范围在 1.25～1.81kg/t 浆。根据企业纸浆的产量，可算出企业 COD 排放总量在 1700～2461.6t/a 之间，而企业申请表中填报的 COD 排放总量为 1828t/a。

5.5.2.2 以水环境质量为基础

企业所在地环保部门给企业规定的 COD 排放量为 2064t/a；根据企业所在省 2009 年重点工业区近岸海域水环境质量报告可知，该企业的废水排放所在海域的海水质量为一类，未对海水造成较大影响。

5.5.2.3 确定 COD 排放量

企业所在省的环保部门根据当地的情况，规定的该企业的 COD 排放量为 2064t/a，基于与废水排放量同样的考虑，确定该企业 COD 排放量执行当地的规定 2064 万吨/年。

5.5.3 氨氮年最大允许排放量

由于企业所在地环保部门没有对氨氮进行总量控制，且限于技术问题，无法从水环境质量出发进行氨氮总量核算。因此，以排放标准为基础，按浓度 15mg/L，废水量 2409 万吨计算，最大允许排放量为 361t/a。

由于该企业废水处理部门管理规范，尿素的添加量均严格按废水中 BOD 的含量计算得出，并按量添加，所以该企业氨氮排放浓度一般在 2mg/L 以下，远低于 GB 3544—2008 的限值要求，因此许可证中氨氮排放量定为 361t/a。

5.6 排污许可证内容确定

5.6.1 正本内容

排污许可证文本应简明扼要的描述企业基本情况和污染物允许排放状况，如图 4 所示。

排放污染物许可证

证书编号：×××××××

单位名称：×××× 造纸有限公司

法人代表：×××

单位地址：×××××××××

许可内容：废水允许最大年排放量2409万吨

COD最大允许排放浓度100mg/L, COD年最大允许排放量2064t

氨氮最大允许排放浓度15mg/L, 氨氮年最大允许排放量361t

图 4 排污许可证正本内容

5.6.2 副本内容

排污许可证副本应详细记录污染物产排污环节、处理技术和排污状况等信息，具体情况如下所述。

(1) 该企业的废水排放标准限值

企业执行的废水排放标准见表4。

表4 企业执行的废水排放标准 单位：mg/L

COD_{Cr}	BOD	氨氮	总氮	总磷	AOX	pH值	色度	TSS	废水量/(m^3/t)
100	30	15	18	1	15	6～9	50	70	40

(2) 废水排放要求

废水排放要求见表5。

表5 废水排放要求

废水排放口名称或编号			WS20001	
废水允许最大年排放量/万吨			2409	
废水允许最大日排放量/t			70853	
允许废水排放去向			深海	
主要污染物最大允许排放浓度及排放量	COD_{Cr}	最大允许排放浓度/(mg/L)	100	
		最大允许排放量/(t/a)	2064	
	氨氮	最大允许排放浓度/(mg/L)	15	
		最大允许排放量/(t/a)	361	
	AOX	最大允许排放浓度/(mg/L)	—	
		最大允许排放量/(t/a)	—	

(3) 产生污染物的主要工艺、设备

各工段生产工艺及设备见表6。

表6 各工段生产工艺及设备

车间	工序	工艺	设备	
制浆车间	蒸煮	连续蒸煮	紧凑蒸煮器	
	洗涤筛选	全封闭逆流洗筛	压榨洗涤器、压力筛	
	漂白	氧脱木素、ECF漂白		
碱回收车间	蒸发		管式降膜	
	燃烧		低臭碱炉	
	苛化			

(4) 污染物排放的监测和报告

取样位置：废水总排放口。

样品收集方法：按污染物检测方法规定的方法。

监测频率：每月一次，由当地环保部门监测；因企业安装有COD、流量、TSS、pH值、溶解氧等在线监测，所以应每天定时记录，一般为1次/班；氨氮监测根据企业废水处理时添加营养剂的情况进行，对于营养剂的添加要有添加量的计算和实际添加的记录。对于AOX，虽然该企业的生产工艺可保证AOX排放不超标，但也应适时进行抽测，如半年一次。

监测报告每季度一次向当地环保主管部门提交。

说明：该企业虽然为重点污染源，但守法记录较好，而且在线监测装置较全，所以排污许可证中规定的监测频率就按企业现有的自查监测频率规定。而对于氨氮，由于制浆废水中的氮含量无法满足活性污泥法的运行要求，所以企业一般要在废水处理过程中加入营养剂(一般为尿素)，而该企业严格按照C∶N∶P＝100∶5∶1的要求。在检测了初沉COD、氨氮和二沉的氨氮浓度后，计算出尿素的用量，定量添加，氨氮可达标排放。

6　排污许可证有效实施的建议

6.1　加强立法完善排污许可证制度

当前，我国排污许可证制度总体来说立法滞后于实践，作为环境保护的一项基本制度，在立法上获得足够的支撑是实现有效实施的保障。目前，我国排污许可证的法律依据仅为《水污染防治法实施细则》中的第十条，而没有写入我国环境保护的根本法《环境保护法》之中。2007 年环保部出了一个《排污许可证管理条例》（征求意见稿），但一直没有正式颁布，给现实中排污许可证的实施带来了很大障碍，主要表现在以下几个方面：a.《水污染物排放许可证管理暂行办法》在排污许可证制度的具体实施中发挥了指导作用，在 2007 年 10 月 8 日废止后排污许可证的具体开展一直处于盲区；b. 由于单行法中仅对排污许可证做了原则性的规定，为将单行法落到实处，必须有配套的具体办法实施才可以，否则缺乏必要的指导就丧失了现实的可操作性；c. 全国的排污许可证从申请条件、范围、对象、审查、监督等各个环节有待于进一步规范，否则有失公平。

6.2　加强证后监管，加大执法力度

发放排污许可证只是排污许可证制度的一个起点，关键要注重证后监管，才能保障实施到位，达到应有的实施效果。根据国控重点污染源监测报告，2008 年前三季度 2844 家废水污染源排放达标率为 72%，900 家城市污水处理厂排放达标率为 67%，2844 家废气污染源排放达标率只有 62%。监管跟不上，就容易导致排放超标。为加强证后监管主要采取以下措施：a. 不断强化基层环保力量；b. 增加企业违法成本，提高企业守法效益；c. 在监管方式上有所创新。以云南为例，在排污许可证中引入年检制度和建立了环保、工商联动制度，每年 12 月 1 日起，各级环保行政主管部门对由本单位审批发证的单位进行年检，同时将持证单位名单抄送工商部门，在排污许可证年检中主要查看各级环保监察、监测部门的环境监察和监测报告，若存在不符合排污许可证要求的行为限期整改，如限期内仍达不到要求的则不予通过年检。这一做法效果显著，在日常监管中环保与其他相关部门形成良好的“合作”关系显得尤为重要。

6.3　完善总量控制制度

当前实施的排污许可证制度是以污染物总量为基础的，为此应尽快完善总量控制制度为排污许可证制度的有效实施提供保障。

（1）进一步完善总量控制立法

针对当前总量控制制度立法空白和现实的需要，建议在《环境保护法》中明确规定国家实行污染物排放总量控制制度，从而使总量控制制度具有权威性和稳定性，并真正成为一项法律制度，从而为该制度的实施提供法律依据；此外关于总量控制的具体实施，应尽快出台相应的规定，以便于指导实际工作，该规定要尽量细致，具有可操作性。

（2）合理分配总量控制指标并具有适度灵活性

排污许可证制度实施中的一个重要环节就是对排污许可量的分配，这就要求对企业的生产状况、经营水平有一个全面的了解，根据其排污能力和现状合理发放指标，并适度地根据企业的经营状况变化来调整指标分配，保持适当的活度，这些工作量都非常的大，实现排污

指标的合理、公平分配存在困难，所以从长期工作的角度建议环保部门建立对企业的信息管理系统，便于对企业实行动态管理。

6.4 建立排污许可证内容动态更新机制

排污许可证内容动态更新机制的建立包括三个方面：一是环境管理部门；二是企业方面；三是公众参与。

6.4.1 环境管理部门

① 建立排污许可证管理系统。该系统应包括企业基本情况、生产工艺技术及装备、废水处理设施情况、排污许可证中规定的污染物排放限值、企业执行的标准、定期监测和年检记录等。

② 环境管理部门应定期检查排污许可证限值执行标准是否与国家现行标准一致。如2011年7月1日起所有造纸企业都将执行GB 3544—2008中表2的排放限值，排污许可证管理部门应及时对本辖区的造纸企业的排污许可证内容进行审查，检查是否有企业的排放限值不符合表2的限值。如有不符合的企业应对该企业的排污许可证限值进行重新核算和调整。

③ 环境管理部门要关注国家法律和法规、行业政策的变化，对于重点源应定期检查企业的工艺、技术及装备是否属于国家明令淘汰的范围。

④ 环境管理部门应定期对排污许可证企业进行监测，排污许可证管理系统应与环境监测数据联网，及时了解排污许可证企业的排污情况。

⑤ 管理部门应设立公众参与的渠道，使公众能及时反应所发现的问题，并对公众举报的情况进行调查。

6.4.2 企业方面

① 企业应及时向环境管理部门通报任何可能造成环境不良影响的改建计划。

② 如有环境污染事故发生，应立即向管理部门报告。

③ 企业应建立排污许可证管理规章，对于与排污许可证相关的监测记录进行存档，并定期提供给环境管理部门。

④ 企业有义务为环境管理部门的检查提供条件。

6.4.3 公众参与

① 对排污许可证发放情况进行公示。环境管理部门应在发放排污许可证的同时，在其网站上对于发放情况进行公示。对于取得排污许可证的企业，公示中不仅包括企业名称，还应包括对于企业污染排放的要求；对于未发或发放临时排污许可证的企业也要进行公示；对于排污许可证更新情况也应公示；这样可以使公众及时了解排污许可证发放情况并进行监督。

② 环境管理部门对于定期检查的结果也应及时公告，让公众了解排污许可证企业的排污情况、临时排污许可证企业的整改情况。

6.5 排污许可证与其他环境管理制度的有机结合

排污许可证制度是对污染源进行监督管理最基本和最重要的手段。以排污许可证为主线，将“三同时”验收、排污申报登记、总量减排目标责任制、产业结构调整、限期治理、清洁生产强审、排污收费等环境管理制度对企业的环境管理具体要求，集中通过排污许可证一证管理，贯穿起来，衔接起来，体现全过程管理和长效管理，具有其他管理制度不可替代的作用。如环境影响评价“三同时”制度只是对新建项目的许可，缺乏后续监管手段；排污申报登记只是对排污行为的一种确认，环保部门不享有自由裁量权；排污收费只是一种污染控制的经济刺激手段；限期治理是末端管理措施，难以达到全过程管理要求；总量控制一般以目标责任书的形式下达，缺乏落实到位的具体载体等。而实施排污许可证制度则可以将上述各项管理制度统揽串联起来，如在我们试点的企业，其排污许可证发放的前提条件是通过环境影响评价、“三同时”验收合格、进行了排污申报登记、按时按量缴纳排污费、符合国家相关政策，对于不符合的企业，只能视情况发放临时排污许可证；对于重点源的企业，我们对其在清洁生产方面进行评价，如在清洁生产水平上不符合要求，则不予发放排污许可证。总之，通过排污许可证制度，可以使各项制度的作用得以充分发挥，实现对排污者综合的、系统的、全面的、长效的统一管理，为工业污染防治提供了强有力的环境执法手段。尤其在目前国家开展节能减排的形势下，实施排污许可证管理具有更重大的现实意义。

参考文献

[1] 美国环境保护局．美国水质交易技术指南．吴悦颖，李云生等译．北京：中国环境科学出版社，2009.

[2] 刘乐凡．国内排污许可证制度分析及改良建议．东南学术，2010.2.

[3] 孟静．国外环境影响评价制度和排污许可证制度．改革与开放，2010.2.

[4] 肖爱．中美水污染物排放许可证制度之比较．中国环境管理干部学院学报，2006，16（2）：30-32.

[5] 夏光，冯东方等．六省市排污许可证制度实施情况调研报告．环境保护，2005.6.

[6] 金东青，刘阳等．沈阳市推行排污许可证制度的回顾、反思及对策研究．环境保护科学，2008，34（6）：36-38.

[7] 宋国君，沈玉欢．美国水污染物排放许可体系研究．环境与可持续发展，2006，(1)：20-22.

[8] 柯强，赵静，王少平等．最大日负荷总量（TMDL）技术在农业面源污染控制与管理中的应用与发展趋势．生态与农村环境学报，2009，25（1）：85-91，111.

[9] 王珺红．从新制度经济学看排污许可证交易［J］．中国海洋大学学报（社会科学版），2006，5：36-38.

[10] 赵晨，铁燕．2005年中国法学会环境资源法学研究会年会论文集．中美水环境标准法律制度比较研究．2005.

[11] 陈冬．2005年中国法学会环境资源法学研究会年会论文集．中美水污染物排放许可证制度之比较，2005.

[12] 郑荷花．中美水污染物排放许可证制度的比较研究．江苏环境科技，2006，19（3）：60-62.

[13] Environment Agency. 2009. Consultation on Environmental Permitting Guidance Technical Guidance for the Registration of Small sewage effluent discharges. http：//www. environment-agency. gov. uk/research/library/consultations/114576. aspx.

[14] Environment Agency. 2010. Environmental Permitting（EP） charges for discharge to surface waters and point source sewage effluent to ground. http：//www. environment-agency. gov. uk/business/regulation/38807. aspx.

[15] Defra. 2010. Environmental Permitting Guidance Water Discharge Activities. http：//www. defra. gov. uk/corporate/consult/env-permitting-guidance-water/.

[16] Defra. 2010. Environmental Permitting Guidance Core Guidance. http：//www. defra. gov. uk/corporate/consult/env-permitting-guidance-water/.

[17] OPSI. 2010. The Environmental Permitting（England and Wales） Regulations 2010. http：//www. opsi. gov. uk/si/si2010/draft/ukdsi _ 9780111491423 _ en _ 1.

[18] IPPC. 2001. Reference Document on Best Available Techniques in the Pulp and Paper Industry.

[19] Environment Protection Agency. 2010. U. S. EPA. NPDES Permit Writer Manual.

啤酒行业主要污染物总量减排控制措施研究[1]

李键，孙晓峰，宋云
（中国轻工业清洁生产中心，北京，100012）

摘要：我国啤酒产量处于世界第一位，行业发展潜力巨大；同时行业的环保问题也逐步引起人们的关注。本文通过对啤酒行业发展现状的调研分析，预测了啤酒行业在“十二五”期间主要污染物的排放总量，并提出了行业污染物排放控制目标及相应的污染物减排方案，最后进一步分析了污染减排方案实施的政策保障措施。

关键词：啤酒；污染物；总量减排；控制措施

Study on major pollutants load reduction & control measures for beer industry

Li Jian，Sun Xiaofeng，Song Yun
（China Cleaner Production Center of Light Industry，Beijing，100012）

Abstract：China's beer production is on the leading position over the world with great development potentials，while its environmental issues have also caught people's attentions. This paper studied the development status of China's beer industry and predicted its discharge load of major pollutants during the period of “12th Five Year Plan”，and proposed the industrial pollutants discharge targets and the related pollutants reduction measures，finally analyzed the constitutional measures to implement these pollutants reduction approaches.

Key words：beer；pollutant；pollutant load reduction；control measures

1 行业现状

1.1 行业规模

中国是亚洲乃至世界最大的啤酒生产国。我国啤酒产量自 1992 年以来呈现逐步增加的趋势，1992 年超过 100 亿升，1995 年超过 150 亿升，1999 年超过 200 亿升，2003 年超过 250 亿升，2005 年超过 300 亿升，2006 年为 352 亿升，2007 年为 393 亿升，2008 年继续保持大幅增长的势头，完成啤酒产量 410 亿升，比 2007 年增长 4.3%。

2008 年我国啤酒出口量和出口额再创新高，出口啤酒 24.16 万千升，是进口量的 8.6 倍。由于出口单价低，出口额仅为进口额的 3.5 倍。出口单价提高 8.50%，有提高趋势，但低于行业平均售价增幅。进口啤酒 2.81 万千升，进口平均价格增长 5.09%，增幅小于出

---

[1] 2009 年度污染减排监督管理项目——“食品、啤酒、饮料行业污染物排放总量控制研究”。

口单价。

1.2　地区分布

截止到2008年年底，全国共有啤酒企业250家左右，10万千升以上的企业有45家，其产量占全国啤酒总量的87%。华润、青岛、燕京三大集团的产量占全国产量的40%。

各省市区中啤酒产量超过100万千升的省市已有15个，达全国半数，其中超过200万千升的省市有辽宁、江苏、浙江、山东、河南、湖北、广东等8个；增长率超过20%的省市有河南、四川、甘肃等5个。从全国来看，啤酒产量增加较多的省市仍集中在沿海的工业发达地区，中西部省市因基数较小，多数省市产量增长率高于全国平均水平。

从全国啤酒市场格局看，经过近阶段的发展，青啤、华润、燕啤三大啤酒集团的第一梯队的地位已经奠定；珠啤、重啤、哈啤、金星第二梯队鼎立之势已渐形。国内啤酒市场目前基本上呈现地域性的分布，各自独霸一方，东北哈啤，北方有燕京，东部有青啤，西部有蓝剑、重啤，南部有珠江，中部有金星，且青啤、燕京、华润在东北、北京、西南等市场上已经形成竞争的格局。全行业有近40%的产能过剩，所以行业竞争非常激烈。

1.3　发展趋势预测

我国目前啤酒年人均消费量虽然已经接近22L，但中西部地区仅在10L左右，8亿多人口的农村人均连5L不到，与世界平均消费量30L相差很多。随着人民生活水平的提高和农民收入的增加，我国啤酒消费仍将保持一定的增长幅度，人们将更青睐于高档啤酒、淡啤酒、纯生啤酒和知名品牌以及符合消费时尚的新颖包装啤酒。在我国巨大的市场消费潜力和生产基础上，我国啤酒业的产量将会持续稳步上升。

2　行业水污染物排放现状及达标情况

2.1　行业水污染物排放现状

啤酒工业一直是用水大户，近几年随着啤酒工业的迅猛发展，给环境造成了极大的威胁。自2002年至2008年这七年间，在啤酒产量实现59%增长的前提下，废水排出总量未出现增长（见图1），相比较而言，2008年废水排放量比2002年下降了约20%多。同时随着节能减排工作的开展和清洁生产技术的推广，COD排放量也出现下降的趋势，从2002年的2.9万吨下降到2008的2.0万吨左右。氨氮也从2004年的3510t下降到2008年的1969t。

2.2　行业标准及执行情况

（1）水污染物排放标准

2005年环境保护部颁布了《啤酒工业污染物排放标准》（GB 19821—2005），代替了原来执行的《污水综合排放标准》（GB 8978—1996）。该标准适用于啤酒及麦芽工业企业，标准中规定了麦芽、啤酒企业污染物排放浓度限值和单位产品污染物排放量，对促进啤酒工业生产工艺和污染治理技术进步，加强啤酒企业污染物的排放控制，维护良好的生态环境将起到促进作用。

但在实际执行中各地方是按照地方标准进行执行，并且常规测量指标只是COD、BOD、

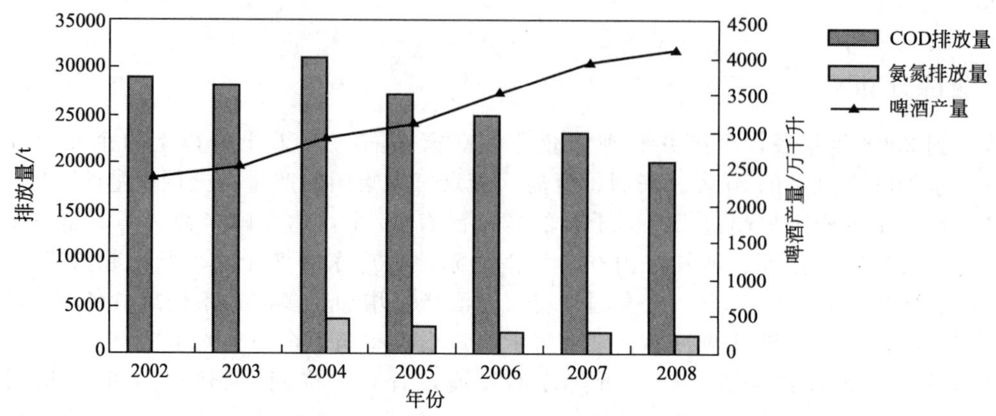

图 1　2002～2008 年污染物排放情况

SS、氨氮，且氨氮不计入考核之内，对其他污染物总氮、总磷也均不进行考核。在“十二五”期间，国家将增加对氮磷的考核力度。根据目前啤酒行业的实际情况而言，大部分啤酒企业现有废水治理工艺对磷的去除效果不明显，不能达到现有排放标准的要求。

除了国家啤酒污染物排放标准外，一些啤酒生产大省也纷纷出台了各省的啤酒排放标准，比如山东省出台的（DB 37/676—2007）。山东省是我国啤酒生产最多的省份，2008 年啤酒产量 473.92 万千升，占全国总产量的 10.4％。有青岛啤酒集团有限公司、山东新银麦啤酒有限公司、烟台啤酒朝日有限公司等大型啤酒生产企业。山东省啤酒生产废水排放执行山东省地方标准《山东省半岛流域水污染物综合排放标准》（DB 37/676—2007）。此外，广东省啤酒生产废水排放执行广东省地方标准《水污染物排放标准》（DB 4426—2001）；上海市当地啤酒企业执行《上海市污水综合排放标准》（DB31/199—2009）。

据酿酒协会统计，到目前为止全国以工厂数计，约有 40％～50％啤酒厂废水直接排放。而这些工厂的啤酒产量不足全国的 15％。对全国来说，目前啤酒排出废水达标工厂数大约为 20％。

（2）清洁生产标准

2006 年中国环境科学研究院与中国酿酒工业协会啤酒分会共同编制了《清洁生产标准 啤酒制造业》（HJ/T 183—2006）。该标准从生产工艺装备、资源能源利用、产品指标、污染物产生、废物回收利用和环境管理六个方面对啤酒生产的全过程进行了详细的技术要求，对进一步推动我国的清洁生产、防治生态破坏，引导企业发展绿色经济，起到了重要的引导作用。

3　啤酒行业水污染物总量控制目标指标确定

3.1　“十二五”期间行业发展趋势预测

啤酒属于居民日常生活用品的一部分，啤酒行业的发展与国民经济和居民生活水平息息相关。图 2 为 2005～2009 年间我国啤酒产量和我国国内生产总值之间的关系，可以看出，随着国内生产总值的快速增长，我国啤酒行业也一直处于快速增长的态势。图 3 为 2005～2009 年间我国啤酒产量增长率和我国国内生产总值增长率之间的关系图，从中可以看出啤酒行业的发展与国民经济的发展存在着密切的关系，并且具备相似的发展态势。

因此，在维持现有污染治理条件下，采用情景分析的方法预测 2015 年我国啤酒行业产

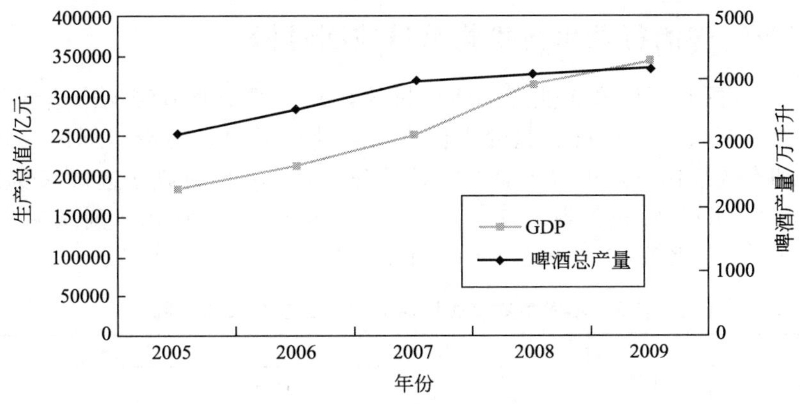

图 2　GDP 和啤酒总产量的线性关系

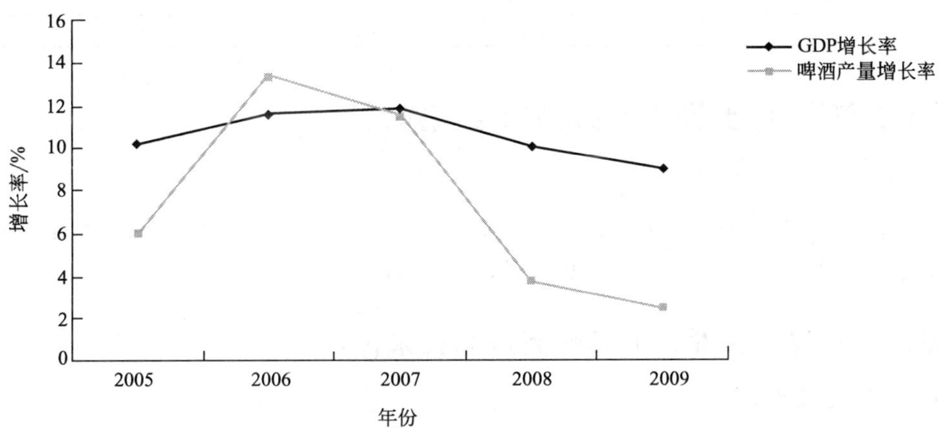

图 3　GDP 增长率和啤酒产量增长率关系

量。假设三种情景，三种情景分别是 2011～2015 年 5 年间经济增速平均为 7%、8%、9%，相应啤酒产量增速平均增速为 5%、6%、7%，预测结果见表 1。

表 1　不同情景下分析结果

情景模式	经济增速	啤酒产量增速	产品产量/万千升
1	7%	5%	5360
2	8%	6%	5621
3	9%	7%	5891

根据以上分析结果，可以看出“十二五”期间我国啤酒行业的产量还将不断增加，产量的增加务必会导致污染物排放量的增大。根据情景分析结果，预测我国“十二五”末啤酒行业污染物排放量，具体结果见表 2。

表 2　“十二五”末啤酒行业污染物排放量

情景模式	产品产量/万千升	COD/t	氨氮/t
1	5360	26127	2573
2	5621	27399	2698
3	5891	28715	2828

3.2 “十二五”啤酒行业水污染物总量控制目标

到2015年，全国啤酒生产企业全部达标排放，50%的企业清洁生产达到三级指标，水污染物排放量得到有效控制；将引起的水体富营养化的总氮、总磷指标纳入到核查范围之内，排放量得到有效控制；规模以上企业完善处理设施，对已有废水进行深度处理。

到2015年，COD排放量控制在18000t，比2008年下降2000t，削减率为10%；氨氮排放量控制在1800t，比2008年下降169t，削减率为8.5%（见表2）。

表3 不同情景模式相对应“十二五”末削减量

情景模式	COD/t			氨氮/t		
	COD排放量	COD削减量	2015年COD排放量	氨氮排放量	氨氮削减量	2015年氨氮排放量
1	26127	8127	18000	2573	773	1800
2	27399	9399	18000	2698	898	1800
3	28715	10715	18000	2828	1028	1800

4 “十二五”行业重点污染物总量减排方案

4.1 加快产业结构调整步伐

加大啤酒行业产业结构调整力度。在产能过剩的前提下，逐步关停产量在10万千升以下以及能耗高、物耗高、污染重的小型啤酒企业。

4.2 完善、法规、标准，引导啤酒行业技术进步

（1）体系框架设计

标准体系框架如图4所示。

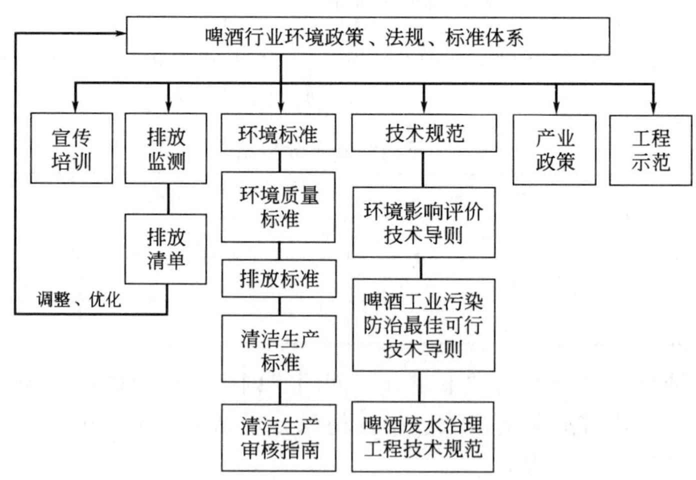

图4 啤酒行业环境政策、法规、标准体系

（2）修订《啤酒工业污染物排放标准》（GB 19821—2005）

《啤酒工业污染物排放标准》（GB 19821—2005）的颁布实施，在很大程度上促进了啤酒行业的技术进步。随着国家对环保工作力度的持续加大，控制重点从COD扩大到氨氮、总氮、总磷等水体富营养化物质，《标准》应根据国家的环保形势和啤酒行业的现状和发展

趋势进行修订，修订的主要内容应包括单位产品废水排放量、增加总氮排放限值。

(3) 修订《清洁生产标准 啤酒制造业》(HJ/T 183—2006)

近几年，啤酒行业发展迅速，清洁生产标准的一些内容已经不符合行业的实际情况，应抓紧修订。修订的主要内容应包括生产规模、取水量、废水产生量等指标。

(4) 制定最佳可行性技术导则

排放标准的颁布实施，有利于加强啤酒行业污染控制。而BAT导则的制定，将为企业开展节能减排工作提供技术支持。同时，通过在重点啤酒企业开展示范活动为先导，对开展BAT进行技术经济可行性评价。

4.3 积极推进啤酒行业清洁生产，实现污染全过程控制

从2002年到2008年七年间，啤酒工业各项消耗指标均有不同程度的下降，取水指标从9.8m^3/kL降到了5.8m^3/kL；耗标煤从99kg/kL降到了70kg/kL；耗电指标从94kW·h/kL降到了76kW·h/kL；综合能耗从127kg/kL降到了78kg/kL。但是仍与国外先进水平有不小的差距，如德国啤酒行业单位产品取水量在3.5～4.5m^3，我国一些大型啤酒企业单位产品取水量才达到5m^3左右，耗标煤上我国也与其具有30%～40%的差距；污染物的产生和处置方面，国际上已采取规范的付费排放和专业有偿处理，而我国尚停留在企业分散处置，处理成本较高。

在“十一五”期间，国家和地方大力开展末端治理工作，大中型啤酒企业已经普遍采用了UASB+SBR污水处理工艺，大中型啤酒企业均能达标排放。若要在现有基础上，进一步降低啤酒行业污染排放总量，必须从生产全过程控制，实施污染预防，推行清洁生产。因此，在“十二五”期间，应积极引导啤酒企业进行清洁生产，推广最佳实用技术，用高新技术改造传统工艺，主要减排技术包括以下几个方面：a. 麦糟的综合利用技术；b. 废酵母的回收利用技术；c. 推广采用麦汁一段冷却技术；d. 冷却水循环利用技术等。

4.4 完善污水处理设施，加强企业深度治理

“十二五”期间，继续加强啤酒企业污水处理设施的建设以及运营监管工作。在实施清洁生产的同时，通过水污染物排放标准以及排污许可证制度等规范啤酒企业的排污行为。指导企业开展污水处理设施的建设与运营工作，在啤酒行业推广厌氧好氧联合处理，并且加强对废水的脱氮除磷，确保COD、氨氮、总氮、总磷稳定达标排放。缺水地区，提倡啤酒企业对废水进行进一步深度处理，达到污水回用标准，提高污水回用率。

4.5 加强监督管理工作，严格执行环保标准

啤酒行业是酿酒行业中废水和污染物排放大户，污染物排放量大，污染较为严重，在2005年之前我国啤酒行业一直执行《污水综合排放标准》(GB 8978—1996)，2005年环境保护部颁布了《啤酒工业污染物排放标准》(GB 19821—2005)。新标准的颁布对降低我国啤酒行业污染物的排放起到了关键的作用。但是在污水排放的监管过程中，仍存在一些问题，如监测部门仅对COD等总量控制指标进行检测，缺乏对氨氮、总氮、总磷等水体富营养化指标的监测和统计；仅对排放浓度进行检测，没有与单位产品废水排放量相结合，不能体现总量控制。

因此，应该严格执行国家环境保护标准，对企业进行严格监管，实现企业稳定达标排放。对超总量排放的违规企业依法实施停业、停产处罚，对直排、偷排污水和污染的污水处

理厂处以重罚；进一步完善污水处理厂运作机制，全面推进污水处理厂市场运作；加强对企业排污总量的控制，要求在企业排放口安装在线监控设施，对企业污水排放量、主要污染物排放浓度进行监控，保证末端污水处理的稳定达标。

5 保障措施建议

5.1 加强政策引导，促进产业结构调整

鼓励兼并重组和淘汰落后企业。我国多数中小型啤酒企业仍处在高投入、高消耗、高排放、低效率的粗放型发展模式中，企业经营管理水平落后，经济效益差，在竞争中难以显现优势，长期处于亏损状态。目前啤酒行业年排放废水量约为2亿立方米。全国以工厂数计，行业协会相关统计数据表明，尚有40%以上的啤酒企业废水直接排放，而这些工厂的啤酒产量不足全国的15%；能够稳定达标排放的啤酒企业工厂数约为20%，但产量占全国总产量的80%以上；其余部分企业虽然进行了废水治理，但是出水水质仍然不能稳定达标。

因此，我国应该大力扶持大型企业，支持大型啤酒企业集团实施跨地区、跨产业的联合兼并，或采用其他多种形式的控股、参股、企业重组和资源的优化配置，实施资本化经营，使知名的优势企业实现低成本地扩张、高起点发展。适度发展中型企业，逐步提高中型企业的生产规模，提高产品质量，实现规模效益。限制淘汰年产10万千升以下的小型企业，限制新建年产10万千升以下的小型企业，对已有的企业通过政府补助或其他措施，进行技改或关停。

5.2 严格环保准入，控制产能增长

在市场规模不断扩大、产能过剩的形势下，严格实行市场准入制度，新建、改建、扩建项目必须符合国家产业政策的要求；必须严格执行环境影响评价和“三同时”制度。提高环保准入门槛，对新、改、扩建项目中设施落后、用水量大、不符合行业政策标准的项目要从严把关，新、改、扩建项目的清洁生产水平必须达到清洁生产标准二级指标。暂停审批超过污染物总量控制指标的地区的新增项目，争取做到增产不增污。

5.3 积极推进清洁生产

目前，国内啤酒行业仍存在企业规模小、管理较差、酒损高、污染大等问题。“十二五”期间，国家将把实施清洁生产作为环境保护工作的重要抓手之一。啤酒行业也应该在环境保护思路上进行调整，将“末端治理”变为“源头治理”，在全行业推行清洁生产。

首先，应该在行业内部宣传环境保护、清洁生产、节能降耗等方面的法律法规、政策措施和技术方法，深入企业、广泛宣传。

相关政府部门、协会、科研机构等应制定宣传和培训计划，定期、分批的对啤酒企业进行宣传和培训，同时要积极组织行业技术交流会、组织企业到外参观先进的啤酒企业，学习经验。通过各方面的努力，使啤酒企业主及相关人员的节能降耗和污染减排的观念有根本性的转变、对先进的污染防治技术、治理技术的现状和发展趋势有更清晰的了解。

其次，应建立啤酒行业的清洁生产服务体系，主要包括清洁生产审核培训机构、技术咨询和信息服务机构、节约能源服务机构、专家库等。

此外，国家要在政策和资金上对中小型企业有一定的扶持。措施应包括：设立中小企业清洁生产基金，开展清洁生产审核以及实施清洁生产方案的中小企业，可以向该基金管理机构申请低息或无息贷款；国家设立的环境保护补助可以用于清洁生产项目，对中小企业的清

洁生产审核给予补助。

根据《清洁生产审核暂行办法》、《关于印发重点企业清洁生产审核程序的规定的通知》等文件，各地方应加大对啤酒企业的清洁生产审核力度。预计到2012年，对双超啤酒企业必须实施强制清洁生产审核；到2015年，全行业全面开展清洁生产审核工作。

5.4　加强污染排放监管力度

（1）严格监管，实现污染源稳定达标排放

加强重点企业的环保核查工作。在核查过程中，注意核查污染防治设施的运行情况，保证污染设施的满负荷运行；建立企业污染物排放总量台账，台账的内容包括，各污染因子的排放量和浓度、设施建成的时间、检修时间、费用、运行费用、处理效率等；重要污染企业，要安装在线监控系统，并且保证监控设施的运行。

（2）加强环境保护执法队伍建设

利用环保部门的监理执法队伍，加大对破坏水资源和水环境的行为的执法力度。重点加强地方环境保护部门执法队伍的建设，开展啤酒行业相关知识的业务培训。

5.5　加强水资源管理，提高节水意识

啤酒行业是用水大户，近年来虽然单位产品取水量有下降的趋势，但与国际先进水平相比仍有差距。很多中小型啤酒企业没有节水的动力，其主要原因在于低廉的水资源费用。目前，由于各种原因我国各地的工业用水价格存在较大的差异，有的地方水价在5～6元/吨左右，而很多地区水价只有0.1～0.5元/吨，甚至在一些地区为了刺激经济增长而不收水费，从而导致企业节水意识差、动力不足，造成了严重的水资源浪费等现象。

因此，针对我国大部分企业取水量均高于国外先进水平的现状，可以根据实际情况适当提高水价，杜绝无偿用水，这样将有利于提高企业节水意识，促进企业节水。

5.6　加大资金扶持力度，促进节能技术均衡发展

我国沿海地区啤酒工业比较发达，中外合资企业较多，采用节能降耗新技术取得了相对较好的成效，而啤酒工业比较落后的地区，则对清洁生产重视较差，应用新技术较少，消耗指标较高，污染物排放量较大。在啤酒行业内部，集团和大企业推广应用较好，中小企业特别是民营企业则缺少长远考虑，仍沿用旧工艺、旧设备，对环境造成极大的污染。因此，建议当地政府对这些民营企业通过低息贷款或其他方式进行资助，以便使这些老企业进行技术改造升级，降低污染物的排放。

参考文献

[1] 赵华林．主要污染物总量减排核查核算参考手册［M］．北京：中国环境科学出版社，2008.

[2] 国家环境保护总局总量控制办公室．主要污染物总量减排管理实用手册［M］．北京：中国环境科学出版社，2008.

[3] 徐仕明．污染物总量减排中的问题和对策［J］．环境科学与管理，2009，34（7）：150-152，156.

[4] 贺建，王星．污染物总量减排存在问题及对策研究［J］．环境科学与管理，2010，35（1）：31-32，63.

[5] 李娜，胡聃，冯强．中国啤酒生产的物质、能量消耗及环境影响分析［J］．生态学杂志，2008，27（8）：1373-1378.

铅蓄电池行业重金属污染防治研究

孙晓峰，李键，程言君
（中国轻工业清洁生产中心，北京，100012）

摘要： 近年来，铅蓄电池行业铅污染事故频发，对环境和人体健康造成了严重危害。国家和各级政府高度重视，环境保护部于2011年初开展铅蓄电池行业环保专项检查工作。本文从铅蓄电池行业生产全过程出发，从产业结构、技术装备、末端治理、环境管理等方面提出铅蓄电池行业铅污染防治措施，为铅蓄电池行业重金属污染防治工作提供参考依据。

关键词： 铅蓄电池；重金属；污染防治

Research on heavy metals pollutaion prevention and control of lead-acid battery industry

Sun Xiaofeng，Li Jian，Cheng Yanjun
（China Cleaner Production Center of Light Industry，Beijing，100012）

Abstract：Recently the frequently occurred lead contamination incidents from lead-acid battery industry have been threatening the environment and human health. China's Ministry of Environmental Protection organized the environmental inspections on lead-acid battery companies from 2011. This paper was focused on the whole process of lead-acid battery production，to address some lead acid pollutant prevention measures according to the industrial structure，technical facilities，end-of-pipe treatments，environmental management and other aspects and further to provide references for the heavy metals pollution prevention in China's lead-acid battery industry.

Key words：lead-acid battery；heavy metal；pollution prevention

1 前言

自加入WTO后，随着汽车、电动车等相关产业的拉动及国际电池生产厂商在华扩张，中国铅蓄电池行业得以快速发展，年增长速度超过20%以上。中国也成为世界上最大的铅蓄电池生产国和出口国，企业数量达到2000家，产量17000万千伏安时。

由于铅蓄电池行业环境准入门槛低，行业发展呈无序化状态。从2009年至今，福建上杭县、江苏盐城、广东清远、江苏新沂、安徽宿州、浙江德清等地发生多起由铅蓄电池生产企业引起的血铅超标事件，并多次成为群体事件的导火索。为此，环境保护部发布《关于加强铅蓄电池及再生铅行业污染防治工作的通知》（环发［2011］56号），要求加强行业环境监管。《重金属污染综合防治“十二五”规划》将铅蓄电池行业列为重点行业开展重金属污染防治。

目前，“重金属污染”已经成为中国社会的热点问题。环境保护部部长周生贤指出：“要把重金属污染防治摆在更加紧迫更加重要的位置，大力防控和应对重金属污染，切实解决危害群众健康的突出环境问题”。因此，进行铅蓄电池行业重金属污染防治研究，对制定科学合理的污染防治技术政策，引导铅蓄电池行业优化产业结构、提升技术水平、提高污染治理能力、加强环境监管等方面有重要意义。

2　铅蓄电池行业主要环境问题

2.1　产业结构亟待优化

长期以来，我国铅蓄电池行业环境准入门槛较低。从中美铅蓄电池行业对比情况来看，中国和美国均为铅蓄电池生产大国。从2008年数据对比显示：中美铅蓄电池产量较为接近，中国电池铅消耗量192万吨，美国180万吨左右；而中国现有铅蓄电池企业2000多家，美国只有33家。上述数据表明中国铅蓄电池企业规模偏小。从国内统计数据也可看出：在2000家企业中，规模以上企业仅200家，其产量占全国总产量90%以上；其余1800余家以小型企业为主。

2.2　卫生防护距离存在争议

在2011年铅蓄电池行业环保专项检查中，很多企业因卫生防护距离不能达到《铅蓄电池厂卫生防护距离标准》(GB 11659—89) 的要求而被停产整顿或搬迁。在这些企业中存在先建工厂后有居民区的现象；但也应意识到一些企业无视环保法律规章的要求，违规建设；部分地方政府在建厂初期承诺居民搬迁，但未能实现等现象。由于重金属长期累积的效应，将会造成极大的环境安全风险隐患。

2.3　生产工艺落后，环保设施简陋

2.3.1　生产工艺落后

目前，大型铅蓄电池企业已实现自动化操作，拉网极板工艺、极板连铸连轧工艺、内化成、电池化成放电能源回收等清洁生产技术也已逐步在行业内应用推广。小企业生产状况令人担忧，如制粉、和膏工序不能实现自动化、密闭生产（见图1），员工接触铅尘的概率大幅增加；涂板工序以手工为主，造成铅损失量大，废水铅污染物产生浓度高；极板分离工序是铅尘产生浓度最大的环节之一，小企业也仍以手工操作为主。

图1　简易和膏设施

2.3.2 环保设施简陋

铅蓄电池生产过程产生的污染物主要包括废水、废气和固体废物三方面。

中小企业废水处理设施较为简易，主要以化学沉淀法为主。主要问题包括以下几方面：a. 含铅废水处理设施露天建设，降雨时废水被稀释；b. 废水处理设施无运行记录，只监测pH值，缺少加药量、废水量、铅污染物产排浓度等日常监测数据；c. 大部分企业无压滤机，采用污泥干化池，且无遮挡；d. 废水排放口隐蔽、不规范、未设置警示标志；e. 洗衣废水是含铅废水重点排放环节，但仍有很多企业将其作为生活污水排放。

铅蓄电池生产过程产生的大气污染物主要包括铅尘、铅烟和硫酸雾，主要采用布袋除尘器、水幕除尘、酸雾净化器等废气处理设施。目前，在废气治理方面主要存在以下问题：a. 集气罩不规范，废气收集率低，无组织排放量大；b. 废气处理设施过于简单，自制废气处理设施现象较为常见（见图2），污染物去除效率低，不能达标排放；c. 设备年久失修，管路堵塞，废气处理设施不能正常运转。

图2 简易的废气处理设施

铅蓄电池生产过程产生的危险废物包括废气治理设施收集的铅尘、废气治理设施产生的废活性炭、废极板、废电池含铅废旧劳保用品（废口罩、手套、工作服）等。目前，主要问题如下：a. 部分企业无固定危废贮存场所；b. 危险废物贮存场所不符合国家相关要求，如无防渗；c. 部分企业无危废转移联单，废电池直接卖给废品收购站；d. 未将含铅废旧劳保用品视为危险废物，随生活垃圾丢弃。

2.4 职业卫生防护意识淡薄

从血铅中毒人群来看，多为员工及其家属，造成这种现象的主要原因除了生产工艺落后等客观原因之外，还包括以下几方面：a. 企业职业卫生防护意识淡薄，无相关管理制度，未能定期开展职业卫生教育和体检；小企业无工作服；部分企业未要求工作服在工厂清洗，职工穿回家后与儿童接触；b. 员工自我防护意识差，不带口罩等现象时有发生。

3 铅蓄电池行业重金属污染防治措施

3.1 淘汰落后产能，优化产业结构

上文指出我国铅蓄电池企业规模偏小，优化产业结构必须淘汰生产能力小、技术装备落

后的企业。《产业结构调整指导目录（2011 年本）》虽然没有规定铅蓄电池企业生产规模，但浙江等电池生产大省已经颁布相关产业政策，如浙江省要求：到 2011 年底，极板年产量不低于 300 万套，组装量不低于 25 万千伏安时。

实际上，铅蓄电池行业淘汰落后产能已经展开。截至 2011 年 7 月 31 日，各省市共排查铅蓄电池企业 1930 家，其中，被取缔关闭 583 家、停产整治 405 家、停产 610 家。

3.2　健全环境保护法规标准，提高行业环境准入门槛

《关于加强铅蓄电池及再生铅行业污染防治工作的通知》（环发［2011］56 号）和地方相关文件明确指出要严格环境准入，如环保部要求：新建涉铅的建设项目必须有明确的铅污染物排放总量来源；铅蓄电池生产及再生铅冶炼企业的建设项目环境影响评价由省级或省级以上环境保护主管部门审批。江苏要求：扩建、改建（含技改）类项目投资额低于 5000 万元或者生产能力低于 20 万千伏安时的铅蓄电池类项目，不予审批。浙江要求极板外化成生产线改为内化成生产线等。

在环境保护标准体系建设方面，《清洁生产标准 铅蓄电池工业》（HJ 447—2008）已经成为电池企业开展清洁生产审核工作的重要依据；新、改扩建企业必须符合清洁生产标准二级标准，电池企业必须采用清洁生产工艺和自动化设备。

《电池工业污染物排放标准》将于近期颁布，与《污水综合排放标准》和《大气污染物综合排放标准》相比，新标准更能体现行业环保发展趋势。在水污染物控制方面，新标准加严了铅、镉等重金属污染物排放限值，并规定了单位产品基准排水量，有助于实现重金属排放总量控制；在大气污染物控制方面，铅、硫酸雾等排放限值已达到国际先进水平。随着新标准的颁布实施，几乎所有铅蓄电池企业均面临着提标改造的严峻形势。严格的环境保护标准将促使拉网、连铸连轧、内化成等清洁生产技术的快速应用推广；也将推动含铅废水深度治理、高效铅烟净化器等末端治理技术的研发、应用与推广。

3.3　加强清洁生产技术研发、应用与推广

目前，大型铅蓄电池制造技术和制造装备已经接近国际先进工业国家水平，但总体来看大多数蓄电池企业的整体水平和质量仍落后于发达国家，主要表现在能耗环保、原材料质量、技术工艺、制造装备精度等方面。铅蓄电池生产企业应积极采用清洁生产技术，促进节能减排，具体技术包括以下几个方面。

① 铅蓄电池无镉化技术（镉含量低于 0.002%）。

② 采用板栅浇铸减渣剂降铅耗技术，该工艺单位减渣剂物料消耗量约 0.1kg/（kV·A·h），减少铅渣产生量 6%～8%。

③ 铅蓄电池拉网极板工艺技术，该工艺耗铅量约为 12.5～13.5kg/（kV·A·h），板栅重量减少 20%～30%，与重力浇铸工艺相比，减少铅烟产生量 70%左右。

④ 极板制造清洁生产技术：a. 极板/电池快速充电技术；b. 真空和膏技术；c. 管式电极灌浆挤膏技术；d. 铸板机集中供铅技术。

⑤ 采用先进的铅钙合金配制工艺，配合使用少量的减铅渣剂，减少铅渣的排放。

⑥ 积极推广电池内化成工艺，加强电动车铅蓄电池内化成技术的研发应用。

⑦ 化成放电能量回收技术。

⑧ 改进水洗工艺，充分利用循环水清洗极板。

⑨ 装配采用自动化程度较高的装备生产线，取消人工气焊、推广应用铸焊机，提高生

图 3　铅蓄电池企业规范化洗衣房

产效率，减少铅尘、铅烟排放。

⑩ 采用全自动分片机，实现刷耳、切耳、分片连续完成。

⑪ 关注过程控制，从源头和过程控制污染物产生，主要包括以下几个方面。a. 雨污分流，建立初级雨水收集池；b. 生产车间、危废贮存车间地面应采取防渗、防漏和防腐措施；c. 洗衣废水作为含铅废水进污水处理厂进行处理（见图 3）；d. 加强车间通风净化，如球磨机采用整体密闭式排风罩；熔铅锅、和膏机、灌粉机采用局部密闭式排风罩；铸球机、铸板机、涂片机、化成槽采用上吸式排风罩；焊接工作台宜采用侧吸式排风罩；分片机和装配线宜采用下吸式排风罩；e. 原料贮存禁止露天堆放，长时间贮藏应加盖苫布等。

3.4　规范开展清洁生产审核

《关于深入推进重点企业清洁生产的通知》（环发［2010］54 号）指出：含铅蓄电池业属于五个重金属污染防治行业之一，铅蓄电池企业应每两年开展一次清洁生产审核。

目前，虽然已有 50%以上铅蓄电池企业已经开展清洁生产审核工作，但并未达到预期效果。主要原因包括以下几方面。①审核对象过于宽泛。一些地方不论企业规模大小，一律要求开展清洁生产审核，而很多中小企业无论在生产规模还是技术设备方面，均属于淘汰边缘，无经济基础开展清洁生产审核，审核工作流于表面形式；②缺乏基础数据，不能科学评估铅等重金属物质流动状态；③企业与咨询机构弄虚作假，政府验收敷衍了事，可能存在环境风险隐患；④夸大清洁生产方案实施效果，导致各省市清洁生产审核的节能减排效果无参考价值。只有解决上述问题，铅蓄电池行业推行清洁生产审核才能真正起到削减重金属污染物排放量，促进行业技术进步。

3.5　加强铅蓄电池行业职业卫生防护

正如上文所述，无论企业还是员工，其职业卫生防护意识较为淡薄。企业在职业卫生防护措施方面与美国等发达国家铅蓄电池企业相比，仍有较大差距。以美国为例，美国职业安全与健康局（OSHA）规定：禁止通过吹风、抖动或任何将防护服中的铅污染物散落到空气中的行为；而采用风扇通风（见图 4）则是我国铅蓄电池企业普遍采取的措施。

为减少铅中毒事件的发生，铅蓄电池企业应加强职业卫生防护工作，主要包括以下几方面。

① 按照《工作场所有害因素职业接触限值 化学有害因素》（GB Z 2.1—2007）规定，开展车间空气质量日常监测工作。

② 按照《职业慢性铅中毒诊断标准》（GBZ 37—2002），定期组织员工进行体检。

③ 健全职业卫生防护制度，如健全合理机构、管理制度并配备专管人员；对从业人员进行教育和培训；危害告知，应书面告知工作人员曝

图 4　铅蓄电池企业采用风扇通风

露在铅环境中的潜在健康影响。

④ 加强生产现场管理，如设置职业病危害警示标识；监督检查生产作业现场人员规范使用个人劳动防护用品；定时检查通风、除尘（烟）设备的运行状况，定期测试其功效；实施“湿式作业”，班后清理地面、墙壁和设备表面的集尘等。

3.6 加强铅蓄电池行业环境监管

目前，铅蓄电池行业实施生产许可证制度。实际上，生产许可证制度中规定了环保核查的内容，如检查企业是否对从事铅作业人员进行职业病的防治；是否有废水处理系统、铅尘、铅烟收集净化系统、酸雾收集净化系统等。但这项制度并没有得到有效实施。

2011 年开展的铅蓄电池行业环保专项检查工作，打击了环保不达标铅蓄电池企业，有效地规范了铅蓄电池行业的环境管理。《铅蓄电池行业现场环境监察指南》的颁布实施，将使铅蓄电池行业环境监管成为常态。铅蓄电池行业环境监管应重点关注以下环节。

(1) 生产现场　应加强对制粉、铸板、和膏、化成等重点工序的检查，包括检查熔铅炉是否与铅烟处理设施连接；铸板机板栅压制成型上方是否设有集尘罩，是否与铅烟处理设施相连接；进粉和膏是否在封闭环境下进行等；

(2) 污染防治设施　除了监测废水、废气是否达标以外，还应关注以下环节，如：检查各废水产生源水量与废水处理站进水量是否一致；检查每日的废水进出水量、水质，环保设备运行、加药及维修记录等是否记录齐全；检查各生产工序集气罩安装是否合理；检查废气处理设施是否定期清理维护等；

(3) 环境应急管理　包括检查硫酸贮罐等贮罐周围是否建有围堰，围堰高度是否满足应急要求；企业是否编制《突发环境事件应急预案》，预案是否具备可操作性并及时修订等。

4 结论

总体而言，我国铅蓄电池行业发展模式较为粗放，重金属污染防治工作任重道远。随着环境保护政策法规标准日益完善、环境监管日趋严格、企业社会责任与日俱增，铅蓄电池行业重金属污染可以得到有效控制，铅蓄电池行业可实现健康稳定发展。

参考文献

[1] 朱松然．蓄电池手册［M］．天津：天津大学出版社，1998.

[2] 王雅君，汤清家．蓄电池厂含铅废水处理与回用［J］．工业水处理，1997，(1)：41-42.

[3] 王和荣，王兴权．利用电除尘器降低蓄电池生产中铅尘排放量研究［J］．环境保护科学，2002，28 (112)：8-9.

[4] 徐能厦．蓄电池厂硫酸含铅废水处理中几个问题的讨论［J］．机械给排水，1996，(4)：1-4.

[5] 赵贤寿．中国铅酸蓄电池工艺装备的发展与改进［J］．蓄电池，2004，(4)：176-180.

[6] 梁翠凤，张雷．铅酸蓄电池的现状及其发展方向［J］．广东化工，2006，33 (2)：4-6.

[7] 徐红．2004 年中国铅蓄电池行业生产经营形势分析［J］．蓄电池，2005，(4)：183-187.

废弃荧光灯污染防治研究

薛鹏丽，孙晓峰，李键
（中国轻工业清洁生产中心，北京，100012）

摘要： 阐述了废弃荧光灯回收利用的意义，介绍了国内外废弃荧光灯回收利用现状，并分析了废弃荧光灯处理过程中存在的环境风险和人体健康风险问题。在此基础上，从伞状法律体系构建、回收网络体系设计、荧光灯汞污染风险全过程控制及汞替代材料开发四个方面提出废弃荧光灯汞污染防治对策。

关键词： 荧光灯；汞污染；回收利用；风险；法律法规

Study on the waste fluorescent lamp pollution control

Xue Pengli，Sun Xiaofeng，Li Jian
(China Cleaner Production Center of Light Industry，Beijing，100012)

Abstract：Elaborating the recycling sense of waste fluorescent lamp，introducing the current situation of recycle and reuse，analyzing the environmental risk and health risk of waste fluorescent lamp disposing process. Furthermore，the paper put forward four pollution prevention advices，including the umbrella legal system building，recycle network system designing，mercury pollution risk whole process management and mercury substitute material development.

Key words：fluorescent lamp；mercury pollution；recycle and dispose；risk；laws and regulations

1 前言

在能源消耗逐步加剧，环境污染问题日趋多样的宏观背景下，严格限制普通白炽灯，推广荧光灯是全世界节能减排、可持续发展的共同需求。“十一五”期间我国十大重点节能工程之一——绿色照明工程的实施，有效消减了电力负荷，降低了二氧化碳等污染物的排放，不但顺应了我国低碳经济的发展模式，更将荧光灯的生产需求推向了新的发展平台。随着荧光灯管井喷式的增长，废弃光源回收利用体系及有毒有害物质的风险防控已成为当前亟待解决的问题。

2 废弃荧光灯回收利用的重要意义

废弃荧光灯对环境的污染主要来自汞、铅和砷，这三种都是国家严格控制的重金属污染物质。

汞是除了温室气体外唯一一种可在全球范围产生影响的化学物质，已被联合国环境规划署（UNEP）列为全球性污染物。废弃荧光灯暴露在环境中后，汞将以固体微粒等形态进入土壤中，被植物吸收，也可以进入大气，还可以被降水冲入地面水和地下水中。大气中气态和颗粒态的汞又可随风飘散沉降到地面和水体中。汞通常在微生物的作用下转化为甲基汞，甲基汞可溶于水，水生物摄入甲基汞，可在体内积累，并通过食物链富集，最终危及人体健康。此外，根据中国照明协会统计，2008 年我国含汞荧光灯年产量近 30 亿支，其中约有 15 亿支在国内使用，若以每支荧光灯平均填充汞量为 20mg 计算，荧光灯用汞量达 30 多吨，可污染 3/4 的黄河。

环形荧光灯和紧凑型荧光灯灯管通常使用低铅玻璃，含铅量在 11%左右。2003 年，我国荧光灯生产使用铅玻璃约 10 万吨，使用氧化铅 1 万多吨，荧光灯管中的氧化铅在自然环境下被逐渐置换析出，在环境中累积；而砷污染源主要是玻璃熔制时用白砒作澄清剂带入残留物在玻璃中，我国生产的荧光灯砷含量约为几千 ppm，简单的填埋或焚烧的处置方法都会导致这些污染物进入生态环境，最终危害人体健康，危及环境安全。

然而，废弃荧光灯中的汞、铅和砷等有害“废物”是一把双刃剑。从资源利用角度，这些重金属物质具有极高的回收价值。研究表明，从废弃荧光灯中回收铅、铝等金属所消耗的能量比直接从金属矿中冶炼能耗少 30%；回收玻璃可有效节约原材料物质，并减少玻璃融化过程中 40%的能源消耗；普通荧光灯以卤磷酸钙作为荧光粉原料，回收价值相对较低；而节能灯采用了照明效率较高的稀土荧光粉，含有利用价值较高的稀土资源，如钇、铕等。由此可知，废弃荧光灯的回收利用不仅是减少有害物质产生，降低环境及人体健康风险的重要途径，更是节约保护资源，走可持续发展道路的必要条件。

3　废弃荧光灯回收处理现状

3.1　回收现状

荧光灯在日本已普遍使用，每年产生废弃荧光灯约 3 亿支。2000 年，荧光的回收利用率仅为 10%，其余均做填埋处理。2001 年，日本将废弃荧光灯正式列入回收利用产品指定对象，并实施考核再生利用率，再生利用率由 2000 年的 10%提高到 2003 年的 30%。

欧洲照明公司联合会建立了废弃光源的收集和再循环处理基地，从 2000 年起欧洲各成员国都致力于构建废弃光源收集循环处理担保资金筹措机制。欧洲照明公司联合会支持欧盟建立一个统一的法律框架。根据废物处理专家的意见，欧洲照明公司联合会建立了用于含汞光源收集和再循环处理的基础设施。德国为 70%～80%（每年 5 千万到 6 千万支）；瑞士为 60%～70%（每年约 5 百万支）；澳大利亚为 50%（每年约 250 万支），瑞典回收了 14%的家用荧光灯和气体放电灯。

美国电器制造者协会的机构网站上专门开辟了废弃荧光灯回收（lamp recycel）网页，专门介绍相关的政策法规。但与欧洲各国相比，美国的回收率较低，只有约 2%。

在我国，由于没有完善的废弃荧光灯回收体系，绝大多数荧光灯报废后随生活垃圾一起进入垃圾填埋场，荧光灯破碎后，汞泄漏到土壤和地下水中，而汞蒸气则挥发到大气中，严重影响土壤和地下水的生态环境，威胁人体健康。尤其是对于体积小、数量较少的社区废弃荧光灯面源，由于政府投入及监管能力有限，回收成本高等原因，导致我国社区废弃荧光灯回收尚处于无控状态，总回收率不足 1%。

随着能源消耗的逐步加剧，环境污染的日益严重，我国政府开始采取各项措施，积极推进废弃荧光灯的回收工作。2007 年开始，北京市绿色照明工程要求废旧光源由企业回收后送至北京市危险废物处置中心，统一进行无害化处理，每处理一只废旧光源，北京市财政补贴处理企业 1 元钱，依此来扩大废弃荧光灯回收利用的效率和影响；2008 年，北京市发改委提倡“一元节能灯”换购，鼓励市民将家中损坏的节能灯进行换购，并组织专门人员回收废弃荧光灯。2009 年，“一元节能灯”换购点和换购力度有了显著的增长，由 2008 年的 500 万支增加到了 1000 万支。目前北京市废弃荧光灯回收利用的主要渠道如图 1 所示。

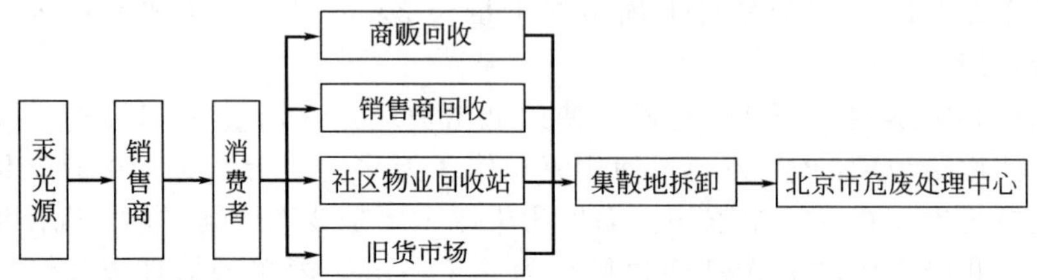

图 1　北京市废弃荧光灯回收利用主要渠道

3.2　处理技术

荧光灯资源化、无害化、回收处理的关键是废弃荧光灯破碎分离后汞的处理和荧光粉中稀土资源的循环利用。废弃荧光灯回收利用流程如图 2 所示。

废弃荧光灯的破碎与物理分离技术主要有湿法和干法两种，其主要区别在于湿法进行液下破碎，而干法是在密闭或真空条件下进行有效回收汞。

干法处理目前研究较多的主要有“直接破碎分离”和“切端吹扫分离”两种工艺。“直接破碎分离”工艺的处理流程为：先将灯管整体粉碎洗净干燥后回收汞和玻璃管的混合物，然后经焙烧、蒸发并凝结回收粗汞，再经汞生产装置精制后供荧光灯生产使用。

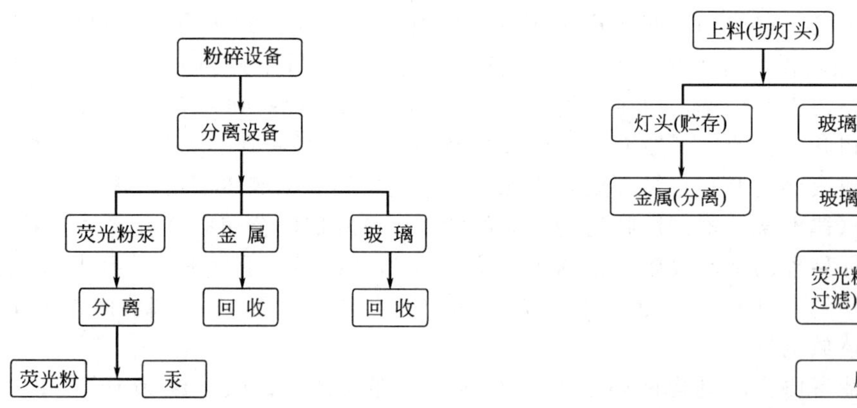

图 2　废弃荧光灯回收利用流程　　图 3　废弃荧光灯切端吹扫分离回收系统

在根据荧光粉是否含有稀土进行分类的基础上，“切端吹扫分离”工艺处理是先将灯管的两端切掉，吹入高压空气，将含汞的荧光粉吹出后收集，再通过真空加热回收汞。处理前，经该系统处理，废弃荧光灯可分为灯头、玻璃和荧光粉。所贮存的灯头经特制的粉碎器粉碎后，有效的分离了铝、导线、玻璃和塑料。“切端吹扫分离”工艺流程如图 3 所示。

2003 年，通用电气公司下属的 GE 照明从德国引入一套代表世界先进技术的汞废物处理设备 MRT（Mercury Recycle Treatment）。MRT 通过粉碎、分离和蒸馏等工艺将废灯管中得玻璃、无害金属和汞分离出来，处理后的汞经过提炼后循环利用。MRT 处理工艺流程如图 4 所示。

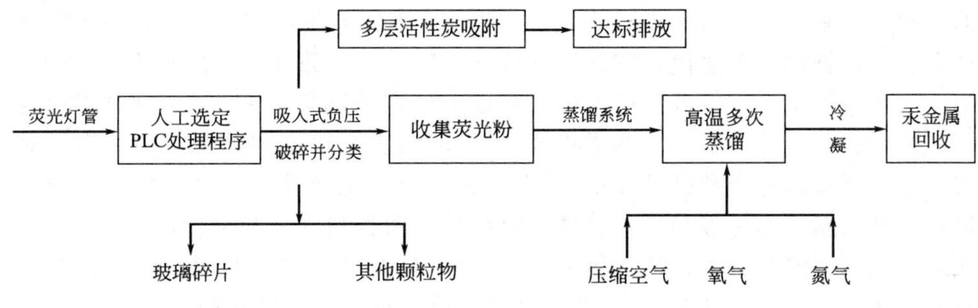

图 4　MRT 处理工艺流程

随着稀土元素在照明领域中应用的日益增加，稀土元素的需求量日渐膨胀。但世界稀土储量是有限的，有效、合理的利用稀土资源是目前急需解决的问题。从含稀土的各种材料的残废渣中回收稀土元素是合理利用稀土资源的重要途径。目前，国内外对于废弃稀土三基色荧光粉的回收利用主要有两个方向：一是从三基色荧光粉回收稀土；二是稀土三基色荧光粉的分离。

3.3　存在的风险问题

含汞废弃光源在处理处置过程中具有潜在的环境风险和人体健康风险，是各国均感棘手的问题。

当前国内外对废弃光源处理的方法主要有加硫填埋，焚烧法和回收利用法。加硫填埋法是把汞以硫化汞的形式固化进行填埋，汞在土壤中以 0，＋1 和＋2 价的形式存在，在不同的自然条件下相互转换。虽然美国照明协会经过十年的研究尚未发现加硫填埋废弃光源对人类健康有明显危害，人体健康风险处于可接受水平，但随着城市化进程的扩张，土地资源需求旺盛，废弃荧光灯填埋处理对土地资源的循环利用提出了挑战。

焚烧处理废弃荧光灯的环境风险远大于土地填埋法。尹韶青等（2009）在研究中指出荧光灯焚烧处理过程中，灯管中 90％的汞挥发进入烟气，并富集于飞灰中，而灯头中的塑料等被转化成二噁英类剧毒化合物，风险受体通过呼吸途径暴露，汞的非致癌暴露风险处于不可接受水平。

含汞废水排放到水体污泥中，无机汞被微生物转化成甲基汞（MeHg），甲基汞具有很强的富集放大效应（其富集因子为 10^4～10^7），它的毒性比无极汞大 200 倍，在脂肪中的溶解度比水中大 100 倍，甲基汞通过食物链传递最终影响人体健康。举世闻名的日本“水俣病”就是甲基汞中毒的结果。

4　废弃荧光污染防治管理手段

目前，我国荧光灯回收处理综合利用存在回收体系不健全、回收责任主体不明晰、处理技术工艺落后、相关政策影响力小、生产厂家对终端产品处理尚未开展、公众认知薄弱等缺陷。随着我国《重金属污染综合防治“十二五”规划》的逐步开展，废弃荧光灯的回收及无害化资源化处理将成为实现污染防治规划目标的重要保障。

4.1 伞状法律体系的构建

一般来说，对污染物进行控制的国家立法由一个以上的法律或“伞状”法律体系构成，由特定的管理部门来执行。由于废弃荧光灯污染的社会、环境等多重效应，很少有能覆盖废弃荧光灯全过程污染的单个法律，应该设立分开的法律，由分开的部门来执行。如美国汞污染控制中《清洁水法案》在排放许可系统的基础上确定不同行业基于技术标准的汞排放量，各产业部门据此被分配给一个特定的汞排放量。《清洁大气法案和资源保护法案》对含汞产品和废物制定了特定的分类和处理要求；《含汞和可充电电池管理法案》禁止某类含超标汞的光源销售，并实施产品标签制度，鼓励自愿收集、回收利用废弃荧光灯。

荧光灯回收利用的伞状法律体系包括产品设计（荧光灯中汞含量标准）、分类收集（针对生产者和销售者的责任延伸制度）、有效处理（政府补贴，政策支持）等。

我国《国家危险废物目录》第 29 类“含汞废物”中明确列出“荧光屏及汞灯制造及使用”，即无论是报废还是生产过程中的含汞照明灯具，都应该按照《中华人民共和国固体废物污染环境防治法》而对其进行管理。但是针对废灯管回收处理以及相关收费政策措施等方面均没有明确的法律规定，针对废弃荧光灯管理的制度及系列法律体系的建设是增强我国废弃荧光灯管的回收效率和力度，改善我国废弃荧光灯管的回收混乱状态的有效手段。

4.2 回收网络体系设计

根据我国废弃荧光灯回收利用现状，形成以社区为收购点、集散交易市场、加工处理中心为三点，以回收、集散、加工综合利用为“一线”的废弃光源回收体系，如图 5 所示。其中，回收是基础，集散加工是手段，综合利用和无害化处理是目的。由点覆面，提高回收效率，为资源化处理奠定基础。

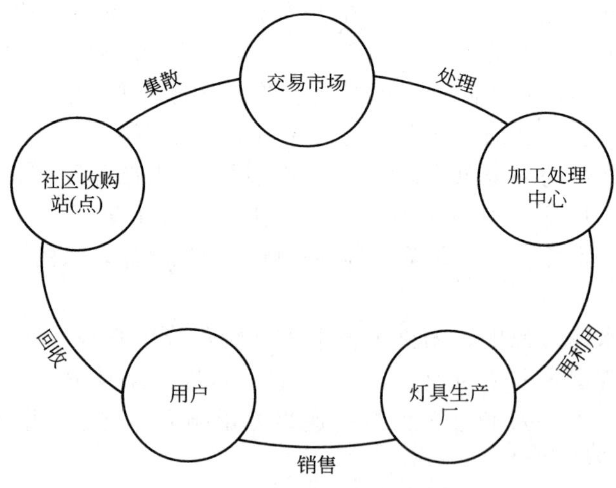

图 5 废弃荧光灯回收网络体系

4.3 设立协同管理机构，强调汞污染风险全过程管理

废弃荧光灯在破碎、焚烧、填埋等过程中都会引起人体健康风险和环境风险。

依据汞的生命周期设计实施管理和控制措施，协同不同部门，对荧光灯汞污染进行风险源安全管理、主要暴露途径阻断、敏感受体规避等风险全过程管理。具体包括加强生产环节的管理，对各种光源的含汞量进行限制，生产节能、绿色电光源产品；鼓励电光源生产企业，采用新工艺和绿色材料，提高光效，延长电光源寿命，从源头减少荧光灯汞含量。

此外，对荧光灯管的产生单位和处理处置单位进行现场监管，能有效识别汞污染的暴露途径及不同风险受体的敏感特征；通过“危险废物排污申报登记”、“危险废物转移报告单”、“危险废物经营许可证”等手段都能对废弃光源汞污染进行全过程风险管理。

4.4 推进汞替代材料的开发

推广 T8 以下的荧光灯完全替代 T12 粗管荧光灯及汞丸工艺技术都可以减少荧光灯汞的用量，但目前还未有完全可以替代汞的物质。但无汞电光源和新材料的长足发展，低气压 Xe 放电荧光灯和准分子光源的研究都可以有效减少废弃荧光灯的产生量，减轻汞对生态环境的污染。

参考文献

[1] Mahmoud A. Rabah. Recovery of aluminium, nickel-copper alloys and salts from spent fluorescent lamps [J]. Waste Management, 2004 (24): 119-126.

[2] 邵介圣. 含汞光源的环境效应 [J]. 照明工程学报, 2005, 2 (16): 4-6.

[3] T. Hirajima, K. Sasaki, A. Bissombolo, H. Hirai, M. Hamada and M. Tsunekawa. Feasibility of an efficient recovery of rare earth-activated phosphors from waste fluorescent lamps through dense-medium centrifugation [J]. Separation and Purification Technology. 2005, 44 (3): 197-204.

[4] 解科峰. 废弃荧光灯无害化、资源化处理研究 [D]. 武汉：武汉理工大学, 2007.

[5] 王涛. 废旧荧光灯的回收利用及处理处置 [J]. 中国环保产业, 2005, (3): 26-28.

[6] T. Hirajima, A. Bissombolo, K. Sasaki, K. Nakayama, H. Hirai and M. Tsunekawa. Floatability of rare earth phosphors from waste fluorescent lamps [J]. International Journal of Mineral Process. 2005, 77 (4): 187-198.

[7] 尹韶青, 唐娜. 废弃荧光灯管环境风险研究 [J]. 科技创新导报, 2009, 9: 104-106.

[8] 齐伍凯, 孙艳辉, 南俊民. 废弃荧光灯的回收处理方法及对策. 环境污染与防治, 2009, 31 (9): 95-98.

[9] 王敬贤, 郑骥. 含汞废弃荧光灯管出来现状及分析 [J]. 中国环保产业, 2010, 10: 37-40.

典型果蔬汁产品生命周期碳足迹探析[1]

李晓鹏，孙晓峰，郭逸飞，张琳

（中国轻工业清洁生产中心，北京，100012）

摘要： 随着人们消费观念的改变，越来越多人选择更健康的果蔬饮料产品。近年来，我国果蔬饮料产量及出口量逐年增多，已成为国际果蔬饮料的生产及出口大国，本研究采用生命周期评价方法，研究我国典型果蔬汁饮料产品从果蔬种植直至进入销售阶段内的碳足迹。研究结果表明，我国单位产品胡萝卜原浆产品的碳足迹为 1.31kgCO_2-eq/kg。其中，排放的主要生命周期过程为胡萝卜种植阶段，占排放总量的 80.9%。

关键词： 果蔬汁；生命周期；碳足迹

[1] 国家 973 项目“科技应对气候变化国际合作”课题 6“应对气候变化国际标准对我国的影响和对策研究”。

Carbon footprint for typical fruit vegetable juice

Li Xiaopeng, Sun Xiaofeng, Guo Yifei, Zhanglin
(China Cleaner Production Center of Light Industry, Beijing, 100012)

Abstract: As the public consumption concept is changing, more and more people have tended to purchase the healthy fruit-vegetable juice products. Recently, the yields and exports of Chinese fruit-vegetable juice have been increasing annually, from which China has become the world's largest fruit-vegetable juice producer and exporter. This paper has evaluated the carbon footprint of China's typical fruit-vegetable juice products by adopting life cycle assessment. From the study, it was found that the carbon footprint of each unit carrot paste product was about 1.31kgCO_2-eq/kg, from which the major life cycle process was during the cultivation stage, taking 80.9% of the total emission.

Key words: fruit vegetable juice; LCA; carbon footprint

1 研究背景

我国是世界水果生产第一大国。从种植规模看，占世界果汁种植面积的20.2%，产量占世界的14.5%，其中多种水果产量居世界领先地位，如苹果产量占世界35.4%，桃子占30%，梨占53%，均位居世界第一位；柑橘占10.1%，排世界第三位[1]。

随着我国加入WTO，我国饮料行业将面临着新局面。我国果蔬产品在国际市场上遭遇“绿色壁垒”的现象屡见不鲜。多年来我国一直是果汁饮料的出口大国，2008年我国水果汁出口量为77.7万吨。近年来，随着人们越来越倡导均衡饮食的科学理念，企业也给消费者带来创新、美味、便捷、健康的素营养饮品。果蔬汁及果蔬汁饮料就在这样的环境下发展壮大起来。新形势下行业竞争加剧，使饮料企业对饮料装备、原材料、包装等需求提出了更高的要求，高效、节能、降耗、清洁生产是未来的发展趋势。此前，国际上尚未对我国出口的饮料产品征收碳关税。但随着能源短缺等环境问题日益严重，人们对气候变化问题的关注逐步升温，我国饮料行业应该在行业内开展产品的碳核算工作，以应对未来不可避免的贸易壁垒。种种迹象均表明，一场绿色革命正在饮料行业轰轰烈烈地上演。

产品碳足迹的核算是从产品端自下向上追溯，连接与产品相关的各个单元过程（包括资源、能源的开采与生产、运输、产品制造等过程），建立完整的生命周期流程图，再收集流程图中每个过程单元的温室气体排放数据，并进行定量的描述，得到一份全生命周期的碳排放清单。目前，为应对即将到来的贸易壁垒，减少产品温室气体的排放，我国有关部门正在制订有关产品的温室气体碳足迹核算标准，即计算产品“从摇篮到坟墓”过程中温室气体的排放量。

本研究将生命周期评价法应用于产品的碳足迹核算，对我国典型果蔬产品生命周期内温室气体排放进行量化。对于企业而言，它能帮助企业辨识自己在产品生命周期中主要的温室气体排放过程，以利于制定有效的碳减排方案。企业还可以通过可视化的方法来向消费者宣传自己为防止全球变暖所采取的行动。同时，作为产品碳足迹研究的案例，为我国提供相关产品的排放现状，并为相关部门制定标准提供了技术及数据支持，对碳减排有着重要的指导意义。

2 研究方法

生命周期评价法（Life Cycle Assessment，LCA）是根据 ISO14040-14043 制定的一种有效的环境管理工具。它包括对产品“从摇篮到坟墓”整个生命周期过程的能量和物质进行分析，从而达到对产品生命周期的环境影响进行评价，对产品及其生产工艺提出改善建议[2]。根据 ISO 14040 标准定义的技术框架，LCA 评价过程包含目标与范围的确定、清单分析、环境影响评价和结果解释 4 个组成部分。如图 1 所示，这四个步骤之间互相联系、不断反复。

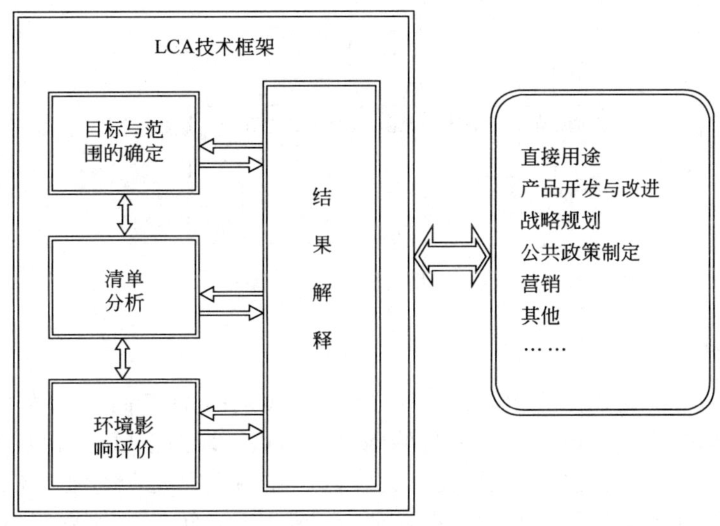

图 1 LCA 方法学框架

PAS 2050 标准同样是基于生命周期评价方法，对产品生命周期内的温室气体（GHG）排放做量化规定。根据 PAS2050 温室气体排放评价规范的建议，产品的碳足迹可以采用两种评价模式，分别是“从商业到商业”（Business to Business，B2B）模式与“从商业到消费者”（Business to Customer，B2C）模式[3]。由于该厂胡萝卜原浆的主要用途是作为其他果蔬汁产品的原料进行使用，而并非直接被消费者使用，不存在使用与废弃过程。因此，本研究的研究对象采用 B2B 评价模式。

3 果蔬产品碳足迹研究

3.1 产品选择及评价目标

3.1.1 产品说明

本研究以我国一家知名饮料生产企业的典型果蔬汁产品，胡萝卜原浆为研究对象，进行产品碳足迹核算。原浆是指未经任何稀释、发酵与浓缩工艺处理，由果蔬肉直接榨出的汁。其不仅是果蔬汁重要的原料组成，同时也可以作为产品销售给其他相关果蔬食品/饮品产业，作为原料使用。该公司在 2008 年生产胡萝卜原浆共计 1647t，大部分供本厂生产易拉罐与利乐果蔬汁使用，小部分经大桶罐装存储或外销。胡萝卜原浆的生产流程如图 2 所示，主要的生产工艺包括初捡、清洗、去皮、捡果、直至最终大桶原浆罐装。

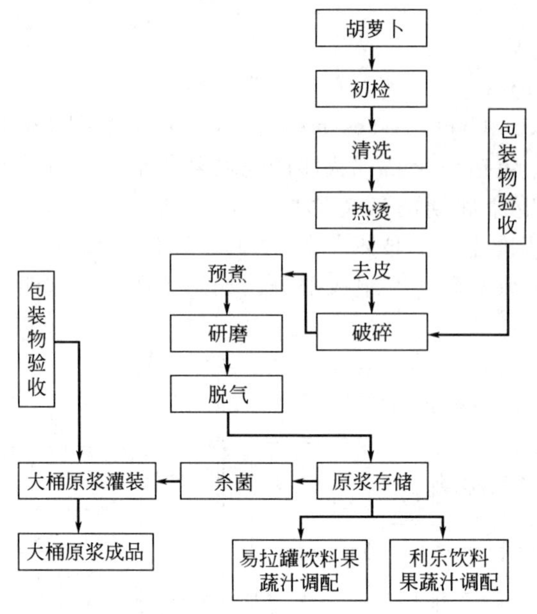

图 2　胡萝卜原浆生产流程

3.1.2　评价目标

本研究的目标是量化我国典型果汁生产企业典型的果蔬汁产品（胡萝卜原浆）在全生命周期的温室气体排放情况，辨识产品系统的碳足迹热点（即温室气体排放量最大的生命周期阶段或生产流程），并据此提出改进意见，为降低产品的碳足迹与企业节能减排措施的制定提供数据支持。根据现有的调研数据情况，研究选取 2008 年作为计算年份，并且评价要求涉及果蔬汁产品主要的生命周期过程（包括主要原料与能源的生产与运输过程，产品的制造过程等）。

3.1.3　功能单位

功能单位是对产品系统输出功能的度量，关系到产品碳足迹的具体数值。尤其是在涉及产品间比较的时候功能单位的确定十分重要，直接影响到结果的客观性[4]。而本研究的目的旨在找出果蔬汁产品的温室气体排放特点，指导工艺改进，并不进行产品间的比较。故功能单位的确定可以不涉及产品的性能因素。本研究将胡萝卜原浆的功能单位确定为每千克胡萝卜原浆。

3.2　系统边界的确定

根据研究选择的评价模式（B2B 模式），进行系统边界的划分[5]。系统边界的划分遵循 5%取舍原则（占生产过程总量 5%以上的原料或是能源消耗相关的生命周期过程不可忽略）并结合前期数据调研情况与研究对象的工艺特点，最终将系统边界确定为以下几个部分，如图 3 所示，包括果蔬种植阶段、运输阶段、能源生产阶段以及果蔬汁的生产过程等，不包括果蔬汁产品出厂后的运输、使用与废弃/回收过程。

在系统边界划定的所有生命周期过程中，首先，生产阶段确定为数据调研的重点，虽然果蔬生产阶段本身基本不产生温室气体的直接排放，但是其电耗和原料使用量是计算其他所有阶段温室气体间接排放的基础，所以调研时力求数据的准确性与完整性。第二，果蔬种植

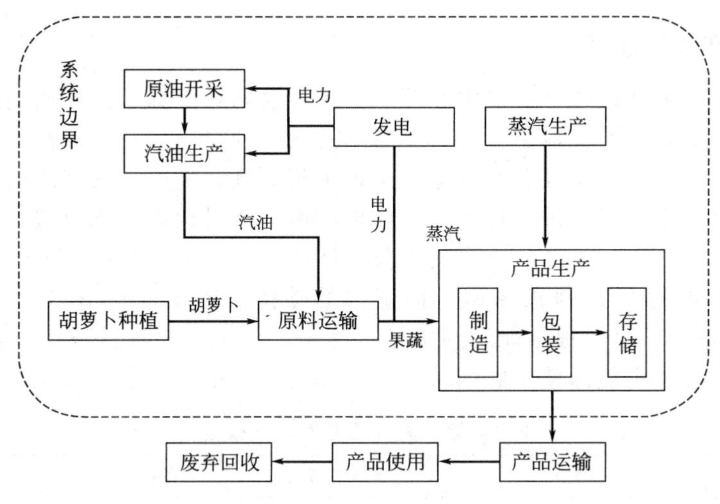

图 3　研究的系统边界划分

阶段是果蔬汁产品的最重要碳排放源之一，也是果蔬汁碳足迹计算的一大特点。根据 IPCC 组织发布的数据，近 150 年来，土地利用变化引起的温室气体排放约占到人类活动影响总排放量的 1/3，所以蔬果种植阶段的碳足迹计算也是研究的一大重点。第三，能源与运输阶段的温室气体排放，根据文献调研，目前国内已经发布了电力等行业的碳排放因子，并且国内的生命周期评价研究也可以为这些基础行业的碳足迹提供足够的数据支撑，所以这些阶段选择较合理的排放因子，并结合生产阶段的原料与能源消耗量计算其间接温室气体排放。

3.3　清单分析

清单分析是指根据评价的目标与范围定义，针对评价对象收集定性或定量的输入输出数据，并对这些数据进行整理与分类的过程[6]。其主要目的就是为随后的产品碳足迹计算提供一份完整的输入输出清单，其中要涵盖研究对象主要的资源消耗、能源消耗，直接温室气体排放等内容。

3.3.1　果蔬汁生产过程数据

在生产阶段，根据评价原则完全采用调研数据，数据收集的范围涵盖果蔬汁生产的主要原料消耗与能源消耗。由于果蔬汁生产主要的能源是电力与蒸汽，并不发生化石燃料的直接燃烧，所以生产过程的直接温室气体排放可以忽略不计。数据的主要来源可以分为以下两方面：资源消耗与蒸汽消耗使用企业提供的生产线统计数据；电力是果蔬汁生产主要的能耗类型，要求细化到每个生产流程，以便辨识出能耗热点。生产阶段的清单分析结果见表 1。

表 1　生产阶段清单分析结果

产品	资源/能源	消耗量	单位
胡萝卜原浆	胡萝卜	1.27E+00	kg/kg
	水	7.28E+00	kg/kg
	蒸汽	3.75E-01	kg/kg
	电力	1.34E-01	kW·h/kg

3.3.2 能源生产过程数据

果蔬汁产品涉及的能耗种类有电力和蒸汽两种，这两类能源虽然在使用过程中不会产生直接的温室气体排放，但是其制造过程（即发电和蒸汽产生过程）依然会产生大量的CO_2排放，在进行碳足迹计算时需要着重考虑。根据评价原则，发电与蒸汽产生过程的温室气体排放量，选取公开发表的因子进行计算。其中外购电力的排放系数选自国家发展改革委应对气候变化司 2009 年 7 月 3 日发布的《关于公布 2009 年中国区域电网基准线排放因子的公告》中华北区域电网的CO_2排放系数；而蒸汽的碳排放因子取自清华大学孟昭利教授的《企业能源审计方法》一书。根据能源间接排放因子，与生产过程计算的能源消耗量，可以计算出果蔬汁生产过程中能源使用的间接温室气体排放，结果见表 2。

表 2　能源间接温室气体排放量

产品类型	过程	温室气体类型	单位排放量	单位
胡萝卜原浆	发电	CO_2	1.20E-01	kg/kg
	蒸汽	CO_2	1.28E-01	kg/kg

3.3.3 运输过程数据

运输过程的温室气体排放因子也取自于我国交通运输行业的生命周期评价[7]，该因子包含了运输过程中直接排放以及原油开采、汽油生产等过程的间接排放，并分别计算了城市道路、高速公路与农村公路三种路况以及轻型货车与重型货车 2 种运输工具的温室气体排放量。果蔬汁原料与包装的运输均假设采用轻型货车，在乡村公路路况下进行。根据交通运输的间接排放因子，与生产过程计算的果蔬原料的消耗量，并假设运输距离为 10km，可以计算出果蔬汁生产过程中原料运输的间接温室气体排放，结果见表 3。

表 3　交通运输间接温室气体排放量

产品类型	温室气体类型	单位排放量	单位
胡萝卜原浆	CO_2	2.54E-03	kg/kg
	CH_4	6.72E-07	kg/kg
	N_2O	3.04E-07	kg/kg

3.3.4 果蔬种植过程数据

果蔬种植阶段的碳足迹计算比较复杂，共包含以下 3 个方面：果蔬种植阶段的直接与间接排放，土地覆盖变化的温室气体排放与土地占用的温室气体排放。

果蔬种植阶段的碳足迹，包含每年农用机械（耕作，播种，收割等）的直接与间接温室气体排放，使用化肥的排放，以及灌溉等行为的排放。该方面目前国内还没有相关的研究数据，而使用美国输入输出数据库（USA Input-Output Database）中的蔬菜种植数据进行计算，结果见表 4。

表 4　果蔬种植阶段的温室气体排放因子

过　程	温室气体类型	单位排放量	单位
胡萝卜种植	CO_2	3.24E-02	kg/kg
	CH_4	3.44E-05	kg/kg
	N_2O	8.76E-04	kg/kg

土地覆盖变化的温室气体排放，针对于本项研究是指由于人为将森林、草原等生态系统

改造成农田，导致土壤中的碳含量以二氧化碳的形式输送到大气碳库，从而导致一次性的大量温室气体排放。单位面积温带森林与草原土地转换的温室气体排放量可从文献［8］中得到。根据 PAS2050 规范的建议，土地覆盖变化造成的温室气体排放应该由接下来的 20 年连续的土地使用行为承担，即每年承担土地覆盖变化导致温室气体排放总量的 1/20，而 20 年以后的土地使用行为不再承担此排放。

土地占用的温室气体排放反映的是由于土地占用行为导致每年土地固碳量的变化。通常计算时需要选取一个基准，即土地使用前的土地状况。由文献［9］可得到我国单位面积各类生态系统每年的固碳量（即植物光合作用固碳总量减去植物自养呼吸消耗碳量，也称为生态系统的净初级生产力）。根据 PAS2050 建议，如不清楚土地使用前的土地使用状况，一律假设为森林生态系统，即每年具有最大的固碳量。

分别计算果蔬种植阶段，土地覆盖变化与土地占用的温室气体排放量，再相加可得到果蔬原料的碳足迹，结果见表 5。

表 5　果蔬原料的碳足迹计算结果

过程	温室气体类型	单位排放量	单位
胡萝卜种植	CO_2	7.23E-01	kg/kg
	CH_4	4.35E-05	kg/kg
	N_2O	1.11E-03	kg/kg

3.4　碳足迹计算

3.4.1　清单汇总

经过清单分析，得到系统边界内各主要生命周期过程的温室气体排放值后，就可以对各分过程的清单进行汇总，得到一个整体的产品系统碳足迹清单，并根据 IPCC 组织发布的方法进行产品碳足迹的最终核算。

清单汇总采用同类温室气体累加的方式进行，并保留各分过程的温室气体排放值，包括发电，蒸汽制造，运输以及胡萝卜种植 4 个生命周期过程（生产过程因无直接温室气体排放故不罗列在结果清单中）。从结果中可知，生产每千克胡萝卜原浆会造成 CO_2 排放约 0.976kg，CH_4 排放约 4.64E-05kg，N_2O 排放约 1.16E-03kg，如表 6 所列。

表 6　胡萝卜原浆温室气体排放清单汇总

过程	温室气体类型	单位排放量	单位
发电	CO_2	1.20E-01	kg/kg
蒸汽制造	CO_2	1.28E-01	kg/kg
运输	CO_2	2.54E-03	kg/kg
	CH_4	6.72E-07	kg/kg
	N_2O	3.04E-07	kg/kg
胡萝卜种植	CO_2	7.23E-01	kg/kg
	CH_4	4.35E-05	kg/kg
	N_2O	1.11E-03	kg/kg
汇总	CO_2	9.76E-01	kg/kg
	CH_4	4.64E-05	kg/kg
	N_2O	1.16E-03	kg/kg

3.4.2　碳足迹计算

根据汇总后的清单，采用 IPCC 组织发布的各类温室气体潜势因子，可以将各类温室气体合并，最终得到产品碳足迹的单一指标值。计算方法是将各类温室气体的排放量乘以相应的温室气体潜势，再进行加和得到一个以二氧化碳当量为单位的碳足迹值。

胡萝卜原浆最终碳足迹计算结果如表 7 所列。每 kg 胡萝卜原浆的碳足迹为 1.31kgCO_2-eq，而每罐 320mL 南瓜汁易拉罐饮料的碳足迹为 0.608kgCO_2-eq。

表 7　碳足迹计算结果

产品类型	温室气体类型	排放量	单位	产品类型	温室气体类型	排放量	单位
胡萝卜原浆	CO_2	9.76E-01	kg/kg	胡萝卜原浆	N_2O	1.16E-03	kg/kg
	CH_4	4.64E-05	kg/kg		碳足迹	1.31E+00	kg/kg

3.5　结果解释

使用 IPCC 发布的温室气体潜势值，结合清单分析中得到的各生命周期过程的温室气体清单，计算出胡萝卜原浆各过程的温室气体排放当量值，如图 4 所示。从图中可以看出 CO_2 是整个体系中最主要的温室气体排放，其在发电、交通运输与蒸汽制造阶段均贡献了超过 90% 的温室效应潜力，而在胡萝卜种植阶段，由于氮肥的使用导致 N_2O 排放的比例明显高于其他三个过程，而二氧化碳的排放仍然占到了种植阶段的 69.2%。从过程层面分析，胡萝卜种植过程是整个胡萝卜原浆产品的系统的主要温室气体排放源，该阶段的温室气体排放总量占到了整个系统的 80.9%；而发电过程与蒸汽制造过程分别占到了 9.1%与 9.8%；运输阶段由于产房靠近蔬果种植区，原料的运距较短，所以温室气体排放较少，只占到了总量的 0.2%。

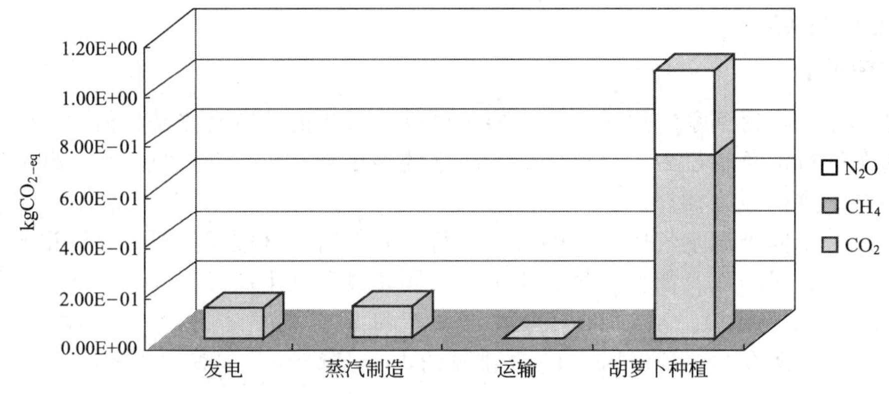

图 4　胡萝卜原浆各生命周期阶段温室气体排放

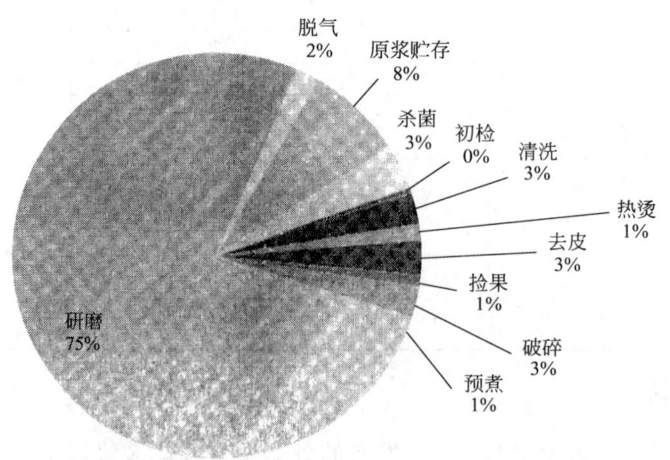

图 5　胡萝卜原浆生产流程用电间接温室气体排放贡献分析

另外，鉴于清单收集时已经将电力的消耗划分到每个生产过程，借助这些数据可以对各生产流程企业用电造成的间接温室气体排放进行贡献分析，结果见图 5。

4　结论与建议

4.1　结论

本研究依据目前国际上通行的 PAS2050 温室气体核查准则，对我国饮料生产企业主要果蔬汁产品——胡萝卜原浆碳足迹核查。

结果显示胡萝卜原浆在 B2B 模式系统边界内的碳足迹为 1.31kgCO_2-eq/kg 原浆，其中故萝卜种植阶段的间接排放贡献了系统中大部分温室气体排放量（80.9%）。在胡萝卜原浆生产过程中，研磨工艺是最主要的间接排放源（该过程电耗导致的间接温室气体排放占到了电耗总间接排放的 74.7%）。

4.2　减少碳足迹的建议

根据碳足迹的计算结果，可以更有针对性地对产品的碳减排提供改进意见，指导企业的节能减排工作。

从果蔬汁的评价结果可知，两种产品在 B2B 模式系统边界内温室气体排放的最主要来源为原料（即胡萝卜）的种植阶段，占到产品碳足迹总量的 80.9%。所以对果蔬汁生产企业而言，通过提高蔬果出浆率等措施，减少单位果蔬汁产品的原料消耗量，是减少产品碳足迹的最有效途径。

参考文献

[1] 中国轻工业年鉴［M］.2009：178-181.

[2] 杨建新，徐成，王如松．产品生命周期评价方法及应用［M］．北京：气象出版社，2002：24-26.

[3] British Standards Institution. PAS 2050 Specification for the assessment of the life cycle greenhouse gas emissions of goods and services［M］. London：British Standards Institution，2008.

[4] IPCC. Land use，land-use change and forestry. IPCC. 2000.

[5] Greenhalgh S，Daviet F，Weninger E. The Land Use，Land-Use Change，and Forestry Guidance for GHG Project Accounting. World Resources Institute. 2005.

[6] International Organization for Standardization（ISO）. ISO International Standard 14040：Environmental management-life cycle assessment-principles and framework. Geneva：International Organization for Standardization［S］，1997.

[7] 马丽萍．材料生命周期评价基础之道路交通运输本地化研究［D］．北京：北京工业大学，2007：31-56.

[8] Ruedi Müller-Wenk & Miguel Brandão. Climatic impact of land use in LCA-carbon transfers between vegetation/soil and air. Int J Life Cycle Assess，2010（15）：172-182.

[9] 陈泮勤，王效科，王礼茂．中国陆地生态系统碳收支与增汇对策［M］．北京：科学出版社，2008. 34-191.

中国清洁生产现状与“十二五”发展趋势分析

孙晓峰，程言君，李键，李晓鹏
（中国轻工业清洁生产中心，北京，100012）

摘要：总结“十一五”期间我国清洁生产工作推行现状，分析“十二五”期间清洁生产工作对我国节能减排工作深入开展的重要意义。指出“十二五”期间，我国清洁生产工作将成为农、工、服务业三大产业的工作重点。最后分别从环境政策、环境标准、环境管理、技术研发等方面提出了我国“十二五”期间推行清洁生产工作的保障措施，为我国清洁生产工作的推广奠定了坚实的基础。

关键词：清洁生产；十二五；发展趋势

Analysis on Status and Development Trend of Cleaner Production in China

Sun Xiaofeng, Cheng Yanjun, Li Jian, Li Xiaopeng
(China Cleaner Production Center of Light Industry, Beijing, 100012)

Abstract: By summing up the progress from cleaner production during the period of "11th Five-Year Plan", this paper analyzed the significance of energy saving and emission reduction during the period of "12th Five-Year Plan". It has been pointed out that cleaner production has become one of the most important tasks for China's agriculture, manufacturing, and service industries. Finally, according to environmental policies, environmental standards, envirnonmental management, technical R&D aspects, some recommendations were proposed for the security measures on cleaner production development during the period of "12th Five-Year Plan", to lay a solid foundation on cleaner production promotion in China.

Key words: Cleaner production; 12th Five-Year Plan; development trend

“十一五”期间，通过结构减排、工程减排和监管减排等措施并举，我国的节能减排工作取得了显著的成效。长期实践证明，清洁生产已经成为实现我国节能减排目标的重要抓手。“十二五”时期，是实现我国全面建设小康社会奋斗目标承上启下的关键时期，也是着力解决环保、能源等重大问题的战略机遇期。为实现节能减排的目标，我国将进一步推进清洁生产工作。因此，分析目前清洁生产工作中存在的主要问题，并提出今后清洁生产工作的设想显得十分必要。

1 节能减排面临严峻考验

近年来，我国通过制定严格的污染物排放标准、实行环境立法控制，增大环保投资、积极建设废水、废气等污染治理设施等措施，在环境改善方面取得了一定成效。但通过十多年的实践发现：这种仅着眼于控制排污口（末端），促使排放污染物达标排放的办法，虽在一定时期内或在局部地区起到一定的作用，但未从根本上解决工业污染问题。同时我国也面临着越来越多国际压力和履行国际公约的职责。从1997年签订《京都议定书》，到2007年192个缔约国承诺加大应对气候变化力度的《联合国气候变化框架公约》，再到2009年底哥本哈根会议上我国承诺到2020年我国单位国内生产总值二氧化碳排放比2005年下降40%～45%，都体现了我国是一个负责任的大国。在承诺的同时，如何去完成承诺将是我国所面临的问题。

2　清洁生产是实现节能减排的有力抓手

2.1　努力实现污染防治由被动治理向主动防治的战略转变

温家宝总理在《政府工作报告》中明确提出，节能减排工作中要加强资源综合利用和清洁生产。在当前深化节能减排，实现工业污染防治由被动治理向主动防控转变的战略中，清洁生产及其审核工作作为重要抓手应进一步主动发挥污染防治的治本之作用，为实现“十一五”节能减排目标做出贡献。

“十一五”以来，我国加大环境保护力度，如新建城市污水处理厂482座、淘汰落后水泥产能5200万吨等，取得了良好的环境效益。特别是化学需氧量和二氧化硫等主要污染物排放总量出现了拐点，呈现出双下降趋势。但由于重化工业结构和以煤为主的燃料结构及粗放式的经济增长方式还没有得到根本改变，加上企业的清洁生产水平不高，减排面临的形势依然严峻。国际清洁生产的经验告诉我们，只有通过全过程控制、提高清洁生产技术水平、削减污染物产生量，才能在经济又好又快的持续增长中，实现污染物排放量稳步下降、环境质量逐步改善的目标。“十二五”期间的节能减排工作必须依靠推行清洁生产促进技术进步。清洁生产将成为我国实现节能减排目标的重要抓手。

2.2　大力推行清洁生产，解决污染防治的深层次问题

实施清洁生产是实现污染由末端治理向污染预防转变的必由之路，也是国家环境保护和能源管理部门引导企业走可持续发展道路的重要手段。通过实施清洁生产，可以促进污染大、能耗高的行业和企业加快淘汰落后产能、优化产业结构、提升清洁生产技术与设备水平，实现经济发展与环境保护的双赢，促进节能减排目标的实现。

3　清洁生产推行工作成绩显著

2002年6月29日，全国人大通过了《中华人民共和国清洁生产促进法》，标志着我国清洁生产工作进入法制化阶段；随后颁布实施的《关于加快推行清洁生产的意见》（国办发［2003］100号）、《清洁生产审核暂行办法》（国家发展和改革委员会国家环境保护总局令第16号）、《关于深入推进重点企业清洁生产的通知》（环发［2010］54号）等文件进一步推动清洁生产工作的全面开展；国家发改委、环境保护部等部门制定清洁生产评价指标体系和清洁生产标准为企业开展清洁生产提供了技术支持。

从清洁生产审核来看：2009年，各省（区、市）环境保护厅（局）依法在当地主要媒体公布了应当实施清洁生产审核的1702家重点企业名单；全国有2139家重点企业开展了强制清洁生产审核，有1291家重点企业完成了审核评估，有1125家重点企业完成了审核验

收。其中，天津、上海、江苏、湖北、广东、重庆、陕西7省（市）财政支持重点企业清洁生产审核评估、验收的资金共计1610万元。

4 清洁生产推行过程中存在的主要问题

目前，我国在推行清洁生产过程中仍存在一些问题，表现在以下几个方面。

（1）清洁生产推行工作效果不理想

2003～2009年间，开展清洁生产审核的工业企业仅占全国工业企业总量的0.15%，比例低。主要集中在印染、化工、石化、造纸、发酵、制革、建材、有色金属、钢铁等污染相对较大的行业。

（2）地区发展不均衡

《清洁生产促进法》、《清洁生产审核暂行办法》和《重点企业清洁生产审核程序的规定》都明确规定了“环保行政主管部门要在当地主要媒体上公布辖区内的双超双有企业的名单”。这项信息公开的工作，各地开展情况好坏不一。目前只有3个省（市）出台了《清洁生产促进条例》，20多个省（市）出台了实施办法。总的来说，地方的积极性没有调动起来，地方政府更多的是从GDP、从经济发展的需要维护企业的利益，甚至保护落后的非清洁生产的企业。

（3）农业、服务业推行清洁生产进度缓慢

目前，我国清洁生产工作仍主要集中在工业领域，农业和服务业的清洁生产审核工作开展缓慢。尤其是服务业，在北京等地区已经成为重点能耗行业，但几乎未开展清洁生产工作。在农业领域，清洁生产推行速度较为缓慢，农业面源污染仍很严重。

（4）清洁生产实施不够深入

实施清洁生产是重要的减排措施，但现在普遍存在忽视清洁生产在减排中作用的问题。有的企业根本没有考虑也不知道如何通过实施清洁生产而进行减排；研究单位和清洁生产咨询机构没有深入研究清洁生产形成的减排量如何计算、怎么核定；政策制定时忽视了如何将清洁生产形成的减排量部分纳入年度新增减排量问题；很多地区没有将清洁生产与节能减排相结合，畏难情绪大，实施清洁生产缺乏动力。

（5）缺少系统的清洁生产技术性指导文件

虽然国家已经颁布实施了一系列的清洁生产评价指标体系和清洁生产标准，但分别有各个部位颁布实施，多头管理的清洁生产技术指导文件，不利于指导企业推行清洁生产工作。

（6）政策扶持力度仍需加强，无法调动企业积极性

目前，实施清洁生产的企业主要以强制审核为主，开展自愿审核的企业很少。其主要原因之一是因为企业节能环保意识薄弱，对清洁生产的认识不够；另一方面是政府在节能减排技术投资、改造的扶持力度不够，配套法规，实施细则及相关制度等尚不健全。因此，提高政府政策引导，将对清洁生产工作的推广起到关键作用。部分省市由于缺少有效的政策扶持，要求强制开展清洁生产的企业也未能实施该项工作。

支持清洁生产的政策措施不落实，特别是政府资金投入严重不足。2008年地方政府资金支持总额约2.2亿元，仅占企业清洁生产项目总投资额的1.7%，有些省份“十五”以来尚未安排财政资金支持清洁生产工作。

5　重点领域清洁生产推行工作展望

5.1　工业推行清洁生产的工作重点

我国在工业领域开展清洁生产工作较早，已经取得了显著成效。国家通过采取产业结构调整、技术升级换代、末端治理、环境监管等手段，基本控制了工业领域的污染问题。实施清洁生产技术改革，正在改变我国工业长期以来以大量消耗资源能源、粗放经营为特征的传统发展模式。“十二五”期间，工业领域推行清洁生产工作的重点应包括以下几个方面。

① 进一步进行产业结构调整，如根据《产业结构调整指导目录（2011年本）》等相关要求，加快落后产能、落后技术、落后产品的淘汰速度。

② 实施生产全过程控制，加强危险化学品管理，减少有毒有害物质使用。

③ 开发推广先进清洁生产技术，提高资源、能源利用效率。

④ 加强末端治理，重点控制COD、二氧化硫、氨氮、总氮、总磷、重金属、POPs、内分泌干扰物质等。

⑤ 加强重点企业清洁生产审核工作等，开发推广先进清洁生产技术，提高资源利用效率并加快清洁生产技术的认证示范和推广，为清洁生产新技术的实施提供财税优惠政策等。

5.2　农业推行清洁生产的工作重点

目前，由农业污染引起的水体、土壤等污染仍未消除，农业生态环境依然十分严峻。由于农业污染以面源污染为主，很难采用工业中的末端治理方式进行治理。因此，农业必须实行清洁生产，强调在污染产生前予以削减，从源头抓起，预防为主。由于全国农业清洁生产基本上还处于一种思考和探索阶段，在“十二五”期间农业清洁生产工作重点应为加快制定农业清洁生产技术规范、评价指标体系，组织开展节能、节水、废物（畜禽粪便、沼液、沼渣、秸秆等）综合利用等农业环境与资源保护方面的技术研发、应用与推广。

5.3　服务业推行清洁生产的工作重点

服务业的迅猛发展，对环境的压力越来越大。服务行业的快速发展更造成了该行业进行清洁生产的紧迫感。因此，急需开展服务业清洁生产工作，并首先对如何在服务业开展清洁生产进行深入研究。结合可持续发展社会发展目标，在总结前期第二产业清洁生产的成果基础上，针对城市化率较高的北京、上海等地，将清洁生产的重点从工业向服务业转移。研究服务业清洁生产的内涵、实施程序和范围，制定服务业清洁生产的标准和审核指南，以及清洁生产审核的评价指标体系是本项研究的重点。在此基础上，扩大第三产业推行清洁生产范围：一是重点行业全面推行，如交通运输、医疗卫生、餐饮住宿、仓储物流、批发零售、旅游、洗浴、公共建筑等；二是一般行业抓重点企业或重点项目推行清洁生产；三是其他行业、企业，如能源、资源消耗小、污染物产排污量少的企业可按自愿协议方式推行。

6　推行清洁生产的政策保障体系

推进清洁生产工作，需要各方面的共同努力。要充分发挥各方面的积极性，形成国家有关部门引导支持，地方政府组织协调，行业协会、科研机构积极服务，企业主体积极参与的清洁生产促进机制。因此，需要建立一个系统的清洁生产保障体系。具体措施可包括以下几个方面。

6.1 完善清洁生产政策、法规、标准体系

从标准管理部门来看，国家发改委、环境保护部、工信部等部门均制订了清洁生产指导性文件，如清洁生产标准、清洁生产评价指标体系等。在今后标准体系研究工作中，应首先协调、明确各部门职责，制订统一的清洁生产评价指标体系。

从标准涉及领域来看，目前我国清洁生产的工作重心仍为工业领域，相关指导性文件也很健全。随着技术不断进步，下一阶段应进一步修订和完善工业领域清洁生产标准和审核指南。为积极在第三产业推行清洁生产，应研究制定符合第三产业特点的清洁生产评价指标体系。

6.2 完善清洁生产审核验收办法

目前，很多省市已经制订了清洁生产审核验收办法。从执行效果来看，一些省市将清洁生产审核分为阶段性评估（针对审核报告和现场）和验收（针对中高费方案实施）两部分，较为严格；而也有一些省市存在验收标准宽松的现象，不去现场，只看报告，而且一些审核报告粗制滥造，弄虚作假，夸大节能减排量。下一步应通过对主要省市清洁生产审核验收管理办法的研究，结合清洁生产评价指标体系以及各地方清洁生产审核验收过程中存在的主要问题，提出国家层面的清洁生产审核验收办法。

6.3 加快建立我国重点领域、重点企业清洁生产审核评估体系

① 建立全国重点企业清洁生产审核三级责任体系，各司其职，各负其责，全面展开。

② 加强清洁生产技术服务队伍建设，实施清洁生产审核咨询机构分级管理，提高咨询服务机构业务素质。

③ 建立重点企业清洁生产审核公报制度，重点企业应实施信息公开。

④ 落实清洁生产审核评估与验收规定，加强考核、及时监督。

6.4 促进清洁生产全面推行的产业政策

制定促进清洁生产全面推行的产业政策。提出大力发展节能环保产业，促进清洁生产向更广阔的领域发展。要积极开发节能、环保、资源综合利用技术，以及为低碳经济服务的先进适用技术；积极发展环保监测检测仪器设备等；积极开发无毒无害材料，加快新型环保节能材料的应用步伐等。

6.5 促进清洁生产全面推行的经济政策

制定促进清洁生产全面推行，提高企业实施清洁生产积极性的经济政策。如地方主管部门要加强与地方有关部门的协调配合，积极落实清洁生产促进政策，建立清洁生产专项资金，加大地方财政对清洁生产的支持力度[9]。加强与银行等金融机构的沟通和衔接，将企业清洁生产中高费项目列入绿色信贷支持计划，对通过清洁生产审核评估的企业优先发放贷款。工业主管部门在会同有关部门安排中央投资技术改造项目时，将优先支持通过审核评估

的中高费清洁生产项目；对已通过省级主管部门清洁生产审核评估的中小企业节能减排项目，中小企业发展专项资金将优先支持。

6.6 加强推行清洁生产的支撑体系建设

首先对现有推行清洁生产的支撑体系进行梳理，如应充分发挥已有清洁生产咨询服务机构的作用，为清洁生产审核、方案实施、后评估等提供技术支撑服务。地方主管部门要支持各类清洁生产服务机构与节能机构的联合与协作，为企业开展清洁生产提供高效、专业化的服务。建立咨询机构业绩考评机制，促进咨询服务质量的提高。要建立和完善清洁生产信息系统，向社会提供清洁生产技术和方法、可再生利用的废物供求以及清洁生产政策等方面的信息和服务。

然后，根据对现有支撑体系的分析，提出更具建设性的建议，如提高水资源、能量测试工作能力；开展能效对标工作，建立能效评估体系；加强清洁生产推行工作前后环境监测及评估工作等。

6.7 清洁生产技术的研发与推广

根据国内总量减排目标、国际环境保护履约形势、国内外产业发展状况等相关要求，提出节能、环保等清洁生产技术研发方向，如COD、氨氮、二氧化硫、氮氧化物、重金属、POPs、内分泌干扰物质等污染预防技术和末端治理技术；提出造纸、皮革、发酵、印染、电力、水泥、建材、石化、化工、制药、畜禽养殖等重点行业清洁生产技术；提出清洁生产技术推广相关建议，如对实施国家清洁生产重点技术改造项目及自愿参加削减污染物排放技改项目的企业给予专项资金扶持等。

参考文献

[1] 彭晓春，谢武明．清洁生产与循环经济［M］．北京：化学工业出版社，2009：1-20.
[2] 张天柱，石磊，贾小平．清洁生产导论［M］．北京：高等教育出版社，2006：5-10.
[3] 苏荣军，谷芳，车春波．工业企业清洁生产理论与实践［M］．北京：化学工业出版社，2009：35-51.
[4] 毕俊生，慕颖，刘志鹏．我国工业清洁生产发展现状与对策研究［J］．节能与环保，2009，(3)：1-3.
[5] 郭晋玲，高阳俊．清洁生产在农业生态系统中的应用［J］．内蒙古农业科技，2009，(1)：75-76.
[6] 吕志轩．农业清洁生产的经济学分析［M］．北京：科学出版社，2009：78-85.
[7] 魏娜，田义文，闫华娟．论我国清洁生产法律制度的完善［J］．安徽农业科学，2009，37 (10)：4725-4727.
[8] 罗吉．我国清洁生产法律制度的完善和发展［J］．中国人口·资源与环境，2001，11 (3)：27-30.
[9] 蔡守秋．可持续发展与环境资源法制建设［M］．北京：中国法制出版社，2003.
[10] 蒋翠珍．清洁生产是企业可持续发展的必然选择［J］．石化技术，2009，16 (2)：61-64.

污染物产生量评价与控制措施研究[❶]

孙晓峰，程言君，李键，李晓鹏
（中国轻工业清洁生产中心，北京，100012）

摘要： 污染物产生量是评价行业、企业开展清洁生产的重要考核指标之一，也是控制污染排放量的基本前提条件。通过对污染物产生量的评价，可以对比不同类型、不同工艺、不同规模企业生产过程对环境的影响，从而为提出产业结构调整政策、推荐最佳可行性技术、制定行业环境保护发展规划等工作提供技术支持，为管理部门的决策工作提供帮助。

关键词： 污染物；产生量；评价；控制措施

Research on pollutants generation assessment & control measures

Sun Xiaofeng，Cheng Yanjun，Li Jian，Li Xiaopeng
（China Cleaner Production Center of Light Industry，Beijing，100012）

Abstract：Pollutants generation is both a very improtant assessment performance for an enterprise to carry out cleaner production strategy and a prerequist for pollutants discharge control. To conduct pollutants generation assessment，by comparing the environmental impacts from production patterns of different types，processes，and sizes of enterprises，technical supports can be provided for industrial structure adjustment，BATs selection，industrial environmental planning，and decision-making.
Key words：pollutant；generation；assessment；control measure

1 研究背景

“十一五”以来，作为国家经济、社会发展规划的约束性指标，SO_2、COD等主要污染物总量减排得到各级政府的高度重视，工程减排、结构减排、监管减排扎实推进，环保工作取得了积极成效。与此同时，应认清这种转变还是非常脆弱的，如何保持这种良好的势头并且着实有效的控制其他污染物的排放，将是我国“十二五”期间的工作重点。

环境保护部副部长张力军指出：我国“十二五”污染减排工作，将要在污染减排指标领域上，进一步延伸和扩展，适当地增加主要污染物总量控制的指标种类。氨氮和氮氧化物继化学需氧量和二氧化硫之后，在“十二五”期间纳入全国主要污染物排放约束性控制指标。污染物总量控制、严格控制污染源排放、加快现有污染区域的综合整治将是未来改善我国环境质量的重点工作。

近些年，为了配合我国污染减排工作的开展，国家相继出台了一系列的法律、法规及标

❶ “国家环境保护十二五规划研究编制课题”子课题“污染物产生量评价与控制政策制度措施研究”。

准，如国务院印发了《节能减排综合性工作方案》（国发［2007］15号文）、《推动落实节能减排综合性工作方案部门分工》等，为行业的健康发展奠定了坚实的基础。传统的末端处理工艺已经不能满足我国的环保需要，如何在"十二五"期间改变传统观念，实施污染预防工作，在源头削减污染物的产生，从全过程控制污染物的排放，将是"十二五"的重点工作。《关于深入推进重点企业清洁生产的通知》等一系列通知公告为提高我国"十二五"期间工业污染防治工作水平提供了有力的保障。

2 技术路线

根据环境统计年报的数据，造纸行业年排放COD157.36万吨（按第一次污染源普查结果显示为176.91万吨），位于工业行业第一位；虽然造纸行业氨氮产排污浓度不高，但考虑造纸行业废水排放量大，其氨氮排放总量不容忽视。本文选择造纸行业进行COD和氨氮分析。

历年环境统计年报和第一次污染源普查公报均表明电力行业是二氧化硫和氮氧化物的最大排放源。本文选择电力行业作为研究二氧化硫和氮氧化物污染物的典型行业。

近年来，铅蓄电池行业血铅事故频发；而且相对于采矿、冶炼等行业，电池企业更接近公众，发生环境污染事故的概率也会更高。本文选择铅蓄电池行业作为重金属污染典型行业进行分析。

综上所述，本文选择造纸、电力、铅蓄电池等三个行业，着重分析行业特征污染物排放情况以及现行的污染防治技术，在此基础上分析污染物产生量与排放量、产生强度与排放强度之间的变化关系。同时，分析行业污染物产生强度差距、分析进一步降低排放的潜力，在此基础上提出技术与管理建议。

3 典型行业产排污研究

3.1 造纸行业COD和氨氮产排污研究

（1）造纸行业现行政策、标准对环境影响

现行环保政策法规标准对造纸行业产生较大影响：①生产原料结构变化明显：木浆和废纸浆消费量从2001年的2000万吨增长为2009年的6805万吨，增长240%，而非木浆从2001年的980万吨增加到2009年的1175万吨，增长20%。②产业结构更加合理：通过淘汰和关停落后产能，2008年全国造纸企业已经减少至3500家。③水污染物排放明显降低：2008年版造纸排放标准实施以来，造纸行业废水排放量比2007年降低4%，COD排放量比2007年降低18.2%。

（2）造纸行业主要污染物产生量评估

不同原料、不同产品、不同生产工艺之间，废水量和污染物产生量差异极大。COD产生强度从大到小顺序：草浆＞化学机械木浆＞脱墨废纸浆＞化学竹浆＞化学木浆＞非脱墨废纸浆＞造纸。影响COD产生量的因素包括：原料、生产工艺、生产技术及装备及企业管理水平。

造纸废水中氨氮的主要有两个来源，分别是生产过程中产生的和废水处理系统过程中添加。我国造纸废水中氨氮主要来源为后者，造纸企业管理水平偏低，对于废水处理系统的管理比较粗放，大都没有严格地按比例添加营养剂，造成这些企业氨氮超标排放。

3.2 电力行业二氧化硫和氮氧化物产排污研究

(1) 电力行业现行政策、标准对环境的影响

我国对电力行业二氧化硫控制主要是通过总量控制、两控区计划、关停小机组、排污收费、达标排放以及烟气脱硫等综合措施来进行的。“十一五”期间火电厂二氧化硫控制措施主要包括：a. 关停小机组，淘汰落后产能；b. 烟气脱硫，加强末端治理；c. 严格排放标准，加强环境监管。目前，我国对氮氧化物的控制刚刚起步，在《大气污染物防治法》、《国家环境保护“十一五”规划》等文件中均涉及对氮氧化物污染物排放的控制，在新颁布的《火电厂大气污染物排放标准》中也加严了氮氧化物的排放限值。目前，我国 NO_x 的控制主要依赖于传统的控制手段，虽然对火电厂氮氧化物污染的控制提出了初步要求，但相关的政策过于原则，操作性较差。目前我国火电厂采用烟气脱硝技术措施的比例还较低，难以有效控制日益增长的氮氧化物排放及其带来的二次污染。

(2) 电力行业主要污染物产生量评估

对于煤粉炉而言二氧化硫和氮氧化物产生量主要决定于机组规模、燃煤挥发分、是否采用了低污染燃烧技术、是否采用了脱硫脱氮技术。

3.3 铅蓄电池行业铅污染物产排污研究

(1) 铅蓄电池行业现行政策、标准对环境的影响

《废电池污染防治技术政策》、《轻工业“十五”规划》、《轻工业调整和振兴规划》等政策、规划从产业结构调整出发，提出淘汰含汞电池、限制糊式电池、镉镍电池的比例，鼓励发展新型全密封免维护铅酸蓄电池等要求。2005 年将整治铅蓄电池行业污染问题纳入环保专项整治行动。同年，国家发改委出台了《产业结构调整指导目录（2005 年本)》，对电池行业发展提出了要求。其中，高容量密封型免维护铅酸蓄电池属于鼓励类；而开口式普通铅酸蓄电池项目属于限制类。根据此指导目录，污染较大的电池产品的生产受到限制，电池行业将逐步走向清洁、环保。同时，环保部于 2008 年出台了《清洁生产标准 铅蓄电池工业》(HJ 447—2008)，该标准从生产工艺、装备、资源能源利用、产品、污染物等方面提出要求，通过全过程控制，减少铅蓄电池生产环节污染负荷。

(2) 铅蓄电池行业主要污染物产生量评估

铅蓄电池制造过程中，污染物的产生主要集中在制粉、铸板、涂板、固化干燥、化成、组装等工序。我国目前不同规模的生产企业由于采用不同的生产工艺和设备，从而导致各环节污染物产生浓度水平参差不齐。在原料使用方面，各规模企业基本相同，差异不大，原辅材料主要以铅锭、硫酸为主。因此，造成差异的主要因素集中在生产工艺、生产设备和企业管理水平三个方面。

4 污染物产生量评价与控制措施

4.1 环境保护政策主要存在的问题

目前，我国环保政策主要存在的问题包括：随着工业化和城市化进程加快及人口持续增加，长期的粗放式经济增长，使得环境治理总体压力很大；污染治理的难度不断加大；污染的性质发生了显著变化，区域性、流域性、面源、生活性污染逐渐成为新的矛盾，这些污染

的解决相对于传统工业的末端治理需要更大规模的环保投资；环境投资历史欠账太多。

4.2　污染物产生量评价及控制的难点和切入点

开展污染物产生量评价及控制工作主要存在的问题包括：现行的法律、法规、政策保障有待完善；污染物产生量标准体系有待改进；污染物产生量统计数据缺乏；污染物产生量评估理念尚未普及。要解决这些问题，并在“十二五”期间建立适合于我国的污染物产生量评价体系应关注以下几个方面。

(1) 提高对污染物产生量评价及控制重要性的认识

我国虽然通过产业结构调整等措施，COD等主要污染物产生强度下降趋势明显；但随着工业的发展，COD等主要污染物产生总量仍呈上升趋势。各级环境管理部门、企业必须转变思维，从单纯的末端治理向全过程控制转变，才能确保污染物产生量评价及控制的各项措施、制度落到实处。

(2) 借助淘汰落后产能，控制污染物产生量

淘汰落后产能对污染物产生量控制起到了积极作用。我国一直存在落后产能死而复生的现象，而通过新一轮淘汰落后产能工作的开展，有望进一步优化工业产业结构。

(3) 借助清洁生产，引导企业实施技术改造，控制污染物产生

随着结构减排和工程减排初具成效，“十二五”期间管理减排（包括清洁生产等）将作为重要的减排手段之一。清洁生产是从微观层面控制污染物产生量的行之有效的措施。而建立污染物产能量评价制度则可以判断清洁生产的实施效果。

(4) 严格环境准入，源头控制污染物产生

实施污染预防，从源头控制是实现污染物产生量控制的有效手段。一些省市通过制定环境准入制度，从环境承载力、产业结构、清洁生产、污染物总量控制等方面对工业环境保护提出了严格要求。在环境准入制度中污染物产生量评价将发挥重要作用。

(5) 引入污染物产生量评价，进一步提高污染物总量减排统计的科学性

《主要污染物总量减排统计办法》中指出：“城镇生活COD产生系数优先采用各地区的COD产生系数或实测数据并予以说明；没有符合本地实际排放情况的系数，则统一采用国家推荐的COD产生系数。”如果在下一步工业减排中增加污染物产生量的评估，可以有效杜绝上述类似情况的发生，亦是对工业减排项目更为全面的评估。

(6) 控制污染物产生量将成为“十二五”污染减排工作的重要手段

“十二五”期间应正确处理预防与控制的关系，建立全防全控的防范体系；正确处理成本与效益的关系，健全高效的环境治理体系。而推行清洁生产、实施污染预防，削减污染物产生量、提高污染物去除率，减少污染物排放量将成为实现十二五减排目标的重要手段。

4.3　污染物产生强度评价体系框架设计

影响污染物产生的主要因素包括以下几方面：a. 生产规模；b. 原辅材料；c. 工艺、设备；d. 产品；e. 废物；f. 过程控制、管理水平。

将上述因素转换为评价指标，主要包括以下几个方面：a. 生产工艺与装备指标；b. 资

源利用指标（原辅材料消耗指标）；c. 废物回收利用指标；d. 环境管理要求；e. 污染物产生指标。企业通过对前四项指标的控制与管理，才能符合污染物产生指标的相关要求。这几项指标相辅相成，构建了完善的污染物产生强度评价体系。

4.4 污染物产生量控制措施建议

本文对污染物产生量控制措施提出如下建议。

首先，在“十二五”期间制定完善的法律、法规、政策、标准体系，通过环境保护规划将控制污染物产生量提升为相关部门的管理要求；通过宣传培训，引导各级企事业单位关注污染预防。

① 以制度和标准建设为切入点，严格环境准入。具体包括：a. 建立污染物产生和排放强度“双约束”制度；b. 在环境影响评价制度中进一步加强对清洁生产的关注；c. 在工业准入制度中进一步强调环境准入。

② 进一步完善清洁生产标准体系，为污染物产生量评价提供技术支撑。

③ 主要污染物排放总量控制制度中强调污染物产生强度的重要性。

其次，通过污染源普查，进一步完善重点行业主要污染物的产排污系数，科学合理预测主要污染物产生量。各省（区、市）应按照严格控制增量的原则，根据“十二五”国民经济发展规划、产业技术发展趋势等，科学合理预测污染物新增产生量，制定污染物减排方案、环保投资计划以达到“十二五”主要污染物排放总量减排目标。

第三，加强重点行业污染物产生量控制。针对“十二五”总量控制污染物和重金属，加强重点行业污染物产生量控制。在“十一五”结构减排、工程减排已经初步到位的情况下，通过控制重点行业污染物产生量，提高污染物去除效率，以确保“十二五”总量减排目标的实现。

第四，在确定重点行业的基础上，重视淘汰落后产能，优化产业结构。

第五，推行清洁生产，优化经济发展主要有以下几点。

① 确立推行清洁生产总体目标。

② 抓好重点行业清洁生产审核工作。各省市在国家要求的基础上，通过统计各行业主要污染物产生量来确定重点需要开展清洁生产审核的行业。通过积极推行清洁生产，进行工艺技术改造以削减污染物产生量，是实现各地区污染物减排的重要保障。

③ 鼓励清洁生产技术研发、示范与推广。现有与清洁生产相关的技术导向目录中，仍包括了很多末端治理技术。在今后修订清洁生产技术导向目录时，要考虑源头削减、全过程控制的理念，而污染物产生量评价制度可以作为评价清洁生产技术的重要指标。

④ 加强清洁生产审核验收工作，将清洁生产与节能减排有机结合。评价清洁生产审核前后主要污染物产生量的变化，并作为项目是否通过验收的重要依据。

5 结论

通过对造纸、电力及铅蓄电池典型行业的研究分析，分析影响典型行业的污染物产生量的主要影响因素：影响造纸行业污染物产生量的因素为原料、生产工艺、生产技术及装备及企业管理水平；影响电力行业污染物产生量的因素为机组规模、燃煤挥发分、是否采用了低污染燃烧技术、是否采用了脱硫脱氮技术；影响铅蓄电池特征污染物产生量的因素为生产工艺、生产设备和企业管理水平三个方面。在此基础上分析影响工业行业污染物产生量的主要因素，初步建立了我国污染物产生量的评价体系，提出了我国初步建立污染物产生量评价体系的切入点及相关政策保障。

参考文献

[1] 中国环境与发展国际合作委员会2010年年会.
[2]《中国造纸年鉴》.
[3]《中国环境统计年报》.
[4] 第一次全国污染源普查工业污染源产排污系数手册，2008.
[5]《火电厂大气污染物排放标准》编制说明.
[6]《推进清洁生产 优化经济发展 全国清洁生产工作会议在京召开》. 中国环境网，2010-11-23.

论轻工产品绿色贸易体系的构建

李键，孙晓峰，郭逸飞
（中国轻工业清洁生产中心，北京，100012）

摘要： 近年来我国的贸易顺差与资源环境逆差不断提高，以巨大环境成本为代价带来的经济高速发展，使我国的发展遭遇了资源耗竭、环境恶化的生态瓶颈。本文以轻工行业为立足点，通过分析轻工行业的贸易现状及轻工产品在生产过程中对环境的影响，分析了造成我国环境逆差的主要原因，并以此为基础构建了我国轻工产品的绿色贸易体系，最后针对构建轻工产品绿色贸易体系提出了相关的政策建议，为最终实现我国轻工产品对外贸易的结构性转型提供了宝贵的经验。

关键词： 轻工产品；绿色贸易；体系；构建

Discussion on green trading system construction of light industry products

Li Jian，Sun Xiaofeng，Guo Yifei
（China Cleaner Production Center of Light Industry，Beijing，100012）

Abstract：Recently China's trade surplus and environmental deficit are growing，from which the huge environmental cost bringing rapid economic growth，have led to resources exhaustion and environmental deterioration. This article based on light industry，by analyzing the trading conditions and the environmental impacts from light industry production，found out the major cuases of environmental deficit，and built the green trading system for China's light industry products. Finally some suggestions were proposed for updating the green trading system，to achieve the structure transformation of the trading system for China's light industry products.

Key words：light industry product；green trade；system；construction

1　研究背景

随着经济全球化和世界环保浪潮的高涨，环境因素在国际贸易中的影响也不断攀升。绿色贸易已经成为人们普遍关注的课题之一，并日益深刻地影响着世界各国的可持续发展。近几年，我国对外贸易快速发展，贸易顺差不断扩大，但资源环境也同时出现逆差，对我国的生态环境造成了严重的危害。而我国作为世界主要轻工产品的生产国和出口国，这一问题更显突出。

2 轻工产品贸易现状

我国轻工行业在世界上处于举足轻重的地位。家电、皮革、塑料、食品、家具、五金制品等行业 100 多种产品产量居世界第一，产品出口 200 多个国家和地区，家电、皮革、家具、羽绒制品、自行车等产品国际市场占有率超过 50%。制浆造纸、家用电器、塑料制品、皮革等行业处于世界领先地位。

我国外贸产品出口总量以每年 20%～30%的速度快速增长，其中轻工产品占绝大多数。据统计，2009 年轻工产品出口 2778 亿美元。食品饮料、家具、家电等行业是轻工产品出口的重点行业，食品饮料出口增长率达到 11.2%；家具行业出口增长率从达到了 7.2%；家电出口额较上一年增长 7%，其余各类产品也保持着高速增长的趋势。

3 轻工产品贸易对我国环境保护工作的负面影响

在我国出口贸易结构中，传统出口优势产业以高污染或资源密集型产业为主。因此，出口产品的高速增长也大大地拉动了其相关产业的快速发展，特别是高污染、高耗能产业的发展。同时，因为我国出口产品多以加工制造业为主，而由加工制造业为主要依托的出口贸易结构带来的资源环境压力主要表现为增加水、气、固体废物等污染物的排放，增加水电煤的资源能源的消耗。以纺织行业为例，我国每生产 100m 棉布要消耗 3.5t 水和 55kg 标准煤，同时要排放 3.27t 废水，产生 2.05kg COD。在 40 个工业行业中，纺织行业的废水排放量在我国各行业中居第 5 位，废水 COD 排放量居第 4 位。我国纺织行业每年要出口百亿米面料、上百亿套服装。在纺织出口大国光环的背后，我国获得的是微薄的利润和巨大的环境污染问题。

轻工行业中造纸、纺织、皮革制品及食品农产品加工业为主要污染物排放行业。据统计，2008 年轻工行业化学需氧量排放量占全国工业排放总量的 60%以上；氨氮排放量占工业排放总量的 30%以上。

随着国际贸易交往日益频繁，与贸易相关的环境风险也不断增加，如外来物种入侵、传统遗传资源流失等。此外，由非法贸易带来的环境影响，如非法野生动植物贸易，非法废物进口等，对我国生态环境带来负面影响。粤东地区的非法电子进口导致的严重环境污染就是实例。

4 “环境逆差” 原因分析

4.1 进出口结构不合理

长期以来，我国对外贸易发展走的是一条以量取胜、以资源和环境为代价的道路，对外贸易结构不尽合理。我国对外贸易结构不合理体现为“四多”和“四少”，即资源消耗高、环境污染强度大的产品出口多，资源消耗低、环境污染强度小的产品出口少；产业链低端产品出口多，产业链高端产品出口少；传统产业出口多，高新产业出口少；货物贸易出口多，服务贸易出口少。

4.2　出口产品的环境效率低

我国出口产品的平均资源消耗与环境污染强度大，而我国进口产品的平均资源消耗与环境污染强度小。目前，我国贸易的绝大多数产品单位出口产品的污染强度均比发达国家高。

4.3　出口总量增速快

我国出口总量大约以每年20%～30%的速度快速增长。据研究表明，在“十五”期间，如果忽略生产结构与出口结构的差异性，出口总量增速对SO_2排放的贡献占20%左右，而出口结构变化的贡献为5.5%，但生产效率提高贡献为−5%。只有生产效率的提高才能减少SO_2排放。

5　轻工行业绿色贸易体系的构建

5.1　绿色贸易的概念

绿色贸易是指在贸易中预防和制止由于贸易活动而威胁人民的生存环境以及对人民的身体健康的损害，从而实现可持续发展的贸易形式。绿色贸易是协调环境与贸易冲突的一种贸易形式，它是随着环境与贸易问题的产生而逐步发展起来的。

针对于我国现行的贸易体系不仅使贸易不可持续，而且直接对生态环境造成巨大的负面影响。改变这种贸易和环境“双负”的状况，形成环境和贸易相互促进的“双赢”局面，需要一定的环境管理政策手段来绿化或优化贸易结构、调控贸易总量、提高贸易的环境效率，也就是要构筑绿色贸易体系。

5.2　绿色贸易体系框架

我国的轻工行业绿色贸易体系应从四个层次多个方面建立。四个层次指产品、企业、消费者及政府，各个层次又涉及到多个方面。具体绿色贸易体系框架见图1。

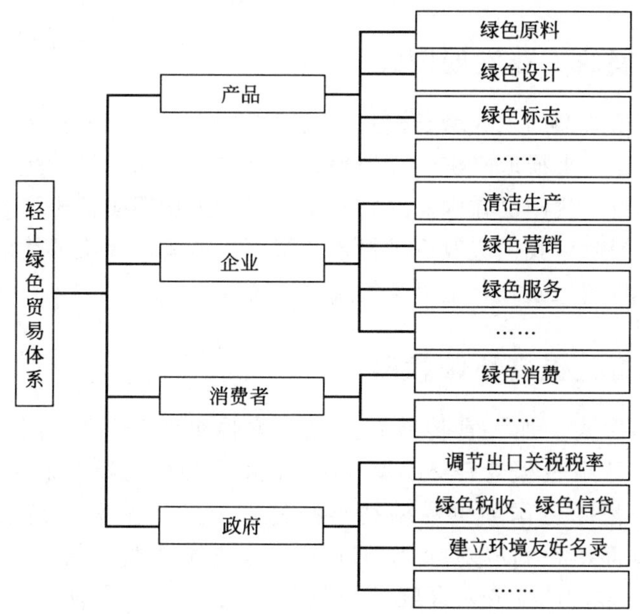

图1　轻工绿色贸易体系的建立

（1）产品层面

主要指产品使用采用绿色设计，从生产、使用和废弃环节减少对环境保护不利的影响。在生产环节，使用无毒无害/低毒低害的原料；使用环节中没有污染，不会对人体健康和环境造成危害；废弃后易拆卸、易处理、不产生二次污染。通过积极推广绿色标志认证，促进企业研发和生产绿色产品。

（2）企业层面

主要通过加强环境监管，推行清洁生产，强制或鼓励企业在生产过程中采用清洁生产工艺，减少生产过程中对环境的危害。同时，产品绿色包装、绿色营销、绿色服务，在商品消费和使用过程中，尽量降低或引导消费者降低对环境的破坏。

（3）消费者层面

提高消费者对绿色消费的认识。引导消费者购买环境标志产品和节能标识产品，这些产品包括了涂料、空调、冰箱、电视、洗衣机等。

（4）政府层面

一方面，政府要制定相关政策（如优惠的财税政策等），鼓励清洁型生产企业发展，限制或淘汰落后生产企业；另一方面，采取补贴政策，鼓励消费者购买节能环保产品；此外，政府部门应加大政府采购的绿色化。

6 轻工行业绿色贸易的政策建议

6.1 建立绿色贸易保障体系

建立专门机构，促进法律、行政法规、环境标准等及时地制定或修订，加速与贸易有关的环境立法；健全国家环境标准体系，依据国家环境标志产品技术要求对绿色产品生产开展认证工作；建立预警报告制度，以便发生紧急情况及时采取应对措施。

6.2 走可持续发展的工业发展模式

我国目前还属于粗放型的工业增长模式，通过增加生产要素的投入，即增加投资、增加劳动投入，来增加产量，来换取经济的高速增长，高能耗、高污染的生产方式，使我国资源环境面临着巨大的威胁。我国已在国民经济“十五”计划中明确提出了要建立可持续发展为主导的工业化模式，因此，我国应改变大量消耗资源、能源、污染环境的传统模式，推行以生态环境为中心的绿色增长模式，走可持续发展的道路。

6.3 加强宣传教育，提高环保意识

通过多种途径和形式，加大宣传教育力度，增强企业和消费者的环保意识，推行绿色生产和生活方式，让绿色概念深入人心，把环保导入企业经营决策中，增强企业产品的国际市场竞争力；把绿色国际贸易壁垒给我们带来的挑战和机遇变成全社会的动力，使全社会的每一成员都熟悉到应对绿色国际贸易壁垒的挑战，既是我国经济自身生存和发展的需要，也是进入世界经济大家庭参与竞争的需要，大家应自觉地以实际行动来应对这一挑战。

6.4　推动企业进行清洁生产

借鉴发达国家的成功经验，通过政策导向，推动企业进行清洁生产。采取排污收费、排污许可权交易、环境税收等手段，提高环境成本约束力并逐步使环境成本内部化；大力推行环境资源和对资源进行补偿的税收政策，对节约资源、污染少的企业可适当减免资源税；以信贷政策为导向，使环境行为良好的企业更容易获得信贷；以减免税优惠政策，促使企业进行清洁生产。

6.5　提高产品技术含量

努力提高我国企业生产水平，缩小与国际先进企业的水平差距。加快高新技术、新型工艺设备的研发，促进企业技术升级。

7　结论

发展绿色贸易势在必行，我国已经开展了“振兴中国绿色贸易、实践知识发展战略，‘绿化’中国经济结构、创立绿色经济理论”的重大战略行动。应逐步建立以科学贸易观为指导，以提高竞争优势为目标，建立符合我国人口、资源、环境和社会经济发展要求的绿色贸易体系，注重贸易与环境协调发展，重视人与自然的和谐发展，重视经济效益、社会效益和生态效益相统一的可持续发展，以更好地促进人类发展、经济增长、社会进步、环境和谐的系统集成。

参考文献

[1] 中国轻工业联合会．中国轻工业年鉴（2009）[M]．北京：中国轻工业出版社，2009.

[2] 胡涛，吴玉萍，毛显强等．促进可持续消费、生产与贸易 [R]．北京：中国环境与发展国际合作委员会会议，2006：133-165.

[3] 沈晓悦．对我固贸易增长与环境代价的思考 [J]．环境经济，2006（7）：46-49.

[4] 中国轻工业联合会．轻工业调整和振兴规划 [R]．北京.

[5] 许士春．有关贸易与环境问题的研究综述 [J]．经济学动态，2006（6）：109-113.

[6] 赵景峰，张琉．国际贸易与环境关系研究新进展 [J]．经济学动态，2006（6）：14-118.

清洁生产和环境信息公告

吕竹明，程言君

（中国轻工业清洁生产中心，北京，100012）

摘要： 经过十多年的发展，中国的清洁生产工作取得了非常大的成效，但同时也存在很多问题，企业对清洁生产的认识不足，还没有形成很好的评价机制和市场激励机制。本文提出采用按照 ISO 14040 生命周期评价的方法对企业的清洁生产审核效果进行评价，对于实施效果好的企业，在财政、金融、税收等方面给予奖励和支持。同时借鉴 ISO 14025 的方法对企业的清洁生产审核结果进行信息公开，通过经济激励和市场鼓励的方式调动企业开展清洁生产的积极性和主动性。

关键词：清洁生产；生命周期评价；环境信息公告

Cleaner Production; Life Cycle Assessment; Environmental Information Proclamation

Lv Zhuming，Cheng Yanjun
（China Cleaner Production Center of Light Industry，Beijing，100012）

Abstract：After more than ten years development of cleaner production，China has acquired great achievement，but there are many problems still. Enterprise lack understanding of cleaner production. There is not systemic assessment and market inspiriting mechanism. The paper put forward to assess the result of cleaner production auditing according to ISO 14040，and encourage the better enterprise by finance and tax，and proclaim the result of cleaner production auditing consulting ISO 14025，and encourage enterprises implementing cleaner production auditing positively.
Key words：Cleaner Production；Life Cycle Assessment；Environmental Information Proclamation

1 我国的清洁生产发展状况

1.1 清洁生产及其在我国的发展状况

清洁生产是一种全新的环境保护战略，是在全世界范围内从单纯依靠末端治理逐步转向过程控制的一种转变。联合国工业与环境署对清洁生产的定义为“清洁生产是指将整体预防的环境战略持续应用于生产过程、产品和服务中，以期增加生态效率并减少对人类和环境的风险。”

1992 年，中国积极响应联合国环发大会可持续发展战略和《21 世纪议程》倡导的清洁生产号召，将推行清洁生产列入《环境与发展十大对策》，由此正式拉开了中国实施清洁生产的序幕。通过这十多年的发展，我国的清洁生产工作取得了很大的成效。

1.1.1 完善配套推行清洁生产的政策法规

伴随着中国清洁生产的深入发展，2002 年，中国颁布出台了《中华人民共和国清洁生产促进法》，大大加快了中国推行清洁生产的进程。各省（区、市）根据本地区的实际情况，也制定下发了推行清洁生产的配套政策法规和实施办法。据统计，全国共有 20 个省（区、市）颁布了《推行清洁生产的实施意见》，30 个省（区、市）制定了《清洁生产审核实施细则》，有 22 个省市制定了《清洁生产企业验收办法》。

1.1.2 加大推行清洁生产的资金投入

各级政府在推行清洁生产方面也加大了资金投入。如：北京市利用中小企业发展专项资金、环保专项资金及部分财政资金，重点支持企业开展清洁生产审核、实施清洁生产方案、奖励清洁生产工作成效显著的企业；辽宁省投入资金 5000 多万元，用于清洁生产审核和清洁生产项目的实施。

1.1.3 清洁生产审核取得了明显成效

据统计，到 2005 年年底，全国已有 26 个省市、5 个中央管理企业组织开展了清洁生产审核。重点行业、重点领域审核企业数量达到5597家，实施无费、低费、高费方案18000多个。通过审核并实施清洁生产方案的企业，污染物排放量消减率一般在10%以上，经济效益增长在5%以上。

1.1.4　清洁生产宣传培训更为普及，中介机构发展壮大

据不完全统计，到目前为止，中国各地及有关协会共举办各种形式的培训班、研讨会等近500个，5万多人次参加了培训。

截至2005年底，全国已建立了200多个行业或者地方清洁生产中心。北京、广东、甘肃、浙江、四川、江苏等地通过公开招标的方式，认定了一批清洁生产中介服务机构。清洁生产中介机构的发展壮大为推行清洁生产奠定了良好的基础。

1.2　中国清洁生产发展存在的问题

1.2.1　企业对清洁生产的重要意义缺乏认识

多数企业的仍然用传统的末端治理的思想来对待清洁生产，认为“清洁生产就是花钱搞环保”，因而缺乏开展清洁生产的积极性；现在已经开展了清洁生产审核工作的企业，也基本以加强企业内部管理的低费、无费方案为主，清洁生产审核工作不够深入，所取得成果也很有限；多数企业也缺乏有效的自我约束机制，在清洁生产审核结束后不能有效地巩固清洁生产的效果。

1.2.2　清洁生产投入不足，缺少稳定的资金投入机制

一是国家财政预算内资金中没有设立清洁生产专项，二是社会资金用于清洁生产项目也没有专门的渠道，三是企业自身缺乏实施中、高费清洁生产方案的资金。据统计，因资金短缺，经清洁生产审核提出的涉及设备改造、工艺和产品更新的中高费方案的实施率只有5%左右，《清洁生产促进法》中规定的清洁生产专项资金几乎没有落实。

1.2.3　清洁生产缺乏有效的评价机制

目前我国企业实施清洁生产一般都是先由专业的清洁生产审核机构帮助企业进行清洁生产审核，协助企业提出并实施清洁生产方案，然后由地方环保局和发改委对企业清洁生产审核的结果进行验收。但是，对于清洁生产审核的结果，并没有统一的、科学的评价方法。从而造成了一些企业蒙混过关，为了“清洁生产”而清洁生产，清洁生产的效果大打折扣。

1.2.4　我国清洁生产的发展缺乏有效的市场机制

目前我国的清洁生产工作企业开展清洁生产仍然以政府驱动为主，缺乏市场驱动激励机制，未能营造出良好的清洁生产市场。现在中国还没有较为完善的清洁生产信息公告体系，只对清洁生产审核结果进行笼统地验收，不进行信息公告，公众和消费者很难知道哪些企业做了清洁生产，哪些企业实施清洁生产取得明显效果，哪些企业的产品对环境更加友好；在无法获得市场回报的情况下，企业也缺乏实施清洁生产的市场动力。

2　生命周期评价方法和产品环境声明

2.1　生命周期评价

“生命周期评价”的概念是由“国际环境毒理学与化学学会（SETAC）”在1990年召开

的有关生命周期评价的国际研讨会上首次提出的。

1993 年国际标准化组织（ISO）开始起草 ISO 14000 国际标准，正式将生命周期评价纳入该体系。国际标准化组织将生命周期评价分为互相联系的、不断重复进行的四个步骤：目的与范围确定、清单分析、影响评价和结果解释。并制定了相应的国际标准：ISO 14040：1997，环境管理—生命周期评价—原则与框架；ISO 14041：1998，环境管理—生命周期分析—目标和范围的确定和清单分析；ISO 14042：2000，环境管理—生命周期分析—影响评价；ISO 14043：2000，环境管理—生命周期分析—解释。

这四个步骤之间的关系见图 1。

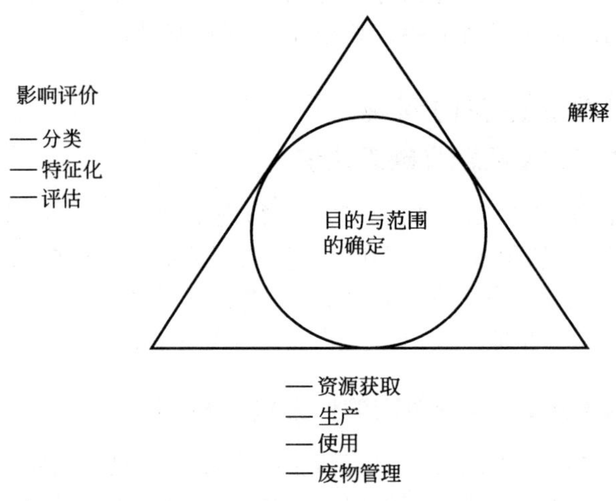

图 1　产品生命周期评价

2.2　产品环境声明

产品环境声明是指用基于 ISO 14040 系列标准的预设参数类型来量化一种产品的环境数据，同时不排斥其他附加的环境信息。

在 1995 年的 ISO 汉城会议上，产品环境声明被列入了工作当中，由 ISO TC207/SC3 的第一工作小组来承担有关环境产品声明的工作，其任务是建立 ISO 14025 国际标准。

1999 年，国际标准化组织正式颁布了 ISO TR 14025。在 2002 年 6 月的约翰内斯堡会议上，正式通过将 ISO TR 14025 转化为国际标准。

尽管 ISO 14025 标准还在制定当中，在许多国家已经出现了以 ISO TR 14025 为基础的 EPD 计划或类 EPD 计划，详见表 1。

表 1　已经开展了Ⅲ型环境标志计划的国家、行业以及国际组织

国家	行业部门	国际组织	国家	行业部门	国际组织
加拿大	汽车	G. E. D. net	日本	食品	
丹麦	化学品	NIMBUS	韩国	包装	
法国	建筑业	亚洲组织	挪威	纸、纸浆	
德国	能源、运输		瑞典	纺织品	
意大利	电力和电子配件		英国	旅游业	

在中国，科技部在 2002 年的重大科技攻关专题《重要技术标准研究》已将《ISO 14020 国际标准研究》的第 23 项专题列入研究。到 2005 年底，该项目基本已经结束，通过该项目

的研究，制定出了中国实施产品环境声明的国家方案，并制定了《面向采购商的产品环境声明导则》和《面向消费者的产品环境声明导则》，并同时制定了 30 多个行业的实施细则。

3　清洁生产与生命周期评价方法、产品环境声明的有机结合

前文已经提到，目前我国清洁生产缺乏有效的评价机制和市场机制，ISO 14000 系列标准为我们提供解决这两方面问题很好的方法，我们可以按照 ISO 14040 生命周期评价的方法对企业的清洁生产审核效果进行评价。对于实施效果好的企业，在财政、金融、税收等方面给予奖励和支持。同时借鉴 ISO 14025 的方法对企业的清洁生产审核结果进行信息公开，通过经济激励和市场鼓励的方式调动企业开展清洁生产的积极性和主动性。

3.1　采用生命周期评价的方法对清洁生产审核的结果进行评价

在国外，LCA 已经得到广泛应用。其中在清洁生产方面，主要有企业和政府两个层次：在企业层次，主要用于产品的比较、评价和改进以及产品的生态设计；在政府层次，主要用于帮助制定和实施面向产品的环境政策、废物管理政策、一般性的面向工艺和过程的政策和计划的制订。

LCA 是清洁生产诊断、评价的有效工具。根据我国清洁生产的发展现状和趋势，可以从以下两方面来考虑。

(1) 直接采用 LCA 的方法对企业实施清洁生产后的环境状况进行评价

鉴于产品生命周期包括原材料采集、原材料处理、工程化特殊材料的生产和装配、产品使用与服务、产品退出使用和处置等阶段，故产品生命周期对环境的影响应包括从原材料采集、制造、运输一直到废弃处置等各个阶段。用 LCA 方法可以很好的量化上述各个阶段的环境影响，使之具有可比性。

(2) 在清洁生产标准和评价指标体系的制定过程，采用 LCA 的方法

2003 年以来中国国家环境保护总局和国家发展和改革委员会先后颁布了一系列的清洁生产标准和清洁生产评价指标体系，为下一步进行系统的清洁生产评价提供了技术支持和依据。但是目前的清洁生产标准和清洁生产评价指标体系往往针对一定的生产过程，存在局限性。通过 LCA 方法来制订产品和工艺的清洁生产标准和指标体系，可以更好地反映可持续发展的要求。

为一个产品做一个完整生命周期评价，需要一个企业花费一年半以上的时间，投入 10 万～30 万美元，甚至还需要由国家公开数据库的支持。这对于我国现阶段的实际情况来说，是不现实的。因此，就需要对生命周期评价方法进行简化。

现在对 LCA 的简化的方法有很多，研究目的不同，其简化的途径也各不相同，但所有这些简化的方法大致可以分为以下两种类型。

(1) 在现有的 LCA 框架内进行简化

这种类型的简化基本上还是遵循了现有的 LCA 的步骤和框架，只是对 LCA 各个环节的范围、内容和具体方法进行一些简化。美国环保署对各国学术界、政府、产业界及企业所进行过的简化 LCA 进行了一系列调查，最后归纳为以下 8 种 LCA 简化的方法，见表 2。

表 2 生命周期评价的简化方法

简化方法	实 施 程 序
1. 部分/全部忽略上游的单元过程	在一些 LCA 的研究中，可以考虑忽略上游的单元过程，否则真要追溯其原料来源，几乎是可以无限制的回溯回去，所以可以将评价的重点放在生产、使用及弃置后的废物管理阶段。
2. 忽略下游的单元过程	只评价原材料及其进入公司后的生产过程，而不考虑产品的使用及其处置，这也就是所谓的从摇篮到大门(from cradle to gate)的研究。
3. 忽略上游与下游的单元过程	只评价厂房内的活动(特别是生产的部分)，而将上、下游的阶段全部忽略，这也就是所谓的从大门到大门(from gate to gate)的研究。
4. 重点考虑特定的影响类型	只重点考虑生命周期中特定的影响类型，因而只会针对与影响类型有关的生命阶段作评价，但这种做法可能会产生以偏概全的结果。
5. 建立一些筛选准则	建立一些筛选准则，通过这些准则来筛选那些可能对环境、人体健康有较大影响的环境因素，从而简化 LCA 过程。
6. 同时采用定性与定量的数据	在 LCA 中，有很多定量数据是无法获取的。因此，当定量数据无法得到时，也可以采用部分定性的信息。
7. 采用替代数据	当某一产品或过程的数据不容易取得时，有时也可以选择同类的产品或过程类别数据来替代。
8. 只限于评价部分原材料	在一些 LCA 研究中，可以选择忽略掉组成比重低于特定比率的某些原材料成分。这个比率一般为 1%左右。

(2) 基于生命周期概念的简化

所谓生命周期概念简单说就是对产品系统“从摇篮到坟墓”进行环境影响评价的整体方法。前面提到的生命周期评价其实就是对生命周期概念的严格解析应用，但是生命周期概念也可以不通过完全量化的生命周期评价方式进行利用。例如：Graedel 等在 1995 年提出的 5×5 矩阵（见表 3）就是对生命周期概念的成功应用，评价人员按照环境影响的大小，给予每个单元格一个分数（影响最大的为 0 分，影响最小的为 4 分）。最后将单元格的所有得分加总就是该产品的评价结果，其总分为 100 分。这种方法通过对产品的定性评价大大降低了生命周期评价所需的时间和成本，采用这种方法最多只需要一周的时间就可以完成一个产品的环境评价。

表 3 AT&T 公司的评估矩阵

环境影响 生命周期	原料选择	能源使用	固态残留物	液态残留物	气态残留物
生产前	(1,1)	(1,2)	(1,3)	(1,4)	(1,5)
产品生产	(2,1)	(2,2)	(2,3)	(2,4)	(2,5)
包装与运输	(3,1)	(3,2)	(3,3)	(3,4)	(3,5)
产品使用	(4,1)	(4,2)	(4,3)	(4,4)	(4,5)
弃置	(5,1)	(5,2)	(5,3)	(5,4)	(5,5)

在实践中，我们还需要根据实际需要来确定具体的简化程度，对于企业清洁生产审核结果的评价在条件允许的情况下，应尽量采用基于 LCA 框架的简化生命周期评价方法。

3.2 采用产品环境声明的方式对清洁生产审核的结果进行信息公开

现在很多国家都已经开始实施产品环境声明，这些国家都已经建立了完善的产品环境声明的程序，确定了系统的、科学的声明内容和声明格式，目前产品环境声明的主要内容一般包括以下内容：公司或组织以及产品或服务的描述；生命周期评价环境信息声明；附加环境信息声明；其他信息声明。

3.2.1　公司或组织以及产品或服务的描述

与公司有关的信息包括公司的联系人、地址、电话、传真、e-mail 以及公司生产过程或环境工作的特别信息（如 EMS），与产品有关的信息包括产品的名称、规格、型号、性能等。

3.2.2　生命周期评价信息声明

① 与 LCA 有关的信息　如：功能单位、系统边界、生命周期假设、数据质量等。

② 生命周期清单信息　生命周期清单信息是 LCA 数据收集的原始结果，按照输入输出分类，生命周期清单信息包括以下内容：

输入包括：a. 原材料：金属矿物（铜、铁、镍、铬、锰等）、非金属矿物（硅、硫等）、塑料、玻璃、木材等；b. 能源：煤、石油、天然气、电、核能等；c. 水资源。

输出包括：a. 对空气：CO_2、SO_x、NO_x、N_2O、CH_4、CO、VOC、粉尘等；b. 对水：BOD、COD、TN、TP、SS 等；c. 对土壤：矿渣、矿泥、放射性废物等。

③ 生命周期影响评价信息　通过分类和特征化计算将清单分析的结果特征化为特定的环境影响类型，生命周期影响评价的影响类型包括全球变暖、臭氧耗竭、酸化、富营养化、光化学烟雾等。

3.2.3　附加环境信息声明

附加环境信息声明可以包括：

① 含量声明；

② 按照生命周期思想，从产品中获取的环境信息，但不是以传统的 LCI 或 LCIA 格式交流，如回收使用、循环含量、降解率、噪声、辐射性、可拆解设计、可重复充装使用等；

③ 提示性信息。

3.2.4　其他信息声明

① 产品的安全信息和说明；

② 产品的质量信息；

③ 产品的经济效益和社会效益；

④ 产品所获取的其他标志。

可以看出产品环境声明的内容基本已经涵盖了目前清洁生产审核评价的主要内容，为我们进行清洁生产信息公开提供了很好的借鉴和参考。

通过清洁生产信息公告的实施，虽然不能直接达到清洁生产的效果，但在客观上起到了一个向外界公告企业“清洁度”的作用，公众监督、督促，鼓励企业实行清洁生产和技术改进，使信息简介内容向着更“清洁”的方向发展，从这种角度来说，清洁生产信息公告的实施，有利于通过市场激励和市场监督的手段，推动清洁生产的发展。

参考文献

[1] 张天柱．中国清洁生产的十年 [J]．产业与环境，2003，增刊，21-26.

[2] Julie Winters etc. The use of life cycle assessment in environmental labeling，1993.

[3] ISO 14025.1：Environmental labels and declarations —Type Ⅲ environmental declarations—Principles and procedures

[S]．2003.

[4] Anthea Carter etc. Evaluation of Environmental Product Declaration Schemes，2002.

[5] 田亚峥．运用生命周期评价方法实现清洁生产 [R]．2003.

[6] 孙启宏．生命周期评价在清洁生产领域的应用前景 [J]．环境科学研究，2002，15 (4)：4-6.

[7] Keith Weitz etc. Streamlined Life-Cycle Assessment，1999.

化工园突发环境污染事故风险防范及应急对策

薛鹏丽，孙晓峰，宋云

(中国轻工业清洁生产中心，北京，100012)

摘要： 随着工业化程度的不断提高和改造自然能力的不断增强，近年来，我国不断发生重大突发环境污染事故，给环境、人民群众的生命、健康和财产造成了严重的损害。在此以某化工园为例，介绍了化工园突发环境污染事故的风险类别及危害，提出了化工园突发环境污染事故的风险防范措施与应急对策，并指出为减少突发环境污染事故的危害，化工园周围及园区内各个环境风险的起因均需建立应急预案、开展污染事故应急综合演习等。

关键词： 化工园；突发环境污染事故；风险防范；应急对策

Environmental pollution incidents risk prevention & response measures for chemical parks

Xue Pengli，Sun Xiaofeng，Song Yun

(China Cleaner Production Center of Light Industry，Beijing，100012)

Abstract：With the continuous improvement of the degree of industrialization and transformation of the natural ability to continually enhance in recent years. China's major sudden environmental pollution accident to the environmental people's life health and property caused serious damage. In the chemical park，the chemical pollution accident risk categories and hazards，the chemical park to sudden environmental pollution accident risk prevention measures and emergency response and pointed out that reduce the hazards of sudden accidents，chemical park around the park all the environmental risks of the enterprises there is need to establish contingency plans to carry out sudden environmental pollution integrated emergency exercise.

Key words：chemical industrial park；sudden environmental pollution accident；risk prevention；emergency measures.

1 前言

随着我国经济的快速增长，化工园区充分利用沿江沿海水资源丰富的条件及深水码头的优势而建。园区主要围绕石油与天然化工、有机化工原料、生命医药、新型化工材料等进行产品开发、生产、贮存、运输，存在大量易燃、易爆、有毒的危险化学品。园区内化学贮罐多，种类繁杂，生态环境脆弱，化工生产所涉及的物质主要为危险化学品，潜在生态环境问题较为严重，导致污染事件频发，对人类健康和周边环境构成巨大风险。园区内危险物质的爆炸泄漏事故发生后，不及时处理，就会造成人员伤亡，财产损失，甚至污染整个流域的生态环境。

2006 年 7 月 11 日，国家环保总局发布公告：目前在建的石化类工业项目 7755 个，总投资 10162 亿元，81％分布在我国的大江、大河、大海附近，45％为重大环境风险源。一旦发生各种安全、环境事件影响非常大，损失也很惨重。2005 年中石油吉林石化公司双苯厂发生爆炸事故导致松花江水土污染事故，为公众的环境风险意识敲响了警钟。

2　化工园环境风险分析

环境风险是自然原因或人类活动引起的，通过降低环境质量，从而对人类健康、自然生态产生损害事件 [毕军，2006]。化工园区环境风险具有时间上的突发性、形式上的不确定性、危害的严重性和处置的复杂性等特点。根据风险源的不同，将化工园环境风险归为自然风险和环境风险两类：自然环境风险是由自然界发生的地震、洪水等引起的化工园区泄漏、爆炸、火灾等事故而造成的人员伤亡、财产损失和环境污染，人为环境污染是人为活动引起的危害人体健康和环境质量的突发事件。根据环境风险受体的不同，化工园环境风险可以分为健康风险、生态风险、经济风险等类型。根据环境风险传播途径的不同，化工园环境风险可划分为水环境风险、大气环境风险、土壤环境风险等类型，如表 1 所列。环境风险发生过程的概念模型如图 1 所示。

表 1　化工园环境风险分类

序号	分类原则	类　　型
1	按风险源划分	自然环境风险、人为环境风险
2	按风险受体划分	人体风险、环境/自然资源风险、设施风险
3	按风险传播途径划分	水环境风险、大气环境风险、土壤环境风险
4	按风险后果划分	生命风险、生态环境风险、经济风险

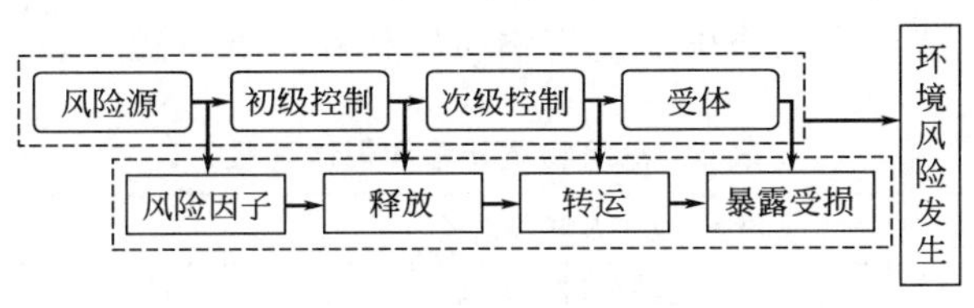

图 1　环境风险发生过程概念模型

3　化工园环境污染事故分布及危害

3.1　环境污染事故风险分布

化工园区环境污染事故风险主要分布在区内各个生产装置系统、储运系统、运输系统和公用工程系统。这些系统包含了大量易燃易爆和有毒有害的物质，这些物质一旦泄漏，与空气混合形成爆炸物、遇火源即发生爆炸或弥散至周围环境，对人员造成伤害等。

3.2　危险物品分布

以长江三角洲某化学工业园为例，该化工园区主要建设化工、石油化工、精细化工等工业项目，这些项目所涉及物品包括原料、辅料、中间产品、产品和燃料等多类，其中不少属于危险物品，它们分布于生产装置，贮罐、装卸、码头等所在位置。

① 生产系统危险物品　化工园区生产系统危险物品主要以石油化工加工过程中使用的原料、辅料、中间产品、产品等为主，包括易燃易爆类如丙烯、丁二烯、氢气等；极度危害类如苯、氢氰酸等和恶臭类如氨、苯乙烯等。

② 贮存系统危险物品　化工园主要包括码头仓储和物流保税区仓储。码头仓储地紧邻园区液体化工码头，既便于原料和产品的水路运输，同时相对靠近主要用户-石油化工园区。物流保税区沿长江沿线布置。以港口储运区为中心，形成原油、化工产品等液体仓储区。

③ 运输系统危险物品　运输系统是化工园区物流的集散地，其具有物料密集性、设施流动性和危害难控性等特点，具有较高的危险性。化工园区运输包括铁路、公路、内河运输、海运等系统。该化工园运输品中包括丁二烯、石脑油等多种易燃易爆类物质；苯、丙烯氰等极度和高度危害物质；氨、苯乙烯等恶臭物质。这些物质集中分布在运输系统的装卸和码头区。由于其流动转移频繁，具有重大的潜在危害。

化工园区环境污染事故风险类别及危害见表 2。

表 2　化工园区环境污染事故风险类别及危害

风险源	主要分布	风险类别		环境危害		
		火灾	爆炸	毒物泄漏	人员伤亡	财产损失
生产装置	装置区	√	√	√	√	√
贮存装置	储运区	√	√	√	√	√
运输系统	装卸区	√	√	√	√	√
公用工程	相应区	√	√	√	√	√

3.3　事故情况下危险物质向环境转移途径及影响

化工园区一旦发生事故，其危害性物质将通过大气、水体、土壤、地下水等途径进入环境，对环境造成严重污染和破坏，常发生鱼类死亡、谷物绝收等一系列急性和长期性的危害，给社会和家庭财产造成重大损失。危害物质转移和影响途径见表 3。

表 3　危险物质转移和影响途径

事故类型	危害及转移途径	影响途径
火灾	热辐射→大气	建筑物、设施、人体
	烟雾→大气	人体吸入
爆炸	冲击波→大气	建筑物、设施、人体
	抛射物→大气	建筑物、设施、人体
毒物泄漏	毒物→大气→农作物、蔬菜	人体食入
	毒物→水体→农作物、蔬菜	
	毒物→水体/大气→农作物、蔬菜	人体食入

4　化工园突发环境污染事故风险防范与应急对策

4.1　化工园减少环境风险的防范措施

化工园区具有易燃易爆和有毒有害物质泄漏的潜在危害，必须采取有效地防范措施，建立健全预警系统，以预防为主，减少环境风险的发生。防范措施首先是生产、储运等系统自身的安全设计、设备制造、安全建设施工、安全管理等，这是减少环境风险的基础。其次，对化工园而言，从区域角度采取防范，或是减少环境风险的重要方面。

4.2　危险物品的监控和限制

对化工园区危险物品包括易燃易爆类、有毒有害类和恶臭类等进行排查，找出潜在危险源，对这些具有潜在危害性的物品，其分布、流向、数量加以监控和必要的限制，建立需要重点控制的危险物品动态管理信息库，区域内联成网络。对危险物品的监控和限制，重点关注以下各类的加工量、贮量和流向：GB 5044—85 标准规定的极度危害物质和高度危害物质、强反应物和爆炸物、高度易燃物质、放射物质等。

4.3　化工园突发环境风险事故应急对策

4.3.1　化工园环境风险事故决策支持系统

为了及时发现和减少事故的潜在危害，确保生命财产和人身安全，化工园必须建立风险事故决策支持系统。该系统内容主要包括：事故源查询系统、事故实时仿真系统和应急系统，如应急队伍、应急数据库等。

4.3.2　化工园事故应急监测技术支持系统

实施应急监测是做好突发性环境污染事故处理、处置的前提和关键。只有对突发事故的类型、污染危害状态提供了准确的数据资料，才能为正确决策事故处理、处置和善后恢复等提供科学依据。因此，化工园必须建立应急监测技术支持系统。应急监测技术支持系统包括组织结构、应急网络、方法技术、仪器设备等。

4.3.3　化工园区及长江中下游事故风险联合防范

风险防范措施包括建立联合风险管理组织，制定联合防范措施。联合风险管理组织由地级、县级等有关部门管理部门，沿岸主要企业主管负责人、相关专业顾问等几部分人员参加，主要负责联合防范的协调、组织、管理和技术支持。联合防范措施包括建立一个联合的事故应急计划和落实计划中的各项要求，如溢油的监测、防扩散、回收和处置等。事故应急计划包括对策、行动和操作、资料三部分。

4.3.4　化工园突发事故应急预案

为减少突发事故危害，对化工园区周围社会和园区各个存在环境风险的企业均需要建立应急预案，应急预案包括应急状态分类、应急计划区、应急救援等。

（1）预警等级

根据环境污染、人体危害、经济损失、社会影响的程度，将环境污染与破坏事故划分为四个预警等级（事故等级和预警等级一致）。

四级预警（Ⅳ级）：一般环境污染与破坏事故，用蓝色表示。

三级预警（Ⅲ级）：较大环境污染与破坏事故，用黄色表示。

二级预警（Ⅱ级）：重大环境污染与破坏事故，用橙色表示。

一级预警（Ⅰ级）：特大环境污染与破坏事故，用红色表示。

（2）预测预警

依托现有的环境监测网络，形成互相支援、支持的应急监测网络。利用水质自动监测站、空气自动站、重点污染源自动监控系统以及日常环境监督性监测，密切监控水环境质量、空气环境质量。预警监测信息1h内报送事故应急日常工作机构，日常工作机构再按照分级原则分别报送相关部门。

（3）应急指挥系统

根据环境污染与破坏事故的预警等级，建立相应的应急指挥部，负责针对环境污染与破坏事故的危害程度，发布预警等级；制定环境污染与破坏事故的应急方案 并组织实施；组织协调有关部门用应急队伍做好事故处置、控制和善后工作，并及时向上级市政府和省环保厅报告，征得上级部门援助，消除污染影响。

预警应急处理指挥系统部应包括综合协调组，抢险救援组，通信保障组，基础设施抢修组，物资供应组，安全保卫组，医疗防疫组、救助安置组、宣传报道组9个行动小组。

5 结束语

环境风险防范和管理是我国“十二五”环境保护的重要内容。而化工园作为我国重大的环境风险源，由于其自身和外在的属性特征，突发环境污染事故的风险管理和应急预案是减少污染事故损害，降低生态环境和社会影响的重要手段。我国环境风险管理研究起步较晚，相关的法规与标准体系尚不完善，应深化环境风险管理技术的研究。

参考文献

[1] 陈明福．如何应用危险源实时监控和即时指令的预警技术［J］．中国职业安全健康协会2007年学术年会论文集，2007，381-382.

[2] 黄顺祥．化学危害预警平台［J］．中国环境科学学术年会优秀论文集，2008，1998-1999.

[3] 匡蕾，吴起．化工园区整体安全性探索与展望［J］．中国安全生产科学技术，2008，4（4）：73-75.

[4] 毕军，杨洁，李其亮．区域环境风险分析和管理［M］．北京：中国环境科学出版社，2006.

[5] 张海彬，张东平．突发环境污染事故预警系统的探讨［J］．污染防治技术，2007，20（1）：60-62.

[6] 张泓．环境应急监测［J］．污染防治技术，2007，20（2）：71-72.

[7] 李冰．区域环境风险评价与应急预案编制方法探讨［J］．江苏环境科技，2006（S1）：37-41.

北京市电子废物回收及处理技术研究

孙晓峰，张琳

（中国轻工业清洁生产中心，北京，100012）

摘要：本文主要介绍了北京市电子废物回收及处置的现状，对北京市电子废物回收及处置中存在的问题进行了分析，并提出了相应的思路和对策，并对电子废物处置技术提出了建议。

关键词：电子废物；回收；技术

The investigation and study about recovey and disposal of WEEE

Sun Xiaofeng，Zhang Lin
(China Cleaner Production Center of Light Industry，Beijing，100012)

Abstract：The article has mainly introduced the current situation of the recovery and disposal of WEEE in beijing. The problem existing about the recovery and disposal of WEEE in beijing has been analyzed，and have put forward corresponding thinking and countermeasure about it，and having submitted suggestion on the technology of disposal of WEEE.

Keywords：WEEE；recover；technology

1　研究背景

随着电子工业和信息高科技产业的迅猛发展以及人们生活水平的日益提高，电子电器产品更新换代的速度越来越快。目前，我国已经成为电子电器产品生产和消费的大国，北京电子电器产品拥有量居全国城市前列。

由图1可知，居民彩电百户拥有量从1986年的50.9台/百户增加到2005年的152.8台/百户；居民电冰箱和洗衣机百户拥有量从1991年至今变化平稳，电冰箱稳定在102～107台/百户，洗衣机稳定在93～102台/百户。空调器、电脑的百户拥有量增长量较大，空调器从1991年的每百户不足一台增加到2005年的146.5台/百户，电脑在1997～2005年间从12.2台/百户增加到89.2台/百户，从数据曲线来看，还有增大的空间。

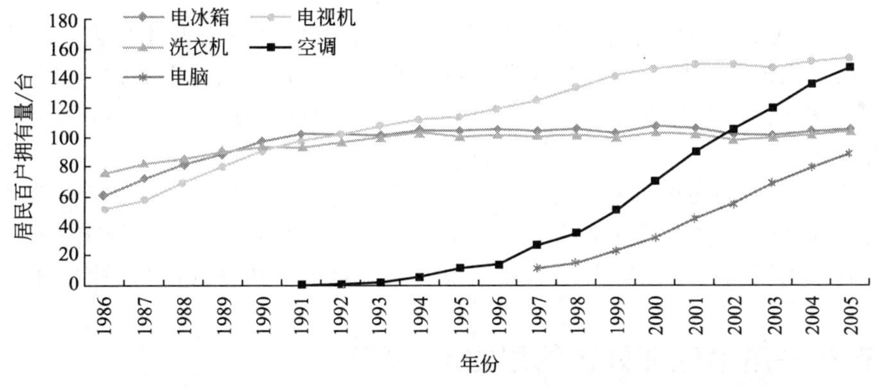

图1　1986～2005年城镇居民电子电器产品百户拥有量

2006年，北京市电视机、电冰箱、洗衣机、空调器、电脑五大类电子产品的社会保有量为3065.47万台，报废量达到357.59万台，已开始逐步进入淘汰报废的高峰期。

目前，北京市已经通过市场自然形成了旧电子电器产品收购、销售以及报废电子电器产品处理的体系。这个完全依靠市场利益驱动自发形成的体系存在严重的弊端。而北京市作为中国的首都，政府部门高度重视资源节约和环境保护工作。“十一五”以来，北京市一直把发展循环经济放在重要位置。因此，北京市在面临电子废物高峰期到来的现实面前，开展深入细致的调查研究，找出问题、分析原因，通过立法和制定规划，建立起以资源循环利用和材料无害化处理为核心的回收处理体系，规范和引导电子废物回收处理企业逐步向集约化、规模化、产业化方向发展具有非常重要的现实意义和社会意义。

2 北京市电子废物回收处理现状

北京市已经通过市场自然形成了废旧电子电器产品收购、销售和处理体系。回收渠道主要有游动商贩上门收购、销售商“以旧换新”收购、国营社区回收站收购、旧货市场收购和搬家服务公司收购五种，其中前三种收购方式的收购量占总收购量的 90%。收购上来的废旧电子电器产品主要经小商贩和集散地业主处理后，大部分以整机形式销往二手市场，其余的拆解后卖到广州、浙江等沿海地区。

这个完全依靠市场利益驱动自发形成的体系存在严重的弊端。

① 管理上存在真空　电子废物从废弃、回收到处理各个环节都没有管理法规，也没有明确监管部门及职责，尚未建立有效的回收处理体系。目前回收处理行为和交易活动均是自发的市场行为，缺少有效的制度约束，处于放任自流状态。

② 处理技术水平低下　处理过程中存在重利润、轻视环境保护和资源再利用的现象。把处理方式仅仅作为获利的手段，处理过程中随意放空氟里昂、倾倒压缩机油，焚烧聚氨酯保温材料，造成了环境污染。而且拆解处理的从业人员素质低，使用工具原始落后，造成了对资源的浪费。

③ 二手电子电器产品的质量和安全性能没有保障　每年大约有 80%的电子废物经修理后进入二手市场，但由于缺乏二手电子产品检测规范及标准，二手电子电器产品均没有经过质量和安全检测就进入了销售领域。

④ 废旧家用电器及电子废物的回收及处理主体尚未定位　因此长期以来，我国废旧家用电器回收及处理的主体行业不明确，这种主体缺位是造成了废旧家用电器的回收及处理的无序化的原因之一。

⑤ 回收利用效益与风险并存　目前，我国废旧家电的处理有两条出路：一是经回收修理更换部件后进入旧货市场，经过二次流通继续使用；二是回收其中的物质资源。从循环经济的角度看，这些做法符合资源—产品—再生资源物资循环的原则。然而，所产生的负面影响也不容忽视。

⑥ 生产厂家对产品终端处理尚未展开　电子电器产品生产商、零售商和消费者的环境意识不高。大部分生产商还没有从源头设计中充分考虑日后回收利用的要求。生产商、销售商以及消费者还没有将电子废物的回收处理视为其应承担的社会责任和环境责任。

3 北京市电子废物处理处置的思路和对策

3.1 推行生态设计，实施清洁生产

为削减电子废物的产生量，必须从源头进行控制。而开展企业清洁生产审核是行之有效的措施。同时，为应对欧盟的 ROHS 指令，应提早开展材料无害化应用的研究，如无铅焊接技术的研究、印刷电路板基板材料无卤化的研究等。

通过清洁生产审核，逐步减少电子产品有毒有害物质的使用量；进行生态设计，从产品设计时就应采用环境友善的材料和工艺，最大限度的避免或减少有害物质的使用，并考虑有利于今后的回收的设计思路。只有这样才能最大限度地减轻后续回收技术的压力，并减少对环境的污染。

3.2 进行物质流分析

物质流分析可以计算一个国家、地区经济活动的物资投入，经过开采、加工、制造、消

费、再利用直至变成废物的全过程中各个环节物资的流向和流量。

根据研究物质的不同，微观物质流分析可以分别对元素、原料和产品进行核算。其中，产品分析主要采用“生命周期评价（LCA）”方法，对其生命周期中的各个阶段的作用、存在方式、环境影响等做出评价。

3.3　构建完善的电子废物回收处理体系

北京市电子废物回收体系的建立应按照电子废物量多少来划分区域，实行各区县统一化管理，设立统一标准管理的固定回收站点，结合强化城市居民社区管理和服务功能，实行行业准入制度，达到整合、改造、利用现有回收经营渠道的目的，组织引导原来无序管理状态下的回收经营者纳入合法经营、规范管理的渠道。

回收体系建设可以以废旧物质回收站点以及电器经销商和生产商售后服务网点作为回收主渠道，允许回收企业进行合法回收。

① 充分利用已有废旧物质回收网点，开展构建社区回收网络管理运营体系的工作。

② 充分利用现有电器经销商和生产商售后服务网点，构建销售—回收体系。

③ 率先在机关企事业单位中开展电子废物回收工作。

④ 各回收网点必须与经过资质认定的专业回收公司或处理企业签订协议，有义务向主管部门定期报告回收电子废物的种类、数量以及转送给哪家处理企业等相关信息情况。

⑤ 依法取缔非法经营的电子废物集散地和二手电器市场。规范其行为是保证电子废物在回收—处理过程中不会出现“短路”、回收网点健康发展的前提条件。

3.4　电子废物处理厂建设

应根据北京市电子废物在各区县的分布情况，在一些开发区内建设处理工厂。考虑到各区县回收的电子废物需要贮存到一定的数量后集中运往处理厂，可以建立电子废物转运站。

考虑北京地区的实际情况，首先，通过检测和维修，合格产品进入二手市场；其次，通过人工拆解，将性能良好的零部件进行循环利用；最后，将不可直接利用的材料进行破碎、分选，运往其他省市正规厂家进行最终处理，在北京地区不建设贵金属提取项目。

电子废物在经拆解粉碎处理后，通过人工分选、风选、磁选、涡流分选等步骤分离出黑色金属、有色金属、塑料以及破碎残余物。破碎残余物约占处理总量的1%，它是由不同的塑料、陶瓷、玻璃等组成的混合物，不能循环利用。由于在粉碎过程中会附着一些重金属粉末，因此，残余物不能作为一般垃圾处理，必须送无害化处置中心进行专业处理，进行焚烧或者安全填埋处置。

3.5　建立完善的法规、监管体系

（1）制定《北京市电子废物回收处理管理办法》

北京市应考虑在国家出台相关办法的基础上，结合北京市的具体情况制定具体实施办法，以规范消费者、收购商、二手产品市场和拆解处理企业的行为，使该项工作的监督管理有法可依。

（2）制订《北京市废旧家电回收处理费用管理办法》

通过对国外废旧家电回收处理费用机制以及费用标准，我国废旧家电运行机制、管理机制和收费机制，废旧家电回收处理成本等方面的研究，制订《北京市废旧家电回收处理费用管理办法》。

（3）制定《北京市电子废物回收处理企业资格认定办法》

对废旧家电处理及危险废物回收、贮存、运输、处置要符合相关规定，按要求报告并接受监管。对旧家电经销单位实行登记等管理方式，可以打击非法拼装行为，防止未经处理单位检测的家电进入旧货市场，保护旧家电消费者的合法权益。

（4）制定经济鼓励政策

为使企业能兼顾经济效益、环境效益、社会效益，国家应对废旧家电及电子废物处理企业实行政策扶持、税收优惠，以使其快速发展。

（5）建立再循环基金或进行专项拨款，为电子废物的循环利用提供财政支持。

（6）开展相关标准的制订

一是制订产品环境标志标准，进入北京市场的产品必须获得环境标志资格。二是制订家用电器报废标准，推进废旧家用电器的更新换代。三是制订废旧家用电器回收利用技术标准，包括回收材料的分类标准、品质标准和回收率标准，使各类家用电器能进行分类回收，原材料得以充分再生利用。四是制订再生利用环境标准，以指导规范回收企业在家用电器再生资源的回收利用时，减少二次污染，对一些最终无法利用的废物，实现安全处理处置。

3.6 建立完善机制，保障回收处理体系有效运行

（1）建立完善机制

北京市应该借鉴国外十几年的发展经验和教训。要积极吸取德国的生产者责任制、日本的消费者责任制、丹麦的国家责任制、美国的可用废旧品税收抵消制等等的合理成分。同时，也要汲取荷兰按品牌分类回收的失败教训。

（2）规范废旧电子电气二手市场

通过翻修和再交易来减少电子废物的产生量，是适合我国国情需要的举措。

3.7 开展技术研究以及相关标准和技术规范的制定

（1）鼓励从产品设计上提高产品可循环再利用率，鼓励开展无害化材料的使用技术的研制和开发。为应对欧盟的ROHS指令，应提早开展材料无害化应用的研究，如无铅焊接技术的研究、印刷电路板基板材料无卤化的研究等。

（2）开展电子废物拆解技术和回收工艺的研究

开展切割和破碎技术、塑料和金属分离技术、元器件无损拆解技术、CRT屏锥分离技术、废电线处理技术、贵金属提炼技术、成套设备技术、塑料回收技术等研究工作，提高拆解和处理的工艺技术水平。

（3）建立完善的标准和技术规范体系

北京市应尽早开展以下标准和技术规范的研究和制定工作，如再生电子电器产品的质量标准、安全性能标准；再利用商品的标识办法；电子废物拆解、资源化利用和处理处置的技术规范或指南；以及电子电器产品污染重点防治目录等。

3.8 建立信息网络平台，提高管理水平

电子废物的回收处理的过程是集管理、技术、信息化等各个方面的综合性体系，该体系

建立在信息系统平台基础之上。电子废物的回收处理管理信息系统将电子废物回收处理价值链上的各个环节进行整合，全面反映电子废物的收集、加工、回收、掩埋、成本花费过程中的信息流和物资流，为政府部门制定政策和发展规划提供决策基础。

3.9　加大宣传力度，引导公众进行绿色消费

我国居民对电子废物缺乏足够的认知，没有环境意识，就不可能产生自觉的行动来解决电子废物的问题。电子垃圾的产生与处理和消费者的环境意识有极大的关系。绿色消费就是人们为了生产和生活的需要，购买和消耗符合环境保护标准的商品，也就是说是利用消费者的环保意识在市场上形成一个庞大的环保消费趋势，来引导企业生产和制造符合环境标准的产品，以达到保护环境、实现和谐社会的目标。宣传应深入到政府机关、企事业单位、中小学校、大专院校、社区以及家用电器、电子产品经营场所等。

4　电子废物处理处置的技术选择

4.1　发达国家和地区电子废物处理处置技术现状

欧盟、日本、美国等发达国家自20世纪90年代初即开始电子废物的研究，相继建设了各具特色的电子废物处理处置设施，逐渐形成了适合其国情的技术路线。我国台湾地区近年来也建设了若干处理设施。综观发达国家和地区现有的电子废物处理处置技术方案，主要有以下两种类型可供借鉴参考。

一类以欧盟国家的技术路线为代表。欧盟经济发达，但人工费用较高，因而普遍采用机械化和自动化程度较高的流水线来处理电子废物。首先将废旧电器整机喂入多级机械破碎系统，各种零部件破碎至一定尺度后依次采取重力分选、静电分选、磁选等多种分选技术，分离出铁、铜、铝、塑料、玻璃等材料。含有毒有害物质的主要零部件（如电视机显像管），一般在机械破碎前拆除后交由专门处理机构进行无害化处理。机械处理方法因不需要考虑产出品的干燥、污水污泥处理和二噁英（dioxin）排放等问题，工艺路线简洁流畅，处理效率较高，与原始的湿法（酸洗）和火法技术相比，其有技术上的优越性，值得我国学习。但由于其设备昂贵，运行能耗和处理成本高，不完全适应我国国情。

另一类以日本模式为代表。高度机械化和自动化同样是日本处理技术的特点，但同欧洲国家的处理工艺相比，在以机械处理为主的流程中相对较多地加入人工拆解工序，在破碎前进行最大程度的人工拆解，具有合理性和借鉴意义。日本自2001年实施《家用电器再生法》以来，已在全国相继建立了40余座示范性处理工厂。不过从实际运行情况来看，大多数处理设施亏损经营，经济效益欠佳，其示范意义和教育宣传意义远大于现实意义。这一点是我国在进行电子废物处理处置技术路线选择时必须认真思考和极力避免的。

4.2　我国及北京地区电子废物处理处置技术路线的选择

我国劳动力资源丰富、人工费用相对低廉，这是发达国家所不可比拟的优势，为最大限度地降低我国电子废物的处理处理成本创造了条件。我国电子废物的处理处置和再生利用，应在保证操作安全、环境友好和规范作业的前提下，尽可能采用人工方式进行。

在充分考虑我国国情、广泛吸收借鉴发达国家成功经验的基础上，提出我国电子废物处理处置的技术路线，如图2所示。

考虑北京地区的实际情况，首先，通过检测和维修，合格产品进入二手市场；其次，通

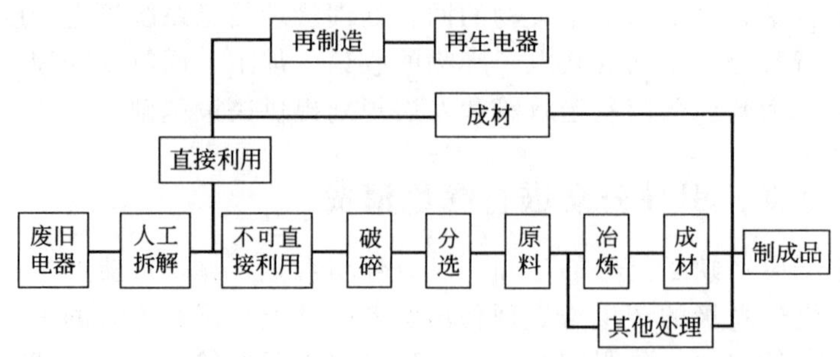

图 2 我国电子废物处理处置工艺流程

过人工拆解，将性能良好的零部件进行循环利用；最后，将不可直接利用的材料进行破碎、分选，运往其他省市正规厂家进行最终处理。

4.3 技术开发现状

(1) 2004 年，中国家用电器研究院承担了“废旧家用电器回收与再生利用技术研究”项目。该方案主要技术如下。

① 电冰箱压缩机开盖技术。压缩机外壳钢板厚 3mm，是坚固部件，研究组选用的开盖技术，每台开盖机 1.5 万元，开一个盖只用 1min。

② 阴极射线管（CRT）回收利用技术。研究组进行了用废旧阴极射线管研制泡沫玻璃的试验，分别用管屏、管屏加管锥、管锥制作了泡沫玻璃制品。

③ 制冷剂 R12 回收设备选型。研究组调研了 3 种型号的 R12 回收机。美国 ROBINAIR 公司 R12 回收机 3 万元/台；国产 R12 回收机 3500 元/台。

④ 废电冰箱、洗衣机壳体拆解工艺及提高再生品附加值技术的试验研究，研制成功了“废旧冰箱、冰柜箱体钢板回收处理方法”。

⑤ 定子绕组铜、铁分离技术。徐州物资再生研究所用等离子切割、手提锯切割、氧乙炔气割方案，对定子绕组铜、铁进行分离。

(2) 北京工业大学和摩托罗拉公司共同承担了“废旧电子电器资源化成套技术及关键设备”项目。项目采取机械、物理、化学相结合的方法，只在工艺后续物质的提纯方面采用化学方法提纯贵金属及电池极性材料。

(3) 海尔集团与清华大学共同承担了废旧家电资源化利用的 863 项目。海尔方案分为手工拆解、手工与机械结合、机械化拆解阶段。冰箱的 9 道人工拆解工序，拆解其中的玻璃、金属、塑料隔板、压缩机、蒸发器、冷凝器等，此种处理方式的金属和塑料的回收率非常高。机械破碎过程中，将对冰箱体进行粗碎，对小壳体进行细碎，电磁分选得到铁，涡流分选得到铝，风力分选得到铜、塑料、稀贵金属等，对最终分离后的剩余物、有害物质及稀贵金属进行超临界水氧化处理，送金属冶炼炉焚烧或者用其他技术进行收集和无害化处理。废旧电子产品处理以后主要回收废旧钢铁、塑料、压缩机机油、铜铝等有色金属、其他贵重金属。处理后回收利用的物料经电子废物处理企业检验达标后，统一对外销售。采用工业化大规模集中处理，不但有利于提高回收利用率，也便于产品的销售和有关部门的监督管理。

(4) 北京京卫快车废旧电子设备拆解中心参考美国及加拿大协德公司的再生技术和有效的技术改进，考虑国内实际情况，设计了电子废物处理工艺流程。

京卫快车拆解示范流水线，是由一系列设备组件组成。每组件的描述均有其程序和程序控制表，且操作控制功能符合所选择的仪器设备。图表把每一个系统分解成不连续的几步和任务，作为工具这样可使设计者和操作者更好的了解方式方法、限制控制、含意及在每个组件里面的交互作用。除此之外，图表描绘了流程和仪器连接，这样可供检查及分析。

废旧电子设备接受/储藏和运输时全部使用条形码及无线网络管理，这样可以对货物进行追踪、对工作进行调度及无纸化办公的控制管理。条形码管理程序控制包括记录，追踪，拆解流程指导和数据报告。条形码管理控制系统（简称 DCS），控制且说明了在流程中的所有被识别的有害材料。拆解流程组件演示了多种方式方法，以便把电子设备拆除为更多的基础配件或元件，且其既能直接回收利用也可进一步为材料的回收而再被重新组装或拆除。接受和处理仪器的设备选择时特别注重是否可以减轻工人的工作压力。测试组在一些仪器上、小配件及元件上示范了的各种不同的测试方法，以证明所选器件是符合有意使用者需要的。金属回收组的长期目标是确定及出示一个小的可负担的系统，其在机械上可以将金属分离成为相对高纯度的材料。

（5）浙江丰利粉碎设备有限公司研发了 FXS 废旧电子线路板回收处理成套设备，技术流程如下所示：

废旧线路板——强力破碎——磁选——中碎——精细粉碎——超微分级——高压静电分离——成品

该成套设备拥有两个显著的创新点：采用了先进的机械粉碎、高压静电分离新工艺，粉碎、解离后，进行金属物与非金属物的分选，纯度高；关键技术是将各种废旧线路板的专用粉碎解离设备有机地结合起来，在生产过程中达到较大的节能效果，且实现了很高的金属分离率。处理每吨废旧线路板单位能耗仅为国内同类产品的 1/2 左右；成套设备的时处理量最高可达 5t 以上，其售价仅为国外同类设备的 1/5～1/3，且铜的回收率高出 3%～5%。

参考文献

[1] 吴宏富．电子废弃物变成再生资源．有色金属再生与利用，2005，1：37-37.

[2] 陈苏，付娟，陈朝猛．电子废弃物处理现状与管理研究．南华大学学报（理工版），2003，17（1）：81-85.

[3] 殷砚，彭晓成等．电子废弃物的污染与处理技术．中国资源综合利用，2006，24（2）：25-28.

[4] 张俊艳，陆书玉等．电子废弃物的预处理技术．污染防治技术，2005，18（6）：3-5.

[5] 江博新，管世翾．电子废弃物回收利用领域技术开发难点问题探讨．再生资源研究，2006，4：17-20.

[6] 张伟刚，吴丰顺等．国外电子废弃物的回收利用技术．有色金属再生与利用，2006，8：32-34.

[7] 董锁成，范振军．中国电子废弃物循环利用产业化问题及其对策．资源科学，2005，27（1）：39-45.

[8] 卢登峰．电子废弃物环境管理与回收利用的对策研究．科技情报开发与经济，2004，14（7）：98-100.

挥发性有机污染物政策体系研究

宋云，孙晓峰，薛鹏丽，郭逸飞

（中国轻工业清洁生产中心，北京，100012）

摘要：随着社会经济的发展，挥发性有机物（VOCs）的污染已经成为危害人类健康的一大公害。本文通过对欧美国家的 VOCs 环境政策体系进行回顾，结合我国当前 VOCs 污染的防控现状分析，为我国“十二五”期间的 VOCs 削减工作并完善我国的 VOCs 政策体系提供借鉴。

关键词：挥发性有机污染物；政策体系

Study on VOCs Environmental Policy Systems

Song Yun, SUN Xiaofeng, XUE Pengli, GUO Yifei
(China Cleaner Production Center of Light Industry, Beijing, 100012)

Abstract: Volatile organic compounds (VOCs) pollution has been considered as a public risk to human health due to the economic development. This article reviewed the VOCs environmental policy systems in Europe and in the United States, and analyzed VOCs pollution prevention & control status in China, to provide guidance for China's VOCs reduction strategy during the "Twelfth Five Year" Period and for integration of VOCs policy system.
Key words: volatile organic compounds (VOCs); policy system

1 前言

随着我国经济高速发展，环境问题也日益突出。长期以来，我国重点关注 COD、二氧化硫等总量控制污染物的污染防治和减排工作。作为一类重要的大气污染物，挥发性有机物（Volatile Organic Compounds，VOCs）的系统研究在我国才刚刚起步。当前，挥发性有机物的污染在我国形式日趋严重，许多问题亟待解决。

据世界卫生组织定义，VOCs 是沸点在 50～250℃，在常温下以蒸汽形式存在于空气中的一类有机物。由于 VOCs 具有挥发性，在常温条件下很容易挥发到气体当中形成 VOCs 气体，从而可能对人体和环境产生危害，造成 VOCs 气体污染；同时许多 VOCs 物质还能够引起城市的光化学烟雾，引起二次污染，对人类健康产生更大的危害。此外，VOCs 作为可吸入颗粒物（$PM_{2.5}$）的前体物之一，是造成酸雾、烟雾、地面臭氧的主要原因之一。

VOCs 气体的来源非常广泛，总体分为工业源（包括化工产品生产和储运、有机溶剂使用、燃料不完全燃烧、食品加工、废物处理等）、交通源（汽车尾气）、农业源（畜禽养殖）、生活源（包括建筑和装饰材料、家具、清洁剂等），以及自然源（火灾）。

为了控制 VOCs 污染，世界各国都制定了相应的控制政策和法规，并取得了较好的成效。而在我国，针对 VOCs 的污染系统防治工作才刚刚起步。本文通过回顾发达国家的 VOCs 环境标准体系，针对我国相关环境管理当中的缺陷和不足，提出相应对策，供决策部门参考。

2 发达国家 VOCs 政策体系回顾

2.1 美国 VOCs 政策体系

美国空气污染控制的最终目标是达到环境空气质量标准，其主要手段就是根据《清洁空气法》（CAA）的规定，对污染源实行排放限制。排放限制主要包括排放标准以及为减少污染排放而对污染源所作的其他规定。排放限制的核心是排放标准，它是按照立法程序制定、发布、实施的，是典型的技术法规。

美国控制有毒大气污染物（包括 VOCs）主要有以下措施：

① 发布清洁空气法案，列出有毒空气污染物重点控制名录和主要污染源名单，对点源和面源分别实施最佳可行控制技术（MACT）和一般可行控制技术（GACT）；

② 按行业分批制定各类污染源排放和控制标准，实行重点行业控制，并及时开展残余风险评估，对污染源的控制效果进行评估，以补充和完善相关标准；

③ 通过模型估算和现场实测，开展区域调查评估，提出城市污染较重的污染物名单，实施地区削减策略；

④ 定期开展有毒空气污染物全国评估确认健康风险最大的有毒空气污染物，制定阶段控制目标并实施。图 1 为美国针对 VOCs 等有毒有害气体的管理框架。

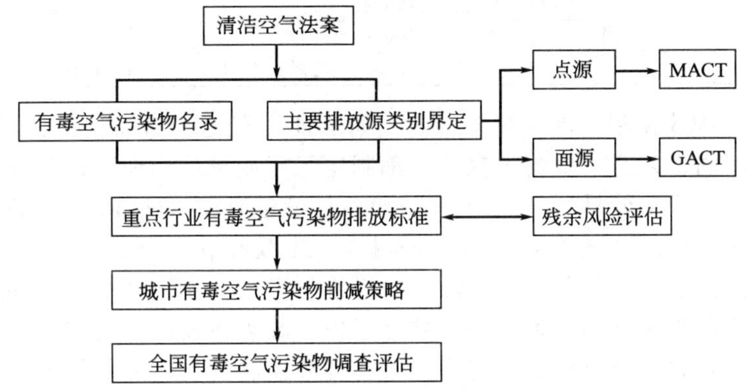

图 1　美国有毒空气污染物控制管理框架体系

美国 EPA 对各种排放源实行分类控制和削减策略，分为固定源、移动源和室内源三类进行控制。面源主要来自小型工业和商业单位（包括农业和小型印刷厂等），或者消费品应用行业（例如建筑涂料）。移动源的控制对象为苯等挥发性有机物。

EPA 将年排放或者可能排放 10t 以上的一种污染物或 25t 以上的多种污染物固定排放源定为主要源（包括点源和面源），对这些污染源进行调查并建立重点源名单，通过排污许可制度进行管理。EPA 制定的固定源大气污染物排放标准分为两类：一类针对基准污染物（Criteria Pollutants，环境空气质量标准中规定的污染物）的新源特性标准（NSPS），列入联邦法规典 40 CFR 60 部分；另一类针对 189 种空气毒物（Air Toxics，近几年修订）的危险大气污染物国家排放标准（NESHAP），列入联邦法规典 40 CFR 63 部分。NSPS 标准和 NESHAP 标准均是基于污染控制技术而制定的，其中 NSPS 基于最佳示范技术（BDT），而 NESHAP 则基于最大可达控制技术（MACT），相比后者更加严格。

EPA 同时实施城市有毒空气污染物削减战略，筛选出 19 种 VOC 物质并明确其来源，具体情况如表 1 所列。

表 1　美国城市重点控制的 VOC 类有毒空气污染物及其来源

VOC 物质	来　源
乙醛	工业有机化工制造、石油和天然气生产、涂料、有机化工制造业
丙烯醛	涂料、有机化工制造业
丙烯腈	丙烯酸和腈氯纶纤维生产、涂料、有机化工制造业
苯	石油分销阶段、石油和天然气生产、涂料、有机化工制造业
1,3-丁二烯	涂料、有机化工制造业
四氯化碳	涂料、有机化工制造业
氯仿	工业有机化工制造、涂料、有机化工制造业
1,2-溴甲烷	涂料、有机化工制造业

续表

VOC 物质	来　源
1,2-二氯丙烷(丙烯酰氯)	涂料、有机化工制造业
1,3-氯丙烯	涂料、有机化工制造业
二氯乙烷(1,2-二氯乙烷)	涂料、有机化工制造业
环氧乙烷	医院消毒器、涂料、有机化工制造业
甲醛	石油、天然气生产、固氮内燃机
肼	涂料、有机化工制造业
二氯甲烷(二氯甲烷)	工业有机化工制造、脱漆、木材存储
1,1,2,2-四氯乙烷	涂料、有机化工制造业
四氯乙烯	涂料、有机化工制造业
三氯乙烯	涂料、有机化工制造业
氯乙烯	工业有机化工生产、聚氯乙烯共聚物生产、涂料、有机化工制造业

具体到VOCs排放控制，涉及很多行业，如炼油、石化、精细化工、油品储运、制药、表面涂装、出版印刷、铸造、服装干洗等，都制定了行业排放标准。在排放标准中又根据排放源类型的不同，分成工艺排气（process vents）、设备泄漏（equipment leaks）、废水挥发（wastewater emission）、储罐（storage vessels）、装载操作（transfer operations）5类源（见图2），分别规定排放限值或工艺设备、运行维护要求。由于VOCs物质的易挥发特性，决定了其无组织逸散排放（如设备泄漏、贮罐损失、废水挥发等）较多，所以美国对这类排放格外重视，从工艺源头予以控制。美国针对5类源控制的具体要求如表2所列。

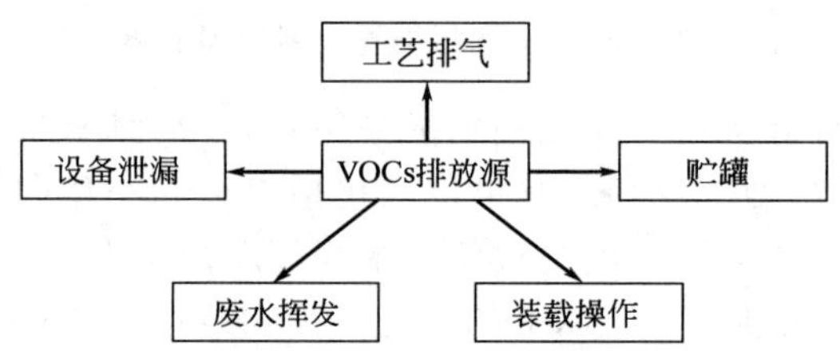

图2　美国VOCs排放标准的源划分

表2　美国VOCs工业源排放控制要求

排放源	控　制　要　求
工艺排气	NSPS与NESHAP均有所限制。NSPS标准中，控制TOC(总有机化合物，扣除甲烷、乙烷)综合性指标，要求TOC削减率不低于98%，或者排放浓度限值为20 ppmv;NESHAP标准控制总有机HAPs(189种HAPs物质中的有机部分，约131种)指标，要求削减98%以上或排放浓度低于20 ppmv
设备泄漏	实施"泄漏检测及维修(LDAR)计划"，采用便携式VOCs检测仪器(如火焰离子化FID、光离子化PID、非分散红外NDIR等设备)对泄漏源进行VOCs浓度测定。若超过某筛选值(screen value)，则要求在规定期限内(最迟不超过15天)修复。设备泄漏检测采用USEPA Method 21标准方法，一般每季度检测一次。泄漏限值第Ⅰ阶段为10000 ppmv，第Ⅱ阶段为500 ppmv，第Ⅲ阶段采取一种激励机制：如超过500 ppmv的检出频率很低(如<1%，甚至<0.5%)，相应检测频次可延长至每半年一次，或每年一次；反之(如检出频率>2%)则要增加检测频次至每月一次。如果采用被证明为无泄漏或泄漏量极微的设备或管线组件，可免除定期检测
废水挥发	建议采用以下控制技术：①浮动顶盖；②液面10cm处的挥发性有机物<300 ppmv；③密闭式固定覆罩及气体回收系统，要求回收效率达95%以上(通常废水收集系统采取措施与环境空气隔离)。对废水处理、贮存设施，检测液面上VOCs浓度如>300 ppmv，要求加盖密闭并收集气体净化处理
贮罐	要求VOCs储罐采用压力罐、浮顶罐、固顶罐或其他等效措施。其中浮顶与罐壁之间需安装封气设备，如液体镶嵌式密封、机械式鞋形密封、双封式密封等，并规定运行及检查要求。要求固顶罐装设密闭排气系统连通至污染控制设备，达到与工艺排气相同的排放控制要求(削减效率或排放浓度)
装载操作	要求来自装卸设施的VOCs蒸汽进入蒸汽回收系统，并输送至污染治理设备处理后排放；或者废气回流至与贮罐相连的蒸气平衡系统，实现与出料体积的平衡

注：1ppmv=百万分之一气体浓度。

为识别 VOCs 等空气污染物的区域污染状况，美国政府定期进行全国范围的有毒空气污染物风险评估（NATA），并建立了基于风险评估模型和污染物普查结果的有毒空气污染物减排基准。随着 NATA 评估体系的不断发展，有毒空气污染物分为致癌风险驱动物、致癌风险贡献物、非致癌风险驱动物、非致癌风险贡献物四类，从国家和区域两个层面上进行评价。包括苯、1，3-丁二烯、四氯乙烯、1，4-二氯苯、乙醛、丙烯腈、四氯化碳、甲苯、1，3-二氯丙烯、二氯甲烷、1，1，2，2-四氯乙烷、甲基叔丁基醚、甲醛的 12 种 VOCs，被列为国家或区域水平上具有较高健康风险的有毒空气污染物。

2.2　欧盟 VOCs 政策体系回顾

欧盟环保标准大多以指令（Directives）的形式发布。欧盟 VOCs 排放控制主要包括通用指令（有机溶剂使用指令 1999/13/EC、涂料指令 2004/42/CE）和行业指令（汽油贮存和配送指令 94/63/EC、综合污染预防与控制指令 96/61/EC、2008/1/EC）两类。这些指令的相关内容见表 3。

表 3　欧盟与 VOCs 相关的指令一览

指令名称	主要内容(与 VOCs 相关)
有机溶剂使用指令 1999/13/EC	规定了 20 种有机溶剂使用装置和活动的 VOCs 排放限值，包括了有组织排放限值(废气中 VOCs 的浓度)和无组织排放限值(使用-溶剂量的百分比)。针对排气筒有组织排放，根据溶剂使用工艺不同，规定 VOCs 排放质量浓度(以 C 计)在 20～150mg/m^3 范围内不等。根据 VOCs 环境归宿不同，建立一套基于物质平衡的 VOCs 排放总量控制方法，并据此提出逸散率(%)和单位产品排放量(g/kg，VOCs 排放量与溶剂使用量的比值；或者 g/m^2，VOCs 排放量与涂装面积的比值)指标
涂料指令 2004/42/CE	从产品源头规定建筑涂料、汽车涂料中的 VOCs 含量(g/L)。要求建筑与市政工程、消费类产品等活动必须采取与工业排放不同的 VOCs 控制路线，保证清洁、环境友好的产品。要求汽车涂料等工业涂料规定 VOCs 含量限值，要求工业企业采用清洁的原材料，实现清洁生产
汽油贮存和配送指令 94/63/EC	要求储油库采取措施减少蒸发损失，配送过程(油品装入罐车，运至加油站)要求进行油气回收
综合污染预防与控制指令 96/61/EC、2008/1/EC	将工业生产活动划分为能源工业、金属工业、无机材料工业、化学工业、废物管理以及其他活动 6 大类共 33 个行业，涉及 VOCs 排放的主要行业包括石油精炼、大宗有机化学品、有机精细化工、贮存设施、涂装、皮革加工等。通过颁发许可证来实现对上述活动的控制，当中规定有污染排放限值(废水、废气、噪声、固废等)，以及一些等效的技术参数或工艺措施。这些排放限值、等效参数或技术措施必须在不妨碍环境质量达标的前提下，基于最佳可行技术(BAT)。欧盟委员会出版行业 BAT 参考文件(BREF)，并建议根据废气流量、VOCs 浓度选择控制技术

同时，各成员国为加强对单项 VOC 物质的管制，还实施了分级控制标准。根据国际癌症研究机构（IARC）关于致癌性的分类、职业卫生的 MAC 值（最高允许浓度）或 TWA 值（8 小时时间加权平均允许浓度）等指标，对 VOCs 健康毒性分为高毒性、中等毒性和低毒性三类。三类 VOC 物质的具体分类及相关指标如表 4 所列。

表 4　欧盟 VOC 分级控制标准

毒性等级	浓度控制要求	特征 VOC 物质
高毒性	≤5mg/m^3	丙烯腈、苯、环氧乙烷、1，3-丁二烯、1，2-二氯乙烷、氯乙烯等
中等毒性	≤20mg/m^3	甲醛、乙醛、酚类、苯胺、硝基苯、氯甲烷等
低毒性	≤100mg/m^3	甲苯、二甲苯、乙苯、氯苯、甲醇、丙酮等

3 我国 VOCs 污染控制现状

3.1 我国 VOCs 排放情况

据统计，我国每年约有 220 万吨 VOCs 排放到空气中，并以年均 9%的速度递增。在 VOCs 的排放总量中，工业溶剂约占 30%，成为主要的排放源之一；而涂料胶黏剂的 VOCs 排放约占工业溶剂的 70%，年排放总量达到 400 万吨，大约是 6000 万辆车一年的 VOCs 排放总量，相当于燃烧 2.7 亿吨煤的排放量。

3.2 我国 VOCs 政策体系回顾

目前，我国还没有形成系统的 VOCs 污染防治政策法规标准体系，而只是在综合大气污染物排放标准和一些行业标准中对部分 VOC 物质制定了标准限值。如 2008 年奥运前夕，北京市颁布实施《大气污染物综合排放标准》(DB 11/501—2007)，针对汽车制造、半导体和电子产品制造、木制家具制造、印刷、制鞋、涂料制造、服装干洗等典型 VOCs 污染源制定了严格的排放限值。近年来，广东省先后颁布实施了汽车制造业、包装印刷业、家具制造业、制鞋行业 VOC 排放标准；深圳市根据《关于开展家具制造企业挥发性有机化合物污染整治的通知》加强家具制造业环境管理。

我国《大气污染物综合排放标准》(GB 16297—1996) 和《北京市地方标准-大气污染物综合排放标准》(DB 11/501—2007) 对 VOCs 物质的相关要求如表 5 所列。

表 5 我国国家标准与北京市地方标准中 VOCs 排放限值一览

VOC 物质名称	中华人民共和国国家标准《大气污染物综合排放标准》(GB 16297—1996)				北京市地方标准《大气污染物综合排放标准》(DB 11/ 501—2007)		
	最高允许浓度/(mg/m^3)		无组织排放监控浓度限值/(mg/m^3)		最高允许浓度/(mg/m^3)		无组织排放监控浓度限值/(mg/m^3)
	现有源	新源	现有源	新源	Ⅰ时段	Ⅱ时段	
苯	17	12	0.5	0.4	12	8	0.1
甲苯	60	40	3	2.4	40	25	0.6
二甲苯	90	70	1.5	1.2	40	40	0.2
酚类	115	100	0.1	0.08	100	20	0.02
甲醛	30	25	0.25	0.2	25	20	0.05
乙醛	150	125	0.05	0.04	125	20	0.01
丙烯腈	26	22	0.75	0.6	22	5	0.15
丙烯醛	20	16	0.5	0.4	16	16	0.1
甲醇	220	190	15	12	190	80	1
苯胺类	25	20	0.5	0.4	20	20	0.1
氯苯类	85	60	0.5	0.4	60	40	0.1
硝基苯类	20	16	0.05	0.04	16	16	0.01
氯乙烯	65	36	0.75	0.6	36	10	0.15
非甲烷总烃	150	120	5	4	120	80	2
氯甲烷					—	20	1.2
环氧己烷					—	5	0.04
1,3-丁二烯					—	5	0.1
1,2-二氯乙烯					—	5	0.14

从我国的国家标准与北京市的地方标准进行比较，我们能够看出北京市的标准明显严于我国国家标准，涉及的 VOCs 污染物也较多。从某种意义上讲，我国某些地方标准在大气

污染物控制方面的作用较为突出。

除国家和地方的大气污染物综合排放标准外，我国针对一些行业的大气污染物排放标准中也涉及到一些 VOC 物质，如《炼焦炉大气污染物排放标准》（GB 16171—1996）、《饮食业油烟排放标准》（GB 18483—2001）、《加油站大气污染物排放标准》（GB 20952—2007）等，但还没有形成一套专门针对 VOCs 的政策体系。

为加强 VOC 污染防治工作，《国家环境保护“十二五”规划》提出：加强挥发性有机污染物和有毒废气控制，鼓励使用水性、低毒或低挥发性的有机溶剂，加强有机废气回收利用等。此外，《北京市“十二五”时期环境保护和建设规划》也明确提出在石油化工、涂料、油墨、胶黏剂等化学品制造业，以及汽车制造、家具、工业涂装和包装印刷等重点行业，开展挥发性有机物污染专项治理。

4　结论与建议

当前，我国针对 VOCs 的污染防治工作刚刚起步。针对 VOCs 的许多环境政策、法规、标准亟待完善，急需建立一套 VOCs 环境管理体系。通过对美国、欧盟等发达国家 VOCs 的环境政策体系进行回顾，能够发现一些共同特点。

首先，发达国家都对 VOCs 进行了污染源划分。当中美国在制定行业排放标准的同时，进一步划分 5 类排放源。欧盟的通用指令和行业指令都结合不同行业，不同工艺，对 VOCs 排放提出要求。这种通过识别污染行业并划分排放源的方法对 VOCs 进行系统控制，较综合标准更具有针对性，对象和目标更加明确，促使企业自觉履行 VOCs 达标排放。

其次，发达国家的 VOCs 排放标准都是基于环境风险和现有可行技术相结合来制定的。美国通过实施有毒空气污染物削减战略，筛选出 19 种 VOC 物质加以严格控制；同时结合相关行业的 BDT 和 MACT 技术分别制定了 NSPS 标准和 NESHAP 标准。欧洲国家针对健康毒性将 VOC 物质分成高毒性、中等毒性、低毒性三类，同时针对不同工业行业现有的污染控制技术颁布基于 BAT 技术的 IPPC 导则。这种人体健康风险与控制技术相结合的标准制定思路能够最大限度地控制 VOC 物质的排放，有效保障人民的安全健康。

第三，美国和欧盟都针对 VOCs 的挥发性，加强无组织逸散的控制。美国划定的 5 类排放源中设备、废水处理、储罐和装卸操作等环节都有可能发生逸散，对其进行严格防范。欧盟政府在 IPPC 导则中提出预防和控制逸散的 BAT 技术。针对 VOCs 无组织逸散（或泄漏）加以控制，从根本上提高了削减 VOCs 污染的效率。

通过回顾欧美国家在 VOCs 污染防治方面的经验，我们在借鉴的同时应当结合我国的 VOCs 排放状况和相关行业结构，因地制宜的颁布实施有关 VOCs 污染防治政策。对此，我们提出以下建议。

（1）制定 VOCs 优先名录，强化数据调查

为了便于我国 VOCs 排放的有效管理，根据现有 VOCs 信息，制定初步的优先控制名录，明确重点控制的污染源及 VOC 物质，指导环境管理部门开展现场污染物排放及环境质量调查。数据调查结果作为参考，为环保部门进一步出台污染防治政策提供技术支持。

（2）完善我国 VOCs 环境标准体系

针对有机化工、涂料和涂装、制药、印刷包装、交通运输等 VOCs 污染较重行业，应尽快制定相关大气污染物排放标准；同时针对石油、饮食业、皮革制品等已有的大气污染物排放标准应适时进行修订。这些环境标准的制定（或修订）工作应基于现有控制技术和环境

健康加以完善。此外，标准应当注重对污染源周边环境的管理控制，并重点强化VOCs逸散泄漏情况的预防控制措施。

(3) 建立VOCs环境风险评估体系

环保部门应联合医疗卫生机构和科研机构，针对VOCs的不同物质，系统研究其污染源特征、污染迁移转化途径、潜在受体，并了解其急、慢性健康危害。尽快颁布适合我国的《挥发性有机污染物环境风险评估导则》及其配套的暴露评估导则、毒性评估导则等技术文件，为重点城市、重点区域，的VOCs环境管理及环境治理给予指导。

(4) 建立健全的VOCs环境监测机制

对VOCs浓度和排放量的监测核算是控制其排放的基础工作。有必要建立针对VOCs的监测体系及其配套的污染源采样监测网络，并对现有的VOCs排放清单加以完善。同时，各级环保部门需要从就污染源、环境质量的监测工作入手，适当的分区域、分层次配置相关的监测技术和设备，形成完善的监测机制。

(5) 通过清洁生产审核推动VOCs减排

针对交通运输、有机溶剂、涂料、制革等VOCs污染较严重的行业，有必要推动企业实施有毒有害大气污染物的全方位管理。通过鼓励采用无毒低毒的原材料，推行高得率、可循环回用的生产工艺，并对产品实行生态设计，逐步从源头和生产过程中减少或消除VOCs的产生和排放，逐步完善VOC类污染物防治方面的清洁生产指标体系。

参考文献

[1] 40 CFR Part 60, Standards of performance for new stationary sources [S].

[2] 40 CFR Part 63, National emission standards for hazardous air pollutants [S].

[3] Directive 1999/13/EC. Limitation of emissions of volatile organic compounds due to the use of organic solvents in certain activities and installations [S].

[4] Directive 2004/42/CE. Limitation of emissions of volatile organic compounds due to the use of organic solvents in certain paints and varnishes and vehicle refinishing products and amending Directive 1999/13/EC [S].

[5] Directive 94/63/EC. Control of volatile organic compound (VOC) emissions resulting from the storage of petrol and its distribution from terminals to service stations [S].

[6] Directive 96/61/EC, Concerning integrated pollution prevention and control [S].

[7] Directive 2008/1/EC, Concerning integrated pollution prevention and control (Codified version) [S].

[8] EPA. Compilation of Area Source Rules [EB/OL]. http: //www. epa. gov/ ttn/atw/area/ compilation. html.

[9] EPA. List of urban HAPs for the integrated urban air toxics strategy [EB/OL]. http: //www. epa. gov/ttn/atw/area/list33.

[10] EPA. List of 70 Area Source Categories [EB/OL]. http: //www. epa. gov/ttn/atw/area/70list. pdf.

[11] EPA. National Air Toxics Assessments [EB/OL]. http: //www. epa. gov/ttn/ atw/natamain/.

[12] EPA. National Air Toxics Program: the integrated urban strategy; notice [EB/OL]. http: //www. epa. gov/ttn/atw/area/fr19jy99. pdf.

[13] EPA. 2002 National-Scale Air Toxics Assessment [EB/OL]. http: //www. epa. gov/ttn/atw/nata2002/risksum. html.

[14] 陈颖，李丽娜，杨常青等．我国VOC类有毒空气污染物优先控制对策探讨．环境科学，2011，32 (12)：3469-3475.

[15] 李靖，聂磊，邵霞等．城市挥发性有机物排放源分布情况分析．中国机械工程学会环境保护分会第四届委员会第一次会议论文集．2008，21-26.

[16] 刘金凤，赵静，李湉湉等．我国人为源挥发性有机物排放清单的建立．中国环境科学，2008，28 (6)：496-500.

[17] 魏巍，王书肖，郝吉明．中国人为源 VOC 排放清单不确定性研究．环境科学，2011，32（2）：305-312.
[18] 席劲英，胡洪营．挥发性有机物（VOCs）气体污染及其控制．北京绿色奥运环境保护技术与发展（赵英民编），北京：中国水利水电出版社．2006：329-333.
[19] 席劲瑛，武俊良，胡洪营等．工业 VOCs 排放源废气排放特征调查与分析．中国环境科学，2010，30（11）：1558-1562.
[20] 张国宁，郝郑平，江梅等．国外固定源 VOCs 排放控制法规与标准研究．环境科学，2011，32（12）：3501-3508.
[21]《中华人民共和国国家标准-大气污染物综合排放标准》(GB 16297—1996).
[22]《北京市地方标准-大气污染物综合排放标准》(DB 11/ 501—2007).

⊖ 中国节能指标区域分解方案研究

薛鹏丽，孙晓峰，宋云
（中国轻工业清洁生产中心，北京，100012）

摘要： 探讨我国“十二五”期间节能降耗目标区域分解方法。借鉴已有的分解模型和分解原则，提出我国省际之间节能指标分解的公平性、可行性和效率性三大原则；确定了人均财政收入、历史能源消耗量、工业增加值能耗及二产比例 4 个影响指标，并构建了相应的分解模型，以 2009 年的经济和能耗数据对全国 16％的节能目标向各省市科学、合理的分解进行了探析。

关键词： 节能降耗目标；分解原则；指标；分解模型

Methodology on domain decomposition of energy saving indicators in China

Xue Pengli，Sun Xiaofeng，Song Yun
（China Cleaner Production Center of Light Industry，Beijing，100012）

Abstract：The study analyzed the domain decomposition method of energy saving and consumption reduction targets for China during the “12th Five-year Plan” period. By referring to the existing decomposition models and decomposition principles，the principles of equality，feasibility，and effectiveness of inter-provincial energy saving indicators decomposition in China；4 impact factors，including financial income per capita，historical energy consumption，energy consumption per industrial added value，and secondary industrial ratio，have been designated；the related decomposition model has been designed. By adopting the economic and energy consumption data of 2009，the decompositions of different provinces towards the national energy saving target of 16％ have been evaluated.
Key words：energy saving target；decomposition principle；indicator；domain decomposition model

1 引言

近年来，我国经济快速增长，取得显著成就，但同时也付出了巨大的资源和环境代价。

全国范围的电力短缺、油价大幅变动，能源对外依赖度明显增高等现象都表明中国进入了一个新的能源政策时代。因此，我国政府在“十一五”初期提出节能减排，公布和实施的大量节能和能源政策，建立了全国致力于节能的管理框架体系，形成了全民节能的氛围，节能效果显著。截止到2009底，在31个省、市、自治区中，节能考核目标低于预期完成进度（即单位GDP能耗在2005年的基础上降低15%的分解目标）的不到10%，有的地区甚至高于15%的节能目标（李仰哲，2010)。“十二五”期间，我国加大节能投入，落实节能责任制，并明确提出“十二五”期间单位GDP能耗下降16%。

由于各省经济发展和能源利用差异较大，节能目标公平、公正、合理的分配成为目前区域节能控制分解方案关注的热点。陈新华（2006）认为我国节能工作可能存在几个方面的误区，节能政策的制定与实施缺少针对性，过分偏重产业部门而忽视其他非产业部门，过分强调产业结构的调整，而忽视整体结构特别是消费结构的调整等。樊元，王红波（2008）基于单位GDP能耗影响因素的分析，采用组合赋权的理论，对各影响因素进行合理的赋权，并在权重系数的基础上建构了节能目标由省到地级市分解的理论模型。并以甘肃省为例，对20%的节能目标向地区进行分解。

在节能指标分解问题的探讨上，已有的研究大多从节能途径、节能目标与产业结构的关系角度进行探讨。对节能目标的地区分解问题，尤其是对节能目标在各地区的科学、合理分解问题的研究较少；而CO_2减排目标的分解，则从不同角度考虑了分配中的公平、平等、效率等基本原则，考虑了区域节能的潜力和区域的差异。

一些学者对我国主要污染物排放提出区域分解方案也可用来借鉴。王金南等（2011）在对当前国际上国家间CO_2分解原则和方法分析的基础上，确定了排放水平、经济水平、工业能源利用水平、非化石能源利用水平4大影响因素，构建CRBDM分解模型对我国CO_2排放总量进行了区域分解。Li等（2011）考虑了区域减排能力、责任和潜力三个方面，构建CO_2减排目标分解模型，并讨论了四个不同政策情景下，CO_2排放目标的区域分配结果。

基于此，本文提出省际之间节能分解的公平性、可行性和效率性三大原则，并构建相应的分解模型，研究分析我国区域节能控制分解方案。

2 各省节能指标分解模型

能源消耗受经济发展、人口规模、能源结构等综合影响，而各地区人们生活水平和能源结构的不同，使得不同区域节能目标也不同。所以，节能目标的分解必须尽可能多考虑各个影响因素，针对各省的具体情况对节能指标进行区域分解。

2.1 分解原则

区域节能指标受综合因素的影响，节能指标的分解应遵守“公平性”、“可行性”和“效率性”三个原则，具体如下。

① 公平性原则　人人都有发展的权利，获得高生活水平的权利。

② 可行性原则　需要考虑各省经济水平、资金投入能力和公众生活水平受影响程度。

③ 效率性原则　体现各省节能技术和节能潜力。

我国区域节能目标的分解在可行性、公平性和效率性原则下，确定3个影响因素，4个基本指标。3个影响因素分别为排放水平、经济水平和能耗水平。4个基本指标分别为2005～2009年各省的能源累积消耗量、人均财政收入、单位工业增加值能耗、二产比例，如表1所列。

表 1　模型参数选择及说明

原则	影响因素	基本指标	说　明
可行性原则	经济水平	人均财政收入	生活水平、区域财政能力
公平性原则	消耗水平	累积能源消耗量	能源累积消耗越多说明节能的责任越大
效率性原则	能效水平	单位工业增加值能耗、二产比例	工业能耗高、下降幅度快，二产比例高，节能潜力大

2.2　节能目标地区分解

假定第 i 省的节能目标为 PE_i，R_i 为第 i 省的节能降耗综合影响因素，则下式成立：

$$PE_i = KR_i \tag{1}$$

式中，K 是相关系数，表示我国“十二五”末期节能目标，本文中 K 的取值为 16%。R_i为节能目标综合影响因素；PE_i 为各省节能目标值。

综合影响因素 R_i 在公平性、可行性和效率性原则下，用能源累积消耗量、人均财政收入、单位工业增加值能耗及二产比例 4 个具体指标量化。

$$R_i = W_A A_i + W_B B_i + W_C C_i \tag{2}$$

$$C_i = \sqrt{IE_i \times PI_i} \tag{3}$$

式中，A_i 为 2009 年各省人均财政收入；B_i 为各省 2003～2009 年能源累积排放量；C_i 为 2009 年各省能效因子。能效水平侧重考虑工业的能源利用效率，改参数包含单位增加值能耗和二次比例两个指标。A_i、B_i、C_i在计算时都进行了归一化处理，取值为 0～1。W_A、W_B、W_c 为影响因素权重。

2.3　影响因素赋权

赋权法分为客观赋权法和主观赋权法两大类，本研究采用客观赋权法常用的熵权法。其原理为某个指标的信息熵越小，表明其指标值变异程度越大，提供的信息量越大，在综合评价中的作用也越大，因而其权重也相应越大；反之，若某指标信息熵越大，则表明指标的变异程度越小，提供的信息量越小，权重也相应越小。熵权法是根据评价对象的指标值来确定各指标权重的一种方法，反映了指标间的相互比较关系，比较客观，而且该方法计算结果可信度大，自适功能强。

定义 f_{ij} 为赋权矩阵 $X = (x_{ij})_{\mathrm{n}\times\mathrm{m}}$第 j 项指标下第 i 个被评价对象的指标值的比重，则：

$$f = x_{ij} \Big/ \sum_{i=1}^{n} x_{ij} \tag{4}$$

令 e_j 为第 j 项指标的熵值，则：

$$e_j = -k \sum_{i=1}^{n} fi_j \ln f_{ij} \quad (\text{其中}, k = 1/\ln n) \tag{5}$$

指标权重为：

$$w_j = (1 - e_j) \Big/ \sum_{i=1}^{m} 1 - e_j \tag{6}$$

3　各省节能减排区域分解结果

通过熵权法获得权向量为 $w = [0.33026 \quad 0.575239 \quad 0.094501]$，由此可知，我国能耗降低 16%目标的分配依据主要是经济发展水平和历史能源累积消耗量。

通过式(1) ～式(3) 获得全国各省节能指标分解结果，如表 2 所列。

表 2 全国各省节能指标分配

省、直辖市、自治区	节能目标/%	省、直辖市、自治区	节能目标/%	省、直辖市、自治区	节能目标/%
上海	8.23	内蒙古	7.72	江西	4.67
北京	6.82	广西	5.17	安徽	5.45
浙江	9.26	贵州	5.52	吉林	5.33
广东	10.67	宁夏	4.56	海南	3.29
江苏	10.23	甘肃	4.63	四川	7.40
天津	5.35	辽宁	8.66	山西	7.96
福建	6.12	云南	5.42	陕西	5.17
山东	12.28	湖北	6.87	新疆	5.04
重庆	4.98	河南	8.78	黑龙江	5.54
湖南	6.70	河北	10.36	青海	3.64

表 2 显示了我国“十二五”各地区节能目标。从公平和资金实力讲，经济发达，能源累积消耗量大的地区，包括山东、江苏、河北、天津、广东、河南、辽宁、上海 8 省市节能空间大；而对于以传统重工业发展为主的区域，由于长期以来一直是粗放型的经济增长方式，产业结构的不合理，技术装备和生产工艺尤其是高耗能的重点行业的技术改进需要一定的时间和资金资本。从短期来看，节能空间相对较小；其余省市地区节能进展基本顺利，但应密切关注能耗强度变化趋势。

与发改委在“十一五”末提出的全国节能预警图（辽宁、江苏、河南、广西、陕西、青海、宁夏、新疆 8 省区为节能形势十分严峻地区；上海、山东、海南、贵州、甘肃 5 省（市、区）为节能形势比较严峻地区，其余的 17 个省（市、区）为三级节能预警地区）相比，表 2 的结果考虑了各地的发展水平、历史资源消耗水平及技术上的能力，结果更为客观、科学。

4 结论与建议

节能目标区域分配问题是当前我国面对资源环境压力，减排压力时需要紧迫解决的问题，“十二五”节能减排目标分解应考虑各区域发展水平、历史能源消耗及技术潜力等，使得节能指标分配更科学、更合理。因而，本文在可行性、公平性和效率性三大原则的指引下，构建了节能指标分解模型，计算我国各省以 2009 年为基准年，“十二五”节能目标的区域分配。该模型充分考虑了各省经济发展水平、能源累积消耗量及能效水平的差异，为我国“十二五”节能指标区域分配提供借鉴。但由于节能指标分配模型研究相对较少，考虑的影响因素各有差异，因而分解模型的构建较为初步。同时，文中也缺乏对节能影响因素敏感性的分析，在三大原则下，构建的指标也由于数据收集的困难稍显薄弱，这是下一步研究的重点。区域分解结果表明，各省节能指标差异较大，经济发达，且能源消耗累积量大的区域节能目标较大。建议“十二五”期间开展基于区域分解框架结构下的典型区域节能控制试点，为中国节能指标更科学合理分配提供政策实践经验。

参考文献

[1] 陈新华．节能工作需要明确理论基础避免战略误区［J］．中国能源，2006，28（7）：5-10.

[2] 樊元，王红波．节能指标分解模型探析—基于甘肃省的实证分析［J］．统计与决策，2009，1：32-34.

[3] 李仰哲．“十二五”节能目标将更加全面深入［J］．中国能源报，2010，6：4.

[4] 王金南，蔡博峰，曹东．中国 CO_2 排放总量控制区域分解方案研究［J］．环境科学学报，2011，31（4）：681-984.

[5] W J Yi，L L Zou，J Guo. How can China reach its CO_2 intensity reductionvtargetsvbyv2020? A regional allocation based on equity and development［J］. Energy Policy，2011，39：2407-2415.

Lessons Learned From Major Environmental Accidents and Regulations on Hazard Control in China

Pengli Xue[1], **Xiaofeng Sun**[1], **Yun Song**[1], **Yanjun Cheng**[1] **and Dezhi Sun**[2]
[1] China Cleaner Production Center of Light Industry, China
[2] Beijing Forest University, China

Abstract: China is suffering from severe environmental accidents that many have catastrophic impacts on public health and the environment. It is urgent to update the standards for environmental accidents prevention in China. This paper analysed the causes of fifty-three major accidents that happened in 2008 to obtain insight to help prevent similar events in the future. The results showed that production accidents, which were mainly triggered by process analysis, training and human error, were the dominant causes of environmental accidents in China. In addition, current regulations on the control of environmental accident hazards and their implementation have also been presented in this paper, which comprises legal requirements centering on hazardous chemicals, industrial safety evaluation, risk analysis and preparation of emergency plans. Based on our analysis, some key points that should be developed in future environmental accident hazard control measures are put forward with the aim of shedding light on decision making and risk management in China.
Key words: Environmental Accident Hazards, Accident Analysis, Lessons Learned, Regulations and Policies, Environmental risk, China

Introduction

Frequent environmental accidents have haunted China for many years. According to statistics, there were a total of 36211 environmental accidents that occurred in China from 1990 to 2009. Therefore, an environmental accident took place every two or three days on average. Moreover, due to the acute toxicity of the hazardous substances involved, 128 people died, and 53, 996 people were injured in environmental accidents during the past decade. In addition, the accidents have also caused serious environmental pollution in China. It is reported that more than 70% of China's rivers and lakes have been seriously polluted, while the underground water in 90% of Chinese cities is affected and approximately 300 million people nationwide have no access to clean water. Severe damage to public health and the environment caused by pollution accidents have resulted in the need to give more emphasis on the control of major environmental accidents and to improve the accident hazard regulations in

China.

The existing analysis of environmental accident hazards in China has mainly focused on particular aspects, such as toxicological effects, methodologies for hazard assessment, cleanup techniques as well as the pollation events evaluation. These research projects have improved and enhanced our understanding of the nature of the hazards caused by the environmental accidents in China.

Given the serious impact of environmental accident hazards on human health and environmental security, it is necessary to analyze the root causes of pollution accidents in China to avoid recurrence of similar situations in the future. In this article, fifty-eight major environmental accidents that happened in 2008 are analyzed to uncover lessons to be learned from past accidents.

Moreover, a brief summary of the contents of the current China regulations on prevention and control of environmental accident hazards and their implementation are also presented in this paper. These various analyses address the need for improvement of the policies and regulations for mitigating the effect of accident hazards in China.

Identification of the causes of environmental accidents in China

Lessons learnt from accidents are essential sources for updating state-of-the-art requirements in pollution accident prevention. To improve this input in China, a systematic report approach of environmental accidents has been implemented in China since 2005. One of the essential tasks is to collect accident cause information. However, the accident cause report in China is usually a short report that is completed soon after an accident occurs. It normally only describes the direct causes of environmental accidents, such as production accidents, traffic accidents or abnormal pollutant discharge. Detailed information of the underlying causes is hard to obtain from the report. The comprehensive data on environmental accident causes presented in this paper were collected from the internet, scientific literature, the Ministry of Environmental Protection of China (MEP), the State Administration of Work Safety and from on-site investigation.

There were 53 major environmental accidents that occurred in China in 2008. 27 of these were due to industrial accidents, which account for 50.9% of the total; 26.4% of environmental accidents were caused by traffic accidents; 11.3% were due to inadequate supervision by environmental authorities; 5.4% were due to the natural events (weather, temperature, earthquake, etc.); and 6% were designated as "others" and/or "unknown".

Production accidents, which were usually triggered by technical and/or human failures in chemical businesses, were perceived as the dominant cause of environmental accidents in China. A more in-depth analysis of production accidents involving dangerous chemical substances is presented in Table 1 for technical and physical causes and in Table 2 for human and organizational causes. It should be kept in mind that many accidents have multiple causes.

Table 1 Number of production accidents with technical failures

Technical and physical causes	Total	%
Unexpected reaction	7	25.9
Component/machinery failure/malfunction	2	7.4
Vessel/container/containment equipment failure	6	22.2
Loading/unloading failure	3	11.1
Instrument/control/monitoring device failure	1	4.2
Loss of process control	5	18.5
Corrosion/fatigue	2	7.4
blockage	4	16.7
Utilities failure(electricity, gas, water, steam air, and so on)	5	18.5

Table 2 Number of production accidents with human and organizational causes

Human and organizational causes	Total	%
Process analysis(inadequate, incorrect)	12	25.9
Organizational procedures(none, inadequate, inappropriate, unclear)	10	7.4
Design of plant/equipment/system(inadequate, inappropriate)	2	22.2
Operator error	11	11.1
Training/instruction(none, inadequate, inappropriate)	8	4.2
Supervision(none, inadequate, inappropriate)	7	18.5
Management organization inadequate	6	16.7

It can be seen that the most common causes of failure were those issues related to inadequate or inappropriate organizational procedures, process analysis, training and human error. The safety management system, which includes organizational procedures, is of special importance in promoting an appropriate safety culture inside the establishment. In some cases, the hazards related to a chemical process are unknown to or underestimated by the operators that must carry out the process in the plant. Taking the industrial accident of Yuepu chemical plant as an example, the accident happened during maintenance operations in which a control error caused a release of titanium chloride ($TiCl_4$), which upon reaction with water, generated a toxic gas. One contractor working in the tank during the reaction was poisoned. Moreover, the production accident caused heavy air pollution, and four people who lived in the vicinity of the chemical plant were injured due to the toxic gases. This example highlights another important issue, which is the safety distance for the location of major hazardous installations in China.

Moreover, with the respect to the pollutant types involved in the 53 major environmental accidents we analyzed, 37.7% of the total involved inorganic pollutants (chlorine, sulfured hydrogen, vitriol, etc.); sixteen accidents were due to organic pollutants (benzene, ethylene, petroleum, etc.), which represents 30.2% of the tota; heavy metal pollutants (arsenic, chromium, cadmium, etc.) account for 20.8%, and mixed pollutants (a mixture of industrial waste water and sewage water) represented 11.3%. Among all of the events, 47.2% were caused by chemical accidents (the leakage, explosion or inflammation of hazardous substance).

Regulations on environmental accident hazards control and their implementaion

In China, legislation and regulations on the control of environmental accident hazards are being introduced much later than in Western countries. In the early 1990s, the control of hazardous chemicals was regulated to reduce chemical accident risk. At the same time, regulations centering on production safety were also established. The current safety management systems for hazardous chemicals and industrial activities in China have been developing over the past decade under the framework of environmental protection legislation and regulations. Moreover, after the Songhua River accident, the State Environmental Protection Administration (SEPA) implemented strict law enforcement to reduce environmental accidents with emphasis on industrial pollution.

Safety regulations for control of dangerous chemicals

Hazardous chemicals represent an inherent threat to the survival of humanity. Mismanagement of hazardous chemicals leading to an accident not only can cause significant economic losses to businesses, but also can result in extremely negative social and environmental impacts. Therefore, regulations centering on control of dangerous chemicals play a critical role in diminishing the environmental accident hazards.

Since the first national seminar on risk management of hazardous and toxic chemicals in 1990, the Chinese government has been active in controlling hazardous chemicals to protect the environment and people. There were a total of approximately 300 kinds of chemical safety control regulations and more than 600 national safety standards promulgated in China during the past decade.

The basic requirement of the law with respect to chemical safety makes clear provisions for manufacture, storage, and use of dangerous chemicals as to avoid risks to human health and environmental pollution, stipulating that the state carries out unified planning, rational arrangement, and strict control over the manufacture and storage of dangerous chemicals. Furthermore, the regulation requires a professional level recognizing system for the transportation of dangerous chemicals in China, and the qualifications that must be fulfilled by enterprises that transport such chemicals will be formulated by the State Council.

In addition, the statutory procedure on control of major hazardous installations involving dangerous substances was established by the Major Hazard Source Identification of Dangerous Chemicals. This regulation contains obligations of establishments holding dangerous substances larger than given threshold levels to assess hazards, to prescribe major accident prevention measures and to limit of their consequences. Threshold quantities of substances are defined by a list of 77 named substances and by an additional list containing 10 generic categories of dangerous substances, such as toxic, explosive or flammable, etc, which are not named specifically. The regulation can also be applied if dangerous substances are present in quantities lower than threshold quantities, if a risk assessment is necessary to protect human life and the environment. To effectively regulate the hazardous chemicals, the Chinese government has been setting up the dangerous chemical registration system since 2002. Until now, there are 31 local registration offices established in the provinces, autonomous regions and municipalities. Furthermore, national and provincial (autonomous regions and municipalities) dangerous chemical dynamic management databases also have been established to control chemical accident hazards and reduce pollution accident damage.

As a result of effective management of dangerous substances in China, the major chemical accidents showed an obvious decline tendency during the past decade, from 312 in 1990 to 25 in 2008. It is clear that reinforcing management of dangerous substances can effectively reduce chemical accidents, and moreover, decrease the damage of environmental accidents in China to a certain extent.

Safety evaluation and safety distance requirement

Safety evaluation can directly remove hazards of dangerous substance and lower the extent of industrial risk. It can mitigate the environmental accident hazards through decreasing the frequency of environmental accidents which mainly caused by production accidents. China has issued a series of laws and regulations related to safety evaluation in recent years, such as the Work Safety Act of the People's Republic of China (WSAPRC), Regulations of License of Work Safety and Requirements of Hazardous Chemicals for the Manufacture and Business Entities, etc. , to insert safety evaluation into the legal system. According to these safety Law and regulations, the establishment of enterprises manufacturing or stockpiling chemicals of high toxicity or other hazardous chemical substances required the submission of a report on types and quantities of dangerous substances and a safety evaluation report, together with accident emergency response and rescue measures.

The safety report presents the foundation of the entire process that functions to enable the operator to prove that the undertaken hazardous activity does not pose a major, unacceptable risk, and, furthermore, that all expected measures have been implemented to limit the possibility of a major industrial accident.

In China, there had been 209288 units for hazardous chemical business operation by September 2005, among which 115, 437 units had already completed the safety evaluation, accounting for 55. 16% of the total number of units . However, most of the safety assessment reports are found to underestimate risk of possible industrial accidents and contain a weak description of pollution remediation measures. In addition, extensive, often irrelevant, descriptions of chemicals and unsatisfactory information and communication to public are also the main shortcomings of the safety report in China.

Additionally, safety distance, which usually means the provision of some distance between a hazardous installation and different types of targets, has already become an important measure to mitigate the effects of a likely chemical accident and to prevent a minor industrial incident from escalating into a larger environmental pollution accident .

Decree No. 10 of the State Administration of Work Safety in China requires that major hazardous chemical production and storage installations should be kept away from sensitive places and areas that are protected by laws, regulations and standards. This safety distance and safety zone ought to be analyzed with respect to individual risk and societal risk on the basis of acceptability criteria. However, the risk tolerability criteria are still not legally fixed in China. Some of the official recommended safety distances for chemical plants in China are set based almost solely on qualitative methods or expert experience, without taking the scale of the hazardous installations into account. Even though, it is still a concern of safety production and environmental protection authorities. The increasing public opposition cases to hazardous sources in recent years in China was that the site was too close to residential areas and the debate focused on the answer to the question "how close is too close?" . Lead poisoning accident in Shaanxi in August 2009 is a typical example, more than 80% of the 731 children living in the two villages near the Dongling Lead and Zinc Smelting Co. In Shanxi province had tested positive for lead poisoning. After the accident, local officials had to relocate all 581 households living within 500 meters (1600 feet) of the factory due to the intensive opposition of the smelter location from public.

In spatial planning, the safety distance receives less attention in China. In certain cases, this can lead to unwanted consequences, in particular, when there is an economic pressure to maximize land use near hazardous establishments. Consequently, in view of the increasing difficulty of sitting chemical plants due to limited land resources and rapid urbanization in China, the implementation of such a criterion can encourage developers to improve their safety system to reduce chemical and environmental accident frequencies.

In addition to the above mentioned regulations, projection of environmental risk assessment is another important legal measure to prevent environmental accident and reduce the accident risk from source. In China, environmental risk assessment is required prior to the approval and construction of industrial sites. This can be of guidance in determining accident prevention measures and can contribute to the whole process of risk management in the most effective way. The possible 10 environmental impact resulting from the project's layout, scale and methods employed can be controlled by making changes to the site, route or technology.

Environmental risk assessment can increase the attainability of situating the hazard installations. However, serious environmental risks arising from unreasonable industry layout has become a huge hidden danger threatening environmental security in China, which confirmed the weak enforcement of 7555 chemical and petrochemical projects. The result showed that 24. 9% of the inspected projects are located along large rivers, lakes, coasts or even the important fishing areas; 32. 4% are scattered in densely populated regions or around a metropolis; 3. 7% are distributed in the upper reaches of drinking water source protection areas; 1. 3% are along the south-to-north water diversion projects, and 1. 1% are in Three-Gorges Reservoir areas. Due to irrational site selection, one typical industrial accident in China could threaten a whole city or an entire basin, and even cause trans-provincial pollution.

However, it is worthwhile to note that SEPA has paid more attention to strengthening environmental law enforcement aiming to prevent major environmental accidents in sensitive areas. By August 2006, there were 3854 environmental supervision and environmental law enforcement organizations with more than 50000 staff workers nationwide responsible for the supervision of nearly 300000 industrial polluting enterprises, some 700, 000 other industrial enterprises and approximately 10000 construction sites. Because of this strict supervision, 84000 small enterprises along coastal or riverside urban areas were closed down for having discharged pollutants in violation of the law. In addition, the environmental protection departments at all levels issued requests to 3794 enterprises for rectification and improvement and demanded 4956 enterprises having high environmental risks to carry out technological transformation.

Discussion and conclusion

The data presented in this paper from our analysis of environmental accident causes may supportsto improve regulations on accident hazard control in China. Taking safety evaluation as an example, the lessons learned from previous accidents can be a starting point to conduct safety assessment in relevant enterprises. The most common technical and/or human failures causing runaway accidents in chemical 12 plants can be identified through the lessons learned from this process. Consequently, there is a clear need for special attention to be given to the industry safety system, such as process analysis, implementation of safety measures, development of organizational systems and the prevention of technical failures. The recurrence of similar situations can be avoided, and the reliable preventative measures can also be implemented whenever necessary. Therefore, lessons learned from the past accidents could be introduced and applied into industry safety management, which must be correctly explained, understood and applied by all personnel involved at any stage of the industrial activity.

In addition, current regulations and practices in control of environmental accident hazards in China have shown some key shortcomings. These shortcomings should be dealt with from the following perspectives:

- a full environmental accident cause report after an investigation
- quantitative risk assessment to determine the safety distance
- risk- based land-use planning
- information given to and consultation of the public
- creation of a prevention policy on trans-boundary effects of environmental accidents

Facing the challenges of pollution accidents, China has consistently developed its effort to reduce environmental accident hazards during the past decade. A series of laws and regulations has been in force since 1990 to reduce the accident frequency and tomitigate the pollution impact of environmental accidents. It is clear that these rules do play an important role in accident hazards control, and the number of environmental accidents in China revealed a noticeably decreasing trend from 3462 in 1990 to 462 in 2007.

Moreover, several research programs have been implemented in the last few years to control the environmental accident hazards in China. The project aimed at identification of and monitoring technology for major environmental risk sources is one of the National High-tech development. Programs (863) funded by the Ministry of Science and Technology in 2007, which provides technical support to prevent significant environmental pollution accidents. Additionally, during the "Twelfth 5-year" plan (2010-2015), in-depth research on environmental risk management systems including environmental risk prevention, environmental emergency monitoring and emergency response will also be conducted by the Ministry of Environmental Protection. All of these research projects may have a profound influence on controlling environmental accident hazards in China.

References

[1] Ministry of Environmental Protection of the People's Republic of China (MEP) . Report on the state of the environment in China for 1997-2008, 2009. (in Chinese).

[2] Ministry of Environmental Protection of the People's Republic of China (MEP) . China Environmental Statistical Yearbook 1990—2007. (in Chinese).

[3] Z L Li, M Yang, D Li, et al. J Environ Sci. Vol. 20 (2008), p. 778-786.

[4] B L Lei, S B Huang, M Qiao, et al. J Environ Sci. Vol. 20 (2008), p. 769-777.

[5] DW Cole, R Cole, SJ Gaydos, et al. Int J Hyg Environ Health. vol. 212 (2009), p. 369-377.

[6] Y Zhang, DY Wang, K Yang. J Safety Environ. vol. 6 (2006), p. 79-81 (in Chinese).

[7] J F Li, B Zhang, Y Wang, et al. J Hazard Mater . vol. 47 (2009), p. 1107-1117.

[8] P C Sun, SY Zeng, JN Chen, et al. Sci China Ser D-Earth Sci. vol. 52 (2009), p. 341-347.

[9] WJ Fu, HJ Fu, K Sk? tt, et al. Env Sci Pollut Res. vol. 15 (2008), p. 178-181.

[10] J F Li, B, Zhang M Liu, et al. Process Saf Environ. vol. 87 (2009), p. 232-244.

[11] L Zhang, YW Qin, B H Zheng, et al. Sci China Ser D-Earth Sci. vol52 (2009), p. 341-347.

[12] J D Ying, Y Mihara, S Tanaka, et al. J Hazard Mater. vol. 174 (2010), p. 174: 776-781.

[13] Y Hou, TZ Zhang. J Hazard Mater . vol. 168 (2009), p. 670-673.

[14] H J Uth. J Loss Prevent Proc. vol. 12 (1999), p. 69-73.

[15] M H Zhong, T M Liu, Y F Deng, et al. J Loss Prevent Proc. vol. 19 (2006), p: 762-768.

[16] T Liu, M Zhong, J Xing. J Hazard Mater . Vol. 43 (2005), p. 503-522.

[17] M Zhong, X Zhang, T Liu. J Loss Prevent Proc. vol. 16 (2003), p. 201-207.

[18] A Marangon, M Carcassi, A Engebo, et al. vol. 32 (2007), p. 2192-2197.

[19] Y Qi, Y Zhang, X Wang, et al. J Hazard Mater. vol. 168 (2009), p. 955-961.

[20] Ministry of Environmental Protection of the People's Republic of China. MEP publicized the result of the environmental risk review of chemical and petrochemical plants nationwide (in Chinese) . General News No. 52. http: //www. mep. gov. cn/xcjy/zwhb/200607/t20060711 _ 78331. htm. 2006.

[21] S Managi, S Kaneko. Econ. vol. 68 (2009), p. 1643-1651.

[22] Y X Zhao, J B Yun. Environmental hidden trouble beside Chang jiang River and Yellow River: how to solve the distributional trouble of big chemical industry, 2006. http: //finance. people. com. cn/GB/1045/4283466. html. (in Chinese).

北京市服务业清洁生产推行模式研究

孙晓峰，程言君，郭逸飞

（中国轻工业清洁生产中心，北京，100012）

摘要：服务业对环境的污染和对资源的消耗日趋严重。在大力推进第一产业和第二产业清洁生产的基础上推行服务业清洁生产，是从根本上解决环境污染日益严重和资源日趋耗竭、保证人类社会可持续发展的客观要求。本文结合北京市实际情况，提出服务业清洁生产推行模式。

关键词：北京；服务业；清洁生产；模式

Study on cleaner production pattern of service industry in Beijing

Sun Xiaofeng, Chen Yanjun, Guo Yifei
(China Cleaner Production Center of Light Industry, Beijing, 100012)

Abstract: It become a severe problem that environmental pollution and resources consumption caused by service industry. It is a key task to solve environmental pollution issues and resources exhaustion issues for sustainable development of human society, by implementing cleaner production for service industry based on cleaner production of the first and the secondary industries. The study proposed a cleaner production pattern for service industry, according to Beijing's industrial conductions.

Key words: Beijing; service industry; cleaner production; pattern

1 研究背景

近年来，北京市服务业发展态势良好。2000 年以来，服务业增加值始终保持年均 12%～14%的高速增长态势。2011 年，北京市规模以上服务业企业全年增加值为 12119.8 亿元，占全市 GDP 比重达到 75.7%，比全国平均水平高 32.6 个百分点，在全国率先进入服务业主导的发展阶段。

在经济总量不断取得突破的同时，服务业能耗、水耗、污染物排放也呈现出较快增长态势。目前，服务业能源消费总量超过第二产业，成为第一大能源消费产业。2011 年，服务业能源消耗量达到 3105 万吨标准煤，占全市总能耗的 44.4%，比 1990 年提高了 29 个百分点。服务业污染物排放量也呈显著增长趋势，据初步测算，服务业排放的氨氮、化学需氧量等污染物总量约占全市排放总量的 40%；汽车尾气占 $PM_{2.5}$来源的 22%。

“十二五”期间，北京市将实现万元 GDP 能耗和碳排放强度下降 17%和 18%的节能减排目标。随着产业结构调整和清洁生产工作的深入开展，工业领域节能减排空间逐步压缩，北京市节能减排工作重心将向第三产业转移。如何实现医疗、住宿餐饮、交通仓储、批发零售、大型公建等领域绿色发展将成为节能减排工作的新课题。因此，迫切需要建立系统化、精细化的节能减排发展模式和管理机制，在全国率先建立起服务业清洁化发展的创新机制。

2 服务业推行清洁生产面临的主要问题

针对服务业企业比重高、覆盖面广的特点，北京市于 2010 年启动服务业清洁生产审核工作，第一批 9 家试点企业涵盖了商厦、医疗机构、学校、宾馆等领域。目前，部分试点企业已经通过清洁生产审核阶段性评估。通过开展服务业清洁生产审核试点工作，摸清了典型服务业企业的资源、能源消耗和污染物排放情况，探索服务业清洁生产的工作机制和组织模式，为在全国率先开展服务业试点工作打下坚实的基础。

但总体而言，服务业清洁生产仍是一个全新的课题。“十二五”期间北京市若在服务业推行清洁生产，面临着以下几方面问题。

(1) 政策体系亟须进一步完善

现有清洁生产政策体系和管理制度体现了政府引导作用，但缺乏有效的激励机制，难以充分调动企业作为实施清洁生产主体的积极性和主动性。在推行自愿清洁生产工作的过程中，进一步探索具有积极效应的激励机制；同时结合我市节能减排工作形势，探索如何在高能耗、高水耗、高污染服务业重点行业和企业强制推行清洁生产。

(2) 管理体系有待进一步提升

清洁生产管理制度建设尚未适应我市发展循环经济、推进节能减排、建设资源节约型环境友好型社会的要求。《清洁生产促进法》修订后，各行业主管部门尚未有效建立清洁生产联动工作机制；对清洁生产审核的监督缺乏抓手，尚未建立持续清洁生产监督机制。清洁生产后评估制度尚未建立；中高费清洁生产改造项目实施率低，需完善对企业清洁生产的全过程监督。

(3) 标准体系尚未有效建立

我市清洁生产审核指南、指标体系、评价制度、评估验收办法仍需完善，在清洁生产审核过程的规范化、标准化、指标化等方面有待进一步加强。现行的技术标准、验收办法等具有浓厚的工业特色，对服务业的适用性较差，急需制定符合服务业特点的清洁生产指标体系、验收标准等规范性文件。

(4) 清洁生产意识有待提高

长期以来，由于清洁生产工作一直在工业领域推行，清洁生产的理念尚未在服务行业得到普及和深化，企业自觉开展清洁生产的意识还需进一步提高，清洁生产技术服务机构的专业技术水平需要进一步提升。

(5) 绿色消费、低碳生活理念尚未形成

与工业不同，部分服务业（如住宿和餐饮业、沐浴业等）清洁生产工作在很大程度上取决于消费者的节能环保意识和居民的生活方式。清洁生产知识有待进一步普及，社会公众节能环保意识仍需提高。

3 重点领域清洁生产推行模式

3.1 重点领域筛选

3.1.1 服务业重点能耗行业分析

2010年，我市规模以上服务业企业36064家，能耗集中度较高，其中交通运输仓储业、房地产业、住宿和餐饮业、教育、批发零售业等五大产业规模以上企业15979家，年耗能2126.11万吨标准煤，规模和能耗分别占服务业总量的44%和73%。五大产业中年耗能5000t标准煤以上的重点企业225家，共耗能1045.07万吨标准煤，占服务业总量的36%。主要行业能源消耗状况如图1所示。

3.1.2 服务业重点水耗行业分析

机关（写字楼）、学校、饭店、商业、餐饮、医院、科研等领域是我市服务业重点用水行业，其用水量占城市公共生活用水量的80%以上。

此外，沐浴业是奢侈性水消费集中地。我市拥有各类沐浴业（含水疗SPA、洗浴中心、温泉会所等）企业1800余家，年耗水量在9700万吨左右。据初步统计，沐浴业人均耗水300～500升/次，温泉洗浴人均耗水700升/次左右，是我市人均每天综合用水量的7倍。

洗染业是继沐浴业之外的隐形耗水大户。我市拥有各类洗衣店约4000余家、洗衣厂

■交通运输、仓储和邮政业　■房地产业　■住宿和餐饮业
■教育　■批发与零售业　■租赁和商务服务业
■科学研究与地质勘查业　■公共管理与社会组织　■信息传输和软件业
■卫生、社会保障和福利业　■文化、体育与娱乐业　■金融业
■水利、环境和公共设施业　■居民服务和其他服务业

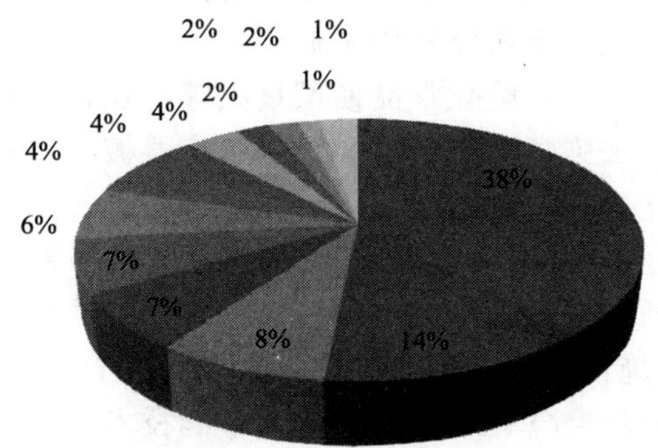

图1　主要行业能源消耗状况

1000余家，承担着全市饭店、宾馆、医院等单位及家庭大量衣物的洗涤。据初步统计，全市洗染业年耗水在3000万吨左右。

3.1.3　服务业重点污染物排放行业分析

据初步统计，2010年，我市医院、学校、住宿和餐饮、交通运输、零售、沐浴、洗染、汽车修理等八大领域共排放化学需氧量26180t、氨氮910t、二氧化硫3720t、氮氧化物150t。

学校和医院是我市危废集中产生地，其中各类医疗机构年产生医疗垃圾18800t，各类学校年排放危险废物及废水约2000t；住宿和餐饮业是我市餐厨垃圾的主要产生源，年产生餐厨垃圾38万吨，占全市总量的61%，各类油烟3000t；交通运输业是我市环境污染的一个流动的污染源，仅汽车尾气排放就占我市$PM_{2.5}$总量的22%。

重点行业主要污染物产排污状况如表1所列。

表1　北京市典型服务业分行业污染物排放情况

序号	行业名称	废水量	COD	总氮
			排放系数	排放系数
1	住宿(普通)	0.05～0.6吨/(床位·天)	27.3～30.1克/(床位·天)	4.59～5.49克/(床位·天)
2	餐饮(正餐)	0.02～0.65吨/(餐位·天)	35.5～43.3克/(餐位·天)	2.68～2.92克/(餐位·天)
3	洗染	0.03～0.9吨/(千克(设备容量)·天)	9.09～11.8克/(千克(设备容量)·天)	0.34～0.57克/(千克(设备容量)·天)
4	汽车维修	0.36～10)吨/(车位·天)	124～173克/(车位·天)	—
5	医院(综合性)	0.086～0.946吨/(床·日)	53.3～75.8克/(床·日)	13～19.5克/(床·日)

综上所述，优先选择医疗机构、学校、住宿业、餐饮业、零售业、交通运输仓储业、洗染业、汽车修理业、大型公共建筑等领域作为北京市推行清洁生产的重点领域。

3.2　医疗机构清洁生产推行模式

2011年，北京市共有卫生机构6537家，其中医疗机构6377家、卫生监督所18家、疾病预防中心31家、医学科研机构28家。我市医院的能源消费以天然气和电力为主。城六区

医院全部使用天然气、电力等清洁能源，占能耗总量的70%以上。据统计，北京市医院人均耗电量和耗水量是北京市人均水平的6倍和2.5倍。医院的污染物主要包括固体废物和废水，其中医疗废物包括临床废物、化验废物、手术残物等。医院典型含汞物品包括水银血压计、水银体温计、口腔科用银汞胶囊等。

考虑推行清洁生产的难易程度，建议率先在市属医院、三级医院等医疗机构推行清洁生产，待模式成熟后逐步向其他类型医疗机构延伸。

结合医疗机构能源消耗大、危险化学品使用量大等特点，在清洁生产推行工作中，应重点加强资源能源消耗控制；加强危险化学品和含汞医疗器械削减和污染防治；加强医疗废水和医疗废物减量化和无害化处理、辐射防范等。

医疗机构一般属于事业单位，因此应探索公立医院设立节能减排专项基金，确保清洁生产工作有效推进；此外，通过开展清洁生产审核，创建“清洁生产医院”、“无汞医院”、“绿色医院”，提高医疗机构实施清洁生产的积极性。

在技术方面，应重点开展空气调节与采暖系统节能技术、供配电节能技术、动力系统节能技术、绿色照明、新能源技术、医疗废水（含放射性废水）处理技术、医疗废物（含污泥）无害化处理技术、无汞医疗器械的研发、应用和推广。

3.3 学校清洁生产推行模式

北京市共有各类学校3207所，其中高等教育89家，中等教育732家，其他2386家。其中，北京市市属普通高校55所。高校能源消耗主要为热力、电力，两者占总能耗的90%以上。各高校单位面积能耗、人均能耗呈现出明显的差异性，高与低相差3～4倍；单位面积、人均水耗高与低相差3～7倍。

应率先在市属高校推行清洁生产，逐步向其他类型学校延伸；率先在大专院校推行清洁生产，逐步向其他级别学校延伸。

学校节能环保工作较为复杂，涉及能源、废水、化学品等多方面。应着重加强能源和水资源消耗管理，推进新能源利用和污水再生利用；重点开展危险化学品管理和危险废物处理处置；积极在高校普及清洁生产知识，促进教育事业与环境保护协调发展。

与医疗机构类似，作为事业单位，应探索在学校设立专项基金，确保资金来源，有效推进节能减排工作；开展清洁生产审核，推进“绿色校园”、“节约型校园”、“低碳校园”建设；加大宣传培训力度，重点针对高校领导、节能环保管理部门、学校师生开展清洁生产宣传教育，提高节能减排意识。

在技术层面，应重点开展建筑物围护结构改造工程、供热系统节能改造、公共浴室和开水房智能化改造、IC卡智能节水系统、雨水收集、中水回用、新能源技术、绿色照明、能源监测平台的研发、应用和推广。

3.4 住宿业清洁生产推行模式

北京市规模以上住宿业企业3628家，其中五星级饭店62家、四星级饭店128家。我市的住宿业总量大，档次高，拥有星级饭店客房数12.93万间，总量居于全国前列；五星级、四星级饭店分别占全国饭店总数的12.3%和6.6%。据调查，住宿业单位建筑面积用电量是一般城市居民住宿楼的10～20倍。

考虑住宿业数量多、经营规模差距大、管理水平参差不齐等特点，应率先在三星级以上和综合能耗3000t标准煤以上或政府采购范围的饭店推行清洁生产，待经验成熟后再逐步向其他类型饭店延伸。

住宿业清洁生产工作应重点关注节能节水、中水再生利用和水污染物削减、一次性用品减量化等方面。

考虑到“绿色饭店”评定工作已在住宿业长期开展，可以将清洁生产与“绿色饭店”评定相衔接，将“绿色饭店”的定性评定和清洁生产的定量考核有机结合；加强宣传引导，提高消费者节能环保意识；加强行业自律，继续推行《北京奥运会饭店服务环保指南》，建立低碳饭店经营模式；实现清洁生产审核与节能审计有机结合，积极推进节能减排技术改造。

应在住宿业积极开展建筑保温技术、空气调节与采暖系统节能技术、供配电节能技术、绿色照明、中水及雨水再生利用技术的研发、应用和推广。

3.5　餐饮业清洁生产推行模式

北京市规模以上餐饮企业 8242 家，营业面积 2000 平方米以上的大型餐饮企业共 3000 多家。餐饮业涉及能源消耗和污染物排放，其主要污染物包括废水、餐饮油烟、废弃油脂、餐厨垃圾、噪声等诸多方面。

餐饮企业从大型餐饮集团到餐馆，规模和管理水平差距悬殊，清洁生产的推进工作必须从管理水平先进的企业入手。因此，应以营业面积 2000 平方米以上的大型餐饮企业或餐饮集团为主体率先推行清洁生产，逐步向其他类型餐饮企业延伸。

垃圾围城、食品安全等问题备受关注。餐饮业清洁生产工作应重点关注厨余垃圾无害化和资源化、废弃油脂规范化处理处置、废水和餐饮油烟减量化。

餐饮业节能环保工作与消费者关系密切，应加强政策引导，推行绿色餐饮和绿色消费模式；加强宣传引导，倡导消费者绿色消费；同时，也应加强行业自律，在行业内积极实施《饮食业环境保护技术规范》和《北京市餐饮经营单位节能规范》。

重点开展废弃油脂和厨余垃圾无害化/资源化技术、先进油水分离器、环保型排油烟设备、节能环保设备（灶具、冰柜、空调等机电设备）、绿色照明、节水器具的研发、应用和推广；鼓励餐饮经营单位（集团）建立信息化智能型能源管理平台。

3.6　零售业清洁生产推行模式

北京市规模以上零售业企业 3018 家，其中 10000m^2 以上的商场超市 250 家。零售业主要问题在于能源消耗，据统计，其能源消费以电力为主，占总能耗七成，其次为市政热力。

应以 6000m^2 以上的商场超市为主体推行清洁生产；虽然小型连锁超市（如 24 小时店）规模小，但数量多且管理相对规范，也应作为推行清洁生产的重点单位。

对于零售业，应重点关注空气调节、照明、电梯等系统能源消耗；在环保方面，应重点关注垃圾分类管理和处理处置。

在管理方面，积极实施《超市节能规范》，通过开展“绿色商场”、“绿色超市”评优工作，提高企业实施清洁生产的积极性。

在技术层面，主要开展空气调节与采暖系统节能技术、绿色照明、电梯系统节能技术、超市冷热电联产技术的研发、应用和推广。

3.7　交通运输仓储业清洁生产推行模式

北京市规模以上交通运输仓储业企业 1062 家，其中年耗能并 5000t 标准煤以上的大型运输仓储企业54家。近年来，全市交通运输仓储用能量快速增长并不断加快，年均增速达到20%左右。交通运输业能源消耗量大，货运百公里油耗比国际平均水平高20%以上。同时，机动车的尾气包括CO、SO_2、NO_x、石油烃等，是空气中氮氧化物和$PM_{2.5}$的主要来源，其$PM_{2.5}$占全市总量的22%左右。

应率先在轨道交通、公交客运、出租车客运和综合能耗3000t标准煤以上仓储企业推行清洁生产，逐步向其他类型企业延伸。

通过限制和淘汰高能耗营运车辆、加强能源消耗管理等管理措施，降低客/货营运车辆单位运输周转量能耗控制，减少汽车尾气排放量；通过重点加强危险化学品贮存、运输监督管理，减少环境和安全风险隐患。

在技术层面，应重点开展高品质汽油/柴油、新能源汽车、汽车尾气净化器、智能调度系统、库房围护结构保温、太阳能技术、绿色照明等清洁生产技术的研发、应用和推广。

3.8 洗染业清洁生产推行模式

北京市拥有各类洗染企业7000余家、一定规模以上洗染厂1000余家，其中日洗涤量在5t以上的社会洗衣厂有23家。洗染企业平均年综合能耗2100t标准煤；平均年综合水耗2.8万吨。洗染行业电与热在能源消耗总量中的比例为10%和90%。此外，随着北京市生活水平的提高，干洗店数量也逐年增加。

应率先在日洗涤量1t以上社会洗衣厂和连锁干洗店推行清洁生产。重点关注水资源和能源消耗控制；重点关注干洗剂管理和绿色洗涤剂替代。

通过加强政策引导，限制和淘汰高能耗、高水耗和高污染设备；加强干洗剂使用管理，减少VOCs排放、消除人体健康危害；开展清洁生产审核，降低水资源和能源消耗，减少主要污染物排放量。

在技术层面，应重点开展绿色洗涤剂、节水节能洗衣机、封闭式干洗机、洗染废水深度处理和再生利用技术的研发、应用和推广。

3.9 汽车修理业清洁生产推行模式

截至2011年底，北京市约有400余家4S店，汽车修理养护业已逐渐成为一个社会化的、技术资金密集、相对独立的新兴服务性行业。在汽车维修过程中产生大量固体废物、废气和废水等有毒有害物质，对环境造成污染及危害。其中，喷漆车间产生的废气和维修调试车间产生的汽车尾气是我市VOCs重点排放源；废旧铅蓄电池、废旧轮胎、废润滑油、废漆料等危险废物产生量较大。

长期以来，我国对汽车修理业的准入门槛较低，对于环保的关注也很少。从管理水平而言，4S店相对规范，因此，应以4S店为先导推行清洁生产，探索清洁生产管理和技术措施，并逐步向其他类型汽车修理企业延伸。

汽车修理业清洁生产工作应重点开展废水、废气、危险废物处理设施运行，能源、环保管理制度建设与执行等方面的评估；加强废水、废气、危险废物等主要污染物总量减排控制。

通过加强政策引导，制定汽车维修业节能环保技术要求等文件，通过严格环境准入、淘汰落后业态发展模式；探索汽车修理企业快速清洁生产审核方法，通过建立清洁生产示范4S店，逐步向全行业推广。

在技术层面，应重点开展废水深度处理与回用、VOC废气治理、危险废物减量化与分类收集等清洁生产技术的研发、应用和推广。

3.10　大型公共建筑清洁生产推行模式

据统计，北京市建筑面积 10000m² 以上的办公楼约有 137 座，1000m² 以上的办公楼宇约有 6500 座。据统计，办公机关和写字楼的能源消耗量是住宅楼的 10 倍以上。

应率先在建筑面积 1.5 万平方米以上的非政府办公建筑、文化教育建筑推行清洁生产，逐步向其他类型大型公建（如商业建筑）延伸。

大型公共建筑清洁生产工作应重点开展能耗监测和节能、节水评估管理；开展废水再生利用和垃圾分类控制；推行绿色采购和无纸化办公。

通过政策引导，积极完善能耗定额和能效公示制度；应加强清洁生产审核、节能审计、“绿色建筑”评定等各项咨询服务工作的协调开展。

在技术层面，应重点开展建筑保温技术、空气调节与采暖系统节能技术、供配电节能技术、绿色照明、能耗监测系统、楼宇自控系统、中水回用技术的研发、应用和推广。

4　服务业推行清洁生产的保障措施

为确保服务业清洁生产工作长期有效开展，应积极制定各项保障措施，可包括以下几方面。

（1）加强组织领导，完善服务业清洁生产管理体系

出台《北京市关于加快服务业清洁生产的工作意见》等指导性文件。健全服务业清洁生产试点协调联动的工作机制和联席会议制度，各委办局协调一致，推进服务业清洁生产工作的顺利开展。

发挥行业协会、社会团体的作用。加强企业与企业、企业与政府、企业与社会之间的互动。鼓励有条件的重点行业协会成立行业清洁生产中心，健全完善清洁生产机制，提高自主清洁生产审核能力，推进服务业清洁生产。

壮大服务业清洁生产技术服务机构规模，加强技术服务机构服务范围界定和能力提升，确保服务业清洁生产技术服务机构逐渐走向专业化和规模化，为企业开展清洁生产提供高效、优质的服务。

（2）加大支持力度，建立服务业清洁生产激励体系

充分发挥财政资金的引导作用，采用财政补贴、贴息贷款等方式扶持服务业企业实施清洁生产技术改造。将清洁生产与合同能源管理、节能技术改造、资源综合利用等工程相结合，综合提高服务生产过程的清洁化水平。

（3）强化顶层设计，建立服务业清洁生产标准体系

制定医疗机构、学校、住宿、餐饮、交通运输仓储、零售、沐浴、洗染、汽车修理、大型公共建筑等领域清洁生产评价指标体系，引导和评估重点领域清洁生产工作。

（4）开展技术攻关，建立服务业清洁生产技术体系

构建服务业清洁生产技术研发体系。结合高校、科研院所的科技开发优势和服务业企业的经营优势，推进产、学、研合作机制，开展重点领域清洁生产共性技术和关键技术研究、应用和推广。积极引进消化吸收国内外先进技术，引导科研院所研发符合服务业特点的清洁生产技术和装备，推动清洁生产技术和装备国产化进程。

（5）加大宣传培训，建立服务业清洁生产宣教体系

加强清洁生产宣传教育工作。制定服务业清洁生产法律法规标准和常识宣传教育计划；编写面向社会各层次的科普读物；利用广播、电视、报刊、网络等新闻媒体广泛开展多层次、多形式的舆论宣传和科普教育，加强社会公众参与力度。加大对技术服务机构和人员的职业再教育，不断更新和拓展知识领域、及时掌握新政策、新标准和新技术，培养高水平和专业化的清洁生产技术服务人才队伍；分层次推进企业管理人员和普通员工的清洁生产知识和技能培训，使其掌握相应的清洁生产知识，形成清洁生产理念。

参考文献

[1] 刘学，陈星，王永恒．北京市医疗行业清洁生产初探．北京化工大学学报（社会科学版），2009，(3)：46-50.
[2] 刘学等．发挥第三产业节能作用．节能与环保，2009，(11)：16.
[3] 刘学，刘剑锋．第三产业清洁生产的原因、意义和建议．北京化工大学学报（社会科学版），2011，(4)：26-29.

促进合成革行业清洁生产工作的探讨

吕竹明，孙慧，简玉平
（中国轻工业清洁生产中心，北京，100012）

摘要： 合成革工业在我国发展迅速，我国已成为世界上合成革生产第一大国。同时，合成革工业是有机废气排放的主要行业之一，有机废气污染不仅影响环境，而且危害人体健康。因此，有必要在合成革行业内进一步促进清洁生产工作，从源头降低有机废气的产生，这不仅是节能减排工作的需要，也是大气污染防治的需要。

关键词： 合成革；有机废气；清洁生产

Discussion on How to Promote Cleaner Production on Synthetic Leather Industry

Lv Zhuming, Sun Hui, Jian Yuping
(China Cleaner Production Center of Light Industry, Beijing, 100012)

Abstract: The industry of synthetic leather in our country is developing rapidly and China has become the largest synthetic leather producer in the world. Synthetic leather industry is one of the main industries which produce organic waste gas. The organic waste gas not only affects environment, but also does harm to the human health. Therefore, it is necessary to further carry out cleaner production in this industry, to reduce the generation of organic waste gas from the source. This meets not only the need of energy conservation and emissions reduction, but also the need of the control of air pollution.

Key words: synthetic leather; organic waste gas; cleaner production

1　合成革工业发展现状和面临的主要环境问题

我国1983年在山东烟台建成的第一个聚氨酯合成革厂，标志着中国合成革行业真正意义上的发展。20多年来，我国合成革行业迅速发展，行业整体优势与规模不断扩大，特别是最近十年，合成革行业进入快速发展时期，行业整体平均增长速度每年都保持15%～20%。2010年全国人造革合成革产量为214万吨，2011年达到241万吨，2011年实现工业总产值1000多亿元。我国已成为世界上合成革生产第一大国、消费大国和进出口贸易大国。

合成革现已大量取代了资源不足的天然皮革，并较之得到更广泛的应用，地域分布集中在长江三角洲、珠江三角洲及沿海大中城市。浙江温州、广东高明、江苏江阴、福建晋江等沿海省市的区域企业占行业规模以上总数80%。

其中，温州已成为全国乃至亚洲最大的合成革生产基地，两次被授予“中国合成革之都”的称号。2010年，温州整个行业产值达120亿元，其中产值超亿元企业55家，固定资产投资近70亿元，从业人员3万多人。

合成革行业的污染主要来自两个方面：一是有机废气污染；二是废水污染。

有机废气污染来自于合成革生产过程中大量有机溶剂的使用。有机溶剂主要有二甲基甲酰胺（DMF）、甲苯（TOL）、丁酮/甲乙酮（MEK）、乙酸乙酯/丁酯、二甲胺（DMF水解产生）等，挥发途径包括：树脂、溶剂及其他挥发性有机物在配料、运输、存放时挥发；涂覆或含浸、烘箱加热、后处理、使用溶剂清洗设备时挥发；超纤工艺中甲苯在抽取以及回收处理时挥发；废水处理、固体废物处理及其他处理时挥发等。合成革工业是有机废气排放的主要行业之一，每年挥发到大气中的DMF、甲苯、丁酮等污染物已经造成了明显局部污染，严重影响了当地人群的身体健康。

有资料研究表明，通过对典型企业废气排放量实测和调查发现，DMF无组织排放较严重，湿法配料岗位DMF监测质量浓度达50mg/m^{3}左右，甲苯、丁酮有组织排放量大。DMF的无组织排放主要来自湿法配料车间，无组织DMF排放量较大。

废水污染主要来自湿法贝斯生产过程中含浸和凝固、水洗过程中精馏塔塔顶水、DMF回收系统冲洗水、产生的废水以及车间冲洗水、洗桶废水、后整理（如水揉等）废水等。

另外也还有少量的废渣污染，废渣主要有边角料、废离型纸、PU桶残留干料、浆料过滤残渣，以及废水回收产生的精馏残渣和污水处理产生的污泥等。其中，DMF精馏装置需要定期排出釜残，其中含DMF11.8%，甲酸盐27.6%～39.4%，其余为纤维、树脂、填料等，精馏釜残属危险固废。

在传统的合成革制造过程中，主要污染物为有机溶剂，如二甲基酰胺（DMF）、甲苯（TOL）、乙酸酯类、甲乙酮（MEK）等。因此，如何通过生产工艺和技术的改进以降低有机溶剂造成的污染已成为行业研究的热点。

2　合成革工业开展清洁生产工作的重要性

2.1　清洁生产的概念

清洁生产是一种全新的环境保护战略，是在全世界范围内从单纯依靠末端治理逐步转向过程控制的一种转变。联合国工业与环境署对清洁生产的定义为“清洁生产是指将整体预防的环境战略持续应用于生产过程、产品和服务中，以期增加生态效率并减少对人类和环境的风险。”

清洁生产可以实现三大目标：提高企业生产率，降低环境负担和减少企业对能源的消耗。显然，清洁生产倡导的三大目标要比传统企业单一追求自身经济利益的目标更具有战略性和时代性，因为这意味着企业除了追求自身的利润目标之外，还应该承担起应有的社会责任。通过清洁生产，能有效提高资源利用效率，减少生产过程的资源和能源消耗，不仅可提高经济效益，也是污染排放减量化的前提，并能有效缓解合成革产业的资源短缺。因此，在合成革行业开展清洁生产很有必要。

2.2 合成革行业开展清洁生产工作是节能减排工作的需要

在 2011 年 3 月发布的《国民经济和社会发展第十二个五年规划纲要》中，我国政府明确提了“十二五”的节能减排目标：“单位国内生产总值能源消耗降低 16%，单位国内生产总值二氧化碳排放降低 17%；主要污染物排放总量显著减少，化学需氧量、二氧化硫排放分别减少 8%，氨氮、氮氧化物排放分别减少 10%。”

2011 年 8 月国务院印发的《“十二五”节能减排综合性工作方案》进一步明确了“十二五”的节能减排目标：“到 2015 年，全国万元国内生产总值能耗下降到 0.869t 标准煤（按 2005 年价格计算），比 2010 年的 1.034t 标准煤下降 16%，比 2005 年的 1.276t 标准煤下降 32%；”十二五“期间，实现节约能源 6.7 亿吨标准煤。2015 年，全国化学需氧量和二氧化硫排放总量分别控制在 2347.6 万吨、2086.4 万吨，比 2010 年的 2551.7 万吨、2267.8 万吨分别下降 8%；全国氨氮和氮氧化物排放总量分别控制在 238.0 万吨、2046.2 万吨，比 2010 年的 264.4 万吨、2273.6 万吨分别下降 10%。”

可以看出“十二五”的节能减排目标与“十一五”相比，又增加了三项约束性指标，节能减排的任务将更加艰巨。而且“十一五”期间的污染减排的目标主要是依靠废水治理和废气治理等末端治理的方式完成的，到“十二五”期间，末端治理的减排潜力已经非常有限，必须转变思路，通过改进工艺装备和优化过程来实现整个生产过程的节能减排，而清洁生产审核正是源头消减和过程控制的最佳手段。因此，清洁生产审核必将成为落实“十二五”节能减排任务的重要抓手。

在合成革行业积极开展清洁生产审核，在合成革的生产过程当中提高资源、能源的利用效率，减少废水、废气和固体废物的产生量，对落实我国“十二五”节能减排任务具有重要的意义。

2.3 合成革行业开展清洁生产工作是大气污染防治的需要

近年来，我国大气污染的区域性特征日趋明显，一些地区酸雨、灰霾和光化学烟雾等大气污染问题频繁发生，严重威胁人民群众身体健康。而城市间大气污染又相互影响，仅从行政区划的角度考虑单个城市大气污染防治措施已难以解决大气污染问题。2010 年 5 月，国务院办公厅转发了环境保护部等部门《关于推进大气污染联防联控工作改善区域空气质量的指导意见》（简称《意见》）。《意见》对当前和今后一个时期大气污染防治进行了全面部署，并明确了当前大气污染防治的重点：“大气污染联防联控的重点污染物是二氧化硫、氮氧化物、颗粒物、挥发性有机物等”，并提出“开展挥发性有机物污染防治。从事喷漆、石化、制鞋、印刷、电子、服装干洗等排放挥发性有机污染物的生产作业，应当按照有关技术规范进行污染治理。”

2012 年《关于珠江三角洲地区严格控制工业企业挥发性有机物（VOCs）排放的意见》

(以下简称《意见》) 正式下发。广东省环保厅选择了广州、深圳、东莞、佛山、中山五市率先开展 VOCs 污染防治试点工作。2013 年起，珠三角将全面开展 VOCs 污染防治工作，规范 VOCs 排放工作。根据《意见》，原则上珠江三角洲城市中心区核心区域内不再新建或扩建 VOCs 排放量大或使用 VOCs 排放量大产品的企业。

合成革在制造过程中除大量应用各种树脂 (聚氯乙烯树脂 PVC、聚氨酯树脂 PU) 外，还要应用各种化工产品，如增塑剂 (邻苯二甲酸二辛酯 DOP、邻苯二甲酸二丁酯 DBP)、溶剂 (二甲基甲酰胺 DMF、甲苯 TOL、丁酮 MEK、乙酸乙酯 EA)，原料在配料、运输、存放和生产使用过程中都会向环境挥发，产生 VOCs 污染物。因此，合成革行业是 VOCs 污染物产生的主要行业之一，在合成革行业开展清洁生产审核工作，积极消减 VOCs 污染物的排放，对于推进我国的大气污染联防联控工作具有重要意义。

2.4　合成革行业开展清洁生产工作已经有了标准依据

2008 年 11 月，由环境保护部正式发布了《清洁生产标准　合成革工业》 (HJ 449—2008)，该标准由中国轻工业清洁生产中心、中国环境科学研究院和中国塑协人造革合成革专委会共同编制完成，包括生产工艺与装备要求、资源能源利用指标、污染物产生指标 (末端处理前)、废物回收利用指标和环境管理要求五大类指标，根据当前的行业技术、装备水平和管理水平，每一项指标又分为三级，一级代表国际清洁生产先进水平，二级代表国内清洁生产先进水平，三级代表国内清洁生产基本水平。

该标准可以用于合成革 (以聚氨酯为主要原料，不包括超纤基材) 行业企业的清洁生产审核、清洁生产潜力与机会的判断，以及清洁生产绩效评定和清洁生产绩效公告制度，该标准的发布对于合成革生产企业开展清洁生产审核和进行清洁生产水平评价提供了充分的技术支持。

3　合成革工业的主要清洁生产措施

合成革企业实行清洁生产主要包括物料的回收利用、原材料替代、工艺改进、过程控制等内容。

(1) 物料的回收利用

合成革企业的回收利用主要包括合成革的干法生产线 DMF 废气回收和湿法生产线废水 DMF 精馏塔回收。干法生产线可以采用水洗喷淋回收和吸附回收的方式回收有机溶剂；湿法工艺废气基本上只含 DMF (个别可能还有少量其他溶剂)，目前在工艺上要求必须采用精馏回收等工艺回收。湿法车间的工艺废水中主要含 DMF，直接排放不但污染环境，增加末端治理的负担，而且造成资源的浪费，可以对其进行回收利用，目前一般采用精馏塔回收 DMF。干法生产线 DMF 废气的回收率目前在 95%以上；精馏塔回收 DMF 现在使用的三塔回收工艺，16t/h 的三塔回收系统回收 DMF 能力为 75t/d，回收率达 98.5%。物料回收利用的同时也可大幅减少废物的排放。

(2) 原材料替代

从源头削减污染物，要选择清洁的原辅材料。推广使用水性聚氨酯浆料，减少溶剂型聚氨酯浆料的使用量是合成革企业清洁生产的重要途径。水性聚氨酯浆料可以减少大部分有机溶剂的使用或不用有机溶剂，可大幅度削减合成革生产过程的有机废气污染。

（3）工艺改进

在合成革生产过程中，原材料的替代和工艺改进是相对应的。如在 PU 干法生产中，通过对生产线进行改造，改变树脂配方，用纯 DMF 树脂替代多组分 PU 树脂，减少 PU 树脂中的甲苯和丁酮，由于 DMF 能够回收，既提高资源利用又减少对环境污染。

（4）过程控制

控制废气挥发的主要方式是对产生挥发性有机物的设施进行密封，如对存放树脂的料桶加盖。采用密封管道传送溶剂和涂料可以有效地减少运输中有机物的挥发。废气的收集是对废气进行末端处理的必要条件。收集的最佳方式是采用密闭式收集系统。

另外，合成革企业还可以延伸产业链，以提高资源利用效率。单个企业的清洁生产往往受到技术、成本和工艺的限制。因此，必须按照循环经济理念和工业生态学的原理，根据合成革现有产业链，企业之间纵向延长产业链，使产业链上游企业排放的废物转化为下游企业的原料。

合成革上下游产业链见图 1。如：合成革企业生产过程中排放出的 DMF 等有机废气和较高浓度的含 DMF 作为原料返回到合成革企业或树脂企业进行再生产；合成革生产过程中产生大量的煤渣用作制砖原材料；合成革成品用于下游鞋革、箱包等企业的原料。通过向上下游进行产业链的延伸，能最大限度利用资源，实现资源利用最大化和废物产生最小化目标。

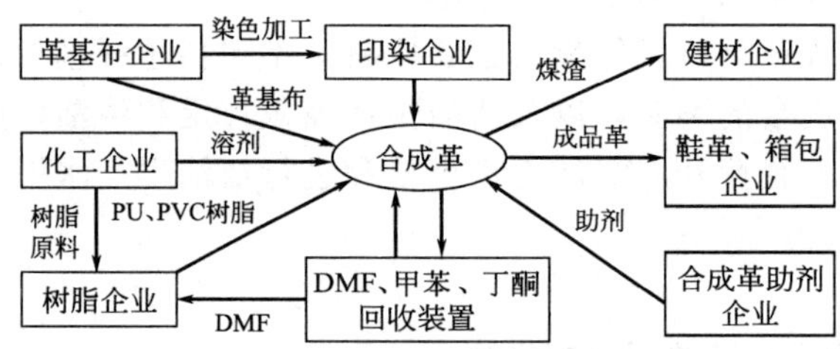

图 1　合成革生产上下游产业链

近年来，随着消费者环保意识的增强及消费需求的增多，人造革合成革行业正在向生态环保性、功能多样性的方向发展。目前，生态功能性合成革已成为行业的发展趋势，并正在依靠其自身的优势迎来快速发展的时期。

国内某企业开发出“FREE DMF 水性生态合成革”。“FREE DMF”是指在合成革制革工艺中，不采用 DMF 的树脂，不采用传统湿法工艺加工制作合成革。水性聚氨酯较油性聚氨酯来说节省了一整套需要水电气以及人工、土地的回收装置，从而达到了节能的目的。同时，水性聚氨酯的应用使合成革制造生产过程更加环保、生态，不含 DMF 溶剂，符合循环利用的要求，不危害使用者的健康。

另外，行业内也可以通过采取一些措施推动合成革行业的清洁生产工作，如：行业内加快技术创新，加快技术推广；建立公共技术创新服务平台，共享清洁生产技术；在行业内大力推进清洁生产审核，借助咨询机构的力量促进企业进一步节能减排；组织清洁生产培训，大力宣传清洁生产的作用、推广清洁生产技术等。

参考文献

[1] 单晨，丁绍兰．某合成革企业湿法生产线的生命周期评价清单分析．西部皮革，2011，33（2）．

[2] 周建华，张建民，江华．清洁生产技术、政府责任与行业协会职能——以温州合成革行业为例．华东经济管理，2011，25 (7)：1-5.
[3] 杨富凤，罗朝阳，范浩军等．环境友好 PU 革制造技术．中国皮革，2009，38 (23)：33-37.
[4] 陈兵红，姜伟军，陈茂铨．合成革行业环境污染问题及整治对策——以丽水水阁工业区为例．皮革科学与工程. 2010，20 (6)：43-46.
[5] 黄朝阳．循环经济与温州合成革产业的可持续发展．环境保护与循环经济，2009，29 (4)：18-20.
[6] 中国塑料加工工业协会人造革合成革专业委员会．我国人造革合成革现状及发展趋势．塑料制造，2010，14-18.
[7] “FREE DMF” —— 合成革发展方向．国外塑料，2011，3.

屠宰行业主要污染物减排趋势分析[1]

孙晓峰，李键，郭逸飞
(中国轻工业清洁生产中心，北京，100012)

摘要：随着人民生活水平的提高，我国屠宰行业快速发展，环境保护问题也越发突出。本文通过对屠宰行业生产工艺、产排污状况、水污染防治技术等评估，预测屠宰行业“十二五”期间主要污染物排放控制目标，并提出具体污染减排措施。

关键词：屠宰；污染物；减排

Major pollutants reduction analysis for slaughtering industry

Sun Xiaofeng，Li Jian，Guo Yifei
(China Cleaner Production Center of Light Industry，Beijing，100012)

Abstract：The rapid development of China's slaughtering industry has led to the apparent environmental issues. This study analyzed the slaughtering process，pollutants generation and discharge conditions，and water pollution control technologies，predicted the major pollutants reduction targets during the “12th Five-Year” Plan period，and proposed the specific pollutants reduction measures.
Key words：slaughtering；pollutant；reduction

1 行业概况

我国屠宰行业经过几十年的建设，尤其是近十年的发展，已基本形成了集畜禽养殖，屠宰分割加工，肉制品深加工，禽类蛋品加工副产品综合利用加工，冷冻冷藏加工，物流配送批发零售于一体的产业体系。2009 年我国肉类总产量达到 7650 万吨。其中，猪肉产量 4890 万吨；牛肉产量 635.54 万吨；羊肉产量 389.42 万吨；禽肉产量 1734 万吨。

2009 年全国规模以上屠宰及肉类加工企业达 3696 家，比 2008 年的 3096 家增加了 600

[1] 2010 年度污染减排监督管理项目——“轻工行业污染减排技术研究”。

家。其中畜禽屠宰加工为 2076 家，比 2008 年增加了 277 家，肉制品加工为 1620 家，比 2008 年增加了 323 家。

我国肉类产品产地主要集中在四川、河南、山东、河北、湖南、广东、辽宁、江苏、安徽、广西、湖北，这几个地区的产量占到了全国总产量的 66.6%，如图 1 所示。

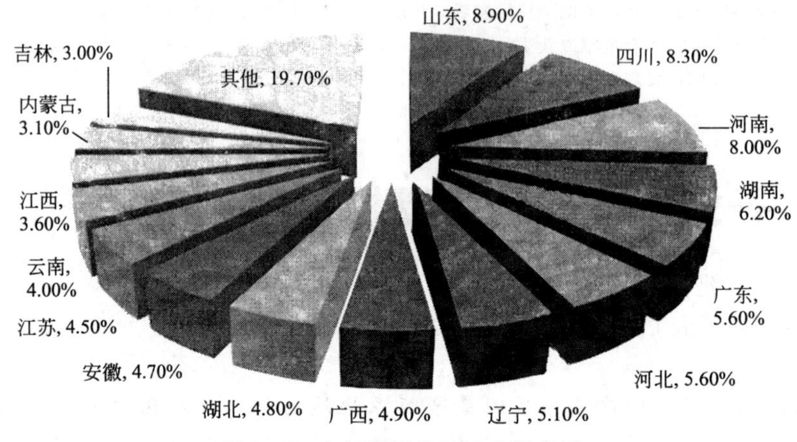

图 1　2009 年我国各地区肉类产量

2　屠宰行业环保状况分析

据测算，2009 年屠宰行业 COD 排放量约为 10.04 万吨，较 2008 年增长了 5%。氨氮排放量达到 10200t，较 2008 年增加了 5.2%。

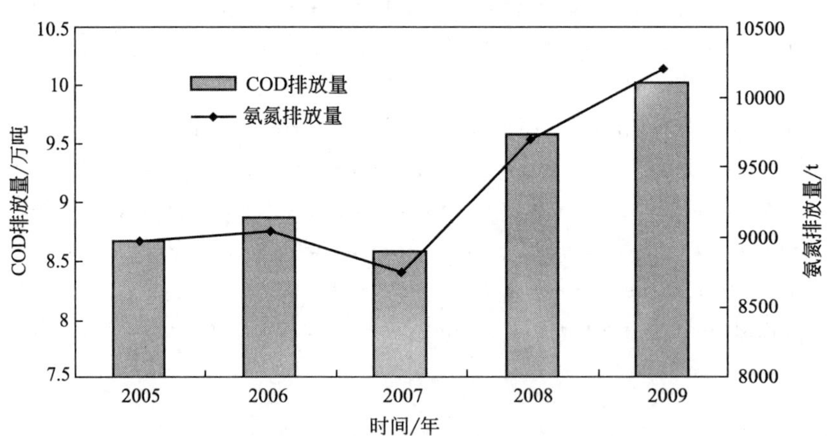

图 2　历年屠宰行业 COD 和氨氮污染物排放量

从图 2 可以看出屠宰行业环境污染现状较为严重，特别是氨氮污染物的排放，是屠宰行业环境污染的突出问题。目前，屠宰行业规模大，但是行业利润低，这种现象造成了很多企业环境投资难以落实，有些企业废水处理设施不能有效运行，有些企业甚至没有废水处理设施，末端治理设施建设的速度明显跟不上企业的发展规模，这也是造成屠宰行业污染问题的主要原因之一。在污染物总量控制和减排的大背景下，屠宰行业 COD 排放并没有得到有效地控制，特征污染物氨氮也被忽略，根据目前屠宰行业常用的污染物处理工艺，氨氮等指标处理效果并不明显，特别是一些北方城市的屠宰厂，在冬季的时候氨氮的处理效率较低。因此，“十二五”期间对屠宰行业的污染物控制将是一个亟待解决的问题。

3 生产工艺与产排污状况分析

3.1 生产工艺

屠宰及肉类加工过程大致有原料处理阶段和解冻、洗肉、切肉、腌渍和加工阶段的原料切碎或搅拌、配料、混合、调味等。其中解冻、洗肉各工序排的废水量最大，BOD 和 COD 以及油的含量也很高。废水中除了含有碎肉、脂肪、血液外，还含有蛋白氮和氨态氮。加工过程排出的废水还含有少量的腌制用的盐。

屠宰及肉类加工生产工艺流程如图 3 所示。

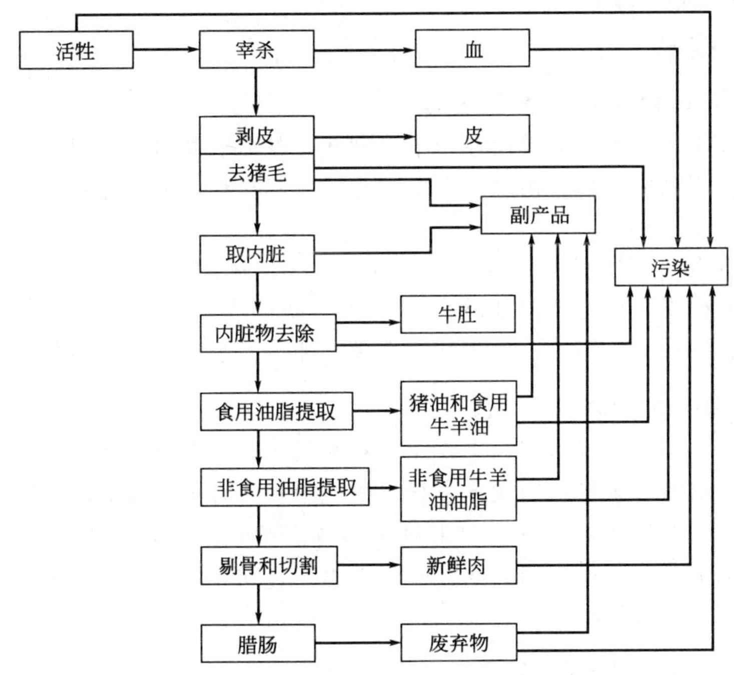

图 3 屠宰及肉类加工生产工艺流程

3.2 产排污状况分析

畜禽屠宰企业在生产过程中会消耗水资源、煤炭资源和电能，产生血液、毛、皮、内脏、骨骼等副产物，这些副产物在收集、运输、综合利用过程中若处置不当就会对环境造成污染。此外屠宰过程中还会产生废水、固体废物等污染物。废水主要包括车辆冲洗水、待宰间冲洗水，屠宰过程中排放的冲洗胴体废水，以及设备冲洗水，废水中含有血液、少量皮毛、油脂、肠胃内容物及粪便等，废水排放特点是有机物浓度较高，排放量大，废水中主要污染物为 COD、BOD_5、SS、氨氮、动植物油等；固体废物主要为待宰间产生的粪便、屠宰过程产生的肠胃内容物、部分骨骼等。屠宰及肉类加工产生大量含有动物残渣、血液、油脂等物质的高浓度有机废水，这部分污水 COD、氨氮、总氮、总磷浓度均很高，如果直接排入地表水体，对水体影响比较严重。

屠宰厂废水的主要污染物是 COD、BOD_5、SS，氨氮、动植物油为主，具体工段出水浓度如表 1 所列。

表1 屠宰厂各工段出水水质情况 单位：mg/L

废水名称	COD	BOD	SS	氨氮	动植物油
屠宰车间废水	1500～2500	850～1500	800～1200	50～80	100～200
待宰猪圈废水	850	500	650	55	30
综合利用加工车间	1400	700	400	50	100
冲洗设备、冲地排水	500	250	300	—	—
生活污水	350	200	300	20	—
洗车排水	30	15	50	—	—
锅炉废水	20	5	30	—	—

4 水污染防治技术分析

4.1 清洁生产技术

（1）待宰圈和运输车辆采取干清粪

待宰圈和车辆上清除下来的粪便使用干法回收，使之在固体状态下运走减少水使用量。清除的粪便与动物胃肠内容物、污水站产生的污泥一起在粪便无害化处理站生产有机肥后出售给农民做肥料。

冲洗时使用具有开关控制的高压喷洒枪进行清洁。采用以上方法后取水量可以削减约50%，而污水中有机物含量也相应地减少了50%。我国大多采用自来水直接冲刷车辆、动物粪便和胃肠内容物经下水道进入污水站，直接增加了污水中的有机负荷。

（2）屠宰真空刀放血法

在刺杀放血过程中我国多采用人工放血，容易造成放血不全和在烫脱毛时受到感染，降低肉的质量，减少血液收集量从而使资源利用率下降，同时也会增加废水中的有机污染物负荷，增加水处理难度和成本。国外推行的真空刀放血法，这种方式不仅可以使血液干净回收，而且放血也更加充分，可提高血液的回收利用率、降低排放废水中有机污染负荷，是收集废血最有效的废水清洁技术。

（3）推广隧道蒸汽烫毛技术

烫毛是屠宰加工过程中对生猪屠体表面加工处理的关键步骤之一。目前，我国大部分生猪屠宰加工企业的烫毛工艺早已从传统的大锅单体浸烫改为摇烫及运河式连续烫毛，基本上实现了生产线机械化加工，提高生产效率。但是这两种类型的烫毛设备仍沿袭着传统的“热水混烫”模式。

目前，西方发达国家大多采用蒸汽淋浴式烫毛系统，该烫毛系统与传统“热水混烫”模式相比，具有3个特出特点：a. 浸烫隧道内饱和空气的温度和浸烫时间可以自动控制，从而保证最佳浸烫效果；b. 屠体经悬挂输送链送进烫毛隧道进行蒸汽喷淋，互相之间没有接触，避免了热水浸烫造成的交叉感染，保证了浸烫加工环节的卫生性和安全性；c. 烫毛系统可减少用水约90%，节省蒸汽约30%，余热重复利用，不仅提高了设备的节能和环保性，也减少了对环境的威胁。

（4）风道回收粪便的技术

该技术是将屠宰过程中产生的猪毛、肠胃内容物、牛皮等物质在密封管道内运送至污物储存处的输送系统。该设备可将上述污染物质在常规输送过程中的遗洒降低为零，有效解决污物对肉品的二次污染，减少进入冲洗水中的污染物质，使猪毛回收率达到95%以上，肠胃内容物回收率达到80%以上。

4.2 末端处理技术

规模化屠宰企业一般包括临时养殖场（车间）、屠宰车间与成品车间。这类废水是以有机污染为主的废水，可生化性均很好。除预处理阶段有所差异外，大多数屠宰厂的废水处理工艺基本类似。

在预处理方面，猪、牛、羊等畜类动物与家禽类动物加工的处理有较大差异，相对而言，后者羽毛类杂物较多，前处理不仅需要粗细格栅还要采用行业专用的一些设备如捞毛分离机、水力筛等。

在生化处理方面，主要采用生化处理为主、物化处理为辅的综合治理路线，运行稳定、处理成本较低。20世纪80～90年代由于厌氧技术在该行业的研究应用较少，因此主要以传统活性污泥法为主，导致能耗及运行成本较高，且容易出现污泥膨胀等故障。目前由于废水处理技术的发展，特别是UASB法及生物接触氧化技术的成功应用，因此目前该行业核心单元-生化处理单元大多数以厌氧＋好氧的组合工艺为主，主要包括UASB法、水解酸化-接触氧化法、SBR法和廊道生物法等，这些都是目前成熟的处理工艺，在COD处理方面基本可以达到良好的去除效果，但是氨氮处理仍常有超标现象。此外，为保证处理效果，一般在废水处理中还会用到部分的物化处理方法，物化处理方法主要包括气浮及混凝沉淀等。目前处理技术包括如表2所列的几种。

表2　现有屠宰废水处理工艺不同工段处理技术

类别	工艺名称
物理方法	气浮、絮凝沉淀、……
厌氧工艺	UASB、水解酸氧化、ABR、UBF、……
好氧工艺	SBR、接触氧化法、射流曝气法、CASS、……

在生化处理核心单元中，厌氧反应器一般以UASB为主，占80%，水解酸化占15%，其他如ABR、UBF等占5%；好氧生化段由于接触氧化运行稳定便于管理，SBR类工艺运行灵活、对氮、磷去除效果好（尤其是对高氨氮废水处理中），因此，目前国内以采用接触氧化和SBR为主，据统计，接触氧化占45%，SBR占40%，其他占15%。

5 屠宰行业水污染物总量控制目标分析

随着我国经济的发展，居民生活水平的提高，我国屠宰行业将迎来较快的发展期。猪肉消费会保持绝对量的增长、相对比重下降；牛肉、禽肉消费的相对比重将持续快速上升。肉类消费呈现了从冷冻肉到热鲜肉，再从热鲜肉到冷鲜肉的发展趋势，形成了“热鲜肉广天下，冷冻肉争天下，冷鲜肉甲天下”的格局；因消费市场的变化，势必带动肉类加工业的顺势发展；此外，根据我国的实际情况，城市和农村家庭人均肉类消费量的差距将呈现不断缩小的趋势，未来低收入人群和农村人口人均收入的提高将推动行业的增长；屠宰企业数量将大幅减少，企业规模不断扩大，大型现代化屠宰企业将迅速发展；同时，屠宰行业生产装备和先进技术的引进，也将加速企业科技的创新；通过引进和自主研发，肉类屠宰加工行业技术水平和生产效率将得到不断的提升，缩小与国内发达地区和先进国家的差距，加快我国肉类屠宰行业的工业化和现代化进程。

猪牛羊禽肉属于居民日常生活的必需品，屠宰行业与国民经济和居民生活水平息息相关。图 4 为 2005～2008 年间，我国肉类产品产量和我国国内生产总值之间的关系。可以看出，随着国内生产总值的快速增长，我国肉类行业也一直处于快速增长的态势，2008 年由于受到金融危机的影响，我国肉类产品产量出现了短暂的下滑趋势，但是随着经济的复苏，2009 年整个屠宰行业肉类产品产量又重新达到了 7500 万吨。

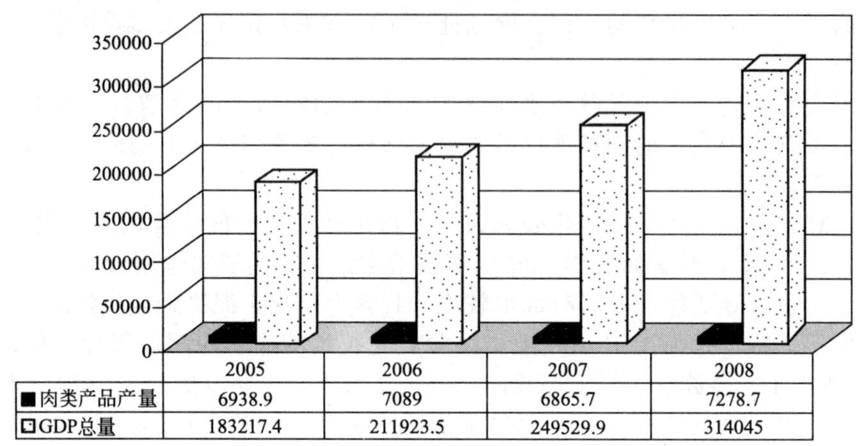

图 4　GDP 和肉类总产量的线性关系

根据以上分析可知，经济增长可以映射出我国屠宰行业的发展情况。由于居民生活水平的提高，对肉类产量的需求还将不断增大，如果以现有的经济增长速度预测我国肉类行业的产品产量，到“十二五”末期的肉类产量将达到 11539.7 万吨。但是自 2005 年以来我国肉类产品产量增长速度平均每年为 3%左右。因此，预测 2015 年我国屠宰行业产量，在维持现有污染治理的条件下，假设三种情景，三种情景分别是 2011～2015 年 5 年间经济增速平均为 7%、8%、9%，相应肉类的产量增速平均增速为 2%、3%、4%。产量的增加务必会导致污染物排放量的增大。根据情景分析结果，预测我国“十二五”末，屠宰行业污染物排放量，具体结果见表 3。

表 3　情景分析结果

情景模式	经济增速	肉类产量增速	产品产量/万吨	COD/t	氨氮/t
1	7%	2%	8446.2	95871	17397.6
2	8%	3%	8955.4	111486	19983.4
3	9%	4%	9489.9	118138	21175.7

到 2015 年，全国屠宰企业全部达标排放；行业企业完善处理设施，对已有废水中的总氮、总磷等引起富营养化的物质进行深度处理，将总氮、总磷指标纳入到核查范围之内，使其排放量得到有效控制。预计到 2015 年，COD 排放量控制在 67500t，比 2008 年下降 28000t，削减率为 30%；氨氮排放量控制在 9000t，比 2008 年下降 720.9t，削减率为 7%。具体情况见表 4。

表 4　不同情景模式相对应“十二五”末削减量

情景模式	COD/t			氨氮/t		
	COD排放量	COD削减量	2015 年COD 排放量	氨氮排放量	氨氮削减量	2015 年氨氮排放量
1	95871	28371	67500	17397.6	8397.6	9000
2	111486	43986	67500	19983.4	10983.4	9000
3	118138	50638	67500	21175.7	121757	9000

6　污染减排措施研究

6.1　开展规划研究，优化产业结构

严格控制定点屠宰厂（场）数量。全行业实施定点屠宰，鼓励在主产区设立大型现代化屠宰加工企业；鼓励在主销区发展具有分割、配送功能的肉品加工配送企业；鼓励在确保产能减量大于增量的前提下，关闭中小型屠宰厂（场）及小型屠宰场点，设置大型生猪定点屠宰企业。力争到 2013 年，全国手工和半机械化等落后的生猪屠宰产能淘汰 30%，到 2015 年落后的生猪屠宰产能将淘汰 50%，大城市和发达地区力争淘汰 80%。

目前，一些省市引发了生猪定点屠宰相关规划。如《河北省生猪定点屠宰厂、点设置规划》指出“全省现有生猪定点屠宰企业 700 余家。其中，仅有 30 余家具备成套机械化屠宰设备，年设计生产能力在 30 万头以上。其他 670 余家中小型生猪屠宰企业，少部分具备简单生产机械，年设计生产能力在 1 万头左右，绝大部分小型屠宰企业的设备和生产工艺落后，基本为手工作坊式生产。”目标提出“压缩一批布局不合理、不达标的小型屠宰企业。逐步关闭不符合规划要求、不达标的小型生猪屠宰企业，全省生猪定点屠宰厂、点总数压缩到 570 家左右。”

《河南省生猪定点屠宰厂（场）设置规划的通知》（豫政办［2009］72 号）提出力争到 2012 年成为全国最大的生猪屠宰加工基地。2012 年末规划定点数从 2009 年末的 1359 家削减到 977 家。

6.2　完善屠宰行业环境标准体系

（1）修订《肉类加工业污染物排放标准》(GB 13457—92)

《肉类加工业污染物排放标准》（GB 13457—92）颁布实施以来，促进了大量的肉类加工企业建设污水处理设施。目前标准主要存在的问题是：①缺乏总氮、总磷的排放限值；②排水量不能符合行业的实际特点。应尽快加强标准的修订工作。

（2）制定肉类加工行业清洁生产标准

清洁生产标准在环境影响评价阶段、清洁生产审核工作中起到了重要的作用。清洁生产标准将引导肉类加工企业从全过程削减污染物的产生，降低末端治理成本，有利于污染总量控制，应尽快加强标准的制定工作。

（3）颁布《屠宰与肉类加工废水治理工程技术规范》

为了确保屠宰与肉类加工废水治理工程的建设与运行规范化，尽快颁布技术规范。技术规范应与清洁生产技术相结合，此外还需考虑总氮、总磷的去除效果，提出深度处理的技术路线。

6.3　积极推行屠宰行业清洁生产

倡导清洁生产、节能减排和资源综合利用的屠宰生产方式。对污染物排放量大、不能稳定达标的企业，强制开展清洁生产审核工作，企业要按照清洁生产审核要求进行技术改造，逐步提高废水重复利用率，以削减排放量，对仍不能满足污染物排放的企业，对其排放总量进行限产限排；努力提升行业技术管理水平，争取到 2015 年，定点屠宰厂的待宰间、急宰间、厂房、屠宰设备、预冷间以及工艺流程全部达到相关标准；推广定点屠宰厂（场）沼气工程，发展循环经济。主要推行的清洁生产技术如表 5 所列。

表 5　主要推行的清洁生产技术

序号	可行的清洁生产技术	效　果
1	待宰粪便采取干法除粪,减少水使用量,清除的粪便在无害化处理完后,加工成肥料	减少水使用量,加工成肥料,产生经济效益
2	加强中水回用,中水用于冲洗待宰圈、洗车及绿化用水	节水
3	加大血污收集	产生经济效益
4	采用风道输送技术	可减少屠宰过程中污染物的排放量
5	采用节水型冻肉解冻机	可节约生产用水,每解冻 1t 肉节水 24t,降低生产成本,减少废水排放量
6	采用现代化生猪屠宰成套设备,包括同步接续式真空采血装置系统、自动控温蒸汽烫毛隧道、履带式 U 型打毛机、自动定位精确劈半斧	可节约生产用水,降低生产成本,减少废水排放
7	屠宰厂沼气工程	产生经济效益

6.4　完善污染物治理设施，对废水进行深度处理

根据屠宰加工生产所排放废水中的污染物以悬浮物、有机物和油脂为主，其污染物浓度高、可生化性好等特点，适宜采用生物处理方法。常用的处理工艺包括：活性污泥工艺（浅层曝气、射流曝气、延时曝气、氧化沟等），COD 去除率大于 80%；SBR 工艺，COD 去除率大于 90%；厌氧（兼氧）-好氧工艺，COD 去除率大于 93%。此外，屠宰废水总氮、总磷浓度较高，由于没有相应的排放标准限制，企业一般没有进行深度处理。“十二五”期间，为符合国家总量控制要求，势必要对屠宰废水进行深度处理，有效控制氮、磷污染。

对地下水污染防治可以采取以下措施：

① 屠宰车间和待宰圈、化粪池、隔油沉砂池、污水管道及污水处理设施等都必须进行防渗处理；

② 病胴体要立即处理，不得堆放、贮存。

参考文献

[1] 辛鑫．肉禽屠宰加工废水治理分析［J］．现代农业，2008（8）：50-51.

[2] 叶雯，刘美南．我国城市污水再生利用的现状与对策［J］．中国给水排水，2002（12）：31-33.

[3] 赵庆良．废水处理与资源化新工艺［M］．北京：中国建筑工业出版社，2006：8.

[4] 杨敏，李军，马聘等．屠宰废水处理工艺的优化与设计［J］．沈阳农业大学学报，2011，42（3）：361-364.

[5] 杨波，赵传峰．屠宰业环境影响及清洁生产技术探析［J］．广东农业科学，2010，37（11）：235-238.

发制品行业污染防治技术分析

李键，孙晓峰

（中国轻工业清洁生产中心，北京，100012）

摘要：中国是世界上最大的发制品生产地。2003～2007 年间，我国出口到海外的假发及相关发制品逐年增长。在获取高额利润的同时，发制品行业对环境造成的污染也不容忽视。发制品生产单位产品废水排放量可达 $300m^3$/万 pcs，废水中主要污染因子 COD 达到 1500mg/L 以上，氨氮和色度分别达到 250～300mg/L 和 800～1000 倍，废水处理成本高。本文在分析发制品生产工艺的基础上，总结了污染物产生的环节及各环节产生的特征污染物，并针对污染物的特点，对目前主要的处理工艺进行了对比分析，指明了发制品行业污染物处理的典型处理工艺。

关键词：发制品；氨氮；色度

Hair products industry pollution prevention technical analysis

Li Jian，Sun Xiafeng
(China Cleaner Production Center of Light Industry，Beijing，100012)

Abstract：China is the largest producer of hair products in the world. Between 2003 and 2007，China has exported hair products to overseas increasingly. To obtain high profits at the same time，the environment pollution caused by hair products industry can not be ignored. Unit wastewater emissions of hair products production is up to $300m^3$/10，000 pcs，wastewater pollution factor COD is 1500mg/L，ammonia nitrogen and chroma is 250～300mg/L and 800 to 1000 times，high cost of wastewater treatment. On the basis of analysis of hair production processes，this paper summarizes the characteristics of pollutants generated by the pollutants generated links and link. Through a comparative analysis of the main treatment process，to point out the typical treatment process for the treatment of pollutants in hair products industry.

1 行业现状

近些年，随着日、韩企业生产的转移，中国成为全球发制品生产中心，是最大的发制品供应市场，产品产量约占到全球的60%。2011年，全国从事发制品生产的企业约为500余家，其中河南有100余家，全行业从业人员达60余万。随着产品产量的逐渐增加，出口额不断加大，截止到2010年年出口额达到19.03亿美元，较2009年增长22%。较2009年增长了21.9%，平均单价为33.73美元，增长了11.52%。其中，进口金额为2.12亿美元，与2009年相比增长了21.14%；出口金额为19.03亿美元，与2009年同期相比增长21.99%。各省（市、区）出口量如图1所示。

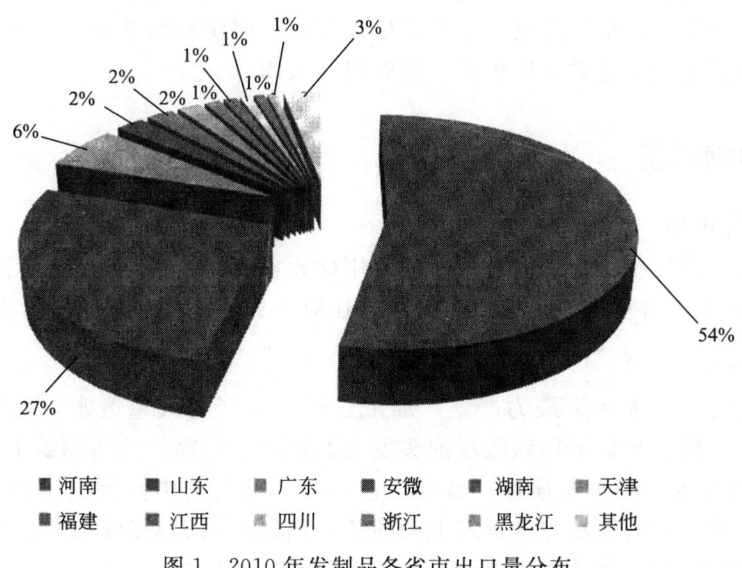

图1 2010年发制品各省市出口量分布

2 生产工艺及产排污环节

发制品行业是以人发、人造纤维为原材料，经过酸洗、中和、漂洗、染色等工艺加工成发条进行假发套加工的行业。发制品的生产过程大致可分为两个阶段漂染和前后处理。漂染过程用水量大，产生的废水难以处理；前后处理产生的废水量相对较小，废水处理难度相对较低。生产工艺流程见图2。

生发 ——→ 浸酸 ——→ 中和 ——→ 冲洗 ——→ 漂洗
——→ 冲洗 ——→ 煮净 ——→ 染色 ——→ 冲洗 ——→ 洗发 ——→ 烘干
——→ 打发机制 ——→ 后整理 ——→ 烘干 ——→ 检验 ——→ 包装 ——→ 入库

图2 发制品生产工艺流程

(1) 漂染车间

将初步整理后的原料发装入不锈钢锅中，将生发投入过酸锅，过酸工艺所用原料为硫酸和次氯酸，根据原料发粗细和表面整洁程度确定过酸时间，一般约2～3min，过酸后用清水冲洗；冲洗后的人发再加入投烧碱的中和锅内进行中和，中和后用行车吊出水后，放入温度为80℃的水中水洗。

高温水洗后的人发投入盛有氨水、双氧水和焦磷酸钠的氧化锅，氧化后取出沥水，用温清水进行冲洗。氧化后进入染色工序，在进入染锅之前用清水进行水洗，水洗后再投入染锅内进行染色，取出沥干，使人发中含有燃料的溶液落入染锅，再用清水冲洗，此工艺阶段采用水温为80℃清水冲洗两次，目的是去除头发表层的浮色。

(2) 后处理

经过漂染后的头发首先进入洗发车间，漂染车间出来的头发交缠在一起，在水中人工将头发拉直、理顺，采用三合一进行浸泡，使头发柔软、发亮并具有手感；浸泡后放在篦子上，进入炕房烘干，温度为90℃，烘干时间为6h，顺发时间为4～5h。烘干后的头发送入打发车间进行梳制分档。

打发后的头发进入机制车间，采用三联机制成发帘；发帘在进入牙克车间，人工造型后放入定型柜进行定型。定型后的发帘进入后处理车间，用洗发精洗涤，再用清水冲洗干净后放入硅油内进行浸泡；经过烘干房烘干，检验包装入库。

3 特征污染物分析

(1) 有机氯化物（AOX）

目前绝大部分的发制品加工行业都存在使用含元素氯的漂白剂（如常用的次氯酸钠或氯气），这不但会对工人身体健康造成影响，而且还对外界环境造成一定的污染。

(2) 生产废水

发制品工业污染以水污染最为严重，加工过程中会产生大量废水，其来源主要有：a. 蚀酸工序产生的含酸废水，即用硫酸浸泡头发上的油脂、污物，然后用碱中和、冲洗所排放的废水；b. 染色废水，即头发强碱、高温染色后，从染色槽中倾倒出的高碱带色废水；c. 洗发废水，头发染色后用清水冲洗头发上的附色，然后再用洗发剂和柔软剂清洗、处理所排放的废水；d. 车间冲洗废水和生活废水。

发制品加工所用物料主要有原料生发、染料、次氯酸钠、双氧水、硫酸、氨水、冰醋酸、硫酸铵、洗发精、护发素、增亮剂、软化剂等。这些物质除少量消耗外，其余全进入废水中。废水中除含以上物质的残余物外，还含有它们的反应产物及油脂、天然色素、氨基酸等，故发制品废水是一类高 COD、氨氮和高色度，成分复杂的废水，如直接排向环境，将会造成严重的水体污染。

(3) 生产废气

工艺废气主要产生于浸酸、中和、漂洗工序，主要污染物为含酸雾及氨气、废气；烘干房产生废蒸汽。

具体产生环节如图 3 所示。

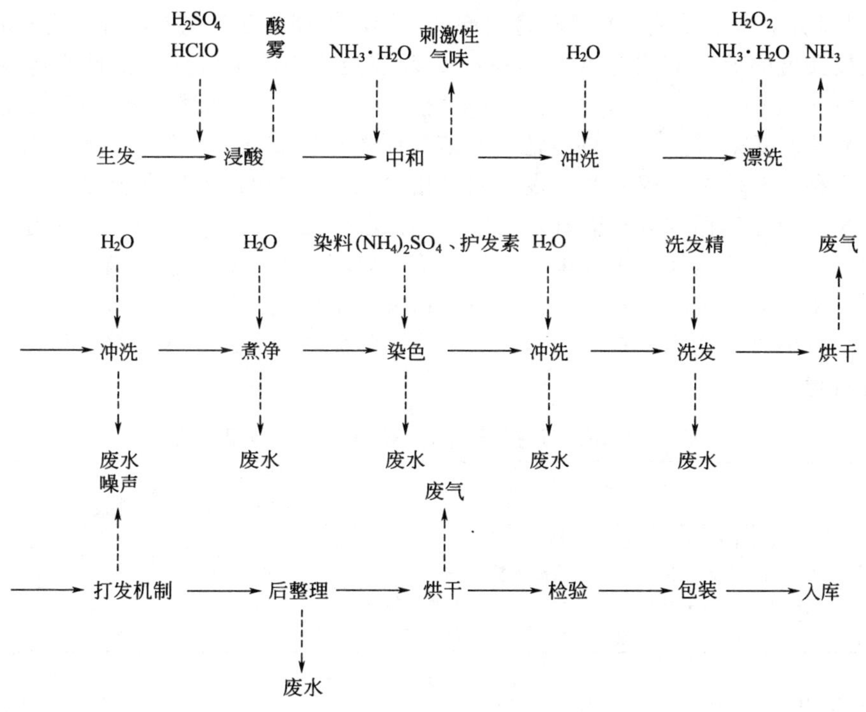

图 3　发制品生产的主要产污环节

发制品行业废水污染具有以下特点。

① 间歇性排放，酸碱变化较大。浸酸、中和、漂染一般在一定容器中进行的工序完成后排放。因此，属间歇排放，而浸酸工序污水以酸性为主，酸度较大，而中和工序则属碱性，各个工序具有不同的酸碱性。

② 具有较高的色度且成分复杂。高色度主要是由于发品不同色号品种采用不同的染色料所引起的。染料的种类、色泽受市场因素影响较大。导致污水排放呈现不同的颜色且色度较深。由于在毛发整理过程要加入大量的表面活性剂及其他化学物质，使其废水中的成分比较复杂，增加了废水处理的难度。

③ 氨氮含量较高。为了增加发质柔弱度，在整理过程中的浸酸、漂染及后处理工序均加有氨水或硫酸铵，废水中的氨氮有时高达 600mg/L，由于分散在不同的工序，为单独处理含氨氮污水，增加了难度。

④ 可生化性较差。根据监测分析，综合污水的 BOD 与 COD 比值一般为 0.2～0.3，且其成分复杂，废水的可生化性不很理想。

4 污染物处理技术分析

（1）废水处理技术对比分析

目前针对于发制品行业产生的废水，主要采用以下几种处理工艺。

① 采用预处理方法。如汽提工艺、混凝沉淀等技术去除一部分氨氮；

② 现有装置的改进。如：将普通活性污泥工艺改造为PACT工艺（即投加粉末活性炭的活性污泥工艺），好氧工艺改为厌氧-好氧工艺。

从研究和工业应用情况看，组合工艺比单一工艺处理有较好的去除效果，有很好的运用前景。一些发制品加工厂的废水处理运行实践表明，采用化学混凝法、气浮分离法和生物接触氧化法处理此类废水，具有工艺可靠、处理效率高、操作管理简便等优点，符合我国国情。

目前比较典型的处理工艺有以下几种：a. 调节池＋SBR＋气浮、活性炭吸附工艺；b. 调节池＋水解＋接触氧化＋絮凝沉淀过滤工艺；c. 调节池＋气浮＋预臭氧氯化＋水解＋SBR＋过滤＋臭氧氯化工艺；d. 调节池＋管道反应器＋沉淀池＋水解＋接触氧化＋滤池。

目前这几种工艺均有工程实践。表1列出相关工程实例的COD和氨氮的实测数据，从运行实践和长期稳定达标排放角度看，工艺1存在着生化反应不稳定，氨氮易超标和更换活性炭成本问题；工艺2增加了水解单元，生化反应效率较第一种工艺，有较大的提高，但氨氮的去除存在不十分稳定的问题；工艺3污染物去除率较高，但工艺路线较长，存在投资和运行成本较高，中小企业难以承受等问题；工艺4强化了预处理工序，降低微生物单元处理负荷，运行较稳定。

表1 发制品行业同类工程不同工艺治理效果比较 单位：%

序号	处理工艺	COD处理效率	氨氮处理效率	色度处理效率
1	调节池＋SBR＋气浮、活性炭吸附	82	80	85
2	调节池＋水解＋接触氧化＋絮凝沉淀过滤	85	80	80
3	调节池＋气浮＋预臭氧氯化＋水解＋SBR＋过滤＋臭氧氯化	90	85	97
4	调节池＋管道反应器＋沉淀池＋水解＋接触氧化＋滤池	85	85	97

（2）污染物治理成本对比

发制品企业污染物治理成本主要有废水、废气治理两部分。废水和废气治理成本均包括环保设施固定资产投资和处理设施运行费用。其中环保设施固定资产依照企业规模和加工产品性质不同而不同，运行费用主要包括水费、电费及人工费等。行业中平均费用（以年产1500t规模计）如下。

① 废水环保设施固定资产投资　固定资产投资主要项目组成包括土建、设备购置。其中土建根据废水处理站规模不同而不同，设计处理能力1000t/d的废水处理站，土建投资为50万元（约占整个废水治理投资的25%），环保设备购置投资约为130万元（以厌氧＋好氧为例），按10年计算折旧，每年固定资产投资18万元，每吨产品废水环保设施投资120元/吨。

② 废水处理运行成本　废水处理运行成本主要包括电费、水费及人工成本，以年产1500t产品规模计，年排放废水量约13.26万吨，最后合计处理每吨废水处理运行成本为4.52元/吨，生产1t产品废水处理运行成本为400元。

③ 废气环保设施固定资产投资　废气治理设施投资约105万元，按10年计算折旧，每年固定资产投资10.5万元，每吨产品废气环保设施投资70元。

④ 废气处理运行成本　废气处理设施运行费用每年约7.2万元（每台废气处理设施

2kW，每度电 0.75 元计），吨产品废气处理运行成本 48 元。

因此，年产 1500t 规模的发制品企业，每吨产品污染物治理的总投入约为 638 元/吨。

5　结论

发制品行业是我国轻工领域一个新兴的产业，行业发展速度快，同时也给环境带来了巨大的危害。发制品在生产过程中将会产生废水及废气污染物，废水包括 AOX、COD、氨氮等，废气包括酸雾和氨蒸汽。从生发到产品需要过酸、中和、热洗、漂发、洗发、染发、泡油、脱水、烘干等工序，废水主要来自生产中酸洗、中和、漂洗、染色等工段及生产设备的洗涤水、冲洗水和烘干工艺的冷却水。生产中使用的染料有含苯、含酚、含胺染料；助剂有烧碱、表面活性剂、冰醋酸、螯合剂、均染剂等。因此有机物浓度高、色度深、成分复杂，可生化性差和水质、水量波动大的特点。本文通过对比分析目前发制品行业主要的废水处理技术，得出调节池＋气浮＋预臭氧氯化＋水解＋SBR＋过滤＋臭氧氯化和调节池＋管道反应器＋沉淀池＋水解＋接触氧化＋滤池两类处理工艺运行相对稳定，污染物处理效率高，使用该种工艺处理发制品废水完全可行。

参考文献

[1] 郭长虹，刘怀胜，潘峥．发制品加工废水处理工艺的试验研究工业水处理［J］．工业水处理，2007，27（10）：47-50.

[2] 何新生，魏贵臣，岳术涛等．清洁生产技术在发制品工业生产中的应用［J］．环境与可持续发展，2006，（5）：45-47.

[3] 吴丽萍，马俊峰，周丽芬等．许昌市发制品行业的清洁生产调查［J］．中国环境管理干部学院学报，2010，（1）：52-57.

[4] 楚君，王坤丽，吴健．发制品企业废水处理工程设计实例［J］．工业用水与废水，2008，（4）：85-87.

[5] 何新生，王红卫，孙震宇等．许昌市发制品行业污染防治措施调查与分析［J］．河南城建学院学报，2009，18（5）：39-42.

[6] 楚君，王坤丽，吴健．发制品企业废水处理工程设计实例［J］．工业用水与废水，2008，39（4）：85-87.

[7] 时鹏辉．A_2/O-微电解组合工艺处理发制品废水［J］．环保科技，2010，16（2）：43-45.

酒精行业污染物排放总量减排措施分析❶

郭逸飞，孙晓峰，宋云

（中国轻工业清洁生产中心，北京，100012）

摘要：我国是酒精生产大国，同时酒精行业的环境污染也逐步引起人们的关注。本文通过对酒精行业发展现状的调研分析，预测了酒精行业在“十二五”期间主要污染物的排放总量，并提出了行业污染物排放控制目标及相应的污染物减排方案，最后进一步分析了污染减排方案实施的政策保障措施。

❶ 2011 年度污染减排监督管理项目——“啤酒、酒精行业 COD 和氨氮总量核查核算技术要点”

关键词： 酒精；污染物；总量减排；控制措施

Study on major pollutants load reduction & control measures for alcohol industry

Guo Yifei, Sun Xiaofeng, Song Yun
(China Cleaner Production Center of Light Industry, Beijing, 100012)

Abstract: China is a large producer of alcohol, while its environmental issues have also caught people's attentions. This paper studied the development status of China's beer industry and predicted its discharge load of major pollutants during the period of "12th Five Year Plan", and proposed the industrial pollutants discharge targets and the related pollutants reduction measures, finally analyzed the constitutional measures to implement these pollutants reduction approaches.

Key words: alcohol; pollutant; pollutant load reduction; control measures

1 行业现状

1.1 行业规模

酒精工业是基础的原料工业，其产品主要用于食品、化工、军工、医药等领域，也可在汽油中加入5%～20%无水酒精而得到乙醇汽油。食用酒精是当前我国酒精生产中的主导产品。

2010年我国酒精产量825.93万千升，同比上年731.74万千升增长12.9%。2010年我国酒精工业总产值547.7亿元，同比增长15.01%。2010年全国酒精出口大15.6万千升，比2009年的10.8万千升有所增长。

酒精生产成本中，原料成本占有绝对比重，同时随着近几年玉米价格的逐步攀高及进口木薯价格的高企，其比重独大的态势得到巩固。由于玉米深加工产品的大力开发，生物质能源及生物化工对玉米的需求量一直处于高速增长状态，促使玉米的工业消耗量大幅增长。随着新扩建酒精厂的增多，酒精产能的不断扩张，对木薯的需求量也在大幅度上升，促使国内木薯价格处于高价运行态势。近年来，废糖蜜的用途得到了大力开发，但用于生产酒精的量逐渐减少，使废糖蜜酒精的市场份额不断缩小。

1.2 地区分布

据不完全统计，目前全国共有酒精生产企业400多家。而登记备案的酒精企业有200余家，分布于全国24个省，东部地区较为集中。拥有备案酒精企业数量最多的三个省份分别为江苏、广西、河南。2010年，吉林省的酒精产量最高，内蒙古、江苏、河南、黑龙江等省区紧随其后。

用谷物（主要是玉米）原料制酒精的企业以东北和内蒙古地区最为明显最为普遍。在我国山东、江苏和广西以木薯制酒精较为普遍。糖蜜酒精生产企业则分布在广东、广西、云南、海南等甘蔗产区以及东北、华北、西北等地区，分布较稀疏。

1.3　发展趋势预测

近几年，我国酒精产量的大幅增长主要源于新扩建酒精厂的日益增多，国内酒精行业发展势头强劲高速度的扩张。主要原因为国际酒精需求量的上升，引起国内酒精出口量大幅增长，且前期有国家退税政策支持，出口利润空间相当丰厚，加上国内燃料酒精的市场过热，投资者都给予了过高的期望值。

目前，酒精行业中食用酒精仍占据主导位置，但市场需求日趋饱和，产量增长趋于平稳。燃料酒精、无水酒精增长态势明显，特别是燃料酒精市场前景广阔，其市场地位逐渐提升。

随着引进设备及工艺的应用及农作物结构的变化，用谷物（主要是玉米）原料制酒精的企业将保持快速发展。木薯已被世界公认具有很大发展潜力、很有前途的酒精生产的可再生资源，而随着非粮燃料乙醇的加速发展，其在我国从事酒精生产的势头将大幅增长。用废糖蜜进行酒精生产将有所减弱。

2　行业水污染物排放现状及达标情况

2.1　行业水污染物排放现状

酒精工业一直是用水大户，同时也是污染较重的轻工行业。其中废水是，如图 1 所示酒精工业污染最重要的污染物。自 2001 年至 2010 年这 10 年间，在酒精产量实现 313%增长。随着节能减排工作的开展和清洁生产技术的推广，COD 排放量出现下降的趋势，从 2001 年的 7.5 万吨下降到 2010 的 5.2 万吨。氨氮也从 2001 年的 5100t 下降到 2010 年的 3200t 左右。

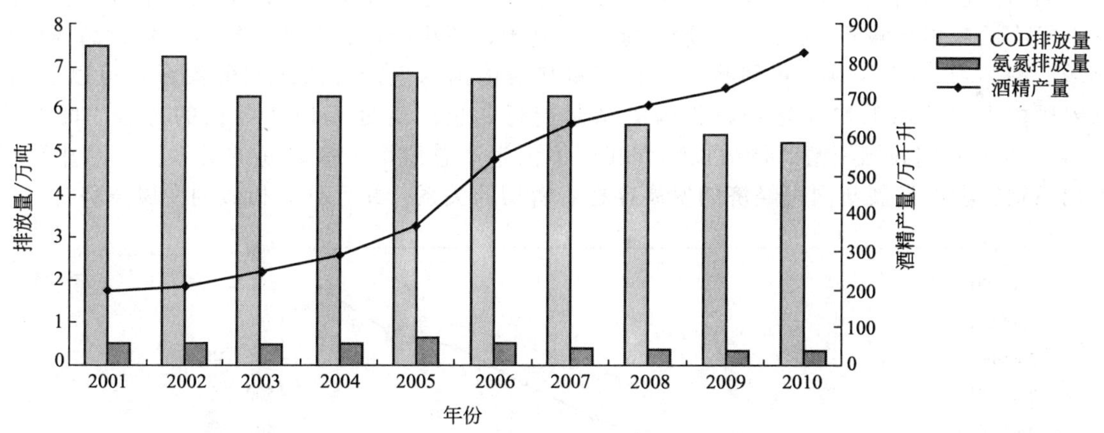

图 1　2001～2010 年酒精行业污染物排放情况

2.2　行业标准及执行情况

（1）清洁生产标准

2006 年中国环境科学研究院、中国食品发酵工业研究院、中国酿酒工业协会酒精分会，以及安徽省环境科学研究院共同编制了《清洁生产标准 酒精制造业》（HJ/T 581—2010）。该标准从生产工艺装备、资源能源利用、产品指标、污染物产生、废物回收利用和环境管理六个方面对酒精生产的全过程进行了详细的技术要求，对进一步推动我国的清洁生产、防治生态破坏，引导企业发展绿色经济，起到了重要的引导作用。

（2）清洁生产评价指标体系

2007年中国轻工业清洁生产中心编制了《发酵行业清洁生产评价指标体系》（修订）。该体系将酒精根据玉米、薯类和糖蜜三种原料，结合资源和能源消耗、生产技术特征、资源综合利用和污染物产生四个方面进行定量要求，并结合原辅材料、生产工艺及设备、符合国家政策的生产规模、环境管理体系建设及清洁生产审核以及贯彻执行环境保护法规的符合性五个方面进行定性要求，为全面推动酒精制造企业走资源节约和环境友好的道路给予支持。

（3）水污染物排放标准

2011年环境保护部颁布了《发酵酒精和白酒工业水污染物排放标准》（GB 27631—2011）代替了原来执行的《污水综合排放标准》（GB 8978—1996）。该标准适用于发酵酒精生产企业，标准中规定了企业水污染物排放浓度限值和单位产品污染物排放量，对促进酒精工业生产工艺和污染治理技术进步，加强酒精制造企业污染物的排放控制，维护良好的生态环境将起到促进作用。

但在实际执行中各地方是按照地方标准进行执行，并且常规测量指标只是COD、BOD、SS、氨氮，且氨氮不计入考核之内，对其他污染物总氮、总磷也均不进行考核。在“十二五”期间，国家将增加对氮、磷的考核力度。根据目前酒精行业的实际情况，大部分酒精企业现有废水治理工艺对磷的去除效果不明显，不能达到现有排放标准的要求。

3　酒精行业水污染物总量控制目标指标确定

3.1　行业发展趋势预测

酒精制造国民经济重要的基础原料产业。它作为酒基、浸提剂、洗涤剂、溶剂、表面活性剂等广泛应用于酿酒、化工、橡胶、涂料、电子、照相胶片、医药、香料、化妆品等行业领域。图2为2001～2010年间我国酒精产量和我国国内生产总值之间的关系，可以看出，随着国内生产总值的快速增长，我国酒精制造行业也一直处于快速增长的态势。图3为2001～2010年间我国酒精产量增长率和我国国内生产总值增长率之间的关系图，从中可以看出酒精行业的发展与国民经济的发展存在着密切的关系，并且具备相似的发展态势。

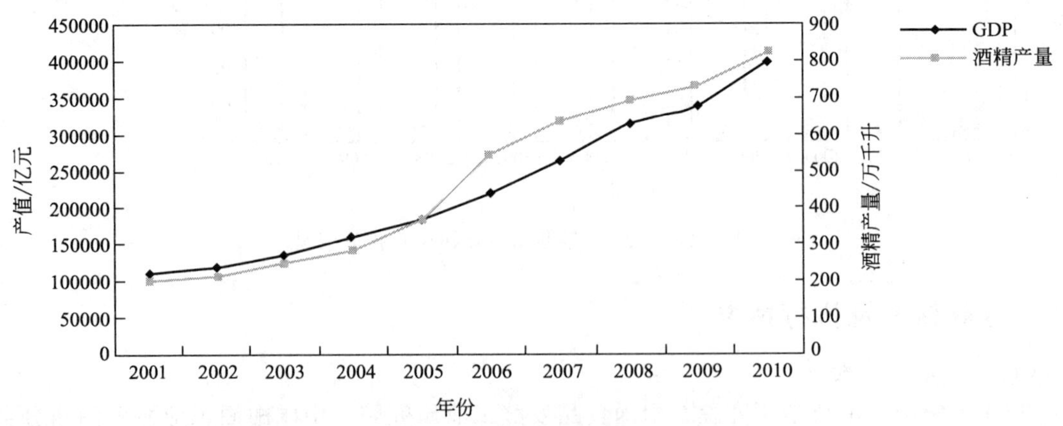

图2　GDP和酒精产量的线性关系

因此，在维持现有污染治理条件下，采用情景分析的方法预测“十二五”末期（2015年）我国酒精行业产量。假设三种情景，三种情景分别是2011～2015年5年间经济增速平均为7%、8%或9%，相应酒精产量增速平均增速为9%、10%或11%，预测结果见表1。

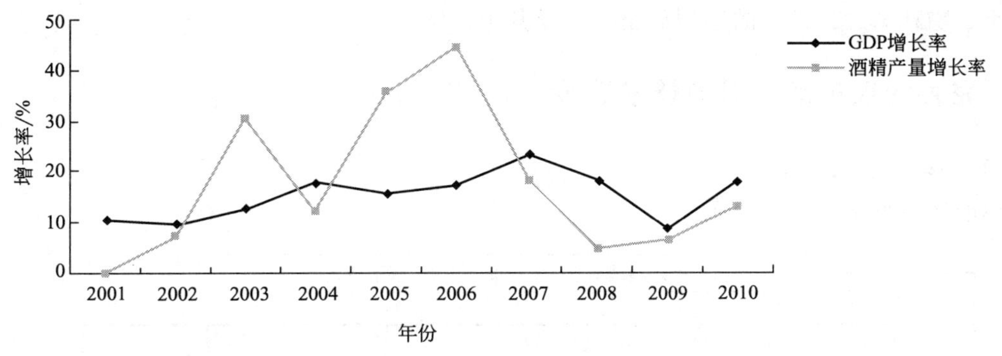

图 3　GDP 增长率和酒精产量增长率的线性关系

表 1　不同情景下分析结果

情景模式	经济增速	酒精产量增速	产品产量/万千升
1	7%	9%	1177
2	8%	10%	1221
3	9%	11%	1266

根据以上分析结果，可以看出“十二五”期间我国酒精工业的产量还将不断增加，产量的增加或多或少会导致污染物排放的增大。根据情景分析结果，预测我国“十二五”末期，酒精行业污染物排放量具体结果见表 2。

表 2　“十二五”末酒精行业污染物排放量

情景模式	产品产量/万千升	COD/t	氨氮/t
1	1177	57286	5595
2	1221	59427	5804
3	1266	61618	6018

3.2　“十二五”酒精行业水污染物总量控制目标

到 2015 年，全国酒精生产企业要求全部达标排放，水污染物排放量将得到有效控制；将引起的水体富营养化的总氮、总磷指标纳入到核查范围之内，排放量得到有效控制；规模以上企业完善处理设施，对已有废水进行深度处理。

到 2015 年，COD 排放量控制在 50400t，比 2008 年下降 5600t，削减率为 10%。氨氮排放量控制在 3300t，比 2008 年下降 360t，削减率为 9.8%。

表 3　不同情景模式相对应“十二五”末削减量

情景模式	COD/t			氨氮/t		
	COD排放量	COD削减量	2015 年COD 排放量	氨氮排放量	氨氮削减量	2015 年氨氮排放量
1	57286	6886	50400	5595	2295	3300
2	59427	9027	50400	5804	2504	3300
3	61618	11218	50400	6018	2718	3300

4　“十二五”行业重点污染物总量减排实施方案

4.1　加快产业结构调整进度

加快酒精行业的产业结构调整。在产能过剩的前提下，逐步关停年产量在 3 万吨以下和能耗高、物耗高、污染重的小型酒精企业及其生产线。

4.2 完善法规标准，引导技术进步

（1）体系框架设计

标准体系框架如图 4 所示。

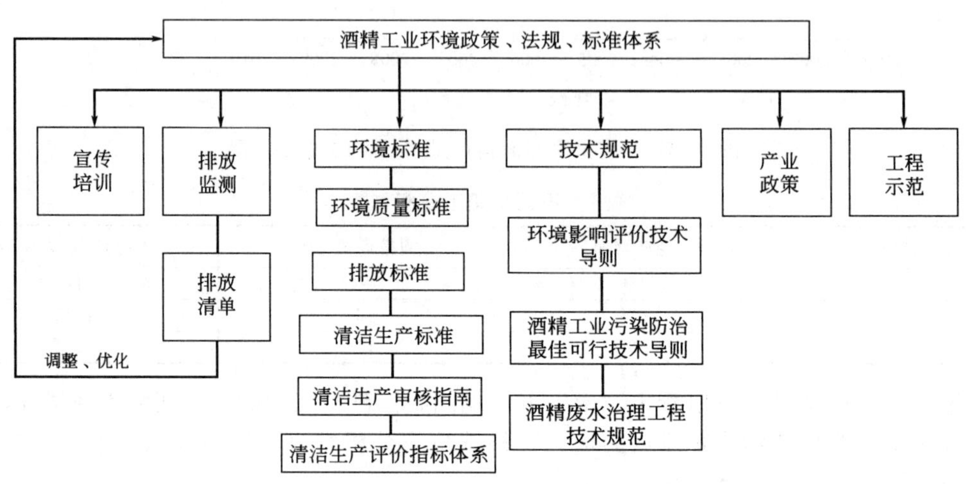

图 4 酒精工业环境政策、法规、标准体系

（2）修订《清洁生产标准 酒精制造业》（HJ/T 581—2010）

近几年，酒精行业发展迅猛，清洁生产标准的一些内容已经不符合行业的实际情况，应抓紧修订。修订的主要内容应包括生产规模、总氮和氨氮的产生量等指标，并且需要与《发酵酒精和白酒工业水污染物排放标准》（GB 27631—2011）的指标要求向匹配。

（3）修订《发酵行业清洁生产评价指标体系》（试行）

2007 年发布的《发酵行业清洁生产评价指标体系》（试行）要求每 3～5 年修订一次。同时，新的《清洁生产评价指标体系编制通则》即将颁布，当中规定行业的各项指标分别设定 I 级、II 级和 III 级评价基准值。因此，新的评价指标体系需要根据国家政策、酒精行业的最新发展状况和环境治理状况进行更新。

（4）制定最佳可行性技术导则

排放标准的颁布实施，有利于加强酒精行业污染控制。而 BAT 导则的制定，将为企业开展节能减排工作提供技术支持。同时，通过在重点酒精企业开展示范活动为先导，对开展 BAT 进行技术经济可行性评价。

4.3 积极推进酒精行业清洁生产，实现污染过程控制

2001～2010 年的 10 年间，我国酒精工业的污染减排工作取得了一定成效，但是许多方面与国外先进水平依然有不小的差距。如污染物的处理处置方面，国际上已采取规范的付费和专业有偿处理，委托有资质的机构进行处理；而我国尚停留在企业分散处置，处理成本较高。

在“十一五”期间，国家和地方大力开展末端治理工作，大中型酒精企业已经普遍采用了 UASB+CASS 污水处理工艺，大中型酒精企业均能达标排放。若要在现有基础上，进一

步降低酒精行业污染排放总量，必须从生产全过程控制，实施污染预防，推行清洁生产。因此，在“十二五”期间，应积极指导酒精企业进行清洁生产，推广最佳实用技术，主要减排技术包括：a. 玉米酒精糟生产全干燥蛋白饲料（DDGS）技术；b. 浓醪发酵技术；c. 喷射液化技术；d. 低温蒸煮技术；e. 离心清液回配技术；f. 沼气发酵处理技术；g. 冷却水循环利用技术；h. 脱胚玉米粉发酵技术等。

5　政策建议

5.1　加强政策引导，促进产业升级

鼓励兼并重组和淘汰落后企业。我国许多中小型酒精企业仍处在粗放型发展模式中，经营管理水平落后，经济效益差，长期处于亏损状态，造成高投入、高消耗、高排放。当前，我国酒精企业有400多家，其中登记备案的企业200余家。产量在8万吨以上的只有十几家，但其占全国总产量的90%以上，约40%的这些酒精企业能够稳定达标排放；其余部分企业虽进行了简单废水处理，但出水水质仍然不能稳定达标。

因此，我国应该大力支持大型酒精企业集团实施跨地区、跨产业的联合兼并，或采用其他多种形式的企业重组和资源优化配置，实施资本化经营，使具有优势的企业实现低成本的扩张、高起点发展。适度发展中型企业，逐步提高其生产规模，提高产品质量，实现规模效益。淘汰年产3万吨以下的小型企业，对已有的企业通过政府补贴等方式，进行技改或关停。

5.2　严格环境准入，控制产能增长

在市场规模不断扩大、产能过剩的形势下，严格实行市场准入制度、环境影响评价制度和“三同时”制度。提高环境准入门槛，对新、改、扩建项目中设施落后、用水量大、污染重、不符合行业政策标准的项目要从严审批，新、改、扩建项目的必须达到清洁生产标准二级指标的水平。暂停审批超过污染物总量控制指标的项目，实现减污增效的目的。

5.3　积极推行清洁生产

目前，国内酒精行业仍存在企业规模小，管理较差，酒损高，污染大等问题。“十二五”期间，国家将把实施清洁生产作为环境保护工作的重要抓手之一。酒精行业也应该在环境保护思路上进行调整，将“末端治理”转变为“源头控制”，大力推行清洁生产。

首先，应该在行业内部宣传环境保护、清洁生产、节能降耗等方面的法律法规、政策措施和技术方法。相关政府部门、协会、科研机构等应制定宣传和培训计划，定期、分批次对酒精企业进行宣传和培训。通过各方面的努力，使整个行业的节能降耗和污染减排的观念有根本性的转变、对先进的污染防治技术、治理技术的现状和发展趋势有更清晰的了解。

其次，应建立酒精行业的清洁生产服务体系，主要包括：清洁生产审核培训机构、技术咨询和信息服务机构、节约能源服务机构、专家库等。

此外，国家要在政策和资金上对中小型企业有一定的扶持。措施应包括：设立中小企业清洁生产基金，开展清洁生产审核以及实施清洁生产方案的中小企业，可以向该基金管理机构申请低利息或无利息的贷款；国家设立的环境保护补助经费可以用于清洁生产项目，对中小型酒精企业的清洁生产审核给予补助。

5.4　加强污染排放监管力度

（1）严格监管，实现污染源稳定达标排放。

加强重点企业的环保核查工作。在核查过程中，注意核查污染防治设施的运行情况，保证污染设施的满负荷运行；建立企业污染物排放总量台账，台账的内容包括各污染因子的排放量和浓度、设施建成的时间、检修时间、费用、运行费用、处理效率等；重要污染企业，要安装在线监控系统，并且保证监控设施的正常运行。

（2）加强环境保护执法队伍建设。

利用环保部门的监理执法队伍，加大对水资源和水环境保护，严格对直排、偷排废水的行为予以查处。重点加强地方环境保护部门执法队伍的建设，开展酒精行业相关知识的业务培训。

参考文献

[1] 陈克复．轻工重点行业节约资源和保护环境的战略研究．北京：中国轻工业出版社，2011.
[2] 陈金荣，谢丽，罗刚等．高温 CSTR-中温 UASB 两级厌氧处理木薯酒精废水．工业水处理，2011，31（2）：33-36.
[3] 陈世忠，祁德福，王续强．喷射液化在酒精生产中的应用．酿酒，2002，29（1）：62-64.
[4] 陈西伟．低温液化回收酒精发酵二氧化碳的技术探讨．阜阳师范学院学报（自然科学版），2003，20（1）：39-42.
[5] 国家发展和改革委员会．《产业结构调整指导目录》（2011 年本）.
[6] 环境保护部．《酿造工业废水治理工程技术规范》（HJ 575—2010）.
[7] 环境保护部．《清洁生产标准 酒精制造业》（HJ 581—2010）.
[8] 环境保护部．《清洁生产审核指南 酒精制造业》（征求意见稿）.
[9] 国家发展与改革委员会．《发酵行业清洁生产评价指标体系》（试行）.
[10] 环境保护部，国家质量监督检验检疫总局．《发酵酒精和白酒工业污染物排放标准》（GB 27631—2011）.
[11] 李建军，李中豫．DDGS 蒸发浓缩系统的节能降耗改造，2003，30（5）：68-69.
[12] 李克勋，王太平，张振家．薯干酒精糟液治理途径探讨．工业水处理，2005，（2）：13-15.
[13] 李梅，刘艳菊，张兆海．UASB＋接触氧化＋SBR 工艺在酒精废水处理中的应用．水处理技术，2007，33（8）：82-84.
[14] 李亚强，刘志刚，赵庆民等．玉米酒精废醪蒸发废水处理工程．水处理技术，2006，32（11）：89-91.
[15] 李兆春，郑朔方，侯文华等．玉米酒精糟液生产高蛋白饲料的清洁生产工艺．工业用水与废水，2005，36（3）：27-29.
[16] 罗刚，谢丽，周琪等．高温厌氧 CSTR 反应器处理木薯酒精废水研究．中国给水排水，2008，24（9）：13-16.
[17] 马赞华．酒精高效清洁生产新工艺．北京：化学工业出版社，2003.
[18] 李卓丹．论我国酒精工业推行清洁生产的潜力和机会．环境科学研究，1999，12（2）：1-7.
[19] 邱俊伟．采用脱皮工艺的玉米干法加工技术．食品与饲料工业，2011，（4）：12-13.
[20] 王侠，马振忠，张国柱等．采用 DDG 加沼气工艺综合利用酒精糟液．酿酒科技，2000，（4）：74-76.
[21] 王新刚，吕锡武，戴世明等．UASB-接触氧化工艺处理酒精废醪．给水排水，2007，33（1）：55-56.
[22] 肖冬光，许葵，李瑞青．酒精浓醪发酵生产工艺的优化．酿酒科技，2004，（6）：40-42.
[23] 谢林，刘凯，张禾．酒精离心液回流工艺的探讨．酿酒科技，2001，（5）：81-82.
[24] 徐晓伟，尹芳，徐锐，李建昌，刘士清，陈玉保，张无敌．酒精废醪液中温沼气发酵的研究．酿酒科技，2009，（10）：95-97.
[25] 张超．厌氧好氧工艺设计处理酒精生产废水．污染防治技术，2006，19（2）：57-58，68.
[26] 章易方．酒精生产低温蒸煮的工艺关键．酿酒科技，1993，（3）：25-27.
[27] 张毅，步德新，潘勇伟．UASB-CASS-接触氧化工艺处理玉米酒精废水．环境工程，2005，23（10）：10-12.
[28] 中国轻工业联合会．中国轻工业年鉴 2011.
[29] 朱坚真，莫澎，叶盛权．中国酒精生产与经营．北京：化学工业出版社，2009.
[30] 朱平．酒精生产中的连续喷射液化技术．酿酒科技，2001，（5）：86-87.

第二篇

环境保护标准

国内外造纸行业水污染排放标准比较研究

宋云[1]，张琳[1]，郭逸飞[1]，王志芳[2]，李晓鹏[1]
（1 中国轻工业清洁生产中心，北京，100012；
2 中华人民共和国环境保护部环境保护对外合作中心，北京，100035）

摘要：中国是造纸大国。制浆造纸在中国属于重污染行业。2008 年国家发布的《制浆造纸工业水污染物排放标准》，对污染物排放提出了新要求。本文通过将该标准与国外造纸行业相关的水污染物排放标准进行比较研究，找出我国标准与国外的差别，并为完善我国造纸行业水污染物排放标准提出建议。

关键词：造纸；水污染物；排放标准

Comparative Study on Water Pollutants Discharge Standards for Domestic and International Paper Industries

SONG Yun[1], WANG Zhifang[2], GUO Yifei[1], ZHANG Lin[1]
(1. China Cleaner Production Center of Light Industry, Beijing, 100012;
2. Foreign Economic & Cooperation Office-Ministry of Environmental Protection of the People's Republic of China, Beijing, 100035)

Abstract: China is a large producer of paper products. Chinese pulp & paper industry is also an important pollution source. To cope with the environmental issues, China proclaimed the "Discharge standard of water pollutants for pulp and paper industry" (GB 3544—2008). This paper compares this standard with many standards in other countries, to find out the differences. Some recommendations will be proposed to integrate China's water pollutants discharge standard for pulp & paper industry.

Key words: pulp & paper; water pollutants; discharge standard

近十年来，我国造纸工业飞速发展。2009 年纸及纸板产量已达到 8640 万吨，首次超过美国，成为纸及纸板生产世界第一大国；纸浆产量达到 1726 万吨，仅次于美国，位列第二。造纸行业属于水污染较重的行业，所以水污染物排放标准制定及执行的好坏，对于本行业污染物的排放控制有着至关重要的作用。

1　我国制浆造纸行业水污染物排放标准概况

目前正在执行的排放标准为《制浆造纸工业水污染物排放标准》（GB 3544—2008），在原有标准污染物指标的基础上，不仅对 COD、AOX 等污染物提出了更严格的要求，还增加了二噁英、氨氮、总氮和总磷指标。新标准简化了废水排放污染物的分类，2001 年版排放标准将污染物排放限值分为五类，而新标准只分为三类。自 2011 年 7 月 1 日起，所有制浆造纸企业都要执行 GB 3544—2008 中表 2 的排放限值，如表 1 和表 2 所列。

表 1　我国制浆造纸行业现行水污染物排放限值

企业生产类型		制浆企业	制浆与造纸联合企业	造纸企业
排放限值	pH 值	6～9	6～9	6～9
	色度(稀释倍数)	50	50	50
	悬浮物/(mg/L)	50	30	30
	5 日生化需氧量/(mg/L)	20	20	20
	化学需氧量/(mg/L)	100	90	80
	氨氮/(mg/L)	12	8	8
	总氮/(mg/L)	15	12	12
	总磷/(mg/L)	0.8	0.8	0.8
	AOX/(mg/L)	12	12	12
	二噁英/(pg TEQ/L)	30	30	30
单位产品基准排水量/(t/t 浆)		50	40	20

表 2　我国制浆造纸行业水污染物排放限值

企业生产类型		制浆企业	制浆与造纸联合企业	造纸企业
单位产品污染物排放限值	悬浮物/(kg/t)	2.5	1.2	0.6
	5 日生化需氧量/(kg/t)	1.0	0.8	0.4
	化学需氧量/(kg/t)	5.0	3.6	1.6
	氨氮/(kg/t)	0.6	0.32	0.16
	总氮/(kg/t)	0.75	0.48	0.24
	总磷/(kg/t)	0.04	0.032	0.016
	AOX/(kg/t)	0.6	0.48	0.24
	二噁英/(pg TEQ/L)	30	30	30
单位产品基准排水量/(t/t 浆)		50	40	20

2　主要国家和地区制浆造纸污染排放标准分析

2.1　美国

美国国家环保局（EPA）在 1997 年 11 月发布了修正后的制浆厂废水排放限制准则。在该标准中，根据不同浆纸将污染物排放限值分为 12 大类，在这 12 大类中，又按最终产品的不同做了更具体的划分，如漂白硫酸盐木浆和烧碱法木浆，又分为 4 个子类——生产商品漂白硫酸盐木浆的企业，生产纸板、薄型纸和漂白硫酸盐木浆的企业，生产高级纸和漂白硫酸盐木浆的企业，有烧碱法木浆的制浆造纸联合企业。对于 BOD、SS 等常规污染物，标准中规定了与最佳实用技术（BPT）和最佳常规污染控制技术（BCT）技术相关的排放限值。而有毒有害污染物的排放限值以 BAT 为基础制定（见表 3～表 8）。

表 3　制浆造纸工业现源废水中常规污染物排放限值　　单位：kg/t

序号	类别	所包含子类	BOD_5		SS	
			日最高	月均	日最高	月均
1	硫酸盐法溶解浆		23.6	12.25	37.3	20.05
2	本色硫酸盐木浆	本色硫酸盐浆	5.6	2.8	12	6.0
		用本色硫酸盐木浆和半化学浆生产浆和纸的企业	8	4	12.5	6.25

续表

序号	类别	所包含子类	BOD$_5$		SS	
			日最高	月均	日最高	月均
3	漂白硫酸盐木浆及碱法木浆	漂白硫酸盐商品浆	15.45	8.05	30.4	16.4
		有漂白硫酸盐浆生产的纸板企业	13.65	7.1	24	12.9
		有漂白硫酸盐浆生产的高级纸生产企业	10.6	5.5	22.15	11.9
		有碱法浆生产的浆纸联合企业	13.7	7.1	24.5	13.2
4	机械浆	化机浆	13.5	7.05	19.75	10.65
		热磨机浆	10.6	5.55	15.55	8.35
		有机械浆生产的新闻纸、粗纸企业	7.45	3.9	12.75	6.85
		有机械浆生产的高级纸生产企业	6.85	3.6	11.75	6.3
5	亚硫酸盐法溶解浆	硝基脂	41.4	21.5	70.65	38.05
		胶粘纤维	44.3	23	70.65	38.05
		玻璃纸	48.05	24.95	70.65	38.05
		乙酸酯	50.80	26.40	70.65	38.05
6	亚硫酸盐木浆	亚硫酸氢盐浆（洗放法、表面冷凝器）	31.8	16.55	43.95	23.65
		亚硫酸氢盐浆（洗放法、气压式冷凝器）	34.7	18.05	52.2	28.1
		酸性亚硫酸盐浆（洗放法、表面冷凝器）	32.3	16.8	43.95	23.65
		酸性亚硫酸盐浆（洗放法、气压式冷凝器）	35.55	18.5	52.2	28.1
		亚硫酸氢盐浆（喷放法、表面冷凝器）	26.7	13.9	43.95	23.65
		亚硫酸氢盐浆（喷放法、气压式冷凝器）	29.4	15.3	52.2	28.1
		酸性亚硫酸盐浆（喷放法、表面冷凝器）	29.75	15.5	43.95	23.65
		酸性亚硫酸盐浆（喷放法、气压式冷凝器）	32.5	16.9	52.2	28.1
		连续蒸煮器	38.15	19.85	53.75	28.95
7	半化学浆	亚铵法	8	4	10	5
		亚钠法	8.7	4.35	11.0	5.5
8	非木化学浆		保留①	保留①	保留①	保留①
9	废纸脱墨浆		18.1	9.4	24.05	12.95
10	废纸本色浆	废纸制未涂布纸板企业	3.0	1.5	5.0	2.5
		废纸制涂布纸板企业	5.7	2.8	9.2	4.6
11	非综合性高级纸企业		8.2	4.25	11.0	5.9
12	非综合性薄型纸企业		11.4	6.25	10.25	5

① 设置了项目，但没有制定排放限值。

表 4　漂白硫酸盐法和烧碱法制浆厂现源执行 BAT 时废水中有毒有害污染物排放限值（未使用 TCF 漂白技术）

<table>
<tr><th>污染物</th><th colspan="2">月平均</th><th colspan="2">日最大</th><th>适用范围</th><th>附注</th></tr>
<tr><td colspan="7">直接排放的纸厂废水排放限制</td></tr>
<tr><td>TCDD</td><td colspan="2">未规定</td><td colspan="2"><ML(见表 7)</td><td>漂白浆厂/每月</td><td rowspan="5">EPA 要求说明鉴定方案</td></tr>
<tr><td>TCDF</td><td colspan="2">未规定</td><td colspan="2">31.9pg/L</td><td>漂白浆厂/每月</td></tr>
<tr><td>其他 12 种化合物</td><td colspan="2">未规定</td><td colspan="2"><ML(见表 7)</td><td>漂白浆厂/每月</td></tr>
<tr><td>三氯甲烷</td><td colspan="2">4.14g/t</td><td colspan="2">6.92g/t</td><td>漂白浆厂/每周</td></tr>
<tr><td>AOX/(kg/t)</td><td>0.623
（月均）</td><td colspan="2">0.951
（日最大）</td><td>0.512
（年平均）</td><td>终端废水/每日</td></tr>
<tr><td>COD</td><td>保留①</td><td colspan="2">保留①</td><td>保留①</td><td></td><td></td></tr>
</table>

① 设置了项目，但没有制定排放限值。

表 5　漂白硫酸盐法和烧碱法制浆厂现源执行 BAT 时废水中有毒有害污染物排放限值（使用 TCF 漂白技术）

污染物	月平均/(kg/t)	日最大/(kg/t)
AOX	未规定	<ML(见表 7)
COD	保留①	保留①

① 设置了项目，但没有制定排放限值。

在规定现源的同时，标准也对新源的排放限值做出规定，见表 6、表 7。

表 6　制浆造纸工业新源废水中常规污染物排放限值　　单位：kg/t

类别	制浆工艺	BOD_5		SS	
		日最高	月均	日最高	月均
硫酸盐法溶解浆		15.6	8.4	27.3	14.3
本色硫酸盐木浆	本色硫酸盐浆生产挂面纸板	3.4	1.8	5.8	3
	用本色硫酸盐木浆生产纸袋纸和其他纸产品的企业	5	2.71	9.1	4.8
漂白硫酸盐木浆及碱法木浆		4.52	2.41	8.47	3.86
机械浆	热磨机浆	4.6	2.5	8.7	4.6
	有机械浆生产的新闻纸、粗纸企业	4.6	2.5	7.3	3.8
	有机械浆生产的高级纸生产企业	3.5	1.9	5.8	3
亚硫酸盐法溶解浆	硝基脂	26.9	14.5	40.8	21.3
	胶粘纤维	28.7	15.5	40.8	21.3
	玻璃纸	31.2	16.8	40.8	21.3
	乙酸酯	39.6	21.4	41.1	21.5
亚硫酸盐法浆		4.38exp (0.017x)	2.36exp (0.017x)	5.81exp (0.017x)	3.03exp (0.017x)
非木化学浆		保留①	保留①	保留①	保留①
废纸脱墨浆	用脱墨浆生产高级纸	5.7	3.1	8.7	4.6
	用脱墨浆生产薄型纸	9.6	5.2	13.1	6.8
废纸本色浆	废纸制未涂布纸板企业	2.6	1.4	3.5	1.8
	废纸制涂布纸板企业	3.9	2.1	4.4	2.3
非综合性高级纸企业		3.5	1.9	4.4	2.3
非综合性薄型纸企业		7	3.4	6	2.6

① 设置了项目，但没有制定排放限值。

表 7　漂白硫酸盐法和烧碱法制浆厂新源执行 BAT 时废水中有毒有害污染物排放限值

污染化合物	月平均	日最大
未使用 TCF 漂白技术		
TCDD	未规定	＜ML(见表 8)
TCDF	未规定	31.9pg/L
其他 12 种化合物	未规定	＜ML(见表 8)
三氯甲烷	4.14g/t	6.92g/t
AOX	0.272kg/t	0.476kg/t
COD	保留①	保留①
使用 TCF 漂白技术		
AOX	未规定	＜ML(见表 8)

① 设置了项目，但没有制定排放限值。

表 8　特定氯化有机物的最低水平（ML）

化合物	最低水平	EPA 试验方法	化合物	最低水平	EPA 试验方法
2,3,7,8-TCDD	10pg/L	1613	4,5,6-三氯磷甲氧基苯酚	2.5μg/L	1653
2,3,7,8-TCDF	10pg/L	1613	四氯磷甲氧基苯酚	5.0μg/L	1653
2,4,6-三氯酚	2.5μg/L	1653	3,4,6-三氯儿萘酚	5.0μg/L	1653
2,4,5-三氯酚	2.5μg/L	1653	3,4,5-三氯儿萘酚	5.0μg/L	1653
2,3,4,6-四氯酚	2.5μg/L	1653	四氯邻苯二酚	5.0μg/L	1653
五氯苯酚	5.0μg/L	1653	三氯紫丁香醇	2.5μg/L	1653
3,4,6-三氯磷甲氧基苯酚	2.5μg/L	1653	AOX	20μg/L	1650
3,4,5-三氯磷甲氧基苯酚	2.5μg/L	1653			

2.2　加拿大

加拿大造纸行业污染物排放标准如表 9 所列。除了国家标准外，加拿大有些省份还制定了本省的排放标准，如 Alberta 省，其制定的制浆造纸排放标准如表 10 所列。

表 9　加拿大联邦法规的废水排放限制值　　单位：kg/t 风干浆

纸厂类型	BOD_5		SS		AOX
	按日	按月	按日	按月	
制浆造纸厂	12.5	7.5	18.75	11.25	漂白硫酸盐木浆:0.6 漂白亚硫酸盐木浆:1.0

表 10　加拿大 Alberta 省造纸排放标准

指标名称	浆厂排放技术标准(1992 年后)	
	月平均值/(kg/ADt)	日最大值/(kg/ADt)
BOD_5	1.5	3.0
TSS	3.0	6.0
AOX(仅漂白硫酸盐木浆)	0.5	1.0
色度(稀释倍数)	50	100
二噁英及呋喃(仅漂白硫酸盐木浆)	不得检出	
急性毒性	鳟鱼实验,≥50%存活率	
pH 值	6～9.5	

加拿大国家标准中针对造纸行业只对大气中的二噁英排放限值做了规定，而针对废水中的二噁英排放没有具体的限值要求。但是加拿大有些省针对二噁英提出要求，如 Albera 省就规定针对漂白硫酸盐木浆二噁英及呋喃不得检出。可以看出，虽然加拿大国家标准没有对二噁英提出规定，但是制浆造纸重点省份提出了严于国家标准的 AOX 和二噁英排放要求。

2.3　欧盟

2001 年版的欧盟综合污染预防与控制指令（IPPC）中《制浆造纸工业最佳可行技术（BAT）参考文件》（BREF）制订了与 BAT 相关的制浆造纸工业的排放限值（ELV），如表 11 所示。

表 11　欧盟制浆造纸业 BREF 文件（IPPC，2001）

产品名称	排水量/(m^3/t)	COD/(kg/t)	BOD/(kg/t)	悬浮物/(kg/t)	AOX/(kg/t)	TN/(kg/t)	TP/(kg/t)
本色硫酸盐木浆	15～25	5～10	<0.2～0.7	0.3～1	—	0.1～0.2	0.01～0.02
漂白硫酸盐木浆	30～50	8～23	<0.3～1.5	0.6～1.5	<0.25	0.1～0.25	0.01～0.03
CTMP 浆	15～20	10～20	<0.5～1.0	0.5～1	—	0.1～0.2	0.005～0.01
用磨木浆的新闻纸、SC、LWC(综合厂)	12～20	2～5	<0.2～0.5	0.2～0.5	<0.01	0.004～0.1	0.004～0.01
用废纸的新闻纸、印刷纸、书写纸(综合厂)	8～15	2～4	<0.05～0.5	0.1～0.3	<0.5	0.05～0.1	0.005～0.01
废纸为原料的生活用纸	8～25	2～4	<0.05～0.4	0.1～0.4	<0.5	0.05～0.25	0.005～0.015
木浆为原料的生活用纸(非综合厂)	10～25	0.4～1.5	<0.15～0.4	0.2～0.4	<0.01	0.05～0.25	0.003～0.015
不涂布高级纸(非综合厂)	10～15	0.5～2.0	<0.15～0.25	0.2～0.4	<0.005	0.05～2	0.003～0.01
涂布高级纸(非综合厂)	10～15	0.5～1.5	<0.15～0.25	0.2～0.4	<0.005	0.05～2	0.003～0.01
用废纸的瓦楞原纸、挂面纸板，涂布白纸板(综合厂)	<7	0.5～1.5	<0.05～0.15	0.05～0.15	<0.05	0.02～0.05	0.002～0.005

欧盟的 IPPC 指令中规定对具有高度潜在污染的工业和农业活动实施许可，只有在满足环境条件时才会授予许可。企业自身承担预防和减少其可能造成的污染的责任，而其许可条件之一就是要达到以 BAT 技术为基础的排放限值。

欧盟指标里除了对 COD、BOD、AOX 等做出规定外，还对总氮和总磷规定了排放限值。但是没有对废水中的二噁英的排放做出规定，因为其 AOX 的排放限值是根据在 BREF 提出的 BAT 技术制定的。这些技术包括深度脱木素技术、氧脱木素、ECF 和 TCF 等，通过这些技术已可保证其二噁英的产生量降到探测不到的水平，所以可以通过监控 AOX 的排放限值来间接控制二噁英的排放。

目前，欧盟正在对 BREF 文件进行修订，其 BREF 编制小组将对有关 BAT 技术及排放限值进行更新。而对于 AOX，小组讨论的结果是由于目前没有一个可以替代 AOX 指标的方法来监控废水中的卤代物，所以还将使用 AOX 作为监控废水中卤代物的指标。

2.4 德国

德国目前的造纸环保立法中，并没有单位（产量）排水量要求，除 COD 和 AOX 指标以单位排放负荷（kg/t）表示外，其他指标均以浓度值（mg/L）表示。德国的造纸行业排放标准如表 12 所列。对于制浆企业，除了规定排放限值外，还规定了企业必须采取的工艺措施，如碱回收率要达到 98%、使用无元素氯漂白等。

表 12　德国纸与纸板废水排放限值

生产类型	TSS /(mg/L)	COD_{Cr} /(kg/t)	BOD_5 /(mg/L)	TN /(mg/L)	TP /(mg/L)	AOX /(kg/t)
硫酸盐和亚硫酸盐浆	—	老厂:40 新厂:25	30	10	2	老厂:0.35 新厂:0.25(使用 ECF 漂白的生产企业)
不施胶无机械木浆纸	50	3	25	10	2	一般情况造纸废水中不得检出 AOX,但针对使用湿强剂的纸产品,废水 AOX 为 0.06kg/t(25%以下抗湿损能力);0.1kg/t(25%以上抗湿损能力);装饰纸为 0.1kg/t;使用卤素分离剂进行除味的纸为 0.6kg/t
施胶无机械木浆纸	50	6	25	10	2	
无机械木浆的、高精磨特种纸	50	9	25	10	2	
羊皮纸	50	12	—	—		
非机械木浆涂布纸	—	2	25	10	2	
含机械木浆纸	—	3	25	10	2	
废纸为原料的再生纸	—	5	25	10	2	

2.5 法国

法国制浆造纸行业排放标准如表 13 所列。此外，对于外排废水还有以下要求：a. pH 值保持在 5.5～8.5 之间；b. 温度低于 30℃（使用厌氧废水处理时为 35℃）；c. 色度低于 100mgPt/L；d. 酚类物质低于 0.3mg/L 或 3g/d；e. AOX 低于 5mg/L 或 30g/d：f. 总碳氢化合物低于 10mg/L 或 100g/d；g. 对毒性和生物积累物质（包括不少有机和无机化合物）外加的具体要求。

表 13　法国纸与纸板废水排放限值

工厂类型		TSS /(kg/t 风干浆)		BOD_5 /(kg/t 风干浆)		COD_{Cr} /(kg/t 风干浆)	
		老厂	新厂	老厂	新厂	老厂	新厂
机械浆厂	未漂	0.9	0.7	2.0	1.5		
	漂白	0.9	0.7	0.9	0.7	3.9	3.0

续表

工厂类型		TSS /(kg/t 风干浆)		BOD_5 /(kg/t 风干浆)		COD_{Cr} /(kg/t 风干浆)	
		老厂	新厂	老厂	新厂	老厂	新厂
TMP 厂	未漂	0.9	0.7	5.9	4.5		
	漂白	0.9	0.7	0.9	0.7	7.8	6.0
CTMP 厂	未漂	3.9	3.0	15.6	12.0		
	漂白	0.9	0.7	5.2	4.0	20.8	16.0
硫酸盐浆厂(硬木)	未漂	2.0	1.5	19.5	15.0		
	漂白	6.5	5.0	2.6	2.0	32.5	25.0
硫酸盐浆厂(软木)	未漂	2.6	2.0	26.0	20.0		
	漂白	6.5	5.0	3.9	3.0	65.0	50.0
亚硫酸盐浆厂		6.5	5.0	6.5	5.0	45.5	35.0
脱墨废纸浆厂		0.9	0.7	5.2	4.0		
含原纤维 90%以上的纸厂,无填料		1.5	0.7	1.0	0.7	4.0	2.5
含原纤维 90%以上的纸厂,加填料或有涂布		1.5	0.7	1.5	0.7	6.0	3.0
含原纤维 90%以上的纸厂,加填料且有涂布		1.5	0.7	2.0	0.7	8.0	3.0
含废纸 90%以上的纸厂,无填料		1.5	0.7	1.5	0.7	6.0	3.0
含废纸 90%以上的纸厂,加填料或有涂布		1.5	0.7	2.0	0.7	8.0	4.0
含废纸 90%以上的纸厂,加填料且有涂布		1.5	0.7	2.0	0.7	8.0	4.0

2.6 印度尼西亚

印度尼西亚的造纸废水排放标准如表 14 所列。

表 14 印尼造纸行业污染物排放限值

生产类型	TSS		BOD_5		COD_{Cr}	
	吨产品排放量 /(kg/t)	浓度 /(mg/L)	吨产品排放量 /(kg/t)	浓度 /(mg/L)	吨产品排放量 /(kg/t)	浓度 /(mg/L)
浆厂	20	200	15	150	35	350
纸厂	10	125	10	125	20	250
纸浆造纸厂	25.5	150	25.5	150	59.5	350

2.7 其他

澳大利亚 1994 年针对新建漂白桉树硫酸盐浆厂的总悬浮颗粒的吨产品排放标准为 8kg/t，BOD_5 的标准为 7kg/t（日最高），根据年排水量的动态平均值和工厂额定生产量日测值的 AOX 标准分别为 1kg/t 和 2.5kg/t。中国台湾地区 1998 年针对制浆和造纸工艺的悬浮颗粒浓度标准分别为 50mg/L 和 30mg/L，COD_{Cr}标准分别是 150kg/t 和 100kg/t。

3 国内外标准对比研究

在对我国和国外的制浆造纸污染物排放标准进行回顾的基础上，通过分析与对比研究，对发达国家造纸行业的污染物排放标准制定原则加以评估，对未来我国造纸行业排放标准的制定工作提供技术支撑。

3.1 制浆企业

3.1.1 BOD_5

根据我国制浆企业的标准与国外浆厂的 BOD 排放标准进行对比，我们得出以下结果

（注：美国和加拿大标准采用月平均值统计；法国制浆造纸以新厂进行分析）。

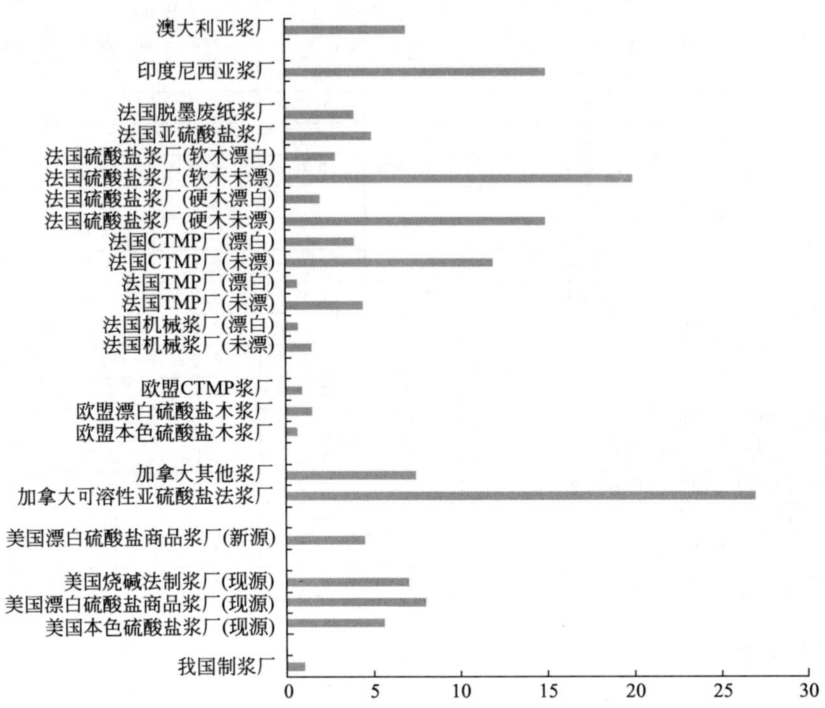

图 1　国内外浆厂 BOD_5 排放标准比较（以单位产品排放量计算：kg/t）

图 1 显示我国制浆生产的 BOD_5 排放标准已经与欧盟基本持平，属于国际上最严格的水平范围。

3.1.2　COD_{Cr}

根据我国制浆企业的标准与国外浆厂的 COD 排放标准进行对比，我们得出以下结果，如图 2 所示（注：法国制浆造纸以新厂进行分析）。

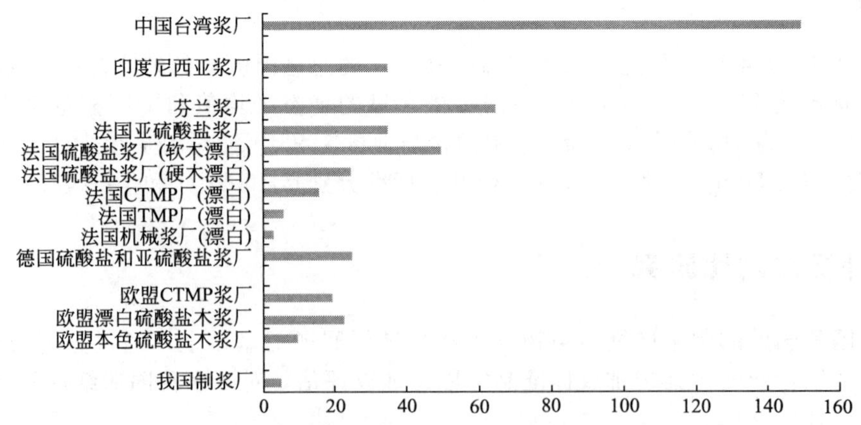

图 2　国内外制浆厂 COD 排放标准对比（以单位产品排放量计算：kg/t）

结果表明，我国制浆厂的 COD_{Cr} 排放标准在世界上已经属于最为严格的水平，尤其是对于漂白化学浆生产企业，欧盟对于漂白硫酸盐木浆 COD_{Cr} 的排放限值是 8～23kg/t 之间，而我国只有 5kg/t。

3.1.3 AOX

根据我国制浆企业的标准与国外浆厂的 AOX 排放标准进行对比，我们得出以下结果，如图 3 所示（注：美国标准采用月平均值统计；澳大利亚标准采用年排水量的动态平均值）。

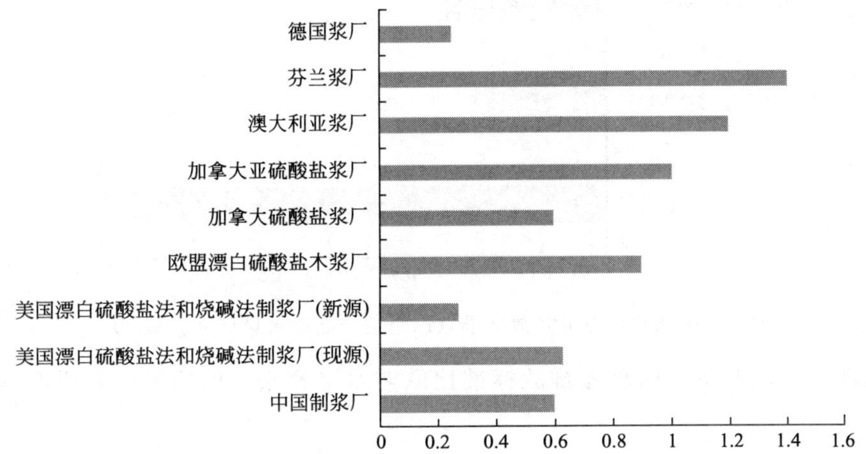

图 3　国内外浆厂 AOX 排放标准对比（以单位产品排放量计算：kg/t）

根据结果可知，我国的 AOX 指标值高于美国（新源）和欧盟的指标值，而比美国（现源）、澳大利亚和芬兰的标准严格。美国标准是针对漂白硫酸盐木浆，其对于现源，规定的是在使用 ECF 漂白的情况下的排放限值，而对于新源的排放限值，除了使用 ECF 漂白外，还必须使用氧脱木素技术后达到的排放限值。我国大型漂白硫酸盐木浆生产企业均采用了氧脱木素和 ECF 漂白，但是大量的草浆生产企业，尤其是麦草浆生产企业大都还是使用 CEH 三段漂技术，其 AOX 的发生量一般在 3～4kg/t。所以对于草浆企业，如果不改进漂白工艺，其 AOX 无法达标。

3.1.4 二噁英

表 15 为我国浆纸联合企业与美国标准的对比情况，可以看出，我国只是规定了一个二噁英类的总的限值，而美国标准中，将二噁英类分为二噁英和呋喃两类，其中 2,3,7,8-TCDD 要低于检测限，2,3,7,8-TCDF 为 31.9pg/L。而对于使用 TCF 漂白的企业没有规定。

表 15　我国浆纸联合企业与美国标准的对比情况　　单位：pg/L

中国浆纸联合企业	30
美国有漂白硫酸盐木浆 TCDD	<ML
美国有漂白硫酸盐木浆 TCDF	31.9

注：美国二噁英排放限值是针对未使用 TCF 漂白工艺的生产企业

从表 15 可以看出，我国浆厂二噁英的排放限值与美国漂白硫酸盐木浆厂的比较接近，但是美国标准中二噁英的排放限值是指 2,3,7,8-TCDF 的量，而对于 2,3,7,8-TCDD，美国标准中要求是低于检测限，而我国是二噁英类的总量的排放限值。

3.1.5 总氮

根据我国制浆企业的标准与欧盟浆厂的总氮排放标准进行对比，结果如图 4 所示。

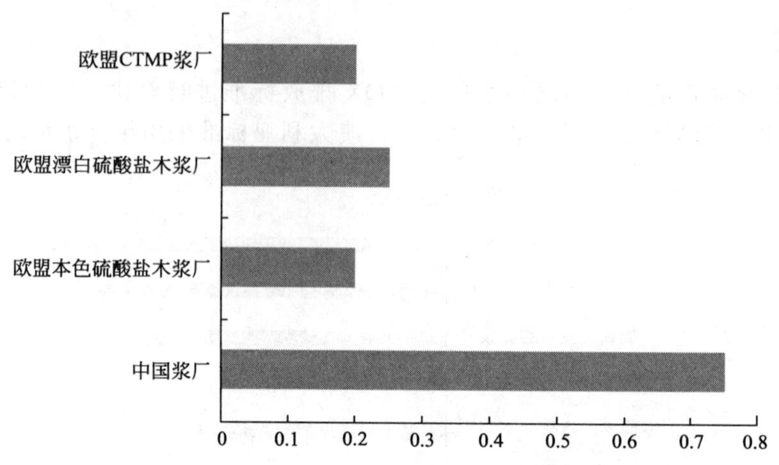

图 4　中欧浆厂总氮排放标准（以单位产品排水量计算：kg/t）

结果表明，我国制浆厂的总氮排放标准比欧盟水平宽松，而别的国家没有对总氮提出要求。

3.1.6　总磷

根据我国制浆企业的标准与欧盟浆厂的总磷排放标准进行对比，结果如图 5 所示。

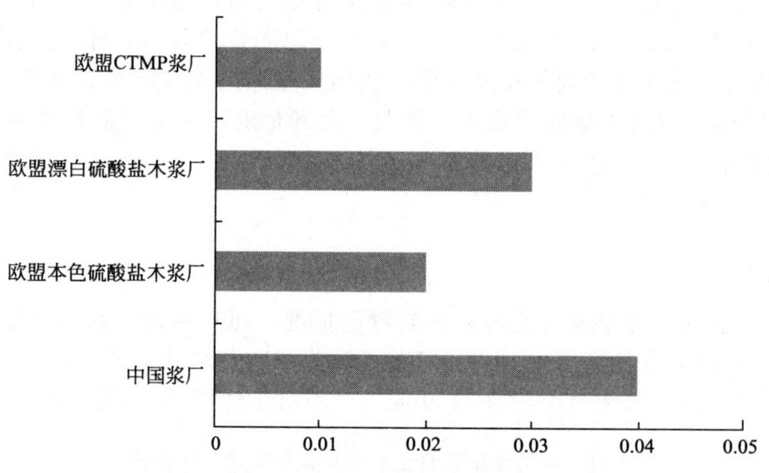

图 5　中欧浆厂总磷排放标准（以单位产品排水量计算：kg/t）

结果表明，我国制浆厂的总磷排放标准比欧盟水平宽松，而别的国家没有对总磷提出要求。

3.2　制浆造纸联合企业

3.2.1　COD_{Cr}

美国标准没有对 COD 做出具体限值的规定。而从表 16 可以看出，我国浆纸联合企业规定的 COD 限值在欧盟规定的 COD 范围内，但欧盟的标准主要是针对磨木浆和废纸浆造纸，而没有针对化学浆联合企业的 COD 排放限值的规定，而有化学浆生产的浆纸联合企业，其 COD 产生量要高于磨木浆和废纸浆。

表 16　我国和欧盟浆纸联合企业 COD 限值对比　　单位：kg/t

中国浆纸联合企业	3.6
欧盟磨木浆新闻纸、sc、lwc 纸	2～5
欧盟废纸生产新闻纸、印刷纸、书写纸厂	2～4
欧盟废纸制生活用纸	2～4
欧盟废纸生产纸板、瓦楞原纸	0.5～1.5

3.2.2　BOD_5

图 6 为我国浆纸联合企业 BOD_5 与美国和欧盟的指标限值的比较情况（注：美国标准采用月平均值统计，单位：kg/t）。

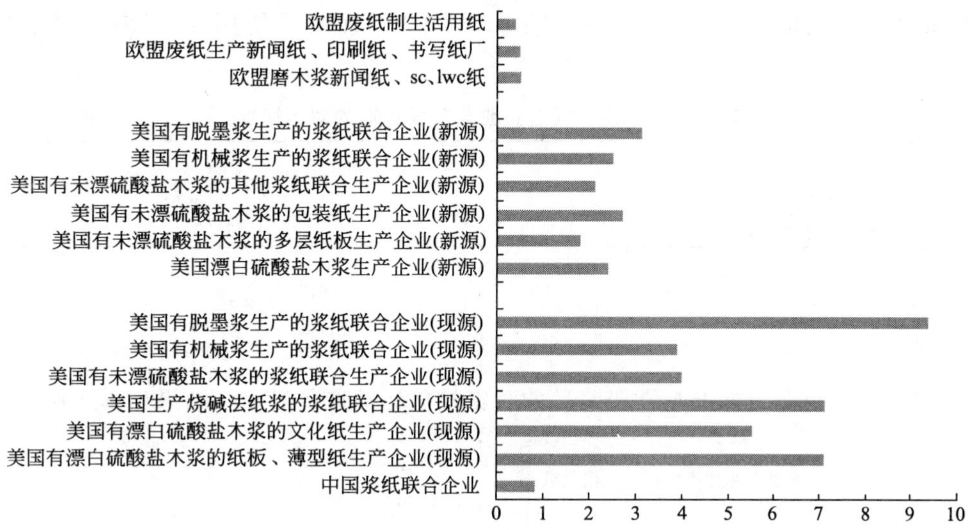

图 6　国内外浆纸联合企业 BOD_5 限值对比

从图 6 中可以看出，美国 BOD_5 的限值分类很细，根据不同的浆种和纸种都给出了各自的排放限值，但都高于我国的排放限值；欧盟的排放限值虽然低于我国的排放限值，但主要是针对用磨木浆和废纸生产纸产品的企业。

3.2.3　AOX

图 7 为我国 AOX 排放限值与美国和欧盟标准对比情况，从图中可以看出我国浆纸联合企业 AOX 的排放限值在美国新源和现源之间，但美国标准是针对漂白硫酸盐木浆，其对于现源，要求是在使用 ECF 漂白的情况下的排放限值，而对于新源除了使用 ECF 漂白外，还必须使用氧脱木素技术后达到的排放限值。对于使用 TCF 的硫酸盐木浆生产则要求 AOX 低于检测限。而我国由于草浆生产大多还是采用氯漂或次氯酸盐漂，所以对于草浆来讲 AOX 排放限值过严。而欧盟的排放标准要高于我国标准。

3.2.4　二噁英

表 17 为我国浆纸联合企业与美国标准的对比情况，可以看出，我国只是规定了一个二噁英类的总的限值，而美国标准中，将二噁英类分为二噁英和呋喃两类，其中 2,3,7,

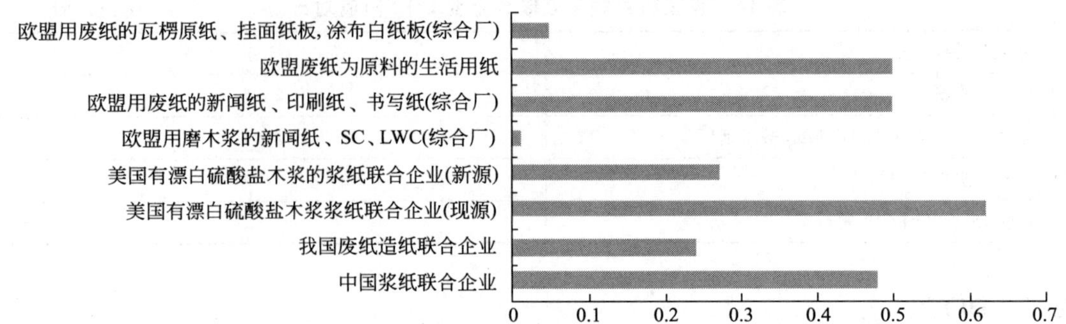

图 7　国内外浆纸联合企业 AOX 限值对比　单位：kg/t

注：1. 美国 AOX 排放限值是针对未使用 TCF 漂白工艺的生产企业

2. 美国标准采用月平均值统计

8-TCDD 要低于检测限，2,3,7,8-TCDF 为 31.9pg/L。而对于使用 TCF 漂白的企业没有规定。

表 17　我国浆纸联合企业与美国标准的对比情况　　单位：pg/L

中国浆纸联合企业	30
美国有漂白硫酸盐木浆浆纸联合企业 TCDD	低于检测限
美国有漂白硫酸盐木浆浆纸联合企业 TCDF	31.9

注：美国二噁英排放限值是针对未使用 TCF 漂白工艺的生产企业

3.2.5　总氮

根据我国制浆企业的标准与欧盟浆厂的总氮排放标准进行对比，结果如图 8 所示。

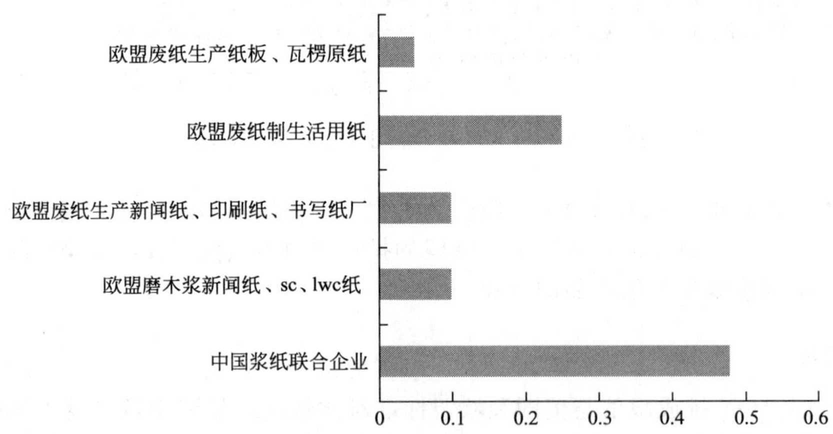

图 8　国内外浆纸联合企业总氮限值对比（单位：kg/t）

结果表明，我国制浆厂的总氮排放标准比欧盟水平宽松，而别的国家没有对总氮提出要求。

3.2.6　总磷

根据我国制浆企业的标准与欧盟浆厂的总磷排放标准进行对比，结果如图 9 所示。

结果表明，我国制浆厂的总磷排放标准比欧盟水平宽松，而别的国家没有对总磷提出要求。

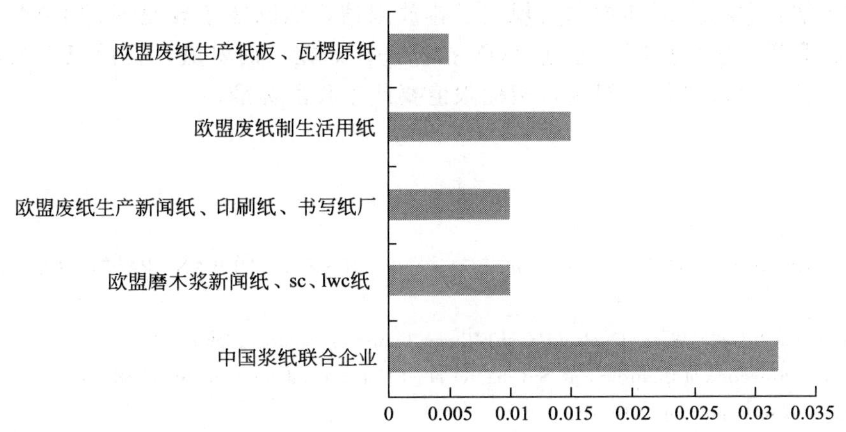

图 9 国内外浆纸联合企业总磷限值对比（单位：kg/t）

4 结论

4.1 对浆纸厂的分类不同

浆厂和纸厂由于原料和所采取的工艺条件不同，即使产品一样，污染负荷也可能不一样，在标准上应该有所区别。有的国家把浆纸厂分成很多类，在标准上区别对待，这是比较合理的。如德国将纸和纸板厂分为 7 类，美国将浆纸厂分为 12 类，而且 12 类中还根据企业的生产情况又有分类，并对不同类型的工厂分别制定排放限值；有的国家甚至列出了已日趋没落的亚硫酸盐浆厂的排放标准，且给予很大优惠。

我国 GB 3544—1992 有木浆与非木浆之分，又有本色浆与漂白浆之分，是比较合理的。而近几年，随着机械木浆、CTMP 等浆种的快速发展，还应像国外一样，增加这些浆种的分类。但 GB 3544—2008 对各类制浆造纸企业只用“制浆企业”、“制浆和造纸企业”和“造纸企业”来概括，比较笼统。这样一刀切的结果，对不同类型企业来说是不公平的。例如，本色化学浆、机械浆和漂白化学浆三者比较，前两者生产系统的排水量和污染负荷都要低得多，它们已有可能实现零排放，而如果排放标准与漂白化学浆一样，对前两者不能起到促进作用，对漂白化学浆来说则显然是不公平的。

4.2 排放限值单位不同

国外都以单位污染排放负荷（即 kg/t 成品）作为考核标准，但也有些国家只规定单位污染排放负荷（kg/t 成品），而不规定基准排水量，这样往往易使排水量多寡得不到应有重视。欧盟颁布的指令既规定单位污染排放负荷，又规定基准排水量，这样即控制的污染物的排放也控制了废水排放总量。

国内以污染物排放浓度（mg/L）作为考核标准，虽然规定了基准排水量，但是在标准实际应用时，往往只检查废水中污染物的排放浓度，以浓度来决定企业排放是否达标，并不考虑企业的废水排放量。这样就降低了企业节水的积极性，反而使那些努力节水的企业，由于废水污染物浓度高而增加了处理成本。

4.3 污染物种类的区别

在 GB 3544—2008 中新增了二噁英、氨氮、总氮和总磷 4 种污染物，对于二噁英，就我们目前的了解，只有美国和加拿大规定了排放限值，而欧盟主要是通过 BAT 技术（氧脱木素、ECF、TCF）进行控制，通过 AOX 指标进行监控。而氨氮，目前只有我国进行了规定。欧盟对总氮、总磷进行了规定，指标限值要严于我国标准。

参考文献

[1] Alberta Environment. 2005. TECHNOLOGY BASED STANDARDS FOR PULP AND PAPER MILL WASTEWATER RELEASES.

[2] Alberta Environment. 1995. Water Quality Based Effluent Limits Procedures Manual.

[3] EPA. Title 40—Protection of Environment. Subchapter N—Effluent Guidelines and Standards, Part 430—The Pulp, Paper, and Paperboard Point Source Category.

[4] European Commission. Integrated Pollution Prevention and Control (IPPC): Reference Document on Best Available Techniques in the Pulp and Paper Industry. 2001.

[5] Federal Ministry for the Environment, Nature Conservation and Nuclear Safety, Germany. 2004. Promulgation of the New Version of the Ordinance on Requirements for the Discharge of Waste Water into Waters.

[6] Frost R. C. 2009. EU PRACTICE IN SETTING WASTEWATER EMISSION LIMIT VALUES.

[7] UNEP (United Nations Environment Programme). 1987. "Pollution Abatement and Control Technology (PACT), Publication for the Pulp and Paper Industry." UNEP Industry and Environment Information Transfer Series. Paris.

[8] UNIDO (United Nations Industrial Development Organization). 1992. "Draft Pulp and Paper Industrial Pollution Guidelines." Vienna.

[9] World Bank. 1998. "Pollution Prevention and Abatement: Pulp and Paper Mills." Technical Background Document. Environment Department, Washington, D. C.

[10] 曹邦威．国外在制浆造纸废水排放立法上的经验及对我们的启示（上）．中华纸业，2008，29（15）：16-19.

[11] 曹邦威．国外在制浆造纸废水排放立法上的经验及对我们的启示（上）．中华纸业，2008，29（16）：12-17.

[12] 国家环境保护部．《制浆造纸工业水污染物排放标准》（征求意见稿）—编制说明.

[13] 乔维川，洪建国．《制浆造纸工业水污染物排放标准》的特点及企业应对策略．中国造纸，2009（9）：61-67.

[14] 邝仕均．2009 年世界造纸工业概况．造纸信息，2010（10）：16-20.

畜禽养殖业污染物排放标准制定方法研究[1]

李晓鹏，孙晓峰

（中国轻工业清洁生产中心，北京，100012）

摘要：随着我国畜禽养殖规模化程度的提高，畜禽养殖业污染环境，影响人、畜健康，养殖生产与环境污染的矛盾凸显，严重制约了畜禽养殖行业的发展。污染物排放标准的制订将有效地促进我国畜禽养殖的规模化发展，是实现环境保护目标的重要手段。科学制订畜禽养殖行业污染物排放标准，将有效保持和改善农村环境质量，控制农业面源污染。

关键词：畜禽养殖；制定方法；排放标准

[1] 环境保护标准制修订项目《畜禽养殖业水污染物排放标准》。

Methodology on Water Pollutants Discharge Standard for Livestock and Poultry Breeding

Li Xiaopeng, Sun Xiaofeng
(China Cleaner Production Center of Light Industry, Beijing, 100012)

Abstract: Along with the scale rising of livestock and poultry breeding, environment pollution, people and animal health become conflicts. And also restricts the development of livestock and poultry breeding industry. Pollutants Discharge Standard will promote the development of large-scale of livestock and poultry breeding industry effectively, It's a important way to realize the environmental protection target. By reasonably promulgate the pollutants discharge standard of livestock and poultry breeding industry, the rural environmental quality can be maintained and improved, and agricultural non-point source pollution can be controlled.

Key words: Livestock and poultry breeding; Discharge Standard; Methodology

1 研究背景

畜禽养殖业与人们生活密切相关，随着社会经济的发展，人们生活水平的提高，畜禽养殖业在近年来也得到迅猛发展，随之产生的环境问题也日益突出。畜禽养殖业产生的污染物主要有粪便、污水和恶臭三个方面。其中，畜禽养殖业快速发展带来的养殖粪污和污水排放量剧增，已成为农村三大面源污染之一，对农村生态环境造成了严重的破坏。如何整治畜禽养殖污染，促进畜禽养殖业可持续发展成为国家和各级政府十分关注的问题。

2010 年 2 月发布的《第一次全国污染源普查公报》中对 2007 年农业源、生活源和工业源主要污染物的排放量进行了分析汇总。其中，在农业源中畜禽养殖业的 COD 和氨氮排放量分别为 1268.26 万吨和 71.73 万吨，占农业源 COD 和氨氮排放量的 95.8%和 78.1%，占全国 COD 和氨氮排放量的 41.9%和 41.5%。由此可见，畜禽养殖业作为全国重点污染防治行业，其污染防治工作需要得到进一步的重视和强化。2015 年国家氨氮减排总量控制指标为 26.4 万吨，较 2010 年下降 10 个百分点。此外，畜禽养殖业污染物减排工程同时被国家环境保护部“十二五”发展规划列为环境保护重点减排工程。由此可见，未来畜禽养殖行业将于环保、健康齐头并进，协调发展。

2 畜禽养殖业发展与环境管理现状

2.1 养殖业发展现状

我国是畜禽养殖大国，猪存栏量、羊存栏量、小畜禽存栏量均居世界第一位，分别占世界总量的 51.6%、19.2%和 28.6%。牛存栏量居世界第三位，仅次于印度和巴西（见图1～图4）。但总体来说，我国畜牧业还处于较低的发展水平，生产方式以散养为主，饲养规模较小，生产效率低，畜产品质量难以保证，与世界其他畜牧业发达国家相比，仍存在很大的差距。

美国、澳大利亚都是畜牧业发达的国家，他们的发展都有其各自的特点，美国是资金、技术密集型畜牧业，澳大利亚是粗放型畜牧业。这两个国家的共同特点是：饲养规模大，农场数量不断减少，单产水平高，农业劳动生产率高，农场所需劳动力数量少。

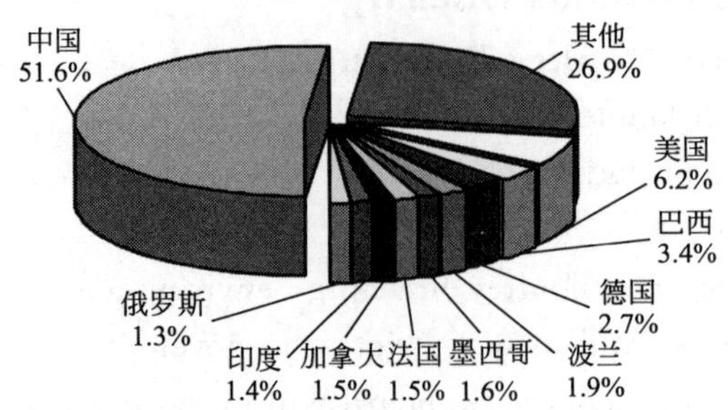

图 1　世界养猪业分布情况（以存栏量计）

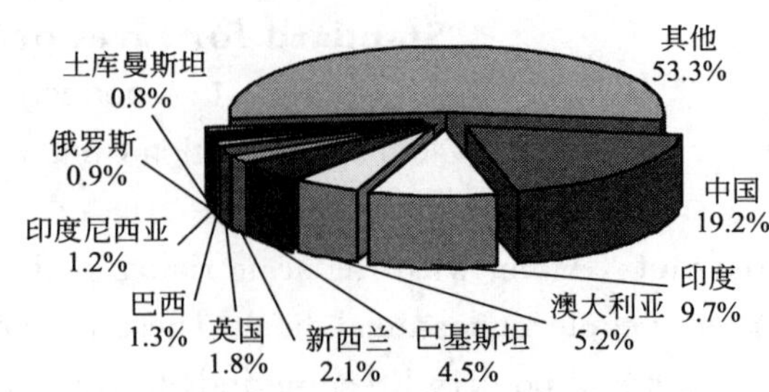

图 2　世界养羊业分布情况（以存栏量计）

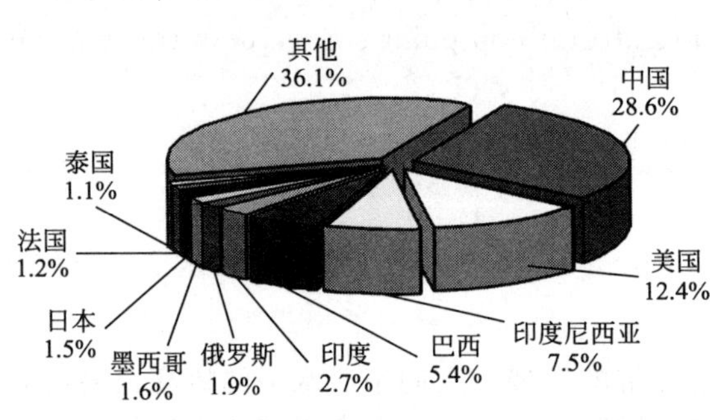

图 3　世界小畜禽分布情况（以存栏量计）

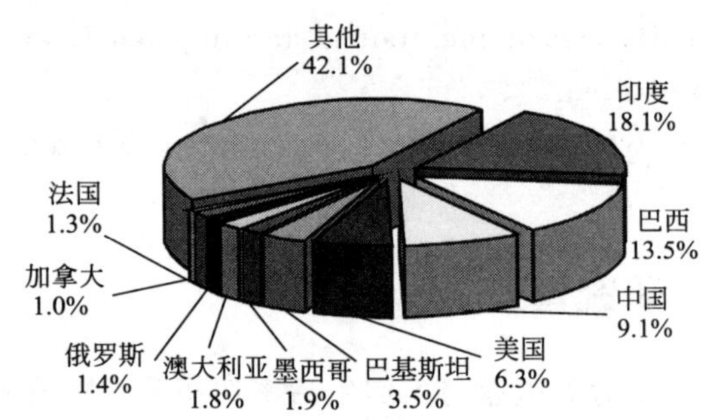

图 4　世界养牛业分布情况（以存栏量计）

加拿大一般饲养 300 头基础母畜，草牧场面积可达 0.67 万～1.33 万公顷。澳大利亚以养牛、羊为主及牛羊兼营的农场规模较大，如奶牛场的规模一般为 150～200 头，羊场的饲养量从数百只到数万只不等，约 75%羊场的饲养量在 2000 只以上。新西兰有羊场 2.44 万个，奶牛场 1.7 万个，牧场经营的草场面积平均在 300hm^2 以上，奶牛场的规模一般在 200 头左右，有些超过 400 头，羊场平均 3000 只。这些国家由于普遍实行的是区域化布局、专业化生产、规模化经营，不仅产品的质量好、数量大，经济效益也很高。

2.2　畜禽养殖业产排污情况

畜禽养殖业产生的水污染物主要来源于畜禽粪便及冲洗粪便产生的污水。畜禽粪尿排泄量因畜种、养殖场性质、饲养管理工艺、气候、季节等情况的不同会有较大的差别。养殖场产生的污水量及其水质因畜种、养殖场性质、饲养管理工艺、气候、季节等情况不同会有很大差别。如肉牛场污水量比奶牛场少；鸡场的污水量比猪场少；采用乳头式饮水器的鸡场比水槽自流饮水者污水量少；各种情况相同的养殖场，南方污水比北方污水量大；同一牧场夏季比冬季污水量大等。采用水冲或水泡粪工艺比干清粪工艺的污水量大且有机浓度高；鸡场污水含磷量较高；猪场污水含铜、铁量较高等。

根据畜禽的排泄指数、畜禽粪便中污染物的平均含量，以及我国畜禽养殖量测算出我国 2007 年畜禽养殖产生的粪便中 COD 和氨氮的量约为 4620.68 万吨和 454.28 万吨。除畜禽粪便外，畜禽养殖的污水还主要包括清理粪便的冲洗水和少量工人生活生产过程中产生的污水。表 1 为我国不同牲畜 COD 及氨氮的产污系数。

表 1 猪、奶牛、肉牛、蛋鸡、肉鸡产污系数表

畜禽养殖类别	猪 /(千克/头)	奶牛 /[千克/(头·年)]	肉牛 /(千克/头)	蛋鸡 /[千克/(只·年)]	肉鸡 /(千克/只)
COD 产生系数	36	1065	712	3.32	0.99
NH_3-N 产生系数	1.80	2.85	2.52	0.10	0.02

2.3 我国畜禽养殖业环境管理现状

《畜禽养殖业污染物排放标准》(GB 18596—2001) 的实施，在一定程度上为控制畜禽养殖业的污染物排放起到了积极的作用，但随着我国环境问题的突显，此项标准已经无法满足现有行业发展的环境需要。环境发展对我国畜禽养殖业提出了更高要求，而现有标准无论从指标项、指标限值，以及标准的适用范围上，都应该进一步完善。

据调研，在存栏数大于 50 头猪的畜禽养殖场中大约有 20%～30%的养殖场污水是直接排向地表水体的。另外，某些矿物质和重金属元素，如铜、锌等能够促进畜禽生长，提高饲料的利用效率，增强动物的抗病能力。如向饲料中加入过量的添加剂，这些元素经过动物的粪尿排出，对环境水体和土壤都会产生污染。

畜禽养殖已经成为我国环境污染的重要来源。但目前，我国的畜禽养殖业的环境管理还相当薄弱。从总体上看，规模化畜禽养殖场的宏观管理水平较低，全国各省（区）、市平均环境审批和环境影响评价的规模化养殖场尚不足 10%。

表 2 不同规模养猪场内部环境管理情况 单位:%

规模		200～500	501～1000	1001～5000	5001～1 万	1 万～5 万
全国平均	进行干湿分离的比率	36.02	37.75	47.85	48.43	52.56
	干湿分离中采用机械分离比率	24.71	22.95	18.85	13.82	19.51
	有固体废物处理设施比率	8.38	10.73	20.49	25.98	28.21
	有污水处理设施比率	12.46	15.71	27.18	34.65	50.0

从表 2 可见，我国畜禽养殖场的内部环境管理粗放，约 60%的养殖场缺乏干湿分离这一最为必要的环境管理措施；而且对于环境治理及综合利用的投资力度明显不足，约 80%的规模化畜禽养殖场缺乏必要的污染治理设施及投资。

3 我国畜禽养殖业污染控制技术

对于畜禽养殖业的污染防治主要采取两种措施，第一种措施是污染预防技术；第二种措施是末端治理技术。

3.1 污染预防技术

动物摄入饲料时并不能完全吸收饲料中的各种营养成分，吸收不了的将随粪便排出。因此应采取科学的饲料配方，不仅可以满足畜禽的生产效率和产量，又可以最大限度降低畜禽粪便中氮的排放、减少对环境的污染。

此外，可通过采用清洁的清粪方式减少粪污的排放量。目前，我国规模化养猪场采用的清粪工艺主要有 3 种，即水冲粪、水泡粪（自流式）和干清粪工艺，如表 3 所列。

干清粪工艺是粪便一经产生便分流，干粪由机械或人工收集、清扫、集中、运走，尿及污水则从下水道流出，分别进行处理。这种工艺固态粪污含水量低，粪中营养成分损失小，肥料价值高，便于高温堆肥或其他方式的处理利用。产生的污水量少，且其中的污染物含量

低，易于净化处理，是目前比较理想的清粪工艺。

表3　3种清粪工艺耗水及水质指标的比较

清粪工艺	水　量		水质指标		
	平均每头/(L/d)	万头猪场/(m^3/d)	BOD_5/(mg/L)	COD_{Cr}/(mg/L)	SS/(mg/L)
水冲粪	35～40	210～240	5000～6000	11000～13000	17000～20000
水泡粪	20～25	120～150	8000～10000	8000～24000	28000～35000
干清粪	10～15	60～90	200～800	800～1500	100～350

3.2　末端治理技术

畜禽养殖污水具有有机负荷较高，氨氮含量高等特点，而畜禽养殖业作为农业生产的基础性产业，其生产和经营方式都区别于工业生产，因此其污水的末端治理一般需要多种处理技术的结合。概括起来，目前我国畜禽养殖污水的末端治理主要有两种模式：一种是厌氧-自然处理模式，适用于中小型规模化养殖场；另一种是厌氧-好氧利用模式，适用于大中型畜禽养殖场或养殖区。

采用厌氧-自然处理模式工艺适用条件：存栏2000～5000头猪场，日处理污水量30～80t；养殖场必须实行清洁生产、采用干清粪工艺，畜禽粪便直接用于生产有机肥，冲洗废水和尿进入处理系统；养殖场周围应配套有较大稳定塘和人工湿地的面积；养殖场周围属于非禁养区范围。厌氧工艺可采用上流式厌氧污泥床反应器（UASB），水力停留3天，COD去除率80%～85%，厌氧出水COD在500～1000mg/L；后续采用的好氧处理系统和自然处理系统可分别采用稳定塘和人工湿地设施处理，水力停留时间30～50天，出水COD在150～300mg/L。该处理工艺工程投资约5500～6000元/吨污水，运行费用约为0.5～0.6元/吨污水。

采用厌氧-好氧工艺适用条件：存栏5000以上的养殖场，日处理污水量约80 t以上；养殖场必须实行严格清洁生产、采用干清粪工艺，畜禽粪便直接用于生产有机肥料，冲洗污水和尿进入处理系统，进水COD_{Cr}＞4000mg/L，氨氮在500～1000mg/L；污水必须进行预处理，强化固液分离、沉淀。厌氧工艺可采用上流式厌氧污泥床反应器（USAB），停留时间3d，COD去除率80%～85%，厌氧出水COD在700～1000mg/L；好氧处理工艺采用序批式好氧活性污泥法（SBR）反应器，COD去除率90%～95%，氨氮去除率95%以上，混凝沉淀出水COD≤150mg/L，氨氮≤25mg/L。该处理工艺工程投资较大，运行费用相对较高，大约在1.5～2.0元/吨污水；管理、操作技术要求高。

4　水污染物排放指标制定

4.1　污染物控制项目选择

《畜禽养殖业污染物排放标准》（GB 18596—2001）控制项目包括BOD_5、COD_{Cr}、悬浮物、氨氮、总磷、粪大肠菌群数、蛔虫卵，共7项污染物控制指标。

《第一次全国污染源普查公报》显示，畜禽养殖业总氮排放102.48万吨，占全国总氮排放量（472.89万吨）的21.7%。总氮为硝酸盐氮、亚硝酸盐氮、氨氮与有机氮的总和，是反映水体富营养化的主要指标。因此，本次修订将总氮纳入控制指标。此外，对畜禽养殖周边土地调查结果显示，我国有些畜禽养殖集中地区土壤铜、锌高出预警值。这些金属元素来源于饲料中过量的添加剂，这些微量元素只有极小部分能被吸收，绝大部分仍以粪便的形式释放到环境中。含高浓度微量元素的粪便一旦污染了水源，也将产生巨大危害，可降低水体自净能力，使水质恶化、水生物死亡。因此，本次修订将铜、锌纳入控制指标，通过排放标准的限制，可以控制饲料中添加剂的使用。

新标准的制定将污染物控制因子增加为 pH 值、BOD_5、COD_{Cr}、悬浮物、氨氮、总氮、总磷、粪大肠菌群数、蛔虫卵、总铜和总锌，共 11 项污染物控制指标，比原标准增加了 pH 值、总氮、总铜和总锌 4 项指标。

此外，新标准为了提倡更清洁的清粪方式，规定了现有养殖厂（小区）的不同清粪方式的排水量，而对于新建养殖厂（小区）只规定了干清粪的基准排水量。

4.2　污染物指标限值制定

污染物指标限值的制定是在现有标准及污染物处理技术的基础上采用更清洁的养殖方式所能够达到的排放指标。根据对现有不同规模、不同饲养种类、不同处理工艺养殖企业的取样调研并结合我国相关环境管理要求，分别制定了污染物指标 pH 值、化学需氧量、生化需氧量、悬浮物、氨氮、总氮、总磷、粪大肠杆菌、蛔虫卵、铜、锌及基准排水量的不同排放限值。

4.2.1　COD、BOD 及悬浮物

从技术层面上来看，通过推广实施干清粪工艺，采用生物发酵舍工艺，建设生化处理末端治理设施等方式，畜禽养殖污水中的 COD、BOD、悬浮物是可以得到很好去除的，在技术上应该不存在困难。新标准适用于直接排向地表水体的畜禽养殖单位，应从严控制。同时，为满足国家“十二五”环境管理的需求，要求在 2 年的过渡期后，现有污染源能实现污水治理的技术改造，提升污染防治技术水平；另外，新建污染源应以更为先进的污染防治技术作为设计建设依据。因此，标准中现有养殖场指标限值的制定应在现有水平基础上略有提高，使养殖技术、环保水平较好的企业通过努力可以达到；新建养殖场及水平次之的养殖场通过工艺改进或增加末端处理设施可以达标排放。

4.2.2　氨氮、总氮及总磷

目前，我国畜禽污水中氨氮的去除方法主要有物理法，包括吹脱和离子交换法；生化法，包括传统硝化反硝化和新型生物脱氮等。吹脱除氮和沸石离子交换法虽然具有工艺流程简单、处理效果稳定、投资少等优点，但是其运行成本还很高，不具备成为养殖场污水除氮主要工艺的趋势。因此，末端污水处理工艺目前也主要采用厌氧-好氧工艺脱氮除磷，虽然技术本身不存在困难，但从经济成本上考虑也会给畜禽养殖业带来一定的成本压力。

因此，在制定这三项标准中不但要综合考虑国家“十二五”总量控制污染物的减排目标，还要分时段制订新建畜禽养殖厂、2 年过渡期后养殖场氨氮、总氮、总磷排放限值，促使现有污染源加快污染治理设施的升级改造，新建污染源按国内较先进的技术进行设计和建设。

4.2.3　粪大肠杆菌群数、蛔虫卵

粪大肠菌群数、蛔虫卵为畜禽粪尿的特征污染物。患病或隐性带病的畜禽会排出多种致病菌和寄生虫卵，如大肠杆菌、沙门氏菌、蛔虫卵、毛首线虫卵等，如不适当处理，不仅破坏环境，还会影响人类和畜禽健康。畜禽粪污经过污水处理过程，能够有效地去除粪大肠菌群数以及蛔虫卵。标准排放限值的应在现有处理技术的基础上综合考虑环境卫生标准分时段制订。

4.2.4　铜、锌

通过对畜禽养殖场污水的取样调研，并结合《畜禽养殖业产物系数与排污系数》，采用干清粪工艺，我国不同区域畜禽污水中铜、锌的浓度分别为 0.119～1.739mg/L 和 0.465～

2.475mg/L。本次修订增加了对畜禽养殖污水中总铜和总锌的控制，参考《污水综合排放标准》（GB 8978—1996）新源的控制标准规定现有和新建养殖场执行 1.0mg/L 和 2.0mg/L 的排放限值，而其控制措施也主要依靠对饲料的选择使用。

《饲料中铜的允许量》（GB 26419—2010）和《饲料中锌的允许量》（NY 929—2005）规定：铜的允许量为每千克饲料 35mg，锌的允许量为每千克饲料 250mg。若每头育肥猪每天饲料用量按 3kg 计，则进入体内的铜、锌量约为 105mg 和 750mg。由于铜、锌在畜禽体内的吸收率很低，有关研究报道，成年猪对铜的吸收率为 5%～10%，锌的吸收率为 7%～15%。因此，排入粪便中的铜、锌量分别约为 94.5mg 和 637.5mg。按 5000 头猪的饲养规模，废水量一天约为 100t，按粪便中的铜、锌的 10%进入废水中，则铜、锌的浓度约为 0.5mg/L 和 3mg/L，进一步加强管理，可以实现达标排放。

4.2.5 基准排水量

各养殖场生产方式和管理水平不同，污水排放量存在较大差异。采用干清粪方式的养殖场污水量通常会比水冲粪方式低，污水中的 COD 浓度低一个数量级，其他指标通常也会相差 3～6 倍。因此，为了实现畜禽养殖行业的节水，必须实施清洁生产，采用先进的技术，提高水的循环利用率，如逐渐淘汰水冲粪、水泡粪工艺，采用干清粪工艺进行替代，对畜舍冷却水进行回用等。

畜禽行业基准排水量与季节以及畜禽养殖的用水量有直接的联系。以养猪为例，排放的污水中，其中 1/3 来自于喂养牲畜，其余的来自于猪舍的清洗；冬季冲洗水为夏季的 1/3。根据调研，我国畜禽行业基准排水量与 GB 18596—2001 变化不大，因此本标准仍沿用现行标准中规定的基准排水量。对于新建养殖场及特别排放区域的畜禽养殖场，不提倡采用水冲粪、水泡粪工艺，因此依据干清粪工艺的排水量确定新源基准排水量。

5 标准实施环境效益简析

若执行新标准，对其产生的环境效益进行初步估算。按畜禽养殖业（存栏数大于 50 头猪）直排的比例为 25%进行测算，执行本标准表 2 后，与 2010 年相比，直排养殖场 2015 年 COD 和氨氮的排放削减率将分别达到 88.43%和 70.49%。

然而，考虑到整个畜禽业的排放除包括直接排入水体的部分，还有近 75%的养殖场采用其他污染处理或排放模式，如农牧结合，散养形成的面源等，在现有畜禽养殖规模化比例不变的情况下，与 2010 年相比，2015 年现有整个畜禽养殖业的 COD 和氨氮的排放削减率将分别达到 20.38%和 28.73%。如果再考虑期间畜禽养殖业的增长，则与 2010 年相比，2015 年整个畜禽养殖业的 COD 排放削减率为 16.34%，氨氮排放削减率为 21.45%。

但是，除上述减排效果外，新标准的实施还可能促进畜禽养殖业的规模化率的提升，进而规范一定数量养殖场的排污行为。以养猪为例，若按除直排外的存栏数大于 50 头猪的养殖场中再有 35%规范排污计（规模化养殖率达到约 40%），同时考虑增量，则到 2015 年，整个畜禽养殖业的 COD 和氨氮消减率将分别达到 25.86%和 27.29%。到 2020 年，规模化养殖率提高到约 50%（家禽规模化养殖达到约 75%），则 COD 和氨氮排放量比 2010 年消减 24.69%和 24.37%。

6 结论

畜禽养殖业的快速发展促进了农村经济增长，畜禽养殖关乎民生，畜禽养殖污染减排同样关乎民生。畜禽养殖污染物防治已被列为我国“十二五”环境保护重点工程。《畜禽养殖业水污染物排放标准》的制订将为畜禽养殖业“十二五”污染物减排提供强有力的手段。采用清洁的养殖技术，合理的处理工艺使养殖业达标排放，不仅能够有效控制我国畜禽养殖业污染物排放总量，还可以在提高我国养殖业整体水平的同时，促进行业规模化发展。

参考文献

[1] 国务院关于印发“十二五”节能减排综合性工作方案的通知（国发［2011］26 号）.

[2] 国务院关于印发国家环境保护“十二五”规划的通知（国发［2011］42 号）.

[3] 朱玉涛，赵君彦，赵慧峰．发达国家畜牧业的特征及对转变我国畜牧业增长方式的启示．安徽农业科学，2007，35（12）：3551-3592.

[4]《畜禽养殖业污染物排放标准》（GB 18596—2001）.

[5]《第一次全国污染源普查公报》2010. 2. 6.

[6] 国家环境保护总局自然生态保护司．全国规模化畜禽养殖业污染情况调查及防治对策．北京：中国环境科学出版社，2002.

水泥工业大气污染物排放标准制定方法研究

李晓鹏，孙晓峰

（中国轻工业清洁生产中心，北京，100012）

摘要： 污染物排放标准是环境标准的重要组成部分，污染物达标排放是促进企业进步与环境保护协调发展的有效手段。本文在现行水泥标准的基础上，通过对水泥行业特征污染物的研究，从基于污染物处理技术及人体健康影响等方面对排放标准中污染物指标的选取和指标值确定进行深入研究，丰富了我国现有排放标准方法学研究。

关键词： 水泥工业；污染物；排放标准；制定方法

Methodology on Emission Standard of Air Pollutants for Cement Industry

Li Xiaopeng，Sun Xiaofeng

（China Cleaner Production Center of Light Industry，Beijing，100012）

Abstract：Air pollutants standards is an important part of the environmental standards，emission standard is a good way to promote enterprise progress and environmental protection. Current cement emission standards based on the characteristics of cement industry research of pollutants in this study which based on pollutants processing technology and human health effects of pollutants discharge standards. And can rich in existing discharge standard research methodology.

Key words：Cement industry；Air Pollutants；Emission Standard；Methodology

1 研究背景

环境标准是环境保护立法的一个重要组成部分。环境标准的建立和实施，在一定程度上体现了一个国家的法制状况和科技水平。环境标准是以保障人体健康、保证正常生活条件及保护环境为目的，以本国技术经济条件为重要依据而制定的一系列标准。

纵观我国水泥行业的发展可以看出，目前水泥行业的整体发展水平粗放，不符合新型工业化的要求，资源、能源消耗高，污染严重，生态和环境压力大，单产能耗与国际先进水平相比还有不小的差距。我国现行的《水泥工业大气污染物排放标准》（GB 4915—2004）是根据《中华人民共和国大气污染防治法》的规定，在原有的《水泥厂大气污染物排放标准》（GB 4915—1996）的基础上，于 2005 年 1 月 1 日颁布实施的水泥行业大气污染物排放新标准。

2 生产工艺和产污分析

生产水泥所用的原料以石灰质和黏土质原料为主，根据需要往往还要添加硅质、铝质、铁质矫正原料等。按照现行的国家行业政策，鼓励在有资源的地方建设日产 4000t 熟料及以上规模的新型干法窑外分解生产线。生产过程可概括为四个生产工序：原料开采阶段、生料及煤粉制备阶段、熟料煅烧阶段及水泥粉磨阶段。

一条完整的水泥生产线是从石灰石开采阶段到水泥成品制造阶段，包括原料采掘、生料和煤粉的制备、熟料煅烧、水泥的粉磨和包装。由于不同阶段的工艺特点及使用的燃料、原料不同，所造成的环境排放也有所不同。生产过程中主要产生颗粒物污染、水污染及 NO_x、SO_2 废气污染等。依据国家环境统计年鉴等权威统计数据，我国水泥工业 2001～2007 年工业废气、SO_2 等环境负荷物质随产量的排放情况分别如图 1、图 2 所示。

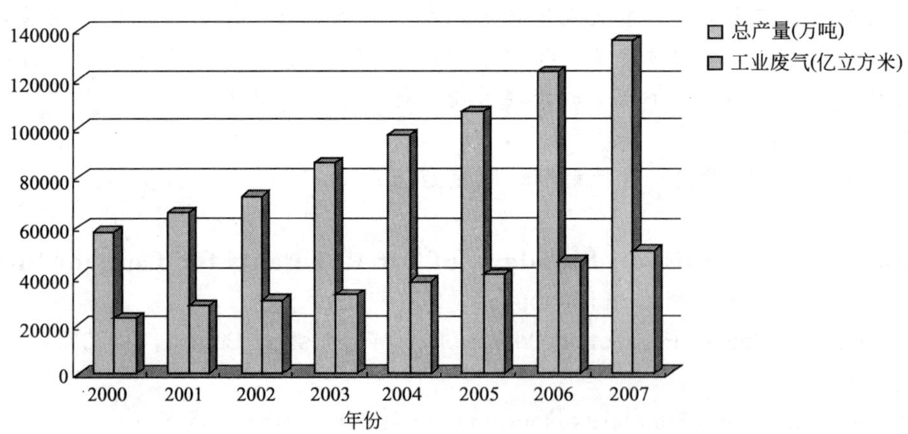

图 1 2000～2007 年我国水泥工业废气排放情况

水泥产业中排放的废物大多是由于熟料煅烧时矿石原料分解而产生的，或是由于燃料燃烧而向外排放。因此，采用的原料和能源的类型直接影响排放的各种废物的数量。此外，工艺类型的种类也和其排放情况密切相关。有研究表明，新型干法制造水泥与立窑生产水泥单位产品工业废气量可减少 31.6%，工业废水量可减少 57.1%。使污染物的产生从源头上得到了控制的同时也提高了资源的循环使用率。

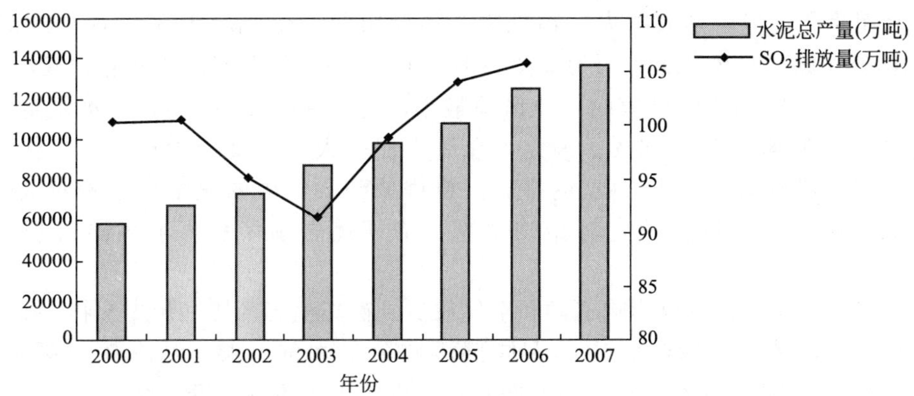

图 2　2000～2007 年我国水泥工业 SO_2 排放情况

3　大气污染物排放限值制订思路

3.1　污染物控制项目的选取

现行《水泥工业大气污染物排放标准》（GB 4915—2004）从水泥制造工艺过程出发，规定了各个工艺阶段的污染物排放控制因子。其中粉尘是水泥工业的主要污染物，在矿山开采，水泥制造和水泥制品生产的各个阶段，都存在不同程度的粉尘污染。粉尘污染已经成为某些区域的主要污染物。此外，燃料燃烧产生大量 SO_2、NO_x、氟化物及无组织排放。现行标准的制定过程考虑在充分研究的情况下对这些常规污染物指标进行了标准化研究。然而，随着环境问题逐渐突出，以及人们对健康问题的逐渐关注，环保对水泥行业的发展提出了更高、更新的要求。重金属、二噁英等污染物成为水泥工业未来需要考虑的排放标准指标项。

3.2　污染物排放限制的制订

3.2.1　基于 BAT、BEP 制定标准限值

根据国内外标准制定的实际情况看，行业污染物排放标准的制定均基于最佳可行技术（Best Available Techniques，即 BAT）和最佳环境实践（Best Environmental Practices，即 BEP）。对于水泥行业而言，常规污染物如颗粒物、二氧化硫、氮氧化物、氟化物、二噁英等污染物均可基于污染物减排技术制定限值。这也是我国制定污染物排放标准的常规依据。

3.2.2　基于人体健康及环境风险制定标准限值

根据一定的评价模型从大气污染物的归宿和暴露分析开始，依据归宿分析—效应分析—危害分析的途径，将排放到大气中的污染物与人体健康危害的因果关系用每千克污染物引起的残疾调整生命年（Disability Adjusted Life Years，DALYs）表示。如某水泥厂由于该厂每年的水泥产量为 395×10^4t，该厂生产每吨水泥排放大气污染物的健康风险结果见表 1。

表 1　某水泥厂大气污染物人体健康归一化风险

污染物	总 DALYs	DALYs/(a/t)
SO_x	31.6	7.99×10^{-6}
NO_x	88.8	2.25×10^{-5}
TSP	82.3	2.08×10^{-5}

该厂水泥生产过程中排放的大气污染物人体健康归一化风险为 5.13×10^{-5} a/t，其中 NO_x 的人体健康归一化风险最大，为 2.25×10^{-5} a/t，占水泥生产过程所有大气污染物健康风险的 43.9%；SO_x 的人体健康归一化风险最小，为 7.99×10^{-6} a/t，占水泥生产过程所有大气污染物健康风险的 15.6%。因此，在对水泥厂大气污染物治理时，从保护人体健康的角度出发，必须重点减少 NO_x 的排放。将排放到大气中的化学污染物对人体健康危害定量地联系起来，可以为确定污染物主次、治理优先顺序和环境风险管理提供科学依据。

此外，可吸入颗粒物不仅影响气候和空气质量、破坏生态环境和历史文物，而且严重危害人体呼吸系统，是大气颗粒物中对人体健康威胁最大的一类。从人体健康角度出发，$PM_{2.5}$ 由于重力作用小，在空气中停留时间长，可以长距离传输造成大范围污染。

3.2.3 重金属排放限值的研究

3.2.3.1 水泥窑焚烧固体废物现状及趋势

水泥窑焚烧处理危险废物在发达国家中已经得到了广泛的认可和应用，世界上发达国家利用水泥窑焚烧危险废物已有 20 余年的历史。

从 20 世纪 90 年代起，日本水泥工业已从其他产业接受大量废物和副产品，逐渐采用的废物有铸造业的铸型废砂、重油燃渣、废机油、废塑料、废木材等。到 2001 年，每吨水泥的废物利用量已达 355 kg，废物利用总量达到 2800 万吨。

自 20 世纪 80 年代以来，德国水泥工业中燃料替代率保持了迅猛增长势头，2002 年达到了 35%，替代燃料总使用量达到 126.9 万吨，替代原料的使用量也达到了 668.4 万吨。

20 世纪 80 年代中期以来，美国利用水泥窑处理危险废物发展迅速。1994 年美国共有 37 家水泥厂或轻骨料厂用危险废物作为替代燃料烧制水泥，处理了近 300 万吨危险废物，占美国 500 万吨危险废物的 60%。全美国液态危险废物的 90%在水泥窑进行焚烧处理。

中国水泥厂处置废物的工作目前处于起步阶段，虽然做过大量尝试，但也面临着一些问题，如对水泥生产工艺和产品质量的不利影响，或者造成二次污染。因此有必要借鉴外国经验，结合中国实际情况，制定中国水泥窑处置废物的相关技术标准，将水泥厂处置危险废物纳入法制管理的轨道。

3.2.3.2 焚烧固废中重金属排放研究

水泥企业在处置和利用危险废物和工业废物方面，一定程度上可能存在对污染物，尤其是 Hg、Cd、Cr、Pb 等重金属离子的稀释（在产品中）和转移（在尾气中）现象。

德国水泥研究所曾对带悬浮预热器和炉篦式加热机的回转窑系统中一些微量元素的挥发性进行研究，并把这些微量元素按其挥发性分为不挥发、难挥发、易挥发、高挥发四个等级。属不挥发类的重金属元素有 Zn、V、Be、As、Co、Ni、Cr、Cu、Mn、Sb、Sn；难挥发类的有 Pb、Cd；易挥发类的有 Tl；高挥发类的有 Hg。易挥发和高挥发类的重金属元素比较容易引起人们的重视，但对于不挥发类和难挥发类重金属元素则存在着一些认识的误区，认为其对环境影响不大，对此应有正确的认识。

首先是难挥发类的重金属 Pb、Cd 的问题。Pb 和 Cd 在不同的水泥窑中的排放率差别很大。带悬浮预热器的回转窑具有强氧化条件，Pb 和 Cd 在水泥熟料煅烧过程中形成硫酸盐和氯化物，并在 700～900℃温度范围内冷凝，于预热器窑系统内形成内循环，很少被带出窑系统外，故其排放率比较低。但在立窑中，热废气穿过水泥生料球层，生料球层对废气的冷凝吸附能力远低于悬浮预热器窑的粉料幕，故其 Pb 和 Cd 的排放率远高于悬浮预热窑。

我国有相当部分水泥生产使用的是立窑，且水泥窑的收尘设备还不够完善，在此情况下，会有更多的 Pb 和 Cd 会随含尘废气排放。发达国家的水泥厂大部分使用带悬浮预热器的回转窑，尽管其废气 Pb 和 Cd 排放率较低，但仍制定了排放限值。

其次，对列为不挥发类的重金属元素的污染问题也应有正确的认识。随原燃料带入水泥窑的重金属等组分可以有几个去向：a. 结合到熟料中；b. 以气相的形式随废气排放；c. 以固相的形式随粉尘排放；d. 沉积于窑灰中。不挥发类的重金属元素大部分可与熟料结合，但存在着一定的极限量，当重金属含量超过其限量，其逸放率就会大幅增加，对环境造成污染。因而，不能因为某些重金属元素属于不挥发类元素，就对其不做监控。

水泥窑处置污泥时，汞的排放是一个需要重视的问题。由于汞的易挥发性，进入水泥窑系统的汞，最终基本排放到大气中。当处置的污泥中汞含量较高时，烟气中汞的排放浓度将会超过国标《危险废物焚烧污染控制标准》(GB 18484—2001)，从而限制污泥的处理量。

汞在水泥窑中的行为研究资料较少，尚没有涉及汞的排放形态研究。某水泥厂 6000t/d 生产线的生料、熟料、窑灰、煤等物料的汞含量检测（表 2）表明，在水泥厂用煤作燃料的生产中，汞在出生料磨收尘灰中集聚较严重。这是由于汞的挥发、冷凝温度低，所有物料带入的汞在预热器中全部挥发，极少进入窑内或随熟料带出系统，几乎全部以汞蒸气的形式停留在废气中，其中少量凝聚在出旋风筒灰中，大部分进入生料磨，由于出生料磨的气体温度远小于汞的挥发温度，因此汞主要在收尘灰中被吸附而导致总窑灰的汞含量较高。

表 2　某水泥厂物料汞含量

物料名称	入预热器生料	入回转窑生料	出回转窑熟料	生料磨收尘灰	旋风筒灰	煤粉
Hg 含量/(mg/kg)	0.17	未检出	0.01	1.33	0.49	0.50

图 3 为目前生产状况下汞的平衡（排放气体按照 $1.2\times10^6 m^3/h$），窑灰全部返回系统，系统达到平衡，汞的排放量等于带入量，此时系统中汞的循环量很高。

图 3　未处理污泥时汞的平衡

该厂拟日处理生活污泥（汞含量 7.646mg/kg）干基 120t，其他情况不变（见图 4），此时气体中汞排放浓度为 $0.0577mg/m^3$（标），符合国标《危险废物焚烧污染控制标准》(GB 18484—2001) 中关于汞的排放$<0.1mg/m^3$（标）的标准。

图 4　处理污泥时汞的平衡

3.2.4　二噁英排放限值的研究

3.2.4.1　焚烧炉二噁英排放标准概况

焚烧炉特别是固体废物焚烧炉，已被发现为排放二噁英的主要源头，估计约占各工业国二噁英排放总量的 40%～80%。很多国家已经认识到焚烧炉对人类环境和健康存在着严重的威胁，所以一方面从根本上着手，减少制造废物和实行废物循环再利用和再造；另一方面纷纷制定相应的标准加强垃圾焚烧炉的排放控制。部分国家二噁英排放标准如表 3 所列。

表 3　世界各国的“二噁英”控制标准　　单位：ng-TEQ/m^3

国别	标准要求	检测基准	公布年限	国别	标准要求	检测基准	公布年限
瑞典	0.10	O_2=11%	1991	德国	0.10	O_2=11%	1993
加拿大	0.14	O_2=11%	1992	日本	0.10	O_2=11%	1993
美国	0.14	O_2=11%	1993	中国	0.50	O_2=11%	2001
荷兰	0.10	O_2=11%	1993				

3.2.4.2　水泥工业二噁英排放状况分析

我国《水泥工业大气污染物排放标准》和地方标准对水泥窑焚烧危险废物时的二噁英排放限值进行了规定，二噁英排放浓度最高不得超过 0.1 ng TEQ/m^3。由于排放标准中没有规定二噁英的监测频率，二噁英监测机构少、检测成本高等问题，在实际工作中很少有企业开展二噁英的监测工作，相关研究报告也很少。联合国环境规划署《二噁英和呋喃排放识别和量化标准工具包》中对水泥工业二噁英排放进行较为详细的研究，排放因子如表 4 所列。

表 4　水泥生产的排放因子

分类	排放因子/(μg-TEQ/t 水泥)				
	大气	水	土壤	产品	残渣
1. 立窑	5.0	ND	ND	ND	ND
2. 旧式湿法窑，电除尘(ESP)运行温度＞300℃	5.0	ND	ND	ND	NA
3. 湿法窑，电除尘/布袋除尘(ESP/FF)运行温度为 200～300℃	0.6	ND	NA	ND	NA
4. 湿法窑，电除尘/布袋除尘运行温度＜200℃和各种附带预热/预煅烧的干法窑，运行温度＜200℃	0.05	ND	NA	ND	NA

每单位产品对大气排放的 PCDD/PCDF 受到烟气中 PCDD/PCDF 浓度以及每单位产品烟气量的影响。湿法窑相对干法窑每生产一个单位的产品将产生更多的烟气。现代水泥窑每吨熟料的烟气量大约在 1500～2500m^3 范围内。

工业暨科学研究基金（SINTEF，挪威奥斯陆）完成了一项关于水泥窑 PCDD/PCDF 排放的研究。研究给出了更加准确和全面的数据，这些数据来自于公开发表的文献和企业报告（WBSCD 2004）。

大多数时候，综合的过程优化控制方式已经足够使现有设备的排放满足 0.1 ng I-TEQ/m^3（标）（O_2 浓度为 10%）的排放限值。下面一些过程优化方式被认为是最为重要的：

① 湿法窑尾气快速冷却至 200℃以下（在干法预热窑/预分解窑也是如此）。

② 如果替代原料中含有有机物，那么要限值替代原料的量。

③ 在起窑和停窑的阶段不使用替代燃料。

④ 监控并维持下列参数稳定：a. 混合原料和燃料的均匀；b. 规则的配比；c. 过程氧气量。

3.2.4.3　水泥窑抑制二噁英排放的措施

(1) 从源头上减少二噁英产生所需的氯源

对于现代干法水泥生产系统，为了保证窑系统操作的稳定性和连续性，常对生料中干扰生产操作的化学成分（K_2O+Na_2O，SO_3^{2-}，Cl^-）的含量进行控制。一般情况下，硫（SO_3^{2-}）碱（以 R_2O 计，即用 50% Na_2O 和 100% K_2O 的和作当量碱）摩尔比接近于 1，保持 Cl^- 对 SO_3^{2-} 的比值接近 1；由垃圾带入烧成系统的 Cl^-（包括垃圾中有机氯高温分解

产生的无机 Cl^-）和常规生料中的 Cl^- 的总含量低于 0.015%（国内一些水泥烧成系统可放宽至 0.02%）。而这部分 Cl^- 在水泥煅烧系统内可以被水泥生料完全吸收，不会对系统产生不利的影响。而被吸收的 Cl^- 以 $2CaO \cdot SiO_2 \cdot CaCl_2$（稳定温度 1084～1100℃）的形式被水泥生料裹挟到回转窑内，夹带在熟料的铝酸盐和铁铝酸盐的熔剂性矿物中被带出烧成系统，不会成为二噁英的氯源，使得二噁英失去了形成的第一条件。

(2) 高温焚烧确保二噁英不易产生

生活垃圾中含有一定量的二噁英前体物，为了保证这部分前体物的彻底分解，以免在焚烧过程中转化为二噁英，必须提高垃圾的焚烧温度。大量的试验表明，二噁英族类物在 500℃时开始分解，到 800℃时 2,3,7,8-TCDD 可以在 2.1s 内完全分解，如果温度进一步提高，分解时间将进一步缩短。根据国家标准《生活垃圾焚烧污染控制标准》（GB 18485—2001）中规定的焚烧炉技术要求，烟气温度高于 850℃时，烟气在高温区停留时间应大于 2s，或烟气温度高于 1000℃时，高温区停留时间应大于 1s。在利用水泥烧成系统处理城市生活垃圾时，生活垃圾需进行预处理，可燃物通过燃烧器从窑头喷入水泥回转窑内，窑内气相温度最高可达 1800℃，物料温度约为 1450℃，气体停留时间长达 20s，完全可以保证有机物的完全燃烧和彻底分解；或者直接喂入分解炉底部或下部的上升烟道中，此处温度约为 900～1100℃，且气体在分解炉内的停留时间高达 7s，固体物料的停留时间高达 20s 以上；喷入烧成系统的可燃物处于悬浮态，不存在潮湿不完全燃烧区域。高温下有机物和水分迅速蒸发和气化，随着烟气进入分解炉（出口温度一般为 860～900℃），在氧化气氛下燃烧完毕，而且在燃烧过程中高温气流与高温、高细度（平均粒径为 35～40μm）、高浓度［固气为 1.0～1.5kg/m³（标）］、高吸附性、高均匀性分布的碱性物料（CaO、MgO）充分接触，有利于 Cl^- 的吸收，控制氯源；可燃物燃烧生成水蒸气和 CO_2，硫转化成 SO_3^{2-}，随即与生料分解产生的活性 CaO 和 MgO 反应生成了 $CaSO_4$ 和 $MgSO_4$；Cl^- 和 CaO 反应生成了 $CaCl_2$，而后以水泥多元相钙盐或氯硅酸盐的形式进入灼烧基物料中，被可容性矿物包裹进入熟料中。高碱性的环境可以有效地抑制酸性物质的排放，使得 SO_3^{2-} 和 Cl^- 等化学成分化合成盐类固定下来，有效地避免“二噁英、呋喃”的产生。

(3) 预热器系统内碱性物料的吸附

不可燃物随水泥生产常规原料一起进入原料磨，在原料磨里进行烘干、粉磨。原料磨的进口烟气温度约为 200℃，出口气体温度约为 90℃，因此在原料磨里不会产生二噁英，也不会出现二噁英的再合成。粉磨合格的物料经均化后进入窑尾预热器系统，窑尾一级预热器的进口气体温度约为 530℃，出口气体温度约为 330℃。因窑尾预热器系统内为气固悬浮换热，因此随着生料在进口气体管道中的喂入，气体温度在 0.2s 内迅速降至 350～400℃。不可燃物中的有机物在一级预热器内会燃烧，会产生少量的 Cl^-，进而与窑灰中的 CaO 反应转化为 $CaCl_2$。另外窑尾预热器中的固相为碱性的，气体中含有大量的生料粉，生料粉的主要成分为 $CaCO_3$ 和 $MgCO_3$ 及飞灰夹带的少量 CaO 和 MgO，其中的 Fe 元素主要以 Fe_2O_3 形式存在，生料粉的平均粒径约为 35～40μm，浓度较高（固气为 1.0～1.5kg/Nm³），因此燃烧产生的 Cl^- 与生料粉中 CaO 和 MgO 迅速反应，消除二噁英产生所需的氯离子，抑制了一级预热器内二噁英的生成。

(4) 生料中的硫分对二噁英的产生有抑制作用

有关研究证明，燃料中或其他物料夹带的硫分对二噁英的形成有一定的抑制作用：一则由于硫分的存在控制了 Cl^-，使得 Cl^- 以 HCl 的形式存在；二则由于硫分的存在降低了

Cu^{2+}的催化活性，使其生成了$CuSO_4$；三则由于硫分的存在形成了黄酸盐酚前体物或含硫有机化合物（联苯并噻蒽或联苯并噻吩），阻止了二噁英的生成。

（5）烟气处理系统

现有水泥烧成系统的出口烟气一般要经过增湿塔、原料磨和除尘器等构成的多级收尘系统，收集下来的物料返回到烧成系统中，气体在该区内停留时间一般在30～60s。该烟气处理系统类似于生活垃圾焚烧烟气的半干法净化工艺。增湿塔在粉尘收集、酸性气体净化等方面，具有增湿活化吸收的功能；从烧成系统排出的气体中含有一定的飞灰（含有CaO和MgO），在增湿塔内气体中的酸性物质与水结合，并与飞灰发生反应：在增湿塔内，气体温度从330℃左右急冷至220℃左右。出增湿塔的气体进入原料磨，对入磨的原料进行烘干，并将粒度合格的生料带出原料磨；由气体带进的粉尘在原料磨内与生料进行混合，其中的酸性气体和有机物进一步被吸附，经收尘器收集后返回烧成系统。各级的收尘效率为：增湿活化收尘效率为30%～50%、收尘器的效率约为99.9%，从而使排放到大气中的废气成分满足国家环保排放标准要求。

4 结论

水泥工业已经成为国民经济的重要产业，满足了人民生活不断增长的物质需求，为国家基本建设做出了重大贡献。然而，水泥产业目前还是高污染、高能耗的行业，在资源消耗、能源消耗及废物排放上仍对环境构成很大的威胁。科学制定水泥工业污染物排放标准，合理选择污染物控制指标不仅可以严把环保关、加速行业产业结构优化升级，还能够在一定程度上控制污染物对人体健康的影响，促进行业朝绿色、健康发展。

参考文献

[1] 钱秋兰．水泥厂协同处置废弃物中的汞排放分析．水泥技术，2008，(6)：76-78.

[2] 施惠生．利用水泥窑处理污水厂污泥的应用研究．水泥，2002，(7)：8-10.

[3] 乔龄山．水泥厂利用废弃物的有关问题（一）——国外有关法规及研究成果．水泥，2002，(10)：1-5.

[4] 苏达根，林少敏．水泥窑铅镉等重金属的污染及防治．硅酸盐学报，2007，(5)：558～562.

[5] 苏达根，林少敏．利用废弃物煅烧水泥熟料需注意的几个问题．水泥，2003，(4)：10-11.

[6] 乔龄山．水泥厂利用废弃物的有关问题（二）——微量元素在水泥回转窑中的状态特性．水泥，2002，(12)：1-5.

[7] 成海夏，宋伟民．大气颗粒物健康效应生物学机制研究进展．环境与职业医学，2003，20 (4)：308-311.

[8] 黄雪莲，金昱，郭新彪．沙尘暴$PM_{2.5}$、PM_{10}对大鼠肺泡巨噬细胞吞噬功能的影响．卫生研究，2004，33 (2)：154-157.

[9] 张志红，杨文敏．汽油车尾气颗粒物中有成分分析及对细胞免疫毒性研究．环境与健康杂志，2000，17 (1)：13-15.

[10] 时宗波，邵龙义等．城市大气可吸入颗粒物对质粒DNA的氧化性损伤．科学通报，2004，49 (7)：673-678.

[11] 彭毅，孙欣林．水泥厂主要有害气体及其防治．水泥工程，2008，(5)：6-10.

[12] 何宏涛，毛志伟，曹伟．水泥工业应用大型高效电、袋除尘器分析．中国环保产业，2005，(10)：15-18.

[13] 陈绍龙．水泥环保标准与国际接轨的技术经济分析．新世纪水泥导报，2004，(增刊)：35-40.

[14] 龚先政，聂祚仁，王志宏．北京水泥生产过程的环境负荷研究．武汉理工大学报，2006，28 (3)：121-124.

[15] 马保国，李相国，王信刚等．水泥工业的环境负荷及控制途径．水泥工程，2005 (2)：79-82.

[16] 王永红，薛志钢，紫发合等．我国水泥工业大气污染物排放量估算．环境科学研究，2007，21 (2)：207-212.

[17] 刘后启，窦立功，张晓梅等．水泥厂大气污染物排放控制技术．北京：中国建材工业出版社，2007.

[18] 雷宇，贺克斌，张强等．基于技术的水泥工业大气颗粒物排放清单．环境科学，2007，28 (8)：2366-2371.

[19] 袁文献，陈章水，曹伟等．水泥工业大气污染物排放新标准实施对策．江苏建材，2005，99 (2)：16-27.

[20] 崔素萍．水泥工业处理废弃物优势及问题分析．建材发展导向，2003，(3)：49-52.
[21] 李湘洲．城市可燃废弃物在水泥工业中的应用．中国水泥，2003，(9)：79-82.
[22] 联合国工业发展组织，中国清洁固体废物管理培训手册，第九章．刘建国．危险废物水泥窑处置．2003.
[23] 郭廷杰．日本水泥工业废物综合利用情况简介．中国资源综合利用，2004，(7)：39-40.
[24] The GTZ- Holcim Public Private Partnership. Guidelines on co- processing waste materials in cement production. 2006：A6-A7.
[25] 韩仲琦．我国水泥工业处置废物的发展现状．水泥技术，2006，(6)：26-27.
[26] Reference Document on Best Available Techniques in the Cement and Lime Manufacturing Industries，IPPC. December 2001.
[27] Amendment to Standards of Performance for Portland Cement Plants，EPA.
[28] Alternative control techniques document-NO_x emissions from cement manufacturing. Emission Standards Division，EPA-453/R-94-004.
[29] 高长明．水泥工业烧二次燃料的 BAT 装备．环境工程，2003，(1)：61-64.
[30] 俞为民．中国水泥工业废弃物利用与可持续发展．中国水泥网，2009.

环境保护标准促进制糖行业可持续发展[1]

孙晓峰，宋云，李键
(中国轻工业清洁生产中心，北京，100012)

摘要：我国是世界食糖生产大国，制糖行业的发展给我国带来巨大经济效益的同时，也污染了环境。随着《制糖工业水污染物排放标准》的颁布实施，制糖行业积极进行产业机构调整、推广清洁生产工艺设备、加强末端处理设施的建设，使制糖行业 COD 排放量由 2003～2004 年的 35 万吨下降到 2008～2009 年的约 8 万吨，促进了制糖行业可持续发展。

关键词：环境保护；标准；制糖行业；可持续发展

Cleaner production to promote energy saving and emission reduction for sugar industry

Sun Xiaofeng，Song Yun，Li Jian
(China Cleaner Production Center of Light Industry，Beijing，100012)

Abstract：China is the largest producer of sugar in the world. While the development of sugar industry has brought huge economic benefits to China，it has also been polluting the environment. Since "Water pollutants discharge standard of sugar industry" was proclaimed，sugar manufacturing enterprises have been actively adjusting their structures and promoting cleaner production facilities and end-of-pipe equipments，from which COD discharge had been reduced from 350 thousand tons (2003-2004) to 80 thousand tons (2008-2009)，to achieve the sustainable development of sugar industry.
Key words：Environmental protection；standard；Sugar industry，sustainable development

[1] 环境保护标准制修订项目《制糖工业水污染物排放标准》。

1 制糖行业环境保护发展历程

我国是世界第三食糖生产国和第二大食糖消费国。目前，我国拥有糖厂约 300 多家，年产食糖 1200 多万吨。在制糖行业蓬勃兴起的同时，环境污染问题也显得日益凸现。制糖行业是我国轻工业水污染大户之一，据 2003/2004 年制糖期测算，全国制糖废水排放量 7.8 亿立方米；化学需氧量浓度高，混合出水浓度达到 3000～8000mg/L（含酒精生产车间）；成分复杂，氮、磷、钾等元素含量较高。废水处理难度大，废水达标排放率低，废水若不经处理直接排入水体，将会对周围的生态环境造成严重的影响。

我国制糖行业及其环境保护工作经历了不同的发展阶段。20 世纪 90 年代初我国制糖业普遍亏损，1991 年食糖流通体制改革以后，糖业规模迅速扩大；到了 2000 年我国糖业进行了史无前例的结构调整，经过结构调整，淘汰落后生产能力。2002 年，广东、广西、云南、新疆四省区作为试点开展了规模制糖，组建大型糖业集团。在行业不断发展的同时，制糖业的环境保护问题也引起了人们的广泛关注。2000 年以前，由于企业环保意识薄弱，环境监管不严等原因，制糖企业酒精废醪液、洗滤布水、冲灰水等高浓度废水均基本无污染处理设施，直接向环境排放。2008 年，由于受到技术和资金的制约，多数企业也仅仅采用简易氧化塘处理生产废水，由于废水污染物浓度大，远大于氧化塘的处理能力，并且大部分氧化塘也不能稳定运行，出水浓度远不能达到《污水综合排放标准》（GB 8978—1996）的要求，而且还存在雨季废水随雨水排放的风险。直至 2008 年，《制糖工业水污染物排放标准》（GB 21909—2008）的颁布实施，才有效推进了制糖行业水污染治理工作的快速开展。

总结来看，制糖行业环境保护工作主要存在以下几方面问题。

（1） 产业结构不合理

多数制糖企业设有酒精车间，利用糖蜜生产酒精，生产规模小。糖蜜酒精制造废液中含有高浓度有机物，其酸度大，颜色深，固形物达到 10%～12%，而且废水产生量很大，每吨产品约产生 7～15t 废水。由于糖蜜酒精废水含有高浓度硫酸盐（4500～8000mg/L），会抑制厌氧消化反应的进行。因此，传统的厌氧-好氧工艺难以使制糖废水和糖蜜酒精制造废液混合废水稳定达标排放。

（2） 企业环保意识差

早期虽然在《污水综合排放标准》（GB 8978—1996）中就规定了制糖行业废水排放量和排放浓度，但制糖企业多处于偏远地区，在 2008 年之前仍普遍采用简易处理设施，处理效果差，无法达标排放。

（3） 技术设备落后

企业大多采用传统生产工艺，设备陈旧，自动化程度低。如澄清压榨工序的洗滤布水 COD 产生浓度高达几千毫克/升，废水量占总废水量的 20%～30%，此段废水直接排放还会造成糖分损失；煮糖、蒸发、喷射抽真空等冷凝水占总废水量的 70%左右，很多企业直接排放，而这部分水除温度升高外，水质无太大变化，造成水资源浪费。

上述一些问题导致我国制糖行业原料利用率低、水重复利用率低、水资源消耗量大、主要污染物产排污量大等一系列问题。统计数据表明，我国制糖行业百吨蔗耗标煤约 6.3t、吨甘蔗废水排放量约 15t，水重复利用率仅 30%左右，均明显高于国际百吨蔗耗标煤低于 4t，吨甘蔗废水排放量约为小于 4t，水重复利用率高于 90%的先进水平。

《国家环境保护“十一五”规划》提出了COD削减10%的约束性指标，广西等一些制糖大省面临着极为严峻的减排压力。“十一五”期间，国家相继颁布实施了《清洁生产标准　甘蔗制糖业》(HJ/T 186—2006) 和《制糖工业水污染物排放标准》(GB 21909—2008) 等两项环境保护标准，为制糖行业环境保护工作点亮明灯。2008年以来，为实现达标排放，越来越多的制糖企业开始进行清洁生产技术改造，建设污水处理设施，实施污染预防，制糖行业正在走向循环经济、持续发展之路，制糖行业已经摘掉了“污染大户”的帽子。

2　加快产业结构调整，降低污染负荷

以往的制糖企业均设有小型酒精车间，利用糖蜜生产酒精。酒精生产废水，其水量大，废水COD产生浓度大于30000mg/L，这部分废水与制糖废水混合后导致综合废水COD浓度高，增加了废水治理难度和处理成本。国外在利用糖蜜制酒精的生产布局上，无论是发达国家或是发展中国家，与我国大不相同。我国几乎每个糖厂都附设有酒精车间，规模小，年生产仅100～120d，工艺设备落后，污染源却遍布全区。而国外是将众多糖厂的糖蜜集中转移到几个厂，全年生产酒精及其附属产品，生产规模大，工艺先进（有不少工厂采用清洁型生产工艺），污染源点少，易于集中治理。所以说摈弃酒精车间是糖厂实现污染减排的关键一步。

这种糖蜜的转移并不是污染的转移，各产糖区以区域为单位，将糖蜜进行集中利用，生产酒精、酵母、饲料等产品，生产规模的扩大，使企业有更充足的资金投入到环保技术的研发和应用。在我国也有省市开始效仿国外进行产业结构调整，海南省有22家利用甘蔗糖厂，原来这些糖厂产生的糖蜜均用来生产酒精，但这些生产酒精的企业规模都较小、工艺落后、效益低，产生的废醪液中的COD污染负荷占全省工业废水污染物排放总负荷的60%左右。这种含有高浓度有机物的废醪液处理投资大，运行费用高，基本直接排放，严重污染水体和生态环境。以海南省为例，通过产业结构调整，海南省将省内所有小酒精企业进行重组，合为一体，组成马村产业园，使全省12万吨/年糖蜜集中生产酒精，并将产生的废醪液进行资源化利用，产生沼气发电，再将沼液、沼渣用以农业灌溉和施肥，使约35万吨/年废醪液得到充分资源化利用，实现整个流程废水及其污染物“零排放”，杜绝了酒精废醪液对水体和生态环境的严重污染，既节约了治理资金又保护了环境。据测算，海南全省22家糖蜜酒精厂均要处理酒精废醪液，需9000万～11000万元，而通过该项目集中处理只需2000多万元，达到了经济效益和生态效益双赢的目标。目前，除新疆个别企业外，制糖企业均摒弃了酒精车间。

3　推行清洁生产技术，实现节能减排

3.1　甘蔗制糖行业推行清洁生产，减排效果显著

近年来，甘蔗制糖企业在清洁生产技术改造方面下足工夫，取得了显著的减排效果。以广西为例，作为我国产糖大省，2006年全区95家糖厂仅有8家建有废水生化处理系统，制糖业COD排放量约25万吨，占全区工业排放总量37.5%。2007年7月，《关于进一步加强我区制糖行业污染防治工作的通知》（桂经糖业［2007］352号）中要求全区糖厂2008年底前必须稳定达标排放。

2007、2008两年，全区制糖企业共投入6亿多元进行污染治理项目建设，至2008年底，全区95家糖厂都建设了废水生化处理系统。针对制糖过程中，原料利用率低、能耗高，

图 1　无滤布真空吸滤机

污染物排放强度大的特点，广西制糖行业积极推行清洁生产，实现产业技术升级，在降低水耗、提高水重复利用率方面做了大量的工作。

① 采用无滤布真空吸滤机（见图 1）　该技术可降低 COD 产生量 50%以上。

② 蒸发冷凝水回用技术　该技术将高效冷凝器产生的冷凝水作为锅炉补水，实现锅炉零补水（新鲜水）。

③ 糖厂废水的循环利用（洗滤布水、冲洗罐水、轴承冷却水、生产冷凝水、锅炉冲灰水）。

④ 技术设备升级　采用节水的真空冷凝设备。

⑤ 其他　汽凝水冷却回用、热能压缩器，提高汁汽利用率等。

广西某企业通过清洁生产技术的实施，大大降低了污染物的排放负荷，取水量从之前的 $15m^3/t$ 蔗下降到 $2m^3/t$ 蔗左右；企业水重复利用率提高到 90%以上；吨蔗 COD 产生量从 3.5kg 下降到 1.6kg，废水处理成本由原来的 1.98 元/m^3 降到 0.98 元/m^3；减轻了末端治理的压力，从而从根本上解决了企业不稳定达标的问题。截至 2008 年年底，全区制糖行业主要污染物 COD 排放量比 2006 年减少 80%，年节约废水处理费用据估算约 1 亿元。而今，巨大的环境效益和经济效益，让更多的企业认识到推行清洁生产的重要意义，无滤布真空吸滤机、冷凝水闭路循环、高效渗出、分离设备等先进技术、设备得以快速推广。部分大型企业吨蔗取水量已经降至 $1m^3$ 以下，达到国际清洁生产先进水平。

3.2　甜菜制糖行业逐步推行清洁生产，有望快速推广

受原料限制，我国甜菜糖生产企业地处北方，生产期主要为每年的 10～12 月份。由于天气寒冷，会导致末端治理设施运行费用高、效率低等问题。实施清洁生产，降低污染生产负荷，提高废水处理效率，是确保甜菜制糖企业废水稳定达标排放的有效保障。

新疆是我国最大的甜菜糖生产区，2008/09 榨季产糖 41.23 万吨，占我国甜菜糖总产量的 45.7%。近些年通过实施清洁生产，新疆糖业已经面貌一新。

① 压粕水 COD 产生浓度在 5000mg/L 以上，采取压粕水回收工艺，其循环利用率可达 100%，减少废水排放量 10%以上。

② 甜菜流送、洗涤废水 BOD_5 约 1500～2000mg/L，SS 在 500mg/L 以上，采用机械化甜菜窖除土装置（见图 2）、提高沉降池效率，可大幅提高水循环利用率、降低用水量，减少废水排放量 15%以上。

图 2　机械化甜菜窖除土装置

③ 在传统工艺技术基础上，原料、装备状况不断优化，通过挖潜创新不断引进、改进装备和自动控制技术，完善工艺和装备管理制度。如切丝、渗出、煮糖、分离等重点工序引

进国外先进设备，中和、澄清、分蜜等工序实现自动控制，并逐步向生产全过程自动化转变，资源能源利用率显著提高。

通过清洁生产技术改造，取水量从 4～5m^3/t 甜菜下降到 2.5～3m^3/t 甜菜以下；吨甜菜 COD 产生量从 13.3kg 下降到 6kg 左右；通过采取厌氧-好氧处理工艺，COD 排放浓度可以达到 100mg/L 左右，技术水平逐步接近发达国家水平。

清洁生产标准和排放标准的颁布实施，为制糖企业减排工作提供了技术引导。实践证明，制糖企业通过推行清洁生产，在实现节能减排的同时，也会产生明显的经济效益，在环境效益和经济效益双重效益的驱动下，越来越多的企业认识到清洁生产是实现企业可持续发展的必经之路。1995～2008 年制糖产量和 COD 排放量变化如图 3 所示，可以看出制糖行业 COD 排放量从 2003 年开始呈现逐年下降的趋势。自从 2006 年清洁生产标准颁布后，清洁生产技术在行业内被广泛应用，这加速了行业污染物排放量的下降。2008 年行业水污染物排放标准颁布，使得制糖行业的污染物排放继续保持快速下降的趋势。

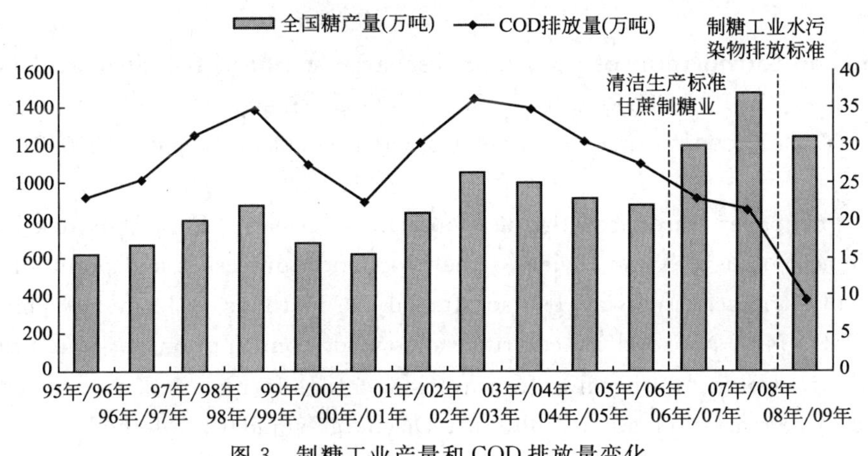

图 3 制糖工业产量和 COD 排放量变化

4 结论

总体而言，随着清洁生产在制糖行业的全面推行，制糖行业减排效果将十分显著。初步估算，若“十二五”全行业达到国内清洁生产先进水平，制糖行业年废水排放量 3.2 亿立方米，COD 排放量 1.7 万吨。

“十一五”期间，制糖行业清洁生产为节能减排工作做出了巨大的贡献。制糖工业通过推行清洁生产技术，实施污染预防，正在甩掉污染大户的帽子，逐步转型为一个环境友好型、资源节约型的行业，制糖行业从此步入了一条可持续发展的道路。

参考文献

[1] 周祖光．糖蜜酒精生产废醪液资源化利用探析 [J]．环境科学与技术，2005，28 (2)：97-100.

[2] 张逸庭，陈洁，陈伍云等．蔗糖业推行清洁生产实现“三废”资源化 [J]．中国环保产业，2003，(6)：16-18.

[3] 梁云岳．无滤布真空吸滤机在甘蔗糖业中的推广 [J]．广西蔗糖，2004，3 (36)：23-25.

[4] 霍汉镇．糖厂节水和冷凝真空系统 [J]．广西蔗糖，2004，2 (35)：30-33.

[5] 杨波．甜菜糖厂清洁生产现状及发展方向 [J]．中国甜菜糖业，1997，(2)：19-20.

[6] 潘丽英，付尔登，陈勇．甜菜制糖业清洁生产的探讨 [J]．新疆环境保护，1998，20 (3)：18-20.

[7] 姜臣威．封闭式压粕水回收系统的应用 [J]．中国甜菜糖业，1998，(3)：48-49.

柠檬酸工业污染物排放标准制订思路[❶]

程言君，孙晓峰，张琳
（中国轻工业清洁生产中心，北京，100012）

摘要：介绍了柠檬酸工业污染物排放标准发展历程，分析了柠檬酸工业生产工艺和污染治理状况。分析了化学需氧量、氨氮、总氮、总磷、色度和单位产品基准排水量的制订方法，并对标准实施后的环境效益进行了预测。

关键词：柠檬酸工业；污染物；排放标准；思路

Methods on formulation of pollutants discharge standard for citric acid industry

Cheng Yanjun，Sun Xiaofeng，Zhang Lin
（China Cleaner Production Center of Light Industry，Beijing，100012）

Abstract：This paper introduced the development process of “Pollutants discharge standard of citric acid industry” and reviewed the production processes and pollution treatment conditions of citric acid industry. It also studied the methods to formulate emission limit values of COD，NH_3-N，total P，colority，and water consumption per unit product，and predicted the environmental benefits from the standard’s formulation.
Key words：Citric acid industry；Pollutant；Discharge standard；Method

1 研究背景

本世纪初，柠檬酸工业在我国得以快速发展。原国家环保总局在《关于柠檬酸生产企业环境保护管理有关问题的通知》（环办［2002］151号）明确提出要加强柠檬酸生产企业污染治理和监管工作。2004年环保总局发布了《柠檬酸工业污染物排放标准》（GB 19430—2004），标准的颁布实施对控制柠檬酸工业污染物排放发挥了积极的作用。由于柠檬酸工业工艺技术和污染治理水平发展迅速，现行的排放标准已经不能有效地反映行业特点，如规定新建企业单位产品排水量为80m^3/t，已远远高于行业平均水平；COD等主要污染物排放限值也不满足目前环境保护的要求。在这种情况下，修订《柠檬酸工业污染物排放标准》（GB 19430—2004）势在必行。

2 行业概况

柠檬酸的化学名称为2-羟基丙烷三羧酸，是目前世界上使用量最大的食用有机酸，主要用于香料或作为饮料的酸化剂，在食品和医学上用作多价螯合剂，也是化学中间体。

❶ 环境保护标准制修订项目《柠檬酸工业水污染物排放标准》。

目前，全球柠檬酸产量约160多万吨，亚洲产量90万吨，欧洲31万吨，北美20万吨，南美10万吨，非洲1万吨。其中，中国产量87万吨，占世界总产量的50%以上。

2009年我国柠檬酸总产量87万吨，其中无水酸产量达到36万吨，总产量较上年下降2.25%，这是柠檬酸的产量首次出现负增长。原因一是国际市场需求量减少，购买力不足；二是受欧盟和美国反倾销的影响，出口受阻。全国按柠檬酸产量分布依次为山东48万吨、安徽16万吨，江苏13万吨，其次是甘肃、山西、湖北、新疆、云南、湖南、四川。产量排名前五位的企业是潍坊英轩25.04万吨、日照鲁信金禾18.97万吨、安徽丰原14.63万吨、山东柠檬10.23万吨、宜兴协联7.03万吨。排名前五位企业产量占全国总产量的87.24%，比上年增长10%，行业集中度进一步加强。近5年柠檬酸产量及出口量情况如表1所列。

表1　近5年的产量及出口量

数量＼年份	2003	2004	2005	2006	2007	2008	2009
世界产量/万吨	135	138	142	147	155	152	150
中国产量/万吨	45	54	63	72	89	89	87
中国出口量/万吨	36.2	44.9	48.5	57.1	70.8	68.8	76.16
中国出口量占产量比例/%	80.4	83.1	77.0	79.3	79.6	77.3	87.5
中国出口额/亿美元	2.37	3.24	3.59	4.03	5.27	7.15	6.32

3　生产工艺及污染治理状况分析

3.1　生产工艺

我国柠檬酸的生产主要以薯干、玉米等为原料。以玉米原料生产柠檬酸为例，其主要生产工艺如图1所示。

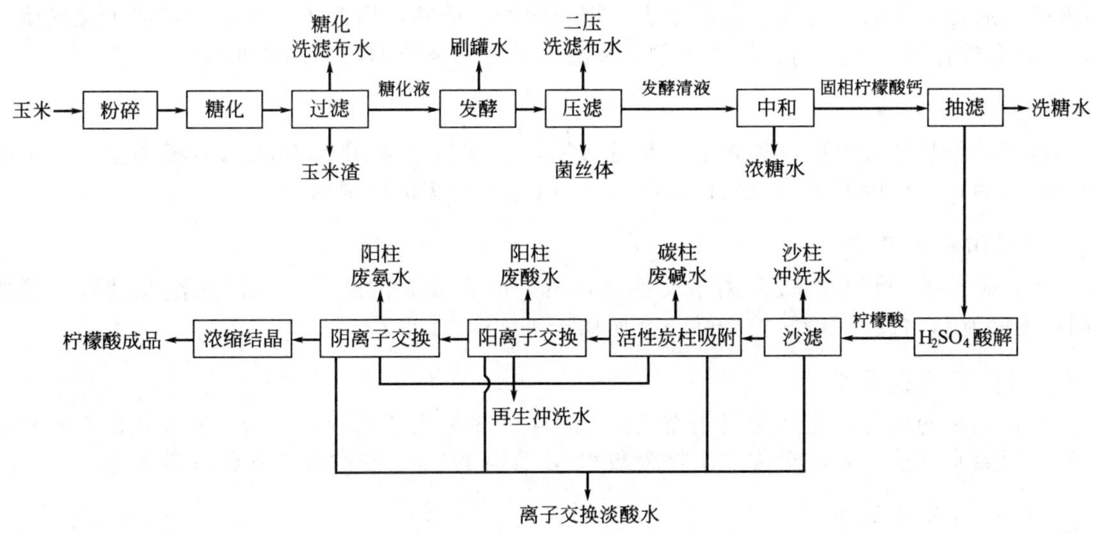

图1　玉米柠檬酸生产工艺及废水排放源

由图可见，玉米柠檬酸的生产工艺主要包括糖化、发酵、提取和精制等。柠檬酸废水的主要来源如下。

(1) 糖化洗滤布水

在糖化过程中，糖化液必须过滤除去玉米渣，过滤机的滤布需要定期清洗，产生“糖化洗滤布水”，主要含有淀粉、蛋白质、纤维素、玉米脂肪及钠离子等。

(2) 二压洗滤布水

糖液在发酵罐中发酵得到发酵液，经压滤机压滤去除菌丝体，成为发酵清液，送到提取车间。压滤机的滤布需要定期清洗，由此而产生“二压洗滤布水”，主要含有柠檬酸、残糖、蛋白质和维生素等。

(3) 刷罐水

发酵罐排放发酵液后，在下一次进料前，要用清水将发酵罐洗涤干净，从而产生“刷罐水”，主要含有柠檬酸、残糖、蛋白质、维生素和聚醚等。

(4) 浓糖水

发酵清液与 $CaCO_3$ 中和生成柠檬酸钙沉淀，上部母液称为“浓糖水”，含有柠檬酸、柠檬酸钙、残糖、油脂、蛋白质、微量钠盐、聚醚及有机色素等。

(5) 洗糖水

中和工序得到的固相柠檬酸调浆后送入过滤机，继续使用 80～90℃的热水，进一步洗去残糖及可溶解性杂质，抽滤后排放出“洗糖水”，含有柠檬酸、柠檬酸钙、残糖、油脂、蛋白质、无机钙及有机色素等。

(6) 沙柱冲洗水

精制工序中要把固体物质在沙滤器中出去，沙柱需定期冲洗，形成“沙柱冲洗水”，含有硫酸钙、柠檬酸以及其他结成滤饼的固性物。

(7) 离子交换淡酸水

离子交换淡酸水由 4 个位置产生：沙柱、炭柱、阴柱、阳柱。离子交换柱再生前，将淡酸液排入后柱，然后用清水（无离子水）把残液冲向后柱，所产生的废水为“离子交换淡酸水”，含有柠檬酸、铁、钙、氯等离子以及滤层微粒和破碎的阴、阳树脂。

(8) 炭柱废碱水

酸碱液经沙柱过滤后，进入活性炭柱吸附，炭柱每 2 周用 NaOH 水溶液再生，再生所排放的水为“炭柱废碱水”，含有 NaOH、柠檬酸盐及有机色素等。

(9) 阳柱废酸水

来自碳柱的酸解液经过阳离子交换柱，再生时先放去浓酸液，用清水洗涤残液，形成“阳柱废酸水”，含有 HCl、柠檬酸、金属离子等。

(10) 阴柱废氨水

来自阳柱的酸解液经过阴离子交换柱，再生时先放去浓缩液，用清水洗涤，放去淡酸水以后，用氨水溶液再生，形成“阳柱废酸水”，含有 NH_3、柠檬酸、非金属离子等。

(11) 再生冲洗水

交换柱再生冲洗水包括炭柱、阴柱、阳柱 3 部分，再生结束，放去再生废水后，用无离子水冲洗残留的再生废水，形成“再生冲洗水”，含有 NaOH、HCl、NH_3 以及相应的盐类和破碎的树脂。

3.2 污染物排放和治理情况

柠檬酸生产工序主要废水排放和水质情况如表 2 所列。综合废水水质水量情况如表 3

所列。

表 2　柠檬酸生产废水水量及水质

序号	废水名称	废水量/(m^3/t 产品)	COD/(mg/L)	pH 值
1	糖化洗滤布水	1.80	3962	5～6
2	二压洗滤布水	0.54	1741	3
3	刷罐水	0.36	38986	1～2
4	浓糖水	14.40	23780	4.5～5.5
5	洗糖水	11.50	3650	5～6
6	沙柱冲洗水	0.18	—	—
7	离子交换淡酸水	2.70	3000～4000	1～2
8	炭柱废碱水	0.15	1000～3000	10～12
9	阳柱废碱水	0.72	1000～3000	1～2
10	阴柱废氨水	0.32	1000～3000	10～12
11	再生冲洗水	2.16	500～1000	—

由表 2 可见，柠檬酸废水主要来自提取车间的浓糖水和洗糖水，其浓度高、排放量大；发酵车间的刷罐水虽然浓度高，但水量很少，有机负荷较少；其他各点排放的废水浓度较低，水量也不大。柠檬酸废水中含有大量的有机物（有机酸、糖、蛋白质、脂肪、淀粉、纤维素等）及 N、P、S 等物质，生产中未糖化的淀粉质、未发酵的残糖、未能提取的柠檬酸等都进入废水中，形成高浓度的有机污染物。

表 3　玉米柠檬酸综合废水水量和水质

指标	数值	指标	数值
水量/(m^3/t)	34.83	总氮/(mg/L)	200～400
温度/℃	60～70	氨氮/(mg/L)	30～50
pH 值	4～5	总磷/(mg/L)	100～150
COD_{Cr}/(mg/L)	11000～13000	SS/(mg/L)	800～1000
BOD_5/(mg/L)	6000～7000	色度/倍	180～250

柠檬酸生产废水属于高浓度有机废水，可生化性好。因此，国内外常用的废水处理方法是生化法。根据作用微生物的不同，生物处理方法可分为好氧处理和厌氧处理两大类型，目前较常用的是厌氧＋好氧组合处理。

4　污染物排放标准制订思路

4.1　标准适用范围的确定

本标准规定了柠檬酸工业企业的水污染物排放限值、监测和监控要求，以及标准的实施与监督相关规定。本标准适用于现有柠檬酸工业企业的水污染物排放管理。本标准适用于对柠檬酸工业企业建设项目的环境影响评价、环境保护设施设计、竣工环境保护验收及其投产后的水污染物排放管理。

4.2　污染物控制项目的选择

柠檬酸生产的废水主要特点是有机物和悬浮物含量高，酸度高，根据柠檬酸生产废水的特点，本标准确定水污染物排放控制项目保留了《柠檬酸工业污染物排放标准》（GB 19430—2004）中的所有项目：pH 值、COD、BOD、SS、氨氮和排水量，并根据行业产生污水特征新增加了色度一项污染物控制指标。

为了防止水体富营养化，本标准新增了总磷和总氮两项污染物控制指标，使本标准控制的污染物项目达到了8项。

4.3 水污染物排放标准制订依据

4.3.1 化学需氧量（COD）的确定

柠檬酸废水主要含有大量的可溶性有机物（糖类、脂肪酸、蛋白质、淀粉等），其可生化性很好。其主要工艺环节产生废水的排放量及水质情况如表4所列。

表4 各车间废水的水量和COD_{Cr}浓度

工艺点	水量/(m^3/t)	占总水量/%	COD平均/(mg/L)	污染总量/(kgCOD/t)	污染物/%
糖化车间	1.8	5.2	3900	7.1	1.7
发酵车间	0.9	2.6	13000	11.7	2.9
提取车间	25.9	74.1	14200	366.3	92.2
精制车间	6.23	18.1	2000	12.6	3.2
总废水量	34.83	100.0	11400	396.7	`100.0

柠檬酸的生产，由粮食发酵获得。不同的原料，所产生的污染负荷不同。面对日趋严格的环保形势，很多企业强化推行过程控制，选择清洁的原料，减少污染负荷总量。某企业投资5000多万元建立两座玉米液化车间，一改过去的以薯干混合发酵为玉米去渣清液发酵，使有机物质的转化率由过去的85%提高到95%，吨产品COD排放量明显下降。

在末端治理方面，国内外对柠檬酸废水的处理大多采用厌氧-好氧联合处理工艺，一些大型企业均采用国外先进污水处理技术——厌氧反应器，可以达到较好的处理效果。柠檬酸生产企业可以根据废水水质的实际情况，增加处理工艺或设备，进一步提高废水的处理效果。如采用气浮、滴滤床等工艺，主要废水处理工序处理效果如表5所列。

表5 主要废水处理工序处理效果

序号	工序	处理效果
1	预处理	柠檬酸废水首先通过预处理除去固体物质、降低水温、均化水质。预处理构筑物包括初沉池、调节池、冷却塔，经预处理后废水水温降至37℃左右，达到中温厌氧发酵所需的要求，同时它还能保证处理系统运行的稳定性
2	UASB反应器	COD去除率为90%～95%左右
3	曝气沉淀池	柠檬酸废水中含有大量的Ca^{2+}（厌氧出水Ca^{2+}高达700～900mg/L），如不去除会对好氧设备及构筑物产生较大影响。曝气沉淀池对Ca^{2+}的去除率达到30%以上，同时对COD的去除率为40%～50%
4	氧化沟	氧化沟一般由厌氧段、兼氧段、好氧段、沉淀区、污泥回流区组成，在沟内完成废水中剩余有机污染物的水解、氧化及污泥回流过程，降低水中的污染物含量。COD去除率达60%以上

基于清洁生产技术和废水处理技术，本标准提出：现有柠檬酸生产企业废水COD的排放限值为150mg/L；新建柠檬酸生产企业废水COD的排放限值为100mg/L。

4.3.2 总氮和氨氮的确定

氮包括有机氮（蛋白质、尿素、尿酸等）和无机氮（氨氮、硝酸根、亚硝酸根），这些形式的氮在微生物作用下经过氨化过程、硝化过程和反硝化过程，最终变成气态氮（氮气、一氧化氮、二氧化氮）而得到去除。

国内柠檬酸企业浓废水（废糖水原液和洗糖水）的氨氮平均浓度为60mg/L；淡废水的

氨氮平均浓度为10mg/L；氨氮平均浓度为35mg/L。目前，大部分柠檬酸企业采用IC＋活性污泥法处理废水，可以有效去除氨氮，氨氮排放浓度可以控制在15mg/L以下。

总氮产生浓度在200～400mg/L左右，一般企业的污水处理工艺对总氮的去除效果不明显，排放浓度一般高于100mg/L。某企业采用Orbal氧化沟，具有反硝化功能，总氮可以从200mg/L以上削减到20mg/L以下，脱氮效果明显。

采用氧化沟工艺去除总氮应注意以下几方面问题。

① 缺氧段溶解氧。运行结果显示，缺氧段混合液的DO值控制在0.5mg/L以下，即可得到良好的脱氮效果。

② 反硝化速率。反硝化速率是指单位活性污泥每天反硝化的硝酸盐量，一般用DNR表示。DNR与温度等因素有关，典型值为0.06～0.07gNO_3^--N/(gMLSS·d)。

③ 回流比。反硝化系统的污泥沉速较快，在保证要求的回流污泥浓度的前提下，可降低回流比，以便延长污水在曝气池内的停留时间，运行良好的处理厂，R可以控制在50%以下。

④ 温度对生物反硝化的影响。反硝化细菌对温度变化虽不如硝化细菌那样敏感，但反硝化效果也会随温度变化而变化。温度越高，硝化速率也越高，在30～35℃时，DNR增至最大，这时要适当降低MLSS。当低于15℃时，反硝化速率将明显降低；温度降至5℃时，反硝化速率将趋于停止。因此，在冬季要保证脱氮效果，就必须增大SRT，MLSS应比理论计算值偏高20%左右。

本标准提出：现有柠檬酸企业废水总氮的排放限值为25mg/L，氨氮的排放限值为15mg/L；新建柠檬酸企业废水总氮的排放限值为20mg/L，氨氮的排放限值为10mg/L。

4.3.3 总磷的确定

柠檬酸主要原料为玉米，每100g玉米含磷244mg。经检测，柠檬酸废水总磷产生浓度在150mg/L左右。采用厌氧-好氧工艺，微生物在厌氧状态下将细胞中的磷释放，然后进入好氧状态，并在好氧条件下摄取比在厌氧条件下所释放的更多的磷，即利用微生物对磷的过量摄取能力，将磷贮存在淤泥中。对企业废水总磷排放情况进行多次检测，总磷排放浓度为4～8mg/L左右。影响微生物除磷的因素主要包括3个方面：a. 碳源的种类和浓度；b. 硝酸盐的影响；c. pH值的影响。

目前，污水处理工艺一般都要求同时达到脱氮除磷。但磷的去除和氮的脱去是一个相互矛盾的过程。在活性污泥法除磷脱氮中，为获得最佳的除磷脱氮效果可采用以下措施。

① 在除磷和脱氮功能相结合的处理系统中，SRT的控制应能保证硝化作用的完成和磷的及时排出。

② 在除磷脱氮工艺中要考虑厌氧区和缺氧区的影响。应严格控制终端曝气池的溶解氧浓度，过低的溶解氧会造成沉淀池中的厌氧释磷现象，一般控制在1.5～2mg/L左右。

③ 提高进水C/N比和进水中易降解有机基质浓度。生物反硝化和磷的释放都需要消耗低分子有机物（VFA），一般而言进水中BOD_5/TKN值应大于4～6，BOD_5/TP值应大于20时才能取得良好的除磷脱氮效果。

废水经过厌氧-好氧生物处理工艺系统处理后，总磷一般不能达到相应的排放标准。为了提高出水水质，应进行化学除磷。此外，采用混凝沉淀技术，对磷有明显的去除效果。经多次检测，总磷排放浓度为4～8mg/L左右。还可以考虑采用"加药＋混凝池＋沙滤池"等除磷工艺进行深度处理，对废水中的磷进行削减。

本标准提出：现有柠檬酸企业废水总磷的排放限值为2.0mg/L；新建柠檬酸企业废水

总磷的排放限值为 1.0mg/L。

4.3.4 色度（稀释倍数）的确定

柠檬酸废水呈黄色，其颜色主要由于玉米带入，以及在糖化、发酵过程中产生一系列有色物质。玉米柠檬酸生产所用原料为黄色玉米。黄色玉米的黄色色素（叶黄素约为 200～400mg/kg）都集中在果皮中，而柠檬酸生产用的玉米谷粒不去除麸质，也不采用浸泡软化法除色工艺。此外，每吨玉米的胚芽中含有 70kg 的玉米油，其中含有大量的淡黄色三甘酯油，在生产柠檬酸时并不提取玉米油。这些黄色物质都进入废水中排放。玉米淀粉在糖化过程中，葡萄糖可发生分子反应，会分解出一些有色物质。另外，在糖化等车间中，糖类会与蛋白质中含氮物质起羟氨反应，产生棕黄色物质（焦糖），进入废水后，引起废水颜色的变化。柠檬酸水溶液中含有的 Fe^{3+} 及有色的脂肪酸、氨基酸等都使废水的颜色发生变化。

一般情况，柠檬酸废水色度为 150～250 倍，典型污水处理工艺（厌氧＋好氧工艺）对色度的去除效果如表 6 所列。

表 6　色度去除效果

处理单元	原水	初沉池	UASB	曝气沉淀池	一体化氧化沟	滴滤池
色度/倍	180	200	40	70	50	45

《柠檬酸工业污染物排放标准》（GB 19430—2004）没有规定色度的排放要求。本标准提出：现有柠檬酸企业废水色度的排放限值为 50；新建柠檬酸企业废水色度的排放限值为 40。

4.3.5 单位产品基准排水量的确定

近年来，柠檬酸生产企业采取节水措施，单位产品基准排水量呈显著下降趋势。2006 年全国平均 $57.06m^3/t$，2009 年全国平均 $33m^3/t$。目前，我国柠檬酸企业排水量最低的为 $17m^3/t$，排水量最大的企业为 $54m^3/t$。此数据没有包括冷却水排污水，一般情况冷却水排污水与工艺废水混合处理后排放。单位产品排水量应增加 $10m^3/t$ 产品。

为了实现柠檬酸行业的节水，必须实施清洁生产，提高水的循环利用率，推广取水闭环流程工艺。如某企业生产用水实行多次回收套用。各个车间根据用水温度，水质要求不同，实行总联网。这样节约了新鲜水用量，节约了蒸汽，减少了污染总量。

本标准提出：现有企业单位产品基准排水量为 $40m^3/t$ 产品；新建企业单位产品基准排水量为 $30m^3/t$ 产品。

5 标准的环境效益及可达性分析

以柠檬酸产量 89 万吨计，标准实施后，预计废水削减量为 2920 万吨，消减率为 48.6%；COD 削减量为 5932t，消减率为 65.8%。因此，本标准实施后，将大大减少柠檬酸生产废水对周围水环境的不利影响，改善受纳水体水质，节能减排效益显著。

6 结论

总之，《柠檬酸工业污染物排放标准》的修订，将进一步促进柠檬酸工业的健康发展，淘汰高污染及落后的生产工艺，促使工业企业采用无污染、低污染的先进生产工艺及先进的污染治理措施，从而使我国柠檬酸工业走上高效、低污染的发展轨道。

参考文献

[1] 郭昌梓，张建民．柠檬酸清洁生产工艺可行性研究．化工环保，2004，24：405-408.
[2] 马三剑，蒋京东，刘锋等．柠檬酸生产废水的治理．环境保护，2002，(1)：18-19.
[3] 王新华，管锡珺，徐世杰等．水力循环 UASB 反应器处理柠檬酸废水．水处理技术，2006，32 (11)：61-65.

味精行业实施清洁生产对节能减排工作的贡献[❶]

宋云，吕竹明
（中国轻工业清洁生产中心，北京，100012）

摘要：本文介绍了味精行业的治污历程，指出了清洁生产才是解决味精行业污染问题的有效途径，并着重分析了谷氨酸提取工艺技术革新、对高浓废水进行综合利用、提高水循环利用率等清洁生产措施在味精行业节能减排中的发挥的重要作用。

主题词：味精行业；清洁生产；减排

Contribution to energy conservation and emission reduction through implementation of cleaner production in monosodium glutamate industry

Song Yun，Lv Zhuming
（China Cleaner Production Center of Light Industry，Beijing，100012）

Abstract：This paper introduces the pollution treatment history of the monosodium glutamate industry，and pointed out that cleaner production is an effective way to solve the pollution problem of monosodium glutamate industry，and analyzes that the cleaner production measures，including the glutamic acid extraction technology innovation ，high concentrated wastewater comprehensive utilization，improving water utilization efficiency，and so on，plays an important role for the energy conservation and emission reduction in monosodium glutamate industry.

Key words：Monosodium glutamate industry；Cleaner production；Emission reduction

味精是我国发酵工业的代表行业之一，2007 年我国的味精产量达 191 万吨，位居世界第一位。但是味精工业的污染问题历史上一直比较严重，按照传统的工艺生产，每生产一吨味精就要排放高浓度废水（主要为废母液、离交尾液）15～20m^3，中浓度废水（主要为洗涤水、冷凝水）50～100m^3，低浓度废水（主要为冷却水）100～200m^3。其中，高浓度废水的 COD 浓度达 30000～70000mg/L。

❶ 环境保护标准制修订项目《味精工业水污染物排放标准》。

因此，长久以来，关于味精废水治理的问题已一直以来都被行业内和环保领域的专家列为“老大难”问题。以河南莲花集团为例，20 世纪 90 年代，集团在迅速发展的同时就遇到了污水治理的重大挑战。2003 年，国家环保总局环境监察办对莲花集团做了 8 天暗访后，下发了《关于河南省莲花味精集团有限公司故意偷排废水查处情况的通报》。河南莲花集团因偷排污被罚款 1200 多万元。随着我国整体环境问题的日益严峻和环境排放标准的日益严格，水污染问题严重束缚了味精行业的健康发展。

1　味精行业的污染治理历程

味精生产企业在解决环境污染问题的过程中经历了一个非常漫长曲折的过程，在 1995 年之前，各个味精生产企业主要尝试采用各种物化处理工艺（絮凝剂、吸附剂等）对味精废水进行末端处理，但是这些物化处理措施不能根本解决味精废水的排放达标问题，只能局部削减污染负荷，而且运行成本较高。1995～2000 年之间，各个味精生产企业主要尝试采用生化处理工艺处理味精废水，其中 UASB 厌氧处理工艺、SBR 好氧处理工艺是应用较多、相对比较成熟的，取得了一些成效。

但是由于味精废水水量大，污染负荷高，尤其是高浓度废水（主要为废母液、离交尾液），不仅 COD 高达 30000～70000mg/L，NH_3-N 浓度也高达 5000～7000mg/L，同时味精废水中硫酸盐还会抑制厌氧反应，直接生化处理存在很大的技术困难，这些技术疑难问题曾经困扰了味精行业很多年，并使一些味精企业蒙受了巨大的经济损失。

2　清洁生产是解决味精行业污染问题的有效途径

通过不断实践和探索，味精生产企业逐步开始认识到单纯依靠末端治理是无法根本上解决味精行业的污染问题的，应当从源头出发来综合考虑环境保护与生产效益协调发展的问题，从抓源头治理、采用清洁生产技术、实现综合利用才是解决味精行业污染问题的有效途径。

近年来，味精生产企业开始积极开展清洁生产工作，从整体预防角度在解决味精行业的水污染问题，并取得的积极效果。

味精企业在实施清洁生产方面主要采取的措施包括：a. 谷氨酸提取工艺技术革新；b. 对高浓废水进行综合利用；c. 节约用水、提高冷却水循环利用率。

2.1　提取工艺技术革新——连续等点提取代替等点离交提取

目前味精生产主要通过等电点离交工艺和浓缩连续等电点工艺两种方法提取谷氨酸，国内普遍是等电点离交工艺，虽然提取收率高（高于浓缩等电），但酸、氨消耗高，废水产生量大，处理难度大，成本高。每生产一吨味精，等电点离交工艺比浓缩连续等电点工艺要多排放 10～15t 废水，而这部分废水主要为树脂的洗涤和再生过程中会产生大量的中浓废水，这部分废水的 COD 浓度在 5000mg/L 左右，既无法浓缩生产复合肥，生化处理的难度也很大。

近年来，随着我国水污染物排放标准的日趋严格，企业的环境成本越来越高，国内很多味精生产企业已经逐步开始采用浓缩连续等电点工艺。如上文中提到的河南莲花集团现已采用浓缩连续等电点清洁生产工艺（见图 1）。

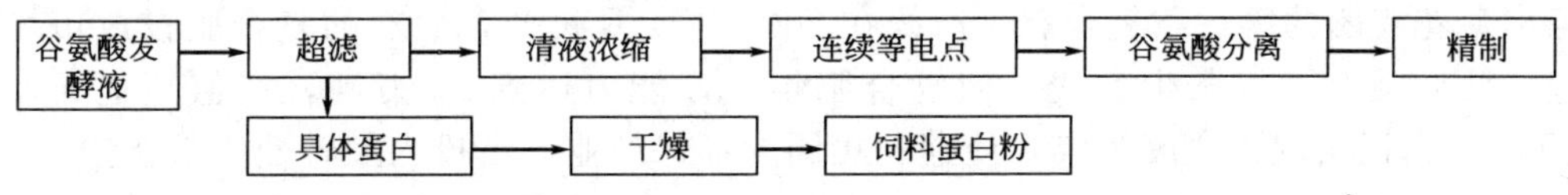

图 1 连续等电点提取谷氨酸及膜分离提取菌体蛋白工艺流程

2.2 提取工艺技术革新——采用膜分离技术

采用发酵法生产味精，菌体均留于发酵液中，这些菌体成为发酵废母液有机污染负荷的一部分（约占 30%～35%）。然而菌体蛋白是有经济与饲养价值的，因此，在提取谷氨酸前，可以采用超滤膜将发酵液分离为清液与菌体蛋白。菌体蛋白经干燥成为高蛋白饲料减少环境污染，变废为宝；清液蒸发器浓缩进入等电点提取谷氨酸。

2.3 高浓度有机废水综合利用

味精生产过程中的主要水污染来源于提取工段和精制工段的高浓废水（废母液和离交尾液）的排放，这部分废水的 COD 在 30000～70000mg/L 之间，每生产一吨味精就要排放高浓度废水 15～20m^3。而这部分废水其实是有很高的利用价值的，可以通过提取菌体蛋白和生产复合肥等方式进行综合利用，从而既可以降低废水处理的负荷，还可以产生明显的经济效益。

2.3.1 提取菌体蛋白

发酵液中的菌体蛋白可以在提取谷氨酸前采用膜分离技术提取。但是由于膜分离技术的成本较高，目前还有很多味精生产企业采用高速离心分离法和絮凝加热沉降法等方法从废母液和离交尾液提取具体蛋白。图 2 为离交尾液提取菌体蛋白的工艺流程。

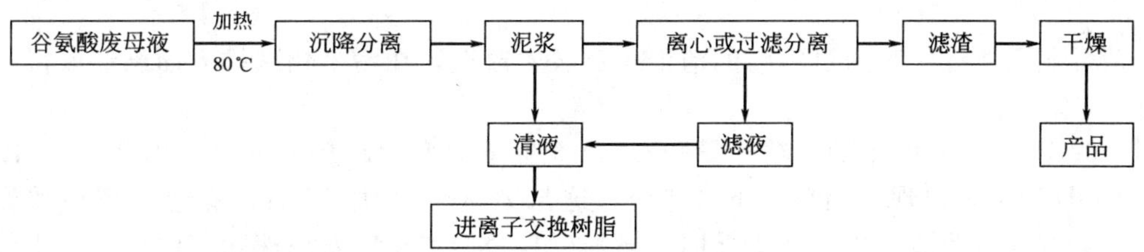

图 2 提取菌体蛋白工艺流程

2.3.2 生产复合肥

味精生产在提取和精制阶段产生的废母液和离交尾液中含有很多氮、硫、有机质、氨基酸等农作物生长发育和培肥土壤的必要物质。因此，可以通过五效蒸发系统将废母液和离交尾液浓缩后，加入腐殖酸、硫酸铵、氯化钾、污水处理厂产生污泥等进行调配，然后采用喷浆造粒的方法制成有机复合肥，图 3 为生产复合肥的工艺流程。

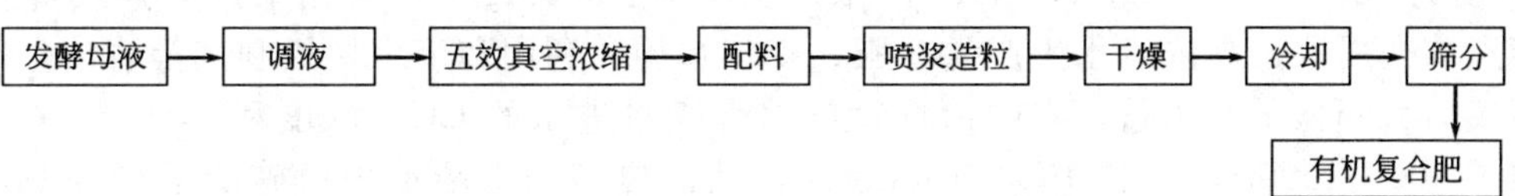

图 3 发酵液生产有机复合肥的工艺流程

河南莲花集团的第一条复合肥生产线在2000年4月投产，生产的复合肥投放市场后很受欢迎，此后又上了4条生产线，使复合肥年生产能力达到20万吨，产值超亿元，利税2800万元，真正实现了变废为宝，使莲花集团的环保产业，由投入型转变为效益型。

2.4 提高水的重复利用率，减少新鲜水使用量和废水排放量

味精生产过程中用水的地方很多，包括糖化、发酵、提取、精制等各个工段的工艺用水、蒸汽消耗、工艺冷却水以及设备冷却水等，各个用水点的用水量很大，相应的排水量也很大。

如果按照传统的工艺，每吨产品的排水量在150～300m^3之间，其中浓度较低冷却水为100～200m^3，而味精生产过程中所需要设备冷却水以及多数工艺冷却水都是采用间接冷却的方式，对冷却水的水质要求不高，而且冷却水在使用前后的水质变化也不大。因此，完全可以采用冷却塔降温后循环使用，这样可以在很大程度降低新鲜水的使用量和废水的排放量。

除了冷却水外，味精生产过程中很多地方的排水质也都比较好，完全可以根据水质的不同，对各种排水进行梯级利用。例如，味精生产过程中的蒸发凝结水，虽然由于雾沫夹带等原因含有某些杂质，造成其COD值略高而不能直接排放，但是作为谷氨酸发酵的配料用水却是可行的。此外，还可以将糖化工段四效蒸发冷凝水、制肥车间的五效蒸发冷凝水、精制结晶循环加热器冷凝水等收集起来，用于制糖工段配料、制糖工段清洗滤布、发酵工段配料、发酵工段清洗滤布、离交树脂清洗水、循环冷却水补水等。

现在有的味精企业根据各种排水水质和用水水质要求的不同，建了二次循环水池、三次循环水池和四次循环水池，对不同水质的排水进行多次重复利用和循环利用，大大降低了新鲜水的使用量和废水的排放量。

3 味精行业实施清洁生产的减排效果

味精行业企业近年来通过不断的清洁生产技术改造，在污染物减排方面已经取得了明显的效果。

图4为1980～2008年的味精产量和COD产生量的变化趋势。可以看出2000年以后全行业的COD产生量出现了明显的下降趋势，这与2000年2月15日国家经济贸易委员会公布了《国家重点行业清洁生产技术导向目录》（第一批）“味精发酵液除菌体生产高蛋白质饲料，浓缩等电点提取谷氨酸，浓酸废母液生产复合肥技术”，以及这些清洁生产技术在味精行业广泛推广有很大的关系。

通过采用浓缩连续等电点工艺、高浓废水综合利用以及提高水重复利用率等清洁生产措施，生产1t味精的废水产生量已经由20世纪80年代的600～700m^3降到了现在的20～40m^3，COD产生量由原来的1400～1600kg/t产品左右降到了现在的160～200kg/t产品。

同时清洁生产技术的采用大大降低了末端治理设施进水的COD和氨氮等污染物的浓度。以国内某味精生产企业为例，在采用清洁生产技术之前，末端治理设施综合废水进水的COD浓度为3000～4500mg/L，NH_3-N浓度为250～300mg/L；而在采用了连续等点提取代替等点离交提取、高浓废水生产复合肥、冷却水循环利用和废水梯级利用等清洁生产技术后，不仅大大降低了废水量，末端治理设施综合废水进水的COD浓度和NH_3-N浓度也分别降到了900～1500mg/L和100～150mg/L，从而提高了末端治理设施的运行效率，COD排放浓度已经降到90～120mg/L，稳定达到了《味精工业污染物排放标准（GB 19431—2004)》要求的COD排放浓度200～300mg/L。

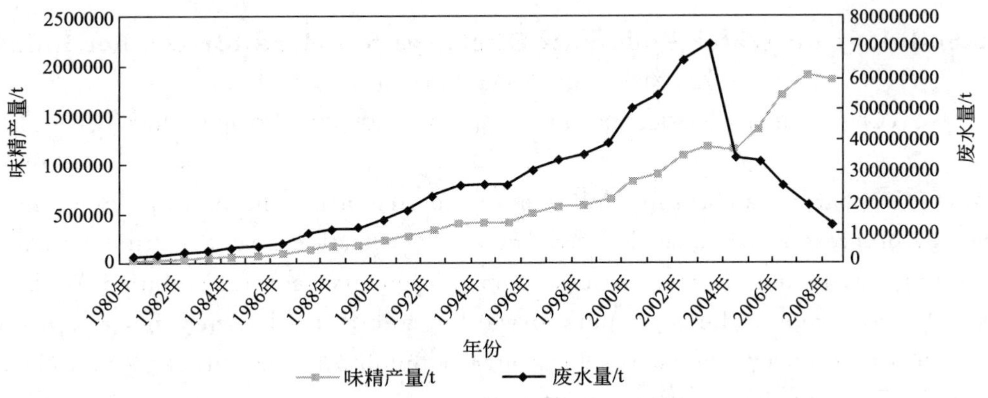

图 4　1980～2008 年的味精产量和 COD 产生量的变化趋势

参考文献

[1] 1985～2009 年中国轻工业年鉴中的行业篇・发酵制品工业.

[2] 莲花味精屡陷环保门面临关门停产危险：http：//finance. sina. com. cn/chanjing/b/20070802/01263843288. shtml.

[3] 袁雅姝，刘军，杨辉．味精生产废水处理技术研究进展［J］．中国科技信息，2005，(13)：69.

[4] 石振清，王静荣，李书申．味精废水处理技术综述［J］．环境污染治理技术与设备，2001，2 (2)：81-86.

[5] 王凯军，秦人伟．发酵工业废水处理［M］．北京：化学工业出版社，2000.

[6] 张克旭．氨基酸发酵工艺学［M］．北京：中国轻工业出版社，1992.

[7] 苗雨晨，孙岩，杜玉莉．冷冻等电离交法提取谷氨酸及提高收率的几点对策［J］．生物学杂志，2001，(5).

[8] 广州奥桑味精食品有限公司．谷氨酸发酵液清洁生产新工艺．全国氨基酸生产技术交流会论文集，2005，177-178.

[9] 刘林．用循环经济模式解决味精废水治理难题．全国玉米深加工产业交流展示会论文集，2006，157-166.

[10] 秦人伟．味精发酵废母液提取菌体蛋白中试研究发酵［J］．科技通讯，1992，(3).

[11] 师国忠等．利用味精尾液生产复混肥［J］．中国环保产业，2004，(6).

[12] 李平凡，陈海峰．谷氨酸发酵生产工艺冷凝水的利用探讨［J］．广东轻工职业技术学院学报，2005，4 (3)：13-15.

[13] GB 19431—2004，《味精工业污染排放标准》［S].

制革工业水污染物排放标准制订方法研究

孙晓峰，宋云，李晓鹏
（中国轻工业清洁生产中心，北京，100012）

摘要： 污染物排放标准是促进工业技术进步和实现环境保护目标的重要手段。科学制定标准，将有效保持和改善环境质量，控制环境污染。本文以制革工业为例，提出如何从最佳可行性技术、人体健康和环境风险两方面综合考虑，制订具有科学性、合理性和前瞻性的污染物排放标准。

关键词： 制革工业；排放标准；制订方法

Methodology on Water Pollutants Discharge Standard for Leather Industry

Sun Xiaofeng, Song Yun, Li Xiaopeng
(China Cleaner Production Center of Light Industry, Beijing, 100012)

Abstract: Discharge standard for Pollutants is the important means to promote industrial technology progress and realize the environmental protection goal. Scientific standard will effectively maintain and improve the environmental quality, control pollution. With leather industry as an example, the paper puts forward how to make the scientific, reasonable and forward-looking discharge standards for water pollutants by considering comprehensively between BAT and human health& environmental risk.

Key words: Leather industry; Discharge Standard; Methodology

1 研究背景

我国是皮革、皮鞋及其他皮革制品的生产大国。近20年来制革行业快速发展，皮革产量从1999年2.88亿平方米提高至2009年的5.96亿平方米。随着制革行业的迅猛发展，环境保护问题也逐渐凸显。“十二五”期间，如何有效解决制革工业的环境保护问题，已成为我国制革行业能否健康稳定发展的关键因素。

长期以来，我国制革行业粗放型的发展模式，使行业结构性矛盾逐渐突出，阻碍了行业可持续发展的步伐。目前，我国制革生产集中度较低。制革生产布局比较分散，企业规模小、数量多，规模以上企业仅占行业总数量的50%左右，淘汰落后生产能力、优化产业结构的任务仍然较重。此外，制革行业减排任务艰巨。制革废水成分复杂，污染物浓度高，含有石灰、燃料、蛋白质、盐类、油脂、氨氮、硫化物、铬盐及毛、皮渣等对环境有害的物质。据统计，2009年我国皮革和毛皮加工业COD排放量为5.76万吨，氨氮排放7500t，分别占当年污染物排放总量的1.3%和2.7%。

制革工业水污染物控制过去一直执行《污水综合排放标准》(GB 8978—1996)。从管制效果来看，综合标准针对性不强，不能完全体现行业特点；部分指标限值偏松，不能满足制革工业污染治理现状和发展趋势的要求。为了加强对制革工业水污染物排放控制和管理，有必要开展制革工业水污染物排放标准的研究工作。

2 制订原理

开展制革工业污染物排放标准研究的目的是为了有效管制工业点源的污染物排放。减少污染物排放的基本途径有两种：一是采用合理的生产工艺，从源头上减少污染物的产生，即污染预防措施；二是对已产生的污染物进行末端处理。因此，污染物排放标准的制订应充分考虑清洁生产工艺和末端处理技术，并逐步考虑基于人体健康和环境风险制订排放限值。

3 生产工艺及产污状况分析

皮革加工是以动物皮为原料，经化学处理和物理处理而完成。在这一过程中采用了大量的化工原料，如酸、碱、盐、硫化物、石灰、铬鞣剂、加脂剂、复鞣剂、染料等，其中相当一部分进入水中。同时，在制革加工过程中，大量的蛋白质、脂肪转移到水中。制革过程可分为三部分：准备工段、鞣制工段和整饰工段。

不同工艺过程产生的污染物种类也有所不同。表 1 中列出了制革主要工段的污染物排放情况。

表 1　制革各工段水污染物来源和类型

工段		内容
准备工段	污水来源	水洗、浸水、脱脂、脱毛、浸灰、脱灰、软化等工序
	主要污染物	有机废物：污血、蛋白质、油脂等 无机废物：盐、硫化物、石灰、Na_2CO_3、NH_4^+ 等 有机化合物：表面活性剂、脱脂剂、浸水浸灰助剂等 此外还含有大量的毛发、泥沙等固体悬浮物
	污染物特征指标	COD、BOD、SS、S^{2-}、pH 值、油脂、氨氮
	污水和污染负荷比例	污水排放量约占制革总水量的 60%～70% 污染负荷占总排放量的 70%左右，是制革污水的主要来源
鞣制工段	污水来源	浸酸和鞣制
	主要污染物	无机盐、三价铬、悬浮物等
	污染物特征指标	COD、BOD、SS、Cr、pH 值、油脂、氨氮
	污水和污染负荷比例	污水排放量约占制革总水量的 8%
整饰工段	污水来源	中和、复鞣、染色、加脂、喷涂、除尘等工序
	主要污染物	色度、有机化合物(如表面活性剂、染料、各类复鞣剂、树脂)、悬浮物
	污染物特征指标	COD、BOD、SS、Cr、pH 值、油脂、氨氮
	污水和污染负荷比例	污水排放量约占制革总水量的 20%～30%

从上表可以看出，制革过程产生的主要水污染物有 COD、BOD、硫化物、氨氮及三价铬。废水中各类污染物排放浓度如表 2 所列。

表 2　综合废水水质　　单位：mg/L

指标	pH 值	COD	BOD	SS	色度	油脂	氨氮	铬
综合废水	8～10	2000～3500	1200～2000	1000～2500	600～4000	300～1500	60～120	10～20

4　水污染物排放限值制订方法

4.1　水污染物控制项目选择

《制革及毛皮加工工业水污染物排放标准》（二次征求意见稿）与《污水综合排放标准》（GB 8978—1996）相比，更适用于制革工业环境保护。在保留 COD、BOD、氨氮、硫化物、铬等指标的情况下，从水体富营养化角度考虑，增加了总氮、总磷控制要求；根据制革生产工艺特点，增加了氯化物控制要求。

从国外与制革工业相关的排放标准来看，欧洲一些国家制订了氯化物的排放限值，如意大利为 1200mg/L；荷兰 200～400mg/L；瑞士 200mg/L。德国、奥地利等制订了 AOX 的排放限值。德国针对制革废水制订了综合毒性，Toxicity to fish eggs（Tegg）。表 3 中列出了我国与部分国家皮革行业污染物排放标准中的控制项目。

表 3　部分国家皮革行业污染物控制项目

序号	国家	污染物控制项目
1	美国	BOD_5、TSS、油脂、总铬、硫化物、pH 值
2	德国	COD、BOD_5、氨氮、总磷(TP)、可吸附有机卤化物、Toxicity to fish eggs(Tegg)
3	中国	pH 值、色度、COD、BOD_5、悬浮物、氨氮、总氮、总磷、氯化物、动植物油、硫化物、总铬、六价铬

由于在制革过程中会使用大量的化学品，根据目前的实际情况，可能包括有机氯化物，这些化合物有可能会进入废水，因此在今后标准的制（修）订过程中，应考虑增加 AOX 的标准限值。此外，我国水污染物排放标准制订过程尚未考虑水体的综合毒性问题，事实上即使废水各项指标均能达标，但其仍可能具有一定的毒性，对环境产生严重的影响。国外开展了大量的废水综合毒性的研究工作，而我国对工业废水毒性及其排放限值的研究很少。在今后技术成熟的情况下，应开展废水综合毒性的研究工作。

4.2 污染物排放限值研究

4.2.1 基于最佳可行性技术和末端治理技术制订排放限值

从目前我国制订污染物排放标准的情况来看，基本上基于最佳可行性技术（Best Available Techniques，BAT）和最佳环境技术（Best Environmental Practices，BEP）；同时也要重点考虑末端治理技术。

几十年的环保实践，促使我国环保工作从单纯的末端治理向全过程控制（污染预防）转变。污染物排放标准的制订也应顺应这一理念，标准的制订要考虑通过工艺技术、过程控制、环境管理等方面的控制，减少污染物产生负荷，再辅以先进的末端治理设施来达到严格的排放限值。

诸如 COD、BOD_5、氨氮、硫化物、总铬的污染物可考虑基于 BAT/BEP 和末端治理技术制订排放限值。

以氨氮为例，2009 年规模以上的 1695 家皮革和毛皮加工企业废水中氨氮排放量为 7500t，占工业废水氨氮排放总量（27.3 万吨）的 2.7%。

从表 4 可知，制革企业综合废水氨氮产生浓度一般在 200～300mg/L。其中，脱灰工序由于加入氯化铵和硫酸铵，导致废水中的氨氮浓度在 2000mg/L 以上，对氨氮产生贡献率达 50%。此类废水如单纯采用末端治理的方式很难达标排放。

表 4 氨氮和总氮在各工序中的分布

工序过程	排水量 /(m^3/t 原料皮)	氨氮 /(mg/L)	氨氮总量 /(kg/t 原料皮)	贡献率 /%	总氮 /(mg/L)	总氮 /(kg/t 原料皮)	贡献率 /%
浸水	9	93	0.84	15.02	167	1.5	12.91
浸灰	2.4	81	0.19	3.49	326	0.78	6.72
复灰	3.4	54	0.18	3.29	252	0.86	7.36
脱灰	1.25	2240	2.8	50.24	3902	4.88	41.9
软化	1.25	717	0.9	16.08	1731	2.16	18.59
浸酸	0.37	64	0.02	0.42	127	0.05	0.4
铬鞣	0.63	57	0.04	0.64	148	0.09	0.8
复鞣	0.7	5	0	0.06	34	0.02	0.2
中和	1	323	0.32	5.8	688	0.67	5.74
填充	0.95	61	0.06	1.04	262	0.25	2.14
染色/加脂	0.9	242	0.22	3.91	419	0.38	3.24
合计	21.85		5.57	100		11.64	100

对于氨氮排放限值的确定，应首先考虑采用清洁生产技术以降低污染物产生负荷，如采用无氨脱灰/低氨脱灰、灰水回用技术等；此外考虑采用先进末端治理技术，如开发应用高效菌种、采用 A/O 工艺；还应加强废水处理设施的运行管理，如确保氨氮容积负荷为0.3～0.8kgNH_3-N/(m^3·d)，有效停留时间宜大于 3h 等。

其他 BAT/BEP 还包括：采用无硫或少硫保毛脱毛技术；采用高吸收铬鞣技术及铬鞣废液循环利用技术；制革无盐浸酸技术等。

4.2.2 基于人体健康和环境风险制订排放限值

（1）铬排放限值的制订

据统计，2009年全国工业废水中六价铬排放量为55.4t，皮革和毛皮加工企业废水中六价铬排放量为6.28t，占排放总量的11.3%，为六价铬除金属制品业的第二大工业排放源。

铬排放限值的确定除了要考虑BAT（如采用高吸收铬鞣技术及铬鞣废液循环利用技术、含铬废水分类处理等），还应将其视为毒性物质，从保护人体健康和防止环境风险出发，制订严格的排放限值。

所有铬化合物浓度过高时都有毒性，但各种铬化合物毒性的强弱不同。金属铬和二价铬化合物的毒性很小或无毒。三价铬化合物较难吸收，毒性不大。六价铬化合物毒性最强，比三价铬毒性大100倍。经研究，无论是三价铬或六价铬，对水生生物、植物、动物、人类都能会产生毒害作用。有关铬在水环境中的标准如表5所列。

表5　铬在水环境中的标准

环境	标　　准
饮用水	六价铬最大容许浓度，0.05mg/m³
地面水	最高容许浓度　Cr^{3+} 0.5mg/L Cr^{6+} 0.5mg/L 环境质量标准　Cr^{6+} Ⅰ类≤0.01mg/L Ⅱ类、Ⅲ类、Ⅳ类≤0.05mg/L Ⅴ类≤0.1mg/L
灌溉用水	Cr^{6+} 0.1mg/L
渔业用水	总铬≤0.1mg/L

（2）AOX排放限值的制订

水中的有机卤化物具有致癌和致突变性，一般不存在于天然水体，是人为污染的标志。美国环保局提出的129种优先污染物中，有机卤化物约占60%。

原皮的种类以及各生产工序所使用的助剂，都会使各生产过程的废液反映各自不同的特性，一直到废水处理厂也是如此。图1为西班牙某皮革厂主要工序AOX排放情况。

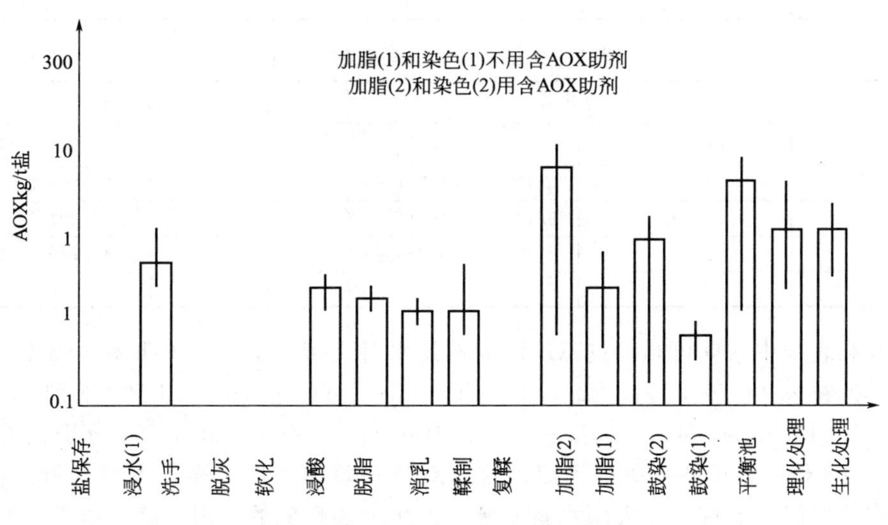

图1　制革主要工序AOX排放情况

我国现有的水污染物排放标准中，仅《制浆造纸工业水污染物排放标准》（GB 3544—2008）规定了AOX排放限值：现有企业为15mg/L；新建企业为12mg/L；特别排放限值为

8mg/L。国外其他一些国家制订了 AOX 的排放限值，如：德国为 0.5mg/L；奥地利为 0.5mg/L。基于保护人体健康和降低环境风险，应开展制革工业废水 AOX 排放控制的研究。

（3）综合毒性制订方法研究

目前，我国现行的工业废水监测采用的是理化分析方法，主要测定废水中的无机污染物和有机污染物。根据理化指标进行评价，计算污染物的等标污染负荷，进行总量控制。但是，理化方法所反映的是废水中某一种污染物的浓度水平及贡献量，并不能反映出废水的综合毒性强度。

目前国内外的废水综合毒性试验方法按试验生物可分为微生物毒性试验法、水生动植物试验方法；按时间长短可分为急性毒性试验法与慢性毒性试验法；还可分为常规毒性试验方法与遗传毒性试验法。

鱼类和大型水蚤毒性实验是监测工业废水污染物综合毒性的一种简便易行的方法。采用斑马鱼和大型水蚤的急性毒性试验监测皮革厂污染源排放口的水样的毒性，为制订水质综合毒性标准提供依据。有研究显示，制革厂沉淀池出水的毒性测试对大型水蚤和斑马鱼的毒性如表 6 和表 7 所列。

表 6　制革厂沉淀池出水对大型水蚤和斑马鱼的毒性作用（死亡率/%）

体积/%	大型水蚤			斑马鱼			
	8h	24h	48h	8h	24h	48h	96h
100	100%	100%	100%	100%	100%	100%	100%
50	100%	100%	100%	100%	100%	100%	100%
25	20%	20%	25%	10%	60%	100%	100%
12.5	0	0	0	0	0	0	0
6.25	0	0	0	0	0	0	0
3.125	0	0	0	0	0	0	0
1.56	0	0	0	0	0	0	0
对照组	0	0	0	0	0	0	0

表 7　大型水蚤和斑马鱼的 LC50　　单位：mg/L

时间	大型水蚤		斑马鱼	
	LC50/%	95%置信区间	LC50/%	95%置信区间
8h	30.33	23.192%～41.514%	32.27	24.291%～44.036%
24h	30.33	23.192%～41.514%	23.42	24.291%～44.036%
48h	29.39	22.465%～40.288%	17.44	12.749%～23.897%
96h			17.44	12.749%～23.897%

由表 6 和表 7 中数据可知，皮革厂沉淀池排水对大型水蚤 8h、24h 和 48h LC50 分别为 30.33%、30.33% 和 29.39%，斑马鱼 8h、24h、48h 和 96h LC50 分别为 32.27%、23.42%、17.44%和 17.44%。大型水蚤与斑马鱼 8h、24h 和 48h LC50 分别相差 0.94 倍、1.29 倍和 1.68 倍。这说明皮革厂沉淀池排水对斑马鱼的毒性略高于大型水蚤。由此可见，斑马鱼对皮革厂沉淀池排水比大型水蚤敏感。产生上述现象的原因可能是由于大型水蚤是从污水中分离出来，所以对污水具有较强的适应性。

根据《国家排放标准中水污染物监控方案》第四部分“废水综合毒性监控方案”的内容“为进一步控制排污造成的环境风险，根据相关行业环境保护科研和管理工作基础，在具备条件的情况下，逐步在排放标准中增设反映排放废水综合毒性的指标，采用适用的综合毒性检测方法（如利用生物、微生物等进行毒性监测的方法）对废水定期进行综合毒性监测和评价。”因此，未来排放标准在制订过程中，在基于技术制订限值的同时也可参考污染物排放的综合毒性。

5　结论

随着环境保护要求的日趋严格，我国的污染物排放标准将更加严格，逐步实现与国际接轨，标准将在引导行业技术进步、预防环境污染等方面发挥重要作用。从 BAT/BEP、保护人体健康和降低环境风险进行综合分析，是我国制订污染物排放标准的必然趋势；是确保制订具有科学性、合理性和前瞻性的污染物排放标准的重要保证。

参考文献

[1] 冯俊华，闫丽萍，马宏瑞．制革工业废水处理的技术经济分析与对策［J］．西北轻工业学院学报，2000，18（3）：122-125.

[2] 卓燕，宋猛．CAST 工艺在制革废水处理中的应用［J］．环境科学与管理，2008，33（10）：97-99.

[3] 高新红，张玉华，乔颖慧等．中、小型制革企业生产废水处理设计及运行结果［J］．新疆环境保护，2005，27（2）：22-24.

[4] 胡红伟，刘彪．UASB-接触氧化处理皮革废水工程设计［J］．平顶山工学院学报，2008，17（4）：19-21.

[5] 蒋胜韬，杨婧．混凝沉淀-活性污泥法-生物接触氧化处理皮革废水的工程实践［J］．江西化工，2008，(1)：63-65.

[6] 牛涛涛，汪建根，闫晓．气浮-接触氧化-混凝沉淀处理制革废水［J］．皮革科学与工程，2008，18（4）：71-73.

[7] 郑永东，白端超．物化-生化工艺处理皮革废水［J］．工业用水与废水，2001，32（5）：52-54.

[8] 徐洪斌，宋宏杰，王翔．羊皮制革废水处理工程设计［J］．水处理技术，2008，34（7）：85-88.

[9] 隋智慧，关美艳，张景彬．SBR 工艺在制革废水处理中的应用［J］．皮革化工，2006，23（2）：37-42.

[10] 张景彬．氧化沟工艺与制革废水处理［J］．皮革与化工，2008，25（1）：32-35.

[11] 黄国日，柳建设，周洪波等．国内制革废水处理工艺研究现状［J］．工业水处理，2003，25（7）：123.

[12] 魏家泰．制革废水处理设计运行中若干问题讨论［J］．给水排水，2001，27（8）：52-54.

[13] 陈伟京．制革废水处理工程设计［J］．工业水处理，2006，26（7）：84-85.

电池工业污染物排放标准制订方法研究❶

孙晓峰[1]，宋云[1]，李键[1]，曹国庆[2]，郭逸飞[1]

（1 中国轻工业清洁生产中心，北京，100012；2 中国电池工业协会，北京）

摘要： 介绍了电池工业现状和发展趋势，分析了电池工业生产工艺和主要环境问题。结合国家重金属污染防治规划等相关政策法规，对国内外电池工业污染物排放标准进行了研究、探讨。针对锌锰电池、镉镍电池、氢镍电池、铅蓄电池、锂电池、太阳电池等已产业化电池品种，建立了较为系统的水和大气污染物排放标准体系。

❶ 环境保护标准制修订项目《电池工业污染物排放标准》。

关键词：电池工业；污染物；排放标准；研究

Study on Emission Standard of Pollutants for Battery Industry

Sun Xiaofeng[1], Song Yun[1], Li Jian[1], Cao Guoqing[2], Guo Yifei[1]
(1 China Cleaner Production Center of Light Industry, Beijing 100012;
2 China Association of Battery Industry)

Abstract: This paper introduced the status and development trend of China's battery industry, and reviewed the production processes and major environmental issues. Combining with the national heavy metals pollution prevention & control plan and other policies, it studied and discussed the domestic and foreign battery industry pollutants emission standards. A systematic emission standards system had been created for air and water pollutants from production of Zn-Mn batteries, Cd-Ni batteries, H-Ni batteries, lead-acid batteries, Li batteries, and solar batteries.
Key words: Battery Industry; Pollutants; Emission Standard; Research

1 研究背景

近年来，重金属污染事故频发，国家和地方加大了对重金属行业的环境监管。《国民经济和社会发展十二五年规划纲要》指出：要加强重金属污染综合治理。《重金属污染综合防治“十二五”规划》也指出：要加强含铅蓄电池铅污染防治工作。

电池工业是重金属重点防控行业之一，也是重金属污染事故高发行业之一。“电池工业污染物排放标准”的制订，有利于提高环境准入门槛，遏制重金属污染事件高发态势；有利于促进淘汰落后产能，提高行业技术水平；有利于引导风险防范机制的建立和完善。

2 行业概况

2.1 行业主要产业化产品

电池产品品种繁多，目前主要包括化学电源和物理电源（太阳电池）。目前，我国已产业化的电池品种如图 1 所示。其中，含汞电池和含镉铅蓄电池属于淘汰产品；糊式锌锰电池、镉镍电池属于限制产品；镉镍电池有被氢镍电池和锂离子电池替代的趋势。

2.2 企业数量及空间主要分布情况

我国电池生产企业约 3600 家（不包括配件企业 400 家），各类电池企业数量分布情况如表 1 所列。百强企业仅占企业总数的 2.8%，但占全行业总产值的 58.9%。与国外对比，美国金霸王一个集团的碱性锌锰电池产量就超过了中国的总产量。美国 33 家铅蓄电池企业就实现了我国 2000 家铅蓄电池企业的总产量，表明我国电池企业规模普遍偏小，产业结构有待优化。

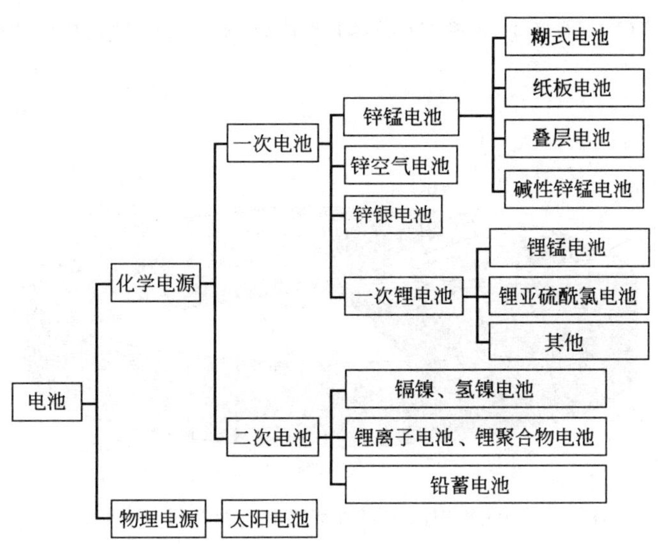

图 1　产业化电池分类

表 1　各类电池企业数量分布情况

序号	电池系列	企业数量/家	序号	电池系列	企业数量/家
1	铅蓄电池	约 2000	7	锌银电池	约 5
2	氢镍电池和镉镍电池	约 200	8	锌空气电池	约 5
3	锂离子电池	约 200	9	太阳电池	约 100
4	锌锰电池(含碱性锌锰电池)	约 500	10	材料与配件企业	约 400
5	扣式碱锰电池	约 15	合计		约 4000
6	锂电池	约 20			

从区域分布来看，2009 年中国主要省市原电池产量情况如图 2 所示。其中，广东、浙江、福建、山东、上海、广西、江苏七省市产量占全国总产量的 96.1%。

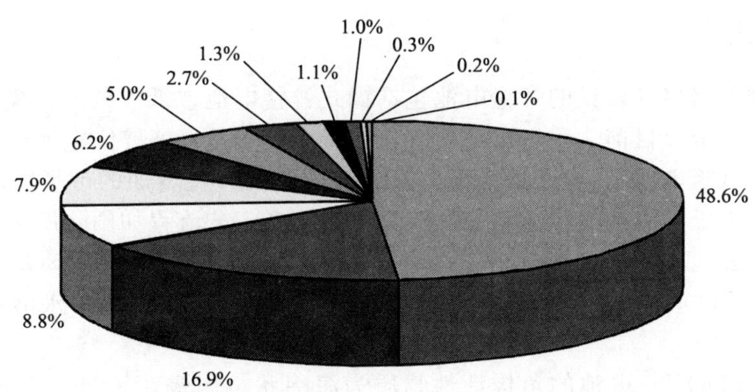

图 2　2009 年中国主要省市原电池产量分布情况

2009 年中国主要省市铅蓄电池产量情况如图 3 所示，其中，浙江、广东、河北、山东、湖北、江苏、四川、福建、上海、安徽、辽宁、天津 12 省市产量占全国总产量的 92.1%。

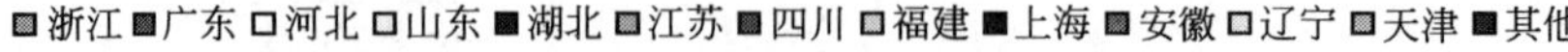

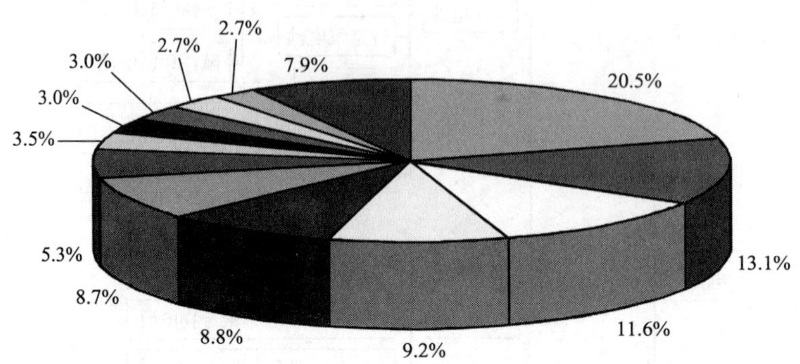

图 3　2009 年中国主要省市铅蓄电池产量分布情况

2.3　行业产品产量及进出口情况

我国是世界最大电池生产国和出口国。锌锰电池出口量超过 75%，二次电池出口量超过 60%。全国电池销售收入 3096 亿元，占全国工业年总产值（156958 亿）的 1.97%，2009 年电池行业主要产品产销情况见表 2。

表 2　2009 年电池行业主要产品产销情况

产品		产量	出口量	出口额/亿美元
一次电池	碱性锌锰电池	80 亿只	225.19 亿只	14.86
	普通锌锰电池	224 亿只		
小型二次电池	锂离子电池	18.75 亿只	20.97 亿只	40.25
	镉镍电池	4.19 亿只		
	氢镍电池	9.56 亿只		
铅蓄电池		12000 万 kV·A·h	1.18 亿只	12.12
太阳电池		4000 MW	1.69 亿只	71.11

3　生产工艺和主要环境问题

3.1　生产工艺

锌锰电池种类繁多，常见的锌锰电池包括糊式锌锰电池、纸板电池、叠层电池、碱性锌锰电池和锌空气电池。目前，我国市场占有份额最大的仍是普通锌锰电池（糊式锌锰电池和低品级的高容量纸板电池）。由于环境保护问题以及我国日益增加的市场需求，促使了碱性锌锰电池和高功率纸板电池的快速增长。锌锰电池生产工艺流程如图 4 所示。

铅蓄电池主要包括起动型蓄电池、固定型蓄电池、牵引型蓄电池、动力型蓄电池等。其正极活性物质是 PbO_2，负极活性物质是海绵状 Pb，电解液是 H_2SO_4 水溶液。生产工艺流程如图 5 所示。

镉镍（Cd-NiOOH）电池的负极活性物质为海绵状金属镉，正极活性物质为羟基氧化镍（NiOOH），电解质溶液为 KOH 或 NaOH 水溶液，属于碱性电池。生产工艺流程如图 6 所示。

锂离子电池生产工艺主要包括正负极制造、焊接、化成、分选、老化等工序。锂电池是

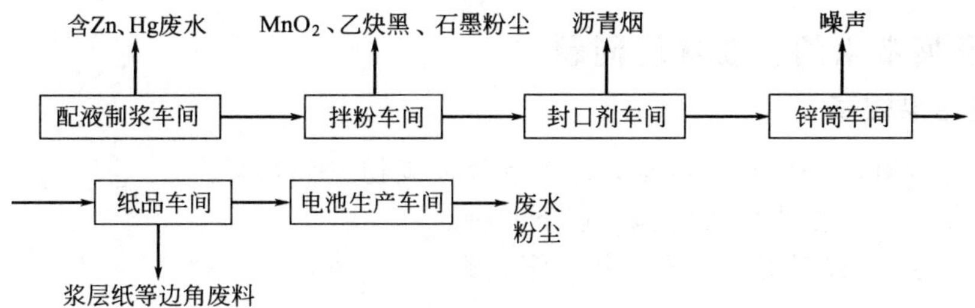

图 4　锌锰电池生产工艺流程

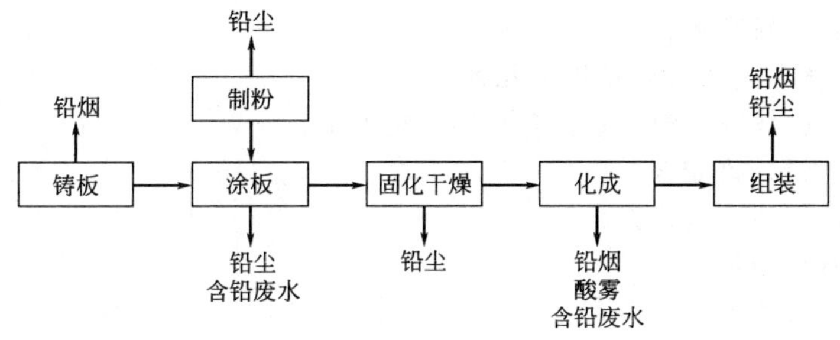

图 5　铅蓄电池生产工艺流程

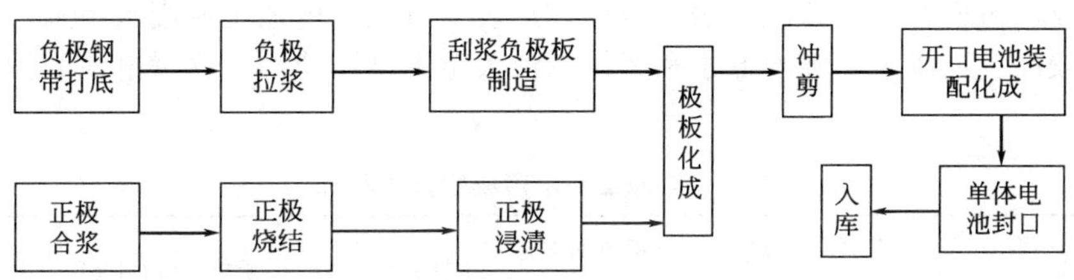

图 6　镉镍电池生产工艺流程

以金属锂作负极活性物质的电池总称。其生产工艺基本包括锂负极成型、正极制作、电解液配制、电池装配。

太阳电池按晶体状态可分为结晶系薄膜式和非结晶系薄膜式两大类。前者又分为单结晶形和多结晶形。其中，晶体硅电池产量占85%左右，生产工艺流程如图7所示。

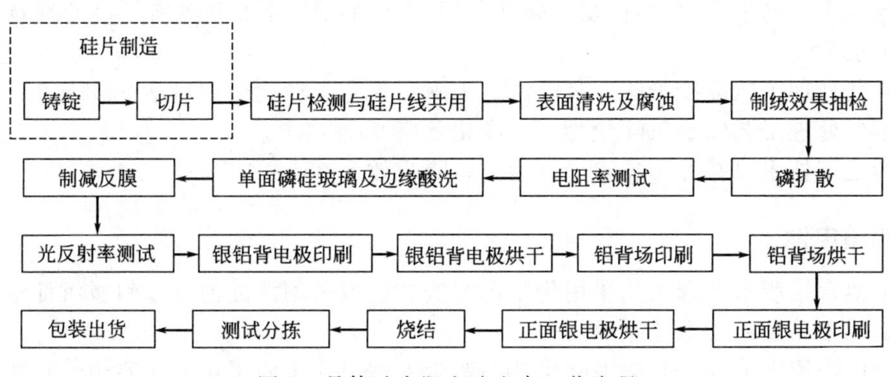

图 7　晶体硅太阳电池生产工艺流程

3.2 行业发展带来的主要环境问题

3.2.1 主要污染因子

电池工业主要环境问题包括废水、废气和固体废物三个方面。

其中，电池工业主要水污染物包括以下几种。

① 锌锰/锌空气/锌银电池：汞、锌、锰、银。

② 铅蓄电池：铅、镉。

③ 镉镍、氢镍电池：镉、镍。

④ 锂电池：钴。

⑤ 太阳电池：含氟废水。

电池工业主要大气污染物包括以下几种。

① 锌锰/锌空气/锌银电池：汞、沥青烟、炭黑尘。

② 铅蓄电池：铅、硫酸雾。

③ 镉镍、氢镍电池：镉、镍。

④ 锂电池：有机废气。

⑤ 太阳电池：酸性废气。

3.2.2 主要污染物排放总量分析

电池工业水污染物排放状况如表 3 所列。从表 3 可见，电池工业废水中汞、铅等污染物排放量相对较高。近年来，随着低汞和无汞电池大范围推广使用，含汞电池的污染降低的趋势明显。

表 3 电池工业水污染物排放状况

范　围	废水排放量/(亿吨/年)	COD 排放量/(万吨/年)	汞排放量/(t/a)	铅排放量/(t/a)	镉排放量/(t/a)
电池工业	0.2667	0.24	0.082	16.49	0.33
全国工业(2008 年)	241.7	457.6	1.36	240.9	39.5
占工业比例	0.11%	0.052%	6.03%	6.85%	0.84%

3.3 行业水、气污染物治理技术状况

3.3.1 锌锰电池

锌锰电池生产的废水中含有大量 Zn^{2+}，Mn^{2+}，Hg^{2+} 等重金属离子，处理技术以混凝法、微电解法为主。

含汞废气处理工艺以冷凝法、吸收法、吸附法为主，净化效率可达 93%～99%。

沥青废气处理工艺以旋风除尘为主，净化效率 90%以上。

炭黑尘处理技术以脉冲布袋除尘器为主，除尘效率 95%。

3.3.2 铅蓄电池

铅蓄电池含铅废水处理工艺采用化学沉淀法。一般采用沉淀池（如斜板沉淀池）或一步净化器（适用于小型铅蓄电池企业）。

铅烟可以采用水幕除尘和静电除尘器。铅尘处理目前主要采用旋风除尘＋布袋除尘进行处理，也有大型电池企业采用滤筒除尘器。硫酸雾净化方式包括物理捕集过滤法和化学喷淋

吸收法。

3.3.3　镉镍电池

镉镍电池生产废水主要采用化学沉淀法。采用布袋除尘器或水喷淋除尘等措施处理含镉粉尘。

3.3.4　锂离子电池

含钴废水采用阳离子交换为主体的处理工艺。

粉尘处理采用布袋除尘器，除尘效率99%。

3.3.5　太阳电池

含氟废水采用化学沉淀法处理。酸性废气采用碱喷淋塔处理，烘干及烧结废气采用活性炭吸附，粉尘采用布袋除尘器。

4　我国电池工业污染物排放标准制订思路

4.1　标准适用范围的确定

电池生产产生的污染物以重金属为主。从重金属污染预防考虑，必须加强对锌锰电池、锌空气电池、锌银电池、铅蓄电池、镉镍电池、氢镍电池等重金属污物排放的监管。

锂电池发展速度较快，在某些领域将逐步替代镉镍电池和氢镍电池。虽然其排水量较小（主要以生活污水为主）、废气排放也很少（主要为有机废气），但随着产量逐步增长，其污染也不应忽视。因此本标准适用范围也应包括锂电池。

太阳电池发展速度更为迅速，我国已经成为世界最大的太阳电池生产国和出口国。随着对新能源需求量的日益增长，可以预见我国太阳电池产量仍将快速增长。因此，本标准适用范围还应包括太阳电池。

综上所述，本标准适用范围包括：锌锰电池（糊式电池、纸板电池、叠层电池、碱性锌锰电池）、锌空气电池、锌银电池、铅蓄电池、镉镍电池、氢镍电池、锂离子电池、锂电池、太阳电池。本标准覆盖我国已产业化的所有电池种类。

4.2　污染物控制项目的选择

标准污染物控制项目应包括国家总量控制指标、水体富营养化指标和重金属等指标。重金属是电池工业的特征污染物，通过对各类电池品种原辅材料、生产工艺和污染物排放的分析，确定重金属污染物控制项目。

其中，水污染物控制项目包括以下几种。

① 锌锰/锌银/锌空气电池：pH值、化学需氧量、悬浮物、总磷、总氮、氨氮、总锌、总锰、总汞、总银。

② 铅蓄电池：pH值、化学需氧量、悬浮物、总磷、总氮、氨氮、总铅、总镉。

③ 镉镍/氢镍电池：pH值、化学需氧量、悬浮物、总磷、总氮、氨氮、总镉、总镍。

④ 锂离子/锂电池：pH值、化学需氧量、悬浮物、总磷、总氮、氨氮、总钴。

⑤ 太阳电池：pH值、化学需氧量、悬浮物、总磷、总氮、氨氮、氟化物。

大气污染物控制项目包括以下几种。

① 锌锰/锌银/锌空气电池：汞、炭黑尘、颗粒物。

② 铅蓄电池：硫酸雾、铅、颗粒物。

③ 镉镍/氢镍电池：镉、镍、颗粒物。

④ 锂离子/锂电池：炭黑尘、非甲烷总烃、颗粒物。

⑤ 太阳电池：氟化物、氯化氢、氯气、氮氧化物、颗粒物。

污染物排放标准限值的确定一方面应基于BAT/BEP；另一方面对于重金属及其他毒性物质也应基于人体健康，不能因清洁生产技术或末端治理技术不成熟而降低标准限值。

目前，铅蓄电池工业是重金属污染事故发生次数最多，国家最为关心的重金属污染防控行业之一。本文重点介绍铅蓄电池工业水和大气污染物排放标准的制订思路和方法。

4.3 水污染物排放标准制订依据

4.3.1 总铅排放限值的确定

在铅蓄电池生产过程中，涂板工序、化成工序、电池清洗工序以及工作服清洗产生含铅的重金属废水。水污染物中铅的产生浓度为2.2～97.7mg/L。此外，在电动自行车蓄电池中，90%的铅蓄电池采用Pb-Sb-Cd（1.5%～1.7%）作为正极板栅合金，废水中会含有镉，产生浓度一般为1～3mg/L。对于铅蓄电池工业而言，应严格制订总铅、总镉等重金属污染物排放限值。

从清洁生产技术而言，小企业难以达标排放，因此首先应加快产业结构调整，如淘汰20万千伏安时/年规模以下铅蓄电池生产企业，限制新建50万千伏安时/年规模以下铅蓄电池生产项目（不含先进新型工艺结构铅蓄电池）。铅蓄电池工业清洁生产技术还包括：圆柱型卷绕式密封铅蓄电池技术、拉网式（冲孔式、连铸连轧式、挤膏管式）铅蓄电池极板制造工艺技术、胶体密封铅蓄电池技术、铅蓄电池无镉化技术、铅蓄电池外化成转为内化成工艺技术、循环水洗涤电池极板清洁生产工艺技术等。

图8　含铅废水处理工艺——混凝沉淀

从末端治理技术而言，含铅废水的治理工艺可采取以下方法：a. 混凝沉淀法（见图8）；b. 中和还原法；c. 离子交换法等。铅蓄电池企业普遍采用混凝沉淀法，去除率能达到98%以上。规模以上铅蓄电池生产企业铅排放浓度可以为0.7～1.0mg/L。而大型企业，通过全过程控制，严格环境管理等措施，可以确保含铅废水排放浓度小于0.5mg/L。

基于清洁生产和末端治理技术，本标准要求：现有企业总铅的排放限值为 0.7mg/L；新建企业总铅的排放限值为 0.5mg/L。

4.3.2 基准排水量的确定

铅蓄电池生产过程排放的废水为重金属废水，除规定排放浓度外，还应加强总量控制。本标准以 kV·A·h 为单位制订铅蓄电池工业单位产品基准排水量。目前，部分企业通过化学沉淀和活性炭吸附法处理含铅废水后，可以提高废水循环利用次数；如能进一步去除硫酸根，可进一步降低废水排放量。

目前，铅蓄电池企业大致可以分为三类。大型电池企业从铅粉制造等原料开始，最后到电池成品；另一部分企业，主要生产极板；还有一部分企业外购极板后进行组装，没有铅粉制造、铸板、涂板等工序，污染较小。铅蓄电池生产主要工序排水量比例如图 9 所示。

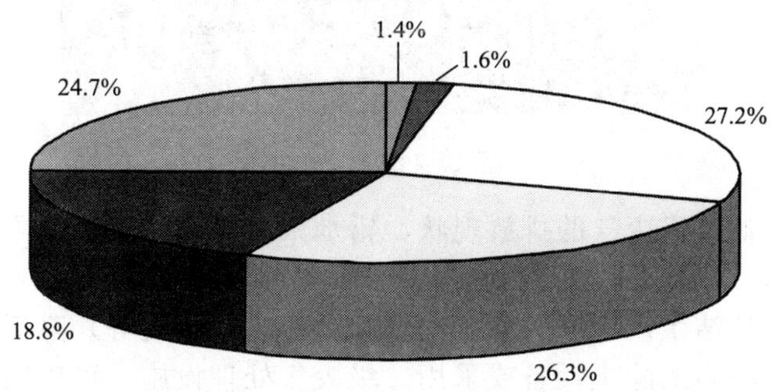

图 9　主要生产工段废水排放比例

本标准考虑：根据行业现状，制订现有企业基准排水量；对于新、改、扩企业，通过生产工艺改造（如外化成改为内化成），采用极板水洗循环回用技术，进一步提高水循环利用率（对处理后达标排放的废水针对不同工序的水质要求提高污水回用率）等措施减少废水排放量，制定新建企业基准排水量。具体限值参见表 4。

表 4　单位产品铅蓄电池基准排水量　　单位：$m^3/(kV \cdot A \cdot h)$

类　型		现有企业	新建企业
铅蓄电池	极板制造＋组装	0.25	0.20
	极板制造	0.22	0.18
	组装	0.03	0.025

4.4 大气污染物排放标准制订依据

4.4.1 铅及其化合物排放限值的确定

铅蓄电池生产环节必须进行废气收集，减少无组织排放。一般情况下，球磨机采用整体密闭式排风罩；熔铅锅、和膏机、灌粉机采用局部密闭式排风罩；铸球机、铸板机、涂片机、化成槽采用上吸式排风罩；焊接工作台宜采用侧吸式排风罩；分片机和装配线宜采用下吸式排风罩。

对于收集的含铅废气，主要采用以下 2 种方法进行处理。

① 熔铅、铸板、烧焊、铸焊工序应配备铅烟净化装置　主要利用水或其他液体（如乙酸）与含铅气体的作用去除烟气，经过净化后，实现废气达标排放。净化装置采用水循环利用，循环利用一段时间后，应将水排入含铅废水处理设施进行处理。

② 切片、磨片、包片、称片、滚剪、装配等工序应配备铅尘处理器　除尘器包括滤筒除尘器（见图 10）、布袋除尘器、旋风除尘器以及脉冲除尘器等多种类型。

图 10　滤筒除尘器

根据我国铅蓄电池含铅废气的排放现状，铅烟采用水幕净化，铅尘采用布袋除尘器（少数大企业采用滤筒），可以实现铅污染物排放浓度小于 0.7mg/m^3。对于新建、改建、扩建企业，主要通过采用清洁生产工艺（如拉网技术、真空和膏机等）降低降低废气铅污染物产生浓度，并采用去除率高的除尘设备或采用二级废气处理设施，可以实现铅污染物排放浓度小于 0.5mg/m^3。本标准规定：现有企业铅及其化合物排放标准为 0.7mg/m^3；新建企业排放标准为 0.5mg/m^3。

4.4.2　无组织排放限值的确定

《大气污染物综合排放标准》（GB 16297—1996）和一些地方排放标准规定了大气污染物无组织排放限值。《工作场所有害因素职业接触限值》（GBZ2.1—2007）规定了工作场所有害因素的职业接触限值，其 TWA 值（时间加权平均容许浓度）或 MAC 值（最高容许浓度）的 1/50 可作为制定无组织排放限值的参考依据。现行和正在修订的《环境空气质量标准》也将作为制定无组织排放限值的重要参考依据。相关标准如表 5 所列。

表 5　无组织排放监控浓度限值参照标准　　单位：mg/m^3

标准	《大气污染物综合排放标准》（新污染源）	北京，Ⅱ时段	《工作场所有害因素职业接触限值》TWA 值	TWA /50	铅、锌标准	铜、钴、镍标准	《空气质量标准》二次征求意见稿
铅及其化合物	0.0060	0.0007	铅尘，0.05 铅烟，0.03	0.0006	0.006	0.006	0.001

铅蓄电池企业通过采用清洁生产技术、推动自动化设备等手段可大幅降低铅等重金属污染物的无组织排放。本标准规定铅及其化合物无组织排放监控浓度限值为 0.001mg/m^3。

5　国内外标准对比分析

5.1　与现行标准对比分析

本标准规定的第一、二阶段排放控制要求均严于《污水综合排放标准》（GB 8978—1996）和《大气污染物综合排放标准》（GB 16297—1996）规定的各项排放限值。本标准提出了单位产品基准排水量和间接排放要求。显著收严了铅、汞、镉、镍及颗粒物等的无组织排放要求，重金属控制水平基本与空气质量标准要求一致。图 11 可以看出，本标准主要水污染物排放限值严于现行国家和地方排放标准。

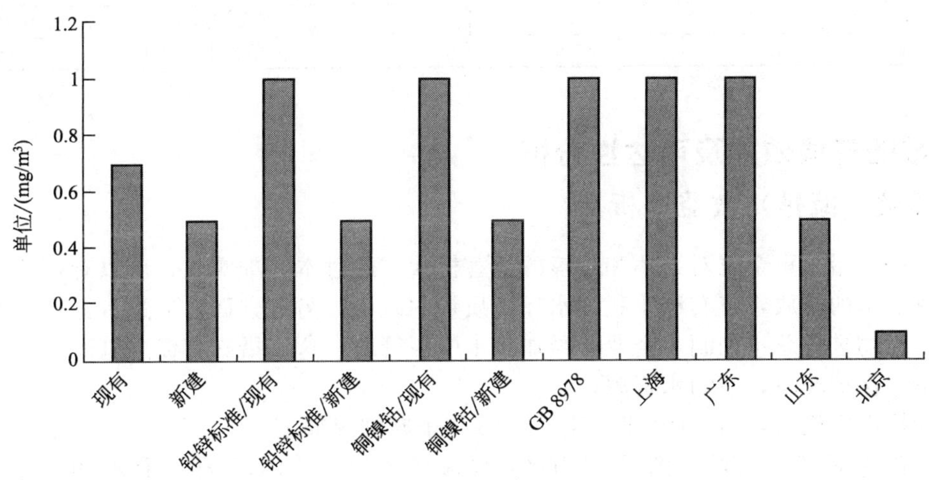

图 11　国内相关废水铅污染物排放限值对比分析

5.2　与国外标准对比分析

本标准主要水污染物（铅）排放限值与国外（美国除外）进行对比，如图 12 所示，可以看出本标准主要水污染物排放限值达到国外发达国家水平。

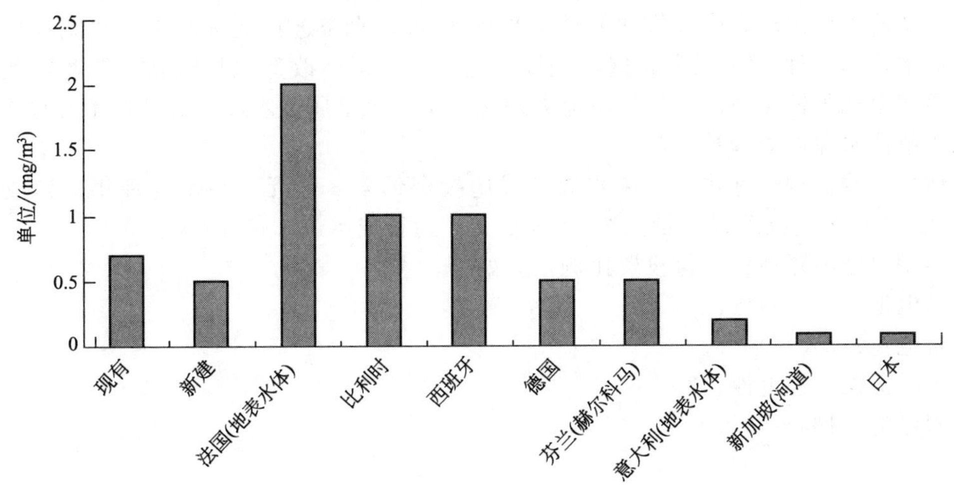

图 12　国外废水铅污染物排放限值对比分析

本标准主要水污染物排放限值与美国电池工业水污染物排放标准进行对比，镉镍电池、锌锰电池、锂电池和锌银电池等排放限值略严于美国标准；铅蓄电池排放限值与美国 BAT 持平，如达到 NSPS 排放要求，需符合清洁生产一级标准要求。

本标准主要大气污染物（铅）排放限值与国外进行对比，如表 6 所列。可以看出本标准铅污染物排放限值达到国际先进水平。

表 6　国内外铅及其化合物排放标准

国家/地区	排放源	排放浓度/(mg/m³)	国家/地区	排放源	排放浓度/(mg/m³)
本标准现源		0.7	德国		5.0
本标准新源		0.5	韩国		20.0
日本	制造铅蓄电池	10.0	新西兰	全部	100.0
澳大利亚	全部	10.0	美国	格栅铸造设备	0.40
马来西亚	工业	25.0		其他铅排放操作	1.00

6　标准的环境效益及可达性分析

6.1　环境（减排）效益分析

汞、镉、铅等重金属对人体和环境的危害极大，通过本标准实施，可以有效控制电池企业重金属废水的排放，将有利于我国水环境质量的改善。另一方面，通过本标准实施，对电池企业污染物进行总量控制，企业必须加强水资源管理，这一措施将促进电池行业减少污染物排放量，保护环境，节约水资源。

预计标准实施后，与 2010 年相比，2015 年削减情况如下。

废水排放量 2916 万吨，削减 70 万吨，削减率 2.34%；COD 排放量 2239t，削减 448t，削减率 16.67%；汞排放量 0.081t，削减 0.007t，削减率 7.95%；铅排放量 11.64，削减 7.76t，削减率 40.0%；镉排放量 0.35，削减 0.04t，削减率 10.26%。

6.2　达标成本与可达性

本标准实施后，对电池行业影响较大，尤其是规模小、自动化率低的铅蓄电池企业将面临淘汰。实施本标准现有企业排放限值，预计 80%企业需进行提标改造；实施本标准新建企业排放限值，预计 90%以上需进行提标改造。重点提标改造项目包括：铅蓄电池内化成工艺、铅蓄电池无镉化技术、锌锰电池无汞化技术、重金属废水废气处理技术升级换代、太阳电池含氟废水深度处理技术等。

经估算，若实现达标排放，废水处理设施投资约 4.8 亿元，污水处理年运营成本约为 1.04 亿元/年；废气处理设施投资约 11.3 亿元，运行成本 1.1 亿元/年。

各类型电池新建项目环保投资比例估算如下。

锌锰电池：3%～4%。

铅蓄电池：7%～10%。

镉镍、氢镍、锂电池：3%～5%。

太阳电池：4%～6%。

参考文献

[1] 中国轻工业联合会．中国轻工业年鉴（2010）．北京：中国轻工业年鉴社，2010.

[2] 国民经济和社会发展十二五年规划纲要.
[3] 史鹏飞．化学电源工艺学．哈尔滨：哈尔滨工业大学出版社，2006.
[4] 中国轻工总会．轻工业资源综合利用技术政策.
[5] 朱松然．蓄电池手册．天津：天津大学出版社，1998.
[6] 何瑞华等．电池厂重金属废水的治理．电池，2002，(1)：60-61.
[7] 王雅君，汤清家．蓄电池厂含铅废水处理与回用．工业水处理，1997，(1)：41-42.
[8] 朱又春等．电池厂含汞废水的微电解处理．环境保护，1999，(3)：12-14.
[9] 余家平．电池生产废水治理的研究．广东有色金属学报，1998，(1)：33-36.
[10] 程振华，王振玉，黄巍．镉镍电池废水处理工艺．工业用水与废水，1999，30 (2)：28-29.
[11] 王和荣，王兴权．利用电除尘器降低蓄电池生产中铅尘排放量研究．环境保护科学，2002，28 (112)：8-9.
[12] 俞盛，李松汉．EWP 污水净化器处理电池废水的应用．电池工业，2005，10 (1)：31-32.
[13] 曹姝文，袁启顺，梅作汉等．电池生产中重金属废水的治理试验研究．工业用水与废水，2001，32 (1)：26-28.
[14] 刘晨光，董亚玲，高永等．化学沉淀—微滤法处理电池生产废水．中国给水排水，2004，20 (4)：44-46.
[15] 徐能厦．蓄电池厂硫酸含铅废水处理中几个问题的讨论．机械给排水，1996，(4)：1-4.
[16] 管振飞，潘王，黄辉．镉镍密封蓄电池的清洁生产实践．环境导报，2000，(3)：31-32.
[17] 李越越．浅析电池厂的清洁生产途径．贵州环保科技，2000，6 (6)：40-43.

日用玻璃工业污染物排放标准制订思路[❶]

孙晓峰，宋云，张琳
（中国轻工业清洁生产中心，北京，100012）

摘要：环境保护标准是引导行业技术进步、促进产业结构调整、实现污染减排的重要手段。本文以日用玻璃工业为例，通过对行业产排污状况的评估、国内外相关环境保护标准的分析，提出大气污染物排放标准制订思路。

关键词：日用玻璃工业；排放标准；思路

Formulation methodology on pollutants emission standard of daily use glass industry

Sun Xiaofeng，Song Yun，Zhang Lin
（China Cleaner Production Center of Light Industry，Beijing，100012）

Abstract：Environmental standards are important measures for technical upgrade，industrial adjustment promotion and pollutants reduction. The paper took China's daily use glass industry as a case study，evaluated the industrial pollutants generation and discharge conditions and analyzed the environmental standards both in China and in abroad，and finally proposed its formulation methodology on air pollutants emission standard.
Key words：daily use glass；discharge Standard；methodology

---

❶ 环境保护标准制修订项目《日用玻璃工业污染物排放标准》。

1 研究背景

随着日用玻璃行业的快速发展，其污染物排放总量日益增加，对环境的危害也日益增加。根据对日用玻璃企业的调研，只有大型企业装备了废气处理装置，占企业中大多数的中小型企业其废气均不经处理直接排放。根据日用玻璃工业产排污系数估算，2008年日用玻璃制品烟尘的排放量约为1.5万吨，二氧化硫排放量约为6.8万吨，氮氧化物约为9.5万吨。为控制日用玻璃工业污染排放，推进行业污染治理，制定污染物排放标准十分必要。

2 行业概况

2009年日用玻璃制品及玻璃包装容器产量1546.08万吨，累计同比增长5.45%，与上年同期1445.69万吨的统计数相比，增长率为6.94%。2005～2009年我国日用玻璃制品及玻璃包装容器产量见图1。

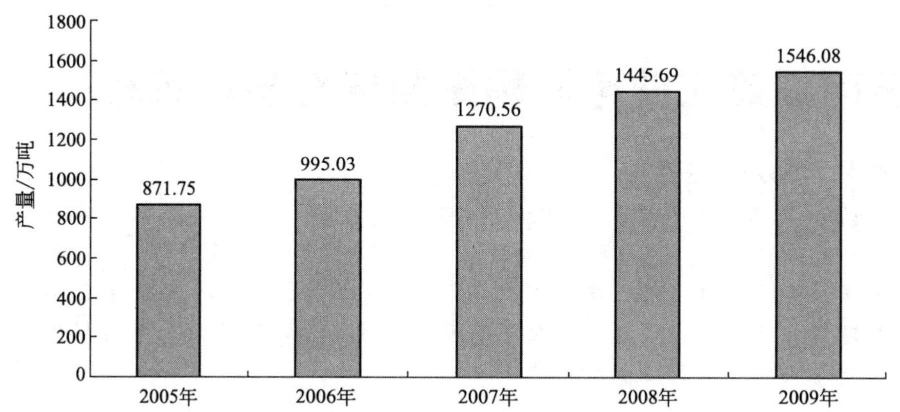

图1 2005～2009年我国日用玻璃制品及玻璃包装容器产量

我国日用玻璃制品及玻璃包装容器主要产区为四川、山东、河北、广东和河南，这五省的产量占到全国的61.75%，其中四川省产量为277.02万吨、山东省268.15万吨、河北省158.38万吨、广东省136.67万吨、河南省114.43万吨（见图2）。2009年四川、河北日用玻璃制品及玻璃包装容器产量分别比该省上年同期统计数增长23.7%和4.8%，取代了山东、广东两地区产量的第一位和第三位。山东、广东、河南的产量分别比该省上年同期统计数减少3.2%、15.1%和14.6%，列地区产量的第二位、第四位和第五位。

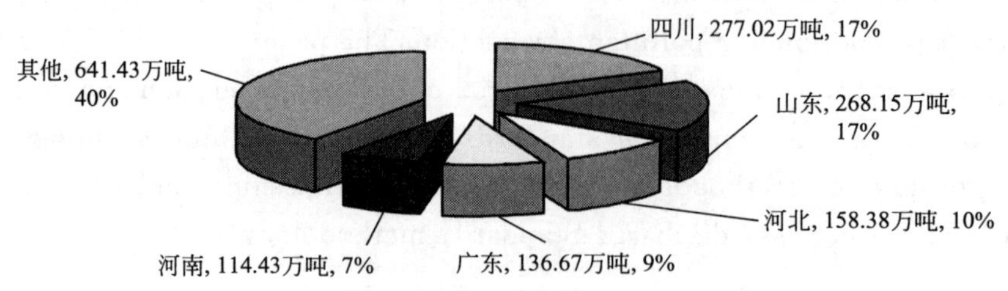

图2 日用玻璃制品及玻璃包装容器产区分布

按国家统计局统计，2009 年玻璃保温容器产量 61015.16 万个，累计同比增长 5.69%，与上年同期 60499 万个的统计数相比，增长率为 0.85%。近五年我国玻璃保温容器产量见图 3。

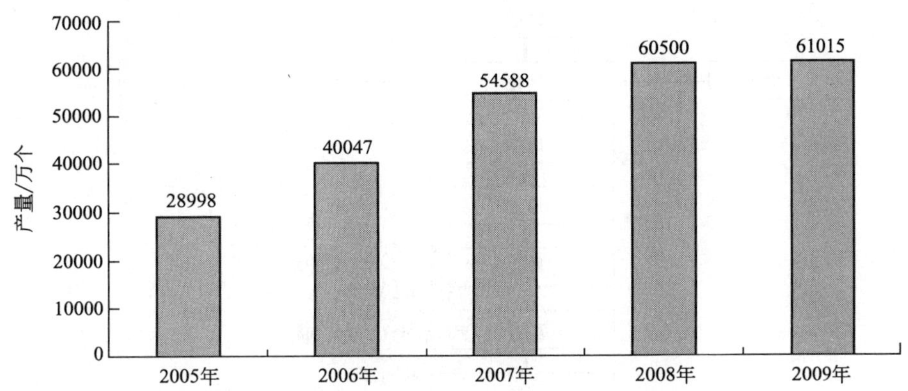

图 3　2005～2009 年我国玻璃保温容器产量

我国玻璃保温容器生产主要集中在湖南、北京、山东和重庆，这四个省市的产量占到全国的 80.88%。其中湖南省 31973 万个、北京市 7258 万个、山东省 5093.98 万个、重庆市 5023 万个（见图 4）。

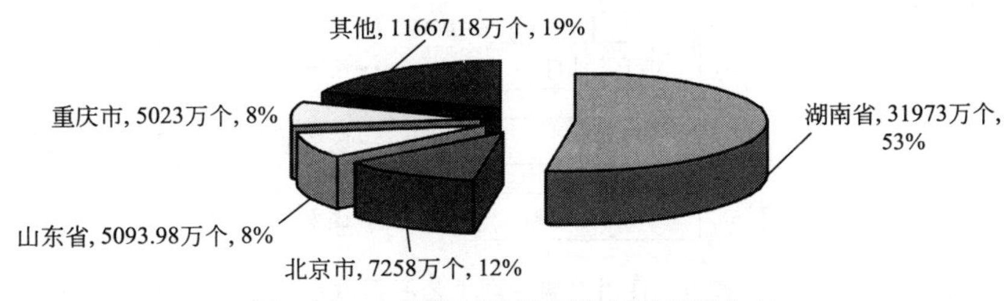

图 4　2009 年我国保温容器主要产区分布

3　生产工艺和主要环境问题

3.1　生产工艺

日用玻璃行业主要包含玻璃仪器制造、日用玻璃制品及玻璃包装容器制造、玻璃保温容器制造等。其生产工艺主要包括：配合料制备、熔制、成型、退火、表面处理和加工、检验和包装等工序。如图 5 所示。

3.2　行业发展带来的主要环境问题

3.2.1　大气污染物

在生产过程中，大气污染物主要产生于备料和熔制过程。配合料的输送和形成过程产生的污染主要是粉尘性废气。而熔制过程因为是通过燃料燃烧产生热量将物料熔化和分解的过程，在这一过程中不管是燃料燃烧还是物料分解都有化学过程，因此在这一过程中主要产生的污染物是烟尘和有害气体。主要大气污染物如表 1 所列。

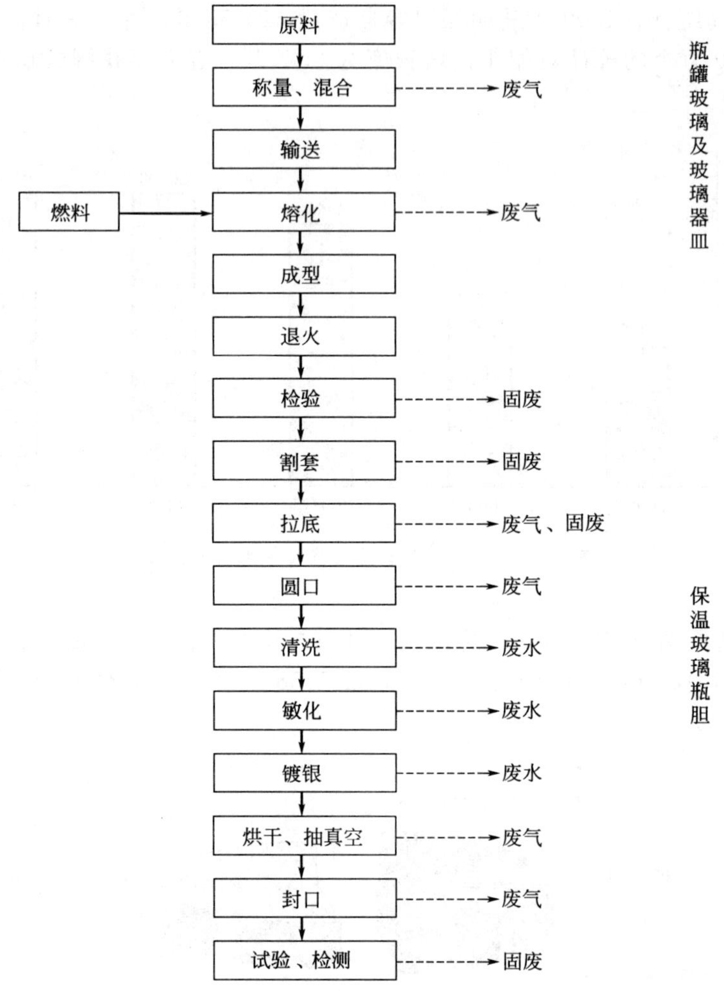

图 5 日用玻璃生产工艺流程示意

表 1 日用玻璃大气污染物初始排放水平（干烟气、273K、压力 101.3kPa、8%含氧量状态下）

污染物	来源	初始排放浓度/(mg/Nm^3)	初始吨产品排放量(欧盟水平)/(kg/t)	初始吨产品排放量(我国排放水平估计)/(kg/t)
颗粒物	原料的贮藏、粉碎、筛分、搬运、混合工序中的原料飞散	40～1000	0.2～0.6	0.31～2.96
硫氧化物(SO_2 计)	一部分来自燃料；另一部分来源于用作钠钙玻璃澄清剂的芒硝分解	300～2800	0.5～7.1	1.2～12.8
氮氧化物(NO_2 计)	空气及燃料燃烧以及玻璃原料中添加的少量硝酸盐分解	1200～3000	1.2～3.9	1.5～11.7
HCl	含氯原料(如使用氯化钠作澄清剂)或原料中含有氯化物杂质，当配合料熔制时会生产一定量的氯化氢	5～90	0.02～0.08	0.03～0.23
HF	含氟原料(如使用萤石氟化钙作乳浊剂、助溶剂)以及原料中含有的含氟杂质	1～20	0.001～0.022	0.002～0.045
重金属	熔制过程中澄清剂的使用及后续加工工序中的着色、印花、喷涂等装饰工艺。如水晶玻璃生产使用的Pb，啤酒瓶生产使用的着色剂Cr，生产硒硫化镉颜色玻璃使用的着色剂硫化镉和硒；脱色剂中的硒与氧化钴	1～15	0.001～0.011	0.002～0.027

3.2.2 水污染物

日用玻璃企业中的废水来源主要有冷却水、各生产过程中产生的废水和冲洗水，生产保温玻璃瓶胆的企业产生的废水中还有含银废水。主要废水类型及来源如表2所列。

表2 主要废水类型及来源

废水类型	来源	特点
设备与玻璃液冷却水	冷却循环水、含污冷却水。冷却循环水指熔窑池壁水包和水管冷却水、玻璃液冷却水、成形机及其他设备冷却水	水温升高，属热污染
原料加工处理中的废水	石英原料擦洗、浮选及化学除铁所产生的废水	一般含有泥砂以及因用浮选剂不同而有酸、氟、有机物等污染物；硅石湿法粉碎所产生的含细砂、污泥的废水；碎玻璃回收清洗所产生的含有悬浮物、污泥、有机物等废水
燃料及其加工处理中的废水	燃料本身含有的水分以及燃料气化过程中所产生的废水	废水中含油量在600～6000mg/L；如以发生炉煤气为燃料时，在气化过程中的沥滤水含有煤粉和悬浮物，发生炉灰盘水封水和洗涤煤气的洗涤水含有悬浮物、煤焦油、酚、硫化物和少量氰化物，熔炉煤气交换器的水封水也含有上述污染物
地面与设备冲洗水		原料车间的含硅质粉尘、各种矿物粉尘；熔制车间污水含有配合料粉尘、玻璃粉末等；成形车间污水中含有玻璃粉末、油污等
含银废水	镀银废液及镀银后瓶胆清洗水	除银外，外还含少量石油类、悬浮物等

3.3 行业废气、废水污染物治理技术状况

日用玻璃废气污染治理技术主要分为清洁生产技术和末端治理技术（见表3）。

表3 日用玻璃污染治理技术

技术分类	清洁生产技术	末端治理技术
颗粒物治理技术	—	袋式除尘器、静电除尘器
硫氧化物治理技术	低硫燃料，减少原料中硫酸盐的使用量	干法、湿法烟气脱硫
氮氧化物治理技术	电助熔技术，纯氧燃烧技术，低 NO_x 燃烧器	3R技术、SCR和SNCR脱硝技术

日用玻璃企业废水中的SS主要采用沉淀和过滤技术；石油类污染物主要采用隔油池、气浮池技术；BOD、COD、酚类污染物采用地埋式二级生化处理设施进行处理。

对于含银废水主要是投加硫化剂使金属离子与硫化物反应生成难溶的金属硫化物沉淀，见图6。硫化剂可采用硫化钠、硫化亚铁等。

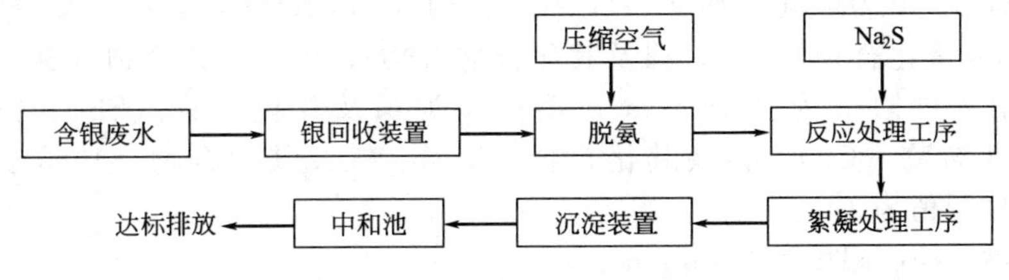

图6 含银废水处理工艺流程示意

4 国内外标准现状分析

欧美等发达国家已制订了玻璃类大气污染物排放标准，可作为我国玻璃工业污染物排放标准制订的借鉴，部分国家标准现状如下所述。

4.1 美国

美国的玻璃工业污染物排放标准只对颗粒物进行了规定（见表4）。

表4 颗粒物排放速率

Col. 1—玻璃制造厂工业部门	Col. 2—使用气态燃料的熔炉	Col. 3—使用液态燃料的熔炉
容器玻璃	0.1	0.13

4.2 欧盟

欧盟对容器玻璃排放控制是基于BAT（最佳可得技术）的，不仅对浓度进行了研究，还对吨产品排放量进行了研究。

（1）颗粒物

熔炉颗粒物以电除尘或袋式除尘技术为依据对新源和现有源进行了研究，对新源经研究发现排放水平可以达到5～10mg/Nm^3，0.01～0.03kg/t玻璃液；现有源经研究发现排放水平可以达到10～30mg/Nm^3，0.02～0.05kg/t玻璃液。

（2）氮氧化物

对氮氧化物的排放控制是基于以下2种技术。

① 清洁生产技术　包括燃烧改良、炉型设计、电熔、纯氧燃烧。

② 排放废气处理技术　SCR、SNCR处理技术。

（3）二氧化硫

对SO_2的控制基于干法和半干法脱硫技术、尽量减少硫酸盐原料的使用和低硫燃料的使用，针对不同燃料研究得出了不同的排放水平。

（4）重金属

对重金属的控制主要基于以下措施：尽量减少重金属含量高的原料的使用、尽量减少着色剂脱色剂的使用、干法或半干法处理技术。

4.3 德国

德国污染物控制标准根据污染物对环境危害大小分为三类，其中重金属第一类主要有汞及其化合物（Hg），铊及其化合物（Tl），控制限值为0.05mg/m^3；第二类主要有铅及其化合物（Pb）、钴及其化合物（Co）、镍及其化合物（Ni）、硒及其化合物（Se）、碲及其化合物（Te），控制浓度限值为0.5mg/m^3；第三类为锑及其化合物（Sb）、铬及其化合物（Cr）、铜及其化合物（Cu）、锰及其化合物（Mn）、钒及其化合物（V）、锡及其化合物（Sn），控制浓度限值为1mg/m^3。

对于颗粒物，控制限值为30mg/m^3。

SO_2浓度限值按照燃料重油和天然气分类，天然气为燃料的为800mg/m^3，重油为燃料的为1500mg/m^3。

NO_x分为两类，采用低氮燃烧控制技术的排放限值为800mg/m^3，在此基础上进一步进行尾气清洗技术的NO_x排放限值为500mg/m^3。

HCl排放限值为30mg/m^3。

HF排放限值为5mg/m^3。

5 大气污染物排放标准制订思路

5.1 配料过程粉尘（颗粒物）排放限值制订依据

粉尘主要产生于物料的破碎、筛分、转运过程。配料车间一般采用密闭通风法进行粉尘治理，即把原料加工处理、配合料的称量、混合以及输送设备封闭起来，各个设备用管道组成一个或几个抽风系统，通过抽风机将含尘空气送到除尘器，然后排放。日用玻璃企业常用的除尘器有袋式除尘器、旋风除尘器，目前使用最多的为袋式除尘器。

粉尘初始排放浓度为 40～1000mg/Nm^3。我国大部分生产线采用袋式除尘设备，颗粒物排放水平基本能达到 50mg/Nm^3 的排放水平。目前袋式除尘技术非常成熟，布袋除尘器具有很高的除尘效率（95%～99%），且收集起来的原料普遍回收利用，欧盟 BAT 指南规定颗粒物排放限值为 5～30mg/Nm^3。标准拟规定现有生产线颗粒物排放限值 50mg/Nm^3，新建生产线排放限值 40mg/Nm^3。

5.2 熔窑烟气污染物排放限值制订依据

（1）颗粒物限值确定

颗粒物和 SO_2 限值的确定以湿法脱硫工艺作为基础。目前我国日用玻璃企业安装了烟气处理设施的，多为湿法脱硫除尘设备，该工艺技术成熟、效果稳定。我国大部分生产线烟尘排放水平基本能达到 100mg/Nm^3 的排放水平。

日用玻璃企业颗粒物产生浓度在 100～550mg/Nm^3，对于现有生产线，当除尘效率达到 80%时，排放浓度可达 20～110mg/Nm^3；当除尘效率达到 90%时，排放浓度可达到 55mg/Nm^3 以下。由于目前生产线采用湿法除尘效率基本能达到 80%，并参考国外窑炉烟尘排放限值（见表 5），标准拟规定现有生产线为 100mg/Nm^3，新建生产线 50mg/Nm^3。

表 5 国外窑炉颗粒物排放限值

污染物	欧盟 BAT /(mg/Nm^3)	奥地利 /(mg/Nm^3)	芬兰 /(mg/Nm^3)	法国 /(mg/Nm^3)	意大利 /(mg/Nm^3)
颗粒物	5～30	50	50	50	80～150（与熔窑规模有关）

（2）SO_2 限值确定

目前我国日用玻璃熔炉所用燃料主要是发生炉煤气和重油，有少量企业使用天然气，使用电熔的企业就更少了。SO_2 的产生多少主要有燃料中的含硫量决定。根据调研数据，我国大中型日用玻璃生产企业使用的煤的含硫量一般在 1%以下，重油含硫量在 2%以下。不同燃料 SO_2 初始浓度见表 6。

表 6 不同燃料 SO_2 初始浓度

燃料	燃料消耗	燃料含硫量	SO_x（如 SO_2）/(mg/Nm^3)
天然气	200m^3/t 玻璃液	微量	300～1000
重油	150kg/t 玻璃液	≤1%	1200～1800
		≤2%	2200～2800
发生炉煤气	450m^3/t 玻璃液	≤1%	600～1500

注：发生炉煤气 SO_2 产生浓度是在煤气化率为 3.3Nm^3/kg 情况下的估算。

对于重油来说，当含硫量为2%时，SO_2产生浓度在2200～2800mg/Nm³，当脱硫效率为70%时，SO_2排放浓度在660～840mg/Nm³左右；当脱硫效率达到80%时，SO_2排放浓度在440～560mgN/m³左右。对于使用发生炉煤气作为燃料的企业，如果使用的煤的含硫量小于1%，当脱硫效率为70%时，SO_2排放浓度在180～450mg/Nm³左右。表7为我国部分日用玻璃企业SO_2排放水平。我国日用玻璃生产线SO_2排放水平能达到850mg/Nm³的排放水平。

表7　部分日用玻璃企业SO_2排放水平

生产线编号	燃　料	排放水平/(mg/Nm³)
1	重油	830
2	发生炉煤气	800
3	重油(含S量0.5%)	500
4	重油	450
5	发生炉煤气(含S量<0.6%)	740

参考我国日用玻璃企业SO_2排放水平及国外窑炉SO_2排放限值（见表8），标准拟规定现有生产线SO_2排放限值850mgN/m³；新建企业SO_2排放限值为700mg/Nm³。

表8　国外窑炉SO_2排放限值

污染物	欧盟BAT/(mg/Nm³)		奥地利/(mg/Nm³)	法国/(mg/Nm³)	意大利/(mg/Nm³)
SO_2	天然气	200～500	500	500	1800
	重油	500～1200		1500	

(3) 氮氧化物限值确定依据

目前，国内还没有日用玻璃生产企业对烟气进行脱硝处理，也没有企业使用纯氧助燃等技术，采用较多的是低NO_x燃烧器技术及电助熔技术。表9为部分企业玻璃熔炉NO_x排放浓度。通常日用玻璃熔炉NO_x排放浓度在1200mg/Nm³以上，高者可达2000～3000mg/Nm³。

表9　部分日用玻璃企业NO_x排放水平

生产线编号	燃料	排放水平/(mg/Nm³)
1	重油	1800
2	发生炉煤气(含S量0.5%)	2232
3	重油(含S量0.5%)	2657

注：以上烟气量为1500m³/t玻璃液。

日用玻璃炉窑NO_x控制技术可分为一次措施和二次措施，控制技术参见表10。

表10　玻璃熔炉NO_x控制技术

控制技术	一次措施		二次措施		
	低NO_x燃烧器技术	纯氧燃烧	3R	SCR	SNCR
去除效率	40%～60%	70%～90%	70%～85%	70%～95%	40%～75%
排放浓度	480～1800mg/Nm³	0.5～2kg/t玻璃液	<500mg/Nm³	<500mg/Nm³	500～700mg/Nm³

一次措施突出污染源控制，即在NO_x源头上进行严格控制。纯氧燃烧是燃料直接使用氧气助燃，优点在于节约能源，可大大减少烟尘和氮氧化物的产生量，最终排放可达到0.5～2kg/t玻璃液，但纯氧燃烧的烟气量仅为原来的15%～30%，排放浓度为1200～2500mg/Nm³。目前，纯氧助燃技术尚未在日用玻璃行业得到应用，但代表了行业技术的发

展方向。

二次措施是对产生的 NO_x 进行末端处理，从而降低其排放浓度和排放量，主要包括3R、SCR、SNCR技术，脱硝效率很高，但其设备及运行成本较高。目前，我国日用玻璃企业还未采用此技术。

采用低 NO_x 燃烧器技术去除效率可达到40%～60%，且设备及运行成本较低，可为大多数日用玻璃企业所建议采用的处理技术。

根据欧盟IPPC指令，采用BAT控制技术措施，日用玻璃工业 NO_x 排放可控制在400～850mg/Nm^3（见表11）。

表11　欧盟采用BAT最佳可行技术后 NO_x 排放水平

污染物	BAT	排放水平	
		mg/Nm^3	kg/t
NO_x	燃烧改良	600～850	0.9～1.3
	熔炉改良	＜500	＜0.75
	电熔	＜100	＜0.3
	纯氧助燃	—	1.5～1.8
	末端脱硝	400～600	0.5～0.8
	原料中含有硝酸盐的玻璃产品使用BAT技术后	＜1000	＜3

进一步参照国外氮氧化物排放标准（见表12）。

表12　国外氮氧化物排放限值

污染物	奥地利/(mg/Nm^3)	芬兰/(kg/t)	法国/(mg/Nm^3)		意大利/(mg/Nm^3)	
NO_x	500～1500（与窑型有关）	2.5～4	天然气	900～2000(与窑型有关)	天然气	1400～3500(与窑型有关)
			重油	700～1500(与窑型有关)	重油	1200～3000(与窑型有关)

考虑到我国现有情况和玻璃熔炉的发展趋势及国外氮氧化物排放标准，标准拟不针对现有企业制订 NO_x 排放限值，新建企业 NO_x 排放限值为1200mg/Nm^3。

(4) HCl和HF限值的确定

HCl和HF的排放主要来源于原料中含有的氯化物和氟化物杂质。HCl和HF的消减可采用原料选择、改进熔炉燃料方式等措施，也可通过烟气脱硫过程去除HCl和HF。如采用氢氧化钠湿法脱硫，HCl的去除率可达到90%以上。

参考国外排放标准（见表13），标准拟规定HCl排放限值30mg/Nm^3，HF排放限值5mg/Nm^3。

表13　国外日用玻璃行业HCl和HF排放标准

污染物	欧盟BAT/(mg/Nm^3)	意大利/(mg/Nm^3)	奥地利/(mg/Nm^3)
HCl	10～30	30	30
HF	1～5	5	5

(5) 重金属限值的确定

由于日用玻璃行业澄清剂和着色剂的使用，存在重金属的排放，目前企业基本对其不控制。参照国外标准（见表14），对于存在使用着色剂、澄清剂（主要涉及砷的使用）和生产铅晶质玻璃的企业，标准拟规定As、Pb、Cr、Cd浓度总和不得超过1mg/m^3，Co、Se、Sb浓度总和不得超过5 mg/m^3。

表 14　国外标准重金属排放限值

<table>
<tr><td>污染物</td><td colspan="2">欧盟 BAT 排放水平/(mg/Nm³)</td><td colspan="2">奥地利/(mg/Nm³)</td><td colspan="2">德国/(mg/Nm³)</td></tr>
<tr><td rowspan="5">重金属</td><td rowspan="3">As、Co、Ni、Cd、Se、Cr⁶⁺</td><td rowspan="3">总和＜0.2～1
（高值指使用着色剂、砷澄清剂等情况；低值指不是专门使用这些物质的情况）</td><td>Cd</td><td>0.1</td><td rowspan="2">Pb</td><td rowspan="2">3</td></tr>
<tr><td>As</td><td>0.1</td></tr>
<tr><td rowspan="2">Co、Ni、Se</td><td rowspan="2">1.0
（总和≤1.0）</td><td>Se</td><td>3</td></tr>
<tr><td rowspan="2">As、Co、Ni、Cd、Se、Cr⁶⁺、Sb、Pb、Cr³⁺、Cu、Mn、V、Sn</td><td rowspan="2">总和＜1～5
（高值指使用着色剂、砷澄清剂等情况；低值指不是专门使用这些物质的情况）</td><td rowspan="2">其他重金属</td><td rowspan="2">4</td></tr>
<tr><td>Sb、Pb、Cr、Cu、Mn</td><td>5.0
（总和≤5）</td></tr>
</table>

6　标准的环境效益及可达性分析

6.1　环境效益分析

预计标准实施后，可减少烟尘排放量 2 万吨，二氧化硫排放量 6 万吨，氮氧化物排放量 4.5 万吨，HCl 排放量 0.2 万吨，HF 排放量 300t。

6.2　达标成本分析

（1）脱硫除尘控制成本分析

脱硫除尘系统的投资与全厂基建总投资相比，约占 2%～5%。部分企业采用脱硫除尘设施的成本分析如表 15 所列。

表 15　脱硫除尘设施费用　　单位：万元

生产线	设施	设备投资	年运行费用	投资比例
1	脱硫除尘	150	100	3.5%
2		235	55	2.1%
3		174	80	4.2%
4		287	120	3.6%

（2）氮氧化物控制成本分析

由于采用低 NO_x 燃烧器技术每 t 成品日用玻璃增加的成本在可采用的 NO_x 控制技术中是最少的，其他处理技术成本较高，多数企业无法承受，故低 NO_x 燃烧器技术可为大多数日用玻璃企业可考虑采用的一项控制技术。

参考文献

[1] 张守和．改革开放前后我国日用玻璃行业发展概况及目前存在的突出问题．玻璃与搪瓷，2009，37（6）：44-45.
[2] 袁林，陈松林，冯中起．新型耐火材料助日用玻璃行业节能减排．玻璃，2011，（6）：46-48.
[3] 马志宏．玻璃工厂的环境保护．建材工业信息，2001，8.
[4] 孙东兴．以科学发展观促进企业全面协调可持续发展．建材发展导向，2004，（3）.
[5] 王承遇，尚华美，陶瑛．绿色技术在玻璃工业中的应用．全国玻璃学术研讨与生产技术交流会．上海．2001.
[6] 王承遇，陶瑛．试论我国玻璃工业的可持续发展．玻璃与搪瓷，2001，29（3）.

毛纺工业排放标准促进行业节能减排[1]

吕竹明，程言君
（中国轻工业清洁生产中心，北京，100012）

摘要：本文介绍了毛纺工业水污染排放标准制定的背景，分析了毛纺行业的主要工艺过程和产排污状况，提出了毛纺工业水污染排放标准的主要内容，并对其可能产生的环境效益进行了分析。

关键词：洗毛；羊毛脂；排放标准

Effluent standards of woolen textile industry promotes energy conservation and emission reduction

Lv Zhuming，Cheng Yanjun
（China Cleaner Production Center of Light Industry，Beijing，100012）

Abstract：This paper introduces the background of the effluent standards of pollutants for woolen textile industry，and analyses the production process and pollutants generation & emission condition of woolen textile industry. This paper puts forward the main content of the effluent standards of pollutants for woolen textile industry，analyses the environmental effect of the standard.

Key words：Washing wool；Lanolin；Effluent standards.

1　标准制定的背景

毛纺织及其染整是我国纺织工业中重要的和历史悠久的行业。我国毛纺织纤维的加工量约占纺织工业纤维加工量的5%～8%。

中国目前规模以上毛纺织、毛制品、毛针织企业有3654户，约80万职工，年销售达2400亿元，其中用于出口占23.65%。从2004年开始，中国毛纺面料实现了出口贸易顺差，并且附加值逐年提高。目前先进企业的部分产品出口单价接近欧洲同类产品的水平，越来越多的国际著名品牌企业采购中国的毛纺面料；中国机制毛毯自2000年起，每年都以20%的发展速度增长。2008年，中国年加工净羊毛达到40万吨，约占世界羊毛加工总量的35%，其中进口30.57万吨，生产绒线63万吨，生产呢绒（包括混纺）60万米。

2008年，全年行业出口形势总体表现良好，毛纺产品出口101亿美元，金额同比增长14.37%。毛纺工业快速发展的同时，也产生了一系列的问题，尤其是洗毛废水和染色废水的排放问题。

《纺织工业调整和振兴规划》对纺织工业主要经济指标做了预测的同时，对节能降耗和

---

[1] 环境保护标准制修订项目《毛纺工业水污染物排放标准》。

环境保护指标也提出了约束性目标要求。到2011年，纺织工业规模以上企业实现工业增加值12000亿元，年均增长10%；出口总额2400亿美元，年均增长8%。全行业实现单位增加值能耗年均降低5%、水耗年均降低7%、废水排放量年均降低7%。到2011年，淘汰75亿米高能耗、高水耗、技术水平低的印染能力，淘汰230万吨化纤落后产能，加速淘汰棉纺、毛纺落后产能。

在《纺织工业十二五科技进步纲要》提出了纺织工业“在节能减排全面达到国家强制性标准要求、完成国家下达的节能减排任务的基础上，大规模实现清洁生产，基本建立低碳、绿色、循环经济体系。”

目前，我国纺织印染工业（包括棉纺印染产品、毛纺染整产品、丝绸产品以及毛纺产品）废水排放执行《纺织染整工业水污染物排放标准》（GB 4287—92）。由于各行业所用原材料不同、生产工艺不同，各种纺织产品的污水排放执行统一的排放标准，无法体现行业的污染特征和污染控制水平。

同时，由于洗毛废水和染色废水性质不同，国家规定洗毛工序废水执行《污水综合排放标准》（GB 8978—1996）中相关规定。标准除了对洗毛废水中BOD_5、COD有特殊规定以外，将其余指标都列入“其他排污指标”或“一切排污指标”。因此，《污水综合排放标准》也无法有效体现洗毛行业的污染特征和污染控制水平。

为了完善我国的环境标准体系，实现污染排放标准的行业化管理，2005年4月国家环境保护总局下发了《关于下达2005年第二批国家环境标准制（修）订任务的通知》（国家环保总局办公厅环办函［2005］203号），由中国轻工业清洁生产中心负责《毛纺工业污染物控制标准》的制订工作。

2 毛纺行业主要生产工艺及产排污状况

2.1 羊毛清洗工艺

洗毛可在单独的洗毛厂进行，也有不少毛粗纺厂或毛精纺厂在附设的洗毛车间进行洗毛。洗毛生产工艺如图1所示。

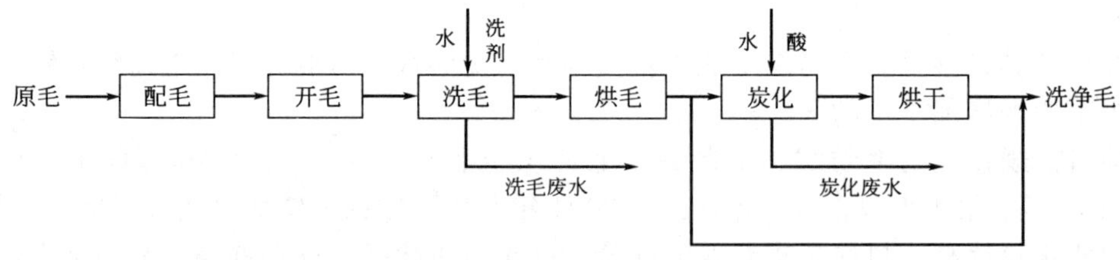

图1 洗毛生产工艺

洗毛以水为溶剂，加入一定量的纯碱及清洗剂，经过一定的物理化学作用，去除羊毛所含的羊汗、羊毛脂等物质。国产洗毛机一般多为五槽式联合洗毛机，进口洗毛机则大多为六槽甚至七槽。

如果原毛中杂草较多，还需要经过炭化。炭化过程主要是去除羊毛中含有的植物性杂质（草籽、草叶等），将含杂质的洗净毛在酸液中通过，再经烘焙，使杂质变为易碎的炭质，再经过机械搓压打击，最后利用风力将其分离。去除杂质的羊毛再采用中和的办法，去除羊毛上含有过多的酸，经烘干成为炭化洗净毛。

2.2 行业排污现状

2008年，全国废水排放总量571.7亿吨，废水中COD排放量1320.7万吨，废水中氨氮排放量127.0万吨。按2008年产量40万吨净毛计算，中国毛纺工业年排放洗毛废水约1200万吨，占全国废水排放总量的0.021%；2008年中国毛纺工业洗毛废水中COD排放量约2280t，占全国COD排放总量的0.017%；2008年中国毛纺工业洗毛废水中氨氮排放量约300t，占全国氨氮排放总量0.024%。

洗毛废水是洗毛生产工艺排出的高浓度有机废水，是目前世界上较难治理的废水之一，主要成分是羊毛脂、羊汗、泥土、羊粪等，其中羊毛脂是废水中COD和BOD的主要成分。羊毛脂在水中呈乳化状态，洗毛废水常呈棕色或浅棕色，表面覆盖一层含各种有机物、细小悬浮物以及各种溶解性有机物的含脂浮渣。洗毛废水水质与羊毛品种、洗毛工艺耗水量等因素有关。表1为国产洗毛机和进口洗毛机洗毛废水水质情况。

表1 洗毛废水水质

洗毛机	COD /(mg/L)	SS /(mg/L)	BOD /(mg/L)	总磷 /(mg/L)	总氮 /(mg/L)	氨氮 /(mg/L)
国产	30000～45000	5000～7500	7500～9000	2～5	50～90	80～120
进口	25000～35000	10000～12000	7500～8000	2～3	70～80	80～100

2.3 污染防治技术分析

2.3.1 羊毛脂的提取

羊毛脂是羊身上脂肪腺的分泌物，它随着羊毛的生长而黏附在羊毛的表面。通常羊毛脂将羊毛黏结而形成毛束，从而可减少羊毛对外界暴露的表面，防止尘沙进入，以保护羊毛的物理化学性质不受或少受影响。因此羊毛保持一定的含脂率是非常必要的。含脂率过低，将会影响到羊毛的理化性质；反之，含脂率过高，则会影响到净毛率，这是毛纺企业在选购羊毛时比较关注的问题。一般细羊毛的含脂率较高，而粗羊毛的含脂率则较低，土种羊毛的含脂率更低，表2为各种羊毛的羊脂含量和羊汗含量。

表2 各种羊毛的羊脂含量和羊汗含量

羊毛种类	羊脂含量(对原毛)/%	羊汗含量(对原毛)/%
我国细羊毛	10～19	7～10
我国土种羊毛	3～7	8～11
澳洲羊毛	14～25	4～8

羊毛脂的主要成分是高级脂肪酸、脂肪醇和脂肪烃的混合物。这些酸和醇既有一部分结合成酯的状态存在，也有一部分以游离状态存在。其中高级脂肪酸约占45%～55%，高级一元醇约占45%～55%。脂肪烃只占羊毛脂的0.5%。

洗毛废水最大的特点，就是羊毛脂含量高，造成这类废水BOD、COD值极高，所以羊毛脂的提取是一重要的处理环节。而羊毛脂是经济价值较高的化学品，具有广泛的用途，广泛应用于高级化妆品、医药膏剂的制造，还可作为特种油剂、皮革鞋剂、低温润滑剂、防锈剂及其他精细化工产品的原料。若最大限度的回收羊毛脂，不仅有利于降低废水中的含脂量及BOD、COD值，同时也提高了经济效益。

从洗毛废水中提取羊毛脂的方法很多，主要包括以下几种。

(1) 机械离心法

国外在20世纪40年代已将此法应用于实际。它的基本流程是：废水预先在离心机上将较大的固体颗粒分离，然后在一专门的罐内加热到85℃左右（若在离心机上装有加热套，则不需此设备），再流到较小的离心机上进行油脂分离回收。该法工艺流程简单，缺点是分离效率低，一般只有30%～40%，适宜的废水含脂浓度为0.9%～1.1%，而当浓度低于10g/L时，回收效率更低。目前，我国许多毛纺厂仍采用此法。

(2) 气浮法

原理为废水中油附着于气泡后浮力增大，上浮速度增加。例如，某毛纺厂采用在0.392～0.441MPa压力下，使空气溶入溶气缸内的废水中，然后在浮选池内释放，在极短的时间内形成大量的微气泡，这些气泡与废水中的羊毛脂絮花体相互撞击黏附，形成密集牢固的混聚颗粒，在气泡浮力的作用下迅速上浮至液面。

单独使用气浮法分离效果往往不理想，仅能去除30%～45%的羊毛脂和悬浮物。所以，一般都要投加无机凝聚剂和高分子絮凝剂，以提高浮选效果。

(3) 混凝法

该法包括调整pH值、凝聚、絮凝、吸附等过程。向废水中投加无机凝聚剂，使水中的油脂微滴和胶状物质与悬浮固体颗粒凝聚，再投加有机高分子絮凝剂和助凝剂，使悬浮物形成絮状物，使其上浮或沉淀，混絮法中还有酸裂法和电解法，也就是利用酸破乳或电解破乳的方法。该法所得羊毛脂黑且有恶臭，硫酸耗量大，废水不能回用，仅适用于皂洗羊毛。

(4) 萃取法

萃取处理法是利用分配定律的原理，用有机溶剂作萃取剂萃取废水中的羊毛脂，达到回收目的。萃取法常和其他方法一起使用，如化学沉淀萃取法、酸裂-萃取法、离心萃取同步法，但投资大，溶剂损耗大。

(5) 超滤法

20世纪70年代起，随着膜分离技术的发展，超滤技术开始用于洗毛废水的处理。超滤法分离机理主要是应用膜的筛分效应。由于膜的孔径一般在0.2～0.4nm，比直径为0.01～50μm的脂类油滴要小得多。因此，理论上水和低分于物质可透过滤膜，而脂能全部被膜截留。

以上的各种羊毛脂提取方法中，应用较多的主要有离心法和超滤法。

在羊毛脂的提取方面，目前较为先进为一步法提取精制羊毛脂，该技术的主要技术路线为沉淀处理→超滤浓缩→浓缩水混凝萃取沉淀分离。

(1) 洗毛废水泥砂沉淀处理

洗毛废水中的泥砂是羊毛在自然环境生长过程中附着黏物，其附黏泥砂黏度大小、数量多少和饲养羊处于生长的地理、气候、草原、放牧管理等环境条件有关。羊毛经过人工分级筛选去少部分土杂，后去洗毛机开松除渣打土能除去40%左右，余下60%随着羊毛进入洗毛废水中。洗毛废水经过沉淀处理后，根据洗毛品种含有土杂多少来不定期清除泥砂，对微小泥砂悬浮物经超滤截留后送干化场晒干用作农家肥料。

(2) 超滤浓缩

对沉淀后的洗毛废水，采用超滤膜进行过滤浓缩，通过选用合理的膜、控制合理的压力和温度，羊毛脂的回收率可以达到97%以上。

（3）混凝萃取沉淀分离

洗毛废水经超滤膜分离后的清水回用洗毛，浓缩废水是污水最终的污染源，根据浓缩废水物化特性采用混凝萃取沉淀分离方法，可以彻底解决将洗毛废水中的泥砂、油脂、水分开的目地。萃取后羊毛油脂回收利用，分离透明含洗剂水经超滤回用洗手，罐底沉淀泥杂送干化场晒干用作农家肥料。

2.3.2　洗毛废水循环利用技术

国内某企业也进行了洗毛废水闭路循环的研究和应用，图 2 和图 3 为该企业洗毛废水循环利用的思路。

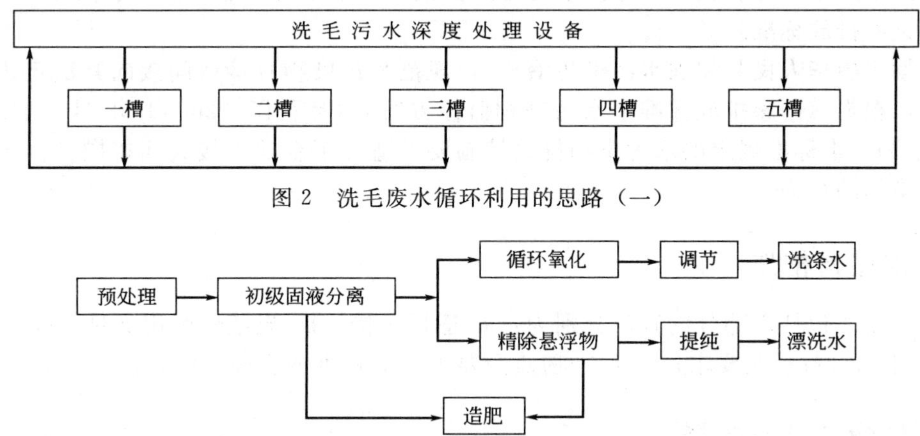

图 2　洗毛废水循环利用的思路（一）

图 3　洗毛废水循环利用的思路（二）

按照上述的研究思路，需解决的关键问题是选择去除水中固体杂质的方法。目前洗毛污水中固体杂质的去除主要有两种方法：一是化学絮凝法；二是超滤法。应该说这两种方法都有工业应用背景和实际经验，而化学絮凝法则更成熟，且从经济上更容易被企业接受。连续式污泥浓缩机可以用于专门处理含泥砂较多的一槽水，使之在进入污水处理系统之前，先进行较为彻底的固液分离，分离出来的污泥可以直接用来生产有机肥，同时也在很大程度上减轻了污水处理系统的工作压力。

由于洗毛污水中固体杂质已与水相形成了均匀体系，很难破乳，在现行的工业中主要采用加大絮凝剂的用量或采用更昂贵的高效能的絮凝剂（如生物絮凝剂）来实现破乳。为实现固-液间的有效快速分离可以采用多循环操作的方式，即使破乳、凝聚、皂化、水解等过程在专门设计的设备—反应罐内反复循环进行。

图 4 为洗毛废水循环利用所采用的污水处理设备。

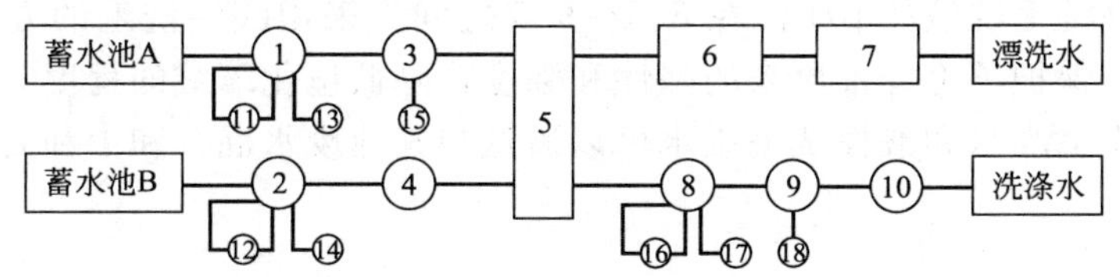

图 4　污水处理设备

1、2—预处理罐；3、4、9、10—调节罐；5—固液分离；6—精除悬浮物；7—提纯；8—循环氧化；11、12、16—换热器；13、14、15、17、18—加药罐

2.3.3 洗毛废水治理工艺

目前洗毛废水处理主要采用的工艺包括凝聚沉淀法、气浮法、膜过滤技术和生化法等。

3 新标准主要技术内容

目前《毛纺工业水污染物控制标准》的报批稿已经完成。新标准适用于现有毛纺企业的洗毛水污染物排放管理。本标准适用于对毛纺企业建设项目的环境影响评价、环境保护设施设计、竣工环境保护验收及其投产后的水污染物排放管理。

新标准不适用于毛纺企业染整废水的排放控制。对于毛纺企业染整废水执行《纺织染整工业水污染物排放标准》。

为贯彻《中华人民共和国水污染防治法》，规范水污染物直接或间接向其法定边界外的排放行为，根据《国家排放标准中水污染物监控方案》（环科函［2009］52号）（以下简称《监控方案》），本标准规定的水污染物排放控制要求适用于企业直接或间接向其法定边界外排放水污染物的行为。

3.1 标准结构框架

本标准主要包括六部分内容，分别为：a. 适用范围；b. 规范性引用文件；c. 术语和定义；d. 污染物排放控制要求；e.. 污染物监测要求；f. 标准的实施与监督。

3.2 污染物项目的选择

洗毛废水是洗羊毛生产工艺排出的高浓度有机废水，主要成分是羊毛脂、羊汗、泥土、羊粪等，表面覆盖一层含各种有机物、细小悬浮物以及各种溶解性有机物的含脂浮渣。根据洗毛废水的特点，本标准确定水污染物排放控制指标为pH值、COD、BOD_5、总磷、总氮、氨氮、SS、动植物油和单位产品基准排水量。国外如美国的同类标准，也同样选择上述项目作为控制指标。

3.3 各污染物直接排放限值的确定及制定依据

3.3.1 pH值

本标准参照了国内和国外对洗毛废水pH值的要求，规定洗毛废水的pH值为6～9。

洗毛废水的pH值主要受洗毛工艺的影响。根据洗毛剂的不同，包括中性洗毛、碱性洗毛和酸性洗毛。在中性洗毛中，洗液的pH值为6～7，无需专门处理就可以达到本标准的要求。碱性洗毛，可纺性、抗静电性和吸水性都比较有利，因此碱性洗毛方法在生产中使用也比较普遍。碱性洗毛洗液的pH值在8.5～9.5之间。采用酸性洗毛的方法可以清除碱土杂质的碱性影响，保护羊毛纤维原来的弹性和强度，降低毡化缩绒的程度，酸性洗毛废水偏酸性。对于碱性洗毛废水和酸性洗毛废水可以通过与其他废水混合和中和处理等方式达到本标准的要求。

3.3.2 化学需氧量（COD）和生化需氧量（BOD_5）

（1）COD和BOD_5的产生

COD和BOD_5是洗毛废水的主要污染物，羊毛脂、羊汗、泥土、羊粪等都是洗毛废水

COD 和 BOD_5 污染负荷高的重要原因。

目前国产洗毛机一般由五只洗槽组成：第一槽为浸泡槽，第二、三槽为洗涤槽，在其中加入洗涤剂，第四、五槽为清洗槽。进口洗毛机由六只洗槽组成。采用不同的洗毛工艺洗毛时，其单位耗水量不同。洗毛废水的水质随羊的饲养条件、季节、气候等而略有差异。对连续洗毛的五个洗槽中每一个槽所排出的废水水质差别也很大。一般情况下，第一槽多泥砂和羊汗，第二槽、第三槽多羊毛脂、泥砂和洗涤剂，第四、五槽则污染物较少。

（2）洗毛废水的处理

羊毛脂含量高是造成洗毛废水 BOD、COD 值高的最主要原因，所以羊毛脂的提取是一重要的处理环节。

洗毛废水经过沉淀及提取羊毛脂后，其有机污染物含量 COD 约为 5000～10000mg/L，BOD_5 约为 4000～5000mg/L，属于可生物降解性较好的有机性废水。因此处理工艺采用以生化工艺作为处理的主工艺。

通过实际调研，对于洗毛废水通过隔油、气浮、兼氧（或厌氧）、好氧等处理工艺，排水的 COD 能够控制在 250mg/L 以内，BOD 能够控制在 100mg/L 以内，通过增加处理工艺（如物化处理）和优化废水处理工艺参数，COD 能达到 120～150mg/L，BOD 能够达到 20～45mg/L。因此，本标准规定现有毛纺企业洗毛废水 COD 的排放限值为 120mg/L，BOD 的排放限值为 30mg/L。

在现有企业中，江苏地区的毛纺企业的 COD 已经在执行 60mg/L，江苏某企业的洗毛废水在羊毛脂提取后，与印染废水混合处理，处理方案采用厌氧——好氧——物化处理工艺。工艺流程为：污水→格栅→调节池→厌氧池→兼氧池→好氧池→沉淀池→折板絮凝剂→物化沉淀池→排放井→污泥池→污泥脱水机→干污泥外运，通过该处理工艺流程，废水 COD 能够达到 60mg/L，BOD 能够达到 20mg/L。

但是该企业的废水为洗毛废水和印染废水的混合废水，如果是单一的洗毛废水，经厌氧——好氧——物化处理后，COD 能达到 80～120mg/L。本标准规定新建毛纺企业洗毛废水 COD 的排放限值为 80mg/L，BOD 的排放限值为 20mg/L。

3.3.3　总磷、总氮和氨氮

洗毛废水中的总磷、总氮和氨氮主要来源于洗毛剂及羊毛原料中的羊粪、羊尿。

总磷通过采用物化沉淀处理后浓度能够达到 1mg/L 左右；氨氮在生化处理后浓度能够达到 10mg/L 左右；总氮处理后浓度能够达到 15～25mg/L。

通过国内洗毛废水的处理工艺分析，结合国内毛纺企业的实际情况，本标准规定现有毛纺企业洗毛废水总磷的排放限值为 1.0mg/L，总氮的排放限值为 25mg/L，氨氮的排放限值为 15mg/L，新建毛纺企业洗毛废水总磷的排放限值为 0.5mg/L，总氮的排放限值为 20mg/L，氨氮的排放限值为 10mg/L。

3.3.4　悬浮物（SS）

洗毛废水中 SS 的浓度一般为 550～1000mg/L，采用目前的处理技术和水平 SS 的去除率为 80%～90%。按照 SS 的平均进水浓度和较高去除率计算，排出废水 SS 的浓度大约在 70mg/L。因此，本标准规定现有毛纺企业洗毛废水 SS 的排放限值为 70mg/L，对于新建毛纺企业，通过采用先进工艺，可以将 SS 的产生浓度控制在 60mg/L 以内。因此，新建毛纺企业洗毛废水 SS 的排放限值为 60mg/L。

3.3.5 动植物油

对洗毛废水中的动植物油，首先要生产时进行油脂提取，提取后废水中的油脂浓度一般在5000mg/L。废水处理时，采用物理化学相结合的气浮法，处理后浓度可以达到10～15mg/L。本标准规定现有毛纺企业洗毛废水动植物油的排放限值为15mg/L，新建毛纺企业洗毛废水动植物油的排放限值为10mg/L。

3.3.6 特别排放限值的确定

根据环境保护工作的要求，在国土开发密度已经较高、环境承载能力开始减弱，或环境容量较小、生态环境脆弱，容易发生严重环境污染问题而需要采取特别保护措施的地区，本标准将严格控制上述地区企业的污染物排放行为，执行表3规定的水污染物特别排放限值。

通过实际调研，对于洗毛废水通过超滤法等先进工艺提取羊毛脂后，排放废水COD可以达到60mg/L以下，BOD可以达到15mg/L左右，SS可以达到20mg/L左右，动植物油可以控制在3mg/L以下。参照城镇污水处理厂排入地表水域一级B标准，本标准规定现有和新建企业水污染物特别排放限值pH值为6～9，COD为60mg/L，BOD为15mg/L，SS为20mg/L，动植物油为3mg/L，总磷为0.5mg/L，总氮为15mg/L，氨氮为8mg/L。

表3 水污染物排放标准主要指标的对比 单位：mg/L

控制项目	本标准限值		污水综合排放标准新源	
	现源	新源	一级	二级
pH值	6～9	6～9	6～9	6～9
COD/(mg/L)	120	80	100	200
BOD_5/(mg/L)	30	20	20	60
总磷/(mg/L)	1.0	0.5	0.5	1.0
总氮/(mg/L)	25	20	—	—
氨氮/(mg/L)	15	10	15	25
SS/(mg/L)	70	60	70	150
动植物油/(mg/L)	15	10	10	15
排水量/(m^3/t产品)	30	20	—	—

3.4 单位产品基准排水量的确定

洗毛废水水量随洗毛机型号、羊毛品种及洗毛工艺有所不同。在《污水综合排放标准》(GB 8978—1996)没有规定洗毛废水的最高允许排水量。一般来讲，目前国内洗毛设备和加工水平，每生产1t洗净毛或毛条平均耗水量需要30t；个别先进企业通过水循环利用的方式达到20m^3/t毛。因此，本标准规定现有毛纺企业的单位产品基准排水量为30m^3/t毛，新建毛纺企业的单位产品基准排水量为20m^3/t毛。

3.5 与国内相关标准的对比

本标准排放指标限值与《污水综合排放标准》(GB 8978—1996)的对比见表3。

本标准现有毛纺企业的排放限值比《污水综合排放标准》(GB 8978—1996)(1998年1月1日之后建设的单位)二级标准略微严格。对于新源，考虑到应当严格控制排放，根据已有可行的处理技术，标准值更严。

3.6 主要国家、地区及国际组织相关标准研究

美国排放限制准则是以技术为依据的，根据不同工业行业的工艺技术、污染物产生量水平、处理技术等因素确定各种污染物排放限值。排放标准可分为三大类：直接排放源执行的排放限值、公共处理设施执行的排放限值、间接排放源（排入城市污水处理厂）执行的预处理标准。

直接排放源排放限值按照最佳现有实用控制技术（BPT）、常规污染物的最佳控制技术（BCT）、经济上可实现的最佳可行控制技术（BAT）、新污染源（NSPS）分别规定了排放限值。

间接排放指的是企业的污染物排入污水处理厂而非直接排入环境的行为，间接排放源预处理标准分为现有污染源的预处理标准（PSES）和新污染源的预处理标准（PSNS），其目的是保护公共污水处理厂的正常运行并达到排污许可证规定的排放行为。

Part410—Textile Mills Point Source Category 中 Subpart A—Wool Scouring Subcategory 对毛纺工业中洗毛和毛条厂的废水排放做出了具体规定。

表 4 为本标准与美国毛纺污水排放标准的对比，由于美国毛纺污水排放标准的排放指标单位为 kg/t 干天然毛，表 4 将本标准中的浓度限值和单位产品基准排水量换算为单位产品污染物排放量（本标准中规定的浓度限值与单位产品基准排水量相乘）。由表 4 可以看出本标准的各项指标值均严于美国毛纺污水排放标准的指标要求。

表 4 本标准与美国毛纺污水排放标准的对比

特征污染物	连续 30 天日均值/(kg/t 干天然毛)			本标准限值/(kg/t 干天然毛)	
	BPT	BAT	NSPS	现源	新源
BOD_5	5.3	—	1.9	0.9	0.4
COD	69.0	69.0	33.7	3.6	1.6
TSS	16.1	—	13.5	2.1(SS)	1.2(SS)
油脂	3.6	—	—	0.45	0.2
硫化物	0.10	0.10	0.10		
苯酚	0.05	0.05	0.05		
总铬	0.05	0.05	0.05		
pH 值	6～9	6～9	6～9	6～9	6～9

4 新标准实施的环境效益

在我国的环境统计中，由于没有对毛纺工业的污染物排放情况和废水排放量进行单独统计，因此，在分析本标准实施后的影响和效果时，当前的污染物排放量和废水排放量均按《污水综合排放标准》中的数值进行估算。估算结果会因为毛纺企业实际执行污水综合排放标准的情况而有一定的偏差，但从估算结果中仍可以在一定程度看出本标准实施后的影响和效果。

以 2008 年我国的羊毛加工 40 万吨为基数，由于《污水综合排放标准》中没有规定毛纺行业最高允许排水量，我们以本标准中现有企业的 $30m^3/t$ 毛计，则如果现有企业都要达到《污水综合排放标准》的二级标准要求，每年的排水量为 1200 万吨，COD 排放量为 2400t。根据《纺织工业“十一五”发展纲要》，预计本行业年均增长率为 6%，根据本标准两个阶段的标准限值，推算全面达标后行业 2010～2015 年的主要污染物和工业废水削减值见表 5。

表 5 执行本标准限值的污染物减排预测

类型	项目	废水量/万吨	COD 排放量/t	NH_3-N 排放量/t
现状	2010 年排放量	1348.32	2696.64	337.08
2012 年排放情况	执行现行标准排放量	1514.97	3029.94	378.74
	执行本标准后现有企业排放量	1348.32	1617.98	202.25
	执行本标准后新建企业排放量	57.17	45.74	5.72
	执行本标准后排放量总计	1405.49	1663.72	207.96
	削减量	109.48	1366.23	170.78
	削减率	7.23%	45.09%	45.09%
2015 年排放情况	执行现行标准排放量	1804.36	3608.71	451.09
	执行本标准后现有企业排放量	898.88	719.10	89.89
	执行本标准后新建企业排放量	68.09	54.47	6.81
	执行本标准后排放量总计	966.97	773.58	96.70
	削减量	837.39	2835.14	354.39
	削减率	46.41%	78.56%	78.56%
与 2010 年相比，2015 年的削减情况	2010 年排放量	1348.32	2696.64	337.08
	执行本标准后 2015 年排放量	966.9689174	773.5751339	96.69689174
	削减量	381.35	1923.06	240.38
	削减率	28.28%	71.31%	71.31%

表 5 按 2010 年仍执行现行标准，2011 年和 2013 年分别为本标准实施的第一阶段和第二阶段的第一年估算。可以看出，执行新标准后，废水量、COD 和氨氮的排放都开始削减。与执行现行标准比，执行新标准后，2012 年废水量、COD 和氨氮的削减率将分别达到 7.23%、45.09%和 45.09%，与 2010 年相比，2015 年废水量、COD 和氨氮的排放削减率将分别达到 28.28%、71.31%和 71.31%。

因此，本标准实施后，将大大减少毛纺废水对周围水环境的不利影响，改善受纳水体水质。

参考文献

[1] 杜启云．用膜集成技术处理鄂尔多斯羊绒集团生产废水［J］．天津工业大学学报，2005，24（5）：68-71.

[2] 邢声远．羊毛沾污物与洗毛工艺（一）［J］．洗净技术，2004，2（2）：13-16.

[3] 邢声远．羊毛沾污物与洗毛工艺（二）［J］．洗净技术，2004，2（3）：10-13.

[4] 关学良等．新疆地产羊毛洗涤工艺研究［J］．新疆大学学报（理工版），18（1）：73-75.

[5] 陈平等．洗毛废水生化处理工艺研究［J］．毛纺科技，2005，（7）：19-21.

[6] 张华等．水解酸化-接触氧化-生物滤池处理毛纺废水［J］．工业水处理，2004，（8）：63-66.

宾馆行业清洁生产标准的研究[❶]

孙晓峰，张琳，李晓鹏

（中国轻工业清洁生产中心，北京，100012）

摘要： 介绍了宾馆行业主要能源、环保问题以及国家相关政策。结合国家节能和环保政策，对宾馆行业清洁生产标准进行了研究、探讨，提出清洁生产标准框架，并选择装备、资源能源利用、污染物产生和环境管理等指标开展标准研究。

❶ 环境保护标准制修订项目《清洁生产标准 宾馆饭店业》。

关键词：宾馆行业；清洁生产标准；研究

Study on Cleaner Production Standard for Hotel

Sun Xiaofeng，Zhang Lin，Li Xiaopeng
(China Cleaner Production Center of Light Industry，Beijing，100012)

Abstract：This paper introduced the major energy and environmental issues and related national policies on hotel industry. By combinging national energy and environmental policies to study and discuss on "Cleaner Production Standard of Hotel industry", the cleaner production framework had been addressed，focused on facilities，resources & energy utilization，pollutants gerneration，and environmental management.

Key words：Hotel；Cleaner Production Standard；Research

1　研究背景

清洁生产是我国工业、农业、第三产业可持续发展的一项重要战略，也是实现我国污染控制重点由末端控制向生产、服务、全过程控制的重大举措。随着我国的对外开放及加入WTO，为旅游业提供了良好机遇，也为宾馆饭店带来了前所未有的发展良机。截止到2006年年底，全国已评定的星级宾馆饭店12751家，拥有员工158.0万人。宾馆饭店给客人提供舒适的居住，娱乐和满意的服务，创造经济效益，同时也带来了一些环境问题。

饭店在经营过程中产生了大量消耗，主要包括日常消耗和能源消耗。饭店的日常消耗主要是纸张、布草、食品、印刷品、餐具、用具和各项设施设备等，客房中的一次性消耗品是比较典型的物资消耗。在饭店业起步之初配置的这些一次性包装的消耗品，已经造成物品的浪费与能源和人力的消耗，同时还产生了大量的垃圾。而且由于这些垃圾中很多是塑料制品，难以降解，又成为了城市新的污染源，加剧城市环境恶化。饭店的能源消耗在成本开支中仅次于人力成本而居第二位，水、电、煤、气等能源消耗已经占经营成本的10%以上，可以说能源消耗已经成为饭店业发展的"绊脚石"，宾馆行业清洁生产标准的制定将推动清洁生产在宾馆行业有效开展，帮助宾馆完善环境管理，提高宾馆创新能力和环保能力，利于宾馆参与市场竞争，并为宾馆行业开展清洁生产审核提供技术支持和导向。标准对宾馆行业而言是衡量宾馆逐步实现清洁生产的标准，同时为该行业实施清洁生产绩效公告制提供依据。

2　资源能源消耗及环境污染状况

2.1　资源能源消耗情况

（1）耗电情况

宾馆饭店类建筑虽然营业时间长，但由于受到旅游季节变化和入住率波动的影响，多数时间是在部分负荷下工作。对数十家宾馆进行电耗统计，宾馆类建筑平均电耗在100～150kW·h/(m^2·a)，但也有个别建筑耗电量超过200kW·h/(m^2·a)。从耗电环节来看，夏季为旅游旺季，空调系统需长期运行，故总体上来看宾馆类建筑用电高峰亦在夏季。宾馆类建筑风机盘管功率虽小，但数量多，且一般宾馆冬夏均采用风机盘管系统，故其耗电量也不容忽视。

（2）耗水情况

根据《中华人民共和国旅游涉外饭店星级标准》和“世界旅游组织”对酒店标准的最低要求，星级不同，设施配备情况不同，用水构成与用水量不同。宾馆用水主要的构成如表1所列。

表1 宾馆用水的构成 单位：%

项 目	三星级以下(含三星)用水比例	四星级以上(含四星)用水比例
客房	58.29～69.21	32.52～50.44
职工食堂	1.02～1.54	2.63～3.97
职工洗浴	15.82～17.87	7.61～18.43
对外餐厅	4.16～7.04	13.74～16.97
洗衣房	2.19～3.10	9.94～11.24
锅炉房	1.01～2.25	2.95～9.24
中央空调	1.25～5.68	6.23～11.57
绿化	0.90～1.12	1.12～1.44
游泳池	0.14～0.21	0.75～1.25
其他	3.24～4.12	5.77～8.26

（3）一次性用品消耗

除能源消耗外，酒店日常经营管理还需使用大量的办公耗材、后勤耗材和客用物品。例如：一次性物品在酒店中大量使用；由于放置不当或管理不善等原因，食品过期浪费现象严重；服务设计缺乏对耗材节约的关注，一些酒店的服务方式鼓励客人浪费使用耗材物品，比如布草一日一洗、菜肴推销多多益善等；办公耗材浪费使用，例如打印、复印机的随意使用、纸张浪费等。

2.2 主要污染源及污染物分析

酒店排放的污染物中也无外乎废水、废气、固体废物及噪声，但是产生最大、同时也对环境影响最大的主要是废水和固体废物，如表2所列。

表2 宾馆饭店的主要污染物

污染物	污染物产生的位置
废水	主要来源于厨房、客房、后勤部及娱乐健身房。厨房为洗涤污水，客房为洗浴用水和卫生间冲厕等用水；后勤部为清洗被单、床单等用水；娱乐健身房为游泳池的废水等。另外，由于各种洗涤剂和非环保产品的使用，酒店排放污水中污染物含量超标，多数酒店未经末端处理直接排放，对环境影响很大
废气	主要来源于餐饮油烟、汽车尾气、锅炉废气等
固体废物	主要是厨房的残菜剩饭；客房宾客的消费残物、客房自身的残物；餐厅产生的玻璃、金属、塑料、纸制品等；后勤部的美容美发废物，各种陈旧破损的物品及自备锅炉房的炉渣等

3 国家相关节能环保政策

近年来，国家和地方出台了多项政策规章，积极推动我国宾馆行业节能减排工作，部分节能环保政策介绍如下。

《北京奥运会饭店服务环保指南》提出了在综合管理、节约资源、防治污染、室内及餐饮服务及认定验收等环保方面的基本要求。如：a. 采取节能控制措施（调光、时间控制、分级控制等)，使用高效光源和节能灯具；b. 按照《中华人民共和国城镇建设行业标准（节水型生活用水器具)》（CJ164—2002 ）改造现有用水器具，使用节水型水嘴、节水型便器、节水型便器冲洗阀等，并向客人告示节水器具的使用方法；c. 严格执行中华人民共和国国家标准《饮食业油烟排放标准》(试行)（GB 18483—2001)；d. 餐饮废水应设置隔油设施，回收处理地沟油。提倡使用先进的油水处理技术，减少油污排放。

《饭店业节能 81 条》明确要求饭店各主要部门要分别制定能耗定额和责任制；定期进行用能设备的维护，加大节能设备的更新改造力度，积极推进变频、光控技术的使用；合理利用峰谷电差，安排能耗部门作息时间；严格执行夏季空调室内温度最低标准；积极使用节能灯具。《饭店业节能 81 条》突出强调饭店要大力推进资源节约、环境保护，逐步减少客房内的一次性用品的使用，倡导客用棉织品一客一换；取消餐厅一次性木筷子和一次性发泡餐具；加强物品的循环使用。

《绿色饭店等级评定规定》规定：积极引入新型节水设备，采取多种节水措施，加强水资源的回收利用；饭店的水消耗各主要部门要有用水的定额标准和责任制。建立水计量系统，并对用水状况进行记录、分析；通风、制冷和供暖设备应强化日常维护及清洁管理，并配有监控系统，对冷柜、窗户的密封情况每年都要检查，并写出检查报告；积极采用节能新技术，有条件的企业应使用可再利用的能源（太阳能供热装置、地热等）系统等。

此外，《建筑照明设计标准》、《宾馆、饭店合理用电》、《建筑给水排水设计规范》对宾馆建筑的照明、节电、节水等方面也做出了较为详细的规定。

4　清洁生产标准指标的确定

4.1　标准适用范围

宾馆行业清洁生产标准适用于宾馆饭店业（星级饭店以及其硬件设施、服务标准等相当于星级标准的宾馆、度假村、招待所、培训中心等单位）。适用于宾馆饭店业的清洁生产审核、清洁生产潜力与机会的判断，以及清洁生产绩效评定和清洁生产绩效公告制度，也适用于环境影响评价、排污许可证管理等环境管理制度。

4.2　标准指标分类

根据清洁生产战略，清洁生产标准应体现污染预防思想。本标准结合宾馆行业实际特点，重点考察装备选择的先进性、资源能源利用的可持续性、污染物产生的最小化和环境管理的有效性。具体分为以下 4 类：a. 装备要求（定性指标)；b. 资源能源利用指标（定量指标)；c. 污染物产生指标（末端处理前)（定量指标)；d. 环境管理要求（定性指标)。

4.3　装备要求的确定

本标准从空气调节与采暖系统、供配电系统、照明系统、给排水系统、消防系统、用电设备和干洗设备等方面较为系统地提出了宾馆重点设备的节能环保要求。

4.3.1　空气调节与采暖系统

目前，现行标准对空气调节与采暖系统的节能水平已经进行了较为详细的规定。因此本标准提出：空调采暖系统的冷热源机组能效比符合 GB 50189 第 5.4.5，5.4.8 及 5.4.9 条规定，锅炉热效率符合第 5.4.3 条规定。如 GB 50189 第 5.4.5 主要对活塞式/涡旋式、螺杆式、离心式冷水机组额定制冷量（kW）和性能系数（W/W）进行了较为详细的规定。

此外，从履行国际公约、保护环境角度，本标准规定：更新空调时必须采用清洁制冷剂，禁止使用 CFC-11，12，113 等国家规定的受控消耗臭氧层物质。

4.3.2 供配电系统

本标准规定：变压器应选用高效低耗型。低损耗变压器主要是由于降低了铁损，铜损值一般减少不多。另外，为了满足电网和用电户的需要，还有带负载调压的变压器，它的铁损耗值比相同规格的略高，以 10kV/1250kV·A 变压器为例，空载损耗 S7 为 2.2kW，S9 为 1.88 kW，减少 0.32 kW，降低 15.4%；负载损耗 S7 为 13.8 kW，S9 为 13.5 kW，减少 0.3 kW，降低 2.1 个百分点。

本标准还规定：合理装置无功率补偿设备，功率因数控制在 0.95 以上。目前，提高功率因数最常用和最简单的方法就是加装无功补偿装置——电力电容器。可以把它置于电动机旁进行随机补偿，使无功功率就地平衡。因随机补偿容量小，资金投入少，运行维护简单。

4.3.3 照明系统

本标准重点强调推广节能灯，淘汰白炽灯。从实际应用而言，节能灯的应用对宾馆饭店业节能效果比较明显，如表 3 所列。

表 3 宾馆客房节能灯实例

序号	选用光源	选用镇流器	选用灯具	LPD/(W/m²)
1	4 只 8W 灯泡型自镇流荧光灯(低色温) 2 只 15W 灯泡型自镇流荧光灯(低色温) 1 只 36WT8 三基色直管型荧光灯(中间色温)	电子镇流器(功耗 4W)	2 台床灯(2×8W) 1 台台灯(15W) 1 台落地灯(15W) 2 台筒灯(门灯或浴室灯)(2×8W) 1 台镜前灯(36W) 总功率为 102W	4
2	4 只 40W 白炽灯 2 只 60W 白炽灯 1 只 36W 普通 T8 荧光灯(高色温)		2 台床灯(2×8W) 1 台台灯(15W) 1 台落地灯(15W) 2 台筒灯(门灯或浴室灯)(2×8W) 1 台镜前灯(36W) 总功率 325W	12.9

虽然两方案均低于标准规定的 15W/m²，但照明用电差异很大，如以第 2 方案的 LPD 为 100%，则第 1 方案仅为第 2 方案的 31%，节电 70%。

4.3.4 给排水系统

本标准规定：节水器具符合 CJ 164，安装率达到 100%。目前节水型水龙头大多为陶瓷阀芯水龙头。这种水龙头密闭性好、启闭迅速、使用寿命长，而且在同一静水压力下，其出流量均小于普通水龙头的出流量，具有较好的节水效果，节水量约为 20%～30%。此外，现在使用的节水型淋浴器包括带恒温装置的冷热水混合栓式淋浴器，按设定好的温度开启扳手，既可迅速调节温度，又可减少调水时间。带定量停止水栓的淋浴器，能自动预先调好需要的冷热水量，如用完已设定好的水量，即可自动停止，防止浪费冷水和热水。

本标准规定：建筑面积 2 万平方米以上的宾馆、饭店建设中水设施。对于中水设施，《建设部关于发布＜城市中水设施管理暂行办法＞的通知》（1995 年 12 月 8 日建城字第 713 号文发布）已经规定：宾（旅）馆、饭店、商店、公寓、综合性服务楼及高层住宅等建筑的建筑面积在 2 万平方米以上应建设中水设施。北京、昆明、武汉、深圳等地也有明文规定。

根据宾馆行业实际特点，中水水源应根据排水的水质、水量、排水状况和中水回用的水质、水量选定。其中水水源可选择的种类和选取顺序为：a. 卫生间、公共浴室的盆浴和淋浴等的排水；b. 盥洗排水；c. 空调循环冷却系统排污水；d. 冷凝水；e. 游泳池排污水；f. 洗衣排水；g. 厨房排水；h. 冲厕排水。

4.3.5 消防系统

哈龙 1301（商用名称：1301 符号；Halon1301；化学分子式：CF_3Br）主要是通过打破燃烧过程中的一系列化学反应达到灭火目的的。

性能：灭火浓度 5%。

臭氧消耗潜能值 ODP（对臭氧层的影响性）：16。

温室效应期：2。

大气留存期：160 年。

贮存压力：25bar。

我国也已加入了蒙特利尔国际公约，并承诺在 2005 年停止生产和使用 1211 灭火剂和灭火系统；2010 年停止生产和使用 1301 灭火剂和灭火系统。

因此，本标准要求：消防器材必须使用清洁灭火剂，禁止使用哈龙-1211、哈龙-1301。

4.3.6 用电设备

高能耗的电器将带来了巨大的能源消耗，同时也加重了对环境的污染。世界各国都通过制定和实施能效标准、推广能效标识制度来提高用能产品的能源效率，促进节能技术进步，进而减少有害物的排放和保护环境。作为清洁生产企业应使用具有能效标识的节能产品。

本标准要求：

一级、二级标准：具有能效标识的设备（如冰箱等）达到等级 2。

三级标准：具有能效标识的设备（如冰箱等）达到等级 3。

4.3.7 干洗设备

干洗设备是城市 VOCs 主要污染源之一。近年来，我国部分省市加强了对干洗设备的管理。如《北京市服务干洗行业开启式干洗机更新改造补助资金管理办法》（京财经一［2009］1009 号）要求：干洗设备应符合中华人民共和国轻工行业标准《四氯乙烯干洗机》（QB/T 2326—2004）和《石油干洗机》（QB/T 2639—2004）封闭式干洗机的各项要求。《关于控制重点行业挥发性有机物排放的通告》（穗府［2009］27 号）要求：服装干洗行业使用的干洗剂应密闭储存。2007 年 7 月 1 日后新建或改建、扩建的干洗店应使用具有净化回收干洗溶剂功能的全封闭式干洗机。

本标准要求：使用具有净化回收干洗溶剂功能的全封闭式干洗机。

4.4 资源能源利用指标的确定

4.4.1 综合能耗 [kgce/(m^2·a)]

由于中国地域辽阔，拥有气候带比较多，不同气候带的温度、湿度等各有不同，宾馆行业的综合能耗与气候关联性比较大，如南方地区常年温度较高、湿度大，空调能耗较高。北方地区空调制冷能耗低，但冬季取暖能耗高［我国平均冬季供暖能耗为 20kgce/(m^2·a)］。

因此，本标准在制定综合能耗的过程中，考虑并制定了气候带修正系数。

此外，能耗受宾馆星级、建设年代的影响较大。一般情况，星级越高，服务水平越高，能耗也越大。此外，年代久远的宾馆与新建宾馆相比，设备相对落后，能耗相对高。如宾馆配有洗衣房、游泳池等设施，能耗也会偏高。部分地区宾馆能耗测试数据如表 4 所列。

表 4　部分地区宾馆能耗测试数据

序号	地区		能耗/[GJ/(m²·a)]	能耗/[kgce/(m²·a)]	备　注
1	天津		3.1	106.02	
2	广东	(1)	1.209	41.3478	四星级、1988 年
		(2)	2.017	68.9814	
		(3)	3.379	115.5618	五星级、20 世纪 60 年代
3	重庆	(1)	4.045	138.339	3.40 万平方米
		(2)	3.117	106.6014	10.50 万平方米
		(3)	3.217	110.0214	3.20 万平方米
		(4)	2.03	69.426	2.089 万平方米
		(5)	2.10	71.82	2.400 万平方米
4	北京		96～200kW·h/m²	11.8～24.58	不包括冬季供暖
5	长沙		0.45～2.76	15.39～94.392	
6	武汉		0.386～2.579	13.2012～88.2018	

本标准规定的单位建筑面积综合能耗如表 5 所列。

表 5　宾馆单位建筑面积综合能耗

级别		一级	二级	三级
单位建筑面积综合能耗/[kgce/(m²·a)]	一、二星级	≤35	≤37	≤39
	三星级	≤37	≤39	≤41
	四、五星级	≤39	≤41	≤43

4.4.2　单位床位取水量 L/[(床·d)]

目前，我国部分省市宾馆行业取水定额，由于地域和消费水平不一，取水定额差异较大，如表 6 所列。

表 6　主要省市取水定额比较　　单位：L/(床·d)

省市	五、四星	三星	一、二星	备注
辽宁	900	700	400	
北京	710	575	385	折算为每日取水量
河北	420～650	385～550	350～500	通过系数折算
新疆	400～450	350～400	150～200	
宁夏	360～480	300～400	200～300	三星级以上宾馆取水量以系数 1.2 进行调整
青海	500	300～400	100～200	
浙江	670	500	330	折算为每日取水量
江苏	1000	600	370	
江西	2000	1500	1000	
广西	1200,1500	1200	750	四星 1200,五星 1500
广东	1300,1900	1300	1000	四星 1300,五星 1900

考虑到宾馆的餐厅面向所有消费者，按餐考核用水量。如将此部分用水归入宾馆取水量，很难考核。因此，本标准取水量不包括餐饮用水量。此外，宾馆拥有绿地面积的大小决定了绿化用水量的多少。如一些度假村拥有高尔夫球场，会消耗大量的水资源。而绿化用水

量与土质关系也比较密切。如将此部分用水归入宾馆取水量，也很难考核。因此，本标准取水量不包括绿化用水量。考虑到不同级别的饭店硬件设施、服务质量的区别，将制订不同的取水定额。在充分调查全国各地宾馆行业取水定额的基础上，制定本标准取水定额。如表7所列。

表7　宾馆单位床位取水量

级　别		一级	二级	三级
单位床位取水量/[L/(床·d)]	一、二星级	≤280	≤320	≤350
	三星级	≤420	≤460	≤500
	四、五星级	≤510	≤550	≤580

4.5　污染物产生指标的确定

宾馆饭店业主要污染物为废水，废水以生活污水为主，还包括一部分的餐饮废水、洗衣废水、空调冷却水排污水等。生活污水主要为盥洗水和冲厕水等。根据调查的实际情况，废水产生量按取水量的90%计算。

污染物产生指标根据行业特点提出 COD_{Cr} 指标要求。虽然 COD_{Cr} 值小，但宾馆饭店业用水量大，大多数饭店的废水经过化粪池、隔油池后外排，对环境造成一定的影响。而宾馆饭店在环境管理中往往忽视了化粪池、厨房、隔油沉渣池的管理。在服务过程中，泔水回收不完全、洗涤剂用量过大等因素，造成 COD_{Cr} 值波动范围大。如表8所列。

表8　宾馆饭店排水污染浓度表　　单位：mg/L

类别	宾馆、饭店		
	BOD_5	COD_{Cr}	SS
冲厕	250～300	700～1000	260～340
厨房	400～550	800～1100	180～220
沐浴	40～50	100～110	30～50
盥洗	50～60	80～100	80～100
洗衣	180～220	270～330	50～60
综合	140～175	295～380	95～120
平均	157	338	107

根据废水产生量和污染物产生浓度确定污染物产生量。本标准规定的污染物产生量如表9所列。

表9　宾馆单位床位化学需氧量（COD）产生量

级　别		一级	二级	三级
单位床位COD产生量/[g/(床·d)]	一、二星级	≤75	≤90	≤95
	三星级	≤120	≤130	≤140
	四、五星级	≤145	≤160	≤165

4.6　环境管理要求的确定

除了技术和资源能源利用等定性和定量指标外，良好的环境管理操作也将促进宾馆行业节能减排工作的顺利开展。标准从环境法律法规标准、环境审核、组织结构、管理制度、宣传管理、环境管理和相关方环境管理全方位提出了节能环保要求。

在规定了宾馆行业的废水、废气（锅炉、餐饮油烟）、地下车库空气质量、房间空气质量等必须符合国家或地方要求等基本要求外，标准提出了更为严格的要求，主要表现在以下几个方面。

（1）能源管理

目前，公共建筑的能源消耗情况较复杂，以空调系统为例，其组成包括冷冻机、冷冻水泵、冷却水泵、冷却塔、空调箱、风机盘管等多个环节。目前各类公共建筑基本上都是一块总电表，不利于建筑各类系统设备的能耗分布，难以发现能耗不合理之处。本标准提出：宾馆内各耗能环节如冷热源、输配系统、照明、办公设备和热水能耗等都能实现独立分项计量，有助于分析公共建筑各项能耗水平和能耗结构是否合理，发现问题并提出改进措施，从而有效地实施建筑节能。

（2）设备管理

美国暖通空调协会1996～1998年公布的平均统计结果显示，定期对风管正确的清洗、消毒可以使每年平均运行费用（能耗）降低15%～20%。日本空调清洗协会调查也表明，风机叶片上每积0.2mm厚度的灰尘风机的风量就会下降20%。因此，本标准要求：定期清洗中央空调，定期清除制热、制冷盘管上的灰尘和污渍。

（3）原材料与消费品

由于过度装修以及劣质材料有可能造成室内污染，本标准从控制室内污染源角度出发，提出在装修阶段应选用有害物质含量达标的装饰装修材料，防止由于选材不当造成室内空气污染。

（4）废物管理

本标准提出：使用先进的油水处理技术，减少油污排放；剩余肥皂/卫生纸等，废旧床单/毛巾等物品具备有效收集和在利用措施；建立垃圾分类收集设备，在显著位置宣传垃圾分类回收；厨余垃圾、地沟油指定专人或委托具有资质的单位进行收集、运输、利用和处理处置等。

5 标准实施的污染减排潜力分析

2007年我国城镇生活污水排放量310.2亿吨，化学需氧量排放量870.7万吨。如按公共生活排水占城镇生活污水排放量的40%，宾馆行业占公共生活排水量的8%计算，宾馆行业每年废水排放量约为9.9亿吨，化学需氧量排放量27.9万吨。

如能达到本标准规定的二级标准，废水排放量约为9.3亿吨，削减6.6%；COD排放量为26.5万吨，削减5%。如能达到本标准规定的一级标准，废水排放量约为8.3亿吨，削减16.7%；COD排放量为23.5万吨，削减15.6%。

6 结论

综上所示，清洁生产标准的颁布实施对宾馆行业污染减排工作意义重大。对北京等一些国际大都市而言，产业结构已发生改变，第三产业在城市发展进程中已逐渐占据主导地位，其能源消耗和环境保护问题也越显突出。宾馆行业清洁生产标准的颁布实施将促进其他第三产业相关标准的研究制订。第三产业清洁生产标准将为城市节能减排工作提供有力的技术支撑。

参考文献

[1] 陆诤岚．绿色饭店［M］．沈阳：辽宁科学技术出版社，2001.
[2] 陈天来，陆诤岚．饭店环境管理［M］．沈阳：辽宁科学技术出版社，2000.
[3] 吴伟，孙东．中国饭店金钥匙服务［M］．广州：广东旅游出版社，1999.
[4]《中国旅游年鉴 2006》，北京：中国旅游出版社，2007.
[5] 蔡万坤．饭店客房管理［M］．广州：广东旅游出版社，1998.
[6] 沈桂林，陈淑冰．现代饭店设备管理［M］．广州：广东旅游出版社，1997.
[7] 区志钋．现代饭店洗衣部管理与洗衣技术［M］．广州：广东旅游出版社，1997.
[8] 蒋珠燕．入世焦点——新世纪的中国服务贸易［M］．广州：广东旅游出版社，1999.
[9] 国家环境保护局．企业清洁生产审计手册［M］．北京：中国环境科学出版社，1997.
[10] 国家环境保护总局科技标准司．清洁生产审计培训教材［M］．北京：中国环境科学出版社，2001.
[11] 贾天麟．现代饭店管家业务［M］．广州：广东旅游出版社，1997.
[12] 张富道．饭店管理知识大全［M］．广州：广东旅游出版社，1998.
[13] 袁国宏．现代饭店可持续发展的战略与对策［M］．广州：广东旅游出版社，2000.
[14] 杨梅，牟红．论创建绿色饭店的 5G 原则［J］．重庆工学院学报，2001，15（3）：74-76.
[15] 蔡琢，赵金辉等．城市宾馆业用水定额制定探讨［J］．水资源与水工程学报，2007，18（4）：96-98.

餐饮行业清洁生产标准的研究[1]

孙晓峰，郭逸飞，张琳
（中国轻工业清洁生产中心，北京，100012）

摘要：介绍了餐饮行业主要能源、环保问题以及国家相关政策。结合国家节能和环保政策，对餐饮行业清洁生产标准进行了研究、探讨，提出清洁生产标准框架；选择装备、资源能源利用和环境管理等指标开展标准研究；并对标准实施后的污染减排效果进行预测分析。

关键词：餐饮行业；清洁生产标准；研究

Study on Cleaner Production Standard for Catering Industry

Sun Xiaofeng，Guo Yifei，Zhang Lin
（China Cleaner Production Center of Light Industry，Beijing，100012）

Abstract：This paper introduced the major energy and environmental issues and related national policies on catering industry. By combinging national energy and environmental policies to study and discuss on "Cleaner Production Standard of Catering industry", the cleaner production framework had been addressed，focused on facilities，resources & energy utilization，pollutants gerneration，and environmental management，and the pollutants reduction efforts had been estimated.

Key words：Catering；Cleaner Production Standard；Research

[1] 环境保护标准制修订项目《清洁生产标准 餐饮业》。

1 研究背景

改革开放以来，得益于市场化改革、居民收入水平的不断增长、城市化进程的稳步推进和消费观念的转变，餐饮产业作为服务业中的一个重要产业，取得了突飞猛进的发展。中国餐饮产业已由规模小、网点少、设施简陋、对国民经济贡献率低的小行业，发展成为规模不断扩大、增长势头持续强劲、对社会经济和人民生活具有较强影响力的重要行业，对经济增长、社会就业产生了积极、显著的影响，在国民经济中的地位和作用日益突出。2006 年，我国餐饮产业发展迈出新台阶，全年餐饮产业零售额突破一万亿元大关，达到 10345.5 亿元，而到 2009 年，全社会餐饮业零售额已经达到 17998 亿元，同比增长了 16.8%。

餐饮业对国民经济发展做出积极贡献的同时，也和其他行业一样面临着消除它对资源、环境造成负面影响的压力，更面临着该行业特有的保障餐饮食品安全的压力。餐饮业在经营过程中存在的大量的能源和资源消耗，并产生餐饮油烟、餐饮废水、地沟油、噪声和大量的一次性消耗品和厨余垃圾。为加强餐饮行业环境管理，国家和一些省份先后出台了饮食业油烟排放标准；很多省市也规定了餐饮行业的取水定额；针对厨余垃圾综合利用近些年国家和地方也加大了研究力度。

从经济利益、环境保护和可持续发展的角度来看，节能降耗都是绿色餐饮创建的主流和重点。餐饮行业要进行节能降耗，管理者首先要转变观念，深刻理解绿色的含义，重新认识节能的含义，树立节能意识，并采取具体的技术和管理措施，并在运行中建立有效的约束和激励等机制，来确保能源有序、经济、健康的供应。同时针对浪费现象，引入循环经济三原则，即减量化、再利用、再循环原则和替代原则来控制能源消耗。

餐饮行业清洁生产标准制定的目的就是为了在我国餐饮行业中推行清洁生产，有效地帮助餐饮企业完善环境管理，提高餐饮企业创新能力和环保能力，利于餐饮行业参与市场竞争，并为餐饮行业开展清洁生产审核提供技术支持和导向，《标准》对餐饮行业而言是衡量其清洁生产水平的标准，同时为该行业实施清洁生产绩效公告制提供依据。

2 资源能源消耗及环境污染状况

2.1 资源能源消耗情况

总体来说，餐饮服务系统包括三个过程：原材料准备过程、食品制作过程、餐饮服务过程。原材料准备过程包括原材料采购、入库贮存、出库粗加工；食品制作过程包括食品原料加工、加热、切配、装盘、打荷、存放等环节；服务过程包括餐厅准备过程、餐中服务、餐后洗涤餐具、棉织品和场地清洗过程。

(1) 原材料准备过程中的能耗

在原料准备过程中的能耗包括原材料贮存过程的能耗和食品出库粗加工过程的能耗。原料贮存过程中要使用冷冻库、冷藏库、制冰机、保温箱等。

(2) 食品制作过程的能耗

在食品加工过程中的能耗主要是对食品加热、冷却的能耗，厨房空调、换气系统的能耗。

（3）服务过程的能耗

服务过程的能耗包括餐厅准备过程的能耗、餐中服务过程的能耗和餐后洗涤餐具、棉织品、场地清洗的能耗。餐厅准备过程的能耗主要是在餐前 1h 左右的空调和照明系统能耗。餐中服务过程的能耗主要是餐厅营业时间段空调和照明系统的能耗，餐后清洗过程的能耗实际上是在开餐 1h 左右开始，清洗炉台、烟罩、地沟和场地等是在餐厅营业结束后一直持续 4～5h。

（4）餐饮服务全过程空调系统、照明系统能耗

主要包括食品制作过程时间段厨房空调、换气系统和照明系统能耗；服务过程时间段餐厅和厨房空调、换气系统和照明系统能耗。

主要环节电耗和水耗情况如图 1 和图 2 所示。

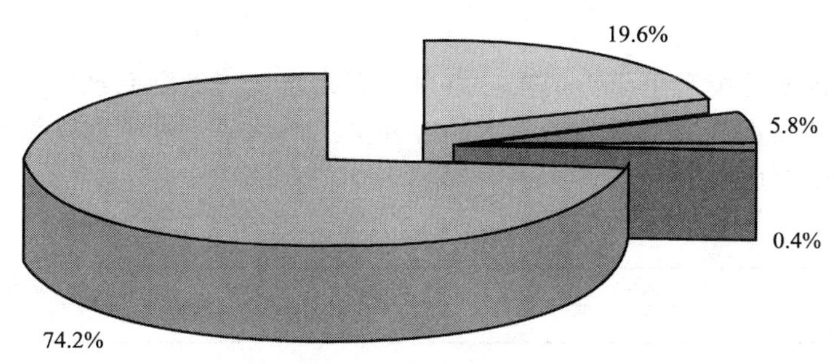

图 1　餐饮企业用电分布

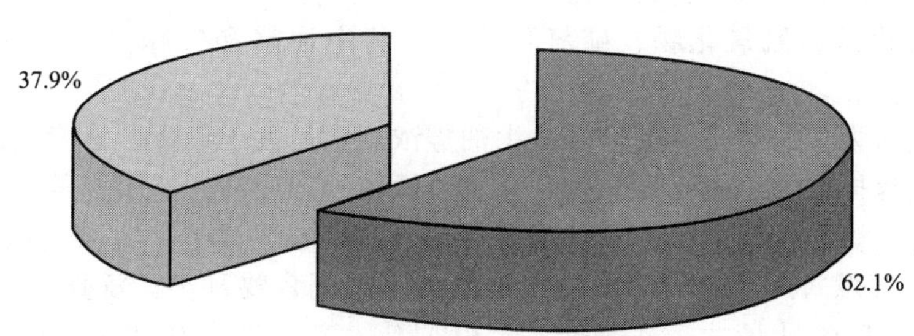

图 2　餐饮企业用水分布

2.2　主要污染源及污染物分析

2.2.1　产排污环节分析

餐饮排放的污染物中也无外乎废水、废气、固体废物及噪声。主要污染工序如图 3 和表 1 所示。

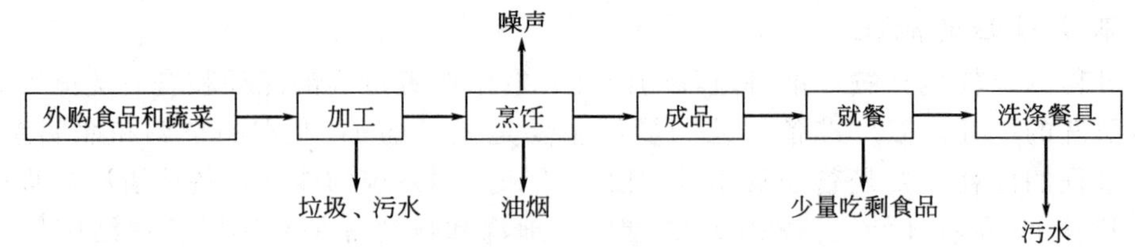

图 3　主要污染工序

表 1　餐饮行业的主要污染物

污染物	污染物产生的位置
废水	主要来源于厨房加工和洗涤污水，卫生间冲厕等用水。另外，由于各种洗涤剂和非环保产品的使用，餐馆排放污水中污染物含量超标，很多餐馆未经末端处理直接排放，对环境影响很大
固体废物	主要是厨房的残菜剩饭；餐厅产生的玻璃、金属、塑料、纸制品等
废气	主要来源于燃料的使用、CFCs 物质的使用、哈龙灭火器的使用、烃类化合物的蒸发等方面
噪声	各种设备噪声等

2.2.2　废水

餐饮企业排放的废水主要由两部分组成，即来自厨房的食品加工、制作和洗涤废水，总称为厨房制作性废水；另一部分为来自顾客和员工的洗手、冲厕和洗涤废水，总称为生活性污水。废水产生浓度如表 2 所列。

表 2　厨房制作性废水的排水水质

项目	COD_{Cr}	BOD_5	SS	LAS	油脂
原始浓度/(mg/L)	800	400	350	7	150

2.2.3　废气

目前餐饮业废气排放对城市空气污染的贡献率已升至第三位，仅次于工业废气和机动车尾气排放。

(1) 燃料的使用

烹调操作排放的烟气当中含有的污染物主要有颗粒物（PM）、挥发性有机物（VOCs）、一氧化碳、二氧化碳、氮氧化物、硫氧化物等，其中油雾和气味是油烟污染的两个主要问题。

以炒、煎或烤为主的菜系其油烟排放中油雾浓度明显大于以蒸、煮为主的菜系。烹调过程比纯油加热过程排放的总悬浮颗粒物和可吸入颗粒物浓度高。有研究等报道，在对底燃式烤肉炉、链式烤肉炉、平底煎锅、油炸锅四种烹调器具的测试中，底燃式烤肉炉排放的 PM 和 VOCs 最多。底燃式烤肉炉的污染物产生取决于烹调食物种类。汉堡包肉类（含有 25% 脂肪）产生的污染物量最大，平均 32.65gPM/kg 肉；鱼产生的污染物量最少，平均 3.3gPM/kg；鸡肉产生的污染物位于其中，平均 10.48gPM/kg。肉的种类和肉中脂肪的含量将会对污染物产生量有着直接的影响。

餐饮行业另一大气污染源为天然气燃烧产生的废气。其排放情况如表 3 所列。

表 3　燃烧天然气污染物排放情况

污染物	SO_2	NO_x	CO	烟尘
排放系数/($kg/10^3Nm^3$)	0.18	1.76	0.35	痕量

（2）CFCs 物质的使用

一般情况，大型餐饮企业都设置中央空调系统，小型餐饮企业会在各个区域和房间设置分散式小型空调机以降低室内温度。除此之外，为客人提供餐饮服务的场所，必然会使用冰箱、制冷机、冷库等制冷设备来贮存食品。目前这些具有制冷作用的设备基本都离不开氟利昂的使用。氟里昂在使用、维护等过程中会产生不同程度的泄漏。

（3）哈龙灭火器的使用

消防设备中的哈龙灭火器已被确认由于含有破坏臭氧层的物质而不能再使用。虽然产量相对较少，但它含有溴，因而可能更影响臭氧消耗的物质，而且哈龙（卤代烷）在大气中的寿命也很长。

（4）烃类化合物的蒸发

餐饮企业中汽油、柴油的使用和泄漏会造成烃类化合物的蒸发排放。而一些含氯烃类化合物如杀虫剂的使用也会造成蒸发排放。

2.2.4 固体废物

餐饮业的固体废物主要是厨余垃圾及丢弃的一次性餐具。

餐饮行业对各类食物资源的浪费惊人。据 2005 年对北京市 221 张餐桌的浪费调查显示，米饭面食等粮食浪费比例为 11.5%。若以此比例计，全国餐饮浪费的粮食大约为 240 万吨，相当于减少 517 万公顷的粮食播种面积和 18 亿立方米的农业用水。厨余垃圾富含营养，有机物含量高，很容易腐败发臭和产生恶臭气体，甚至招引蚊蝇传播疾病。

（1）食品垃圾

食品垃圾是餐饮企业在采购、储藏、加工、食用各种食品所产生的残余废物的总称。它的主要特征是生物分解速度快、腐蚀性强，并产生令人厌恶的臭气，主要来自餐饮企业的粗加工、厨房、餐厅、酒吧、夜总会等。

（2）普通垃圾

普通垃圾是客人、员工日常生活废物的总称，包括废纸、废塑料、破布及各种纺织品、废橡胶、破皮革制品、废木材及木制品、碎玻璃、碎陶瓷、罐头盒、废金属制品和尘土等。

（3）建筑垃圾

许多餐饮企业经常进行装修和改造，由此产生了大量的建筑垃圾。

（4）清扫垃圾

餐饮企业日常保洁过程产生的垃圾。

（5）危险垃圾

危险垃圾包括干电池、日光灯管等各种化学、生物的危险品，易燃易爆品等。这类垃圾一般不能混入普通垃圾中，应单独清运和处置。

2.2.5 噪声污染

餐饮业经营过程中所产生的噪声主要来源于厨房的风机、油烟机、排气扇、制冷设备、空调机、音乐、人为噪声等。这一突出矛盾已严重地影响了其周边居民的工作、学习和生活的质量，这也是近几年引发环境投诉量上升的主要因素之一。

3 国家相关节能环保政策

我国针对餐饮行业制定了《饮食业油烟排放标准》（试行）（GB 18483—2001）、《饮食业环境保护技术规范》（HJ 554—2010）等一系列标准法规，积极推动我国餐饮行业节能减排工作，部分内容如下所示。

《饮食业环境保护技术规范》（HJ 554—2010）指出：①厨房的炉灶、蒸箱、烤炉（箱）等加工设施上方应设置集气罩，油烟气与热蒸汽的排风管道宜分别设置；②饮食业单位的排水设计应符合 GB 50015 的规定，含油污水应与其他排水分流设计；③饮食业单位排放的含油污水应经隔油设施处理后排放；④饮食业单位产生的固体废物应实行分类存放，分类存放容器的容量和数量应符合 CJJ27 的要求。

河南、黑龙江、吉林、辽宁、内蒙古、宁夏、安徽等省区制订了餐饮行业取水定额，范围在 15～40 L/(人·次)。

一些发达国家和地区针对餐饮行业污染问题，也制订了较为详细的规章制度。如日本定期实施油烟去除装置性能检查，贴印认证，认证主要内容包括油烟去除装置基准、油烟去除装置的油烟去除效率要求、油烟去除装置的认证制度等。中国台湾《饮食业空气污染物管制规范及排放标准草案》则详细规定了饮食业作业场所空气污染物产生区应设置集排气系统，及其性能与要求、产生的空气污染物应设置油烟污染防治设施等。

4 清洁生产标准指标的确定

4.1 标准适用范围

小型餐饮企业由于资金少、占地小、能耗低等原因，实施清洁生产的动力和潜力小。因此，餐饮行业清洁生产标准将主要针对规模以上企业（年末从业人员 40 人及以上、年销售额 200 万元及以上中餐企业）提出节能环保要求。标准适用于餐饮行业的清洁生产审核、清洁生产潜力与机会的判断，以及清洁生产绩效评定和清洁生产绩效公告制度，也适用于环境影响评价、排污许可证管理等环境管理制度。其他类型餐饮企业，企事业单位、大专院校等非营业性食堂也可参照标准执行。

4.2 标准指标分类

餐饮油烟和餐饮废水是餐饮行业的主要污染物。对于餐饮油烟而言，各种菜肴的烹饪方式不同，单位餐次或菜肴的用油量不同、油烟产生量也不同，很难制定定量的污染物产生指标，即使制订定量指标，在标准的执行过程中也很难操作。对于餐饮行业的大气污染，一方面可以通过使用节能环保的灶具减少燃料生产的废气；另一方面，餐饮油烟是指食物烹饪和食品生产加工过程中挥发的油脂、有机质及热氧化和热裂解产生的混合物。其挥发系数为 2%～4%。考虑到油烟产生量分级困难，本标准没有规定油烟产生量指标，通过安装油烟净化器，加强管理，可以保证达标排放。因此，本标准没有制定餐饮油烟的定量指标。

对于餐饮废水而言，从统计和测试的数据来看，餐饮废水的污染物产生浓度基本在一定范围之内，通过过程控制可以达到节水的目的，但对于污染物产生浓度的影响不大。一般情况下，餐饮废水经过隔油设施进入城市二级污水处理厂，如果规范经营，对环境的影响较小。本标准主要从取水量、节水器具和环境管理等指标进行控制，降低餐饮废水对环境的影响。因此，本标准没有制定餐饮废水的定量指标。

考虑上述原因，本标准具体指标包括以下 3 类：a. 装备要求；b. 资源能源利用指标；c. 环境管理要求。

4.3 装备要求的确定

本标准从供配电系统、照明系统、灶具、油烟净化设施、节水器具、环保型设备、消防系统等方面较为系统地提出了餐饮行业重点设备的节能环保要求。

4.3.1 供配电系统

任何电气设备在轻负载下运行都是不经济的。因此，应力争减少轻负载运行。应减少和杜绝“大马拉小车”和“小马拉大车”的现象，动力容量要合理匹配。可适时适当调配变压器和各个馈线之间的负荷，通过负荷分配的调整，达到所供负荷不变而损耗减少的目的。

提高功率因数最常用和最简单的方法就是加装无功补偿装置——电力电容器。可以把它置于电动机旁进行随机补偿，使无功功率就地平衡。因随机补偿容量小，资金投入少，运行维护简单，所以是个好办法。

本标准提出：变压器负载率不小于 30%，功率因数不小于 0.9。

4.3.2 照明系统

本标准提出：非调光区节能灯使用率 100%，照明具有分区域控制系统；照明标准值和照明功率密度值应符合相关标准要求。具体指标如表 4 和表 5 所列。

表 4 中餐厅照明标准值

房间或场所	参考平面及其高度	照度标准值/lx	UGR	Ra
中餐厅	0.75m 水平面	200	22	80

表 5 中餐厅照明功率密度值

房间或场所	照明功率密度/(W/m²)		对应照度值/lx
	现行值	目标值	
中餐厅	13	11	200

4.3.3 油烟净化设施

餐饮油烟是一种气、固、液的混合物，主要含食品加工过程中挥发的油脂以及分解（裂解）的有机烃类化合物和不充分燃烧的炭黑颗粒，以及苯、苯系物、多环芳烃等有毒有害物质，如表 6 所列。

表 6 常见油烟化合物

化合物名称	分子式	化合物名称	分子式
2-甲基丁醇	$C_6H_{14}O$	苯	C_6H_6
苯甲醇	C_7H_8O	2,6-二甲基喹啉	$C_{11}H_{11}$
N-壬酸	$C_9H_{18}O$	二乙醇醚	$C_4H_{14}O$
环十四烷	$C_{14}H_{28}$	苯并噻唑	C_7H_5NS
乙氧基十二醇	$C_{14}H_{30}O_2$	甲基环喹啉	$C_{11}H_{12}$
环戊酮	C_5H_8O	甲氧基琥珀酰亚胺	$C_5H_7O_3N$
甲酚	C_7H_8O	炭黑	—

我国在2000年7月起实施《饮食业油烟排放标准（试行）》。现有的标准只涉及对挥发性油脂浓度的检测，而从食用油中经过加热分解的有毒有害气体却没有相关控制标准。清洁生产标准将在排放标准的基础上提出控制要求。

国家标准和一些地方标准规定了油烟最高允许排放浓度和油烟净化设施最低去除效率。油烟排放浓度作为排放标准的考核指标在清洁生产标准中不予考虑。在前述说明中，对于污染物产生浓度很难控制，作为餐饮企业必要的设备，本标准主要控制油烟净化设施去除效率。现有排放标准对油烟净化设施去除效率规定如表7所列。

表7 油烟净化设施去除效率 单位：%

标准名称	小型	中型	大型
饮食业油烟排放标准(GB 18483—2001)	60	75	85
饮食业油烟排放标准(DB 37/ 597—2006)	85	90	90

本标准规定一、二级标准油烟净化设施去除效率≥90%；三级标准≥85%。

餐饮企业可以采取诸如静电法控制技术、洗涤法控制技术、过滤吸附法控制技术、机械控制技术、燃烧法控制技术、催化法控制技术以及几种技术集成提高油烟净化效率。

4.4 资源能源利用指标的确定

4.4.1 单位餐次取水量

从已颁布的取水定额来看，各省市餐饮业取水定额差异较大。通过增加样本量，调查规模以上中餐企业取水情况（部分数据见表8），制订取水定额。

表8 餐饮企业取水量统计

序号	水/L	餐位	就餐人员/(人/日)	单位餐次耗水量/L
1	9666	350	450	58.85
2	9400	350	435	59.20
3	7000	360	500	38.36
4	5631	350	500	30.85
5	7203	300	500	39.47
6	6943	300	480	39.63
7	26846	1000	1500	49.03
8	9974	350	750	36.43
9	4720	200	300	43.11
10	5436	250	330	45.13

本标准要求：一级30 L/(人·餐)，二级35 L/(人·餐)，三级40L/(人·餐)。餐饮企业可通过应用节水器具，加强水资源管理等措施达到标准要求。

4.4.2 单位餐次耗电量

如上所述，餐饮企业电耗主要分布在空调系统、照明系统、原料贮存、食物制作等过程。通过增加样本量，调查规模以上中餐企业用电情况（部分数据见表9），制订单位餐次耗电量。

表9 餐饮企业耗电量统计

序号	电/(kW·h)	餐位	就餐人员/(人/日)	单位餐次耗电量/(kW·h)
1	317792	350	450	1.93
2	317524	350	435	2.00
3	300342	360	500	1.65
4	314427	350	500	1.72

续表

序号	电/(kW·h)	餐位	就餐人员/(人/日)	单位餐次耗电量/(kW·h)
5	142271	300	500	0.78
6	152092	300	480	0.87
7	857958	1000	1500	1.57
8	244953	350	750	0.89
9	138155	200	300	1.26
10	135242	250	330	1.12

本标准要求：一级 1.6kW·h/(人·餐)，二级 1.8kW·h/(人·餐)，三级 2.0kW·h/(人·餐)。餐饮企业通过供配电系统改造、中央空调节能改造、安装节能灯、使用节电环保设备等措施，可达到标准要求。

4.5　环境管理要求的确定

除了技术和资源能源利用等定性和定量指标外，良好的环境管理操作也将促进餐饮行业节能减排工作的顺利开展。标准从环境法律法规标准、环境审核、组织结构、管理制度、宣传管理、环境管理和相关方环境管理全方位提出了节能环保管理要求。

在规定了餐饮行业的废水、餐饮油烟、噪声等必须符合国家或地方要求，建立健全环境管理体系等基本要求外，标准提出了更为严格的要求，主要表现在以下几个方面。

4.5.1　能源及水资源管理

餐饮企业应积极使用清洁能源（如管道天然气、液化石油气、电力等）；并加强对冷热源、输配系统和照明等各部分能耗进行独立分项计量。大功率电机按相关规定单独安装电表。餐饮企业制定取水定额标准和责任制，水消耗大的环节安装水表。

4.5.2　原材料与消费品

早在 2001 年国家经贸委连续下发了文件，要求生产企业和餐饮企业立即停止生产使用一次性发泡塑料餐具；不使用一次性筷子、一次性毛巾、一次性桌布等。本标准提出：餐饮服务不使用一次性发泡塑料餐具、一次性木制筷子。

餐饮行业使用大量的洗涤剂。三聚磷酸钠一直作为合成洗涤剂的重要助剂被广泛应用。随着洗涤助剂的发展，在 20 世纪 80 年代出现了三聚磷酸钠的替代品。目前，对于无磷洗涤剂有两种观点：一种观点认为洗涤剂中的磷导致了水体富营养化；另一种观点认为洗涤剂中的磷占总磷排放量的一小部分，人类和动物的排泄物是河流中磷含量高的主要原因。但大家共同的观点是：磷是导致水体磷含量高的因素之一，洗涤剂中的磷是可以控制的。瑞典、芬兰、荷兰、奥地利、挪威、意大利、瑞士等很多国家已经制定了洗涤剂的限磷和禁磷规定；我国江苏、辽宁、安徽、山东、广东、昆明、杭州、厦门、深圳等省市均提出了明确的禁磷区域和时限。因此，本标准提出：使用无磷洗涤剂。

4.5.3　废物管理

（1）餐饮废水

含油污水使水体溶解氧困难，造成水质恶化，从而污染水环境，增加污水处理成本。由于含油污水在排污管道中易凝固结块，使排污管道逐渐变小，最后造成堵塞，引起外溢。直接排入下水管道的餐饮污水和食物残渣易引起害虫滋生，更为严重的是这些含油污水还可能被不法商贩收集，产生二次污染，甚至重回到餐桌。

本标准提出：污水排入环境水体的餐饮企业必须建立污水处理设施，达标后排放；污水排入城市排水管网的餐饮企业必须设置隔油和残渣过滤装置，达标后排放，不得将残渣直接排入下水道。隔油与残渣过滤装置应定期清理。

（2）餐厨垃圾

目前，我国很多城市颁布实施了餐厨垃圾处置管理办法，加强餐厨垃圾的管理。

本标准提出：餐厨垃圾产生单位应当将餐厨垃圾与非餐厨垃圾分开收集；餐厨垃圾中的厨余垃圾和废弃食用油脂应当分别单独收集。餐厨垃圾产生者应委托有资质的专业企业进行集中处理。具备相关技术、设备条件及资质的餐厨垃圾产生者，可自行处理餐厨垃圾。

废弃油脂及时收集并使用专门标有“废弃油脂专用”字样的密闭容器盛放，安排专人负责管理；按月统计废弃油脂的种类、数量和去向以及防止污染的设施、类型；除直接作为废物排放外，只能销售给有资质的废弃油脂加工单位和从事废物收购的单位。

5 标准实施的污染减排潜力分析

2007年我国城镇生活污水排放量343.3亿吨，化学需氧量排放量1108.05万吨。如按公共生活排水占城镇生活污水排放量的40%，餐饮行业占公共生活排水量的5%计算，预计餐饮行业每年废水排放量约为6.9亿吨，化学需氧量产生量55.2万吨（按COD产生浓度800mg/L计算）。

餐饮行业的污染排放能达到本标准规定的二级标准，预计可以减排10%，废水排放量约为6.2亿吨，削减0.7亿吨；化学需氧量产生量为COD排放量为49.6万吨，削减5.6万吨。

6 结论

综上所示，清洁生产标准的颁布实施可以有效地促进餐饮行业的污染减排工作。随着人民生活水平的提高，我国餐饮行业快速发展。部分一线城市的餐饮油烟已经在汽车、工业之后，成为城市第三大废气污染源。清洁生产标准有助于餐饮行业有源头和过程削减污染物的产生和排放，有利于促进餐饮行业可持续发展。

参考文献

[1] 高兴，张殿光，袁杰等．我国酒店业餐饮服务全过程能耗现状分析［J］．建筑科学，2007，23（4）：40-45.

[2] 卢莉芳．论清洁餐饮必须集清洁生产、清洁服务与清洁消费于一体［J］．北京化工大学学报（社会科学版），2008，（1）：15-20.

[3] 石姿委．构建节约型餐饮文化，推行在外就餐改革［J］．国际贸易论坛，2007，（2）：60-61.

[4]《饮食业油烟排放标准》编制课题组．《饮食业油烟排放标准》编制说明，2000.6.12.

[5] 林晔．烹饪对大气污染及其防治技术的研究，硕士论文，沈阳农业大学，1995.

[6] 张楷，马永亮，徐康富．饮食业油烟控制技术现状分析［J］．重庆环境科学，2003，25（4）：55-60.

[7] 香港环境保护署．控制食肆及饮食业油烟及煮食气味小册子［M］.2000，12.

[8] South Coast Air Quality Management District，Rule 1138. Control of Emissions from Restaurant Operations.

[9] 陈玮．发展绿色餐饮与可持续发展之路［J］．闽江学院学报，2004，（6）：39-41.

[10] 李晓英．循环经济模式发展绿色餐饮经营的探究［J］．大连大学学报，2007，28（2）：130-133.

[11] 肖敏．油烟污染和管理．华清水木环保技术，2003.

[12] 张璘．江苏城市餐饮油烟污染监管对策．环境与可持续发展，2008，（4）：32-35.

第三篇

清洁生产技术

混凝-膜分离耦合技术的研究与应用进展

刘丹[1]，张忠国[1]，赵可卉[1]，程言君[1]，李继定[2]，宋云[1]，荣立明[1]

（1. 中国轻工业清洁生产中心，北京，100012；2. 清华大学化学工程系，北京，100084）

摘要：膜分离技术被誉为“21世纪的水处理技术”，但膜污染严重影响其推广应用，而混凝能够显著缓解膜污染，因此混凝-膜分离技术的应用日益广泛。本文主要论述了混凝-膜分离技术在水及废水处理领域的应用情况，阐述了混凝控制膜污染的作用原理，并指出主要研究方向。

关键词：膜分离；混凝；水及废水处理

Review of Research and Application of Coagulation-Membrane Integrated Separation Technology

Liu Dan[1] Zhang Zhongguo[1] Zhao Kehui[1] Cheng Yanjun[1] Li Jiding[2] Song Yun[1] Rong Liming[1]

(1. China Cleaner Production Center of Light Industry, Beijing, 100012;
2. Department of Chemical Engineering, Tsinghua University, Beijing, 100084)

Abstract: Membrane separation is called as "The 21th Century Water Treatment Technology", but membrane fouling has a very important effect on its application. Coagulation can significantly reduce membrane fouling, so coagulation-membrane technology is widely used. In this paper, the applications of coagulation-membrane technology in water and wastewater treatment are reviewed, the mechanism of membrane fouling control by coagulation is illustrated, and the main direction of studying is pointed out.

Key words: membrane separation; coagulation; water and wastewater treatment

膜分离技术具有基建费用低、运行管理简单、占地面积小、出水水质稳定、易于实现自动控制等优点。因此自19世纪30年代硝酸纤维素微滤膜商品化以来，膜分离技术在水及废水处理领域的应用十分广泛。其中，超滤或微滤能够将水体中的贾第虫、隐孢子虫等难灭活的微生物降至测定范围以下，且能够最有效地去除水体中的天然有机物（NOM）和氯消毒副产物（DBPs）的前驱物，对浊度和细菌的去除率接近100%。但另一方面，该技术也存在诸多问题，影响其推广应用，而膜污染是限制其应用的关键问题之一。

现有的膜污染的控制方法很多，可以从膜材料优选及其表面改性、膜组件的合理设计、原料液预处理、操作条件优化、膜清洗等多个方面着手。混凝是一种常用的膜污染控制技术，它通过对原料液的预处理达到控制膜污染的目的。

1 混凝对膜污染的控制作用

混凝是传统的水及废水处理技术，常与沉淀、气浮及过滤等技术组合应用。近些年来，混凝在基础理论、应用技术等方面获得长足的发展，微涡旋理论、非线性絮凝动力学理论的出现及其在实践中的应用、新型高效絮凝剂的研制使絮凝反应时间由原来的几十分钟降至目前的几分钟，而且絮体的沉降性能得到极大的改善。混凝能够显著降低膜污染，是缓解膜污染的一个重要手段。其作用机制主要包括以下两个方面。

（1）混凝降低导致膜污染的有机物含量

有机物是导致膜污染的重要物质，因此防止膜污染的一个重要方法是尽量降低有机物含量。混凝作为预处理是降低有机物的重要工艺措施。董秉直等发现混凝预处理防止膜污染的效果与其去除相对分子质量大于1000的UV_{254}的程度密切相关，UV_{254}去除率越高，膜污染程度越轻。

（2）混凝矾花的作用

Park等研究表明，混凝形成的矾花沉积在膜表面有助于防止膜污染。混凝防止膜污染的效果与其投加量有密切的关系。较低的混凝投加量防止膜污染的效果较差，较大的投加量防止膜污染的效果较好。过量的混凝剂会导致矾花细小以及表面带正电，从而使得膜表面形成的滤饼层密实，过滤阻力增大；而带正电荷的矾花会紧密地黏附在带负电荷的膜表面，在反冲洗时，通量恢复效果较差。适当的投加量能形成较大的矾花，使滤饼层阻力较低；过量的投加形成较小的矾花，使滤饼层阻力较大。当矾花表面的ZETA电位与膜表面的电位相同时，滤饼层阻力较低，相异时，滤饼层阻力较大。张树国认为混凝能够改变膜污染层的结构和空隙率，增大了滤饼层的孔隙度，形成较为疏松的污染层，使膜通量得以提高。也就是混凝防止膜污染有可能取决于过滤过程在膜表面形成的滤饼层的性能。在过滤混凝液的情况下，混凝能在膜表面形成滤饼层，从而有效地防止膜污染，而过滤上清液的情况下，未去除的中性亲水性的有机物沉积在膜表面，造成膜污染。虽然混凝过程对小分子有机物的去除效率不高，但是膜附近的浓差极化区和膜面形成的泥饼层对小分子有机物具有截留作用。因此在混凝-膜分离系统中，混凝作为预处理，其目的主要是降低后续的膜过滤阻力和提高有机物去除效果。

2 混凝-膜分离技术在水及废水处理领域的应用

目前，混凝-膜分离耦合技术在水及废水处理领域的应用十分广泛，可以大大提高出水水质，提高病菌、天然有机物（NOM）、氟、磷等污染物的去除率，处理对象主要包括生活污水、工业废水、微污染地表水、饮用水以及垃圾渗滤液等。

2.1 混凝-膜分离技术在生活污水处理方面的应用

王秀丽等采用SAF-化学絮凝-微滤膜分离组合工艺对高浓度生活污水进行处理，采用化学絮凝和微滤分离膜组合工艺作为深度处理工艺对SAF处理系统的出水进行深度处理，处理后的出水能够满足市政杂用和生活杂用的要求。孙德栋等采用混凝、超滤联用处理工艺对普通生活污水站的出水进行试验，该工艺得到了很好的处理效果，能够有效去除浊度、COD_{Cr}及UV_{254}。

2.2 混凝-膜分离技术在工业废水处理方面的应用

对于工业废水，混凝-膜分离工艺也得到较为广泛的应用。李爱阳等采用絮凝-膜分离法联合处理炼油厂含油废水及含油食品废水，能够使出水水质达到《污水综合排放标准》(GB 8978—1996) 中的一级排放标准。毛艳梅等用混凝-动态膜工艺对印染废水的二级出水进行深度处理，能够达到良好的处理效果，能够保证印染废水的达标回用。张进等采用直接微滤和混凝-微滤 2 种工艺对高浓度含磷废水进行了处理，发现与原水直接微滤相比，混凝-微滤组合工艺改进了出水水质，磷酸盐的去除率提高了 80%，出水满足国家一级排放标准；经过相同方法清洗后，混凝-微滤工艺的膜通量能恢复到初始通量的 90%以上，而直接微滤工艺的膜通量只能恢复到初始通量的 72%。在处理制药废水方面，刘峰等对东北制药总厂废水处理厂的二级出水采用混凝-超滤-反渗透膜工艺进行中试研究。混凝工艺对浊度和 COD 的去除率分别在 62.0%和 2.3%以上；超滤工艺对浊度和 COD 的去除率分别在 87.4%和 54.5%以上，工艺出水满足循环用水水质指标，工艺运行稳定。在处理增白剂高浓度有机废水领域，肖晶等运用混凝-膜分离-生化（A/O）工艺成功地处理了增白剂厂排出的高浓度有机废水，经膜分理处理后的有机废水能够达到《综合污水排放标准》(GB 8978—1996) 一级标准。武强等采用混凝-微滤膜分离组合工艺对含悬浮物矿井水进行处理，该工艺对含悬浮物矿井水处理，系统出水水质稳定，所测项目（色度，pH 值，浊度，细菌总数，总大肠菌群，含盐量）达到国家生活饮用水水质标准（GB 5749—85）。董亚玲等用混凝-微滤膜工艺处理含铬废水，流程简单、工作压力低、停留时间短、处理效果好，工艺具有良好的抗冲击负荷能力。吴飞等采用混凝-活性炭-膜工艺对黄磷化工渗滤液进行处理，膜处理提高了有机物和其他污染物，如磷，氰化物、氟等的去除率。王松等采用混凝/过滤/膜系统（UF+RO）处理钢铁厂废水，实际运行结果表明，该工艺运行稳定，处理效果好，出水水质达到了回用水标准，实现了废水零排放。徐寅初等用絮凝-膜法处理（COD_{Cr}）为 8500mg/L 左右的高含盐量高浓度有机废水——甲壳素生产废水。其生产废水含大量蛋白质、虾红素、脂类、$CaCl_2$ 和 NaCl。经絮凝处理后的废水上清液再经截留相对分子质量为 6000～10000 的中空聚砜膜超滤和聚酰胺复合纳滤膜处理，废水的 COD_{Cr}分别降至 3910mg/L 和 170mg/L 左右，可用回用水循环使用。沈金玉等采用絮凝与超滤膜相耦合的方法对谷氨酰胺发酵液进行预处理，认为超滤絮凝后的谷氨酰胺发酵液，菌体几乎被除尽，并且蛋白的去除率也达到 60%～70%，总有机碳含量降低 50%以上。此外，杨东等采用混凝-粉末活性炭-微滤系统处理膜反冲洗水，能有效地去除反洗水中的浊度、有机物和微生物等。

2.3 混凝-膜分离技术在微污染地表水处理方面的应用

在应用于微污染水方面，曹秉直等采用混凝-UF 膜处理工艺对微污染黄浦江原水和淮河水进行试验，处理结果均低于同期常规处理技术的出水指标。其他一些研究者也曾利用膜-混凝工艺处理微污染原水，均获得良好的处理效果。

2.4 混凝-膜分离技术在饮用水净化方面的应用

在给水领域，膜分离技术近些年来也逐渐成为研究与应用的热点问题。超滤或微滤能够将水体中的贾第虫、隐孢子虫等难灭活的微生物降至测定范围以下，且能够最有效地去除水体中的天然有机物（NOM）和氯消毒副产物（DBPs）的前驱物，对浊度和细菌的去除率接近 100%。陈艳等就混凝和超滤膜分离联用技术生产优质饮用水进行试验，针对传统的处理工艺无法适应小水量规模、农村和小城镇水厂的自来水水质差等普遍存在的问题，以长江原水（镇江段）作为试验用水，采用超滤膜-混凝生产工艺进行试验研究，开发用于小城镇给水处理的膜工艺技术。

2.5　混凝-膜分离技术在垃圾渗滤液处理方面的应用

在处理垃圾渗滤液方面，闫铨钊等以北京市北神树垃圾填埋场渗滤液为研究对象，采用新型的混凝-膜处理工艺使该工艺处理后的垃圾渗滤液由浑浊的褐黄色变为清澈透明，由腐臭味变为无异味，COD和浊度分别由2074mg/L和130 NTU下降为116mg/L和0，去除率分别达到94.4%和100%，色度由1024倍变为无色，达到了《生活垃圾卫生填埋场污染控制标准》（GB 16889—1997）的二级排放标准。丛利泽等应用微电解-混凝-厌氧膜生物反应器工艺，通过改善垃圾渗滤液的可生化性，实现生化反应与膜截留作用，提高了处理效率，提高了系统运行的稳定性。

3　结语

混凝是一种非常重要的常用的膜污染控制技术，混凝-膜分离技术已广泛应用于生活污水、工业废水、微污染地表水、饮用水、垃圾渗滤液等的处理。不过，混凝对膜污染的控制机制目前尚缺乏系统的理论体系，在应用过程中仍存在诸多问题亟待解决，如絮体在膜分离过程中的行为、絮体形态对膜分离过程的影响以及混凝操作的优化标准等。这些问题的解决，能够进一步提高出水水质、减少膜清洗次数、延长膜寿命、降低操作成本，具有十分重要的作用。

参考文献

[1] 陈艳，董秉直，赵冀平．超滤膜-混凝用于小城镇给水生产工艺试验研究．中州大学学报，2004，21（4）：119-120.

[2] 董秉直，曹达文，陈艳．饮用水膜深度处理技术．北京：化学工业出版社，2006：3-4.

[3] 武强，王志强，叶思源等．混凝-微滤膜分离技术在矿井水处理与回用中的试验研究煤炭学报，2004，29（5）：581-584.

[4] 莫罹，黄霞，吴金玲．混凝-微滤膜组合净水工艺中膜过滤特性及其影响因素．环境科学，2002，23（2）：45-49.

[5] Anne M J，Mark M c. using PAC-UF to treat a low-quality surface water [J]. Jour AWWA，1998，90（11）：83-95.

[6] Maartens A，Swart P，Jacobs E P. Feed-water pretreatment：methods to reduce menbrane fouling by natural organic matter [J]. Jour Membrane Science，1999，163：51-62.

[7] 董秉直，夏丽华，陈艳等．混凝处理防止膜污染的作用与机理．环境科学学报，2005，25（4）：530-534.

[8] 董秉直，曹达文，龚海宁，范瑾初. 混凝和超滤膜联用处理淮河水的中试试验. 水处理技术，2004，30（6）：356-358.

[9] Park P K，Lee C H，Choi S J，et al. Effect of the removal of DOMs on the performance of a coagulation. UF membrane system for drinking water production [J]. Desalination，2002，145：237-245.

[10] 董秉直，夏丽华，陈艳等．混凝处理防止膜污染的作用与机理．环境科学学报，2005，25（4）：530-534.

[11] Pikkarainer A T，Judd S J，et al. Per-coagulation for microfiltration of an upland surface water [J]. Wat Res，2004，38（1）.

[12] 董秉直，曹达文，李伟英等．硫酸铝混凝条件的变化对膜分离特性的影响．膜科学与技术，2003，23（6）：4-7.

[13] 张树国．混凝剂对膜生物反应器过滤性能的影响研究．电力科学与工程，2006（4）：32-34.

[14] 董秉直，陈艳，高乃云等．混凝对膜污染的防治作用．环境科学，2005，26（1）：90-93.

[15] 王晓东，钟梓洁，张玲玲等．混凝-微滤工艺去除膜反洗水中有机物的试验研究．中国给水排水，2008，24（15）：

104-108.

[16] Krystyna Konieczny, Dorota Sakol and Michal Bodzek. Efficiency of the hybrid coagulation-ultrafiltration water treatment process with the use of immersed hollow-fiber membranes. Desalination, 2006, 198 (1-3): 102-110.

[17] B. Zhu, D. A. Clifford, S. Chellam. Comparison of electrocoagulation and chemical coagulation pretreatment for enhanced virus removal using microfiltration membranes. Water Research, 2005, 39: 3098-3108.

[18] Liv Fiksdal, TorOve Leiknes. The effect of coagulation with MF/UF membrane filtration for the removal of virus in drinking water. Journal of Membrane Science, 2006, 279: 364-371.

[19] J. C. Vickers, M. A. Thompson, and U. G. Keikar. The use of membrane filtration in conjunction with coagulation processes for improved NOM removal. Desalination, 1995, 102: 57-61.

[20] Torove Leiknes, Hallvard Ødegaard, H åvard Myklebust. Removal of natural organic matter (NOM) in drinking water treatment by coagulation-microfiltration using metal membranes. Journal of Membrane Science, 2004, 242: 47-55.

[21] Guanghui Zhang, Yong Gao, Ying Zhang, Ping Gu. Removal of fluoride from drinking water by a membrane coagulation reactor (MCR). Desalination, 2005, 177: 143-155.

[22] 张进，孙宇新，董强等．陶瓷膜混凝反应器处理高浓度含磷废水试验．水处理技术，2005，31 (12)：55-58.

[23] 王秀丽，宋来洲，董春艳．SAF-化学絮凝-微滤膜组合工艺处理高浓度生活污水的试验研究．环境科学与管理，2006，31 (1)：108-109.

[24] 孙德栋，张启修．混凝-UF膜处理生活污水阻力特性的研究．水处理技术，2004，30 (6)：323-326.

[25] 李爱阳，蔡玲，宋楚华 PAC-PFS 絮凝一膜分离法处理含油废水．化学世界，2008 (4)：204-206.

[26] 李爱阳，蔡玲，朱志杰．PFS 絮凝-膜分离法处理含油食品废水的研究．环境工程学报，2007，1 (10)：51-55.

[27] 李爱阳，朱志杰．PAC 絮凝-膜分离法处理油田废水的研究．工业水处理，2008，28 (2)：20-22.

[28] 毛艳梅，奚旦立．混凝-动态膜深度处理印染废水．印染，2006 (8)：8-11.

[29] 张进，孙宇新，董强等．混凝对微滤膜处理含磷废水的影响．环境科学，2006，27 (6)：1098-1102.

[30] 刘峰，张兰英，刘鹏等．混凝和膜分离联用处理制药废水二级出水中试试验．吉林大学学报（地球科学版），2008，38 (3)：468-472.

[31] 肖晶，黄小平，刘慧军等．混凝-膜分离-生化（A/O）工艺处理增白剂厂生产废水．环境工程，2001，19 (4)：21-23.

[32] 武强，王志强，叶思源等．混凝-微滤膜分离技术在矿井水处理与回用中的试验研究．煤炭学报，2004，29 (5)：581-584.

[33] 董亚玲，顾平，陈卫文等．混凝-微滤膜工艺处理含铬废水．膜科学与技术，2004，24 (4)：17-20.

[34] 吴飞，冯全芬，刘芬芬等．混凝-活性炭-膜工艺处理黄磷化工渗滤液的研究．环境污染与防治，2008，30 (5)：38-42.

[35] 王松．混凝/过滤/膜系统处理钢铁厂废水并回用．中国给水排水，2007，23 (24)：75-77.

[36] 徐寅初，吴礼光，项贤富等．絮凝-膜法处理甲壳素生产废水的试验．工业用水与废水，2004，35 (5)：54-58.

[37] 沈金玉，熊训浩，刘元帅．絮凝与膜超滤耦合预处理谷氨酰胺发酵液．精细化工，2002，19 (11)：675-678.

[38] 杨东，张玲玲，钟梓洁等．混凝-微滤工艺处理膜反洗水的研究．天津工业大学学报，2008，27 (3)：77-81.

[39] 董秉直，曹达文，范瑾初等．UF 膜与混凝粉末活性炭联用处理微污染原水．环境科学，2001，22 (1)：37-40.

[40] 董秉直，曹达文，熊毅等．UF 膜与混凝联用处理淮河水的中试研究．给水排水，2003，29 (7)：32-34.

[41] 孙易兰，邓慧萍，李涵婷．混凝-PAC-超滤膜工艺处理微污染原水的试验研究．江苏环境科技，2007，20 (1)：20-22.

[42] 莫罹，黄霞，李琳．混凝-微滤膜净化微污染水源水的研究．给水排水，2001，27 (8)：12-15.

[43] 张颖，顾平，谭丁．膜混凝反应器处理轻度污染地表水．天津大学学报，2003，36 (2)：187-191.

[44] 董秉直，曹达文，陈艳．饮用水膜深度处理技术．北京：化学工业出版社，2006：3-4.

[45] 陈艳，董秉直，赵冀平等．超滤膜-混凝用于小城镇给水生产工艺试验研究．中州大学学报，2004，21 (4)：119-120.

[46] 闫铨钊，朱彦青，王明花等．北神树垃圾填埋场渗滤液混凝-膜处理工艺研究．环境科学与技术，2008，31 (4)：88-90.

[47] 丛利泽，郑天凌，谢忠．微电解/混凝/厌氧膜生物反应器组合工艺处理高浓度垃圾渗滤液．厦门大学学报（自然科学版），2006，45 (6)：824-827.

用于混凝的螺旋管式二次流混合技术研究

张忠国[1] 刘丹[1] 栾兆坤[3] 程言君[1] 赵可卉[1]，李继定[2] 宋云[1]

（1. 中国轻工业清洁生产中心，北京，100012；2. 清华大学化学工程系，北京，100084；
3. 中国科学院生态环境研究中心环境水质学国家重点实验室，北京，100085）

摘要：本文考察了用于混凝过程的螺旋管式二次流混合器的曲率、螺距和水流速度等主要因素对其水头损失、G值以及GT值的影响规律。同时，以聚合氯化铝（PACl）作为混凝剂，考察混合器的曲率、螺距、管长、水流速率以及混合过程的GT值等对螺旋管式二次流混合器混合性能的影响。研究发现，该混合器的水头损失、G值及GT值均随曲率、水流速度的增大而增大，随螺距的增加而降低；除螺距和水流速度的交互作用对GT值没有影响外，该混合器的螺距、曲率、水流速度以及这3个因素间（包括两两之间以及三者之间）的交互作用对混合器G值、GT值的影响均高度显著，3个因素影响的显著性顺序为水流速度＞曲率＞螺距。此外，混合器的管长、曲率以及水流速率对该混合器混合性能具有高度显著影响，而螺距具有显著影响，四者影响的显著性由高到低依次为管长、水流速率、曲率和螺距；实验范围内，二次流管的最佳长度为12m，且在电中和及卷扫混凝时均出现两个最佳GT值。

关键词：混凝；絮凝；混合器；二次流；螺旋管；聚合氯化铝（PACl）

Technology of a helical secondary flow mixer used in coagulation

Zhang Zhongguo[1]，Liu Dan[1]，Luan Zhaokun[3]，
Cheng Yanjun[1]，Zhao Kehui[1]，Li Jiding[2]，Song Yun[1]

（1. China Cleaner Production Center of Light Industry，Beijing，100012；
2. Department of Chemical Engineering ，Tsinghua University，Beijing，100084；
3. State Key Laboratory of Environmental Aquatic Chemistry，Research Center for Eco-Environmental Sciences，Chinese Academy of Sciences，Beijing，100085）

Abstract：In this paper，the effects of curvature，pitch and flow rate on head loss，G and GT values were investigated for a helical secondary-flow mixer used in coagulation. And the effects of curvature，pitch，tube length，flow rate and GT value on the performance of a helical secondary-flow mixer，used in coagulation with polyaluminum chloride（PACl），were investigated in the study. The helical secondary-flow mixer was prepared by twining a rubber tube round a cylinder，and kaolin suspension was used as simulated wastewater for this experiment. The experimental results show that the head loss，G and GT values of the mixer increased with increasing curvature and flow rate，but decreased with increasing pitch. At the same time，except that the interaction of pitch and flow rate did not affect the GT value，the curvature，flow rate and pitch of the mixer and the interactions between any two factors or among three factors had highly significant effects on G and GT values，and the significance of the effects was flow rate>curvature>pitch. Also it was found that tube length, curvature and flow rate of the mixer had highly significant impacts on mixing effect, similarly pitch had significant impact; and the impact order of the four factors decreased as following: tube length, flow rate, curvature and pitch. 12 m was the optimal tube length among three tube lengths of 12 m, 18 m and 24 m. As for electricity neutral coagulation, the secondary-flow mixer with a tube length of 24 m also achieved an excellent mixing effect. In addition, there existed two optimal GT values for both electricity neutral and sweep coagulation. The optimal GT values were 21000 and 35000 for the former, and 19000 and 32000 for the latter.

Key words: coagulation; flocculation; mixer; secondary flow; helical pipe polyaluminum chloride (PACl)

混合是混凝过程中必不可少的一个阶段，目前主要的混合方式包括水泵混合、隔板混合、搅拌混合、管道混合、扩散混合和射流混合等。根据不同的工艺设计的混合设备种类也多种多样，而管道混合器因具有结构简单、成本低廉、操作维护方便、能耗较低等优点，应用日益广泛。

流体在做曲线运动时，由于离心力的存在，将在与其主流流动方向垂直的截面内产生二次流（或称次流）。二次流能够增加流体的湍动程度，强化传质和传热，因此在化工领域得到广泛应用。此外，一些研究者也将二次流用于絮凝过程。

本研究以螺旋管作为流道，使水流通过时产生二次流，用于强化混凝反应的混合过程，以获得优异的混凝效果。该研究系统考查了该二次流混合器的水头损失、G值以及GT值的主要影响因素；同时为了评价其性能，采用目前应用日益广泛、具有诸多优点的聚合氯化铝(PACl)作为混凝剂，以混凝、沉淀后上清液的残余浊度作为评价指标，通过实验研究了采用二次流理论的螺旋管式混合器的混合效果，以便为该混合器的设计及优化奠定一定的基础。

1 实验部分

实验采用的二次流混合器由橡胶软管缠绕于圆柱体（如有机玻璃管等）上构成，其结构参数主要包括二次流管（橡胶软管）的长度L、内径d_i、螺距b、螺旋直径Dc以及螺旋曲率（螺旋半径$Dc/2$的倒数）等，如图1所示。

实验装置流程如图2所示。利用离心泵将原水箱内的自来水泵入混合器，记录每次实验的水温、流量V、混合器进水压力P_1以及混合器的结构参数等。

实验过程中，流经螺旋管的水流速度范围为0.96～3.6m/s，依次为0.96m/s、1.2m/s、1.5m/s、1.8m/s、2.1m/s、2.4m/s、2.7m/s、3.0m/s、3.3m/s和3.6m/s，螺旋管的曲率分别为12.1m^{-1}、14.8m^{-1}和30.4m^{-1}，螺距分别为8.0mm、16.0mm和24.0mm。

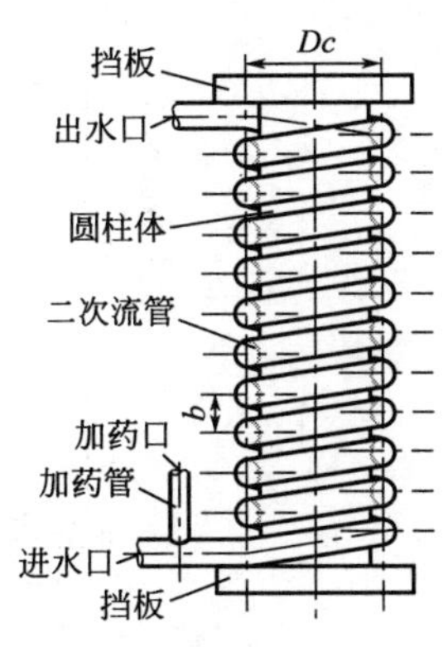

图1 螺旋管式二次流混合器的结构示意

为了评价该混合器的混合性能，采用半连续实验，橡胶软管的内径为8mm。原水箱中装有由自来水人工配制的高岭土悬浊液，浓度为100mg·L^{-1}，药剂箱内为PACl溶液，浓度为0.1mol·

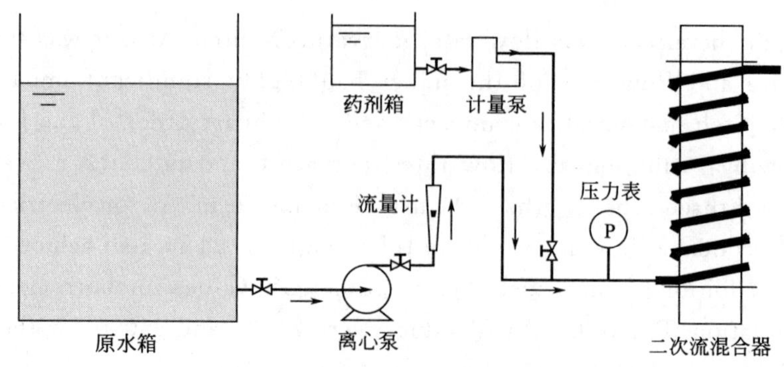

图 2　二次流混合器混合实验流程

L^{-1}。高岭土（化学纯）由北京旭东化工厂生产，粒径分布范围为 0.275～39.8μm，平均体积粒径为 10.1μm。PACl 是市售（南宁化工股份有限公司）粉末状产品，碱化度（OH/Al）及 Al_2O_3 含量分别为 1.35%和 30 %。投加 PACl 的高岭土悬浊液，经二次流混合器混合后，量取 1L，通过 JTY 型六联混凝实验搅拌器进行慢速搅拌（搅拌强度为 $G=15s^{-1}$，搅拌时间为 10min），然后静止沉降 10min，最后取上清液测残余浊度。通过残余浊度反映混合器的混合效果。每个条件下的实验均重复 1～2 次，残余浊度取均值。实验温度为 23.0℃±1.0 ℃。根据前期研究结果，对于电中和混凝，PACl 用量为 2.16mg Al・L^{-1}，终了 pH 值为 7.0；对于卷扫混凝，PACl 用量为 54.0mg Al・L^{-1}，终了 pH 值为 8.0。

2　结果与讨论

2.1　螺旋管式二次流混合器的混合特征

2.1.1　螺旋管式二次流混合器的水头损失

流体流经弯曲管道时，二次流、管壁摩擦以及流动分离均会引起水头损失，所以流体在弯曲管道中的流动阻力较直管为大。图 3 表明，在相同的条件下，水流通过单位长度螺旋管式二次流管的水头损失 ΔH_2 高于直管的水头损失 ΔH_1，且流速越大，二者间的水头损失差异越大，但前者相对后者的水头损失增长率却减小。当管内水流速度（水的流量与其流通截面积之比）高于 2.1m/s 时，二次流管相对直管的水头损失增长率变化很小。

螺旋管式二次流混合器的曲率和流速对其单位长度水头损失 ΔH 的影响如图 4 所示。二

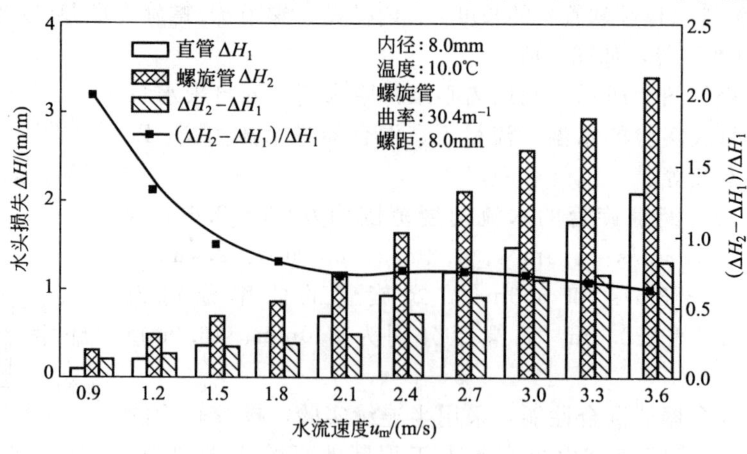

图 3　二次流管与直管水头损失的比较

次流管的曲率对其水头损失的影响非常明显。在二次流管的螺距及其他条件一定时，水流通过二次流管的水头损失随曲率的增加而增大。如在螺距为 8.0mm，水流速度为 3.6m/s 时，水流通过曲率为 $12.1m^{-1}$的二次流管的水头损失为 2.40m/m，而在曲率为 $30.4m^{-1}$的二次流管内的水头损失却高达 3.41m/m。

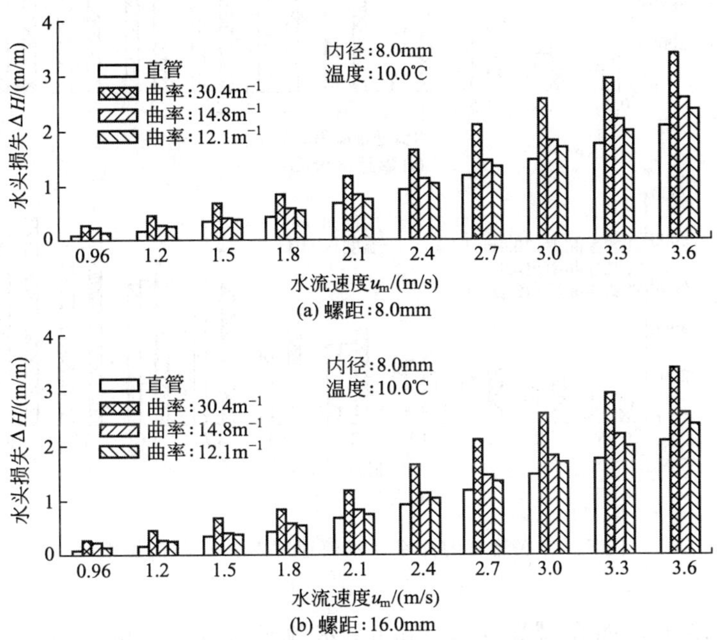

图 4　二次流管的曲率及水流速度对其水头损失的影响

二次流管的螺距和水流速度对其水头损失的影响如图 5 所示。由图 5 可见，二次流管的螺距越大，水流的水头损失越小，但变化不明显。

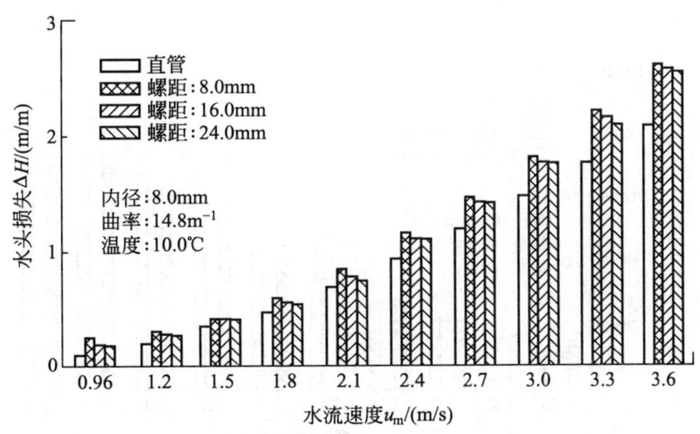

图 5　二次流管的螺距及水流速度对其水头损失的影响

2.1.2　二次流混合器的混合强度

2.1.2.1　混合器的结构参数和水力条件对 G 值的影响

螺旋管式二次流混合器的曲率和水流速度对 G 值的影响如图 6 所示。二次流管的曲率对 G 值的影响非常明显。在二次流管的螺距及其他条件一定时，水流通过二次流管的 G 值

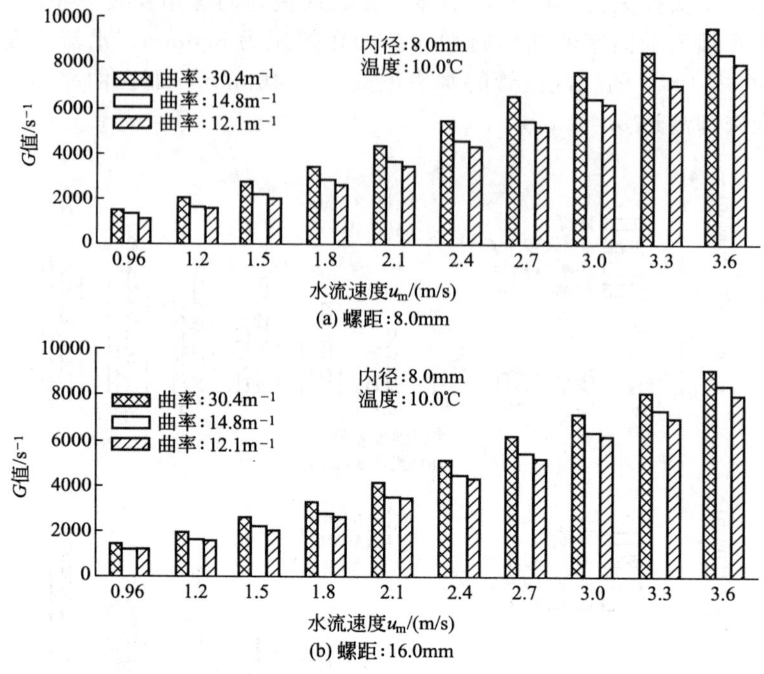

图 6 二次流管的曲率及水流速度对其 G 值的影响

随曲率的增加而增大。如在螺距为 8.0mm，水流速度为 3.6m/s 时，水流流经曲率为 12.1m^{-1}的二次流管的 G 值为 8.00×$10^3 s^{-1}$，而在曲率为 30.4m^{-1}的二次流管内的 G 值却高达 9.54×$10^3 s^{-1}$。该图同时表明，水流速度越高，G 值越大。

二次流管的螺距和水流速度对其 G 值的影响如图 7 所示。由图 7 可见，二次流管的螺距越大，G 值越小，但变化不明显。

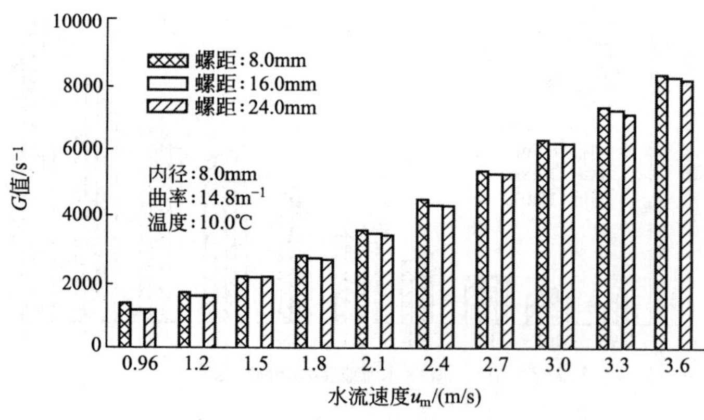

图 7 二次流管的螺距及水流速度对其 G 值的影响

为了考察各因素对二次流混合器混合强度影响的显著性差异，对实验结果进行方差分析，分析结果详见表 1。由该表可看出，二次流混合器的螺距、曲率、水流速度以及这 3 个因素间的交互作用对混合器 G 值的影响均高度显著。其中螺距、曲率、水流速度三者影响的显著性由高到低的顺序为水流速度＞曲率＞螺距。

表 1　各因素对 G 值影响的显著性

方差来源	自由度	均方差	F 值	相伴概率	显著性
螺距 b	1	5.627182E5	8.355836E2	6.41E-37	**
曲率半径 r_a	2	8.597930E6	1.276712E4	1.26E-79	**
水流速度 v	9	7.638787E7	1.134288E5	1.90E-123	**
$b \times r_a$	2	1.812274E5	2.691056E2	1.09E-30	**
$b \times v$	9	8.939655E3	1.327455E1	2.21E-11	**
$r_a \times v$	18	1.529317E5	2.270892E2	2.82E-48	**
$b \times r_a \times v$	18	8.942449E3	1.327870E1	1.03E-14	**

注："显著性"一栏中的"**"表示因素的影响高度显著。

2.1.2.2　混合器的结构参数和水力条件对 GT 值的影响

螺旋管式二次流混合器的曲率和水流速度对其 GT 值的影响如图 8 所示。二次流管的曲率对其 GT 值的影响非常显著。在二次流管的螺距及其他条件一定时，水流流经二次流管的 GT 值随曲率的增加而增大。如在管长为 6m，螺距为 8.0mm，水流速度为 3.6m/s 时，水流通过曲率为 12.1m^{-1}的二次流管的 GT 值为 1.33×10^4；而在曲率为 30.4m^{-1}的二次流管内的 GT 值为 1.58×10^4。该图同时表明，水流速度越高，GT 值越大。这说明在实验范围内，水流速度较水流的流经时间对 GT 值的影响更为显著。

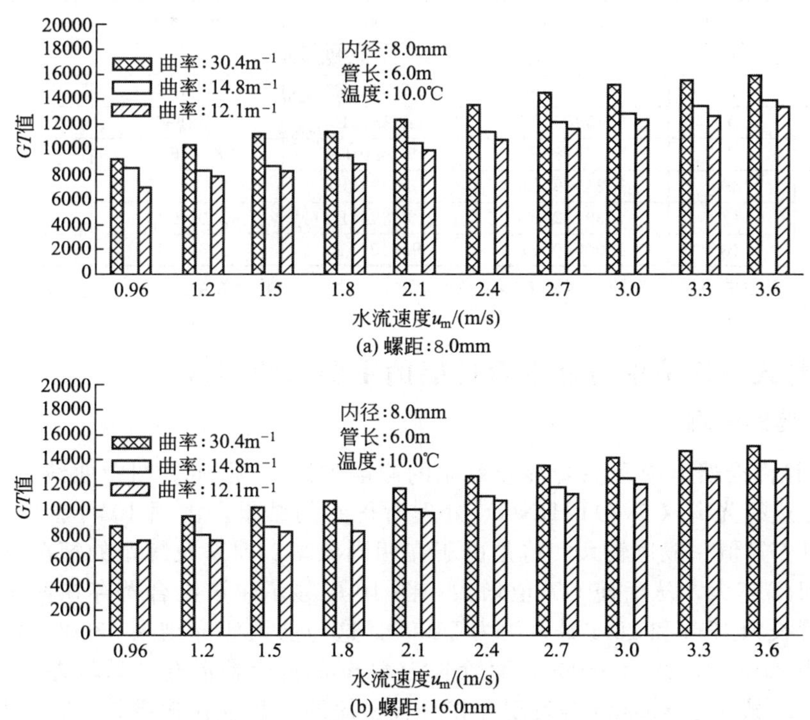

图 8　二次流管的曲率及水流速度对其 GT 值的影响

二次流管的螺距和水流速度对其 GT 值的影响如图 9 所示。由图可见，二次流管的螺距越大，GT 值越小，但变化不明显。

为了考察各因素对二次流混合器 GT 值影响的显著性差异，对管长为 6m 的二次流混合器的实验结果进行方差分析，结果详见表 2。由该表可看出，二次流混合器的螺距、水流速度、曲率以及这 3 个因素间的交互作用（除螺距与水流速度之间的交互作用）对混合器 GT

值的影响均高度显著，但螺距与水流速度之间的交互作用对混合器的 *GT* 值没有影响。螺距、水流速度、曲率三者影响的显著性由高到低的顺序为水流速度＞曲率＞螺距。

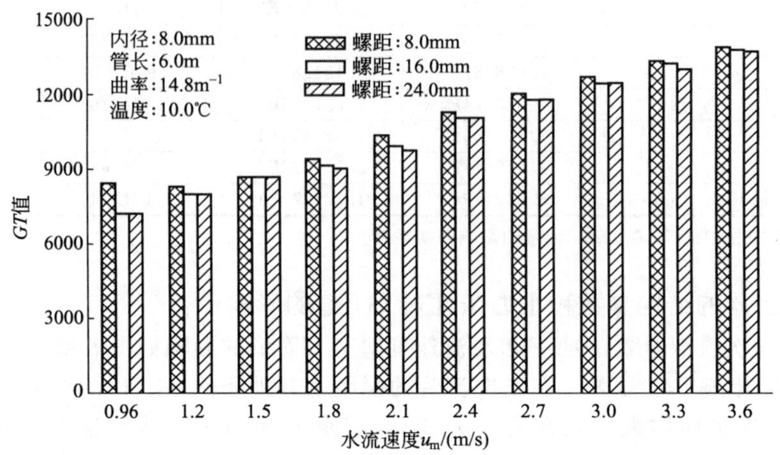

图 9　二次流管的螺距及水流速度对其 *GT* 值的影响

表 2　各因素对 *GT* 值影响的显著性

方差来源	自由度	均方差	F 值	相伴概率	显著性
螺距 b	1	4.036978E6	3.735730E2	1.88E-27	* *
水流速度 v	2	5.954769E7	5.510411E3	4.76E-84	* *
曲率半径 r_a	9	5.869899E7	5.431875E3	1.56E-68	* *
$b\times v$	2	5.378783E3	4.977410E-1	8.70E-1	——
$b\times r_a$	9	1.246894E6	1.153848E2	2.74E-21	* *
$v\times r_a$	18	1.392929E5	1.288986E1	2.01E-14	* *
$b\times v\times r_a$	18	1.006405E5	9.313051	1.97E-11	* *

注："显著性"一栏中的"* *"表示因素的影响高度显著；"——"为没有影响。

2.2　螺旋管式二次流混合器混合性能的主要影响因素

2.2.1　GT 值的影响

GT 值对该混合器电中和混凝混合效果的影响如图 10 所示。图中曲线是利用 ORIGIN 软件对数据点进行光滑（SMOTHING）处理所得到的结果。由图 10 可看出，二次流管的长度越大，其 *GT* 值一般也较大。这是由于在相同流率、曲率及螺距的情况下，管长越大，水力停留时间 T 越大，从而使 *GT* 值增大。图 10 中显示，该混合器存在两个最佳 *GT* 值：一个出现于管长为 12m 和 18m 时，约为 21000，这与前人研究结果 23000 很接近；另一个出现于管长为 24m 时，约为 35000，而管长为 18m 的混合器混合效果较差。这种出现两个最佳 *GT* 值的情况，与 Rossini 等发现存在一长一短两个最佳快速搅拌时间的情况类似。对于管长为 12m 和 24m 的混合器，其混合效果先随 *GT* 值的增加而提高（余浊降低），达到最佳效果后，则随 *GT* 值的增加而降低（余浊升高）。对于管长为 12m 的情况，混合器的混合效果先随 *GT* 值的增加而提高主要是由于随着 *GT* 值的增加，混合作用越来越充分，凝聚效果提高；但当 *GT* 值过大时，随着 *GT* 值的增加，絮体的破碎情况加剧，混合作用恶化。对于管长为 24m 的情况，则可能是业已破碎的絮体由于搅拌时间继续增加（由前所述，24m 管长的混合器 *GT* 值较大主要是由于二次流管较长，导致水力停留时间增加），相互间重新发生凝聚作用而长大；另一个原因可能是颗粒间在 12m 长的二次流管内发生的主要是第二

最低位能点的凝聚作用，而在 24m 长的二次流管内发生的主要是第一最低位能点的凝聚作用。对于管长为 18m 的混合器，其混合效果则随 GT 值的增加而降低（余浊升高），其主要原因是 GT 值过大。

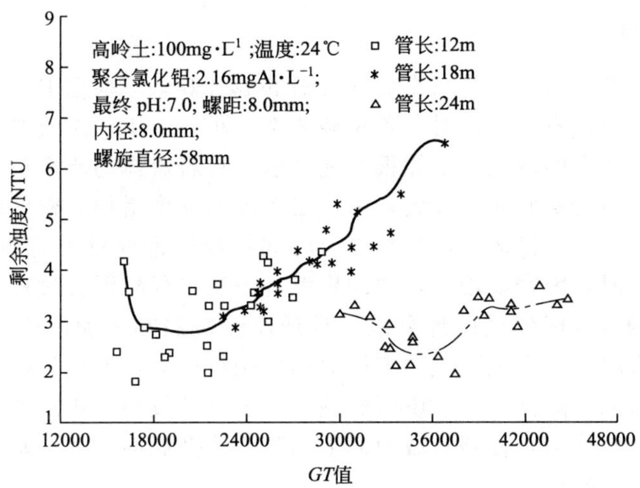

图 10　GT 值对混合器电中和混凝混合效果的影响

GT 值对该混合器卷扫混凝混合效果的影响如图 11 所示，图中曲线是利用 ORIGIN 软件对数据点进行光滑（SMOTHING）处理所得到的结果。与电中和混凝时的情况类似，存在两个最佳 GT 值。一个在管长为 12m 和 18m 时，约为 19000；另一个出现于管长为 24 m 时，约为 32000，均略低于电中和混凝时的情况。这与卷扫混凝时混凝剂用量较高具有一定的关系。与电中和混凝时的结果较为类似的是，其混合效果同样先随 GT 值的增加而提高（余浊降低），达到最佳效果后，则随 GT 值的增加而降低（余浊升高）。但与电中和混凝时不同的是，管长为 24m 的混合器在其最佳 GT 值时的混合效果明显劣于管长为 12m 和 18m 的混合器在其最佳 GT 值时的混合效果。对于管长为 18m 的混合器，其混合效果较差，且随 GT 值的增大，体系的余浊升高。其原因与电中和混凝时的情况相同。

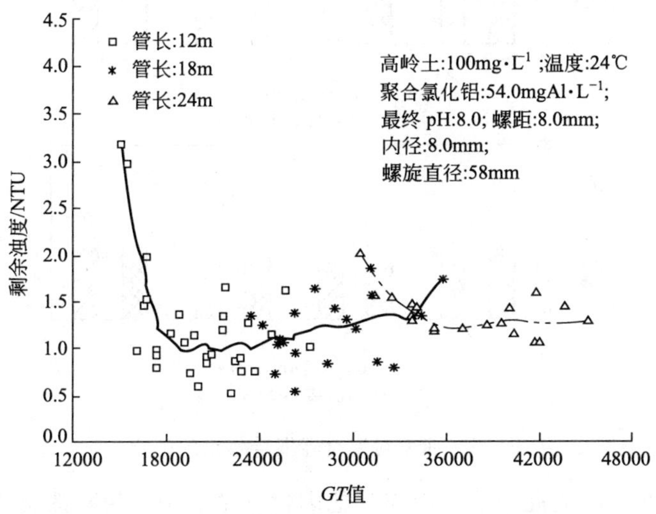

图 11　GT 值对混合器卷扫混凝混合效果的影响

应该说明的是，GT 值是混合器的结构及水力条件的综合参数，涵盖混合器的螺旋曲率、螺距、管长及水流速率等诸多因素，因此它对混合器混合性能的影响反映了各因素的综合效应。

2.2.2 曲率的影响

曲率影响混合器的二次流，所以影响混合器的混合效果。根据 Palazoglua 和 Sandeep 的研究结果，当螺旋圆管的直径一定时，若螺旋曲率较小，由于二次流的强度较小，密度较大的颗粒将聚集在圆管底部的内侧，不能很好地分散，且若流体的流率也较低，则颗粒在圆管内侧的聚集将减弱；但若螺旋曲率较大，由于二次流的强度增加，密度较大的颗粒将在圆管底部半面内随涡旋流动的流体运动，且其停留时间将接近密度较小的颗粒，混合更加均匀。由此可见，曲率较小时，因密度较大颗粒的聚集，不利于混凝混合过程的进行；但当曲率较大时，因密度较大的颗粒能够很好地分散，且随流体做涡旋运动，从而有利于提高混合效果。不过，曲率过大时，二次流引起的流体剪切作用将过大，不利于颗粒间的聚结，而且较大密度颗粒的停留时间将降低。但应说明的是，对于密度较小、接近流体密度的颗粒，其沿管轴向方向的分布比较均匀，在圆管截面的上部随流体做涡旋运动，螺旋的曲率对其停留时间及停留时间分布的影响很小。

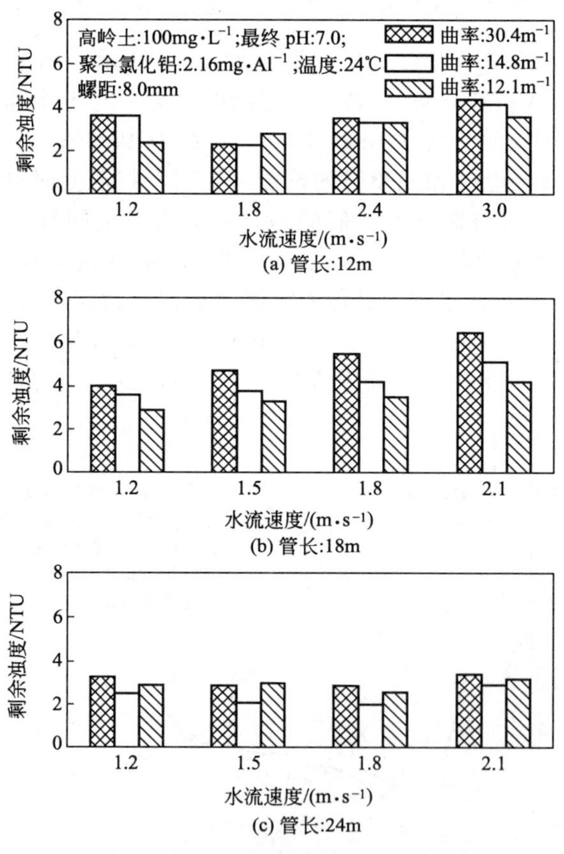

图 12 曲率对混合器混合效果的影响

对于实验采用的二次流混合器，因与其他因素（主要是管长）的交互作用，曲率对其混合效果的影响规律较为复杂。当二次流管的长度分别为 12m 和 18m 时，混合器的混合效果随曲率的减小而提高，体系的余浊相应地随曲率的减小而降低，如图 12（a）和（b）所示。

这是由于随着曲率的降低，混合器的 GT 值减小，更加适宜于混合。但当二次流管的长度为 24m 时，曲率为 14.8m^{-1} 的混合器的混合效果优于曲率为 30.4m^{-1} 和 12.1m^{-1} 的混合器的混合效果，其原因也主要在于曲率为 14.8m^{-1} 的混合器的 GT 值更适于混合过程。根据上述实验结果，曲率为 30.4m^{-1} 时的混合效果最差，其他两个曲率均可得到较好的混合效果，且二者非常接近。因此可以认为，曲率为 12.1～14.8m^{-1} 时较利于二次流混合器的混合作用。

2.2.3 螺距的影响

螺距对混合器混合效果的影响规律也比较复杂。当二次流管的曲率为 30.4m^{-1} 和 12.1m^{-1} 时，混合器的混合效果随螺距的增加而提高，如图 13（a）和（c）所示。其主要原因在于随着螺距的增加，混合器的 GT 值减小，更加适宜于混合。但当二次流管的曲率为 14.8m^{-1} 时，螺距为 8.0mm 的混合器的混合效果优于螺距为 16.0mm 的混合器的混合效果。

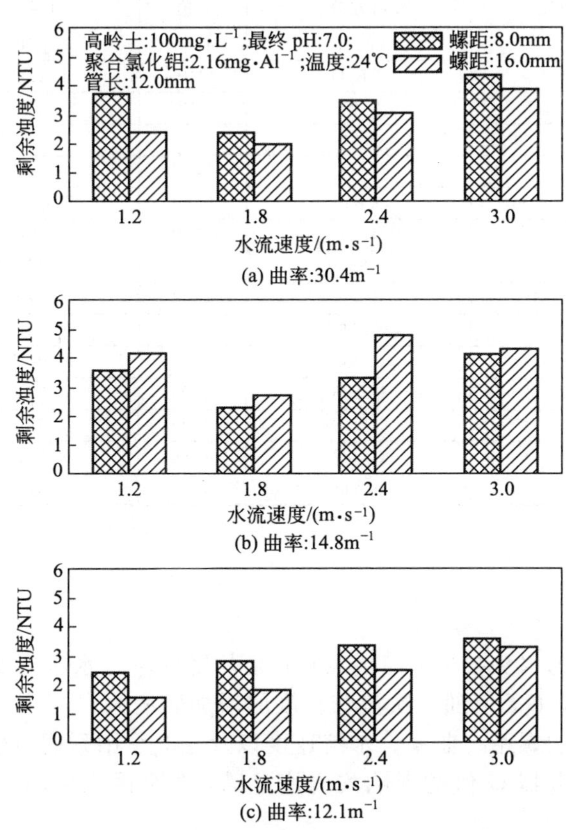

图 13　螺距对混合器混合效果的影响

2.2.4 管长的影响

管长影响混合器的混合效果主要是由于管长影响原水的水力停留时间。因为快速搅拌存在最佳的搅拌时间，过长或过短均不利于絮凝。图 10 和图 11 均表明，管长为 12m 的混合器在电中和混凝和卷扫混凝时均可得到最佳的混合效果；此外在电中和混凝时，管长为 24m 的混合器也可得到极佳的混合效果。但对于管长为 24m 的混合器，由于其长度较大，原水流经时的压降也较大。这会增加离心泵等输送设备的投资及动力消耗，使原水的处理成本提高。因此在实际水及废水处理工程中，根据实验研究结果，可采用管长为 12m 的混合器。当然，该数据是实验范围内的最佳管长，实际最佳管长尚需进一步研究。

2.3 影响混合器混合性能的各因素的显著性

为了考察各因素对二次流混合器混合性能影响的显著性，以便指导混合器的设计，优化混合器性能，对不同管长、不同螺距、不同曲率的混合器在不同水流速率下混合处理电中和混凝体系的实验结果进行了方差分析，结果详见表 3。由该表可看出，二次流混合器的管长、曲率以及水流速率对其混合性能的影响高度显著，而螺距对其混合性能具有显著影响。这 4 个因素对二次流混合器混合性能影响的显著性由高到低的顺序依次为管长、水流速率、曲率、螺距。

表 3 各因素对二次流混合器混合效果影响的显著性

方差来源	自由度	均方差	F 值	相伴概率	显著性
螺距 b	1	0.410	4.61	3.52E-02	显著
管长 L	2	21.4	240	1.42E-32	高度显著
水流速度 v	5	9.97	112	1.55E-32	高度显著
曲率半径 r_a	2	7.78	87.3	5.59E-20	高度显著
$b \times L$	2	1.32	14.8	3.97E-06	高度显著
$b \times v$	5	0.846	9.50	5.43E-07	高度显著
$L \times v$	4	1.51	17.0	7.73E-10	高度显著
$b \times L \times v$	4	0.0519	0.583	6.76E-01	无影响
$b \times r_a$	2	1.36	15.2	3.06E-06	高度显著
$L \times r_a$	4	3.53	39.7	1.58E-17	高度显著
$b \times L \times r_a$	4	0.202	2.27	7.02E-02	较显著
$v \times r_a$	10	0.266	2.99	3.28E-03	高度显著
$b \times v \times r_a$	10	0.213	2.39	1.63E-02	显著
$L \times v \times r_a$	8	0.387	4.34	2.60E-04	高度显著
$b \times L \times v \times r_a$	8	0.445	5.00	6.01E-05	高度显著

3 结论

(1) 二次流混合器的水头损失、G 值及 GT 值均随曲率、水流速度的增大而增大，随螺距的增加而降低。此外，GT 值随二次流管长度的增加而增大。

(2) 二次流混合器的螺距、曲率、水流速度以及这 3 个因素间（包括两两之间以及三者之间）的交互作用对混合器 G 值的影响均高度显著，3 个因素影响的显著性顺序为水流速度＞曲率＞螺距。

(3) 二次流混合器的螺距、曲率、水流速度以及这 3 个因素间（包括两两之间以及三者之间，但螺距和水流速度的交互作用对 GT 值没有影响）的交互作用对混合器 GT 值的影响均高度显著，3 个因素影响的显著性顺序为水流速度＞曲率＞螺距。

(4) 实验范围内（管长分别为 12m、18m 和 24m），二次流管的最佳长度为 12m，且 24m 长的二次流管在电中和混凝时也可得到极佳的混合效果。

(5) 二次流混合器在电中和混凝时的最佳 GT 值略高于卷扫混凝，且在电中和混凝时，存在一大一小两个最佳 GT 值，分别为 21000 和 35000；在卷扫混凝时，最佳 GT 值分别为 19000 和 32000。

(6) 二次流混合器的管长、曲率以及水流速率对其混合性能的影响高度显著，而螺距对其混合性能具有显著影响，四者影响的显著性由高到低的顺序为管长、水流速率、曲率、螺距。

参考文献

[1] Colorado-Garrido D, Santoyo-Castelazo E, Hernández J A, García-Valladares O, Juarez-Romero D. Heat transfer of a helical double-pipe vertical evaporator: Theoretical analysis and experimental validation. Applied Energy, 2009, 86 (7-8): 1144-1153.

[2] Kuakuvi D N, Moulin P, Charbit F. Dean vortices: a comparison of woven versus helical and straight hollow fiber membrane modules. Journal of Membrane Science, 2000, 171: 59-65.

[3] Ahlbom Boye, Groves Stuart. Secondary flow in a vortex tube. Fluid Dynamics Research, 1997, 21: 73-86.

[4] 湛含辉，张晓琪，戴财胜等．水介旋流器中二次流对分选原理的影响试验研究．矿冶工程，2002，22（2）：57-59.

[5] Naphon Paisarn. Thermal performance and pressure drop of the helical-coil heat exchangers with and without helically crimped fins. International Communications in Heat and Mass Transfer, 2007, 34 (3): 321-330.

[6] Vigneswaran S, Setiadi T. Flocculation study on spiral flocculator. Water, Air, & Soil Pollution, 1986, 29 (2): 165-188.

[7] Casey Jones S, Sotiropoulos Fotis, Amirtharajah Appiah. Numerical Modeling of Helical Static Mixers for Water Treatment. Journal of Environmental Engineering, 2002, 128 (5): 431-440.

[8] 张忠国，栾兆坤，赵颖等．聚合氯化铝（PACl）混凝絮体的破碎与恢复．环境科学，2007，28（2）：346-351.

[9] 崔俊华，李福勤，华玉芝．常规矿井水混凝最优 GT 值研究．煤矿环境保护，2000，3.

[10] Rossini M, Garrido J G, Galluzzo M. Optimization of the coagulation-flocculation treatment: influence of rapid mix parameters. Water Research, 1999, 33 (10): 1817-1826.

[11] Andreu-Villegas Rafael, Letterman Raymond D. Optimizing Flocculator Power Input. Journal of the Environmental Engineering Division, 1976, 102 (2): 251-263.

[12] Salengke S, Sastry S K. Residence time distribution of cylindrical particles in a curved section of a holding tube: The effect of particle concentration and bend radius of curvature. Journal of Food Engineering, 1996, 27: 159-176.

[13] Andreu-Villegas Rafael, Letterman Raymond D. Optimizing Flocculator Power Input. Journal of the Environmental Engineering Division, 1976, 102 (2): 251-263.

[14] Palazoglu T K , Sandeep K P. Effect of tube curvature ratio on the residence time distribution of multiple particles in helical tubes, Lebensm. -Wiss. u. -Technol, 2004 (37): 387-393.

[15] Rossini M, Garrido J G, Galluzzo M. Optimization of the coagulation-flocculation treatment: influence of rapid mix parameters. Water Research, 1999, 33 (10): 1817-1826.

Fenton 氧化对制浆废水中难降解有机污染物的去除效果研究

李培中，宋云，程言君，王海见

（中国轻工业清洁生产中心，北京，100012）

摘要： 针对新的制浆造纸工业废水排放的严峻形势，选用传统 Fenton 氧化法和流化床 Fenton 氧化法分别对实际制浆厂废水进行处理研究。与传统 Fenton 氧化法相比流化床 Fenton 氧化法可以有效降低氧化剂的耗用量，同时可以使 COD_{Cr} 的去除效率有所提高。由于制浆废水中的复杂特性，Fenton 氧化反应存在一定的矿化能力极限，处理后废水很难稳定达标。进一步研究确定了最佳反应条件为：H_2O_2 投加量为 1/2Qth、Fe^{2+}/H_2O_2 摩尔比为 1∶5 时，一沉池出水进行氧化处理后 COD_{Cr} 由 1004.50mg/L 降至 235mg/L，BOD_5/COD_{Cr} 提高到 0.59，并通过 AOX 值和二氯甲烷萃取物 GC-MS 分析对比，判断废水可生化性显著提高。在此基础上提出流化床 Fenton 氧化与废水生物处理工艺组合，可以满足达标排放要求。

关键词：制浆造纸；Fenton 氧化；流化床 Fenton 反应；可生化性

Study on removal efforts of refractory organic pollutants from pulping wastewater by Fenton oxidation

Li Peizhong，Song Yun，Cheng Yanjun，Wang Haijian

(China Cleaner Production Center of Light Industry，Beijing，100012)

Abstract：As the serious condition of paper & pulp wastewater treatment and dischargement，the traditional Fenton oxidation and Fluidized-Bed Reactor (FBR) Fenton oxidation were introduced to treat the real pulp wastewater. The FBR Fenton significantly reduced the quantity of reactor regent and by-product，and increased the COD_{Cr} removal efficiency. As the complex property of the pulp waster，Fenton reaction would have removal limit and couldn't reach the effluent standard stably. In the optimum reaction conditions ：1/2Qth H_2O_2，Fe^{2+}/H_2O_2 1：5，the treated water COD_{Cr} declined from 1004. 5mg/L to 235mg/L，and the BOD_5/COD_{Cr} increased to 0. 59. The AOX and GC-MS test results also demonstrated the increasing of biotreatability additionally. FBR Fenton-Biotreatment integrated process was proposed to treat the pulp wastewater to reach the effluent standard stably.

Key words：Paper&Pulp；Fenton oxidation；Fluidized-Bed Reactor Fenton；Biotreatbility

制浆造纸工业系属投资大、能耗高、对环境污染严重的行业之一。随着对纸制品需求的日益剧增，在促进制浆造纸工业发展的同时，随之产生的水环境问题也越来越严峻。据环境保护部统计，2008 年全国地表水总体水质属中度污染，其中工业废水排放比例最大，为 42.3%。而制浆造纸工业又是工业废水排放量最大的行业，其中 COD_{Cr} 排放量约占全国工业废水排放量的 1/3。·

制浆过程中产生的水污染物无论在数量上，还是在难处理程度上都要远大于造纸过程。因此，通常对制浆造纸废水处理的研究多集中在制浆废水部分。制浆废水通常包括漂白废水、蒸煮污冷凝水和抄浆废水，其中漂白废水所占比例最大，约占总量的 80%。漂白废水中主要含有溶解性的木质素、细小纤维素，以及氯化漂白过程中产生的氯代有机物（AOX）等污染物。这些物质通常具有致毒性，很难被微生物降解、吸收。因此 COD_{Cr} 相对于 BOD_5 较高，BOD_5/COD_{Cr} 通常在 0.20 左右，可生化处理性能较差。因此，日本将造纸工业废水列为五大公害之一，美国列为六大公害之一。

针对我国不断恶化的水质环境，环境管理部门不断制定或修改更加严格的制浆造纸废水排放标准，同时各地方政府也不断颁布实施严于国家的地方标准。目前，我国最新修订的《制浆造纸工业水污染物排放标准》中，对新建制浆企业的排放要求十分严格，COD_{Cr} 的排放标准为 100mg/L。根据调查，现有的制浆企业广泛采用的二级生化处理技术将制浆废水的 COD_{Cr} 处理到 200mg/L 以下是极为困难的，因此必须采取进一步的深度处理措施。目前研究较多的混凝沉淀、臭氧氧化、超临界氧化、光催化氧化、膜分离、Fenton 氧化法等深度处理方法。对比分析发现臭氧氧化、超临界氧化、膜分离等技术还出于实验室研究阶段，离工业化实际应用还有很大的距离；而混凝沉淀、光催化氧化、Fenton 氧化法已经具有实际应用的能力，其中 Fenton 氧化法具有效率高、能耗低、负影响小、应用性好等优点，具有广阔的发展前景。本文选用传统的 Fenton 氧化法和流化床 Fenton 氧化法分别对实际制浆厂废水进行处理研究，探寻适宜的处理工艺参数。

1　研究对象

本次研究选取我国南方某大型漂白硫酸盐桉木浆厂的实际废水作为处理对象。该厂主要以桉木和掺混少量的相思木作为主要制浆原料。全厂主要的废水排放源主要是：备料车间、制浆车间、抄浆车间、碱回收、化学品制备、循环冷却水系统等以及厂区内的生活污水。所有废水均进废水污水处理厂处理，处理达标后进行深海排放。其污水处理工艺流程见图 1。

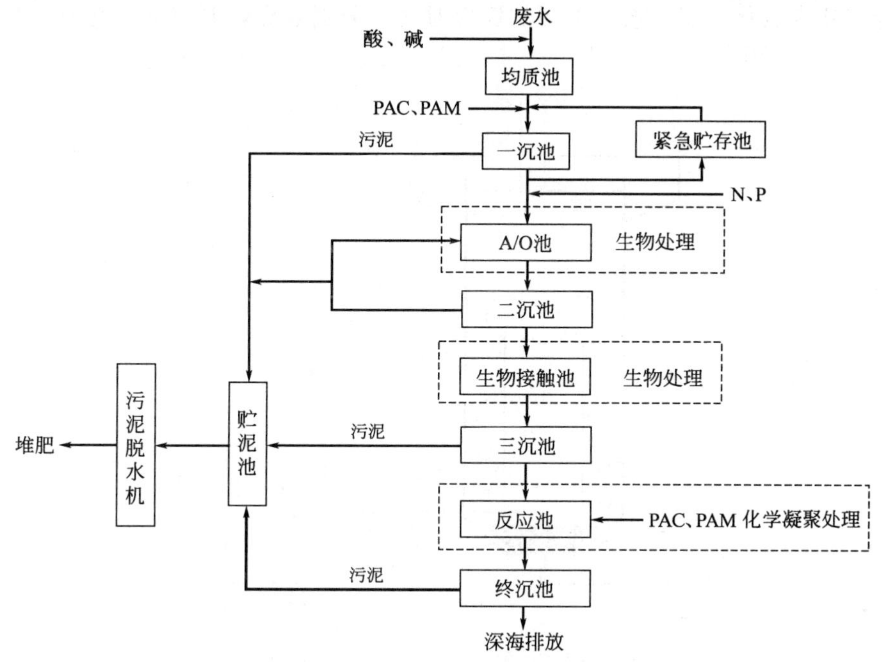

图 1　污水处理厂主要工艺流程

该污水处理厂主要处理工段的出水水质特征如表 1 所列。

表 1　污水处理各工段出水水质特征

水样类型	pH 值	COD_{Cr} /(mg/L)	BOD_5 /(mg/L)	TOC /(mg/L)	色度 /C. U	AOX /(mg/L)
一沉池出水	7.58	1004.50	246.3	287.31	3620.69	9.64
二沉池出水	7.86	560.35	45.3	173.86	1198.50	6.57

2　试验方案

2.1　传统 Fenton 氧化实验

传统 Fenton 试剂为 Fe^{2+} 与 H_2O_2，本次实验中采用 1.5L 烧杯作为反应容器。在烧杯中装 1L 水样，放置于 WCJ-802 型控温式磁力搅拌器上，添加适量的 30% 的 H_2O_2（分析纯）为氧化剂，$FeSO_4 \cdot 7H_2O$ 为催化剂，并用 1mol/L 的 H_2SO_4 和 NaOH 调节溶液的 pH 值。按不同的反应时间，分别取出一定量的水样，调节 pH 值为 9 左右（去除溶解性铁），用定性滤纸过滤后，进行分析。

2.2 内循环流化床 Fenton 氧化实验

通常传统 Fenton 是同相催化反应，铁盐完全溶解，在反应后 pH 调回至碱性或中性时，会产生大量的铁泥，如 $Fe(OH)_3$ 等。因此本次为了降低铁泥的产生量并改进催化效果，本次实验选择目前研究比较热的固相铁盐催化剂 γ-FeOOH，并且通过结晶的方式负载到 40～60 目的细小黏土砖粒上，形成固液非均相催化反应。

流化 Fenton 反应器结构示意图如图 2 所示。在流化 Fenton 反应器内，将固相催化剂放置在底层玻璃珠上部，将水样引入反应器中，调节 pH 值。在反应器底部通过外置气泵持续鼓气，进行流化床氧化反应。按照不同的反应时间，分别取样，调节 pH 值到 9 左右，用定性滤纸过滤后，进行测试。

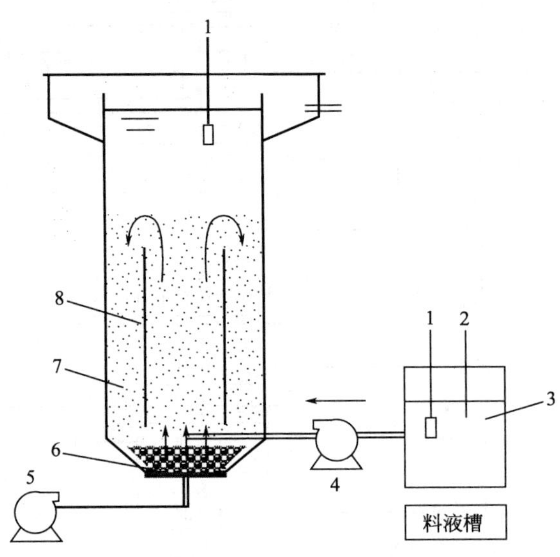

图 2 内循环流化 Fenton 反应装置示意

1—pH 计；2—酸碱调解液；3—料液贮槽；4—进样泵；5—气泵；6—玻璃珠；7—硫化态固相催化剂；8—内循环导流筒

2.3 水样测试方法

采用 Thermo Orion 3 star pH 值快速测试仪进行 pH 值测定；采用 GB 7488—87 的稀释接种法进行水样的五日生化需氧量（BOD_5）测定；采用 GB 11914—89 重铬酸钾法测试水样的化学需氧量（COD_{Cr}）测定；采用 Element LiquiTOCⅡ进行水样总有机碳（TOC）测定；采用加拿大制浆造纸协会标准方法（CPPA，Method H5P）铂钴吸光度法定量色度测定；采用日本三菱 TOX2100H 测试仪器，按照 GB/T 15959—1995 微库仑法测试水样经过硝酸酸化后的可吸附有机氯化物（AOX）；采用 Agilent 6890GC-5973MS 进行水样中有机物组分定性测试。

3 试验结果

3.1 废水 COD_{Cr} 去除效果

根据条件实验的结果，综合考虑 COD_{Cr} 和色度两个因素的去除效率，确定流化床 Fenton 氧化反应的最佳反应条件为：pH 值为 3.5 左右；H_2O_2 的投加量为 1/2Qth（Qth，

Theoretical Quantity/理论投加量：如废水 COD_{Cr} 为 1000mg/L，即理论需氧量为 1000mg/L，而每 2mol H_2O_2 产生 1mol O_2，则所需 H_2O_2 量为 2/32＝0.0625mol/L，即 2125mg/L）、Fe^{2+}/H_2O_2＝1∶5；反应时间为 30～50min。由表 2 可知，流化床 Fenton 氧化反应在 Fe^{2+}/H_2O_2＝1∶5 时 COD_{Cr} 最大去除率就可以达到传统 Fenton 氧化反应 Fe^{2+}/H_2O_2＝1∶1 的水平，因此在相同的去除效果时，可以减少 80％的外加 Fe^{2+} 量，理论上也就可以使铁泥的产生量减少 80％左右。形成该现象的潜在原因为：流化床 Fenton 氧化反应为固液两相催化氧化反应，载体表面结晶态的羟基氧化铁盐在酸性条件下不断释放出 Fe^{2+}，催化 H_2O_2 持续产生氧化能力很强的·OH；而 Fe^{2+} 被氧化成 Fe^{3+}，然后在 Fenton 氧化系统中重新生成羟基氧化铁盐，结晶于流化载体上，形成催化剂的循环再生，因此能够大幅降低反应副产物——铁泥的产生量。

表 2　传统 Fenton 和流化床 Fenton 氧化反应去除 COD_{Cr} 效果对比

Fe^{2+}/H_2O_2 摩尔比	COD_{Cr} 最大去除率/％	
	传统 Fenton	流化床 Fenton
Fe^{2+}/H_2O_2＝1∶1	75.88	77.64
Fe^{2+}/H_2O_2＝1∶2	72.87	66.13
Fe^{2+}/H_2O_2＝1∶3	56.38	71.06
Fe^{2+}/H_2O_2＝1∶5	45.82	76.48

虽然流化床 Fenton 氧化反应可以减少外加铁盐的投加量，并且可以一定程度的提高 COD_{Cr} 和色度的处理效果，但是可能是由于制浆废水中的小分子难降解污染物含量较多，且结构相对较复杂，很难将其中有机物全部直接氧化成 H_2O 和 CO_2，从而使 COD_{Cr} 降至极低的水平，如二沉出水 COD_{Cr} 为 560mg/L，经过 Fenton 氧化后最多能去除 79.6％的 COD_{Cr}，最低降至 114mg/L 左右。国外学者针对比较典型的氯代酚类有机污染物 TCP（2,4,6-三氯苯酚）、PCP（五氯苯酚）进行了类似大量的 H_2O_2 氧化处理实验，其中均相催化氧化 TCP 效率最高时，约有 14％的 C 元素被氧化成 CO 或 CO_2 释放出去；29％的 C 元素被氧化成 Maleic 酸或腐殖酸类物质；还有 27％的被氧化成含有氯原子的其他有机物。而 PCP 则只有 20％的氯发生了矿化作用。而 T J. Collins 等采用新型绿色高效催化剂 Fe-TAML 快速催化 H_2O_2 氧化处理 TCP、PCP，99％的溶解性小分子物质在常温常压下矿化为无害物质。其中只有 90％左右的有机碳被矿化，其中约 40％～50％的碳可直接被氧化成 CO 或 CO_2 释放出去，溶液中基本上还要残余 45％～50％的有机碳。因此，可以看出经过氧化处理以后，溶液中主要的有机污染物基本上全被氧化破坏，失去环境毒性，但是由于存在一定的矿化能力极限，很难全部将有机污染物直接氧化成 CO 或 CO_2 释放出去，其中氧化形成的小分子酸类物质，依然形成了出水中的一定的 COD_{Cr} 表现值。

3.2　废水的可生化性

该漂白硫酸盐桉木浆废水，很难直接通过 Fenton 氧化稳定降至较低水平（新的排放标准为 COD_{Cr} 100mg/L），可能存在有机污染物矿化极限，但其中的难降解有机物可能转化为能够被生物利用的小分子酸类物质。因此，在实验过程中转换思路，将一沉池污水直接进行 Fenton 氧化反应，在相对较少 H_2O_2 和 Fe^{2+} 投加量的条件下，降低废水中的部分 COD_{Cr}，同时提高 BOD_5，增加废水的可生化性。通过后段引入生物处理法，从而使最终排放废水 COD_{Cr} 稳定降至较低水平。

BOD_5/COD_{Cr} 比值法是目前广泛采用来评价废水可生化性的一种最简易的方法，可参考

表 3 中的数据，对废水的可生化性进行评价。

表 3　废水可生化性评价参考指标

BOD_5/COD_{Cr}	>0.45	0.30～0.45	0.20～0.30	<0.20
可生化性	较好	可以	较难	不宜

由图 3 可知，在 Fe^{2+}/H_2O_2 摩尔比为 1∶10 时，1/2Qth 的 H_2O_2 投加量可以使一沉池出水 BOD_5/COD_{Cr} 明显提高，但是 1Qth 和 1/4Qth 两组数据表明，当 H_2O_2 投加量增加时，虽然出水 COD_{Cr} 会有所降低，但是可能由于易生物降解的小分子有机物同时也快速被氧化，而由于有效氧化剂数量和强度降低，多环状立体结构的复杂、难降解有机污染物未能够被氧化分解为可被生物降解的简单小分子污染物，表现为出水 BOD_5 下降至非常低的水平，即出水 BOD_5/COD_{Cr} 值相对较低，不宜进行生物法处理。

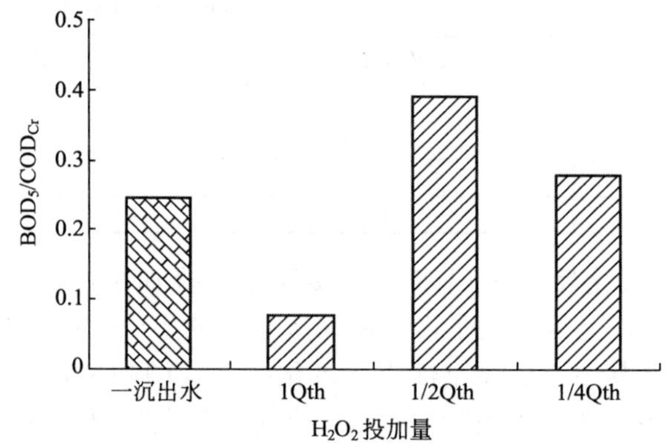

图 3　不同 H_2O_2 投加量氧化后可生化性对比

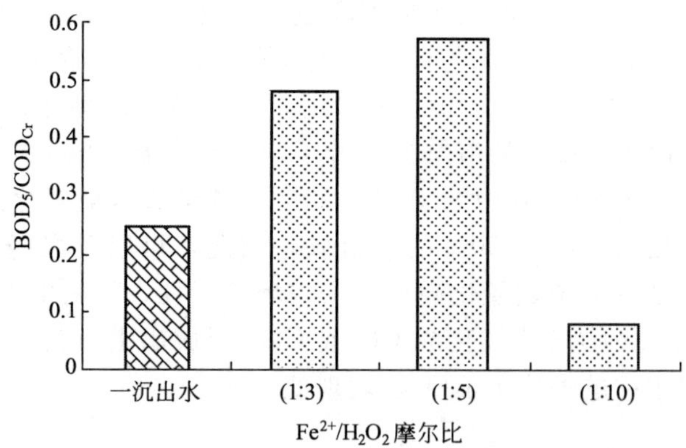

图 4　不同 Fe^{2+}/H_2O_2 摩尔比氧化后可生化性对比

由图 4 可知，在 H_2O_2 投加量为 1Qth 时，不同的 Fe^{2+}/H_2O_2 摩尔比会影响到 Fenton 氧化反应的处理效果，其中 Fe^{2+}/H_2O_2 摩尔比为 1∶5 时，一沉池出水的 BOD_5/COD_{Cr} 值会从 0.25 提高至 0.57，出水的可生化性由较难提高到较好水平。但是随着 Fe^{2+} 量的不断增多，当 Fe^{2+}/H_2O_2 摩尔比达 1∶3 时，虽然氧化作用增强，出水 COD_{Cr} 降低，但是由于 BOD_5 的下降速率更快，从而导致 BOD_5/COD_{Cr} 值相对降低，使出水的可生化性能下降。

综合考虑 H_2O_2 的投加量和 Fe^{2+}/H_2O_2 摩尔比两个因素，推断在反应条件为：H_2O_2

投加量为 1/2Qth 时，Fe^{2+}/H_2O_2 摩尔比为 1∶5 时，出水可生化性最好。按照上述反应条件，对一沉池出水进行氧化处理，结果如表 4 所列，氧化后出水的 COD_{Cr} 由 1004.50mg/L 降至 235mg/L，BOD_5/COD_{Cr} 提高到 0.59，理论上具有较好的可生化性。如果后段接入常规的废水生物处理工艺，COD_{Cr} 去除率达到 60%左右，就可以满足达标排放要求（COD_{Cr} 限值为 100mg/L）。

表 4　废水 Fenton 氧化前后可生化性比较

水样名称	BOD_5/(mg/L)	COD_{Cr}/(mg/L)	BOD_5/ COD_{Cr}
二沉池出水	45.30	560.35	0.08
二沉池出水 Fe^{2+}/H_2O_2=1∶3 氧化	20.57	251.58	0.08
一沉池出水	246.30	1004.50	0.25
一沉池出水 Fe^{2+}/H_2O_2=1∶5 氧化	138.63	235.44	0.59

3.3　影响可生化性的其他因素分析

制浆漂白过程中产生的 AOX 主要为氯代木素或其他氯代物，大多具有致毒和致突变性，常规的生物处理法很难将其处理完全，并且对废水的可生化性造成一定副作用。而在 Fenton 氧化反应中，由于·OH 自由基的活性较强，很容易与溶液中的卤化有机物发生亲电加成或电子转移作用，从而使 AOX 的去除率大大提高。只经过生物法处理后的二沉池出水 AOX 浓度只比一沉池出水降低了 31.84%；而一沉池出水经过 Fenton 氧化后则降低了 78.22%，出水 AOX 浓度值降至 2.10mg/L。这也可能是处理后废水可生化提高的原因之一。

如图 5 所示，对于一沉池出水 Fenton 氧化反应前后二氯甲烷萃取物 GC-MS 分析对比可知，氧化反应前后的总离子流（TIC）变化比较明显。氧化后出水在前 12min 内特征污染吸收峰大多消失，说明这些物质基本被氧化去除。根据质谱图库及资料研读结果，初步判断

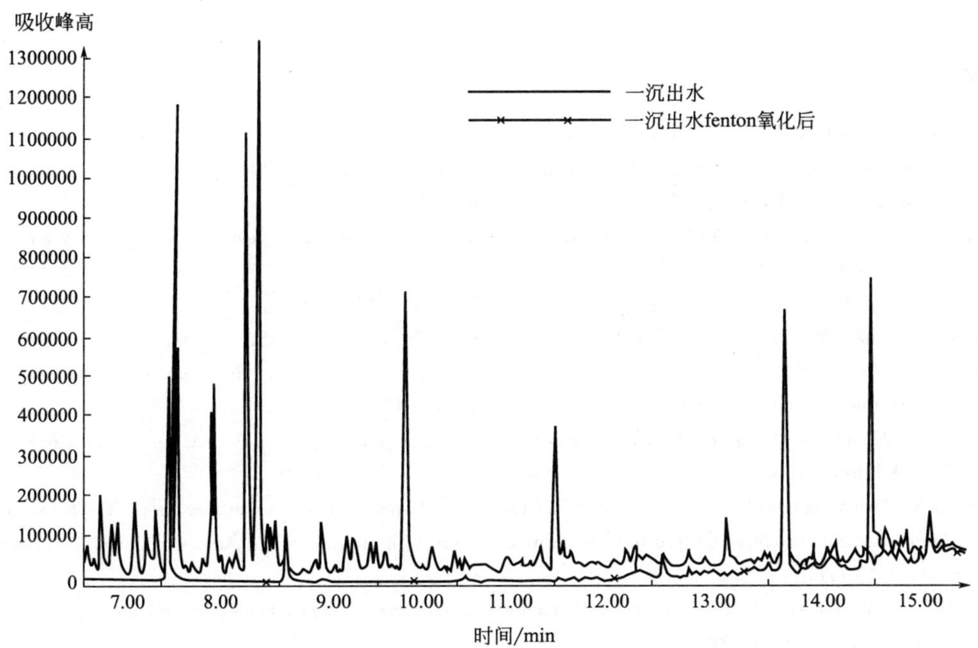

图 5　Fenton 氧化反应前后二氯甲烷萃取物 GC-MS 分析对比

认为这些物质多为含有甲氧基苯酚类的低分子量物质；在12～15min段，污染物吸收峰明显减弱，说明这些物质大部分被氧化去除，初步判断为含有呋喃或多环苯等官能团的难降解有机污染物；在15～20min段，大部分吸收峰减弱，这些物质可能为长链正构烷烃（19烷以上），这些物质的含量明显降低（其中比较明显的吸收峰为柱流失）。这说明氧化后废水中有机物去除效果明显，尤其是含有呋喃或多环苯等官能团的难降解有机污染物得以有效降解去除。

4 结论

（1）与传统Fenton氧化法相比流化床Fenton氧化法可以降低1/2的H_2O_2消耗量，同时可以使COD_{Cr}的去除效率有所提高。另外，由于催化铁盐可以循环再生，铁盐消耗量和副产物铁泥产生量也会降低80%左右。

（2）可能由于制浆废水中的小分子难降解污染物含量较多，且结构相对较复杂，存在一定的矿化能力极限，很难全部将有机污染物直接氧化成CO或CO_2释放出去。Fenton氧化反应形成的小分子酸类物质，造成处理后废水中的一定的COD_{Cr}表现值，很难稳定达到新的排放标准（COD_{Cr}为100mg/L）。

（3）综合考虑H_2O_2的投加量和Fe^{2+}/H_2O_2摩尔比两个因素，研究确定在反应条件为：H_2O_2投加量为1/2Qth时，Fe^{2+}/H_2O_2摩尔比为1∶5时，一沉池出水进行氧化处理后可生化性最佳。COD_{Cr}由1004.50mg/L降至235mg/L，BOD_5/COD_{Cr}提高到0.59，理论上具有较好的可生化性。如果后段配合常规的废水生物处理工艺，只要COD_{Cr}去除率达到60%左右，就可以满足达标排放要求（COD_{Cr}限值为100mg/L）。

（4）通过AOX值和二氯甲烷萃取物GC-MS分析对比可知，Fenton氧化反应前后废水中的有机物去除效果明显。从生物毒性程度和潜在物质组成两个方面，分别解释了废水氧化处理后可生化性提高的潜在原因。

参考文献

[1] 环境保护部．中国环境统计年鉴［R］，2008. http：//zls. mep. gov. cn/.

[2] 徐跃卫．混凝-Fenton氧化-絮凝法处理造纸废水研究［D］．哈尔滨工业大学，2006.

[3] 蒋其昌．造纸工业环境保护概论［M］．北京：中国轻工业出版社，1998.

[4] Muna Ali，Sreekrishnan T R. Aquatic Toxicity from pulp paper mill effluents：a review［J］. Advances in environmental research，2001，1：6-13.

[5] 汪苹，宋云．造纸工业节能减排技术指南［M］．北京：化学工业出版社，2010.

[6] 张音波，余煜棉，刘千钧．多相光催化降解燃料废水的研究进展［J］．工业水处理，2001，21（12）：1-4.

[7] Sorokin A，Meunier B，Seris J L. Efficient oxidative dechlorination and aromatic ring cleavage of chlorinated phenols catalyzed by Iron sulfophthalocyanine［J］. Science，1995，268：1163-1166.

[8] Sorokin A，Meunier B. Oxidative degradation of polychlorinated phenols catalyzed by metallosulfophthalocyanines［J］. Chemistry A European Journal，1996，2（10）：1308-1317.

[9] Sorokin A，Desuzzonidezard S，Poullain D，et al. CO_2 as the ultimate degradation product in the H_2O_2 oxidation of 2，4，6-Trichlorophenol catalyzed by Iron tetrasulfophthalocyanine［J］. Journal of the American Chemical Society，1996，118（31）：7410-7411.

[10] Gupta S S，Stadler M，Collins T J，et al. Rapid total destruction of chlorophenols by activated hydrogen peroxide［J］. Science，2002，296：326-328.

[11] 上海市环境保护局．废水生化处理［M］．上海：同济大学出版社，1999.

[12] 孙剑辉，冯精兰，孙瑞霞．GC-MS分析碱法草浆造纸废水中的有机污染物组成［J］．中国环境监测，2005，21(1)：53-55.

[13] 凯西J P. 制浆造纸化学工艺学［M］．叶惠莲译．北京：中国轻工业出版社，1988.

酒精(非粮食原料)废液全糟与过滤清液厌氧处理比较❶

沈振寰

(中国轻工业清洁生产中心，北京，100012)

前言

据国家统计局统计数字，我国2010年酒精产量已达890.8万千升，其中玉米原料约占到总产量的60%，薯类约30%，糖蜜约10%。从2007年开始，国家发展和改革委员会启动了非粮燃料乙醇试点工作以来，2010年我国燃料乙醇产量已达到186.6万吨。随着今后非粮燃料乙醇生产的加速发展，我国薯类原料酒精生产将大幅增加。

非粮淀粉原料，目前主要采用红薯和木薯原料制酒精。薯类生产酒精后，排放的废糟液COD高达55000～60000mg/L，BOD24000～35000mg/L。SS22000～35000mg/L；温度达85℃以上。属于高浓度、高温、高悬浮物废液，其COD/BOD＝2∶1，具有良好的可生化性。我国经过30多年的研究和实践证明，采用厌氧-好氧工艺处理是唯一经济可行的方法。厌氧-好氧法能回收大量沼气能源，并将废液处理达标，是技术和经济最佳的处理方法。

该法在我国酒精行业中，又可分为全糟厌氧-好氧处理工艺和酒精过滤清液厌氧-好氧处理工艺。下面将对这两种工艺分别进行叙述。

1　全糟处理工艺

全糟处理工艺见图1。

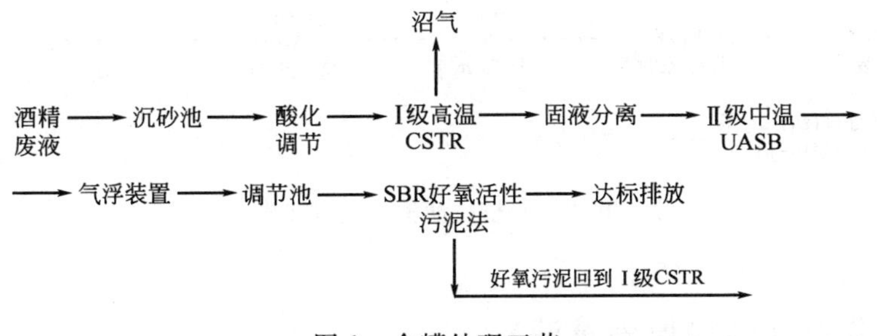

图1　全糟处理工艺

(1) Ⅰ级全混合厌氧反应器（CSTR）利用糟液排放时的高温（85℃以上），采用高温厌氧发酵（52～56℃）。高温厌氧发酵具有较高的微生物增长速率和较高的生物活性，其发酵效率通常可以达到中温（30～35℃）的2.5倍以上。

❶　注：本文摘自《酒精》2011年第4期。

CSTR中聚集有高浓度污泥（厌氧微生物絮状污泥）适合处理高浓度、高悬浮物（固体含量8%～12%）有机废液，可获得处理酒精糟液的最高负荷率［8～12kgCOD/(m³·d)］和最高设备产气率［4.5m³/(m³罐体·d)］，COD去除率可达83%～88%。

(2) 固液分离

经Ⅰ级CSTR处理后，消化液仍然具有很高的污泥浓度，需要经过固液分离后，上清液进入Ⅱ级UASB继续处理。固液分离一般采用筛网、卧螺离心机、气浮和沉淀池等进行分离。通过上述分离，COD、SS约可去除50%。

(3) Ⅱ级厌氧采用UASB进行中温厌氧消化

基础研究证明，中温（30～35℃）厌氧微生物种类较多，有利于废水中较难降解有机物的进一步净化。而本工艺经Ⅰ级处理后，经泥水分离，进入UASB的废水SS较低，就可充分发挥UASB处理效率高的长处，以达到COD的最高去除率（COD可去除50%以上）。

上述Ⅰ级高温CSTR和Ⅱ级中温UASB串联进行厌氧发酵，就可相互补充，发挥各个反应器的长处，较为科学，适应浓度高、悬浮物高的有机废液，从而获得厌氧生物处理的最佳效果，使最大程度的去除COD。这样大大减少了好氧处理的负荷量，减少了好氧处理的能耗，比一级厌氧-好氧工艺，可减少工程投资20%左右，降低运转成本50%，节约能耗30%和减少占地面积。

(4) 好氧处理可采用SBR（序批式活性污泥法）、氧化沟、接触氧化或传统的活性污泥法。一般容积负荷率可达到0.2～0.5kg BOD/(m³·d)，COD去除率达到85%左右。

通过好氧处理废液COD可达到100～300mg/L，达到排放标准。

2 酒糟过滤清液处理工艺

酒糟过滤清液处理工艺见图2。

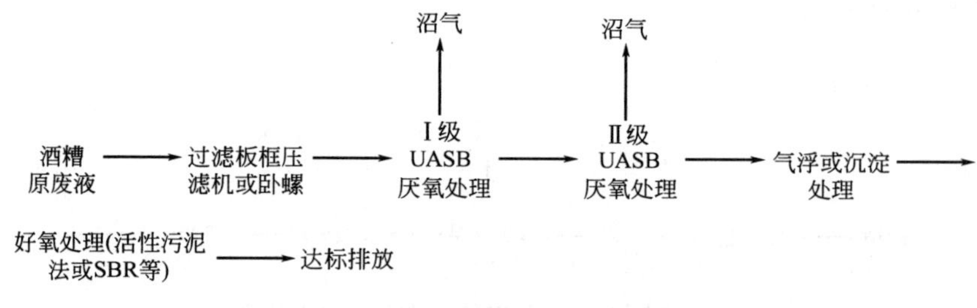

图2 酒糟过滤清液处理工艺

2.1 固液全分离（酒糟原液过滤）

原糟液首先进入较彻底的固液分离设备，目前大多采用板框压滤机、卧螺高速离心机或带式滤机对原糟液进行过滤，将其中的SS分离出85%～90%以上，然后进行脱水，用于制作饲料、肥料或者进行烘干、燃烧。

原糟液（COD为55000～60000mg/L），经过滤后，过滤清液一般COD浓度约为35000mg/L左右，SS大致为3000～6000mg/L。

2.2　Ⅰ级 UASB 采用中温厌氧发酵

酒糟过滤液一般采用 UASB、IC 或 EGSB 进行Ⅰ级和Ⅱ级厌氧处理，由于 UASB 要求进水严格控制 SS（否则形成颗粒污泥困难），通常要求 SS＜3500mg/L，进水浓度 COD＜20000mg/L。

在中温条件下，Ⅰ级 UASB（IC 或 EGSB）的设备负荷率可达到 5～10kgCOD/(m^3·d)，COD 去除率可达到 90%。

2.3　Ⅱ级 UASB 处理

滤液经Ⅰ级 UASB 处理后，经沉淀池泥水分离，再进入Ⅱ级 UASB 处理。在这里，Ⅱ级 UASB 处理实际上是Ⅰ级 UASB 的延长时间处理，因此负荷率不高，COD 去除率约在 20%。

2.4　好氧处理

采用的反应器（SBR 或接触氧化池）和处理负荷率、COD 去除率与全糟处理工艺相同，出水 COD 可达到 100～300mg/L，达到国家相关排放标准。

3　几种厌氧反应器技术特点比较

酒糟废液厌氧处理，在国内目前有多种厌氧反应器，各种反应器有各自的技术特点和适用范围，并没有一种万能的厌氧反应器。为了帮助酒精企业业主和员工深入了解厌氧处理的特点，本文专门对几种主要厌氧反应器进行如下。

3.1　UASB-上流式厌氧污泥床反应器

UASB-上流式厌氧污泥床反应器。适合处理悬浮物（SS）浓度小于 1500mg/L，COD 浓度在 2000mg/L～20000mg/L 之间的原料。

UASB 主要由池体、布水器、三相分离器、出水收集系统、排泥系统及加热保温系统组成，如图 3、图 4 所示。

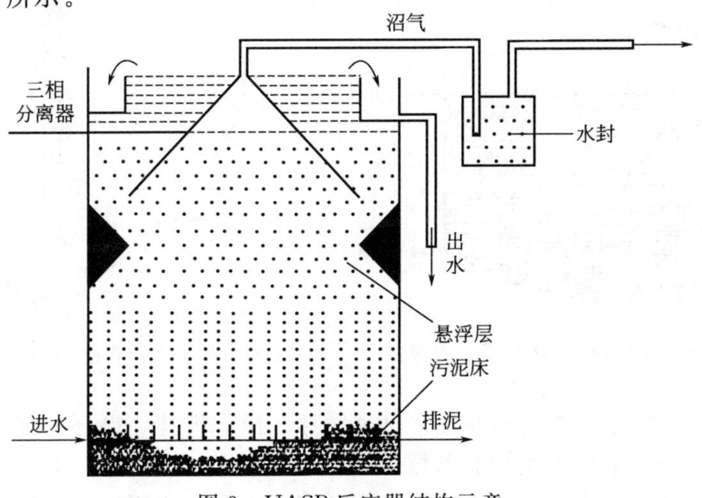

图 3　UASB 反应器结构示意

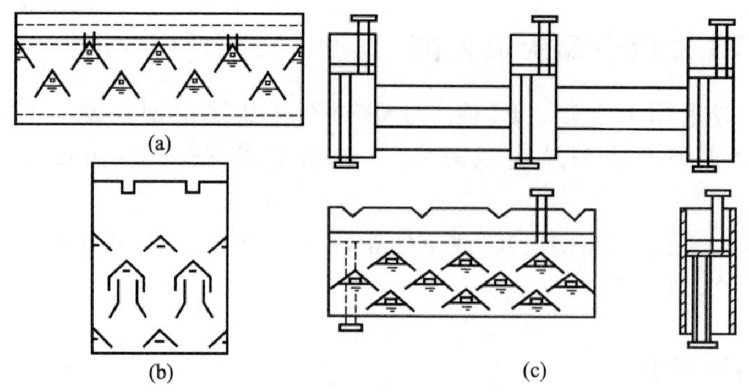

图 4　UASB 中三相分离器示意

其关键技术是反应器内安装有三相分离器，从而使反应器内培养的颗粒污泥不致流失，大大提高了厌氧发酵效率。反应器内不需要搅拌，操作简单，适应高或低浓度 COD 负荷，占地面积小，因此得到大量应用。近十年来，在引进消化的基础上，国内有关研究院所和公司对 UASB 进行了深入开发。目前已形成了矩形和圆形 UASB 反应器两大系列的标准化设计，并在实际工程上推广应用。国内最大的 UASB 单罐体积已达 $4000m^3$ 以上。近十年来，国内也设计、制造出用钢材或工程塑料制作的多层组合式三相分离器，使厌氧发酵速率进一步提高。

3.2　CSTR-全混合厌氧反应器

CSTR-全混合式厌氧反应器适用处理高浓度、高固体含量（8%～12%）或其他可生物降解的原料。由池体、搅拌装置、进料系统、出水系统、排泥系统及加热保温装置组成。如图 5、图 6 所示。

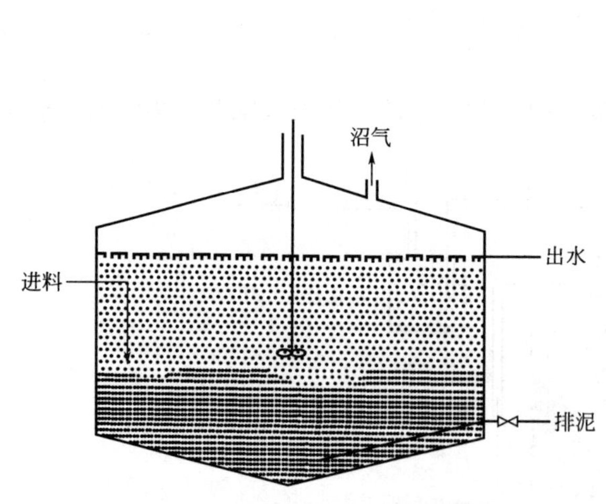

图 5　全混合厌氧反应器（CSTR）示意

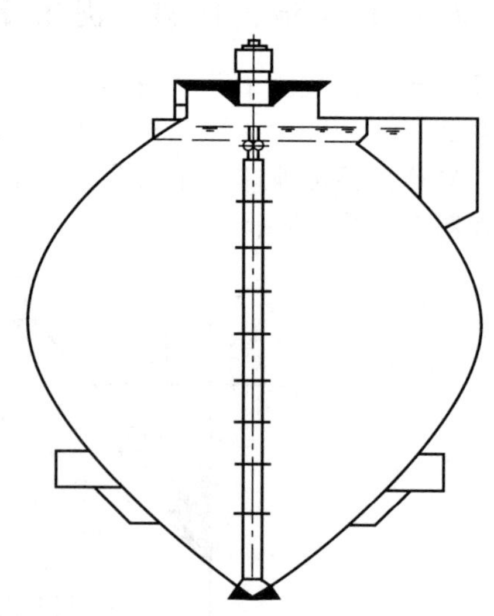

图 6　带导流管式搅拌器的 CSTR 卵形厌氧罐

CSTR 设有搅拌装置，常用的方式有机械搅拌、沼气搅拌、循环搅拌。一般采用圆柱形或卵形结构，通常采用上部出水和底部排泥。

CSTR 在酒精糟液和城市污水处理中得到最多的应用。应用于酒精糟液处理的最大罐群

2008年初在广西桂平金源生物化工公司建成并投入运行，其罐群总体积已达60000m^3以上，最大单罐体积达8000m^3。

3.3　USR-升流式厌氧固体反应器

USR是一种结构简单，适用于高悬浮物固体原料（TS 5%～8%）的消化器。它的结构如图7所示。

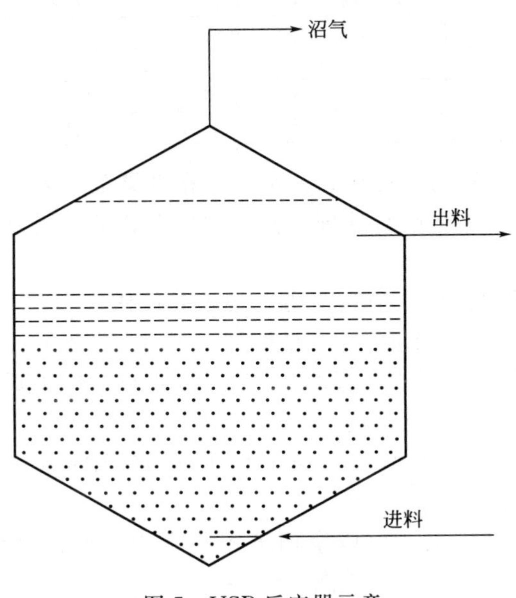

图7　USR反应器示意

原料从底部进入消化器内，反应器内不需要安装三相分离器，不需要搅拌装置。废水（渣）和沼气微生物在底部，上清液从反应器上部排出。

USR在农业畜禽废水处理中，采用最多。目前在中小型酒精厂中也多有采用。

由于不使用搅拌，反应速率尚不高，而且排放的沼渣、沼液COD浓度含量很高，适用于农田施肥，进行生态化处理。

3.4　IC-内循环厌氧反应器

IC是目前世界上效能最高的厌氧反应器。该反应器是集UASB和流化床反应器的优点于一身，利用反应器所产沼气的提升力实现发酵料液内循环的一种新型反应器。IC可以看成是由两个UASB反应器重叠而成。IC特别适用于悬浮物低，浓度偏低的废水（如啤酒、造纸、淀粉等废水）。IC比普通的UASB反应器高出3倍左右的容积负荷率，所以占地特别省，但IC反应器建造、启动、操作管理都较严格。

3.5　其他

其他厌氧反应器有：EGSB—厌氧颗粒污泥膨胀床；AF—厌氧过滤器；UBF—厌氧复合床。

3.6　几种厌氧处理技术的技术、经济比较

表1简要概括几种厌氧工艺的技术、经济特点。

表 1 几种发酵工艺的技术特点

序号	类 别	普通消化池	CSTR	UASB	IC	USR
1	有机负荷/[kgCOD/(m³·d)]	＜3.0	5.0～10.0	8.0～15.0	15～30	4.0～6.0
2	进水允许的有机悬浮物(SS)含量	可高达 50g/L	可高达 50g/L	可高达＜4g/L	＜1.5g/L	可 30～60g/L
3	COD 去除率	较低	中等	较高	较高	偏低
4	水力停留时间/d	15	4～10	1～10	0.5～4	8～15
5	动力消耗	较大	较大	较小	小	小
6	生产控制	较容易	较容易	较难	较难	较容易
7	投资	较大	中等	较小	较高	中等
8	占地	较大	中等	较小	小	中等
9	生产经验	少	较多	较多	较少	较多
10	操作费	低	低	低	中等	低

UASB 由于其效率高、动力消耗少、占地小，在世界范围得到了大量应用。我国近十多年来，得到了迅速发展，特别在废水处理达标工程中得到了广泛应用。在工业废水沼气工程中占 50%以上（约 1000 座）。

IC 是目前全世界效能最高的厌氧反应器，技术和操作管理都要求严格。近 10 年我国新建的 IC 反应器成倍增长。2010 年比 2002 年增加了 10 倍，约有 300 多座投入运转，负荷率＞15kgCOD/(m³·d)，占工业沼气工程的 15%左右。这一比例和国际上发达国家相近。说明我国的沼气工程技术水平部分已接近世界先进水平。

虽然 UASB、IC 等反应器处理效率高，但针对酒精糟液，必须进行过滤（高温条件下），并在中温下进行处理。

而采用 CSTR 处理酒精糟液，可以全糟进入反应器，并利用酒糟的高温，采用高温厌氧处理，充分发挥了 CSTR 反应器的优点。

4 全糟处理工艺与过滤液处理工艺技术经济比较

全糟处理工艺与过滤液处理工艺对比见表 2。

表 2 全糟处理工艺与过滤液处理工艺对比

全糟处理工艺(CSTR+UASB)	酒糟过滤液处理工艺(UASB+UASB)
(1)可回收大量沼气能源，经济效益显著 (2)由于反应器采用高浓度厌氧污泥作菌种，菌群驯化快，启动时间短 (3)糟液经厌氧发酵后，厌氧污泥易于固液分离 (4)排出的厌氧污泥经脱水后，可作为优质肥料出售，或掺煤作燃料用 (5)好氧处理后的剩余污泥，可返回Ⅰ级 CSTR 处理，可增加沼气产量。无好氧污泥排放	(1)厌氧设备面积小，占地面积小 (2)过滤液色度较低，SS 低，有利于后续处理
全糟处理工艺(CSTR+UASB)	酒糟过滤液处理工艺(UASB+UASB)
(1)经Ⅰ级 CSTR 处理后，悬浮污泥固液分离较麻烦 (2)固液分离时，现场臭味大，需进行除臭处理 (3)Ⅰ级厌氧罐沉砂量大，需定时清理(1～4 年/次)	(1)酒糟废液分离设备数量多，占地面积大，高温下操作环境差 (2)过滤后的干糟含 N 低(＜10%)，销售困难，效益相对低 (3)酒糟废液含砂量高，影响分离设备(特别是卧螺离心机)寿命 (4)UASB 采用颗粒污泥菌群，菌群驯化期较长，启动时间长(3～6 个月) (5)好氧处理后的剩余污泥处理难度大

综上对比，可总结出以下结论。

(1) 全糟处理采用 CSTR 反应器，技术合理、经济效益比过滤液工艺明显提高。

① 一个年产 5 万吨（用木薯干原料）酒精的企业（如江苏新太酒精公司）采用全糟工艺，可日产沼气 60000m^3（1 吨酒精产沼气 360m^3 以上），每立方米沼气相当 1kg 原煤，目前江苏 1t 原煤价为 900 元（标煤 1000 元/吨）。经计算，经厌氧产沼气，每日可回收 5.5 万～6 万元。若采用沼气发电，并享受可再生能源发电上网补贴，则经济效益还要显著。（1m^3 沼气若采用国产发电机发电，可产 1.6 千瓦时电）

除沼气回收外，新太公司每日还可回收近 100t 干厌氧污泥（含水 80%）作为肥料使用。售价为 70～100 元/吨干污泥。

广西桂平金源生化公司日产厌氧干污泥 200 余吨，由肥料公司包销，每吨 70 元，日回收 1.5 万元。

② 年产 5 万吨（用木薯干原料）酒精的企业若采用过滤液工艺可日回收干糟（含水 10%）约 70t，按以前宁波万隆酒精厂经验，平均每吨可售 300 元，但由于干糟含 N 低（<10%），只能作饲料的填充剂，消化困难。过滤液经过二级 UASB 处理回收的沼气量约为全糟的 1/2。过滤液工艺排放的好氧污泥若不做处理，将成为污染，还需进行处理。

经过上述计算，即使干糟作饲料有一定出路，全糟工艺的经济效益也要比过滤液工艺高近 1 倍。

(2) 过滤液处理工艺　前处理采用板框压滤机或卧螺离心机，经过滤，滤糟再进一步脱水，制成干糟出售。

过滤工段是在高温下进行，操作环境恶劣，如广西北海年产 20 万吨木薯干酒精厂，选用 16 台大型板框压滤机，过滤工段投入大，占地面积大，能耗高。相对全糟工艺的厌氧污泥固液分离就比较容易。经过厌氧发酵后，有利于污泥脱水。占地面积大，但投入少，操作管理容易。经脱水后的干厌氧污泥容易销售和处理。

(3) 若企业所在地过滤干糟作饲料有出路。而沼气利用效益一般（当地煤价低），则可选用酒糟过滤液处理工艺。如果为了采用 UASB（IC）反应器而将酒糟液过滤，过滤液处理方法是不可取的。

(4) 通过实践证明，两种厌氧处理工艺只要严格管理，都可达到国家二级排放标准，COD <300mg/L。若要达到一级排放标准则较困难，需要先进的厌氧反应器设计和技术，配套的固液分离和好氧处理技术，加上严格的工艺操作和管理，才有可能达到排放水 COD<100mg/L。

(5) 目前有的小型酒精厂采用延长 CSTR 厌氧发酵时间，以增加沼气产量，厌氧发酵后上清液浓度低（COD 达 4000mg/L 以下），色泽清，有利于后续处理。该方法少搅拌、不搅拌，近似于 USR 处理工艺。但占地面积大，Ⅰ级 CSTR 一次性投入大，在有条件的中小型企业可因地制宜采用。

本文是本人多年科研和工程实践的体会。仅供酒精同行参考，希望有所帮助。

厌氧消化技术过程优化浅析

李兵[1] 李超[2] 成喜雨[3]

（1. 中国轻工业清洁生产中心；2. Bioprocess Control Sweden AB；3. 中科院过程工程研究所）

摘要：通过厌氧消化技术进行沼气生产是高浓度有机废水处理的一项配套措施。研究通过回顾国内外厌氧沼气工程的应用推广情况的对比，了解到发达国家已通过沼气生产形成绿色能源产业，而沼气发酵在我国仅在农业和轻工业的废水、废渣处理过程得到应用。研究表明，通过测定生物产气量、出水溶解性 COD 和系统挥发性脂肪酸来判断和维持系统稳定性，并根据运行需要选择仪表、执行变量和控制策略，能够实现厌氧发酵过程控制的目标。结合某食品厂的案例研究，PLC 控制系统在厌氧沼气通过逐渐压缩进水周期，维持温度、VFA、COD 去除率等各项指标相对稳定的状态下，增加进水次数来提高系统负荷，从而提升处理能力，达到过程优化的目的。

关键词：厌氧；沼气；优化控制

Study on process optimization of anaerobic digestion technology

Li Bing[1]，Li Chao[2]，Cheng Xiyu[3]

（1. China Cleaner Production Center of Light Industry；2. Bioprocess Control Sweden AB；3. Institute of Process Engineering，Chinese Academy of Sciences）

Abstract：It is an ancillary facility of anaerobic digestion for biogas generation on high concentration organic wastewater treatment. By comparing the promotions of anaerobic biogas in China with that in abroad，it has been found that biogas production has become a green energy industry in those developed countries，while anaerobic biogas projects have only been used during the wastewater treatment and waste disposal facilities in Chinese agriculture and light industry. It has been that process control on anaerobic digestion can be achieved by testing the biogas production potential，water soluble COD and VFA to coordinate the stability of the system and accordingly select the instruments，variables，and control measures. By referring the case study on one food manufacturing plant，PLC control system can achieve the optimal control by gradually shortening the input period while maintaining the steady states of temperature，VFA and COD removal rates and other factors，to increase the frequency of input，for the addition on system load and improvement on treatment capacity.

Key words：anaerobic；biogas；optimal control

1 概述

厌氧消化是一种在无氧条件下的发酵过程，通常发酵温度在 30～36℃或 50～55℃，有机废物包含的长链分子（脂肪、脂类、蛋白质）在产氢产乙酸菌的作用下分解成为可挥发性脂肪酸（VFA），再由产甲烷菌利用可挥发性脂肪酸还原成以二氧化碳和甲烷为主的沼气气体。厌氧工艺的最大优点是可以处理不同浓度、不同性质的有机废水，与好氧工艺相比具有负荷高，能耗低，在去除污染物的同时产生的沼气可以作为能源利用，具有巨大的环境效益和经济效益。

厌氧工艺高效的处理能力、低廉的运行成本以及能够产生沼气作为能源利用的诸多优点，使之成为目前高浓度有机废水处理的不二之选。由于厌氧法处理的污水往往不能直接达到排放标准，一般需要好氧法或其他后续处理方法作为补充。因此，完整的厌氧-好氧工艺系统是一个有机整体，厌氧段效率的提高必然带来后续处理的高效率和低能耗，从而提升系统整体效益。自 20 世纪 70 年代开始，以轻工行业为代表的高浓度有机废水厌氧处理技术在中国发展至今，其工艺选择、工程设计、大型装备、罐体制造等技术的发展已经达到或接近发达国家的水平。国内有代表性的大型厌氧工程，如江苏太仓新太酒精有限公司的酒精废水处理工程，已经达到了全程在线监控、自动运行的控制水平。然而，厌氧系统是一个复杂的、涉及多参数、受多因素影响的生物反应系统，被人们称为“黑箱”反应，稳定并且高效的运行厌氧系统需要管理者具备非常专业的知识和丰富的运行经验。从国内外经验来看，任何沼气工程都会存在诸如前处理、工艺设计、运行参数等缺陷和瓶颈，理论上都具备通过技术手段优化以提升系统能效的潜力，小成本的优化投入若能带来系统大幅的效率提升，无论对项目的内部经济效益还是外部的环境效益和社会效益都有不可低估的潜力。

2 厌氧沼气工程运营管理的国内外现状

2.1 国外现状

厌氧消化工艺作为一种低能耗、高效率的有机废物和废水的处理手段，已经在全球得到了广泛的研究和应用。但是随着近年来人们对该工艺重视程度和要求的提高，厌氧消化工艺已经向着侧重产能或产能和废物处理并重的方向发展。沼气是当今公认的生物质绿色能源，各国都在通过各种手段促进这种能源产业的发展，以瑞典、德国、丹麦等欧洲发达国家为代表，政府通过加收能源和二氧化碳税提高化石能源成本，而对沼气等可再生能源免除相应的赋税。与此同时，与沼气产业相关的机构和部门，如农业协会、城市废物处理企业、科研机构、市政机构、天然气和燃气输送企业、能源企业、汽车制造企业、交通部门以及最终消费者等的参与协作，推动着越来越多的商业化沼气项目投入建设和运营。沼气经提纯后有发电、天然气、车用燃气等多种商业化利用方式，在这种商业化趋势形成的巨大利益推动下，运营者们对厌氧工艺的运行效率和稳定性提出了更高的要求，使得工程设计者尽可能在设计前期做认真细致的调研考察并收集大量数据资料，对工艺路线主要部分做充分的论证或实验；而工程运行者所追求的就是寻求一切可能的技术手段，破除运行过程中存在的工程瓶颈，并降低运行过程中的能耗和管理费用，从而提高厌氧工艺的运行效率和稳定性，获得工程运行的最大效益。在这种条件下，一些新兴的专门进行工业沼气项目管理和生产运营的公司（如 Scandinavian Biogas、Swedish Biogas International 等）也应运而生；而专业提供工业沼气过程系统优化和运行服务的公司如瑞典 Bioprocess Control 也成为推动沼气行业技术向专业化方向发展的重要力量。

2.2 国内现状

目前我国规模化沼气按照原料来源大致可分为两大类：一类以酒精、制糖、啤酒、黄酒、白酒、淀粉、味精、饮料和造纸等 10 多个轻工主要行业有机废水、废渣为主要原料；

另一类则以畜禽粪便等农业有机废物和废水为原料。

2.2.1 轻工业沼气

我国厌氧消化技术应用始于 20 世纪 70 年代的轻工行业，在酒精、酿酒、淀粉、造纸等企业实现了高浓度有机废水的厌氧沼气化处理。由于轻工行业多数属于耗能企业，因此绝大多数沼气被回用，为生产提供热能。轻工行业厌氧消化技术发展至今，工艺选择、大型装备、管理水平等都已经达到较高的水平并且取得了相当多的实践经验。生产企业迫于越来越严格的环保压力和沼气为企业带来的内部经济效益的提升，促使其专门投入人力、设备、实验室等诸多资源，多数厌氧工程运行良好，有的甚至处于非常高效的稳定运行状态。但由于生产型企业管理闭塞，商业秘密、行业跨度等诸多原因，轻工行业规模化沼气技术和经验并没有得到很好的跨行业借鉴和推广。

2.2.2 农业沼气

随着我国农业产业结构的调整、畜牧养殖业的规模化发展和农村环境污染压力的不断加大，我国开始大量兴建以畜禽粪便、农村有机垃圾和废水为原料的大中型沼气工程。由于此类工程在建设初期多出于环保目的，投资低，规模小，在工程的运行过程中，技术人员很少能得到系统的培训，一些不当的操作方法对工程的正常运行产生了很不利的影响。同时，农业沼气工程的自动化程度很低，多数仍使用手动或半机械化操作，并且欠缺分析测试手段，管理者很难了解到厌氧反应器真实的运行状态，如果操作管理不当，则很容易导致运行效率低下，沼气泄露，管路堵塞等问题，严重影响沼气工程的正常运行。“重建设，轻运营”成为此类工程运行效率低下的高度概括。

3 厌氧消化技术的过程优化

一个厌氧沼气工程，无论建设初衷是为环保还是为能源，从技术角度讲并无二致，系统效率高，则污水 COD 去除率高，沼气产量（产率）必然高；从运行工艺上来看，厌氧消化过程可分为三部分（见图 1）：原料及前处理；反应器和发酵过程；沼气及其应用。实际上，任何有利于系统性能提升的技术改进都可称为优化，而这些技术的改进必然都是有利于厌氧反应过程的。当然如果要提高工程整体效益也可以在维持当前工艺过程不变的情况下，通过沼气的深度处理和高值利用来实现。本文将以与发酵原料有关的甲烷潜力测试和与厌氧消化过程有关的过程控制两个方面为例，对厌氧产沼气技术的过程优化做浅显分析，并举相关案例说明。

3.1 甲烷潜力测试（BMP 测试）

甲烷潜力测试（BMP 测试）是指单位原料在一定条件下的产气量，是衡量原料分解好坏的一个重要指标，通常用于评估有机物料的生物可降解性能和最大产甲烷潜力，同时也用于测定各种生物底物的微生物降解速率。对于厌氧工程，尤其是商业化沼气工程，进行 BMP 分析的意义在于：可以较精准的测定单位物料的产甲烷能力，而不是依赖经验数据；可以了解物料降解的过程特性，判断诸如最佳水力停留时间、最佳污泥浓度等控制参数；可针对多物料共发酵的情况摸索物料最佳配比，最大程度优化产沼气效率。

厌氧发酵是涉及多菌群相互作用的复杂系统，了解有机物料的产甲烷潜力和降解性能对于了解沼气发酵效率及过程稳定性、评估商业沼气项目的盈利能力、设计沼气工程规模及运

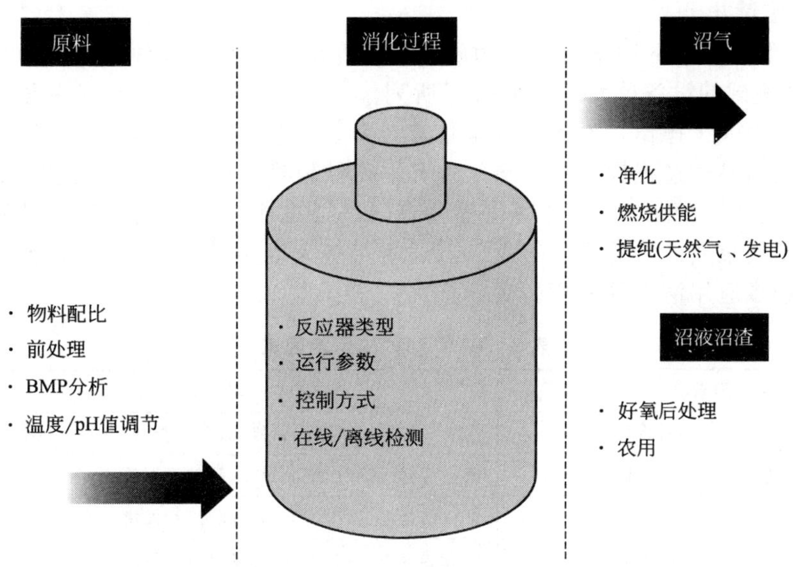

图 1　典型厌氧沼气工程三部分

行控制方式都具有十分重要的指导意义。BMP 测试在国外已经有 30 多年的历史。以 Owen，Angelidake，Sanders 及 Hansen 等为代表的研究者们在 BMP 的测试方法的建立方面做出了重要贡献。与此同时，大量研究者就不同物料的产甲烷潜力、接种污泥和底物比例的影响、特定营养物质和微量元素添加和发酵工艺条件对甲烷潜力的影响进行了系统而又深入的研究，BMP 的测试方法也得到了不断的完善。

图 2　典型 BMP 测试设备组成单元

典型 BMP 测试设备主要由发酵单元和气体分析单元组成（图 2）。发酵单元所使用的反应器有很多种，其中最常见的是血清瓶反应器，据文献报道，血清瓶反应器容积从 100mL 到 2L 都有，物料及接种物混合液体积通常为瓶体的 20%～50%，血清瓶自身不带搅拌系统，通常需手动或配备摇床增进微生物和物料间的混合传质。由于水浴摇床或者转盘摇床对物料（特别是高固浓度物料）的混合程度有限，微生物和物料分布不均，传质受影响，因此测试过程中沼气释放不规则变动较大，同时可能存在测试重复性不佳，平行测试之间差异较大等问题。另外，欧洲一些实验室也会用大容量针管作为厌氧反应器，采用针管型反应器，随着发酵过程沼气的产生，管内活塞会向外移动，气体的产生量可以直接读出。

影响 BMP 测试结果的因素包括生物质物料本身降解特性，接种污泥的活性，厌氧发酵条件以及 BMP 测试的设备单元等，如表 1 所列。传统 BMP 测试设备存在很多不足：从发酵到测量，全程由人工操作，不仅数据采集点分散，测量精度不高，而且极大的耗费人力；高固体含量的物料发酵过程周期长，重复性和平行性较难保证；需要配备如气相色谱等昂贵的设备辅助气体含量检测；设备自动化程度有限，很难连续自动记录发酵过程中的甲烷产量，因此容易错过重要的发酵现象等等。上述不足极大地制了 BMP 测试在沼气发酵过程研究和沼气工程领域应用潜力的发挥。

表 1　BMP 测试的影响因素

关键因素		具 体 描 述
物料特性及发酵工艺	物料特性	物料可溶性、颗粒物、碳氮比、TS、VS、COD、毒性物质等
	接种污泥	消化污泥、河底或湖底污泥、颗粒污泥等
	发酵条件	进料预处理、微生物和物料间传质、发酵温度、pH 值等
测量设备	发酵单元	反应器容积、混合方式、设备批量处理能力等
	气体分析单元	精确度、可重复性以及数据采集方式
	过程控制	设备自动化程度

针对现有 BMP 测试设备上的诸多不足，碧普（瑞典）有限公司于 2009 年推出了全自动甲烷潜力测试系统（AMPTS）（见图 3），AMPTS 的特点主要有以下几方面。

图 3　AMPTS 甲烷潜力测试系统

(1) 发酵单元

AMPTS 在传统摇床基础上对 500mL 反应器进行了改进，配备了全自动内置搅拌系统，不仅可以保证低固物的发酵液充分混合，也可以满足含高固物的样品和厌氧微生物充分混合和传质需要，从而缩短发酵时间，提高测试的可靠性、稳定和重复性。此外，一套 AMPTS 可以同时支持 15 个反应器同时开展测试，提高 BMP 样品处理同时，也大幅降低了单位测试单元的设备成本和测量维护成本。

(2) 气体分析单元

AMPTS 系统配备了全自动微量气体流量系统，支持在线微机数据采集，可以直接获得发酵过程甲烷生产的连续动态数据，解决了长期以来 BMP 测试需要人工采集数据的烦琐操作问题，并有效提高了数据的准确性和重复性，更避免了常规测试所不可或缺的气相色谱设备。

(3) 过程控制单元

AMPTS 在 BMP 测试过程中的自动化流程控制方面具有相当优势，不看可以实现温度和反应器搅拌频率等的精确控制，气体的及时测量，数据采集和显示同样也由系统自动完成，甚至系统内置简单的数据处理功能，能够让实验者直接在实验过程中观察反应进行情况，判断反应终点。

3.2 厌氧消化过程控制

3.2.1 过程控制概念和现状

工业生产的过程控制是为达到预定的目标而对影响过程状况的变量所进行的操纵，过程控制与自动化和仪器仪表密不可分。厌氧系统的复杂性注定其要受多因素影响，运行厌氧反应器的第一就是保证反应器内生物反应过程的稳定性，其现代化解决方法就是运用 ICA（仪表、控制和自动化）技术将在线传感器与 PLC 等可编程控制装置应用于厌氧工艺流程中，通过适合的控制策略和执行机构，确定工艺参数、优化运行方案、预测运行中可能出现的问题并及时采取防治措施。

与国外相比，我国污水处理自动化起步较晚，20 世纪 90 年代以后才开始引入污水处理自动控制系统。相比而言，厌氧工程引入自动控制难度更大。目前我国除了轻工行业和大型养殖业存在较少的案例外，规模化沼气工程几乎都是处于人工或半人工的运行状态，并且缺乏在线监测或离线检测等辅助测试手段，无论进料状况和运行状况是否发生变化，采取的运行状态都是一成不变的，因此造成了大部分工程运行不稳定。与发达国家相比，我国规模化厌氧工程基本理论、工艺流程和工程设计并不明显落后，但是在运行管理和自动化控制方面却存在很大差距。

3.2.2 厌氧过程控制的目标和控制策略

厌氧消化过程控制有三个主要目标。

① 抑制外部因素对于厌氧反应过程的干扰。厌氧微生物对工艺的高负荷和外界扰动因素高度敏感，温度的波动、pH 值的变化和 COD 负荷冲击都会改变厌氧反应器内微生物的生活环境，影响微生物利用有机物进行代谢的效率。

② 要确保过程的稳定性。厌氧消化是一个复杂的过程，参与厌氧反应过程的微生物多达 140 多种，当前对这些微生物仍未完全了解，但指示厌氧反应过程的关键指标如碱度、VFA、温度、pH 值等已经有了很深入的研究。例如，当有机酸浓度较高时，产甲烷菌活性被抑制；当温度波动变化大时，微生物的活性会大幅下降。厌氧发酵和其他微生物发酵过程一样，存在着微生物的生长环境和营养条件调控、发酵工艺条件选择与过程监测等多种手段保证反应过程的安全和稳定。

③ 要使过程的经济指标最优化。工业生产必须考虑经济效益，厌氧消化过程也不例外，优化的目的本身就是为了提高系统的稳定性和生产效率，降低维护管理成本，从而实现经济效益的提升。如通过 BMP 分析优化 HRT，在保证系统安全运行的前提下，缩短有机物在系统内的停留时间，从而提高系统负荷。在同样条件下，厌氧反应器能够处理更多物料，生产更多沼气。

为实现过程控制目标，通常通过测定生物产气量、出水溶解性 COD 和系统挥发性脂肪酸来判断和维持系统稳定性，可以根据运行需要选择仪表、执行变量和控制策略。厌氧消化过程控制策略有很多，从最初的简单开关到 PI/PID 执行控制器，再到 PLC 的参与，随着在线传感器可靠性的不断增加，以及人们对厌氧消化反应过程认识的深入，控制方法正向着更复杂、更高效、更具有实际应用性的方向发展。以 IWA 提出的厌氧反应数学模型为基础的研究不断取得新的进展，也为控制策略奠定了坚实的基础。到目前为止，厌氧消化数学模型逐渐分化为两种主要类型：结构模型和功能模型。结构模型基于对反应过程和反应机理有充分的研究，参数众多，对环境变化敏感，目前很难应用于控制实际，以 ADM1、Andrews 等模型为主要代表。与之相比，功能模型的建立是通过非线性的思维方式和系统分析的方法来实现对现实状态的模拟和控制，以神经网络和模糊控制研究最为广泛。神经网络具有并行计算、分布式信息处理、容错能力强、具备自适应学习能力的特点，但神经网络不适于表达基于规则的知识，而模糊系统缺乏学习和自适应能力，两者结合可以很好地发挥各自的优点。Cuwy 等利用流化床反应器中获得的数据对神经网络进行驯化，成功的用于不同稳态水平和流化床系统碱度的识别和分类。Bestamin 等采用神经网络模型对一个工业规模沼气工程进行了产气模拟，体现了神经网络的应用潜力。有文献总结了不同控制策略的优点和缺点，可以作为参考，如表 2 所列。

表 2　厌氧消化工艺不同检测控制方法的初步总结

控制器类型	应用的场合	备　注
PID	当可获得的数据量少 当对反应器特性知识了解较少 当数学模型不可靠或不存在时	可以获得好但并不完美的结果。另外其应用常局限于单输入单输出控制策略和线性系统
人工神经网络	当可获得大量数据时	可获得完美的结果，但需注意自适应学习的方式（神经网络是个黑箱模型）
模糊逻辑	当可获得污水厂运行较好的特性知识	可以处理非线性过程，可开发多输入多输出控制，并很容易有运行人员及其专家实施解决
干扰调整控制	当（线性）数学模型有效时	当传感器和/或执行器出现干扰时，并且能跟踪干扰的变化时应用
非参数自适应控制	当（线性）数学模型有效时	当控制策略在平衡点附近很稳定时可应用
带有限制性处理的非线性控制	当可获得一定数量数据时，当对污水厂运行特性知识未知时，当数学模型不可靠时	能处理执行器的限制，当处理一些非线性过程时可提供软控制动作

4　厌氧过程控制应用案例

本文以某食品厂废水处理工程为例，说明 PLC 控制系统在厌氧沼气工程中的应用。

某食品厂日产豆腐废水 120t，废水 COD 约 12000～14000mg/L，pH 值约 4.5（酸化池），按照处理负荷，设计厌氧-好氧处理系统，厌氧反应器为总容积 400m^3 的 UASB 反应器。该反应器采取间歇进水、连续出水方式运行，按照既定调试方案调试 3 个月后，厌氧出水 COD 约 1500mg/L，去除率达到了 87%以上。经过两级好氧处理后，总出水口出水达到了国家一级排放标准。而后，该厂由于扩大生产规模，日产废水增至 160t，刚刚调试完毕的水处理工程面临产能不够的尴尬局面。工厂追加投资，对现有工程进行 PLC 自控升级，增加了表 3 中的监测点和控制点。

表 3 污水处理设施监测点和控制点

装 置	监测点(DO/AO)	控制点(DI)
污水调节池	音叉式物位开关、温度传感器、	蒸汽控制阀门
厌氧罐	射频导纳物位计、pH 传感器、温度传感器	—
沼气水封罐	压力传感器、沼气流量计	气动控制阀门
污泥调节池	音叉式物位开关	—
其他	—	污水泵、污泥泵、回流泵、罗茨鼓风机、声光报警装置

该项目 PLC 系统特点如下。

① 为确保 UASB 罐安全稳定运行，采取如下手段：通过温度传感器对厌氧罐上、中、下三个区域进行温度监控；pH 传感器用以实时监测罐内 pH 值的动态变化；射频导纳物位计输出的模拟信号可以使操作者随时了解罐内液位，避免由于误操作导致的进水过量，引起系统负荷冲击。

② 水封罐沼气流量计实时监测沼气流量，并可随时统计各进水周期产沼气的总量，运行初期通过人工检测进出水 COD，换算去除单位 COD 产生的沼气量（范围），作为安全运行阈值，为后期通过自控手段逐渐增加系统负荷，提供基础数据保障。

③ 与该污水处理工程配套有专用化验室，每天至少配备一名化验工，以常规化验手段，测量指标包括：UASB 进水、UASB 出水和二沉池出水 COD；厌氧罐 VFA、pH 值；好氧池 SV。这些指标的测量，弥补了 PLC 在线传感器无法采集的数据和可能存在的偏差，为系统安全运行提供了最真实的数据保障。

④ 系统设报警和手动、自动切换开关。关键设备和传感器设置报警值，一旦遇到运行异常，系统会通过声、光方式报警，提醒管理员进行故障排查，管理员可以视情况紧急程度，将运行切换为手动，直接向各执行器发出指令。

经过 1 个月的系统调试后，整套 PLC 系统组态编程都已完成。在 PLC 系统精准的控制操作以及现场实验室各项指标化验密切的配合下，系统通过逐渐压缩进水周期，维持温度、VFA、COD 去除率等各项指标相对稳定的状态下，将原来的每天 3 次进水增加为每天 4 次进水，系统负荷由原来的 3.6kgCOD/(m^3 · d) 提升到 5.6kgCOD/(m^3 · d)，处理能力由原来的 120t/d 提高到 160t/d，实现了处理能力的提升。

参考文献

[1] 张自杰．废水处理理论与设计．北京：中国建筑工业出版社，2002.

[2] 苏有勇．沼气发酵检测技术．北京：冶金工业出版社，2011.

[3] 刘京，刘志丹．沼气生产技术及利用—瑞典经验．2008 年国际沼气学术研讨会暨产业化论坛.

[4] 李景明，孙玉芳．大中型畜禽养殖场沼气工程发展的障碍因素分析．农业工程学报，2003. 11.

[5] Cuwy A J，Hawkes F R，Wilconx S J，et al. Neural Network and on-off Control of Bicarbonate Alkalinity in a Fluidised-bed Anaerobic Digester [J]．WaterRes，1997，31 (8)：2019-2025.

[6] Bestamin O，Ahmet D，Sinan B M. Neural Network Prediction Model for the Methane Fraction in Biogas from Field-scale Landfill Bioreactors [J]．Environmental Modeling Software，2006，25：1-8.

[7] Gustaf Olsson 等著．污水系统的仪表、控制和自动化．马勇，彭永臻译．北京：中国建筑工业出版社，2007：3.

中药生产关键工艺改进节能减排项目

吕竹明，简玉平
（中国轻工业清洁生产中心，北京，100012）

摘要：本文通过具体的实际案例，介绍中药的粉碎工艺、提取工艺、干燥工艺和吊蜡工艺整个工艺过程的改进方案，并分析了改进方案可能产生的节能减排效果。

关键词：中药；粉碎；提取；干燥

Key process improvement of traditional Chinese medicine production for energy saving and emission reduction

Lv Zhuming，Jian Yuping
（China Cleaner Production Center of Light Industry，Beijing，100012）

Abstract：According a practical case，this paper introduces the improvement projects including the crushing process，extraction technology，the drying process and hang wax process，and analyses the effect of energy saving and emission reduction.

Key words：Chinese medicine；crushing；extraction；dry.

某制药企业以生产中药为主，其生产的产品涉及 10 多个剂型，100 多种产品。生产工艺过程包括：配料、提取、粉碎、制剂等过程。该企业通过清洁生产审核发现，在扣皮掉蜡工艺、粉碎工艺、提取工艺、干燥工艺，凸显设备老化、工艺耗材较高、提取、干燥、扣皮效率较低，能耗高。这些问题不仅造成了能源浪费，而且大大增加了企业的成本投入，制约了企业的快速发展。

因此，该企业决定对重要生产过程工艺链能源消耗大、污染物排放多的重要工艺环节进行节能减排改造。具体改造内容包括：普通常温粉碎改进为低温粉碎，静态间歇提取改进为连续动态提取，高温真空干燥改进为微波真空干燥，人工吊蜡改进为机械吊蜡。通过这一系列改造，可大大减少能耗，废气排放，提高药材利用率，具有非常有效的行业示范性。

1　粉碎工序低温粉碎改进

1.1　方案简述

粉碎工序是中药生产的关键工序，该企业现有粉碎工艺与低温粉碎相比，现有粉碎工艺物料损耗大，损耗量达 8%，因而造成粉尘量大，不可收集对空排尘量约占物料损耗的 35%，对大气造成严重的污染。如采用低温粉碎，不但可以很好地解决对空气污染的问题，物料损耗也由原损耗量 8%降到 1%～2%。

低温粉碎工作原理为：物料进入磨筒内，通过筒内的不锈钢棒的上下震动，将物料粉碎，制冷机的冷却液通过模筒的夹层对设备和物料进行降温，冷却液温度最低可达到－40℃。

图 1 为低温粉碎流程示意。

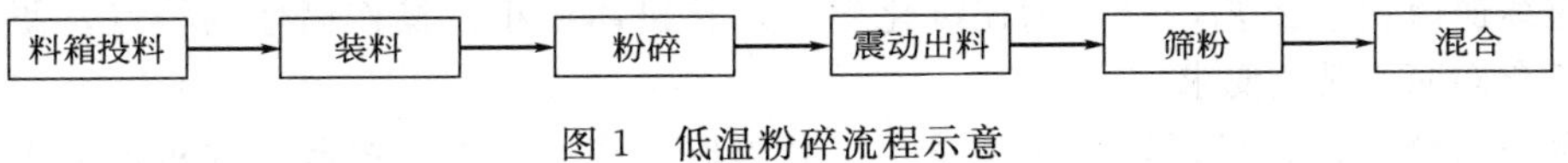

图 1　低温粉碎流程示意

1.2　技术可行性分析

低温粉碎工作原理：物料进入磨筒内，通过筒内的不锈钢棒的上下震动，将物料粉碎，制冷机的冷却液通过模筒的夹层对设备和物料进行降温，冷却液温度最低可达－40℃。

低温粉碎的优点为：设备结构紧凑、污染轻、噪声低、耗电少、物料损耗低、出粉率高、生产稳定、易损件更换方便，缺陷是单位产能低于柴田粉碎机，产品适应性较窄。

1.3　环境可行性分析

通过粉碎工艺改造，每年可以节约大量的原材料，减少粉尘排放，环境效益非常明显。

1.4　经济可行性分析

该项目的内部收益率 35％左右，投资回收期为 3 年，具有较好的经济效果。

2　提取工序连续动态提取改进

2.1　方案简述

提取工序是中药生产的关键工序。该企业现在采用的工艺为静态提取工艺，提取效率低、有效成分提取率低、能耗高，提取过程缺乏先进的控制手段，采用人工操作，劳动强度大。

该企业决定对现有的提取工艺进行更新改造，配套采用新型的动态提取设备。

2.1.1　连续逆流智能控制提取的结构与原理

该提取设备由于采用了自动控制技术、仿真优化控制技术等与连续逆流提取技术相结合，在传统中药提取生产领域中实现了一项重大技术突破。

该设备的设计基于高效的连续逆流浸出原理，主体设备由螺旋送料器、螺旋推进式连续逆流浸出舱（外设蒸汽加热夹套）、独特设计的连续固-液分离机构、连续排渣机构及传动机构构成，并可以选择配备先进的计算机智能控制。

该设备实现连续逆流提取过程如下：待提取固体物料（中药材或天然植物）从送料器上部料斗加入，由螺旋送料器不断地送至浸出舱低端，浸出舱中螺旋推进器将固体物料平稳地推向高端过程中，有效成分被连续地浸出，残渣由高端排渣机构排出；同时溶剂从浸出舱高端进入，渗透固体物料走向低端过程中浓度不断加大，提取液经浸出舱底端固—液分离机构导出。在整个提取过程中，计算机全程自动控制，固体物料和溶媒始终保持相对运动并均匀受热，连续更新不断扩散的界面；始终保持理想的料——液浓度差（梯度）；有效成分提取率大，提取速度快。

2.1.2　特点与性能

该设备的技术特点是将连续逆流提取工艺技术和计算机控制及仿真技术有机结合，采用自有专利技术独特设计的创新型中药提取装备，具有提取效率高，浓度梯度大，浸出速度快，有效成分提取率高，出液系数小，大幅度节能，可低温浸出，加热均匀等优点。可稳定地实现连续逆流提取工艺，全封闭连续化生产；整机体积小，操作简便的特点，便于清洗及维护，符合 GMP 规范要求。

该设备结合了计算机智能控制等技术，对提取生产过程进行控制，并对重要工艺参数进行在线分析与优化控制，使整个提取生产过程达到高效、稳定、可控、节能，消除了人工操作的不稳定性，有效地提高产品的质量。变传统的模糊生产为全程数据跟踪和智能控制，由计算机数字化、智能化控制替代传统的凭经验手工操作。计算机智能控制系统主要有过程测控子系统、软测量子系统、过程分析子系统、生产管理子系统、实验管理子系统、远程监控子系统等功能系统，按用户需求选择配置。

2.1.3 技术创新点

该技术创新点主要包括以下几方面。

① 过程测控子系统可实现温度、压力、流量、液位、电机转数等过程参数自动测控。

② 实验管理子系统专为实验和中试设备配置，具有实验方案管理、数据处理和存储检索、统计分析、报表、报告等功能，也可应用户要求提供各类专用数据处理和分析软件。

③ 软测量子系统对处理量、料液比、浸润时间、浸出时间、出液系数等工艺参数在线计算。

④ 过程分析子系统可对物料平衡、能耗核算、提取效率、成分提取率等进行动态分析。

⑤ 生产管理子系统可由给定的工艺卡片生成生产方案，进行生产操作指导、自动控制以及生产过程管理。

2.1.4 与传统的提取设备的比较

目前，国内中药提取生产技术及装备落后，普遍采用传统的提取工艺，主要有以下几种：煎煮提取、循环回流提取、渗漉提取、逆流罐组提取等，都是在封闭单元中完成浸出，随着浸出过程进行，浸出液浓度加大，物料浓度减小（指物料中可溶性物质浓度），浸出速率的速度减慢，并逐步达到一定平衡状态。因此要保持一定的浸出速率必须更新溶剂以替换已近饱和的浸液。这些工艺还存在着难以避免的缺陷：提取率低，药材浪费大；提取时间长；出液系数大，加重后续处理负担，能耗较高；批间差异较大；属于间歇操作，劳动条件较差。与传统提取设备相比，我们开发的连续逆流提取设备优点如下所述。

（1）有效成分提取率

因为采用了高效的连续逆流提取工艺，浓度梯度大、有效成分提尽率大；应用本设备有效成分提取率可提高 10%～30%（对比实验数据分析）。由于采用了先进的计算机智能控制，产品质量稳定，设备连续工作，克服了批次之间差异的弊病。加热均匀、可低温浸出，最大限度地保护热敏成分不被破坏。

（2）处理能力

由于采用了高效的连续逆流提取工艺，提取速度快；一次开车后连续化生产，因而处理能力大、效率高。免除了多功能提取罐间歇生产过程中加料、预热、换溶媒、出渣等工序所花费的额外时间。为常法提取量的 3 倍。

（3）能耗

出液系数小（一般控制在 6～12 倍之间），而多功能提取罐出液系数大（一般控制在18～30 倍之间），节省多余倍数溶媒加热所需的蒸汽消耗。同时可大幅度减少后道工序（蒸发设备）的浓缩时间和蒸汽消耗，提高蒸发设备的利用率。提取相同数量和品种的中药材时，使用该设备所需提取时间明显少于多功能提取罐提取时间（一般减少50%以上），并节省多余时间溶媒加热所需的蒸汽消耗。加热温度自动控制（而多功能提取罐一般可控性差），节省蒸汽消耗。通过实际生产运行数据分析，使用该设备总体上可节约相当于多功能提取罐能耗的50%。

（4）控制方式

该设备可配备计算机智能控制系统，由计算机数字化、智能化控制替代传统的凭经验手工操作，减少了人工操作的不稳定性。

2.2 技术可行性分析

以上动态提取新型工艺，已经在国内多家中药提取厂家实际使用。经广泛调查，相关设备运行稳定，技术成熟，容易实施。

2.3 环境可行性分析

通过提取工艺的整体改进，大大提高了生产效率，提取时间由原来的12h一锅可缩短为6h一锅；提取用水量可降低40%；节约电和蒸汽消耗，预计全年可节约能源30%左右。

2.4 经济可行性分析

该项目的内部收益率35%左右，投资回收期为3年，具有较好的经济效果。

3 干燥工序微波真空干燥改进

3.1 方案简述

该企业原来采用蒸汽干燥的方式，配有真空干燥箱和常压干燥箱。现在使用的关键工艺为常规真空干燥，干燥箱是依靠热传导及辐射的方式给物料提供热能，传导速度缓慢、能耗大、效率低温度控制难度大，被加热物料内外温差大。因此，该企业计划决定以微波真空干燥机为主体，配以辅助设备、基建设施，来彻底替代现有工艺设备。微波加热是一种辐射加热，是微波与物体直接发生作用，使其里外同时被加热，无需通过对流或传导来传递热量，加热速度快，处理时间短，处理物内外温度均匀，因此节约能源，干燥效率高，干燥质量好。微波真空干燥设备是微波能技术与真空技术相结合的一种新型微波能应用设备，它兼备了微波干燥及真空干燥的优点，同时克服了常规真空干燥间断作业效率低的缺点，在干燥过程中具有干燥质量高，质量好，加工成本低，便于控制，并能回收被干燥物料中的贵重成分。

3.2 技术可行性分析

微波真空低温干燥工艺系统主要由抽真空系统、干燥腔体、微波加热系统组成。微波真空干燥技术性能特点：

① 高效　配套设备与常规干燥设备相比提高功效20倍。

② 加热均匀　用微波加热，使物料内外同时被加热，物料内外温差小，不会产生常规加热内外温度不一致的状况，提高干燥质量。处理后物料含水均匀，表面不结壳。

③ 配套主体设备体积小　一台微波真空干燥设备的产量，可行当于4～5台蒸气真空干燥设备或3～4台喷雾干燥设备的产量。

④ 产品质量好　被干燥的浸膏组织疏松，有海绵一样的膨化效果，干燥度均匀，没有对有效成分进行破坏。

真空干燥技术随着近年的飞速发展，已经达到了较高的水平，该设备已经过国内多家企业使用，设备运行稳定技术成熟，容易实施并取得了明显的节能与经济效益。

3.3　环境可行性分析

该项目实施后，虽然会增加一定的耗电量，但是可以节约大量的蒸汽。综合核算，节能10%左右。

3.4　经济可行性分析

该项目的内部收益率 35%左右，投资回收期为 3 年，具有较好的经济效果。

4　蜜丸吊蜡工序自动化控制改进

4.1　方案简述

几千年以来大蜜丸生产始终遵循着古人的传统工艺，人工制作。但近几十年来，随着加工设备的逐渐进步，已经实现了机器制丸。但药丸的内包装及外包装工序仍然采取手工操作，劳动效率低、劳动强度大、能耗高且需要占用较大的场地。因此，该企业决定将扣皮及吊蜡工序改成机械化生产。

现在黑龙江迪尔制药机械有限责任公司已经研制出了相关工艺及配套设备。其主要设备是扣皮机及吊蜡机。扣皮机的主要工作原理：分别用托辊将十六道分布的药丸和用振动输送将十六道分布的塑料凸凹外壳输送到指定轨道，药丸在输送过程中自动整齐排列，步进送到塑料凸壳内。塑壳在输送过程中在 V 形槽内会自动排列并设有反壳通过，通过取壳滚筒，将塑壳在分别进入两个滚筒指定位置后，先进行校正，再使用真空吸盘吸住，通过凸轮间歇机构，自动进入到扣壳位置，其中具有凹壳的滚筒上均匀分布着 12 个条板，每个条板上有十六个高精度位置吸盘，沿固定滑道自动顶出。分别将已有药丸的另一端塑料壳扣上，此时凸轮间歇机械继续运行，真空吸盘泄压，药品自动从吸盘上脱落，从溜槽滚下，经重量检测装置，自动剔除未扣上的药丸和塑壳及没有药丸的塑壳，完成一个动作周期。一个动作周期约为 3s，全部动作由机、电、气、真空自动程序控制完成。

扣皮机的主要技术特点：a. 特殊球型塑壳定位系统，精度高，合格率可达 98%以上；b. 有自动检测、分离成品与废品的装置，可自动完成回收半壳、空壳、裸丸的功能；c. 产量较高，每小时产量可达 18000～20000 丸/h；d. 有自动送壳、布壳、送丸、落丸系统和装置；e. PLC 可编程程序控制、人机界面操作，操作简单，模块式设计维修方便，具有故障原因显示，每分钟速度显示，自动计数及累加功能；f. 与药品接触部位采用不锈钢材料，完全符合 GMP 要求；g. 机器具有安全保护及自锁装置，一旦发生故障能自动停机。

4.2　技术可行性分析

机械吊蜡系统在技术方面的问题已基本解决，能够满足生产需要。

4.3　环境可行性分析

项目实施后蜡的损失率可以由原来的 3%降低为 0.5%，由于损失部分的蜡全部随废水进入污水处理厂，增加水污染物浓度和污水处理难度，因此项目实施后，还可以大大降低废水处理的难度。同时，实现机械化生产后，生产的密闭性增强，车间的 VOC 浓度也会明显降低。

此外，采用机械化生产后，还大大降低了工人的劳动强度和工作条件。

4.4　经济可行性分析

该项目的内部收益率 35%左右，投资回收期为 3 年，具有较好的经济效果。

参考文献

[1] 赵浩如．现代中药制剂新技术［M］．南京：江苏科学技术出版社，2007.
[2] 张洪斌．药物制剂工程技术与设备［M］．北京：化学工业出版社，2003.
[3] 卢晓江．中药提取工艺与设备［M］．北京：化学工业出版社，2004.
[4] 裴月梅，杨士友．中成药制备工艺的研究［J］．中医药管理杂志，1994，4（6）：33.

热能提取再利用与节能改造工程

蒋彬，吕竹明，简玉平
（中国轻工业清洁生产中心，北京，100012）

摘要：本文以某食品生产企业为例，介绍三种常见的热能回收和节能改造工艺：一是采用污水源吸收式热泵机组回收废水的热量；二是采用水冷冷凝器回收制冷系统高压氨蒸气的热量；三是将冷却水供给方式由原来的冷却水池改为板式换热器。同时对三种工艺的技术原理和预计效益进行了分析。

关键词：热能回收；案例

Case Study of Cleaner Production Audit on Dairy Products Industry

Jiang Bin，Lv Zhuming，Jian Yuping
（China Cleaner Production Center of Light Industry，Beijing，100012）

Abstract：This paper set a certain food manufacture as an example，to introduce three normal technology of heat reuse & energy saving，the first is using heat pump to reuse heat of waste water，the second is using condenser to reuse heat of high presse & temperature ammonia steam in refrigeration system，the third is taking use of plate exchanger to supply cooled water，and then analyse the principle and benefit of these three technologies.

Key words：Heat Reuse；case study

1　概述

节能减排是我国当前经济社会发展的重要要求，特别是在当前我国对外能源依赖程度越来越高以及温室气体减排压力日趋紧迫的形势下，节能工作显得尤为重要。工业生产中往往存在废热排放的情况，因此，采取有效方法对废热进行回收利用往往能取得可观的节能效果。

某些企业生产过程中既需要加热，也需要冷却。例如食品生产中杀菌及生产线的清洗消毒等工序需消耗蒸汽加热，同时需要冷却水冷却，这就导致污水系统废水温度较高，带有一定的热量，同时制冷系统在工作过程中冷凝器也散发大量的热量。通过污水源吸收式热泵机组、水冷冷凝器、改变冷却水供给方式等方法能够对废水系统、制冷系统的废热进行科学利用，同时优化技术工艺，达到较好的节能效果。项目改造内容包括：采用污水源吸收式热泵机组回收废水的热量，采用水冷冷凝器回收制冷系统高压氨蒸气的热量，将冷却水供给方式由原来的冷却水池改为板式换热器，根据车间生产需要供给冷却水，节约因贮存而导致的能量浪费。

2 污水源吸收式热泵机组回收废水热量

2.1 方案简述

2.1.1 项目背景

根据生产要求，企业每天消耗400～600t 90℃的热水，均采用外购蒸汽进行加热；每天生产废水量为2000～2500t，水温25℃左右，采用三级处理工艺，升流式厌氧污泥床（UASB）每天产生沼气约2500～3000m³，目前直接点火处理，没有进行回收利用。

2.1.2 改进方案

改造工程选用一台沼气燃烧型吸收式热泵机组作为热回收主机，将25℃的废水利用水源热泵机组提取热量，将15℃自来水加热至70℃后进入车间使用；热泵机组利用废水处理中产生的沼气作为动力。从UASB反应池出来的沼气首先经过水封器，然后进入重力旋流脱水器进行脱水处理，之后进入填充干法氧化铁的脱硫器进行脱硫，净化后的沼气进入储气稳压装置储存，再经过自动排水冷凝器、流量计、阻火器以及过滤器后，供吸收式热泵沼气燃烧机使用。工艺流程如图1所示。

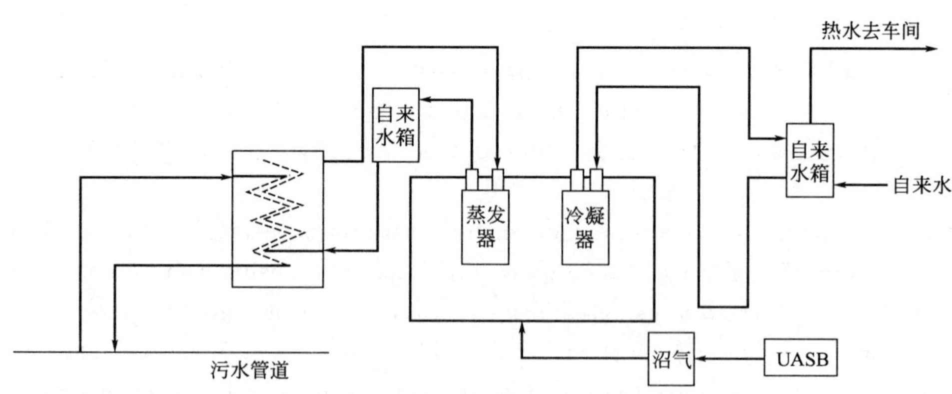

图1 污水余热回收流程

2.2 效益汇总

该技术利用废水处理产生的沼气为动力源，运行成本较低；同时该技术具有较广泛的适用性，在饮料、食品、发酵等行业均可应用。该技术在案例企业建成后，可回收的热量相当于节约蒸汽9855t/a，折合标煤926t/a。效益汇总见表1。

表 1　效益汇总表

名 称	指　标
环境效益	回收热量折合蒸汽 9855 t/a,折合标煤 926t/a
经济效益	折合减排二氧化碳 2316t/a

3　制冷系统余热回收利用

3.1　方案简述

3.1.1　项目背景

制冷系统采用传统的螺杆机，以氨为制冷剂，在运行过程当中，经压缩机工作后形成高温高压氨蒸气，由冷凝器将其冷凝为高压常温液体氨，利用蒸发式冷凝器对制冷剂进行冷却。改造前该系统存在以下问题：a. 蒸发式冷凝器会有大量的热量白白散失到大气中；b. 蒸发式冷凝器使用时由于制冷剂温度高，水蒸发速度快，补水量较大。

3.1.2　改进方案

采用、水冷热回收器代替原有的水冷冷凝器，同时辅助增加一个风冷冷凝器作为补偿装置，改造后的制冷系统（图 2）能够同时提供热水以及冷水，最大限度地利用了热能。系统运行时氨走向：来自压缩机排气→进入冷却器（热回收）→冷凝器→贮液器；水走向（热回收载体）：自来水→进入冷却器（热回收）→贮水罐→出产用热水。

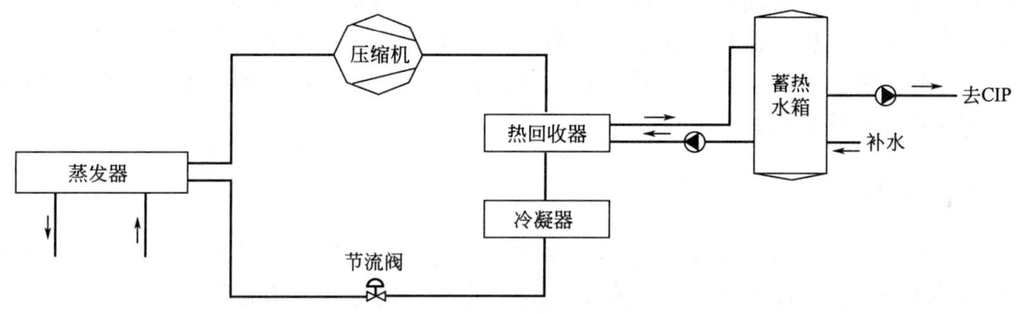

图 2　制冷系统余热回收工艺流程

3.2　效益汇总

制冷系统热回收技术较为成熟，系统改造难度较小，特别适用于工业企业连续运行制冷系统，具有较好的节能减排效果。如表 2 所列。

表 2　效益汇总

名 称	指　标
环境效益	回收热量折合蒸汽 3532t/a,折合标煤 332 t/a
经济效益	折合减排二氧化碳 830t/a

4　制冷机房降温方式改造工程

4.1　方案简述

4.1.1　方案背景

改造前，制冷机房共有 6 个冷却水池，可容纳 210t 冷却水，制冷系统先将池内冷却水降到一定温度后，生产各车间从冷却水池中抽取冷却水用于冷却，然后冷却水又返回冷却水池，构成循环回路。该运行方式存在以下问题：a. 为满足生产需要，制冷机组将冷却水池中的水持续维持在2℃左右，耗费电能较多；b. 为保持冷却水池水温均匀，冷却水池中配备运行搅拌泵，消耗大量电能；c. 原冷却水池为开放式，通过空气对流的方式，冷却水池流失冷量。

4.1.2 改进方案

将原有冷却水池改为板式换热器（图 3），根据车间生产需要供给冷却水，节约制冷用电，也省去了搅拌泵。此外，使用板式换热器后，冷却水系统由开放式变成密闭式，减少了与空气接触的机会，节约了原来冷却水池防腐的费用。

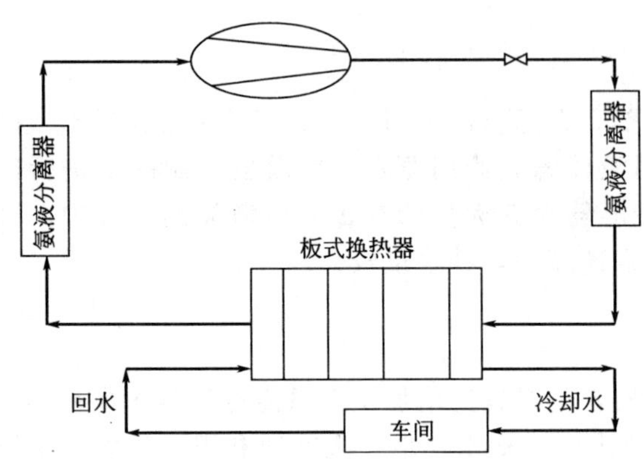

图 3 制冷机房降温方式改造流程

该装置由卧式氨液分离器、板式换热器、自动控制装置等构成。其工作流程是：经节流后进入氨液分离器的低压低温氨液，靠重力进入板式换热器，蒸发的气体回到氨液分离器，被压缩机吸回，需降温的流体介质进入板式换热器，被冷却到设定温度后送出。

该技术能够实现冷却介质大温差换热（温差可达到 30℃），可直接制取 1℃冷却水。同时，该系统采用自动控制，控制精度高，冷却水出水温度精度可达±0.5℃，可控制出水温度接近冰点；板式换热器换热效率高、工作稳定、安全可靠。换热器实现模块化自由拼装，其结构简单、紧凑、占地面积小，操作维护方便。此外，换热系统的材质应符合食品行业 HACCP 方式的要求。

4.2 效益汇总

与原系统相比，该技术避免了冷却水储存造成的能量损失，且易于管理操作，具有明显的节能降耗效果，在制冷系统技术优化方面是一个很好的选择。效益汇总见表 3。

表 3 效益汇总

名称	指　　标
环境效益	节电 1.17×10^6kW·h/a，折合标煤 144t/a
经济效益	折合减排二氧化碳 359t/a

5 结束语

本文中介绍的三种热能回收和节能技术，具有工艺成熟、节能明显的优点，并且具有较强的通用性和适应性。在生产系统中，构建科学的用能网络，实现能源的梯级利用和回收利用，对提高能源利用效率、降低能耗水平具有明显的效果。

参考文献

[1]《中华人民共和国清洁生产促进法》（2012 年）.
[2]《部分工业行业淘汰落后生产工艺装备和产品指导目录（2010 年本）》.
[3]《产业结构调整指导目录（2011 年本）》.

第四篇

清洁生产案例

企业实施清洁生产审核的途径与建议

孙晓峰，程言君，李键，薛鹏丽
（中国轻工业清洁生产中心，北京，100012）

摘要： 清洁生产是我国实现节电减排目标的重要抓手，是企业实现可持续发展的重要保障。作为推行清洁生产的重要手段，国家从“十一五”开始，积极鼓励和促进工业企业开展清洁生产审核。本文分析了企业实施清洁生产存在的问题，从原辅材料、产品、工艺、设备、管理等方面介绍了企业有效开展清洁生产的途径，并提出了保障措施。

关键词： 清洁生产审核；途径；建议

Approach and Advice in Implementing Cleaner Production Audit

Sun Xiaofeng，Cheng Yanjun，Li Jian，Xue Pengli
（China Cleaner Production Center of Light Industry，Beijing，100012）

Abstract：Cleaner production is a key factor for China to achieve electricity reduction and an important task for the sustainable development of an enterprise. As an important way to promote cleaner production，the state had been encouraging enterprises to carry out cleaner production auditings since the period of “11th Five Year Plan” . This paper analyzed the problems existing in the cleaner production. According to raw materials，products，processes，equipments，management and other aspects，the approaches for effective cleaner production implementation have been studied，with some security measures.

Key words：Cleaner Production Audit；Approach；Advice

1 前言

随着《中华人民共和国清洁生产促进法》、《清洁生产审核暂行办法》的颁布实施，我国清洁生产工作逐步走向了法制化轨道。《关于印发重点企业清洁生产审核程序的规定的通知》(环发［2005］151 号)、《关于进一步加强重点企业清洁生产审核工作的通知》(环发［2008］60 号)、《关于深入推进重点企业清洁生产的通知》(环发［2010］54 号）等文件的颁布规范了企业清洁生产审核，也推动了各省市清洁生产审核工作的快速开展。

“十二五”期间，随着结构减排、工程减排和监管减排工作的深入开展，清洁生产审核在节能减排工作中将发挥重要作用。在“十二五”初期，应认真总结以往清洁生产审核工作取得的成绩和存在的问题，要确保清洁生产审核工作可以在企业内部持续开展。

2 清洁生产审核存在的问题

目前，国家非常重视清洁生产审核工作。在宣传方面，定期举办清洁生产审核培训班和研讨会，宣传国家政策法规标准，也培养壮大了清洁生产技术服务队伍。在资金扶持方面，环保部、发改委、工信部等部门设立清洁生产资金，鼓励企业推行清洁生产，实施技术改造。在政策引导方面，国家和地方积极出台相关文件，铅蓄电池、有色金属采选矿、有色金属冶炼、制革、化工等涉重金属行业和钢铁、电解铝、平板玻璃等产能过剩行业被列入强制清洁生产审核范畴；另一方面，越来越多的大中型企业认识到清洁生产的重要性，开展自愿清洁生产审核的企业也越来越多。在清洁生产工作取得喜人成绩的同时，也应认识清洁生产理念的普及、清洁生产工作的推广仍有很长的路要走。本文从微观层面出发，探讨企业实施清洁生产审核过程中存在很多问题。

2.1 清洁生产理念认识不足

企业对于清洁生产理念的认识主要有以下几方面问题：a. 很多企业将清洁生产误认为清洁卫生，与整理、整顿等工作混为一谈；b. 另一部分企业认识到了清洁生产是一项环保工作，但仅仅将此概念停留在末端治理层面；c. 还有一部分企业将清洁生产审核与环境管理体系、节能审计等工作混淆。

2.2 清洁生产审核缺少高层支持

目前，绝大多数清洁生产审核均为强制性审核。地方公布需要审核企业的名单，要求在规定时间内完成审核，有的地方还明确提供了几家备选咨询机构。一些地方将清洁生产审核企业数量、审核率、方案实施率乃至虚无缥缈的方案实施效果作为一项政绩，往往放松了清洁生产审核的验收要求。在这种背景下，导致一些企业高层领导对审核工作不重视，存在弄虚作假、蒙混过关的心态。而一项成功的清洁生产审核工作，需要企业各职能部门负责人和技术骨干组建清洁生产审核领导小组和工作小组；需要高层领导宣传动员、提高员工提出合理化建议的积极性；需要高层领导批准资金，用于实施清洁生产方案。因此，如缺少高层领导的支持，清洁生产审核工作往往流于表面，不能发现企业存在的能源环境问题，也不能挖掘企业节能减排潜力。

2.3 企业自身能力有待提高

根据规定，企业可自主开展清洁生产审核，也可委托中介机构开展。如自主开展审核，其经培训合格的清洁生产技术人员必须符合相关规定。从目前审核情况来看，审核工作仍以委托中介机构开展为主。一般情况下，企业缺少经正规培训的清洁生产技术人员。企业往往将审核工作全部委托给中介机构和专家，希望通过外部力量解决企业内部问题。但真正了解企业实际情况的是一线员工，只有不断灌输清洁生产理念，努力提高一线员工的节能减排意识，才能使清洁生产工作落到实处。

2.4 计量系统不健全，数据分析能力差

清洁生产审核工作依托于大量翔实数据，没有数据，就没有清洁生产。然而，即便是管理完善的大型企业，在水、电、气等计量方面仍难以达到审核工作的实测要求。即便有数据，也很少进行水耗、能耗分析。

2.5 持续清洁生产力度不够

由于缺少相应的管理制度和管理部门，清洁生产审核只关注本轮审核能否通过国家或地

方验收，能否申请财政补助等问题。一些中高费清洁生产方案往往被束之高阁；中远期清洁生产目标成为一纸空文；员工培训与合理化建议活动也不能持续开展；清洁生产理念也难以在企业内部延续。

3　有效开展清洁生产审核的途径

3.1　原材料选择与无害化产品设计

要将环保因素预防性地注入到产品设计之中；要优先选择无毒、低毒、少污染的原辅材料替代原有毒性较大的原辅材料；优先选择无污染、少污染的替代产品，不生产有毒有害的产品。目前，我国很多产品在出口时遭遇绿色贸易壁垒。在电子行业：欧盟要求投放于市场的新电子电气设备不包含铅、汞、镉、六价铬、聚溴二苯醚（PBDE）、聚溴联苯（PBB）；在电池行业，锌锰电池中的汞、铅蓄电池中的镉受到限制；皮革、纺织等行业存在偶氮染料的问题；最近，又在服装中检测出了壬基酚。企业应积极关注国内外相关政策法规，对于重金属、POPs物质、内分泌干扰物质等有毒有害原料应积极开发和应用替代技术。

3.2　工艺设备更新换代

工艺是从原材料到产品的物质转化过程的操作程序；设备的选用是由工艺决定的，是实现物料转化的硬件。工艺、设备更新换代的主要内容包括：a. 简化流程、减少工序和设备；b. 工艺过程应易于连续操作，减少开、停车次数，保持生产过程的稳定性；c. 提高单套设备的生产能力，装置大型化，强化生产过程管理；d. 优化工艺条件（如温度、流量、压力、停留时间等）；e. 利用新的科技成果，开发新工艺、新设备等。工艺设备更新换代是实现节能减排的重要措施。如造纸行业只有使用ETC、TCF等清洁生产技术，才能避免二噁英等污染物的产生；制革行业只有使用无铬鞣制、高吸收铬鞣、铬鞣液循环利用等技术，才能根本解决铬污染问题。

3.3　改进运行操作管理

生产活动离不开人的因素。除了技术、设备等物化因素外，人的运行操作和管理非常重要。国内外情况表明，工业污染源有30%～40%是由于生产过程管理不善造成的，只要改进操作，改善管理，不需花费很大的经济代价，便可获得明显的削减废料和减少污染的效果。主要方法包括：落实岗位和目标责任制，杜绝跑、冒、滴、漏，防止生产事故，使人为的资源浪费和污染排放减至最小；加强设备管理，提高设备完好率和运行率；开展物料、能量流程审计；科学安排生产进度，不断改进操作程序；组织安全文明生产，把绿色文明渗透到企业文化之中等。推行清洁生产的过程也是加强生产管理的过程，而且丰富和完善了工业生产管理的内涵。

3.4　生产系统内部循环利用

物料循环是生产流程中最常见的过程。物料循环再利用的基本特征是不改变主体流程，仅将主体流程中的废物，收集起来处理并再利用。通常包括将废物、废热回收作为能量利用；将流失的原料、产品回收，返回主体流程之中使用；将回收的废物分解处理成原料或原料成分，再用于生产流程中；组织循环用水或一水多用等。如广州珠江啤酒集团公司将糖化车间多余热水回收供锅炉再利用，每年可回收热水10万吨；对各车间冷凝水进行回收，每天可回收冷凝水约800吨，冷凝水回收率达100%。

这些途径可单独实施，也可互相组合起来加以综合实施。应采用系统工程的思想和方法，以资源利用率高、污染物产量小为目标，综合推进这些工作，并使推行清洁生产与企业开展的其他工作相互促进，相得益彰。

4 保障措施

4.1 积极开展宣传培训

通过召开各级领导、管理人员会议和职工代表大会，向全体干部职工分析企业清洁生产实施现状及潜力，强调节能降耗对企业的重要性，使员工对企业一系列从严治厂，节约开支的措施给予充分理解和支持。通过OA系统、清洁生产简报、知识讲座、知识竞赛等各种宣传形式，不断向职工灌输清洁生产知识，提高节能环保意识。通过参加节能环保展会、国家和地方组织的清洁生产现场会等，及时了解国内外节能环保新技术、新设备，积极向同行业先进企业学习节能环保经验。

4.2 建立高效清洁生产组织机构

清洁生产审核初期，必须取得企业高层管理者的支持，成立由总经理挂帅，生产、技术、动力、环保、设备、人事、行政、财务等部门经理和业务骨干组成的清洁生产审核组织机构；制定清洁生产管理制度，明确组织机构职责和任务分工。这样才能促进清洁生产审核工作的有效实施以及巩固清洁生产成果，并使清洁生产工作持续地开展下去。

4.3 制定清洁生产规划

目前，国家要求涉重金属行业每两年实施一轮清洁生产审核；产能过剩行业每三年实施一轮清洁生产审核；其他重点行业每五年实施一轮清洁生产审核。实际上，清洁生产是持续改进的过程。企业在严格执行国家相关规定的同时，应制定详细的清洁生产发展规划，即持续推行清洁生产。如目前国家对火电、制药、纺织、酿酒、发酵等行业污染物排放标准进行修订，这些类型企业应积极关注国家标准制修订动态，提前做好提标改造的准备。

4.4 建立、健全清洁生产制度及管理办法

企业应通过管理制度来支持和保障清洁生产工作的推行。如制定能耗、水耗、物耗等考核标准，定期对有关单位的能耗情况进行跟踪和严格考核，考核结果与员工的收入挂钩，以此调动职工的节能主动性和积极性；积极开展合理化建议活动，如方案采纳后取得经济效益、环境效益，对其个人和团队进行表彰，可以使清洁生产工作深入人心。

4.5 完善资源、能源计量系统

检测设备装置，足够的能源计量器具配备是企业开展清洁生产审核，进行物料平衡、能量平衡分析的基础。企业必须对计量器具有严格的管理制度，设专职人员定期对能源计量仪表进行巡

检和数据采集，并编制能源消耗日报表、月报表，确保数据真实有效，为能源耗用情况的准确统计与考核奠定基础。如果企业内部不具备监测的能力，可以考虑聘请第三方进行监测。

参考文献

[1] 刘小冲，杨勇等．论如何推进清洁生产与可持续发展．西安航空技术高等专科学校学报，2006 (1)：40-42.
[2] 孙大光，杨旭海．企业持续清洁生产的保障措施．江苏环境科技，2004 (2)：46-48.
[3] 田野．企业清洁生产应把握的关键环节．环境科学与技术，2005 (12)：84-86.
[4] 周金泉，殷星兰．浅谈企业清洁生产与环境保护．大众科技，2005 (8)：149-151.
[5] 田立江，李英杰等．清洁生产审核过程中应注意的几个问题．环境科学与技术，2004 (3)：92-93.
[6] 康慧萍．清洁生产是实现可持续发展的基础．山西能源与节能，2006 (1)：22-23.
[7] 周宏春，刘燕华等．循环经济学．北京：中国发展出版社，2005，170-172.

⑤ 造纸行业清洁生产审核案例研究

吕竹明　宋云
(中国轻工业清洁生产中心，北京，100012)

Case study of cleaner production auditing on paper industry

Lv Zhuming　Song Yun
(China Cleaner Production Center of Light Industry，Beijing，100012)

摘要：造纸工业是国民经济的重要支柱产业之一，本文主要介绍造纸行业的基本情况、生产工艺和产排污状况，并结合具体的造纸生产企业，分析如何在造纸行业开展清洁生产审核，并提出切实可行的清洁生产方案。

关键词：造纸　清洁生产审核　清洁生产方案

Abstract：Paper industry is one of the important industries for national economy. This paper mainly introduces the basic situation，production process and pollutants generation & emission condition of paper industry. According to a paper company，this paper analyses how to develop cleaner production audits in paper industry，and puts forward practical clean production project.

Key words：Paper；Cleaner production audit；Cleaner production project.

1　造纸行业现状

1.1　纸及纸板生产及消费现状

据中国造纸协会调查资料，2010 年全国纸及纸板生产企业有 3700 多家，全国纸及纸板生产量 9270 万吨，较 2009 年 8640 万吨增长 7.29%；消费量 9173 万吨，较 2009 年 8569 万吨增长 7.05%。人均年消费量为 68kg (13.40 亿人)，比 2009 年增长 4 kg。2010 年比 2000

年生产量增长 203.93%，消费量增长 156.59%。2000～2010 年，纸及纸板生产量年均增长 11.76%，消费量年均增长 9.88%。

1.2 纸浆生产及消耗情况

据中国造纸协会调查资料，2010 年全国纸浆生产总量 7318 万吨，较 2009 年 6732 万吨增长 8.70%。2010 年全国纸浆消耗总量 8461 万吨，较 2009 年 7980 万吨增长 6.03%，其中木浆 1859 万吨，较 2009 年增长 2.82%，比例占 22%，与 2009 年持平；非木浆 1297 万吨，较 2009 年增长 10.38%，比例占 15%，与 2009 年持平；废纸浆 5305 万吨，较 2009 年增长 6.16%，比例占 63%，与 2009 年持平。木浆中，进口木浆比例下降 2 个百分点；废纸浆中，进口废纸浆比例下降 1 个百分点，国产废纸浆比例上升 1 个百分点；非木浆中，稻麦草浆比例比 2009 年下降 3 个百分点；竹浆比例比 2009 年增长 1 个百分点；苇（荻）浆比例与 2009 年持平、蔗渣浆比例比 2009 年增加 1 个百分点。2010 年纸浆总消耗量比 2000 年增长 203%，其中国产纸浆消耗量 2010 年比 2000 年增长 198%。

1.3 造纸生产区域分布

2010 年造纸生产区域分布如图 1 所示。2010 年纸及纸板生产量有所下降的省（区、市）有河南、内蒙古、浙江、安徽、云南、北京 6 个，其余省份都有不同程度增长。2010 年我国东部地区 12 个省（区、市），纸及纸板产量占全国纸及纸板产量比例为 71.6%，比 2009 年提高 0.3 个百分点；中部地区 9 个省（区、市）比例占 20.1%，比 2009 年降低 1.3 个百分点；西部地区 10 个省（区、市）比例占 8.3%，比 2009 年提高 1.0 个百分点。

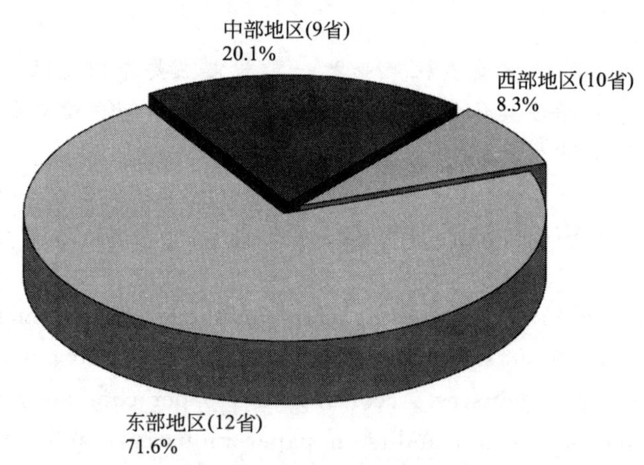

图 1 2010 年造纸生产区域分布

2 造纸行业的生产工艺和产排污状况

2.1 造纸行业的生产工艺流程

2.1.1 制浆工艺概述

制浆是指利用化学的、加热的、机械的或上述综合的方法将植物纤维原料离解变成本色纸浆或漂白纸浆的生产过程。如图 2 所示为制浆的主要过程。

各种制浆方法特征见表 1。

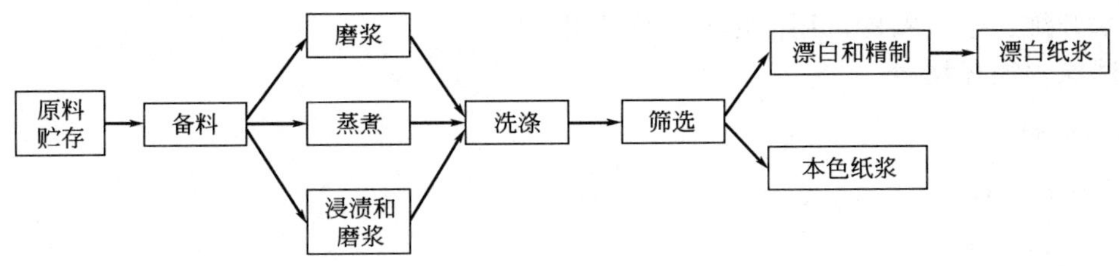

图 2　制浆生产工艺流程

表 1　制浆方法的总分类

机械法	综合法	化学法
利用机械能制浆	以化学和机械法	以化学品和热能制浆
（少量化学品和热能）	综合处理制浆	（少量或没有机械能）
高得率(90%～95%)	中等得率(55%～90%)	低得率(40%～55%)
短而不纯的纤维	纸浆品质属“中等”	长而强的纤维
强度低	（有若干独特品质）	强度好
不稳定		稳定

2.1.2　生产工艺

造纸工艺流程（见图 3）：造纸一般分为打浆和造纸。打浆是用机械方法处理水中的纤维使其适合纸机抄造的需要，打好的纸浆通过配浆进入纸机系统，通过网部、压榨部、干燥部、压光卷纸制成成品纸。网部由流浆箱和网案部组成，主要作用是脱水和成形，经过网部的纸页已脱去大部分水分，进入压榨部后进一步脱水形成湿纸页，再在干燥部脱去剩余水分，经过施胶、压光等处理制成产品。

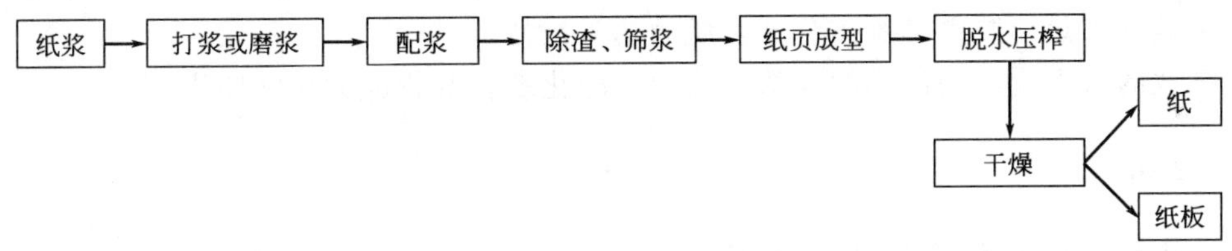

图 3　造纸生产工艺流程

2.2　造纸行业产排污状况及污染治理状况

制浆造纸生产过程中产生的废水、废气和废渣对环境产生较大的影响，其中废水排放对环境的影响尤为严重。

造纸企业废水主要来源于制浆、造纸工段，主要污染物为 COD、SS、AOX（有致畸、致癌、致突变作用），其中制浆废水来自制浆过程中产生的高浓废液（如黑液）和废水，它是木质素、纤维、半纤维及其降解中间产物；造纸废水主要为纸机白水，主要成分是流失的纤维、淀粉等造纸填料。

2.3　造纸行业的主要清洁生产工艺

2.3.1　制浆

（1）备料

① 非木纤维：除去草类顶端部分，干湿法备料；除去蔗渣，湿法堆存。

② 木纤维：干法剥皮，用回用水洗涤木片。
③ 洗涤水循环技术。

(2) 蒸煮
低卡伯值蒸煮。

(3) 洗浆、筛选
① 高效黑液提取设备的应用。
② 封闭的洗浆-中浓筛选工艺。

(4) 漂白
① 氧脱木素技术。
② 系统用水的循环利用技术。
③ 无元素氯漂白技术（ECF）。
④ 全无氯漂白技术（TCF）。

(5) 碱回收
① 高浓黑液燃烧技术及设备。
② 碱回收蒸发站污冷凝水的回用。

(6) 中浓技术

(7) 废纸回收的高度净化技术
① 只解离纸类成浆而不破碎塑料膜、带等的转筒式废纸碎解机。
② 高效的轻重杂质分离装备。
③ 有效处理热熔胶之类难于分离杂质的热分散技术。
④ 高效的对不同印刷油墨的浮选、漂白、净化装备及相应的化学脱墨剂。

2.3.2 造纸

(1) 造纸、纸板机系统排水封闭工艺

① 冷却用水（空气压缩机站、润滑油系统、液压系统及表面施胶站用水）及真空泵封闭用水，经冷却塔冷却，单独封闭回用，新水只需补充冷却塔用水。

② 纸机网部、毛毯、辊子的冲洗水、脱水元件的润滑润湿水及真空系统的水都要经处理后回用。

(2) 白水回用技术

(3) 造纸机高效脱水与烘干技术

3 案例分析

3.1 企业基本情况

某企业的制浆生产线，是目前世界上规模最大、技术最先进的单条制浆生产线之一。该制浆生产线采用的主要工艺和设备为：紧密型低温蒸煮、压榨式洗涤、压力筛选、氧脱木素、D0-E/O-D1-D2 四段 ECF 中浓漂白、降膜蒸发、低臭碱炉等。此生产线的黑液提取率为 99%，碱回收率为 98%，浆板车间的白水回收率为 90%。

企业生产/生活废水量52000m^3/d，全部送厂内污水处理车间处理。企业生产废水排放源主要是：备木车间、制浆车间、抄浆车间、循环冷却水系统和热电站。

企业动力锅炉日排烟气量约500万标准立方米，排放污染物主要有SO_2、NO_x、粉尘。目前企业处理烟气污染物的系统有静电除尘系统、石灰石脱硫系统。

企业产生的工业固体废物综合利用率较高，仅有少量绿泥在厂内临时固废堆场内安全填埋。

企业实施清洁生产审核前的主要单耗、资源综合利用和主要污染物产生情况如下。

取水量：35m^3/Adt。

综合能耗（外购能源）：230kg（标煤）/Adt。

纤维原料（绝干）消耗量：2.2 t/Adt。

白泥综合利用率：99%。

水的重复利用率：95%。

黑液提取率：99%。

碱回收率：95%。

备料渣（指木屑等）综合利用率：97%。

污泥综合利用率：100%。

废水产生量：18m^3/Adt。

COD_{Cr}产生量：2.17kg/Adt。

BOD_5 产生量：0.09kg/Adt。

SS产生量：0.2kg/Adt。

AOX产生量：0.06kg/Adt。

3.2　预审核概况

预审核是清洁生产审核的初始阶段，是发现问题和解决问题的起点。主要任务是从清洁生产审核的八个方面入手，调查企业生产活动中最明显的废物和废物产生点；能耗最多的环节和数量；能源的输入和产出；能源管理现状；发电量、供电量、能源损失率；管线、仪表、设备的维护和清洗等，从而发现清洁生产的潜力和机会，确定本轮清洁生产审核的重点。在结合本企业生产过程的实际情况的基础上，通过摸清污染现状，并经过比较和分析，确定审核重点和设置预防污染的目标，提出并实施污染物削减的无/低费方案。

（1）现状调研

审核小组依据清洁生产审核程序，在全厂范围内广泛收集审核所需要的资料，主要包括：企业生产工艺流程；企业生产设备流程；企业供水状况；企业供热蒸汽管网情况；企业供用电线路情况；主要生产经营情况；电力、水、天然气、原材料等的消耗情况；企业管理制度、操作规程、岗位责任等。

（2）现场考察

在原始资料收集的基础上，审核小组对企业备木车间、制浆车间、抄浆车间、碱回收车间、废水处理厂、原料场、码头等进行了现场考察，并认真核对系统图，并核查企业主要煤耗、电耗、水耗等指标，查找电耗、水耗大的环节、检查设备运行及维修状况，进一步明确了企业的组织机构、运行情况。

（3）确定审核重点

企业主要产品为纸浆。原料木材来厂后，主要经过备木、筛选、蒸煮、筛洗、漂白、抄浆等生产过程，由备木车间、制浆和抄浆车间组成的主生产线用水量达到了全厂的52%。表2对制浆生产线及碱回收车间、热电站、废水处理车间和化工厂进行了权重打分，主要从废水排放、废渣排放、废气排放、清洁生产潜力等几个方面。通过权重分析可以看出，制浆生产线的清洁生产潜力最大。因此，本次清洁生产审核在对全厂各个车间进行全面审核的基础上，重点对制浆生产线进行了审核和分析。

表3　各车间权重值一览表

因　素	权重 W	得　分									
		制浆生产线		碱回收车间		热电站		废水处理车间		化工厂	
		R	$R\times W$	R	$R\times W$	R	$R\times W$	R	$R\times W$	R	$R\times W$
废水排放	10	9	90	8	80	8	80	8	80	6	60
废渣排放	9	9	81	8	72	7	63	7	63	6	54
废气排放	8	9	72	8	64	9	72	7	56	6	48
环境代价	7	9	63	7	49	7	49	7	49	5	35
环保费用	6	9	54	8	48	8	48	8	48	5	30
清洁生产潜力	5	9	45	8	40	7	35	8	40	6	30
总分($\sum R\times W$)		405		353		347		336		257	
排序		1		2		3		4		5	

(4) 设置清洁生产目标

在审核过程中，工作小组对企业近三年的生产以及消耗状况进行了分析，结合《清洁生产标准 造纸工业（硫酸盐化学木浆生产工艺）》（HJ/T 340—2007）的要求，制订了2009年、2010年清洁生产目标。

3.3　审核过程及审核结果分析

3.3.1　审核重点概况

制浆生产线主要包括备木车间、制浆车间、抄浆车间和碱回收车间。

3.3.2　物料平衡

审核工作组在企业进行了系统的集中实测，实测中，对进、出车间的物流，包括原料、辅料、水、蒸汽等各类物质的量进行了测定，为进行物料平衡测算提供了充足的数据基础。

通过建立物料平衡以及水平衡，准确地判断出审核重点中物料的利用率、流失率、流失的部位和环节、流失物料的排放走向，定量地描述废物的数量和成分，从而全面掌握了生产过程中的排放和物料流失情况，并在此基础上建立了物料平衡，为清洁生产方案的产生提供了科学依据。

此次审核重点的平衡分析从四个方面进行考虑：一是总物料平衡，主要目的是分析审核重点总的物料输入输出情况；二是水平衡，主要目的是分析和测算生产系统水的输入输出和循环利用情况，查找出水的流失及使用不合理环节；三是纤维平衡，主要目的是分析和测算生产系统纤维的输入输出情况及纤维的利用率，查找出纤维的流失环节；四是能量平衡，主要目的是分析和测算生产系统的蒸汽平衡，查找出蒸汽的流失及使用不合理环节。

3.3.3　审核结果分析

(1) 实测结果审核

企业的生产工艺、设备的监控系统比较完备，平时已积累了大量的数据，在此基础上，本轮审核又对工厂的备木车间、制浆车间和抄浆车间进行了实测和理论衡算，测定结果比较准，误差在允许范围内，故各单元操作的输入输出测定值和由此产生的物料平衡、水平衡、纤维平衡和能量平衡可作为评估分析的依据。

(2) 对运行和维护管理的审核

企业的运行控制采用DCS集散控制系统，在生产过程中有严格的岗位制度、巡视制度、运行管理制度，有事故处理应急制度，有专职的检修人员和公共工程人员，保障设备的完好。

(3) 对水消耗的审核

实测阶段备木工段的新鲜水耗为2955t/d，制浆工段（氧脱木素）的新鲜水耗为14010t/d，抄浆阶段的新鲜水耗为5056t/d，碱回收工段的新鲜水耗为25203t/d，实测阶段的将产量为3747.93Adt，备木、制浆、抄浆和碱回收工段的单位产品耗水量为12.6m^3/Adt。

(4) 对纤维消耗的审核

实测总纤维平衡基本符合实际情况，每吨浆的原料消耗量为14036/3535.5＝3.97t/Adt（绝干原料2.16t/Adt），调查数据2007年为3.91t/Adt（绝干原料2.15t/Adt）。

(5) 对废水产生情况的审核

废水排放主要包括备木工段的废水、蒸煮工段的污冷凝水、漂白工段的废水和抄浆工段湿部的排水。通过实测得出，备木工段的废水为2.57t/Adt，漂白工段的废水为9.98t/Adt，抄浆工段湿部的排水为0.64t/Adt。

(6) 对能源消耗的审核

企业消耗的主要一次能源为煤、天然气、重油、废木屑等；消耗的二次能源为电力、蒸汽。煤主要用来自发电，生产自用电以及蒸汽，实现热电联产，用于生产纸浆。天然气主要用于苛化车间、石灰石烧制、碱回收锅炉。重油主要用于锅炉点火等用途。生产的电力完全用于企业生产；同时汽轮机中低压抽汽用于制浆、抄浆、黑液蒸发、苛化、ClO_2制备。

企业十分注重节约能源。热电联产锅炉采用先进的多燃料循环流化床锅炉燃烧技术，可以消耗企业产生的许多种固体废物；主要动力设备采用变频控制技术；蒸汽使用实现梯级利用，尽量减少能量损失；碱回收锅炉通过燃烧黑液、高浓臭气、低浓臭气等可燃废物生产蒸汽，实现降低环境污染、节约能源的目的，同时提高资源利用率。

3.4 无低费方案及实施效果

通过发动企业广大员工积极参与方案的产生，并且充分的调动企业外专家为企业的清洁生产方案献计献策，共提出清洁生产方案29项。其中，无/低费方案26项，中/高费方案3项。如表3、表4所列。

表3　清洁生产无低费方案一览表

序号	问题类型	存在问题	原因分析	改善措施
1	原辅材料和能源	进厂未剥皮原木的直径过小(小于100cm)	进入剥皮机后损耗过大(约40%)	购买滚筒式简易剥皮机
2		铝酸钙、氢氧化铝粉尘影响人体健康	物料自身特点，容易扬起飞粉尘	改善除尘设施，加强人员配戴劳保用品意识

续表

序号	问题类型	存在问题	原因分析	改善措施
3	技术工艺	因漂白段的滤液加热器蒸气阀门有内漏，每次停机时，内漏的蒸汽会将管道内的液体不断加热，造成汽化，进而造成水锤，严重时会造成爆管	' 管道内漏的蒸汽没有得到疏通	在靠近滤液加热器出增加排放管，在停机时，只要将排放管打开，即使是内漏，也可以泄掉
4		反应釜疏水管道埋地铺设至冷凝水池，易腐蚀漏气，一旦漏蒸汽需切割水泥地板，方可对管道焊补，这样造成维修量大，费用高	反应釜疏水管道埋地铺设至冷凝水池，易腐蚀漏气	将埋地铺设段管道改为明管，并外包保温棉，防止烫伤，管道设地面铺设至冷凝水池
5		吹灰器运行时由于压力低会跳停，而导致锅炉堵灰严重	系统设置时间严格执行低压跳停动作而没有考虑实际	将低压跳停设置延时几秒钟
6		输煤系统输煤通廊及设备积煤粉	除尘效果不理想，输送带密封不良	改善除尘器的除尘效果，采用封闭式的输送带
7	设备	备木车间木片水洗系统的新增水泵，经常出现转轴密封不严漏水的现象，原因为：(1)密封圈损坏；(2)水泵的进水管的管径比出水管的还大	水泵使用不当	(1)更换密封圈；(2)将进水管改成管径与出水管管径一样大小的管路
8		由于目前筛选摇筛上层网孔 50mm，大部分的木片还未散开已经落到下层了。所以摇筛的筛网未能充分利用到	上层筛网利用效率低	将摇筛上层筛网改为 24mm 的
9		现有带式脱水机，易造成冲洗喷头的堵塞	冲洗水管过滤器上的滤网孔较大，且此网只是随便用带孔类的网卷起来的，起不到较好的过滤效果	更换更好的微孔滤网
10		中浓黑液泵在切换后，出口管线内还有残留的中浓黑液，如不排放干净会把管线慢慢堵死，严重影响锅炉的正常运行	管道清洁不彻底	给中浓黑液泵出口管线增加一排放阀
11	过程控制	现阶段进厂的原木中，几乎一半为未剥皮的原木；因此，剥皮机的剥皮效率备受关注。而下料链条 0003 经常因为卡树皮等，进而导致跳电频繁，严重影响剥皮机的有效运行。原因为：(1)链条长时间的运行后已经变长；(2)回程链条的垫板容易沉积树皮	剥皮机的跳电故障，主要由于树皮卡住链条	(1)将链条变长的部分截断；(2)将回程链条的垫板拿掉，让回程链条悬空；这样就不会再沉积树皮
12		由于现在筛选只走洞筛。缝筛一走就因压力高而跳车，只走洞筛品质就不会太好，而且后段的化学品有浪费	筛选品质不好	将缝筛的筛板的缝隙从 0.2 更改为 0.35，这样就可以解决因压力高跳车，这样可以提高浆料洁净度，降低化学用量
13	产品	由于设备设计不良，造成原木在剥皮过程中造成严重的损失，据统计原木水分在 26.88%时，剥皮中原木会损失 44.71%，而水分在 50%以上时原木在剥皮过程中仍有 19.45%的损失，月原木剥皮量 6000ADT 以上，如果将损失降到 10%以下，将会造成相当大的效益	设计不良	(1)对设备进行改良；(2)进一步提高原木支付率等，成立 SDA 改善活动来减少损失
14 15	废物	因木节外排时，会有大量的臭气排外	排出的木节含有大量黑液中臭气	在上方增加简易风机，将臭气抽到吸收桶
		冰水机真空泵废油处理	排放污染	废油回收、专业处理
16		由于 VE 地坑臭气再增加两台风机的情况下效果仍不明显，仍会有臭气冒出，为了改善现场环境，提升企业形象	臭气处理不彻底	增加一套冷凝器，将臭气中的水蒸气冷凝，然后将臭气送到 RB 燃烧

续表

序号	问题类型	存在问题	原因分析	改善措施
17	过程控制	泵的密封水直接排放，泵的冷却水排到废水沟浪费，是在浪费水资源	密封未受污染，直接排放存在浪费	将密封水回收利用
18	过程控制	现有双氧水储槽区表面积较大，地坪较低，易积水，现无固定水泵抽积水	设计不完善	积水坑加装水泵
19	过程控制	锅炉运行时控制阀需要仪表气来控制它的开度，如仪表气压力不足控制阀就失效，严重影响锅炉正常的运行	仪表气与控制阀未建立关联	将仪表气压力写进连锁，有效预防控制阀失效，使锅炉正常平稳的运行
20	管理	现在我们常常试用各个厂的铁线，有时铁线存在一些问题被退回或保留至放处，很容易混淆	铁丝种类多，容易混淆	建议在保留铁线处订上识别牌，然后在识别牌下方或旁边定一个盒子，放有识别票，此票应有小孔便于穿在铁线上
21	管理	生产、维保过程中产生大量各类堪用品	有利用价值的堪用品没有充分利用，直接外卖不划算	成立改善项目活动小组回用各类堪用品
22	管理	有时忘记填写相关记录及报表	报表过多，重复	简化报表
23	员工	进厂员工时间段不同，对一些设备不清楚	厂区较大，生产的设备多	多组织员工进行生产设备制程方面的培训，让其了解生产工艺、流程、设备等
24	员工	员工对清洁生产和节能减排认识不足		开展节能减排活动
25	员工	员工职业技能较低，各部门员工之间配合不当	员工知识层次不同，各人能力有差别；对工作态度不一样	请专业技师进行技能培训；员工之间时常进行交流；领导定期为员工培训

表4 清洁生产中高费方案一览表

序号	方案名称	方案内容
1	提高洗浆效率	在压榨洗涤和ECF漂白工段更换两台洗浆机
2	污水处理高级强氧化方案	在生物接触氧化池后增加Fenton系统处理
3	制浆废水纤维回收	为了进一步降低制浆废水的TSS，降低废水COD，从而提高废水的品质，保护环境；同时提高浆料回收率，降低成本，增加纤维回收设备

3.5 中高费方案及可行性分析

3.5.1 提高洗浆效率

(1) 方案简介

经不断的提产测试，发现浆料洗不干净、废水COD高、化学药品消耗高，为了解决生产出现的问题点，需新增洗浆机。初步估算，通过本方案能够将吨浆 ClO_2 用量从20kg降低到16kg，同时还可以为将制浆产量提升到4300Adt/d做准备。

(2) 技术可行性分析

该方案实施后，可以在产量提升的状况下，仍然可以提高浆料的洗涤效率，降低后段的COD含量，减少化学药品的用量，同时使得废水的品质能够变得更好；从而降低生产成本，进一步保证环境。

(3) 经济可行性分析

本方案的总投资为3591.8042万元，方案实施后吨浆的 ClO_2 单耗由20kg降到16kg；

其 ClO_2 的成本按照 5 元/kg 计算，一年以 352 天计算，可以产生的经济效益为 2400 万元。方案在整个设备使用期限内会有显著的经济效益，1.37 年就可以收回投资。因此，该方案在经济上是可行的。

(4) 环境可行性分析

此方案实施后，将会降低化学药品用量，从而降低污水排放 COD，COD 降低至 2100×10^{-6} 以下，有效降低废水处理成本。

3.5.2 污水处理高级强氧化方案

(1) 方案简介

原废水水、水量不稳定，未在进入生物处理系统前规划前处理加药系统，导致生物处理系统（A/O 池）持续在高负荷情况下运行。

原废水生化（BOD/COD）比值偏低，设计时生化比为 0.48，而实际我厂水质生化比≤0.3，因而在原设计时设计了两套生物处理系统：A/O 池和生化接触池。而我厂实际情况是，当废水经过 A/O 池处理后，BOD 已经非常低，生化接触池基本不起作用，增加了后段化学处理难度。

为改善出水水质，自 2005 年 6 月起，针对企业废水特性，持续进行工艺分析，大量试验评估，多种新技术测试。经过严格评估及筛选，后段选择采用 Fenton 技术。

(2) 技术可行性分析

Fenton 法简介：1894 年由 Fenton 所发现，亚铁离子（Fe^{2+}）为过氧化氢（H_2O_2）的催化剂，产生一种高氧化能力（仅次于氟）的自由基（氢氧自由基，^-OH），将废水中的有机物最终氧化成二氧化碳和水以降低 COD。其反应原理如下：

$$H_2O_2+Fe^{2+}\longrightarrow -OH+Fe(OH)_2+\cdots\longrightarrow FeOOH\downarrow$$

从目前的试运行情况来看，达到了设计要求（出水 COD≤100mg/L）。

(3) 经济可行性分析

本方案的总投资为 6729 万元，本方案实施后主要是降低了废水的排放浓度，改善区域水环境，没有直接的经济效益。

(4) 环境可行性分析

Fenton 系统方案实施并调试正常后，可有效降低排放水 COD 浓度，保证排放水水质达到环评要求，有效降低对海洋水体的影响，并确保浆厂的生产顺利进行。该方案实施后，可大大降低废水 COD 的排放量，预估可减少 COD 排放量 1478t/a [4000 吨浆/天 $\times21m^3$/吨浆 $\times$(150～100)mg/L $\times$ 352 天]。

3.5.3 制浆废水纤维回收

(1) 方案简述

为了进一步将制浆废水的 TSS 从 200×10^{-6} 降低至 150×10^{-6}，并将废水 COD 从 2636×10^{-6} 降低至 2100×10^{-6}，从而提高废水的品质，保护环境；同时提高浆料回收率，降低成本，企业准备在原有的两台转鼓式过滤机的基础上再新增三台转鼓式过滤机。

(2) 技术可行性分析

该方案实施后，每天可回收 2.98t 的浆料，其中混合废水中 TSS=200×10^{-6}，即水中纤维含量 0.02%；抄浆白水的 TSS=300×10^{-6}，即水中纤维含量 0.03%；同时在全场成本节降 5 亿元中做出巨大的贡献，以及降低污水 TSS。整个设备安装由厂家来安装调试。该方案技术成熟，容易实施。

(3) 经济可行性分析

本方案的总投资为 442.02 万元，方案实施后，每天可回收 2.98t 的浆料，按照每吨浆的净利润 600 元计算，一年可产生的经济效益为 62.94 万元。方案在整个设备使用期限内会有显著的经济效益，5 年就可以收回投资，因此，该方案在经济上是可行的。

(4) 环境可行性分析

此方案实施后，不仅可以提高纤维原料的利用率，每天可回收 2.98t 的浆料，还将会降低化学药品用量，从而降低污水排放 COD，COD 从 2636×10^{-6} 降低至 2100×10^{-6} 以下，有效降低废水处理成本。

参考文献

[1] GB 3544—2001，造纸工业水污染物排放标准 [S].

[2] GB/T 18916.5—2002，取水定额 第 5 部分：造纸产品 [S].

[3] QBJ 101—88，制浆造纸厂设计规范 [S].

[4] QB 6001—92，制浆造纸厂设计规范碱回收车间工艺部分 [S].

[5] 韩金梅．制浆工艺与技术 [M]．北京：化学工业出版社，2005.

[6] 周学飞．制浆漂白清洁新技术 [M]．北京：中国轻工业出版社，2004.

[7] 何炳光等．重点行业清洁生产方案 [M]．北京：学苑出版社，2002.

[8] 张珂，俞正千．麦草浆碱回收技术指南 [M]．北京：中国轻工业出版社，1999.

[9] 联合国环境署．制浆造纸工业环境管理 [M]．北京：中国轻工业出版社，1998.

[10] 聂勋载等．常用非木材纤维碱法制浆实用手册 [M]．北京：中国轻工业出版社，1993.

[11] 张珂，陈仁悦．造纸工业污染防治技术与环境管理 [M]．北京：中国轻工业出版社，1988.

[12] 联合国环境署工业管理网中国专家组．制浆造纸工业环境管理 [M]．北京：中国轻工业出版社，1998.

[13] 国家发展改革委员会．全国林纸一体化工程建设"十五"及 2010 年专项规划 [R]．北京：国家发展改革委员会，2004.

[14] 中国造纸工业 2006 年度报告中国造纸协会，2006.

[15] 邝仕均，2006 年世界造纸工业概况．中国造纸，2007，26 (11)：63-66.

制革行业清洁生产审核案例研究

孙慧，吕竹明，简玉平，蒋彬

(中国轻工业清洁生产中心，北京，100012)

摘要： 皮革工业是我国轻工行业中的传统支柱产业，制革过程中三大污染物（硫化物、铬化合物和有机物）的产生和排放对环境造成了很大影响，需从源头对这些污染物的产生环节进行控制。清洁生产是行之有效的方法之一。本文介绍了国内外皮革行业所采用的主要清洁生产工艺，并结合一家以皮革干整饰加工的企业说明如何进行清洁生产审核，希望对行业内其他企业能有所启发。

关键词： 皮革；清洁生产；清洁生产工艺

Case Study of Cleaner Production Audit in Tanning Industry

Sun Hui，Lv Zhuming，Jian Yuping，Jiang Bin
（China Cleaner Production Center of Light Industry，Beijing，100012）

Abstract：Leather industry is the traditional pillar industry in China's light industry. The three pollutants（sulphide，chromium compounds and organic pollutants）produced and discharged during tanning processes has great passive influence on the environment. So it is necessary to control the pollutants producing links from the sources. Cleaner production is an effective way. The cleaner production technologies at home and abroad were introduced in this paper，and showed how to carry out cleaner production audit in an enterprise adopted leather drying process. Other leather enterprises could learn something from it.

Key words：leather；cleaner production；cleaner production technology

1 皮革行业现状

皮革工业是我国轻工行业中的传统支柱产业，并连续多年位居轻工行业出口创汇的首位，是国际竞争优势明显的产业，是创汇、富民、扩大就业、繁荣市场的重要产业。我国已成为世界皮革工业大国，2009 年轻革产量 6.9 亿平方米，约占全球的 20%，鞋类产量约 100 亿双，占全球的 68%，其中皮鞋产量 35.5 亿双，出口 8.8 亿双。制革行业是制鞋、皮革服装、箱包皮具等行业的上游行业，还是畜牧业副产品动物皮张的资源化利用产业，对畜牧业的发展起到重要的推动作用。

2 皮革行业的生产工艺和产排污状况

2.1 制革生产过程的组成

制革生产过程主要包括四大工段：准备工段、鞣制工段、湿整理工段和干整饰工段。

2.1.1 准备工段

使原料皮恢复到鲜皮的含水量，除去油脂、表皮、毛、皮下组织、纤维间质等无用的物质，适当松散胶原纤维结构，制成酸裸皮，为鞣制做好准备。包括浸水、脱脂、脱毛浸灰、脱灰软化和浸酸等工序。

2.1.2 鞣制工段

利用鞣剂分子在皮胶原分子链之间形成交联，提高胶原结构稳定性，将酸裸皮变成革，即蓝湿皮（或白湿皮）。主要工序是鞣制工序。

2.1.3 湿整理工段

通过转鼓的机械作用在浴液中向蓝湿皮（或白湿皮）中加入复鞣剂、染料、油脂等皮化材料，赋予皮革更好的使用性能，如丰满柔软的身骨、各种颜色等。主要包括复鞣填充、中和、染色、加脂、挤水伸展、真空干燥、挂晾干燥等工序。

2.1.4　干整饰工段

通过对干燥后的皮胚进行机械做软、表面处理，赋予皮革柔软的手感、漂亮的外观。主要包括摔软（或振软、拉软）、绷板、涂饰、压花、烫光等工序。

2.2　产排污情况

皮革加工过程是利用可再生资源（生皮）经过物理、机械和化学作用变成可供人们使用的物质（皮革），符合循环经济的特征。但不可否认，皮革加工过程中也会带来一定的污染。图1表明了皮革加工过程所产生的主要污染物类型。

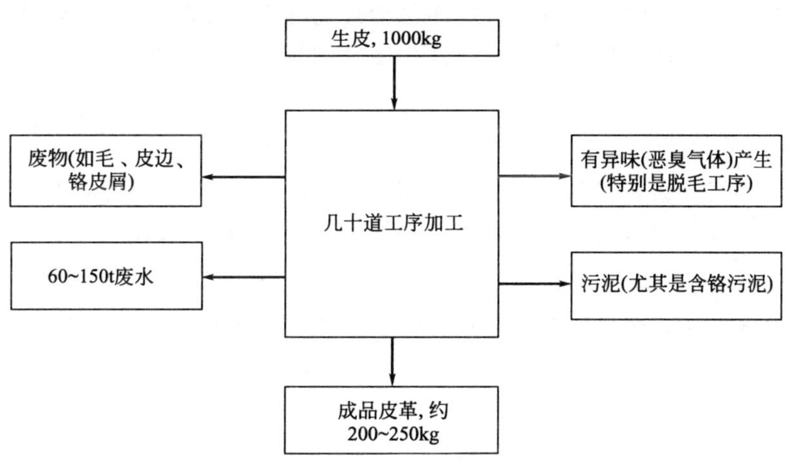

图1　皮革加工过程中产生的污染物示意

从图1中可以直观看出，皮革加工过程既不能做到所有生皮全部变成革，同时还要产生污水、污泥和一些带有异味的气体。

据统计：我国吨皮耗水量位于世界同业平均水平的上限，每年产生废水约8000万～9000万吨。含有硫化物1.7万～1.8万吨，红矾1.9万～2.0万吨，悬浮物25万～27万吨，化学耗氧量18万～19万吨，生化耗氧量9万～10万吨，污泥100万吨。

2.3　皮革行业的主要清洁生产工艺

2.3.1　国外

国外已经发展了一些皮革清洁生产的单元技术主要有以下几种。

（1）减少盐污染的原料皮防腐保藏技术

主要有冷冻保藏、少盐保藏以及辐射法。这些方法多处于研究开发阶段，实际应用不多。

（2）清洁化脱毛技术

代表性的有酶法脱毛、氧化脱毛、保毛脱毛以及有机硫化物脱毛等。应用较多的是酶法脱毛和保毛脱毛。

(3) 无铵脱灰技术

主要有非铵盐脱灰剂脱灰、CO_2 脱灰等技术。

(4) 白湿皮加工技术

采用这一技术的好处是：可以节约大量的铬鞣剂，皮屑的经济价值高，较易实现资源化。目前，国外的白湿皮技术主要有：a. 铝鞣白湿皮加工方法；b. 聚丙烯酸酯-铝盐鞣法——罗门哈斯公司方法；c. 硝酸铝＋山梨醇鞣法——法国皮革技术中心方法；d. 硅酸（铝）盐法；e. Felidermw 鞣剂鞣法；f. 有机鞣剂鞣法（包括醛类、多酚化合物及合成鞣剂鞣法）。

(5) 新型铬鞣技术

这类技术是在传统的铬鞣技术的基础上改进发展而来，主要有：以提高铬的吸收为目的的高吸收铬鞣技术、以消除或削减中性盐用量为目的的无盐浸酸技术、不浸酸铬鞣技术、以回收铬鞣剂为目的的废液循环利用技术以及少铬鞣制技术等。这些制革清洁生产技术大都已被工业生产所采用。

(6) 无铬鞣革技术

是用其他鞣剂代替铬鞣剂鞣革的技术，主要有植铝结合鞣革技术、植醛结合鞣革技术等；其中，植铝结合鞣革技术被认为是最有前途的一种无铬鞣革技术。

(7) 水基涂饰材料的研究开发与应用

利用新的合成技术，合成水基的涂饰材料，消除有机溶剂和游离甲醛，减少整饰过程中的大气污染。

2.3.2 国内

总体来看，国内近些年来所发展的制革清洁生产技术已与国外水平相当，个别的已经超过国外。比较有代表性的制革清洁生产技术主要有以下几种。

(1) 基于酶制剂的制革生物技术

这一技术的基本原理是：运用基因工程、酶工程、蛋白质工程和现代分离纯化方法等科学方法获取目标功能酶产生菌，制备出具有专一性强的高效专用酶制剂。这种酶制剂还可以根据需要与已有的酶制剂进行复配，得到能够应用于制革全过程的系列专用酶制剂，以替代或部分替代制革过程中的污染物，实现制革清洁生产。在这一单元技术的研究开发方面，国内已经做了大量的研究工作，主要表现在两个方面：第一，运用现代生物技术，研究开发出争一性强、纯度高、催化效率高的系列专用酶制剂；第二，革新工艺技术，优化工艺条件，全面应用系列专用酶制剂。

(2) 废液循环利用技术

按照现在的观点，制革废液的循环利用符合节约型、循环型经济的要求，也符合绿色化学的要求。四川大学张铭让、潘君等通过对工艺过程及材料等的优化，建立了一套稳定的适合于工业化生产的封闭式浸灰废液循环体系。但卫华研究了灰碱脱毛法，开发出变型少浴灰碱脱毛法。经大生产验证，按此优化工艺生产的猪正面服装革，松面率低于1.5%，可节约硫化钠5%～40%，减轻了硫化物对环境的污染。

(3) 铬鞣技术

围绕减少三价铬的使用量和排放量，制革科技工作者做了大量研究工作，已经开发出具有重要推广应用价值的系列清洁化单元技术，比较典型的有高吸收铬鞣技术、无盐浸酸技术、不浸酸技术、少铬鞣法、无铬鞣法、自湿皮加工技术以及稀土——植物鞣剂结合鞣制皮革的方法（国家发明专利）。与生态铬鞣技术配套的材料的研究已经取得重要进展，已经开发出系列配套材料。

3　典型案例

某知名皮革企业，仅对皮革进行干整理和涂饰加工，即皮革的干整饰加工。

本次清洁生产审核的范围为该企业全厂。

3.1　企业基本情况

该企业主要对母公司提供的皮胚（经过复鞣染色干燥、未经涂饰的皮革）进行干整理和涂饰加工，即皮革的干整饰加工，没有制革三大污染物“硫化物、铬化合物和有机物”的产生和排放。企业产品为鞋面革和包袋革。

3.2　预审核

3.2.1　企业概况

3.2.1.1　产品、产量

主要产品为鞋面革和包袋革。

分析近三年逐月产量，可知制革生产随着季节的变化和市场的变化有较大的波动。

3.2.1.2　生产工艺流程

皮革干整饰加工，主要是通过摔软、绷板、烫光、喷涂等工序赋予皮革丰满舒适的手感、五彩缤纷的颜色、平整细致的粒面和优异的物理化学性能，及同批次产品的一致性，形成最终的成品。生产流程分成以下 3 个部分。

① 皮胚整理　包括回潮、摔软、绷板、抛光或磨革。

② 涂饰加工　包括喷涂、烫光或压板。

③ 成品整理　包括摔软、绷板、真空、修边、量革。

该企业的生产工艺流程见图 2。

该企业的生产工艺技术和产品质量国内领先，产品主要供应百丽、星期六、千百度、奥康、红蜻蜓等国内女鞋一线品牌。

3.2.1.3　主要设备情况

根据现场调查，查阅生产运行记录，企业现有生产设备均处于正常、稳定运行状况，无试生产和在建项目。通过对所有生产设备的核查，企业无落后、限制、淘汰类设备。

3.2.1.4　计量器具配备情况

① 水表　审核之初，该企业装有两块水表：一块为总表；另一块为公共卫生间用水表。根据清洁生产的要求，建议企业完善用水计量器具，在各主要用水点加装三级水表。共需加装水表的数量为 10 块。

② 电表　审核之初，该企业只有一块总表。根据清洁生产的要求，建议企业完善用电

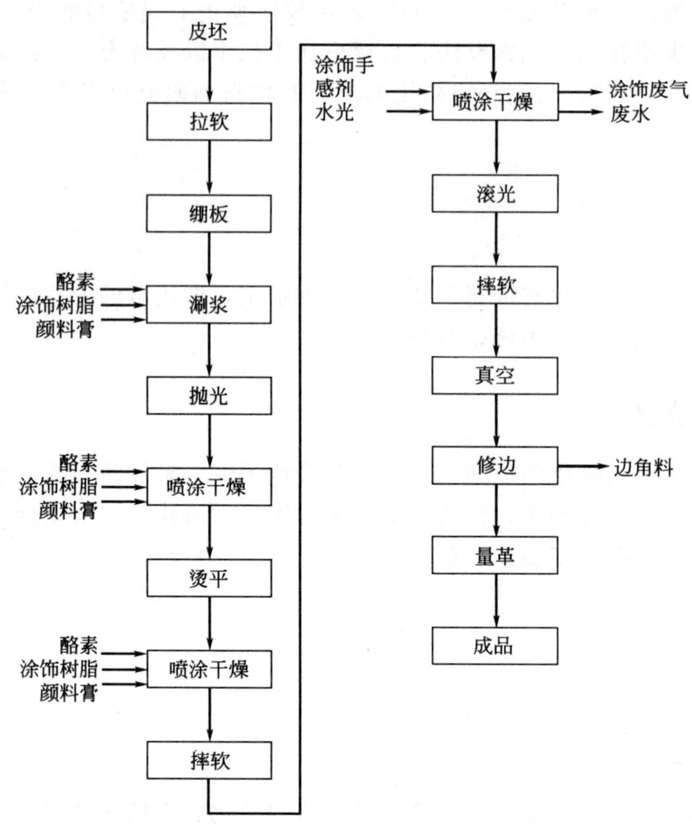

图 2 生产工艺流程

计量器具，共需加装电表的数量为 7 块。

3.2.1.5 原辅材料、水、能源消耗

① 原辅材料消耗

该企业使用的主要原料为复鞣染色加脂后、经过干燥皮的坯，主要从事制革干整饰加工，不产生制革废水，没有制革废水中的硫化物、铬化合物等有毒有害物质的排放。涂饰加工全部采用水性皮革涂饰材料，包括染料水、颜料膏、树脂、蜡乳液、手感剂、光亮剂等。

另外，该企业加工工序为皮革的干整饰，以物理加工为主，所使用原料为干燥后的皮坯，使用的辅料全部采用水性涂饰剂，不使用甲醛等有毒有害原辅料，加工的产品符合《环境标志产品技术要求 皮革和合成革》标准要求。

② 水的消耗

该企业的用水点主要有生产用水和生活用水。生产用水包括：配制皮革涂饰浆料的配方水、喷浆机水幕除尘系统循环水、清洗设备和皮革化工材料容器用水；生活用水包括：洗手间、食堂、冲洗地面、绿化等用水。其中，用于生产的水量较小，且比较固定，清洁生产潜力较小。

③ 电的消耗

单位成品电消耗量约为 0.1 千瓦时/平方英尺成品。

3.2.2　企业环境保护状况

3.2.2.1　环境管理状况

该企业重视环境保护管理工作，制定了完善的环境保护管理工作制度，明确了环保管理、环保监督、环境监测、污染治理等环保职责，明确了考核指标和指标实施细则，并制定了详细的环保设施运行、管理细则。

3.2.2.2　产污排污状况

① 废水

生产废水　每天产生的生产废水量最多为12t，约占总废水量22%，其中主要污染物有COD_{Cr}、悬浮物等。建有一套“混凝＋沉淀＋曝气＋活性炭吸附”的废水处理系统，处理能力为24t/d，生产废水经处理后达标排放。

生活废水　相比生产废水，生活废水产生量更大，排放量约1.4万吨/年，约占总废水排放量的78%。生活废水主要来自于办公区、食堂的生活用水，厂区和各车间的清洁用水，以及厂区的绿化用水，生活污水经化粪池、沉砂井处理后排放到市政污水排放系统。

② 废气

废气主要有磨革粉尘、喷浆液雾。磨革粉尘经集气装置和布袋除尘器处理后高空排放；喷浆液雾和少量的有机废气经集气装置和喷淋处理后高空排放；涮浆有机废气经自然通风，以无组织的形式排放。监测结果表明厂界大气污染物排放浓度符合《大气污染物排放标准》（GB 44/27—2001）中的要求。

③ 固废

该企业固体废物主要包括：修边下来的边角料废皮、磨革灰、喷淋循环废水处理产生的污泥、原辅料包装以及生活垃圾。这些固废均得到妥善处置。

④ 噪声

噪声来自于生产设备，监测结果表明符合《工业企业厂界环境噪声排放标准》（GB 12348—2008）中的2类标准。

3.2.3　企业清洁生产技术应用及清洁生产水平评估

目前《清洁生产标准 制革工业（牛轻革）》（HJ 448—2008）标准内容包括原皮至成品加工的制革全过程，涉及工序包括原皮处理、脱毛、浸灰、脱灰、浸酸、鞣制、复鞣、染色、加脂、涂饰等。干整饰工段污染物较少，不是制革主要污染物，因此在清洁生产标准中对干整饰工段的指标要求较少。该企业清洁生产指标评价参照《清洁生产标准制革工业（牛轻革）》（HJ 448—2008）。

对照《清洁生产标准 制革工业（牛轻革）》（HJ 448—2008），除生产用水重复利用率未达标、产品合格率达到清洁生产指标二级标准，其余指标均能到达清洁生产指标一级水平，清洁生产基础较高。其中，生产用水没有进行重复利用，达不到清洁生产指标的三级水平，建议对中水进行回用，提高生产用水的重复利用率。

3.2.4　确定审核重点

本轮清洁生产审核重点确定为鞋面革成品的物耗和能耗、全厂用水平衡分析和主要的用能设备能耗分析。

3.3 审核

3.3.1 物料平衡

3.3.1.1 物料的输入、输出

物料的输入、输出见图3。

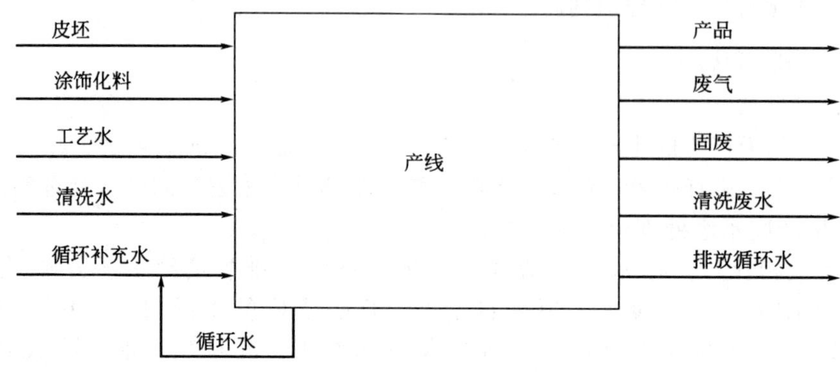

图3 物料输入、输出

3.3.1.2 物料实测结果分析

从清洁生产8个方面对物料平衡结果进行分析。

(1) 原辅材料与能源

根据物料平衡，在辅料消耗及相关废物产生方面主要体现在喷浆工序，在使用辅料过程中，需合理调整喷枪与皮坯的距离，以及喷枪的喷射角度，特别是要避免压缩空气进气量过大，避免散失的浆雾过多。

(2) 技术工艺

根据物料平衡，在喷浆工序会有涂饰化工材料废物的产生。根据国内外同行业的调查，喷枪的使用压力、角度是否合理会影响辅料的利用率和相应废物的产生。根据调研，目前喷枪的使用压力、角度和压缩空气的进气量都有调节的空间，可以通过试验调节，减少辅料的损失和废物的产生。

(3) 设备

在设备使用方面，主要是不同加工水平的喷枪对浆料的使用率有较大的影响，使用高效喷枪能够有效提高浆料利用率，而目前使用的喷枪为普通中效喷枪，有进一步提高的潜力，设备检修和操作控制要仔细严格经常，持续保证产品质量。

(4) 过程控制

从物料平衡结果中可以看出喷浆工序会有配料浆料损失，主要是由于在过程控制方面存在的不足导致。在调研及实测过程中发现，在使用浆料过程中，员工通常会根据经验多配浆料，当一个批次的浆料使用完后，浆料桶中的多余浆料暂时存放或倒掉，造成物料的浪费和废物的产生，因此需要加强在配料方面的过程控制，根据需要精确配置，减少不合理的浪费和废物的产生。

(5) 产品

该企业的生产工艺技术和产品质量国内领先，产品主要供应百丽、星期六、千百度、奥

康、红蜻蜓等国内女鞋一线品牌。

（6）废物特性

主要废物生产用水主要在喷浆工序，虽然排放量不是很大，但经处理后水质较好，目前是直接排放，可以考虑回用。

（7）管理

在管理方面，主要是由于缺乏对各工序的量化控制，包括不良率的考核、资源消耗的考核，废物产生量的考核等，会导致不良率不能得到有效控制。

（8）员工

皮革干整饰所有工序都需要人工参与操作控制，员工的操作水平和责任心对企业原辅料消耗、废物产生量有较大影响。根据平衡分析及实地调研，发现在喷浆工序员工送料的节拍变化较大，对生产效率影响较大，冲洗器具、地面时用水量过大，因此需加强员工的操作水平培训，加强清洁生产知识的培训，树立员工节能减排的意识。

3.3.1.3　根据原因分析所提出的清洁生产方案

根据原因分析，从以下方向提出清洁生产方案：a. 加强来料品控；b. 建立独立工段考核制度；c. 加强喷浆循环水的处理再利用；d. 精确配料，标准化规范操作；e. 加强对员工的清洁生产培训；f. 高效喷枪的替代；g. 喷浆方式的合理调节；h. 加强皮坯预处理，减少机器加工过程中皮胚的损耗；i. 调整加工工艺，增加节能设备，降低电耗；j. 改变生产、生活用水方式，节约用水。

3.3.2　水平衡

根据水平衡测试结果的原因分析，可从以下方向提出清洁生产方案：a. 配备计量器具；b. 建立水务管理制度；c. 加强员工培训；d. 使用节水型器具；e. 经治理废水的再处理回用；f. 采用节能工艺技术，降低能耗；g. 加强预处理，降低机器加工过程中皮坯的损耗；h. 雨水的收集和利用；i. 安装节电设备，降低能耗。

3.3.3　能耗测试及分析

通过测试结果可知，全厂产线能耗主要集中在转鼓、绷板机。根据实测结果表明，转鼓设备区域功率因素较低，具有进一步提高功率因素的可能。而对于绷板机而言，通过与同行业企业的比较发现，同行业立式绷板机有使用不加热即进行烘干从而达到节能的先例，具有一定参考价值，可供进一步分析。

根据原因分析，从以下方向提出清洁生产方案：a. 建立长效考核管理制度；b. 提高功率因素；c. 绷板工序采用取消加温、延长绷板时间的加工方式；d. 提高员工节能意识。

3.4　方案

3.4.1　方案的产生和筛选

通过多种途径和形式进行产生方案：根据物料平衡和废物产生原因分析产生方案、广泛收集国内外同行业先进技术、组织行业专家进行技术咨询等。

共收集到了多项清洁生产方案，经过清洁生产小组的认真讨论和筛选，最终确定了 24 项无低费方案和 3 项中高费方案。无低费方案按照边审核边实施的原则，在预审核阶段便开始实施，取得了良好的实施效果。

部分无低费方案和中高费汇总如表1、表2所列。

表1 部分无低费方案汇总

序号	项目名称	原因表达	方案项目内容
1	机器洗涤方式改进	洗涤水使用直接喷淋	加装高压喷头6个
2	绷板机取消烘干系统	烘干使皮张收缩、粒面不够平细	取消烘干系统，烘干时间由2h延长至3h
3	改进地面冲洗方式	地面采用自来水冲洗，造成水资源浪费	使用墩布擦拭，减少浪费
4	加强生产过程管理，降低能源消耗	设备(包括料斗)无产品时，气/电设备仍运转，造成能源消耗	完善管理规定：根据生产安排，待料5min以上停机、暂无生产指示时关闭设备电源及气阀
5	合理安排生产计划，减少加温设备待机时间	喷浆、熨平、压板设备需加温，在批次之间等待时间过长，浪费电能	确定每批次生产加工量及所需时间，集中进行加工，减少加温设备的等待时间
6	配料处常用皮化材料，每种配备一个专用水勺	勺子没有专用。不同化料共用勺子，不清洗会影响质量，清洗则浪费水	勺子专用，减少用水，消除质量隐患
7	定期清洗校验称量器具	称量器具托盘沾附皮化材料，影响称量准确度	保证称量器具的准确度，消除质量隐患
8	适当调低喷浆机喷枪的压力	喷浆机喷枪压力偏高，浆料损失偏大	适当减小喷枪压力，减少浆雾反弹量，减少浆料损失
9	适当降低喷浆机转速，减少损失量	喷浆机转速较快，喷浆提前和滞后量较大	适当降低转速，调小喷浆提前和滞后量，减少浆料损失
10	计量器具的配备完全	现有水表、电表装配不齐全	主要二级水表、电表配备齐全
11	使用蒸汽熨斗熨平皮胚	部分产品(约10%)在磨革时，由于边角不平整被磨烂	购置蒸汽熨斗，手工熨平皮坯
12	皮坯孔洞、伤残的缝补	皮坯在摔软的时候，孔洞、伤残会被撕扯得越来越大	较粗的针线

表2 中高费方案汇总表

序号	名　　称	内　　容
1	低效设备采用电容补偿	对功率因数较低的设备采用电容进行就地补偿或集中补偿，提高功率因素，降低线损
2	雨水收集再利用	充分发挥地区优势，收集雨水用于企业绿化和地面洗涤
3	污水处理站出水再处理回用	将污水处理站处理用于喷浆机的循环水幕和部分车间地面清洗水，减少新鲜水用量，减少废水排放量

3.4.2 中高费方案介绍

3.4.2.1 污水处理站出水回用

(1) 问题分析

目前厂内污水处理站处理的污水量为8～12t/d，污水来源为喷浆废水，这些污水经过处理，处理后的出水水质结果表明各污染物指标均较低。这些污水直接排入市政管网，造成了水资源的浪费。

（2）采用的方案

为避免污水处理站出水直接排放造成水资源的浪费，考虑将污水处理站的出水经过处理后进行回用于冲厕或绿化。

将原污水处理站进行改造，然后在污水处理站修建一个 $10m^3$ 的贮水池，使用塑料贮水罐，循环用于洗涤或绿化（见图 4）。

实施前　　实施后

图 4　废水处理后回用于绿化和冲洗

3.4.2.2　低效设备采用电容补偿

（1）项目背景

根据生产工艺的要求，全厂能源结构主要是耗电，有部分高耗能设备，根据清洁生产的要求和预审核确定的审核重点，审核期间，审核组对全厂主要耗能设备进行了实测，根据实测结果，需要对不合理的用能设备进行改造。

（2）问题分析

根据实测结果，发现含阻式设备的烘干设备如绷板干燥机、真空干燥机以及加装变频设备的喷浆机等功率因素较高，一般在 0.9 以上，无功损耗较少。而对部分转鼓，由于在运行期间，力矩的变化导致负载的不平衡，电机的配备不合理，导致部分转鼓功率因素较低，均在 0.5 以下，这就造成了能效低。此外，对于喷浆后的部分工序，主要是一车间的抛光机、磨革机、压花机，这些设备会在负载和空载时功率因素变化较大，而由于加工送料的间歇性，就会造成不可避免空载情况发生，造成相应时间段内的功率因素较低，无功损耗较高。

（3）采用的方案

为了满足清洁生产的要求，达到节能减排的效果，尽管目前上述低能效设备加装了变频器，但是实测结果表现并不理想，为了提高功率因素，可以采用加装就地电容补偿的方式来进行改进。

3.4.2.3　雨水收集再利用

（1）项目背景

全厂共有三个车间，每车间顶部均有雨水收集装置，所收集雨水直接通过雨水管网分布排放至市政管网，造成雨水水资源的浪费。

（2）采用的方案

为了满足清洁生产的要求，达到节能减排的效果，可将屋顶雨水进行收集，在各车间雨水管下接装分布式的雨水初级处理及收集系统，再将收集雨水用于绿化，地面洗涤。

上述方案中，初雨抛弃池用于抛弃下雨初期含粉尘、灰尘的雨水，集水井中配备潜水泵，将雨水输送至蓄水池，蓄水池需加药消毒。

3.4.3 方案实施效果

通过无低费和中高费方案的实施，可以实现节电7.9万千瓦时/年，折标煤9.8t/a，减排CO_2 66.3t/a；节水0.4万吨/年，减排废水0.4万吨/年，COD 400kg/a，能够降低成本9万元/年。减少皮坯损耗1.3万平方英尺/年，增加效益25.3万元。处理后的废水全部回用。该企业通过本轮审核，取得了很好的环境效益和经济效益，能够达到预期的清洁生产目标。

参考文献

[1] 但卫华，曾睿，但年华等．皮革清洁生产的现在与未来．皮革科学与工程．2006，16（1）：46-49.
[2] S Rajamani，陈占光，张淑华等．世界皮革业清洁生产和环境保护的新进展．中国皮革，2010，39（1）：26-28.
[3]《清洁生产标准 制革工业（牛轻革）》（HJ 448—2008）.

合成革行业清洁生产审核案例研究

吕竹明，宋云，简玉平
（中国轻工业清洁生产中心，北京，100012）

摘要：我国是世界上合成革的生产、消费和贸易大国。本文主要介绍合成革行业的基本情况、生产工艺和产排污状况，并结合具体的人造革生产企业，分析如何在合成革行业开展清洁生产审核，并提出切实可行的清洁生产方案。

关键词：合成革；清洁生产审核；清洁生产方案

Case study of cleaner production auditing on synthetic leather industry

Lv Zhuming，Song Yun，Jian Yuping
（China Cleaner Production Center of Light Industry，Beijing，100012）

Abstract：Synthetic leather are mainly produced，consumed and traded in China. This paper mainly introduces the basic situation，production process and pollutants generation & emission condition of synthetic leather industry. According to a synthetic leather company，this paper analyses how to develop cleaner production audits in synthetic leather industry，and puts forward practical clean production project.

Key words：Synthetic leather；Cleaner production audit；Cleaner production project.

1　人造革和合成革行业现状

现在，我国已成为世界上人造革合成革的生产，消费和贸易大国。截至 2006 年，我国人造革合成革生产线数量和产量已占据世界总量的 70%以上。

目前，我国共有人造革合成革规模以上企业 360 家，干法线 681 条，湿法线 634 条，共计 1315 条。生产企业主要集中在浙江、广东和福建三省，另外还有一些企业分布在化工、皮革、纺织等行业内，未统计进来。2007 年我国人造革与合成革企业工业总产值为 502 亿元，销售收入 492 亿元，占塑料制品行业销售收入 7661 亿元的 6.4%，占全国轻工业制品行业的 1%。我国塑料行业 2007 年出口额为 220 亿美元，其中人造革合成革出口 9.96 亿美元，占全行业的 4.5%。以上数据充分说明，中国人造革合成革行业，已成为一个新兴的发展潜力巨大的产业。

2　人造革和合成革行业的生产工艺和产排污状况

2.1　人造革和合成革行业的生产工艺流程

2.1.1　聚氯乙烯人造革

聚氯乙烯人造革是由聚氯乙烯树脂（PVC）、增塑剂（如邻苯二甲酸二辛酯、邻苯二甲酸二丁酯等），稳定剂、填充剂等辅助材料组成的混合物，通过不同的工艺路线，涂刮或贴合在各类布基上制成的具有柔软、色泽鲜艳、质地轻、耐磨、耐折外观与天然皮革相似等特点的塑料制品。

聚氯乙烯人造革生产方法，按工艺方法主要分为直接涂刮法、离型纸法和压延法等。

2.2.2　干法聚氨酯人造革

干法聚氨酯人造革是我国从 20 世纪 70 年代末开始从国外引进的生产工艺和设备，开发研制生产的，其通过一定的生产工艺，把溶剂型的聚氨酯树脂溶液挥发其中的溶剂后，得到的多层薄膜和布基而构成的一种多层结构体。目前，我国主要采用离型纸生产工艺为主。生产流程见图 1。

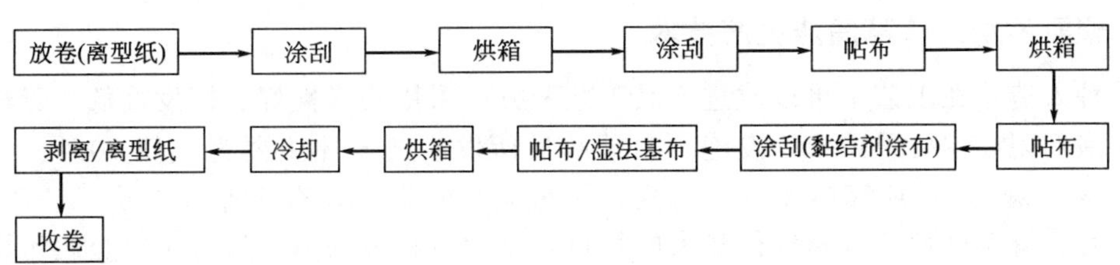

图 1　干法聚氨酯（PU）人造革生产技术工艺

2.2.3　湿法聚氨酯合成革

湿法聚氨酯合成革于 1963 年由美国杜邦公司研制投放市场，我国于 20 世纪 80 年代初从日本引进海岛型超用纤维为基材的湿法聚氨酯合成革生产线及工艺技术，而后国内相继从欧洲、中国台湾地区引进了以近百条起毛布为基材的生产线。目前，无论是海岛型超细纤维或无纺布、起毛布为基材的生产设备均可国内制造。

湿法聚氨酯合成革生产工艺流程见图 2。

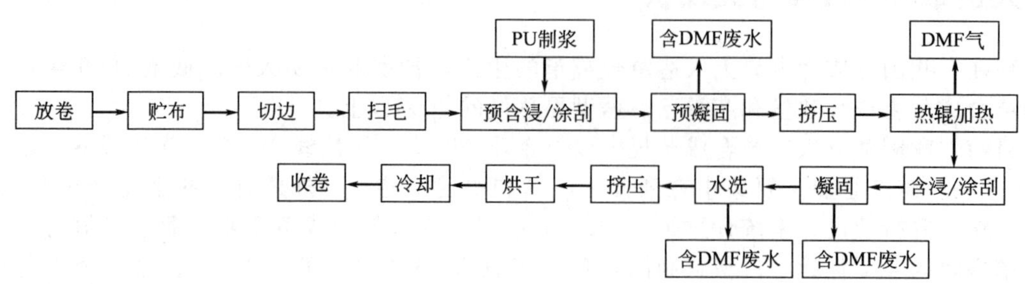

图 2　湿法聚氨酯（PU）合成革生产工艺

2.2　人造革和合成革行业产排污状况及污染治理状况

人造革和合成革的加工制造过程是一个复杂的塑料加工工艺过程，因为在制造过程中除大量应用各种树脂（聚氯乙烯树脂 PVC、聚氨酯树脂 PU）外，还要应用各种化工产品，如增塑剂（邻苯二甲酸二辛酯 DOP、邻苯二甲酸二丁酯 DBP）、溶剂（二甲基甲酰胺 DMF、甲苯 TOL、丁酮 MEK、乙酸乙酯 EA），并在人造革和合成革生产配方中加入各种稳定剂、发泡剂等加工助剂，这些化工产品在人造革和合成革的生产加工制造过程中会产生大量废气、废水和固体废物等，会给环境带来污染的负荷。

如前所述，由于人造革和合成革可以采用不同的加工工艺生产制造，所以工艺不同所生产的产品也不同，所采用的原辅材料也不同，因而根据不同的加工工艺生产过程中所产生的“三废”也不同。如聚氯乙烯人造革的生产加工过程中主要产生含有增塑剂的废气，而聚氨酯人造革和合成革的生产加工过程中主要产生含有 DMF 的废气和废水，人造革和合成革的后处理加工过程中（如印刷、表面涂饰）也会产生大量含有 DMF、MEK 等溶剂的废气。

2.3　合成革行业的主要清洁生产工艺

2.3.1　聚氯乙烯人造革清洁生产技术

该品种人造革在工艺上可以改进产品工艺配方，采用相容性好、挥发性低、毒性低的增塑剂；发泡剂现在主要采用 AC 发泡剂，分解后所发生的气体主要为氮气 70%、一氧化碳 25%和二氧化碳 5%，其气体无毒、无臭、无污染。而近年来有企业开发出 AC-P 发泡剂，该产品具有分解温度低，分解气体量大的特点，企业应积极采用；为避免重金属污染，产品配方中的稳定剂可采用无毒性或低毒性的复合稳定剂代替具有毒性的铅、镉、钡类稳定剂，所生产的产品应达到聚氯乙烯人造革有害物质限量国家标准的规定要求，即可溶性铅含量小于 90mg/kg、可溶性镉含量小于 25mg/kg。

从工艺上也可改进操作，对无机颜料、稳定剂等原材料可将它们预先与增塑剂混合加工，制成浆状或母料片，防止有毒材料的粉尘飞扬。

在生产装置上必须设置增塑剂静电净化回收装置，其工作原理为：在静电净化回收装置中，用以从含尘气体中捕集分离尘粒的作用，既不是重力也不是惯性力，而是电的吸引力，其过程首先是将静电荷赋予尘粒，当尘粒以足够的电荷而在电场中流动时，作用的电吸引力使尘粒在与气流流动垂直方向移向符号相反的沉降板电极上，尘粒即被捕集分离于这个电极上，若被捕集分离的尘粒为液珠，则由于重力作用而流入器底液斗中，废气中的增塑剂即为液珠，而被收集。该装置净化回收率应大于90%。

2.3.2　干聚氨酯人造革（合成革）清洁生产技术

该品种人造革（合成革）在工艺上可以改进产品工艺配方，由于甲苯等芳香族类溶剂毒性大对造血器官有很强的毒害作用，且不溶于水不易回收。故在工艺配方中增加DMF份量，相对减少TOL份量或杜绝TOL的使用。虽然由于各种溶剂的分子量、沸点、闪点不同，TOL等芳香族类溶剂减少可能影响生产线的干燥速度，但可以通过调节烘箱温度予以解决，并保持生产速度不变。

在生产设备上必须设置废气吸附回收装置，其工作原理为：生产线外排废气经风机进入收集吸附塔，然后进行喷淋处理和循环冷却，当DMF浓度达到10%以上时，送到DMF回收区进行精馏回收，该装置回收净化率应大于90%，并逐渐杜绝TOL的使用。

2.3.3　湿法聚氨酯合成革清洁生产技术

在湿法聚氨酯合成革生产过程中，作为PU树脂溶剂的DMF几乎全部析出并溶于水中成为工艺废水的重要组分。

DMF在常温常压下为无色透明的液体，带有鱼腥味。吸入少量DMF蒸汽时，口感略带苦味。DMF对人体有低毒性。动物实验证明，连续投给大量的DMF时引起体重减轻，并阻碍造血功机能。DMF对眼、皮肤、黏膜有强烈的刺激作用其液体或蒸气被皮肤吸收后还能引起肝脏障碍。吸入高浓度蒸气能引起急性中毒，主要症状为严重刺激、全身痉挛、疼痛性便秘和恶心、呕吐等。《工业企业设计卫生标准》中的规定，车间内DMF最高容许浓度为$10mg/m^3$。现在很多企业都对DMF进行了回收。

DMF与水是用蒸馏的方法分离的。蒸馏是利用溶液中各组分蒸气压的差异或沸点的差异使组分得到分离的。将混合液在传质设备中进行多次的部分汽化和部分冷凝，在气液相之间进行多次的热量交换和物质交换。在精馏塔的上部，轻组分浓度逐渐提高，重组分的浓度逐渐下降。传质的结果在塔顶得到近乎纯的轻组分——水，而在塔底则得到近乎纯的重组分——DMF，从而达到DMF水溶液组分分离的目的。

DMF回收工艺上采用逆流漂洗方法，高浓度的工艺废水由凝固槽排至废水槽。工艺见图3。

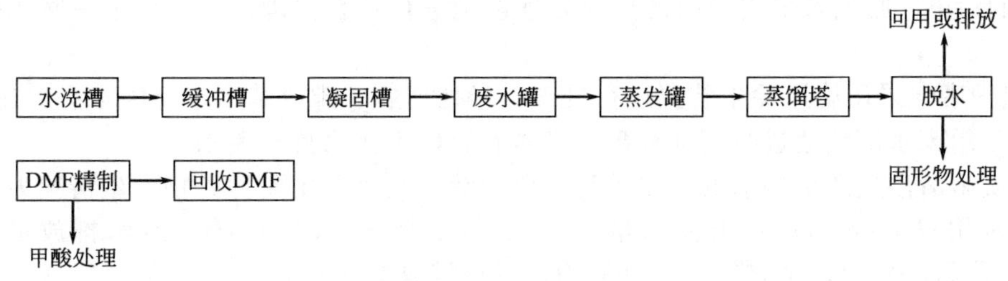

图3　DMF回收工艺

DMF回收装置主要设备：主要精馏塔、蒸发罐、回流槽、离心泵、热交换器等化工设备组成。根据所采用湿法生产线和生产规模的不同，工艺方法可分为单塔工艺流程、双塔工艺流程和三塔工艺流程，回收处理废水可达5000～10000kg/h，COD约为600mg/L，DMF

回收率应大于95%，经处理的水即可回用也可达标排放。

固形物处理：固形物是影响DMF与不可溶性悬浮物。可采用经逐段浓缩和过滤的工艺，经回收锅去除并放入燃烧炉中处理。

2.3.4 人造革和合成革表面涂饰与印刷加工过程清洁生产技术

在工艺配方上应选择低毒的溶剂，减少甲苯等芳香烃族类溶剂的使用。溶剂在空气中的最高允许浓度应符合国家标准要求。车间内还应有较大功率的排风通风装置，以便将泄露的有害气体及时排出室外，降低车间溶剂蒸气浓度，并加装防火防爆设施。

在生产设备装置上必须配置废气吸附回收装置，其回收净化率应达到90%以上。也可配置有机废气催化燃烧装置，其净化率应大于90%，经处理后的废气向空气中排放的浓度应不大于10mg/m^3。

3 人造革和合成革行业清洁生产

3.1 企业基本情况

某企业厂房占地面积9.6万平方米，固定资产为3000多万元，年生产各种人造革、合成革2800万米。现有职工420人，中高级技术人员50多人。企业已全面通过ISO9001国际体系认证。主要生产各类人造革、合成革，产品有箱包革、家具革、车革、服装革、鞋革、体育用品革、印花革、喷涂革、高光革以及蓄能发光革、航空用革等环保型皮革。

企业现在主要有三条人造革生产流水线，其中一条生产线是引进日本原装进口的压延生产线设备；一条生产线是引进意大利原装进口的干法生产线ISOTE设备；还有一条生产线是国内工艺比较先进的皮革后处理生产线设备。

企业在工艺生产过程中，需排放一定量的废水和废气，具体的排放情况如下。

① 压延生产线在生产过程中，由于各类皮革需要高温发泡，因此将产生大量的生产废气（主要成分是高温状态下以气体状态存在的增塑剂DOP)，该废气具有极强的刺激气味，通过烟囱直排到大气中，给环境造成很大的污染，对农作物和人畜都有一定的危害；同时，正是由于原先采取直排方式，DOP不能回收，造成企业的资源流失、浪费。

② 在锅炉集中供热过程中，以煤为燃料，所排放的废气中含有烟尘、一些有毒气体(如CO、NO_2、SO_2等)，原先采用旋风除尘装置，去除效果不理想。

③ 在工艺生产过程中产生大量的废水，其特点是污染物浓度高、品种杂、水量大，给环境造成很大的污染，原先未采用专门的环保处理设施进行综合治理，仅采用了一些比较简单的工艺。

④ 锅炉废气采用旋风除尘装置进行处理，经处理后的排放基本符合国家有关排放要求；废水处理采用废水沉淀池进行沉淀处理，基本符合国家污水排放要求。

企业实施清洁生产审核前的主要单耗、资源综合利用和主要污染物产生情况为：

新鲜水用量58m^3/t；标煤使用量431kg/t；电耗380kW·h/t；废水排放量48m^3/t；COD排放量57.6kg/t；SS排放量3.6kg/t；SO_2排放量0.04kg/t。

3.2 预审核概况

预审核是清洁生产审核的初始阶段，是发现问题和解决问题的起点。主要任务是从清洁生产审核的8个方面入手，调查组织活动、服务和产品中最明显的废物和废物流失点；物耗、能耗最多的环节和数量；原料的输入和产出；物料管理现状；生产量、成品率、损失率；管线、仪表、设备的维护和清洗等。从而发现清洁生产的潜力和机会，确定本轮清洁生产审核的重点。在结合企业生产过程的实际情况的基础上，通过摸清污染现状和主要产排污环节，并经过比较和分析，确定审核重点和设置清洁生产的目标，提出并实施污染物削减的无低费方案。

（1）现状调研

审核小组依据清洁生产审核程序，在全厂范围内广泛收集审核所需要的资料，主要包括：企业生产工艺流程；企业生产设备流程；企业供水状况；企业供热蒸汽管网情况；企业供用电线路情况；主要生产经营情况；电力、水、天然气、原材料等的消耗情况；企业管理制度、操作规程、岗位责任等。

（2）现场考察

在原始资料收集的基础上，审核小组对生产车间进行了现场考察，认真核对工艺流程图，并核查了各部门物耗、水耗、能耗、电耗等技术指标，查找物料流失和污染物产生的环节、检查设备运行及维修状况，进一步明确了企业的组织机构、生产和污染排放情况。

（3）确定审核重点

经过研究对比，由于企业的主要耗能、耗水以及污染物排放的车间为皮革车间，其他车间如锅炉、仓库等只是辅助车间，污染物排放很少，因此确定人造革车间为备选清洁生产审核重点。

（4）设置清洁生产目标

根据人造革生产的特点及清洁生产审核调查分析的结果，以及企业经营规划目标，结合ISO14001 环境管理体系的要求，经讨论确定了清洁生产审核目标。

3.3　审核过程及审核结果分析

（1）审核重点概况

此次清洁生产审核确定的审核重点为皮革车间。该车间包括两条生产线。

（2）物料平衡

企业进行了为期 10d 的集中实测，通过实测，审核工作组对进、出皮革车间的物流，包括原料、辅料、水、等各类物质的量进行了测定，为进行物料平衡测算提供了充足的数据基础。

通过建立物料平衡以及水平衡，准确地判断出审核重点中物料的利用率、流失率、流失的部位和环节、流失物料的排放走向，定量地描述废物的数量和成分，从而全面掌握了生产过程中的排放和物料流失情况，并在此基础上建立了物料平衡，为清洁生产方案的产生提供了科学依据。

此次审核重点的平衡分析从两个方面进行考虑：一是总物料平衡，旨在分析审核重点总的物料输入输出情况；二是审核重点的水平衡，主要目的是分析和测算进入皮革系统的水平衡，查找出水的流失及使用不合理环节。

（3）污染物产生原因分析

物料平衡图和水平衡图表明，压延法生产线废水主要为工艺水、清洗水、冷却水三股废水，其中，工艺废水是主要排放废水，水量有16000余吨，产生于高搅机至发泡炉的各工段，整个工序损耗水量为1020t，在设备清洗过程中流失掉。

干法生产线废水主要为工艺水、清洗水、冷却水三股废水，其中，工艺废水是主要排放废水，水量有15000余吨，产生于检纸机至冷却机的各工段，整个工序损耗水量为950t，在设备清洗过程中流失掉。

3.4 无低费方案及实施效果

清洁生产方案的数量、质量和可实施性，直接关系到企业清洁生产审核的成效，是审核过程的一个关键因素。因此，审核专家对审核小组成员进行了专门的培训，并发动全厂广大员工积极参与清洁生产方案的产生，通过现场的调查，与车间技术人员、操作工人座谈，设立清洁生产建议纪念品，鼓励员工提出清洁生产建议和方案。经发动、动员，并经审核专家的指导，审核小组共收集到清洁生产方案31项，其中，无低费方案28项，中高费方案3项(见表1、表2)。

表1 清洁生产无低费方案

序号	方案名称	方案简述
1	限额领料	按订单、配方限额领料，大大降低产品多生产造成的积压
2	调整配方	调整配方，使用代用材料降低产品成本。填充剂由原来轻钙改为重钙，使加入的份数由原来的60份提高到80份
3	增塑剂的替代	由于增塑剂价格上涨，使成本上升，使用F50替代DOP
4	工艺的改进	根据生产产品不同，适时调整燃煤锅炉的温度
5	加强检验	加强进厂原材料的检验，对不合格或低指标的原辅材料不允许投入生产，避免由于材料的质量问题，影响正常生产及产品收率
6	原材料预烘干	将有关原材料均匀铺放在烘干机房，利用烘干机筒体挥发热量进行预烘干，充分利用能源，降低能耗
7	冷却水回用	将整个工艺上产生的冷却水收集并回用，实现资源的综合利用
8	根据季节调整配料方案	根据季节变化，调节配比，严格控制原材料配比，降低能耗，避免不必要的浪费
9	预加水水量控制	工艺预加水水量由人工控制改为水泵提升自动控制
10	高搅下料斗的改造	由原先的铁通斗改成光滑型的有机玻璃下料斗，大大减少物料的浪费
11	气阀修理	工艺生产上采用压缩空气气阀，及时检查和修理气阀，可有效减少气体流失
12	原料分库堆放	应根据原料质量好坏、技术性能，分库堆放，避免混杂
13	色粉替代外购色饼	购入色粉，进行研浆，替代外购色饼
14	干法线用硅石灰替代重钙	干法线用硅石灰替代重钙，在不增加成本情况下增加产品性能要求
15	原材料调整	干法线材料加入氯化石蜡，利于纸同PVC料的剥离，提高离型纸的使用次数，增加产品的阻燃效果
16	增加宽度标尺	生产线上增加宽度标尺，利于更好观察产品宽度，节约材料投入
17	增加代布	发泡炉开始生产产品前，增加代布，提高产品收率

续表

序号	方案名称	方案简述
18	提高产品收率	压延机生产每笔订单前先出薄膜,调整好厚度以后再起布生产,薄膜回到离炼机重新生产,在保证材料投入情况下,提高产品收率
19	调整上浆目数	开布机采用不同目数的上浆辊,根据产品不同调整上浆目数,减少涂层材料使用
20	调整离型纸与物料剥离角度	调整离型纸与物料剥离角度提高剥离次数
21	树脂研磨过筛	干法线糊树脂成浆后进行研磨过筛,易于加工,提高成品收率
22	手工上浆改为气泵打浆	手工上浆改为气泵打浆减少浆料的浪费
23	增加发泡剂的添加量	增加发泡剂的添加量,由 2.0kg 加到 2.2kg,增加产品发泡倍率
24	利用边角料清理机器	利用边角料下来的布头用于清理机器,节省棉纱费用
25	导热油的再利用	检修机器,更换辊筒放下的导热油,重新加入到锅炉油槽进行再利用
26	表处理用回油热烘干	表面处理烘干由电加热改用回油热烘干,降低用电量
27	淘汰型电机的更新	部分设备配套电机为 JQ 型电机,应逐步被淘汰而改用 Y 型节能电机
28	改造皮带输送机	皮带输送机由电动滚筒式改为减速机式,维修省时省力,设备故障少

表 2 中高费方案

序号	方案
1	锅炉废气处理
2	车间生产废气处理
3	废水处理系统改造

3.5 中高费方案及可行性分析

3.5.1 方案简介

① 压延工艺生产过程中产生的废气处理：新增两套组合式静电除尘装置。该设备具有去除效率高、操作简单、维护管理方便等特点；同时可回收增塑剂，平均每天可回收增塑剂(DOP) 200kg 左右（约合人民币 2000 元)。这样既给企业带来了一定的经济效益，同时又带来了社会效益和环境效益。

② 锅炉集中供热产生的废气处理：拆除原有的已淘汰的旋风除尘设备，新增两套水膜除尘装置。该设备具有能耗低、运行稳定、去除效率高（98%以上)、维护管理方便、使用寿命长等优点，是目前国内最先进的除尘脱硫装置，能确保经处理后的废气达标排放。

③ 工艺生产过程中产生的废水污染物浓度高、品种杂、水量大，因此，采用传统的生化处理工艺和物化处理工艺相结合的一体化污水处理工艺。

3.5.2 可行性分析

(1) 技术可行性分析

① 水膜除尘装置是三相分离技术的应用，其具有工艺技术先进、设备运行稳定、工艺操作简单等优点，在大量实践过程中，采用该工艺技术的设施，其去除效率可达 98%以上，目前，在国内已经得到了广泛的应用，同时也得到了有关权威部门的认可。

② 静电回收装置是目前国内采用最广泛的 DOP 回收专用装置，其具有去除效率高、操作简单、维护管理方便等特点。

③ 废水处理工艺采用先进的生化处理，再结合物化处理工艺，该技术先进、成熟，运行稳定，处理率高，在废水处理行业中，其使用率在 90%以上。因此，这三个方案在技术上也是可行的。

(2) 经济可行性分析

增塑剂DOP的回收：每天回收200kg，DOP按10000元/吨计，则每年可回收200×10×30×12=720000元=72万元，因此该方案在经济上是可行的。

(3) 环境可行性分析

① 从远期看，本项目的实施，对太湖流域的环境污染治理起到了促进作用；

② 从近期看，本项目的环境污染治理，确保了我厂的清洁生产，在工艺生产上提高了产能；同时，也改善了周边地区的环境污染程度，确保老百姓的生命财产不受损害；

③ 本项目的实施，大大削减了污染物的排放量。

(4) 可行性分析的结论

通过对三个方案的可行性分析，审核小组认为这三项方案在技术上是成熟可靠的，在环境上是友好的，在经济上是效益显著的。

参考文献

[1] GB 21902—2008，合成革与人造革工业污染物排放标准［S］.

[2] 丁双山等．人造革与合成革［M］．北京：中国石化出版社，1998.

[3] 天津市第十塑料厂．聚氯乙烯人造革［M］．北京：轻工业出版社，1981.

[4] 李国俊．蓬勃发展的合成革工业之三［J］．中国人造革合成革，2004，(1).

[5] 冯庶君．关于人造革合成革行业实施环境标志的若干问题［J］．中国人造革合成革，2004，(1).

[6] 孙曦，程小榕．PU合成革干法生产线DMF废气回收技术［J］．中国环保产业，2004，(6)：33.

[7] 何永全．合成皮革的加工制造［J］．非织造布，2002，(4)：27-28.

[8] 黄立新．湿法PU革及其基布的生产工艺探讨［J］．嘉兴学院学报，2003，(6)：22-25.

[9] 中国人造革合成革行业发展现状和展望［J］．中国塑料加工工业协会人造革合成革专业委员会，《国外塑料》，2008，(2)：36-45.

[10] 吴广芬，赵鸣，赵昆鹏等．生物接触氧化法在烟台合成革厂生产废水处理中的应用．工业水处理，2005，(7)：63-65.

[11] 张东曙，年立俊，张凯等．聚氨酯合成革基布生产废水处理工程改造与实践．中国给水排水，2008，(16)：22-24.

[12] 宋跃群，陶甄彦，胡长敏等．聚氨酯合成革清洁生产措施浅谈．中国资源综合利用，2005，(7)：23-26.

[13] 赵舜华，宋锡瑾，张景铸等．合成革生产废水中DMF的节能回收新工艺．化工进展，2007，26 (9)：1347-1350.

[14] 王伯平，魏鹏程．DMF回收设备的节能探讨．聚氨酯工业，2002，(4)：43-46.

[15] 宁寻安，叶锦新．PVC人造革生产中增塑剂有机废气治理研究．聚氯乙烯，2004，(4)：22-25.

味精行业清洁生产审核案例研究

蒋彬，吕竹明，简玉平

(中国轻工业清洁生产中心，北京，100012)

摘要： 味精行业是重要的生物发酵行业，高浓度有机废水污染严重。本文对味精行业的生产和排污状况进行了归纳分析，介绍了目前典型先进的清洁生产技术，结合某味精生产企业的清洁生产审核案例，对建立物料平衡、方案分析进行了介绍。

关键词： 味精；清洁生产；案例

Case Study of Cleaner Production Audit on Monosodium Glutamate Industry

Jiang Bin, Lv Zhuming, Jian Yuping
(China Cleaner Production Center of Light Industry, Beijing, 100012)

Abstract: Monosodium Glutamate industry is an important source of lead pollution, which suffers from serious water pollution. This paper analyses the production processes and pollutants generation & emission conditions, lists some typical & advanced cleaner production technology, setting XX monosodium glutamate plant as a case study, to show how to how to built substance equilibrium and analyse solutions.

Key words: Monosodium Glutamate; cleaner production audit; case study

1 味精行业现状

味精是我国发酵工业中最主要的产品，在食品和生物技术领域中占有重要的地位，2010年味精行业规模以上企业总产量为115万吨。

受原料供应、环境保护和生产成本等因素的影响，产业布局由沿海港口等经济发达地区向原料产地转移的趋势明显，味精企业主要分布于山东、东北三省、内蒙古、河北、河南和安徽等8个玉米产区。我国目前味精生产规模以上企业主要有菱花集团公司、山东阜丰发酵有限公司、山东信乐味精有限公司、山东齐鲁味精食品集团有限公司、河南省莲花味精集团有限公司、内蒙古阜丰发酵有限公司、宁夏伊品生物科技有限公司、河北梅花味精集团有限公司、沈阳红梅味精股份有限公司、江苏菊花味精集团公司等。

高浓度有机废水污染严重，是味精行业突出的共性问题。据调查，2007年味精行业产生高浓度有机废水总量为2850万吨，年COD（化学需氧量）产生总量为142万吨。

2 味精行业的生产工艺和产排污状况

2.1 味精行业的生产工艺流程及排污环节

生产线主要工艺流程包括制糖、发酵、提取及精制工段（见图1）。

（1）制糖

主要工序包括液化、糖化、过滤、连续浓缩等工段。反应方程为：

$$C_6H_{12}O_{6(\text{葡萄糖})} + \text{菌种发酵} \longrightarrow C_5H_9NO_4 + CO_2 + H_2O$$

淀粉车间送来的淀粉乳通过调节淀粉浆浓度后加入高温淀粉酶，通过蒸煮液化，降温后进入糖化系统，糖化罐将液化好的料液加入糖化酶，使各类多糖物质转化为单一的葡萄糖，糖化液经过过滤，实现糖渣和葡萄糖分离，糖渣外卖，葡萄糖进入发酵工段。

（2）发酵

反应方程为：$(C_5H_{10}O_5)_n + nH_2O \longrightarrow n(C_6H_{12}O_6)$

根据发酵的配方要求配制的底料经连消灭菌进入发酵罐，接入发酵菌种，控制罐中的氨氮、pH值及溶解氧，流加葡萄糖，有机氮，消泡剂，进行好氧发酵，经代谢控制获得谷氨

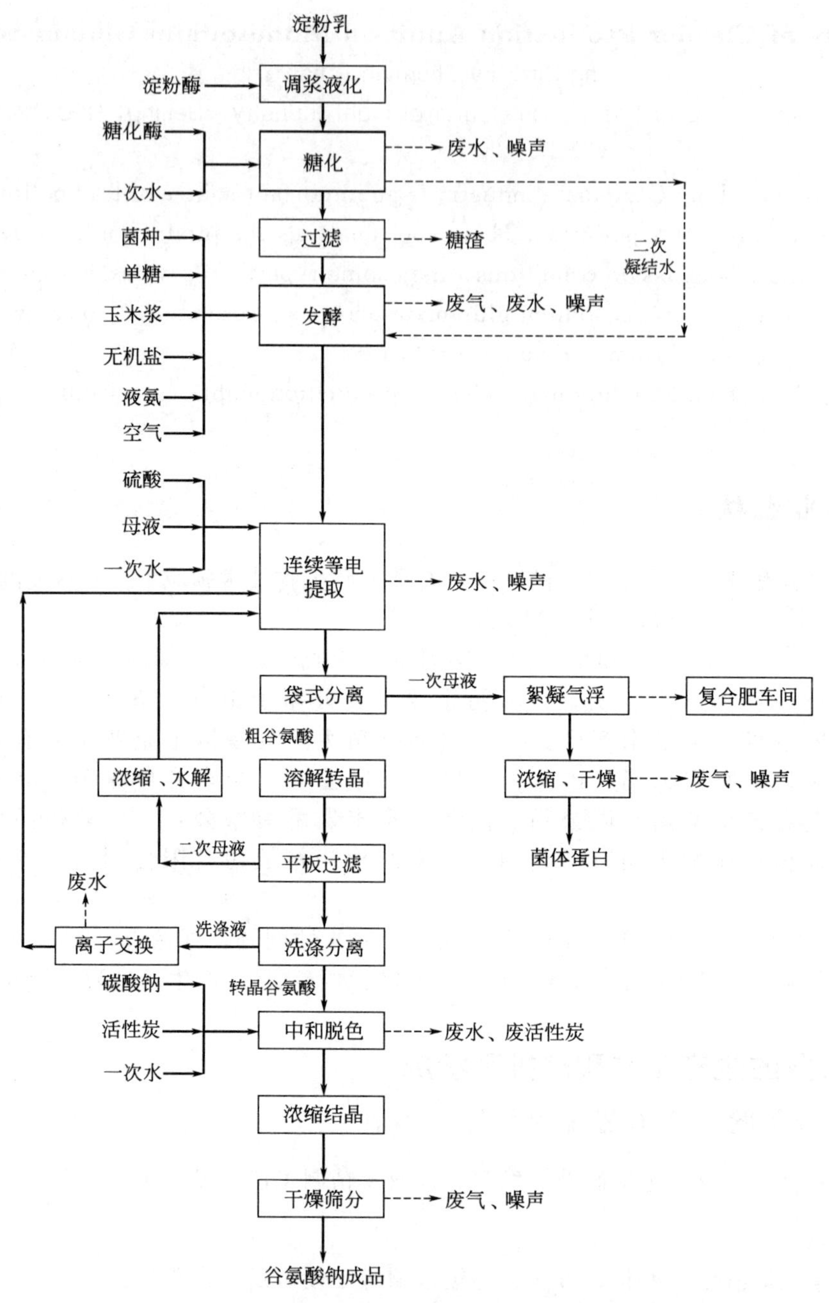

图1 味精生产线主要工艺流程及产污环节

酸发酵液。

（3）提取

一般采用等电离交提取工艺生产。工艺为：谷氨酸醪液经加硫酸调节 pH 值，经等电使料液中的谷氨酸结晶析出，沉降后采用袋式分离得到粗谷氨酸和一次母液；一次母液通过气浮提取蛋白后经喷浆造粒成复合肥。粗谷氨酸经过溶解、转晶，降温后，经平板过滤机分离得到转晶谷氨酸和二次母液，二次母液经浓缩、水解再回到连续等电进行提取，平板过滤后的洗涤液进入离子交换回收谷氨酸回用至等电提取。

（4）精制

反应机理：$2C_5H_9NO_4 + Na_2CO_3 \xrightarrow{H_2O} 2C_5H_8NO_4Na \cdot H_2O + CO_2$

谷氨酸适量的碱进行中和反应，生成谷氨酸钠，其溶液经过两步脱色除去部分杂质，最后通过浓缩、结晶及分离干燥，得到较纯的谷氨酸钠的晶体（分子式：$C_5H_8NO_4Na \cdot H_2O$），不仅酸味消失，而且有很强的鲜味。

味精提取工序是产生废水的主要环节，特别是目前离交法产生的离交尾液量可达 15～20m^3/t 味精，由于发酵废母液中含有残糖、菌体蛋白、氨基酸、铵盐及硫酸盐等，是典型的高 COD_{Cr}、高 BOD_5、高菌体含量、高 NH_3-N、高 SO_4^{2-}、低 pH 值的“五高一低”废水，处理难度较大。

2.2　味精行业产排污状况及污染治理状况

根据我国污染源普查数据，味精生产中废水产生量为 70～90m^3/t 味精，处理方案一般采用调节池＋MQIC 厌氧反应塔＋A/O 池＋沉淀池工艺对污水进行处理（见图 2）。

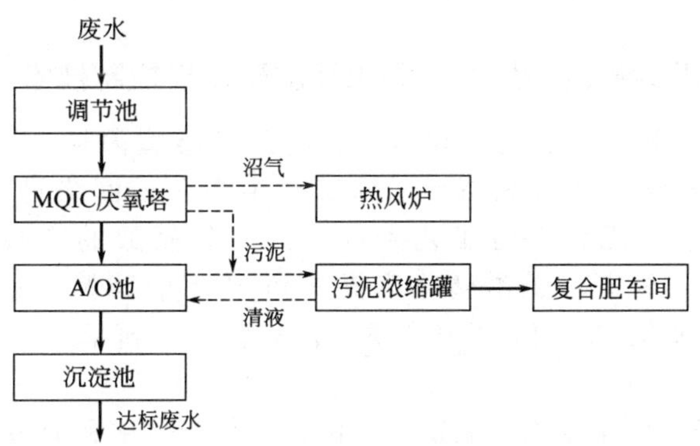

图 2　典型味精废水处理工艺流程

2.3　味精行业的主要清洁生产工艺

2.3.1　新型浓缩连续等电提取工艺

本工艺采用新型浓缩连续等电提取工艺替代传统味精生产中的等电-离交工艺，对谷氨酸发酵液采用连续等电、二次结晶与转晶以及喷浆造粒生产复混肥等技术，解决味精行业提取工段产生大量高浓离交废水的问题，且无高氨氮废水排放；同时采用自动化热泵设备将结晶过程中的二次蒸汽回收利用，达到节约蒸汽，降低能耗的目的。本工艺的实施降低了能耗、水耗以及化学品消耗，提高了产品质量，并减少了废水产生和排放。

传统的谷氨酸提取工艺大多采用等电-离交工艺，即发酵液直接在低温条件下等电结晶，结晶母液经离交回收母液中的谷氨酸。传统工艺投入设备多，离交废水量大；硫酸、液氨消耗量大；工艺复杂，生产环节较多，用水量大，能耗高；产生废水量大，污染严重，生产成本高。本工艺将高产酸发酵液浓缩后采用连续等电、二次结晶与转晶工艺提取谷氨酸，替代了氨基酸行业内传统的等电-离交工艺，解决传统工艺产污强度高、用水量大、能耗高、酸碱用量高等问题。

本技术实施后，味精吨产品减少了 60％硫酸和 30％液氨消耗，且无高氨氮废水排放，吨产品耗水量可降低20%以上；能耗可降低10%以上；吨产品COD产生量可降低50%左右；各项清洁生产技术指标接近或达到国际先进水平。

2.3.2 发酵母液综合利用新工艺

本工艺将剩余的结晶母液采用多效蒸发器浓缩，再经雾化后送入喷浆造粒机内造粒烘干，制成有机复合肥，至此发酵母液完全得到利用，实现发酵母液的零排放。工艺中利用非金属导电复合材料的静电处理设备处理喷浆造粒过程中产生的具有较强异味的烟气，处理效率可达95%以上。

味精生产中提取谷氨酸后的发酵母液有机物含量高，酸性大，处理较困难。本工艺不但可将剩余发酵母液完全利用，实现零排放，且具有投资小，生产及运行成本低，经济效益好的特点。

本工艺同时还解决了由喷浆造粒产生的烟气的污染问题，具有显著的经济效益、环境效益和社会效益。

该技术实施后味精吨产品COD产生量减少约80%，并可产生1t有机复合肥，增加产值600元。

2.3.3 高性能温敏型菌种定向选育、驯化及发酵过程控制技术

本技术利用现代生物学手段定向改造现有温度敏感型菌种，选育出具有目的遗传性状、产酸率高的高产菌株，同时对高产菌株发酵生物合成网络进行代谢网络定量分析，结合发酵过程控制技术，优化发酵工艺条件，提高谷氨酸的产酸率和糖酸转化率，其产酸率可提高到17%～18%，糖酸转化率提高到65%～68%。采用该技术不仅可降低粮耗和能耗，并可通过提高产酸率和糖酸转化率达到降低水耗、减少COD产生的目的。

现阶段味精企业普遍使用生物素亚适量型菌种，其产酸率和糖酸转化率较低，产酸率在11%～12%，糖酸转化率在58%～60%。采用本技术可解决味精企业生产中菌种产酸率和糖酸转化率较低的问题，其产酸率可达到17%～18%，糖酸转化率可达到65%～68%，不仅可降低味精生产过程中物耗和能耗，并可通过提高菌种产酸率和糖酸转化率达到降低水耗、减少COD产生的目的，其吨产品玉米消耗可降低19%以上，能耗可降低10%，COD产生量减少10%。

该技术实施后味精单位产品玉米消耗降低19%以上；能耗可降低10%；COD产生量减少10%。

3 典型案例

3.1 企业基本情况

某企业现有产品主要为味精（谷氨酸钠），拥有1条味精生产线、产能为10万吨/年。

3.2 预审核概况

3.2.1 生产工艺与设备情况

主要生产工序为制糖、发酵、提取和精制，具体生产工艺流程见图1。

主要生产设备包括：调浆罐、发酵罐、等点调节罐、离子交换器、精制罐等。

环保设备包括：复合肥浓缩炉、尾气净化设备、IC厌氧塔、好氧池等。

对照《高耗能落后机电设备（产品）淘汰目录（第一批）》（工节［2009］第67号），该企业无国家明令禁止的落后淘汰设备。

3.2.2 计量器具配备情况

对照《用能单位能源计量器具配备和管理通则》（GB 17167—2006）和《用水单位水计量器具配备和管理通则》（GB 24789—2009），该企业计量器具比较完善。

3.2.3 原辅材料消耗情况

味精生产过程中使用的原辅材料主要有淀粉乳、氨水、硫酸、烧碱等。

3.2.4 能源和水资源消耗情况

企业能源消耗主要包括电和蒸汽，均由自备电厂供给，企业用水则取自市政管网。单位产品综合能耗1.12tce/t。

3.2.5 产排污现状分析

企业主要污染物包括提取尾液、锅炉烟气和废活性炭等固体废物。

（1）废水

按照废水性质来分，厂内各生产部门废水包括：高浓废水、低浓废水及清净下水，高浓废水进入复合肥车间喷浆造粒，生产复合肥；低浓废水进入厂区污水处理厂处理后达标排放；循环冷却水部分排污水及锅炉化水车间排水进入污水处理厂沉淀池后排放。现有工程的污水处理方案采用调节池+IC厌氧反应塔+A/O池+沉淀池工艺对污水进行处理，外排废水满足《味精工业污染物排放标准》的限值要求。

（2）废气

废气主要来源于自备热电厂循环流化床锅炉排放的烟气，烟气采用炉内添加石灰石脱硫，三电场（四电场）静电除尘器，根据竣工环境保护验收情况，除尘效率达到99.7%～99.9%，最终通过80m高烟囱排放，锅炉废气中烟尘、二氧化硫、氮氧化物排放均能满足《火电厂大气污染物排放标准》中第3时段标准要求。

（3）固体废物

生产中产生的固体废物种类较多，根据其性质采取适当的处理处置方式，其中味精提取和精制过程中产生的废离子交换树脂和废活性炭均交由生产厂家回收处理；电厂灰渣和糖渣外卖进行综合利用；而污水处理厂产生的污泥交由环卫部门统一处理。

3.2.6 产业政策与清洁生产水平分析

（1）产业政策符合性分析

对照《部分工业行业淘汰落后生产工艺装备和产品指导目录（2010年本）》、《产业结构调整指导目录（2011年本）》，企业现行生产和装备符合要求。

（2）清洁生产水平分析

目前国家环境保护部已经颁布了《清洁生产标准 味精》（HJ 444—2008），本轮审核中采用上述标准对照评价企业的味精生产线的清洁生产水平。

味精生产共18项指标，12项指标达到了一级水平，这说明味精生产线整体处于清洁生产先进水平，但在发酵效率方面还有进一步提高的空间。

对照《高耗能落后机电设备（产品）淘汰目录（第一批）》（工节［2009］第67号）和《部分行业淘汰落后工艺目录》（工产业［2010］第122号），该企业无国家明令禁止的落后淘汰设备。

3.2.7 确定审核重点和设置清洁生产目标

根据企业总体规划，按照能源消耗、一次水消耗、清洁生产机会和废物产生量等多方面综合考虑，将味精生产线作为本轮清洁生产的审核重点，将节能、节水、减排作为主要考核指标；同时依据清洁生产标准，结合企业实际情况，企业设置了近、远期清洁生产审核目标。

3.3 审核过程及审核结果分析

3.3.1 物料平衡分析

生产中以淀粉乳为主要原料，进行液化、糖化后降解为葡萄糖溶液进行发酵产酸；然后提取发酵液中的谷氨酸成分，最后对谷氨酸进行转晶、中和、脱色等精制操作，最后得到成品味精。根据实测结果建立物料平衡，见图3。

通过味精生产线物料平衡实测，物料输入量总计为6434.15t/d，物料输出总计为6217.74t/d，平衡误差率为3.4%。

成品产量为244.93t/d，一次水消耗量为4948.96t/d，一次水主要使用点为发酵车间冷却使用，用水量为2117t/d，冷却后补充进入二次水池；废水产生量为1978.77t/d，提取车间的离交再生废水和精制车间的炭柱清洗废水为主要废水源，其中离交废水量为798t/d，氨氮浓度较高，对污水处理站的影响较大。

实测期间，蒸汽使用量为1952.8t/d，其中主要用汽点为精制车间的结晶烘干工段，加热后的蒸汽冷凝水664.33t/d回用于电厂锅炉补水，此外有728.6t/d的二次蒸汽冷凝水进入循环水池，作为生产用水。

3.3.2 水平衡分析

水平衡测试以水表法为主，首先安装水表，一、二级水表计量率达100%，然后进行水平衡测试。测试结果表明，生产中一次水除用于配料外，大部分用于冷却，然后补充进入二次水池；生产线产生废水量较大，达到5.94m^3/t，主要来源为提取和精制车间，污染负荷较重。

3.3.3 电平衡分析

根据实测结果，总用电中自发电占64%。通过资料查阅和实际调查，企业所用的大功率电机设备均采用了软启动或变频调速装置进行控制，有利于节能。

3.4 无低费方案及实施效果

在清洁生产审核过程中，企业贯彻边审核边实施的方针，共实施了92项清洁生产审核无/低费方案，取得了较为明显的环境效益和社会效益。

(1) 环境效益

每年能够节约一次水84679立方米/年，同时减排废水49940立方米/年，折合减排

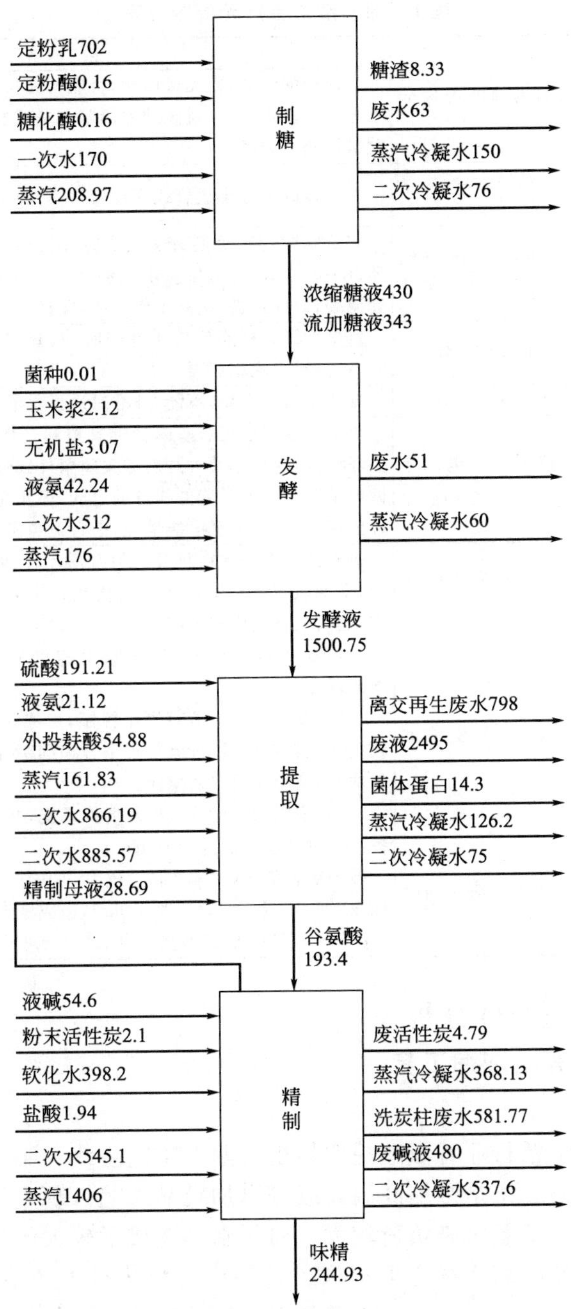

图 3　味精生产线物料平衡图（单位：t/d）

COD 5t/a；同时节约用电 751678 千瓦时/年，节约蒸汽 3194t/a，合计折合标煤 491.63t/a，减排二氧化碳 1229t/a。

（2）经济效益

实施无/低费方案共计投资 178 万元，在节约一次水、电、蒸汽的同时，还节约了原料 2.52t/a，增加味精产量 73t/a，总计经济效益达到 94.64 万元/年。

部分清洁生产无低费方案如表 1 所列。

表 1 部分清洁生产无低费方案

项目	序号	名称	内容
一、设备维护和更新	1	对硫酸罐搭建遮雨棚的建议	目前硫酸贮罐，因无遮雨棚，且底部无排水系统，遇到雨季时硫酸贮罐下方池底积水很多，对硫酸贮罐基座造成极大的腐蚀。建议对两台硫酸贮罐搭建遮雨棚
	2	废料管焊接弯头，防止废液溢流	对一楼废料液排放管线焊接弯头，防止废液溢流，减少染菌隐患
	3	关于增加除尘布袋的建议	布袋除尘每次更换清洗完毕后，用分离机甩干后就直接安装上，布袋还有一些水分，开机后粉尘就黏附到上面，影响除尘效果。建议备用一套滤袋，以便更换，提高工作效率，保证除尘效果
二、过程控制优化	4	对灭精滤时间的控制	每次大罐灭精滤延长非发酵时间，建议空消计时 20min 后开始灭精滤，边进料边吹精滤器
	5	糖贮罐空消频率的建议	糖贮罐由于有糖，不能 3d 准时进行空消，建议 4d 空消一次
	6	烘干岗位采用微电脑控制紫外线开关	烘干包装岗位更衣室内消毒衣柜和二楼消毒用紫外线灯采用手动开关，经常出现忘记及时开启或关闭紫外线灯电源的情况发生。建议采用微电脑时控开关对紫外线灯的启动、停止时间进行设定，自动控制，既保证消毒质量，减少了电能消耗，而且避免发生紫外线照射伤害
	7	提升机安装风管进行定期清洁	提升机上面的味精灰及其他杂质不便清理。建议在东线二楼安装风管，定期吹提升机上面的味精灰及其他杂质，对电机的维护起到重要作用，延长电机使用寿命
三、技术工艺改进	8	对压滤机操作技术的改进	(1)停用现有 8 台压滤中转罐减速机及搅拌，可减少电力消耗和设备维修保养费用。 (2)改进压滤中转罐操作控制，由原来的过滤过程启动搅拌改为接收料保证料液质量，过滤过程中合理利用打料和不合格液泵入料罐产生的冲击、搅动作用代替搅拌。 (3)停用的 8 台减速机及搅拌系统，办理固定资产闲置手续，可由设备部调拨到需要的部门使用
四、废物减排与循环利用	9	种子罐、大罐冷凝水回收的建议	种子罐空实消及大罐空消过程中，排头排出大量的冷凝水，每个班大约 10 桶冷凝水，1d 大约 30 桶(约 600kg)，造成极大的浪费。四楼配置一个水槽，与配料罐用管线连接，收集冷凝水倒入水槽中，用于大罐底料定容

3.5 中高费方案及可行性分析

3.5.1 味精提取采用等电浓缩工艺

(1) 方案简述

现状：目前，国内味精行业谷氨酸提取体现着两条工艺主线：第一条是以众多厂家为代表的等电加离交工艺；第二条是浓缩高温连续等电加转晶工艺。现采用第一种工艺，离交工段产生大量的再生废水，氨氮污染负荷较大，对污水站造成了较大的处理难度。

改造方案：采用新型浓缩连续等电提取工艺替代传统味精生产中的等电-离交工艺，对谷氨酸发酵液采用连续等电、二次结晶与转晶以及喷浆造粒生产复混肥等技术，解决味精行业提取工段产生大量高浓离交废水的问题，且无高氨氮废水排放。工艺流程见图 4。

(2) 效益汇总

效益汇总见表 2。

3.5.2 中水回用工程

(1) 方案简述

① 污水处理现状　企业各生产车间工艺低浓度废水及生活污水经污水处理厂污水经总进口进入集水井，由一级提升泵输送至调节池调节 pH 值，然后通过二级提升泵送入厌氧塔

进行降解有机物，出水直接进入接触氧化池再次进行降解，降解后经终沉池沉淀，达标后排放。终沉池污泥部分回流，部分污泥经浓缩罐沉淀后用泵送入复合肥车间。

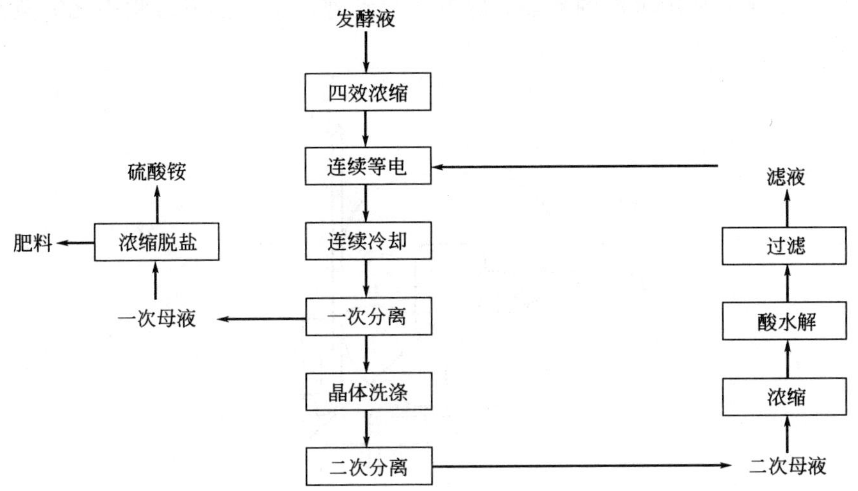

图 4 新型浓缩连续等电提取工艺流程

表 2 效益汇总表

名称	指标
环境效益	本工艺具有低消耗、低污染的特点。取消离交工艺后，等电没有液氨消耗，硫酸消耗减半，高浓度废液减少50%以上，减轻了环保压力，改变了原有行业高消耗、高污染的定论。采用本工艺后，废水量可以减少16.5万吨/年，减少COD排放16.5t/a
经济效益	与等电离交工艺相比，浓缩高温连续等电加转晶工艺的提取收率虽然要略低一些，但是浓缩高温连续等电加转晶工艺的硫酸、液氨的消耗低，废水量和废水污染负荷低，环保处理成本低，精制收率高，从综合经济效益看，改为浓缩高温连续等电加转晶工艺后，吨味精生产成本可以降低280元/吨，以6万吨的产量计算，每年节约生产成本1680万元/年

② 化学水处理现状 除盐水系统工艺流程为“多介质＋超滤＋反渗透＋混床”。是将一次水经过除盐水系统后进入锅炉使用。

③ 改造方案 在现有的基础上增设污水深度处理系统，深度处理工艺流程为“高效混凝沉淀＋转盘过滤器＋二氧化氯消毒”。将污水站处理后达标水经过深度处理系统作为除盐水处理系统的原水，在经过预处理后进入锅炉用水处理系统。

（2）效益汇总

效益汇总见表3。

表 3 效益汇总表

名称	指标
环境效益	利用处理后的生产废水进行深度处理作为锅炉补给水，回用水量为3000m^3/d，生产时间按330d/a计算，则每年可以减少废水排放99万吨，可以节约地下水水量为99万吨，具有显著的节水效果，同时减少向环境中排放COD为99t/a
经济效益	水费按照1.00元/m^3，每年可节约99万元左右；排污费每年可节省69.3万元左右(每一污染当量征收标准为0.7元计算)；直接运行费用0.219元/m^3，每年消耗费用21.7万元左右。综合分析每年可以节约146.6万元

3.5.3 采用机械蒸汽再压缩技术代替多效蒸发

（1）方案简述

蒸发、蒸馏、蒸发结晶、蒸发干燥装置都是高能耗的设备。因此这些装置的操作成本主要取决于能耗。使用机械蒸汽再压缩时，通过机械驱动的压缩机将蒸发器蒸出的蒸汽压缩至较高压力。其工作过程是低温位的蒸汽经压缩机压缩，温度、压力提高，热焓增加，然后进入换热器冷凝，以充分利用蒸汽的潜热。除开车启动外，整个蒸发过程中无需蒸汽。具体工作原理见图 5。

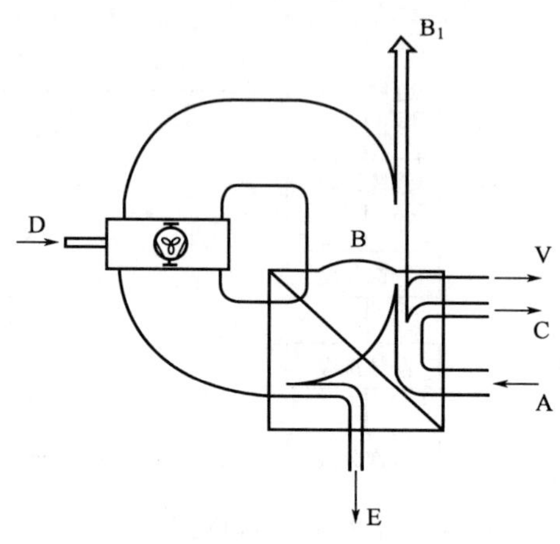

图 5　机械蒸汽再压缩技术热流

A—产品；B—蒸汽；B_1—残余蒸汽；C—浓缩液；D—电能；E—加热蒸汽冷凝水；V—热损失

（2）效益汇总

效益汇总见表 4。

表 4　效益汇总表

名称	指　　标
环境效益	传统的四效蒸发器每蒸发 1t 水理论汽耗为 0.25t；而采用机械蒸汽再压缩技术蒸发 1t 水，只需要消耗 15kg 蒸汽，耗电为 23～70kW·h 电，由此计算可以节约大量能源，蒸发 1t 水节约标煤 0.0208t，节约率为约 66%。企业用蒸汽量约为 1500t/d，其中多效蒸发器用蒸汽量约为 500t/d（玉米浆、复合肥工段），将多效蒸发器改为机械蒸汽再压缩技术能够节约能源 13612.5t 标煤/a，折合减排二氧化碳 34031.25t/a
经济效益	节约能源折合标煤 13612.5t/a，节约资金 77.76 万元/年

3.5.4　谷氨酸生产采用温敏型菌种

（1）方案简述

从味精生产企业、行业专家和有相关专业刊物的报道来看，我国现有生产谷氨酸的菌种有两种，即为生物素亚适量型和温度敏感型。现在全国味精行业 82 家生产厂所用的生物素亚适量菌种为 S9114 和 FM415 两种，基本上各 50%。

温度敏感型谷氨酸菌多为基因突变型菌株，突变发生在与谷氨酸分泌有关的细胞膜结构的基因上。温度敏感型谷氨酸菌在高温下极易失活，在低温下保持正常的催化作用。因此，在低温时菌体大量生长，正常代谢，在高温时生长微弱。由于高温使突变菌株的酶失去活性，导致细胞膜结构的变化，转变成有利于谷氨酸渗透的样式，使细胞内产生的谷氨酸不断地排放到细胞体外，细胞内谷氨酸不能积累到引起反馈调节的浓度，而不断合成谷氨酸，在培养基中大量积累，谷氨酸浓度一般可达 15%以上。产酸率的提高直接提高了生产效率，从而可以提高产量，降低生产成本。

（2）效益汇总

效益汇总见表5。

表5　效益汇总表

名称	指　　标
环境效益	采用温度敏感型菌种提高了转化率，产酸率提高3个百分点，从而提高了产量、降低了单位产品的资源消耗
经济效益	施后糖酸转化率由原来的58%提高到了65%

3.5.5　复合肥生产高浓度烟气高效处理

（1）方案简述

① 现状　企业安装的两级空塔喷淋除尘除味设备，使喷浆干燥过程中产生的废气通过引风管依次进入一级空塔喷淋塔，二级空塔喷淋塔除尘和除味，废液经沉淀池沉淀后返回四效蒸发器真空蒸发浓缩，尾气经引风机、引风管道经50m烟筒排放。整套除尘除味设备目前运行状况良好，有效地降低了生产中产生的固体颗粒物及臭味，并对冷凝水进行回用，效果较为显著。

现场工况测试结果表明，二级喷淋塔进气温度为80℃，粉尘浓度为902mg/m^3，而二级喷淋塔后引风机出口温度仍为80℃，粉尘浓度为763mg/m^3，这就说明二级喷淋塔除了部分除尘作用外，基本没起大的降温作用。

② 改造方案　建设“降温喷淋-生物除味-等离子体除湿（烟带）组合工艺方案”，对喷浆尾气进行三级处理，处理后VOC去除率≥80%，无明显气味；除湿率≥80%，无可视烟带；除尘率≥90%，排气符合《恶臭污染物排放标准》（GB 14554—93）和《工业炉窑大气污染物排放标准》（GB 9078—1996）的要求。

（2）效益汇总

效益汇总见表6。

表6　效益汇总表

名称	指　　标
环境效益	每年每套设施可减少烟尘排放量66.8t
经济效益	该方案没有直接的经济效益。但是该方案环境效益显著

3.6　方案实施效果分析

本轮清洁生产审核共实施的92项无低费方案、1项中高费方案具有明显的环境效益和经济效益，能够节约一次水84679m^3/a，同时减排废水49940m^3/a，折合减排COD为5t/a；同时节约用电751678kW·h/a，节约蒸汽3194t/a，合计折合标煤491.63t/a，减排二氧化碳1229t/a，减排粉尘66.8t/a，同时还节约了原料2.52t/a，增加味精产量73t/a。

参考文献

[1]《中华人民共和国清洁生产促进法》(2012年).

[2]《清洁生产审核暂行办法》(国家环境保护总局令第16号).

[3]《味精工业污染物排放标准》(GB 19431—2004).

[4]《清洁生产标准　味精》(HJ 444—2008).
[5]《清洁生产审核指南　食品制造业味精》(征求意见稿).
[6] 国家环保总局. 企业清洁生产审核手册. 北京：中国环境科学出版社，1996.
[7] 国家环保总局科技标准司. 清洁生产审核培训教材. 北京：中国环境科学出版社，2001.
[8]《高耗能落后机电设备（产品）淘汰目录（第一批）》(工节［2009］第67号).
[9]《部分工业行业淘汰落后生产工艺装备和产品指导目录（2010年本）》.
[10]《产业结构调整指导目录（2011年本）》.
[11]《用能单位能源计量器具配备和管理通则》(GB 17167—2006).
[12]《用水单位水计量器具配备和管理通则》(GB 24789—2009).
[13]《企业水平衡测试通则》(GB/T 12452—2008).
[14]《综合能耗计算通则》(GB/T 2589—2008).

酵母行业清洁生产审核案例研究

吕竹明
（中国轻工业清洁生产中心，北京，100012）

摘要： 本文主要介绍酵母行业的基本情况、生产工艺和产排污状况，并结合具体的人造革生产企业，分析如何在酵母行业开展清洁生产审核，并提出切实可行的清洁生产方案。

关键词： 酵母；清洁生产审核；清洁生产方案

Case study of cleaner production auditing on yeast industry

Lv Zhuming
(China Cleaner Production Center of Light Industry, Beijing, 100012)

Abstract: This paper mainly introduces the basic situation, production process and pollutants generation & emission condition of yeast industry. According to a yeast company, this paper analyses how to develop cleaner production audits in yeast industry, and puts forward practical clean production project.

Key words: Yeast; Cleaner production audit; Cleaner production project

1　酵母行业现状

由于饮食习惯等因素，酵母和酵母抽提物的世界市场主要集中在欧洲和北美地区。在欧美，人们的主食以面食为主，并喜欢饮用啤酒、葡萄酒等用酵母进行发酵的酒类，因此活性酵母的消费量高于其他地区；同时，酵母抽提物作为鲜味剂也在欧美市场颇受青睐，目前已占据这一地区1/3以上的鲜味剂市场份额。但更值得注意的是，随着经济的发展、生活水平的提高以及国际间合作交流的日益广泛，活性酵母和酵母抽提物在亚洲地区的消费量正在迅速提高。

我国酵母工业化生产开始于1922年，20世纪80年代国家实行改革开放政策以来，我国的酵母生产以前所未有的速度向前发展。2007年我国酵母产量达到17万吨，酵母行业总产值30多亿元，酵母出口量为43487t，创汇6995万美元。我国现有较大规模的酵母生产企业10余家，主要有安琪（6家分厂）、马利（5家分厂）、丹宝利、奥力、明光等。这些生产企业正在由小变大，商品品牌日趋集中，生产技术和装备水平稳步提高，企业正在向着专业化、大型化、集团化方向发展。

随着我国维生素类产品的热销，对酵母的需求量也日益增大，所需酵母需从国外进口。我国制药业和食品业的迅猛发展，拉动了酵母进口的大幅增长。因而，酵母工业在我国与国际市场上都有着广阔的发展前景，今后不仅在国内食品工业、制药工业、饲料工业等领域的应用将进一步扩大，而且具有一定的出口潜力。

中华人民共和国国家发展和改革委员会在《全国食品工业“十五”发展规划》中将制糖工业定为我国食品工业发展的重点和主要方向。“十五”末，糖产量达到1000万吨左右，企业平均规模达到年产糖4万吨左右（相当于日榨甘蔗3000t规模糖厂），糖厂的技术装备达到国外20世纪80年代的水平，提高综合利用水平，综合利用产值占总产值提高的50%。在糖厂资源综合利用方面，要依法关停污染严重的糖蜜酒精车间和蔗渣造纸车间，鼓励集中利用糖与蔗渣，积极探讨糖蜜用于生产饲料和燃料乙醇的具体途径。利用废糖蜜生产酵母，从一定程度上解决了制糖业废糖蜜的污染问题。因而，利用制糖业废糖蜜生产的酵母被列入《资源综合利用目录》（国经贸资［1996］809号），按照财税字［1994］001号、国税发［1994］008号、财税字［1996］20号、21号等文件规定落实优惠政策。2001年，饲料酵母被列入《实行增值税即征即退的综合利用产品目录》（财税［2001］72号）。

2　生产工艺及产排污分析

2.1　酵母生产工艺

酵母生产工艺包括种子培养、原料的预处理、酵母扩大培养和酵母的分离、洗涤、过滤、干燥。

2.1.1　种子培养

酵母最常用的种子培养基为麦芽汁培养基，通常为液体，若需要做成固体或半固体，就要分别添加琼脂1.5%～2%或0.6%～0.7%。

酵母为球形或卵圆形的单细胞真核生物，在自然界分布极广，空气、土壤和水中及植物的花叶和果实的表面等到处都有。从自然界分离出来并保持原样的酵母称为野生酵母，但是直接分离到的菌种往往不能直接用于生产，酵母生产的良种选育对酵母生产工艺和质量又决定性意义。

2.1.2　原料的预处理

酵母生产的主要原料是糖厂制糖后产生的废糖蜜，包括甘蔗糖蜜和甜菜糖蜜。甘蔗糖蜜是甘蔗糖厂的副产物，产于我国南方各省，以广东、广西、福建、台湾、四川省区为最多，甘蔗糖蜜含有大量的蔗糖和转化糖，它的成分随产地、品种和制糖工艺的不同而异，甘蔗糖蜜是微酸性的，pH值大约在5.0～6.2之间，目前国内甘蔗糖蜜总固形物含量大多在75%～95%之间，而发酵性糖的含量大多在40%左右；甜菜糖蜜是甜菜糖厂的副产物，产于我国北部地区，以东北、西北、华北为主，甜菜糖蜜含糖量在50%上下，主要是蔗糖，转化糖很少，甜菜糖蜜中磷元素含量仅0.03%～0.06%，不能满足酵母正常发酵的需要，在发酵液中必须添加氮磷元素。

糖蜜预处理包括稀释、澄清除杂、灭菌等过程。

2.1.3 酵母扩大培养

扩大培养过程一般分为3个阶段，即试验室纯种培养阶段、车间纯种培养阶段和流加培养阶段。

2.1.4 酵母的分离与洗涤

发酵结束后，应在很短时间内把酵母从发酵醪中分离出来。分离与洗涤的目的：一是发酵结束后，发酵液中的酵母固形物浓度一般为30～50g/L，经离心分离后的酵母乳其酵母固形物浓度达到150～219g/L；二是通过加数倍量的水洗涤，将酵母细胞表面及酵母乳液中残存的糖蜜色素、营养物质、消泡剂和杂菌等除去。

2.1.5 酵母的过滤

经酵母离心分离机分离洗涤的酵母仍具有流动性，就鲜酵母产品来说，通过过滤可以使酵母不再具有流动性，便于储藏、包装和运输；就活性干酵母而言，只有经过滤后的酵母块才便于造粒成型，同时降低干燥的能耗。

酵母乳过滤的方法包括板框过滤机过滤和真空转鼓过滤机过滤。

2.1.6 酵母的干燥

活性干酵母的干燥方法主要有吸水干燥、静态气流干燥、喷雾干燥和动态气流干燥。

2.2 酵母行业产排污分析

一般情况下，酵母生产本身产生的污染物较少，主要污染是糖蜜在发酵过程中不能被利用的物质带来的。酵母发酵采用甘蔗或甜菜压榨得到的废糖蜜来发酵，由于制糖工业的条件和各个糖厂技术进步的不同，糖蜜中除糖浆外，还含有大量的杂质和酵母不能利用的其他物质，因此在以糖蜜为发酵底物时，需用水加以稀释和处理。

酵母生产排放的废水是污染最严重、处理难度最大的工业废水之一，酵母废水的污染主要来自于发酵过程，从酵母液体发酵罐中分离的酵母废水，COD含量为30000～70000mg/L，最高可达110000mg/L，并随酵母生产批次而变更。有些酵母企业将这部分废水分开来处理，主要工艺为蒸发浓缩工艺，并将浓缩液进一步制备有机肥料，以供农用；但蒸发出来的水虽然色度很浅，但COD值仍在2000mg/L左右，还需进一步处理。

酵母的生产过程也是酵母菌对废糖蜜进行生物处理的过程，由于能够被酵母菌利用的污染物已经被降解，变为生物质，剩余部分则基本为不可被酵母菌利用的部分。所以，酵母生产废水中COD和BOD_5的浓度之间没有确定的关系。

2.3 清洁生产工艺

2.3.1 酵母乳的过滤

真空转鼓过滤机是目前酵母生产中，用于酵母过滤的最为先进的设备之一，可连续将分离后的酵母乳，通过真空吸滤变为适宜干燥造粒的酵母泥。

真空转鼓过滤机的特点是：接触料浆的一侧为大气压，过滤面的背面与真空源相通。真空转鼓过滤机为连续操作，过滤所得的酵母块较少机会与人接触，直接由螺旋槽送入挤压机成型，减少了染菌机会，且劳动强度低，节省时间。

2.3.2 酵母的干燥

活性干酵母的干燥方法主要有吸水干燥、静态气流干燥、喷雾干燥和动态气流干燥。

(1) 吸水干燥

19 世纪末和 20 世纪初，将酵母与淀粉、面粉等食物混合吸水的干燥方法曾在工厂生产中大量采用。吸水干燥法所得的活性干酵母水分含量 10%～20%，在吸水干燥过程基本没有活性损失，但贮存的稳定性一般仅 1～4 周。

(2) 静态气流干燥

自 20 世纪 20 年代起，活性干酵母的制造普遍采用静态气流干燥法。这种方法是：压榨酵母首先被挤压成面条状，再用刀片切成 1～3cm 的长度，送入干燥室，在干燥室内酵母基本上处于静止状态，被加热的空气吹过静止状态的酵母颗粒层，逐渐带走其中的水分，使酵母得以干燥。这类干燥方法既可以是连续的也可以是分批的。

(3) 喷雾干燥

喷雾干燥是在高温下短时间内进行的，化学分解最少，但生物活性损失率较高。经离心洗涤后的酵母不需要经压榨或过滤直接进行喷雾干燥，干燥设备利用在水平方向作高速旋转的圆盘给予溶液以离心力，使其高速甩出，形成薄雾、细丝或液滴，同时又受到周围空气的摩擦、阻碍与撕裂等作用形成细雾，干燥时间为几分钟或数十秒。

喷雾干燥的关键是它的雾化器，常用的雾化器型式，按其雾化微粒的方式不同，分为压力式、气流式和离心式三种。

喷雾干燥由于干燥时的高温，酵母细胞迅速脱水，使酵母细胞受到损伤，通常产品的发酵力低，活性损失在 70%以上，且喷雾干燥的能耗较大。

(4) 动态气流干燥

目前，活性干酵母的干燥普遍采用动态的气流干燥。在这类干燥方法中，酵母颗粒悬浮于热空气中，颗粒处于运动态，与热空气的接触比较充分，传热传质效果大大提高，干燥室内温度有所下降，干燥时间则有所缩短，因而其产品活性大大提高。

气流干燥器分沸腾干燥器和流化床干燥器两种，其中沸腾干燥器是分批操作，而流化床干燥器则是连续操作。

① 沸腾干燥器　沸腾干燥器是利用流态化技术设计的一种干燥器。操作时气体与固体接触良好，有较高的传热传质速率，而且颗粒较小，干燥表面积很大，易于控制产品的质量(水分)，但是空气进口温度需随干燥过程的进行逐渐下降，因而设备生产能力较低，用气量大。

② 流化床干燥器　流化床干燥器是在流化床中加入颗粒物料，在流化床的下部通入热空气，在一定的热风速度下，使湿物料处于激烈的固体流态状态，与此同时湿物料温度升高，水分汽化，热空气温度下降、湿度增加，湿物料在一定停留时间达到所要求的干燥状态。

流化床干燥器有如下优点：物料与干燥介质接触面积大，同时物料在床内不断地进行激烈搅拌，传热效果好；流化床内温度分布均匀，避免了产品的局部过热；同一设备内可以进行连续操作，也可以进行间歇操作；物料在干燥器内停留时间可以按需要进行调节；投资少，生产能力大。

其缺点是成品的水分容易因加热蒸汽和空气湿度等的变化而产生波动。

2.3.3 酵母废水生产有机-复合肥料

酵母废水含有丰富的氮、磷、钾等多种元素及富含丰富的有机质，是农作物的良好肥料，对作物的增长和土壤的改良都有很好的效果。随着科学技术的发达及设备水平的提高，利用废水进行蒸发浓缩制肥的工艺技术已日趋成熟，并在很多发酵企业得到了大规模应用，取得了很好的经济效益和社会效益。

利用废糖蜜生产酵母的污水生产有机肥料主要包括蒸发设备和干燥设备，对于蒸发设备的选择，国内外大多采用多效蒸发，为了节约能源，蒸发一般选用四效蒸发器或五效蒸发器。

图1为利用糖蜜废水生产有机肥料的工艺流程。

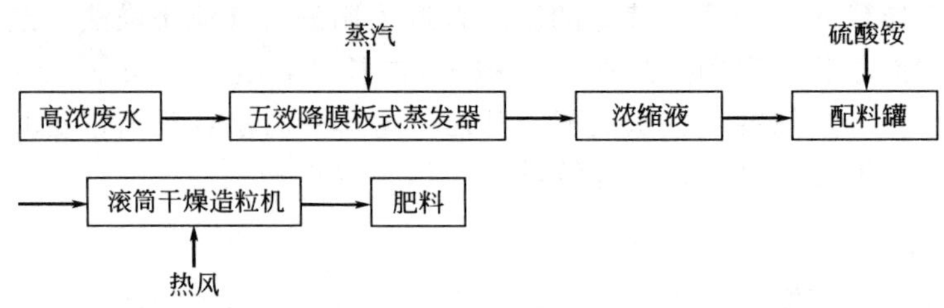

图1 利用糖蜜废水生产有机肥料的工艺流程

3 酵母生产企业案例分析

3.1 企业基本情况

某企业从事酵母及酵母衍生物产品生产、经营、技术服务的企业。

企业主要污染源分析如下。

(1) 废水

酵母生产过程中的废水主要来源于分离工段，其多次洗涤分离产生有机废水，另外车间清洗贮罐、地面会生产少量的废水。酵母抽提物生产过程中有少量废水产生。

(2) 噪声

来源于罗茨风机、冷冻机、空压机及泵类等设备运转过程中产生的噪声，均采取了隔声和降噪处理，安装了相应的噪声治理装置。

(3) 固体废物

酵母生产主要原材料糖蜜的处理过程中会产生糖渣，污水处理过程中也会产生污泥，由于无毒，全部资源化综合利用。

(4) 废气

由于企业取消了燃煤锅炉，采用市热电厂的集中供热蒸汽，因此，企业的主要废气来自浓废液干燥处理系统产生的粉尘污染。

企业实施清洁生产审核前的主要单耗、资源综合利用和主要污染物产生情况为：新鲜水用量：81.37m^3/t；糖蜜 6.08t/t；标煤使用量 673.62kg/t；浓废水排放量 12.7m^3/t；淡废水排放量 56m^3/t。

3.2　预审核概况

预审核是清洁生产审核的初始阶段，是发现问题和解决问题的起点。主要任务是从清洁生产审核的8个方面入手，调查组织活动、服务和产品中最明显的废物和废物流失点；物耗、能耗最多的环节和数量；原料的输入和产出；物料管理现状；生产量、成品率、损失率；管线、仪表、设备的维护和清洗等，从而发现清洁生产的潜力和机会，确定本轮清洁生产审核的重点。

(1) 现状调研

审核小组依据清洁生产审核程序，在全厂范围内广泛收集审核所需要的资料，主要包括：企业生产工艺流程；企业生产设备流程；企业供水状况；企业供热蒸汽管网情况；企业供用电线路情况；主要生产经营情况；电力、水、天然气、原材料等的消耗情况；企业管理制度、操作规程、岗位责任等。

(2) 现场考察

在原始资料收集的基础上，审核小组对生产部和污水处理设施等进行了现场考察，认真核对工艺流程图，并核查了各部门物耗、水耗、能耗、电耗等技术指标，查找物料流失和污染物产生的环节、检查设备运行及维修状况，进一步明确了企业的组织机构、生产和污染排放情况。

(3) 确定审核重点

审核工作组在专家组的指导下，根据现状调查和现场考察情况的分析，确定企业的生产部为本次审核的审核重点。

(4) 设置清洁生产目标

根据企业与国内外先进水平的差距，制定出本次审核生产部的清洁生产目标。

3.3　审核过程及审核结果分析

(1) 审核重点概况

酵母生产线主要包括糖蜜处理和酵母生产两个主要的生产过程，其中糖蜜处理工艺主要包括糖蜜预处理、分离机分离、板框处理和高温灭菌等工序，酵母生产工艺主要包括纯培养罐培养、种子发酵、商品发酵、酵母分离、造粒和干燥等工序。各单元操作见表1。

表1　生产部各单元操作表

序号	单元描述	功　能
1	糖蜜预处理	对原糖进行稀释、预加热，促进其杂质沉淀
2	分离机分离	对预处理后的糖蜜溶液离心除去杂质，获得清液
3	板框处理	对液体糖渣进行压榨，回收可利用的糖分
4	高温灭菌	通过瞬时高温杀灭糖蜜中的微生物
5	纯培养罐培养	对酵母菌种进行车间第一级扩大培养
6	种子发酵	对酵母菌种进行车间第二级扩大培养
7	商品发酵	对酵母进行第三级扩大培养，获得商品酵母
8	酵母分离	分离洗涤获得纯净的商品酵母
9	压滤	对酵母乳进行抽滤获得含水量低的鲜酵母
10	干燥	对造粒后的鲜酵母进行干燥，获得成品酵母
11	包装	将成品包装成不同规格的产品

(2) 物料平衡

企业进行系统地集中实测，通过实测，审核工作组对进、出车间的物流，包括原料、辅料、水、蒸汽等各类物质的量进行了测定，为进行物料平衡测算提供了充足的数据基础。

通过建立物料平衡以及水平衡，准确地判断出审核重点中物料的利用率、流失率、流失的部位和环节、流失物料的排放走向，定量地描述废物的数量和成分，从而全面掌握了生产过程中的排放和物料流失情况，并在此基础上建立了物料平衡，为清洁生产方案的产生提供了科学依据。

此次审核重点的平衡分析从三个方面进行考虑：一是总物料平衡，旨在分析审核重点总的物料输入输出情况；二是水平衡，主要目的是分析和测算生产系统的水平衡，查找出水的流失及使用不合理环节；三是糖平衡，糖蜜是生产的最主要原料，糖分的利用率或流失率对企业的效益和成本以及对环境的影响起着至关重要的作用，所以应进行糖平衡的测算。

(3) 污染物产生原因分析

通过物料平衡测算，分析出以下物料流失及废物产生的部位及原因。

(4) 废水排放

生产部的废水主要来自于清洗废水、酵母分离的浓废水和淡废水、日常清洁排水及其他生活用水的排放等，其中酵母分离废水的水量大、污染负荷重，是生产部的主要废水来源，因此酵母分离废水的处理和控制是生产部废水控制的重点。

(5) 气体排放

本处所指气体主要来自于酵母干燥阶段，其主要物质为水蒸气和一部分酵母粉尘。酵母粉尘从干燥床顶部排出，经过旋风除尘器进行回收，作为味素原料，实现零排放。

(6) 废渣

生产部的废渣主要为糖蜜预处理阶段的糖渣排放，具体包括板框处理器所排放的固体糖渣和糖渣上清液贮罐所排放的液体糖渣，应设法对产生的糖渣进行回收再利用。

(7) 物料泄漏

根据现状调研及平衡测算，生产部的主要物料泄露为糖蜜处理阶段的液体糖渣的泄露，在清洁生产方案中制定措施，重点防范。

3.4 无低费方案及实施效果

通过发动广大员工积极参与方案的产生，并且充分的调动厂外专家为企业的清洁生产方案献计献策，共提出清洁生产方案 26 项，其中，无低费方案 18 项，中高费方案 8 项。

产生的清洁生产方案如表 2 所列。

表 2 清洁生产方案一览表

序号	清洁生产方案内容简介	方案类型
1	投加的化工原材料在露天存放，受潮板结后不易溶解。建议搭建仓库或者平台	无/低费
2	高糖发酵的糖蜜转换率偏低，应改进工艺，从而来提高糖蜜转换率	无/低费
3	配制 BB 肥时，人工放料计量不准确，有一定浪费。采用自动包装称	无/低费
4	BB 肥缝线为手提缝包机劳动强度大，还必须缝两道线。采用自动缝包机，既降低劳动强度，又可折叠口袋只缝一道线	无/低费

续表

序号	清洁生产方案内容简介	方案类型
5	干燥车间辅机特别是筛分机房布局不合理，设备能力滞后，同时影响蒸发处理能力提高。建议改造或更换筛分机、破碎机	中/高费
6	老搅拌槽腐蚀严重，漏浓液，将之拆除，腾出的地方建水泥池	中/高费
7	浓液池极易产生沉淀物。建议在浓液池加装搅拌器，防止沉淀物产生，也能提高浓液的浓度，提高干燥产量	无/低费
8	综合车间清水泵节能。通过内部光滑处理降低运行电流	无/低费
9	糖蜜预处理滤布的过滤效果不好。选择过滤效果好的滤布，减少糖渣中糖蜜含量	无/低费
10	种子分离采用串联，可改变工艺成并联一次性分离，可节约分离用水	无/低费
11	环保设施处理能力无法满足企业环保压力，尤其是蒸发浓缩能力。增加高浓度废水处理设施，彻底解决生产部门每日排放的污水	中/高费
12	蒸发系统效率较低，蒸汽消耗量大，需要改造	中/高费
13	生产部干燥真空泵用水量大，全部排掉浪费大且给环保增加了负担，应该加强管理节约用水且尽量回用	无/低费
14	生产部冷冻蒸发式冷凝器在秋冬季节可以大量节约用水	无/低费
15	沉渣池污泥沉淀快，没有很好的利用。造成浪费情况。沉渣池加装搅拌，将污泥全部使用	中/高费
16	车间跑、冒、滴、漏，自来水运行出现跑、冒、滴、漏现象，所有设备冷却水回收至循环水池再综合利用，减少废水产生	无/低费
17	糖处残渣和清洗水直接排放，造成排污压力。建议改进处理工艺，回收全部糖渣，导入糖渣罐内进行预处理	无/低费
18	糖处闪蒸罐真空泵密封水直排了可惜考虑充分利用，可考虑密封水两泵合一	无/低费
19	分离每次分完发酵罐后，清洗人员水洗发酵罐的水白白浪费，清洗水可以回收作为循环水，冷却水，第二遍分离的洗涤水使用	无/低费
20	干燥大清洗后第二、三、四遍的碱液都排入到下水道中再次回收利用，在浸槽两排污阀处装一管线，并入碱回收管线中	无/低费
21	增加沼气锅炉，提高沼气利用率，节约蒸汽	中/高费
22	物化处理工段增加一套污泥脱水机，提高污泥脱水能力	中/高费
23	当前肥料生产线能力不足，设备局限性大，能耗高，生产环境差，应重新设计，另辟场地修建符合要求的干燥生产线	中/高费
24	蒸发器清洗效果好与坏直接影响着污水处理率，制定清洗考核制度迫在眉睫。由专人监管蒸发器清洗并制定出适合部门清洗标准奖惩制度	无/低费
25	工艺制度规范化、文字化较差，应考虑逐步规范，提高工作效率	无/低费
26	目前设备维修多是事后维修。设备在使用过程中注意巡检做到有预防性的维修，而不是现在的事后维修	无/低费

3.5 中高费方案及可行性分析

3.5.1 增加蒸发系统，提高高浓度废水处理量

(1) 方案简述

新增六效蒸发浓缩系统采用逆流连续加料法，利用降膜式和强制循环式混合加热，使物料在真空状态下低温蒸发，将固形物含量4%～6%左右的稀料蒸发浓缩至55%后由出料泵泵至干燥喷浆造肥。蒸发能力设计每小时为26.9t，蒸汽消耗设计每小时5.5t，可处理高浓废水700m^3/d，产生浓浆每小时2.2m^3。

(2) 技术可行性分析

该系统蒸发能力26.9t/h，加热面积1950m^2，采用逆流连续加料法，加料时溶液的流向与加热蒸汽的流向相反，原料经板式预热器预热后再进入第六效蒸发器蒸发，在设备内的

真空环境下低温蒸发，再进入下一效以相同的原理蒸发，浓度逐步提高到达一效浓缩，至达到排料要求的浓度后出料。同时前效的冷凝水进入后效利用真空差进行自行蒸发，因而可以产生更多的二次蒸汽。由于采用六效蒸发，各效间的温差较低，二次汽雾沫夹带的物料较少，使排放的冷凝水 COD 含量较低。

（3）环境可行性分析

本方案为企业废水清污分流、浓淡分离的高浓废水处理扩建项目，建成后和日处理能力 $700m^3/d$ 的老蒸发系统同时运行，可日处理高浓废水 $1400m^3$，完全解决生产系统日排放 $1100m^3$ 高浓废水处理问题，有效减轻生化、物化处理系统的负荷，实现企业废水达标排放。

（4）经济可行性分析

本方案在老五效蒸发系统的基础上进行了适当改进，方案总投资 700 万元，方案实施后年可产生经济效益 300 万元。

3.5.2 增加沼气锅炉，提高沼气利用率

（1）方案简述

生化物化工段在处理废水过程中，每天的沼气产量冬天时约 $8000m^3$、夏天时约 $14000m^3$，平均约 $10000m^3$，沼气低位热值 $5650kcal/m^3$（平均值）。将沼气进行脱硫后进入沼气贮柜中贮存，经加压后进入沼气燃烧器点燃并在沼气锅炉中燃烧，产生的高温烟气将经过软化和除氧后的水加热产生蒸汽，蒸汽经分汽缸并入蒸汽管网。

（2）技术可行性分析

本项目中关键设备沼气锅炉应采用全自动燃气蒸汽锅炉，锅炉主控柜技术比较成熟，采用现代化电脑控制技术，在吸收国外先进技术的基础上能够实现国内控制自动化应用。产品具有可靠性高、使用方便、操作简单、功能丰富、控制灵活、造型美观、全自动化程度高等特点，具有自动程序点火、程序启停、燃烧自动调节、给水自动调节等自动控制系统和高低水位报警、极限低水位、蒸汽超压、火焰监测、可燃气体检漏等联锁保护系统。

（3）环境可行性分析

沼气在进入锅炉前先经过自动脱硫处理，符合环境效益的要求，并且可减少外购蒸汽量，从而达到降低煤资源消耗和 SO_2 排放的目的。

（4）经济可行性分析

目前企业所产生的沼气主要用于肥料车间烟气炉的补充能源，即使将沼气全部用于烟气炉燃烧且燃烧完全，也只能产生 5.085×10^7kcal 的热量，而且沼气在烟气炉中燃烧损耗较大，不能发挥其应有的资源能力。新增沼气锅炉后，由于蒸汽管网较短，管径相对较小，热损失明显低于外购蒸汽，效益十分明显。增加沼气锅炉预计资金投入近 167 万元，每年可产生经济效益约 328 万元。

3.5.3 改造旧蒸发系统，提高高浓废水处理效率

（1）方案简述

旧蒸发系统为五效全板式降膜蒸发器，主要存在如下缺点：a. 运行不稳定，出料浓度低，特别是一效、二效蒸发器容易结垢、结晶，蒸发效率下降很快，清洗困难；b. 工人操作难度大，作业强度高；c. 蒸汽消耗大，运行费用高。改造后将一效、二效蒸发器改成管

式强制循环式蒸发器，保证系统长时间稳定运行，提高出料浓度，改善工人作业环境，降低运行费用。

(2) 技术可行性分析

旧蒸发系统改造是在新增六效蒸发系统成功运行后借鉴其设计理念而加以设计实施的，技术上没有任何风险。

(3) 环境可行性分析

本项目为企业废水清污分流、浓淡分离的高浓废水处理改造项目，改造后和新系统一起稳定运行，完全解决生产系统日排放 1100m^3 高浓废水处理问题，实现企业废水达标排放。

(4) 经济效益分析

本方案总计投资 300 万元，方案实施后可以有效降低环保治理费用，每年可节约环保治理费用 89 万元。

参考文献

[1] 于景芝．酵母生产与应用手册［M］．北京：中国轻工业出版社，2005.

[2] 陈陪金，邱济怀．酵母废水循环利用的研究［J］．环境污染与防治，1993，15（5）：12-14.

[3] 高以炬，姚仕仲等．UF、NF 处理酵母废水可行性研究［J］．水处理技术，1997，23（1）：12-18.

[4] 绳新安，李开英，陈天斌．用喷浆造粒干燥机处理发酵高浓度有机废水［J］．化工设计通讯，2004，30（3）：44-45.

[5] 周旋，刘慧，王焰新等．酵母废水处理技术进展［J］．工业水处理，2007，27（7）.

[6] 张克强，朱文亭，张蕾等．含硫酸盐高有机物浓度酵母生产废水两相厌氧处理［J］．城市环境与城市生态，2002，15（6）：42-44.

[7] 周秀琴摘译．酵母生产废水的沼气发酵处理［J］．化学工程，l990，（10）：62-67.

[8] 周友华，李超，闫喜凤．LLMO 处理酵母废水．水处理技术，2006，32（6）：58-60.

[9] 史郁，周旋，刘慧．酵母废水 TOC 与 COD 相关性研究．环境科学与技术，2007，（1）：32-34.

[10] 徐华，吴文伟，马林等．酵母废水处理试验研究．给水排水，2001，（5）：53-54.

[11] 范燕文，谢辉玲，邹教华等．有机纳滤膜处理酵母废水中试实验研究．工业水处理，2006，（7）：57-59.

白酒行业清洁生产审核案例研究

孙慧，简玉平，吕竹明，蒋彬

（中国轻工业清洁生产中心，北京，100012）

摘要： 中国白酒年产量 800 多万吨，约占世界烈性酒总产量的 40％，居世界首位。白酒行业的清洁生产技术的研究将进一步加强，实现整个白酒行业的节能、降耗、减污、增效。本文以一家白酒企业的清洁生产为例，具体说明在白酒企业中如何进行清洁生产审核，通过清洁生产方案（技术）的实施，该企业清洁生产水平有了很大提高。

关键词： 白酒；清洁生产；节能降耗；减污增效

Case Study of Cleaner Production Audit in Liquor Industry

Sun Hui, Jian Yuping, Lv Zhuming, Jiang Bin
(China Cleaner Production Center of Light Industry, Beijing, 100012)

Abstract: The annual output of liquor in China is more than 800 tons, accounting for about 40% of the total liquor all over the world, with the first place in the world. The study of cleaner production technology will be further strengthened to realize energy saving and consumption reducing, pollution reduction and benefit increase. The cleaner production of a liquor enterprise was set as an example, to show how to carry out cleaner production audit in liquor enterprises. By implementing some cleaner production technologies, the cleaner production level of this enterprise was improved a lot.

Key words: liquor; cleaner production; energy saving and consumption reducing; pollution reduction and benefit increase

1 白酒行业现状

中国是世界三大酒文化古国之一，白酒行业在我国已发展了几千年。如今，中国白酒仍以其精湛的工艺、独特的风格和最大的产销量而驰名中外。目前，中国白酒年产量800多万吨，约占世界烈性酒总产量的40%，居世界首位。其良好的投资回报和广阔的发展空间，极大地吸引了中外企业界对它的关注和投入，新企业、新品牌、新产品大量涌现，极大地丰富了我国的酒类市场，满足了人们日益增长的生活需求。

新中国成立后，白酒这一名称就取代了"烧酒"、"高粱酒"等名称。白酒的一般定义是：以曲类、酒母为糖化发酵剂，利用淀粉质（糖质）原料，经蒸煮、糖化、发酵、蒸馏、陈酿和勾兑酿制而成的各类无色透明的酒。白酒为中国所特有，同白兰地、威士忌、朗姆酒、伏特加和金酒一起合称世界六大蒸馏酒。

我国白酒行业在经历了起步阶段、快速发展阶段、调整发展阶段后，目前已步入高速发展新阶段。当前白酒行业企业加强了产品结构、组织结构、运行机制等多方面的调整，行业盈利模式已经完成了由总量增长模式向结构优化模式转变的过程。现阶段，在白酒行业总量基本稳定的背景下，中高档白酒的销量增长较快，低档白酒销量逐步减少，行业利润总额增速超过行业收入的增长速度。2010年，全国白酒产量（折65度）为8908343.33千升，其中产量最大的省份为四川，2297972.04千升，占全国总产量的25.8%；其次为山东，969041.12千升，占全国总产量的10.9%。产量排名前五位的省份还有河南（844345.20千升）、辽宁（642907.86千升）、江苏（563874.46千升）。2010年，全国白酒市场销售收入达到2421.62亿元。

目前我国白酒行业仍以分散经营为主，竞争格局较为混乱，市场集中度不高，企业集团化和规模化发展仍需引导，随着啤酒、葡萄酒和果酒类产品的发展，白酒消费空间缩小，白酒生产能力远大于消费者需求，出现产大于销的局面，企业结构有待进一步调整，小规模白酒企业数量占全行业比例较高，整体技术和装备水平仍然较低，技术进步缓慢，环境污染严重，"三废"治理仍需加强。

但国家产业政策的调整，为白酒行业的发展指出了明确的方向，酒类市场将更加规范，产业结构调整趋向合理；在产品方面，中高档酒类市场竞争激烈，白酒高档化趋势明显，特色产品发展迅速，企业更加注重塑造品牌，提升自身企业形象，白酒的竞争也逐渐由价格竞争转向品牌竞争，“质量＋品牌”成为白酒行业一个明显的发展方向；市场集中度将进一步提高，未来我国白酒将趋向群体联合，生产和经营将实现集团化；白酒行业的循环经济和清洁生产技术的研究将进一步加强，实现整个白酒行业的节能、降耗、减污、增效。

2　白酒行业的生产工艺和产排污状况

2.1　白酒行业的生产工艺流程

根据酿造方式的不同，目前国内白酒基本可以分为纯粮固态发酵白酒和新工艺白酒（即非纯粮固态发酵白酒）。其中纯粮固态发酵白酒是采用完全传统的酿酒工艺，以粮食为原料，经粉碎后加入曲子作为糖化剂，在窖池或陶缸中自然发酵一定时间，经高温蒸馏后得到的白酒。

按白酒的主体香气成分的特征分类，白酒又分为酱香型、浓香型、清香型等。在国家级评酒中，往往按这种方法对酒进行归类。目前市场上浓香型白酒占70%左右，清香型白酒占15%左右，兼香、酱香以及其他香型的白酒占15%左右。各香型主要特点如表1所列。

表1　白酒各主要香型的主要特点

类别	主要特点
浓香型	以浓香甘爽为特点，发酵原料是多种原料，以高粱为主，发酵采用混蒸续渣工艺，口感风味芳香、绵甜、香味谐调
清香型	具有清香、醇甜、柔和等特点，清香纯止，采用清蒸清渣发酵工艺，发酵采用地缸
酱香型	以高粱、小麦为原料，经发酵、蒸馏、贮存、勾兑而制成的，具有酱香柔润特点的蒸馏酒，口感风味具有酱香、细腻、醇厚、回味长久

下面以清香型白酒为例阐述白酒的生产工艺。图1为清香型白酒的生产工艺流程，表2为清香型白酒的生产工序和控制措施。

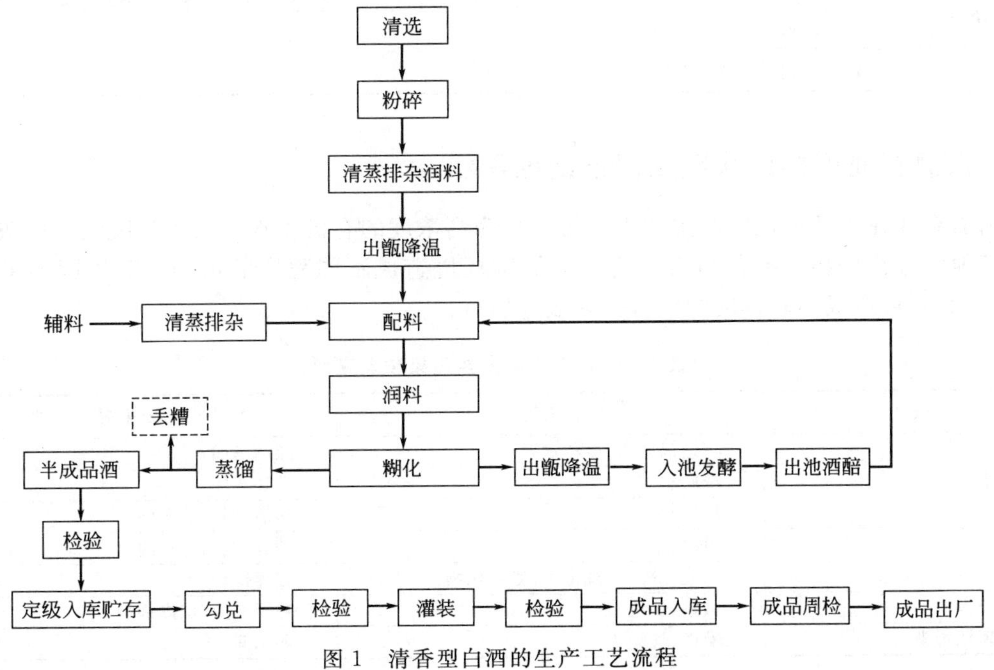

图1　清香型白酒的生产工艺流程

表 2　清香型白酒生产的过程步骤和控制措施

工艺流程	过程步骤及控制措施
原料	高粱
原料粉碎	原料粉碎粒度 0.5mm 以下、要求 4～6 瓣
水	白酒生产过程中使用的水符合《生活饮用水标准》
清蒸排杂	原辅料清蒸排杂，是排除由原辅料带入白酒中邪杂味的主要手段 清蒸排杂时间自甑内圆汽后 30min 以上，温度≥110℃
辅料清蒸排杂	色泽金黄色，气味正常，无异味，无霉烂变质现象，无异物。清蒸排杂时间自甑内圆汽后 30min 以上
配料	粮醅比适当，拌料均匀，无五花三层现象
润料	粮醅混合后润料不得少于 40min
蒸馏糊化	装甑要做到“轻、松、匀、薄、准、平”，糊化要求粮粉熟而不粘，无生心，温度≥110℃
出甑降温	蒸馏糊化完毕后，酒醅通风降温，降温在 25～40℃时加大曲粉、活化的糖化酶、干酵母、生香酵母，翻拌要均匀
入池发酵	将按要求混合好的粮醅入池发酵，入池后池顶盖好塑料布和保温物，定期测温
出池酒醅	出池酸度≥1.0；出池水分 55%～70%；出池淀粉 5%～13%；出池糖度<2.5%
贮存	要求贮酒容器洁净，密封严密，酒库通风良好，有防虫、防鼠、防火设施
勾兑	按生产计划及销售提供的品种、质量要求勾兑合格的酒液，以备灌装使用
一道过滤	通过硅藻土过滤机，除去颗粒较大的杂质，使酒液较清亮
二道过滤	经过粗滤的酒液需要再经过精滤，除去颗粒细小的杂质。过滤后的酒液清亮透明、无悬浮物、无沉淀
酒瓶(包括口杯及桶)	分为玻璃瓶、瓷瓶、口杯及桶，生产使用时领取符合标准的灌酒容器
洗瓶	根据灌装品种的要求领取符合要求的灌酒容器，将检查合格后放入洗瓶机，然后用清洁的水进行冲净，控水备用
灌装	采用灌装机灌装，工作前由操作工调整好容量，达到国家要求
一道检验	挑出酒瓶脏、坏和酒液中有玻璃渣、碎瓷片等较大杂质的脏酒
压盖	要求压盖完好、严密、端正、平展、不漏酒
二道检验	挑出酒液中有肉眼可见较小杂质的酒。挑出瓶盖封口不牢、漏酒的酒瓶退回原工序，其他同一道检验
贴标喷码	按品种不同把商标贴在固定位置，要求平整、牢固、端正、无飞边、翘角。喷码时字迹清楚，位置一致
装盒装箱	有礼品盒的品种装盒正确，完好无损，并贴好封口标，然后装箱。无礼品盒的品种装箱时保证数量准确，垫板格子齐全，不挫标
入库	做到文明装卸，数目准确，码放整齐

2.2　白酒行业产排污状况及污染治理现状

白酒企业在生产过程中产生的主要污染物为高浓度的有机废水，其次是废气、废渣、粉尘及其他物理污染物，各种污染物均可对周围环境造成不同程度的污染，对周围的动植物(包括人类）可造成不同程度的危害。如表 3 所列。

表 3　白酒企业中主要污染物及来源

项目	污染物	主要来源
废水	蒸馏锅底水、冷却水	酿酒车间
	洗瓶水	灌装车间
	冲洗水	酿酒、制曲等车间
废气	粉尘	破碎、制曲等车间
	二氧化硫、一氧化碳、氮氧化物	燃煤锅炉
废渣	酒糟、炉渣	酿酒车间、燃煤锅炉
物理性污染	噪声、气味等	各车间

2.3 白酒行业的主要清洁生产工艺

废水排放是白酒企业的一个重要污染源。如何使废水排放量减少且可提高生化性，是传统白酒酿造企业实施清洁生产的重要内容。

2.3.1 底锅水提取乳酸制品

底锅水主要来源于馏酒蒸工艺过程中，加入底锅回馏的酒精和蒸汽凝结水。在馏酒、蒸煮过程中有一部分配料从甑中漏入底锅，致使底锅废水中 COD 浓度高达 12000mg/L，SS 浓度高达 8000mg/L，它们是酿造过程中的主要污染源。

底锅水中含有大量的有机成分，国内一些名酒企业从底锅水中提取乳酸制品获得了较好的经济效益和环境效益。底锅水中可以提取到乳酸和乳酸钙，而乳酸及乳酸钙是食品、医药、香料、饮料、烟草等加工业的重要原料和瀑加剂，应用前景十分广阔。一个日处理高浓度（COD 12000mg/L）有机污水 180t 的工程，可以年产高质量乳酸 1800t、乳酸钙 300t，年产值可达 1700 多万元，经济效益十分可观，同时还可大大降低底锅水中的 COD 浓度，环境效益也很显著。

2.3.2 生物酶酯化黄水

酒醅在发酵过程中必然产生一些废水，又称黄水。黄水中 COD 和 BOD 含量高，同时含有大量有益成分如酸、酯、醇等物质。但很多企业黄水的利用率不高，给环境带来很大污染，大量有益物质也未能得到很好的开发和利用。

应用生物酯化酶对黄水进行酯化，生产酯化液及高酯调味酒。酯化液就是利用现代微生物技术与发酵工程技术将有机酸等成分转化为酯类等白酒香味成分的混合液，其中富含以己酸乙酯为主要成分的多种香型白酒所含的香味成分。由酯化酶催化合成的香酯液其己酸乙酯含量大大超过高酯调味酒，且具备“窖香”、“糟香”特点。用该产品在车间串蒸，可使原酒质量迅速提高而不受发酵周期的限制，与用化学合成香料勾兑新型白酒相比，利用酯化液生产的高酯调味酒可使产品质量更稳定，风格更典型，还可解决化学香料所产生的“浮香”及可能出现的危及人身安全的问题，在当前酒类市场竞争十分激烈的形势下，可以大幅度地降低白酒生产成本。为巩固白酒市场，提高质量，降低环境污染，实现资源的利用具有十分重要的意义。

采用生物酶酯化技术后，可以取得以下效果：a. 实现原酒质量突破性提高；b. 应用串蒸，提取高酯调味酒，实现新型白酒勾兑技术的重大突破；c. 实现对酿酒下脚料资源的再利用，使黄水中的 COD、BOD 含量在原有基础上下降 80%；d. 每吨黄水可产 60%原酒 20～30kg，价值 600～1050 元。酯化后的黄水不用稀释，可直接进行“生化＋物化”处理，降低污水处理费用，经济效益十分可观。

2.3.3 冷却水循环使用

冷却水是馏酒过程中酒蒸汽间接用水，酒蒸汽通过水冷式冷凝器从气态转变成液态成为原酒。常规的生产过程是冷却水从冷凝器中带走一部分热能，就被当作废水排入地沟，浪费了大量的水资源和能源，给企业的经济效益、社会效益、环境效益造成很大损失。

清洁生产将冷却水循环使用，多次循环，一水多用，节约水资源，降低生产成本，减少废水排放量。

目前国内一些酿酒企业，在冷却水回收上采用全封闭回收管网，将冷却水汇入集水池，分配给浴室和包装车间洗瓶使用。浴室用水和洗瓶水经水处理后，作为消防、冲洗场地、冲洗厕所、绿化、锅炉除尘和冲灰用水。另一部分冷却水经处理后作为锅炉的补充水，富余部分的冷却水经地下水回流和上塔循环时将热能释放，重新进入供水管网，再次用于冷却。

冷却水用于其他工序取代新鲜水，可节约大量的水资源，大大降低污水排放量。另外通过加强车间内部管理，增强职工的节能降耗意识和环境意识，定期对冷凝器进行除垢，可节水 30%左右。

3 典型案例

3.1 企业基本情况

某白酒企业是以自主酿造白酒及成品灌装、销售为一体的中型白酒企业。

3.2 预审核

3.2.1 企业生产概况

3.2.1.1 生产工艺

该白酒企业生产的白酒香型主要为清香型和浓香型，生产工艺参见图 1。各工序控制措施参见表 2。

3.2.1.2 主要设施

① 主要生产设施

主要生产车间有：酿酒车间、勾兑车间和灌装车间。酿酒车间主要生产设施有冷凝器、凉茬机、甑，勾兑车间主要生产设施有反渗透设备和过滤设备，灌装车间主要生产设施主要有冲瓶机、灌装机、贴标机、封箱机等。

② 锅炉

厂区内共有四台 6t 燃煤蒸汽锅炉（型号为 DZL6-1.25-AⅢ）。

③ 主要的大功率设备

主要的大功率设备（>20kw）有中水泵、罗茨风机、锅炉引风机、机井泵。

对照工业和信息化部发布的《高耗能落后机电设备（产品）淘汰目录（第一批）》（工节[2009] 第 67 号），该白酒企业无国家明令禁止的落后淘汰设备。

3.2.1.3 计量情况

对照《用能单位能源计量器具配备和管理通则》（GB 17167—2006），该企业的水表和电表较完备，但主要蒸汽用汽点还没有计量，为了便于蒸汽的使用、考核和管理，建议在各主要蒸汽用汽点均安装蒸汽流量计。

3.2.1.4 原辅材料消耗情况

生产基酒（由粮食酿造出来的半成品酒称为基酒，此时还未进行勾兑）的过程中使用的原料为红粮（大部分为高粱），辅料有曲子和糠皮。

3.2.1.5 综合能耗情况

综合能耗的计算对象包括水耗、电耗和原煤耗，这些均需折算成标准煤耗。2010 年该白酒企业的综合能耗为 758 kgce/kL。

企业煤耗所占比例最大，占综合能耗的 98.2%。因此，很有必要安装蒸汽流量计。

3.2.2　产污和排污现状分析

3.2.2.1　水污染物排放及控制情况

水污染物主要来源于厂区内生产废水和生活污水。生产废水主要来自于酿酒车间产生的锅底水和冷凝器的冷却水，洗瓶车间产生的洗瓶水和离子水车间的浓水等；生活污水主要来自于员工餐厅和员工宿舍等。这些污水进入厂区的污水处理站进行处理。污水站的设计处理能力为2500m^3/d，处理工艺为："曝气＋接触氧化＋砂滤"，处理后的出水尽量回用。据统计，排放至污水处理站的水量为54万吨/年，中水使用量为26万吨。

3.2.2.2　大气污染物排放及控制情况

大气污染物主要来源于锅炉房，产生的污染物主要有二氧化硫、氮氧化物和烟尘。处理废气采用的装置为两台FXTL-6型除尘器和两台麻石脱硫除尘器。

3.2.2.3　固体废物产生及处置情况

产生的固体废物主要来自于酿酒车间产生的固态酒糟和燃煤锅炉产生的炉渣，这些固废均做资源化利用。

3.2.2.4　噪声排放情况

全厂噪声主要来自于风机和设备。厂界噪声完全达到《工业企业厂界噪声标准》的昼间声环境限值60dB（A）。

3.2.3　清洁生产水平评价

依据《清洁生产标准　白酒制造业》（HJ/T 402—2007），对该白酒企业的清洁生产水平进行评价。评价结果表明，电耗较高，仅能达到清洁生产三级水平；其他指标均能达到二级或二级以上水平。

3.2.4　确定清洁生产审核重点

由于酿酒工序消耗的原辅材料、水资源、能源较多，固废产生量大，清洁生产机会大，因此，将酿酒工序作为本轮清洁生产审核重点。

3.3　审核

3.3.1　物料平衡结果和分析

本轮清洁生产审核中，分别针对浓香型和清香型白酒进行物料实测。

实测结果表明，生产吨酒需耗用的粮食为2.5t，耗用的蒸汽为10t。酿酒过程中的损失主要发生在清蒸排杂润料和出甑降温过程中，清蒸排杂主要是将含有原辅料中的带入白酒中的邪杂味去除，出甑降温是将蒸馏糊化完毕后的酒醅进行通风降温，这两个过程造成了物质的损失。

3.3.2　水平衡结果和分析

该企业生产淡季和生产旺季的用水情况不尽相同，因此，对其分别进行生产淡季和生产旺季用水情况分析，并分别绘制水平衡图。

另外，水平衡结果显示，使用新鲜水的环节主要有2个：酿酒车间的冷凝器和灌装车间洗瓶水。由于是间接换热，冷凝器冷却使用的水部分为中水，具体使用情况如下：气温较低时，少量使用新鲜水；气温较高时，中水温度偏高，不能达到冷却时的水温要求，新鲜水的使用量大幅增加。根据上述平衡分析结果，冷凝器新鲜水用量为 10 万吨/年，洗瓶水新鲜水用量为 15 万吨/年。冷凝器冷却水直接排入污水处理站，造成热量和水资源的浪费，需要考虑对冷凝器进行改进以减少用水量，同时，如何对冷却水中的热量加以利用，也是值得考虑的问题；洗瓶水也是直接经过车间排水管道排入污水处理站，不仅浪费了大量水资源，也增加了污水处理设施的运行负担，洗瓶水中的主要污染物仅为洗掉的灰尘、细小颗粒等杂质，对洗瓶水进行一定处理后进行回用很有必要。

3.3.3 用电分析

对企业的用电情况按主要生产耗电、辅助生产耗电、附属生产耗电进行分类汇总，可以看出主要生产耗电占企业用电的 38%，辅助生产耗电的比例为 39%，附属生产耗电为 23%。污水处理站的用电占企业用电比例最高，为 26%。分析原因，污水处理站的大功率耗能设备较多，且为 24h 运行，造成用电量高，可以考虑对污水处理站风机进行改造，加装变频装置。

3.3.4 大功率设备功率因数实测

在预审核过程中，发现电耗较高，针对此问题，对厂区内的大功率设备开展功率因数实测，使用的仪器为电能质量分析仪。实测结果表明：这几种设备的功率因数都在 0.85 以上，设备的功率因数较高；但西锅炉房和污水处理站的风机的总功率和额定功率相差较大，这与运行负荷有关，负荷低时，测试总功率也低，如污水处理站运行时，依据曝气程度不同所需风量也不同，即运行负荷不稳定。

3.4 方案

3.4.1 方案的产生和筛选

备选清洁生产方案可以通过以下 8 个方面产生：原料能源节约和替代、产品的优化、设备维护和更新、过程优化控制、技术工艺改进、员工培训、管理优化和废物减排与循环利用。通过发动企业广大员工积极参与方案的产生，共征集到方案 100 多条，经过清洁生产小组的认真讨论和筛选，最终确定了 25 项无低费方案和 5 项中高费方案。无低费方案按照边审核边实施的原则，在预审核阶段便开始实施，取得了良好的实施效果。部分无低费和中高费方案汇总见表 4 和表 5。

表 4 部分清洁生产无/低费方案

序号	名　称	原　因	对　策
1	更换粉曲机	现有的粉曲机运行功率较高，造成电力的浪费	将现有的 3 台粉曲机更换为功率更低的粉曲机
2	改变生产环境	灌装车间有限空间内存在三条生产线，人多物多，存在很多安全隐患	灌装车间的围墙打通，将几个小车间合并成为一个大车间
3	装卸过程中浪费包装箱现象严重	在装卸过程中，由于用力不当，导致酒瓶碎裂，使包装箱无法继续使用	包装箱无法使用是因为箱子被酒阴湿，将包装箱晒干后可以继续使用
4	成品酒破损问题	由于成品酒多次倒库，在此过程中，会产生成品酒损坏的情况	将成品酒的摆放位置和顺序掌握好，减少倒库的次数，利用机械，减少人为破坏因素
5	在粉曲车间安装除尘器	现在的粉曲车间没有除尘器，生产的时候，粉尘遍布整个车间，对人身体伤害很大	在粉曲车间安装一个除尘器，以及除尘器的配套设施，有效的降低粉尘对人体的伤害
6	废物的运送管理	垃圾运送车两侧无挡板，运输时易造成废物洒落	改装垃圾运送车，两侧加装挡板，防止废物散落；对即将运送的废物码放齐整，确保不遗撒
7	对检测中心的精滤机进行改良	现有的精滤机体积大，过滤片较厚，操作不方便，效率较低	通过厂家以旧换新，对现有的精滤机进行改良，使现有的精滤机体积变小，过滤片变薄

表 5 清洁生产中/高费方案一览表

序号	名称	原因	对策
F-1	洗瓶水处理循环回用	洗瓶水直接经过车间排水管道排入污水处理站，与生产废水、生活废水一起经设备处理后排放，不仅浪费了大量水资源，也增加了污水处理设施的运行负担	采用臭氧预处理＋石英砂活性炭过滤＋超滤＋紫外消毒集成处理工艺对洗瓶水进行处理，处理后回用
F-2	冷凝器改造	使用的半封闭式铝制冷凝器，不仅用水量大，而且不耐腐蚀	改为全封闭式不锈钢冷凝器
F-3	锅炉煤改气	燃煤锅炉占地面积大，煤灰粉尘、噪声、污染严重	重置燃气锅炉，燃气锅炉占地少、自动化程度高、无污染
F-4	污水处理站风机加装变频装置	风机不能依据所需风量的多少适时调整运行工况，造成能源的浪费	适时调整风机运行工况，节能，同时降低风机运行成本
F-5	加装蒸汽流量计	蒸汽流量计配备不到位	在各蒸汽用汽点均安装蒸汽流量计，完善计量器具

3.4.2 中高费方案介绍

3.4.2.1 洗瓶水处理循环回用

(1) 方案简介

该企业洗瓶总用水量约为 600m^3/d。

洗瓶过程中加入少量的清洗剂，洗瓶水中的主要污染物为冲洗掉的灰尘、细小颗粒杂质等成分，污染较小，由于受这些灰尘和细小颗粒的影响，洗瓶水中的浊度和色度超过《生活饮用水卫生标准》(GB 5749—2006) 限值。

目前，洗瓶后产生的废水直接经过车间排水管道排入污水处理站，与生产废水、生活废水一起经污水处理设备处理后排放，不仅浪费了大量水资源，也增加了污水处理设施的运行负担。

由于该洗瓶水污染较小，具备再利用价值，拟采用臭氧预处理＋石英砂活性炭过滤＋超滤＋紫外消毒集成处理工艺对洗瓶废水进行处理后再循环回用。但前提要求是：该处理工艺后的出水水质要求达到《生活饮用水卫生标准》(GB 5749—2006) 中的相关要求，才能用于洗瓶。处理工艺流程如图 2 所示，循环水车间参见图 3。

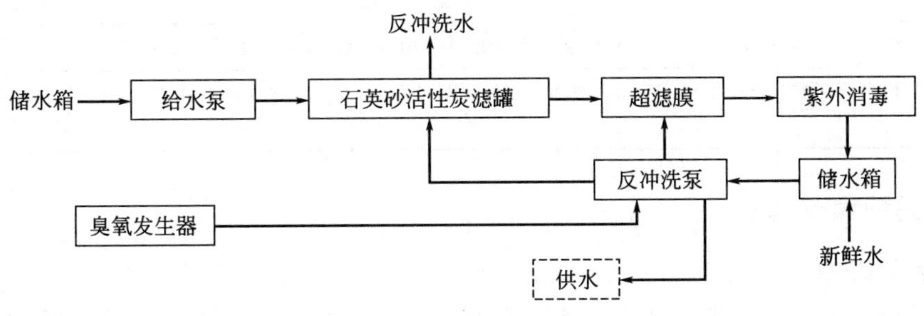

图 2 处理工艺流程

(2) 效益汇总

环境效益和经济效益分析见表 6。

表 6　环境效益、经济效益分析

指标	效　益
环境效益	节约新鲜水用量 12 万吨/年，减少废水产生量 12 万吨/年，减少 COD 产生量为 1.2t/a
经济效益	年节约水资源费用 24 万元，年节约污水处理费用 24 万元，其运行费用约为 14.5 万元/年，则每年可为企业节省成本 33.5 万元

图 3　循环水车间

3.4.2.2　冷凝器改造

（1）方案简介

冷凝器是白酒酿造的重要生产设备之一，多年生产实践证明，先前使用的传统冷凝器存在易腐蚀、使用寿命短、耗水量大、维修难度大等不足，给生产带来不良影响。鉴于以上状况，采用新型冷凝器取代传统冷凝器以弥补不足，成为必然趋势。

目前，该企业使用的冷凝器为半封闭式铝制冷凝器，每班用水 30t。

经不断尝试，已有一部分改为不锈钢冷凝器，内部结构也发生了变化，由铝制半封闭式改为不锈钢全封闭式，内置不锈钢冷凝管管数增加，大大提高了冷凝速度，降低了用水量，每班用水 15t。

（2）效益汇总

环境效益和经济效益分析见表 7。

表 7　环境效益和经济效益分析

指标	效　益
环境效益	节约新鲜水用量 5.1 万吨/年，减少废水产生量 5.1 万吨/年，节约中水量 9.8 万吨/年
经济效益	节约水资源费用 12 万元/年，节约污水处理费用 27 万元/年，节省维修费用 3 万元/年，每年可节省费用 42 万元

3.4.2.3　锅炉煤改气

（1）方案简介

锅炉按燃料划分有燃煤、燃油、燃气锅炉等类型。现该白酒企业使用的均为燃煤锅炉，燃煤锅炉占地面积大，煤灰粉尘、噪声、污染严重。而燃气锅炉占地面积少、自动化程度高、无污染。考虑到可实用性和安全性能，该白酒企业拟使用燃气锅炉代替燃煤锅炉，减少环境污染。

（2）效益汇总

环境效益和经济效益见表8。

表8 环境效益、经济效益分析

指标	效益
环境效益	节省1500t标煤/a，减少SO_2产生量103.7t、烟尘产生量为60.4t
经济效益	该方案实施后从直接经济角度看对企业没有直接的经济效益，但该方案有着非常好的环境和社会效益。从长远来看，使用燃气锅炉也是大势所趋，因此该方案可行

3.4.2.4 污水站风机加装变频装置

（1）方案简介

污水站负责全厂的水处理，24h运转。风机是污水站的主要设备，在接触氧化池、清水池都要用到该设备。目前，该白酒企业拥有37kW风机3台（2用1备）。2台风机同时启动，产生的风量很大，超出了正常的所需要求，对管道也造成了不小的压力，但是如果只开1台风机，产生的风量又不够，且所需风量时高时低，因此为污水站风机加装变频装置是一个切实可行的办法。同时，加装变频后，可减少设备由于长期运转导致的修理费用等。

拟给其中的两台风机加装变频装置，另外一台保持为工频。

（2）效益汇总

方案的各种效益见表9。

表9 该方案的各种效益

指标	效益
环境效益	每年可节约电4万千瓦时，减排CO_2 40t
经济效益	可节约电费3.2万元，减少修理费用0.3万元，共计节约3.5万元

3.4.2.5 加装蒸汽流量计

（1）方案简介

为了完善厂区蒸汽计量器具，查清各工序蒸汽使用量、压力等并寻找节约蒸汽的改进途径，计划装配20块蒸汽流量计，以满足计量的需求。

（2）效益汇总

本方案实施后并没有直接的环境效果，但是能够完善能源统计和考核，发现节约蒸汽的改进途径，从而达到间接的节能效果，同样也可以给企业带来经济效益。

3.4.3 方案实施效果

这些方案实施后，将产生极其显著的环境效益和经济效益。审核后各项指标均达到了预审核阶段制定的近期目标，电耗水平也有明显的降低。

参考文献

[1] 徐发．我国白酒行业现状和发展趋势分析．硕士学位论文，2010：6-12.

[2] 白酒行业2010发展现状及2011年趋势分析.

[3] 汪春乾，陈俊伟，伍远超．清洁生产在白酒工业中的推广应用及研究．酿酒科技，2011，10：127-130.

[4]《清洁生产标准 白酒制造业》（HJ/T 402—2007).

啤酒行业清洁生产审核案例研究[1]

李键，孙晓峰，宋云
（中国轻工业清洁生产中心，北京，100012）

摘要： 通过分析啤酒行业的污染物排放现状及目前的生产工艺水平，以某啤酒厂为例，通过清洁生产审核，提出大量清洁生产方案，取得了显著的经济效益和环境效益。总结出在审核中需注意的几个关键点，使其真正发挥作用，达到节能、降耗、减污、增效的目的。

关键词： 啤酒；清洁生产审核；案例

Case Study of Cleaner Production Audit on Beer Industry

Li Jian，Sun Xiaofeng，Song Yun
（China Cleaner Production Center of Light Industry，Beijing，100012）

Abstract：This paper analyzed the pollutants discharge status of China's beer industry and the current production levels. Setting XX brewery plant as a case study，according to the cleaner production audit，lots of cleaner production measures had been proposed，with apparent economic and environmental benefits. Some key points had also been addressed during the audit，to achieve the purposes of energy saving，exhaustion decline，pollutants reduction，and profit increase.
Key words：beer；cleaner production audit；case study

1 啤酒行业现状

自 2002 年我国成为世界啤酒产销第一大国以来，我国啤酒总产量呈逐年增长的趋势，2007 年继续保持大幅增长的势头，完成啤酒产量 3931.37 万千升，比 2006 年同期增长 13.8%。随着我国环境保护工作的深入开展，很多啤酒企业开展了清洁生产工作，在节能减排方面成绩显著。一些大型啤酒企业千升啤酒耗水指标下降到 5.5m^3 以下，接近国际先进水平，但与国外先进企业相比仍有一定的差距。国外大型啤酒公司单位啤酒耗水量如表 1 所列。

表 1 国外大型啤酒公司耗水量

啤酒公司	啤酒的耗水量/(m^3/kL)	啤酒公司	啤酒的耗水量/(m^3/kL)	啤酒公司	啤酒的耗水量/(m^3/kL)
嘉士伯	4.7	Inbev	4.9	德国酿造行业	3.7～4.7
喜力	4.5	Grolsch	4.9		
Scottish&Newcastle	4.5	Bavaria	3.8		

[1] 中国-欧盟流域管理项目。

2　啤酒行业的生产工艺和产排污状况

2.1　啤酒行业的生产工艺流程及排污环节

2.1.1　麦芽制造工艺

麦芽制造主要包括浸麦、发芽、绿麦芽的干燥、除根、麦芽的冷却、磨光和干燥麦芽的贮存等工序，工艺流程如图 1 所示。

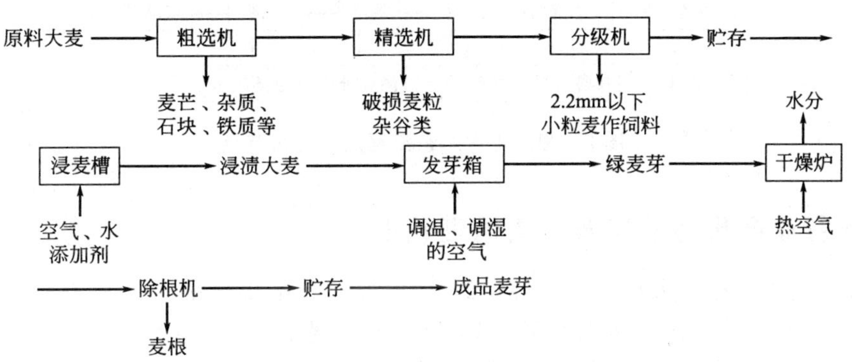

图 1　麦芽制造工艺流程及产排污节点

2.1.2　啤酒制造工艺

啤酒的生产过程大体可以分为四大工序：麦芽制造；麦汁制备；啤酒发酵；啤酒包装与成品啤酒。

（1）麦芽制造

先将大麦制成麦芽，再用于酿酒。大麦在人工控制的外界条件下进行发芽和干燥的过程，即为麦芽制造，简称“制麦”。

（2）麦汁制备

又称“糖化”。麦芽及辅料必须经过这个过程，制成各种成分含量适宜的麦汁，才能由酵母发酵酿成啤酒。麦汁制造的全过程，可分为麦芽及辅料的粉碎、醪的糖化、过滤，以及麦汁煮沸、冷却五道工序。

（3）啤酒发酵

冷麦芽汁添加酵母后，开始发酵作用。啤酒发酵过程分主发酵（又名前发酵）和后发酵两个阶段。酵母繁殖和大部分可发酵性糖类的分解以及酵母的一些主要代谢产物，均在主发酵阶段完成。后发酵是前发酵的延续，必须在密闭容器中进行，使残留糖分分解所形成的二氧化碳溶于酒内，达到饱和；并使啤酒在低温下陈酿，促进酒的成熟和澄清。

（4）啤酒包装与成品啤酒

啤酒经过后发酵或后处理，口味已经达到成熟，酒液也已逐渐澄清，此时再经过机械处理，使酒内悬浮的轻微粒子最后分离，达到酒液澄清透明的程度，即可包装出售。

啤酒生产工艺流程见图 2。

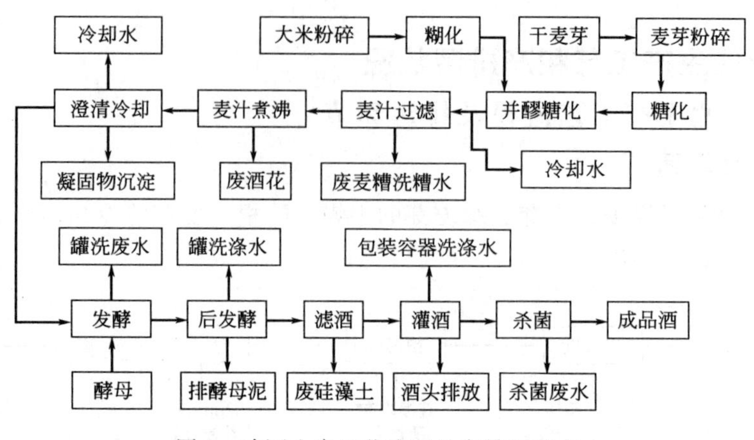

图 2　啤酒生产工艺流程及产排污节点

2.2　啤酒行业产排污状况及污染治理状况

啤酒行业是废水排放大户，据测算，2002 年啤酒废水排放量约为 2.7 亿立方米，年排放 COD 约为 2.9 万吨，占全国工业废水 COD 排放总量的 0.5%。自 2002 年至 2008 年这 7 年间，在啤酒产量实现 59%增长的前提下，废水排出总量未出现增长。相比较而言，2008 年废水排放量比 2002 年下降了约 20%多。同时随着节能减排工作的开展和清洁生产技术的推广，COD 排放量也出现下降的趋势，从 2002 年的 2.9 万吨下降到 2008 的 2.0 万吨左右。氨氮也从 2004 年的 3510 吨下降到 2008 年的 1969 吨。

啤酒企业废水处理技术主要为厌氧＋好氧的组合处理工艺，常见工艺包括以下几种。

（1）水解酸化-SBR 法

这种方法在处理啤酒废水时，在厌氧反应中，放弃反应时间长、控制条件要求高的甲烷发酵阶段，将反应控制在水解酸化阶段，这样较之全过程的厌氧反应具有以下优点：由于反应控制在水解酸化阶段反应迅速，故水解池体积小；不需要收集产生的沼气，简化构造。降低造价，便于维护，易于放大；对于污泥的降解功能完全和消化池一样，产生的剩余污泥量少。同时，经水解反应后溶解性 COD 比例大幅度增加，有利于微生物对基质的摄取，在微生物的代谢过程中减少了一个重要环节，这将加速有机物的降解，为后续生物处理创造更为有利的条件。水解酸化-SBR 法处理高浓度啤酒废水效果比较理想，去除率均在 95%左右。

（2）UASB-好氧接触氧化工艺

此工艺处理过程为：废水经过转鼓过滤机，转鼓过滤机对 SS 的去除率达 10%以上，随着麦壳类有机物的去除，废水中的有机物浓度也有所降低。上流式厌氧污泥床能耗低、运行稳定、出水水质好，有效地降低了好氧生化单元的处理负荷和运行能耗。好氧处理对废水中 SS 和 COD 均有较高的去除率，这是因为废水经过厌氧处理后仍含有许多易生物降解的有机物。该工艺处理效果好、操作简单，稳定性高。上流式厌氧污泥床和好氧接触氧化池相串联的啤酒废水处理工艺具有处理效率高、运行稳定、能耗低等特点。整个工艺对 COD 的去除率达 98%，该工艺非常适合在啤酒废水处理中推广应用。

（3）IC 厌氧反应器-好氧处理工艺

IC 厌氧反应器和 UASB 反应器一样，能够形成高生物活性的厌氧颗粒污泥，但不同的是这种反应器内部还能够形成流体循环，其形成过程如下：进水由底部进入第一反应区与颗粒污泥混合，大部分有机物在此被降解，产生大量沼气，沼气被下层三相分离器收集，由于产气量大和液相上升流速较快，沼气、废水和污泥不能很好分离，形成了气、固、液混合流体。又由于气液分离器中的压力小于反应区压力，混合液体在沼气的夹带作用下进入气液分离器中，在此大部分沼气脱离混合液外排，混合流体的密度变大，在重力作用下通过回流管回到第一反应区的底部，与第一反应区的废水、颗粒污泥混合，从而实现了流体在反应器内部的循环。废水经过 IC 厌氧反应器处理完后，通常再连接一级好氧反应器。

IC 反应器存在以下优点：容积负荷高；节省投资和占地面积；抗冲击负荷能力强；抗低温能力强；内部自动循环，不必外加动力；出水稳定性好；启动周期短。

2.3　啤酒行业清洁生产工艺

2.3.1　麦汁制备过程

(1) 选用优质原料，优化糖化工艺

酿造啤酒只利用麦芽和大米（玉米）中的浸出物，含量多少以浸出率表示。浸出率 80%的麦芽比浸出率 75%的麦芽可利用物质多 5%。啤酒生产应根据原料质量不断调整和优化工艺。麦芽溶解好，酶活力高，可以采用高温短时间糖化，而酶活力低的麦芽应采用低温长时间糖化。因此，选用溶解好、酶活力高的麦芽，有利于提高质量，降低消耗，减少污染排放。

(2) 回收洗槽水

糖化过滤、洗槽结束时，麦槽中总残留部分麦汁，称残糖，低时含糖 0.5%，高时达 2%，可再用热水洗槽，洗出稀麦汁残存，在调整 pH 值后用于下次糖化投料的下料水。为了不影响质量，洗出稀麦汁时温度不要高于 75℃，以免洗出过多的麦皮成分。洗槽水的回收和使用要安排好，暂存时间不宜超过 6h，只有在连续生产时才能实现回收。一般情况下，能回收麦汁量 10%～20%的洗槽水。

2.3.2　发酵

(1) 发酵进入后熟阶段应有低温处理过程

发酵完毕进入后熟阶段应有低温处理过程，使酵母和凝固蛋白沉淀，促使酒液澄清；使二氧化碳充分溶解在酒液里，达到一定质量要求。低温处理不足，除过滤不顺利、损失增加外，还会影响啤酒的非生物稳定性，尤其是冷稳定性较差。因此，工艺上应规定最短的低温处理时间。

(2) 回收酵母中的啤酒

啤酒发酵完毕，要排出泥状酵母，除一部分留作生产再用外，其他都作为废酵母。湿酵母泥中有很多啤酒，可用压滤方法将其回收。但是从废酵母中回收的啤酒常含有酵母自溶物、浊度高、有酵母味；回收过程接触空气，溶解氧高；如果发酵有污染，啤酒中还会有杂菌。所以，废酵母中回收的啤酒如何再用，要视各厂回收条件及质量要求，分别做处理。

回收啤酒可用于硅藻土过滤的稀释酒直接混入酒中，也可单独经硅藻土过滤或微孔过滤后再渗入啤酒中，掺入比例应不高于 5%。也可将回收啤酒混入发酵罐麦汁中再发酵。这时，通常将回收啤酒入冷贮罐贮存，检查是否有细菌污染，如果污染超出要求，应将回收啤酒过滤除菌后再混入麦汁中。

2.3.3 合理利用生产用水，降低水耗

（1）推广麦汁一段冷却技术

糖化结束，要在很短时间内将热麦汁冷却到7～8℃，需要大量冷却水。过去啤酒厂都采用麦汁两段冷却法。第一段用冷水将麦汁从95℃冷却到35～45℃，得到55℃左右的冷却水；第二段再用其他冷却介质将麦汁冷却到7～8℃。由于第一段排出的冷却水只有55℃左右，不能直接用于糖化洗罐，加上冷却水量大，啤酒厂无法全部利用，大部分干净的温热水排掉了。

麦汁一段冷却技术是通过氨蒸发制冷，用3～4℃的冰水一次将热麦汁冷却到7～8℃，排出75～80℃的热水，可以直接进入酿造热水罐，作洗槽水和糖化下料水。麦汁一段冷却与两段冷却工艺的设备投资大致相同，但在节能降耗方面，具有以下4方面的优点：a. 降低能耗，节电约40.5%；b. 节约热能，水和热麦汁全程热交换后，出口水可直接供洗槽工艺使用，麦汁热回收率90～95%；c. 降低水耗，节约麦汁冷却水约40%；d. 降低辅助材料酒精的消耗，一段冷却以水作载冷剂，酒精用量分别降低29%和30%。

（2）冷却塔冷却水循环利用

冷却系统的氨冷凝器需要消耗大量冷却水，可在冷凝器下部建一个大容器水池，收集冷却水，再泵到高位冷却塔通风喷淋降温，重新作冷凝器冷却水。这些冷却水在长期循环中会产生结垢和青苔，应定期投药。

（3）利用洗瓶机最后一次喷淋水

洗瓶过程有四部分水，第一部分是预浸水，脏瓶进入预洗，水很脏，一般每天排放换水1次；第二部分是碱水喷冲；第三部分是热水喷冲，这两部分水大部分工厂已循环利用；第四部分是最后一次喷冲水，达到最后把瓶洗净、降低温度的目的。这部分水稍显碱性，pH值为7.0～8.0，有少量的COD和BOD，可以收集用于洗箱机的洗箱水、杀菌机喷淋水的补充水、冲洗地面等。

（4）冷凝水循环利用

啤酒厂的煮沸锅、糊化锅、杀菌机使用大量蒸汽，产生的冷凝水应返回到锅炉房重新利用。回收的方法主要有开放式回收和密闭式回收两种。其中密闭回收效率高，是目前主要采用的技术。

3 案例分析

3.1 企业概况

某啤酒企业产品年产量约为40万吨，下设酿造、包装储运、工程、品质、采购、行政、财务、IS和人力资源等8个部门。

建有日处理能力13000m^3的污水处理站，由三套各自独立的厌氧系统和一套好氧系统组成，采用厌氧+好氧生物处理工艺，处理啤酒生产过程中产生的生产废水，设备、管道清洗水，办公楼、生活服务中心及居民区的生活废水。年实际处理量294万吨。该企业十分重视资源综合利用，处理后的废水部分回用，2005年回用水量达到96万吨，达实际处理量的33%，其余达标排放。企业建立了完善的环境管理体系，不仅对污水、雨水、空气、地下水实施管理，而且还对内部的化学品等受控物质、化学品运输、员工环境培训等方面进行管理。

3.2 预审核概况

该企业近年主要原材料消耗、能源消耗和主要污染物排放情况见表2～表4。

表2　主要原辅材料消耗情况

序号	原辅材料名称	消耗量			
		年度1	年度2	年度3	年度4
1	大米/(t/a)	14136	14156	14645	16774
2	麦芽/(t/a)	24319	26578	27780	31959

表3　主要能源消耗情况

年份	产量/(万千升)	水		电		标煤	
		单耗/(t/kL)	年耗/万吨	单耗/(kW·h/kL)	年耗/(万千瓦时)	单耗/(kg/kL)	年耗/万吨
年度1	24.6	7.24	186.8	119.02	3072	53.08	1.37
年度2	24.11	7.15	181	123.28	3119	58.50	1.48
年度3	25.3	6.58	174.6	118.48	3143	55.03	1.46
年度4	31.44	6.32	208.6	113.09	3730	53.67	1.77

表4　主要污染物排放情况

类别＼年份	年度1	年度2	年度3	年度4
废水排放量/万吨	272	221.8	210.2	235.2
COD排放量/t	87	67	67	61
SO_2排放量/t	65	56	87	88
烟尘排放量/t	76	60	58	37

通过权重分析法对全厂各个生产车间进行筛选，确定清洁生产审核重点。通过权重得分分析看出，糖化工段的清洁生产潜力相对较大，有更大的节能降耗减污空间。针对糖化生产车间的设备，对照工艺流程图，对每一个工艺流程进行分解，按照物料的进出顺利绘制出设备流程图，并将主要的生产设备进行标示，从而确定设备的审核重点，如糊化、糖化、煮沸锅等，并与啤酒工业清洁生产标准进行对标分析，设置清洁生产目标（见表5）。

表5　清洁生产目标

类别	项　目	现状	目　标		
			近期	中期	远期
水资源利用指标	新鲜水用量/(t/kL)	6.32	6.3	6.2	6.0
能源利用指标	标煤单耗/(kg/kL)	53.67	53.5	53.0	52.4
	生产用电单耗/(kW·h/kL)	113.09	110	105	100
	蒸汽单耗/(LBS/BBL)	116.29	114.0	113.0	112.0
	综合能耗/(kg/kL)	101.01	≤100	≤99	≤98
资源利用指标	标准浓度11度啤酒耗粮/(kg/kL)	167.73	≤165	≤163	≤161
	啤酒总损失率/%	6.81	≤6.5	≤6.0	≤4.7
污染物指标	废水产生量/(m^3/kL)	8.24	5.1	4.8	≤4.5
	COD产生量/(kg/kL)	17.3	14.0	11.5	9.5
环境管理指标	清洁生产审核	持续按照《企业清洁生产审核手册》进行审核			
	环境管理	按照ISO14001标准要求改进环境管理体系			

3.3 审核过程及审核结果分析

本次审核采用员工为主、专家为辅的方法，共提出清洁生产方案 68 项，其中，无低费方案 48 项，中高费方案 20 项。无低费方案按照边审核边实施的原则，取得了良好的效果，部分清洁生产方案如表 6 所列。

表 6 部分清洁生产方案一览

序号	分类	方案简述	方案类型	环境效益
1	原辅材料和能源替代	深井水作为冷却水使用	无/低费	节约冷却水
2	技术工艺改造	锅炉沼气燃烧机及锅炉节能升级改造	高费	减少 CO_2 排放 354.47t，减少 SO_2 排放 10.88t
3		从发酵到糖化的麦汁 CIP 回流管设计不合理，长且弯道多。应优化麦汁 CIP 回流管	无/低费	节约用水
4		啤酒的煮沸强度降低 1%，节约蒸汽和提高收到率	无/低费	减少 CO_2 排放 531.7t，减少 SO_2 排放 16.33t
5	设备维护和更新	CIP 回收水罐增容，可多回收一些水	中/高费	节约用水
6		取消 U/FBBTCIP 串洗，直接连接 KF 清洗，避免二次污染；同时由于管路封闭清洗，节约资源、能源；延长设备的寿命	无/低费	避免二次污染，节约用水
7	过程优化控制	酿造冷水罐因为杀菌排放大量冷水，应提前做好准备，便于操作人员提前将罐内水用完	无/低费	节约用水
8		减少蒸汽管道上不必要的蒸汽手阀，从而可减少蒸汽压降，即减少蒸汽损失	中/高费	CO_2 排放 110.77t，减少 SO_2 排放 3.4t
9	废物回收利用和循环	打包带回收再利用，用于回收瓶的包装	无/低费	减少废物产生
10	加强管理	回收废槽内的糖和热凝固物内的糖，减少污水厂的负荷	中/高费	减少污水厂负荷，降低废水处理成本

3.4 中高费方案可行性分析

3.4.1 废热蒸汽利用改造项目

企业生产过程中产生的大量二次蒸汽直接对空排放，造成大量热能损失。可以进行废热蒸汽利用改造，将这部分热能作为吸收式制冷机组的热源利用，一方面回收了热量，减少对环境影响；另一方面可以节约用电，产生经济效益。

（1）技术可行性分析

在不影响啤酒品质的前提下，可以通过把废热蒸汽通过管道引入汽-水换热器，既可以利用废热蒸汽释放的热量，用于吸收式制冷机组的热源。

（2）经济可行性分析

目前该企业生产过程中产生的废热蒸汽约有：a. 煮沸锅，5t，90℃；b. 麦汁处理器，2.5t，90℃。

可以利用其作为吸收式制冷机组的热源，可产生 7～11GJ/h 的 7℃冷水。节约热量 517～827GJ/h（143611～229722kW），投资约 260 万元。

（3）环境可行性分析

方案实施后，可节省标煤 135～216t/a；按每生产 1kW・h 电产生的污染物二氧化碳为

1000g、二氧化硫为 30g 计算，每年相当于减少二氧化碳排放 1098.5～1757.6t，减少二氧化硫 33～52.7t。

3.4.2　循环流化床锅炉改造方案

企业使用的锅炉容量小，锅炉效率低，可以更换环保和煤种适应性好的循环流化床锅炉，该锅炉效率可以达到 90%。而小型锅炉的设计效率为 75%，运行时可以达到 70%，浪费大量的煤炭资源。同时循环流化床锅炉可以实现炉内脱硫，减少尾部烟气的脱硫。

按企业的生产情况和目前的建设情况，可以更换 2×75t/h 台的循环流化床锅炉。该锅炉可以装机 2×12MW 的汽轮发电机组。根据热能需要可以设计成抽汽式发电机组，同时满足发电和供热的需要。

（1）技术可行性分析

循环流化床锅炉是 20 世纪 80 年代发展起来的一代燃煤流化床锅炉，具有高效低污染的特点，在我国已开展广泛研究，并已有大量成功应用案例，技术上比较成熟，不存在难点。

（2）经济可行性分析

按照目前的电力建设成本，约 4000 元/千瓦，两台机组工程造价总计约 9600 万元。按照全年 300d 计算，年发电量可以达到 24MW。见表 7。

表 7　改造费用估算

装机容量	24MW	备注	装机容量	24MW	备注
发电天数/d	300×24		总投资/万元	9600	4000 元/kW
发电量/(kW·h)	172.8×10^6		发电成本	2592	0.15 元/(kW·h)
收入/万元	4320	0.25 元/(kW·h)	盈利	1728	

（3）环境可行性分析

锅炉改造后，一方面在烟气脱硫方面效果明显，可以实现炉内脱硫，降低脱硫费用；另一方面，由于该锅炉煤种适应性好，可以燃烧污泥，而企业每年产生 8600t 污泥，可以考虑这些污泥进行燃烧利用，可取得较好的环境效益。见表 8。

表 8　循环流化床锅炉的特点

机组效率高	可达 90%
煤种适应性好	适应各类煤，并且可以掺烧污泥和废渣
脱硫工艺简单	实现炉内脱硫，降低脱硫费用
该机组可以实现热点联产	保证满足啤酒厂生产用汽

3.4.3　啤酒废酵母回收利用技术

在啤酒生产过程中，每生产 1 万吨啤酒，约有 15t 剩余酵母产生，其中 2/3 是主酵母，这部分酵母质量较好、活性高、杂质少，回收之后约有 1/5 即 2t 用作接种酵母。其他 1/3 是后酵母，在贮酒过程中，与其他杂质共同沉淀于贮酒罐底，一般弃置不用，排放于下水道内，由于其 COD 负荷极高，故造成了很大的污染。总体来看，万吨啤酒可产生闲置酵母 13t（以干计），总 COD 负荷为 7150kg，单从减少排污方面考虑，也应对这部分啤酒废酵母进行回收利用。

啤酒废酵母中含有丰富的氨基酸，核苷酸及其他营养成分，经深度处理加工后的产物可应用于食品、调味品、医疗和啤酒酿造（如酵母水解液可返回到糖化过程，用于增加麦汁的

α-氨基氮），可制成酵母抽提物、核苷酸、蛋白粉、酱油等。

（1）技术可行性分析

用水将干净的啤酒废酵母调到约8%～15%的浓度，并调pH值为4～8，开动搅拌器，用蒸汽缓慢升温，经2h左右的时间升温到48℃，保温6h，充分激活酵母内源自溶酶体系进行自溶，然后再缓慢升温至52℃左右，加入500g木瓜蛋白酶/T酵母，并搅拌30min，保温14h，然后升温至65℃，保温4h，冷却静置24h，将自溶液离心，去除细胞残渣等而得到上浊液，并通过超滤机过滤而得到上清液，进而可用其生产出酱油，当然也可制成其他产品。

（2）经济可行性分析

用此项工艺制得的产品如酵母抽提物或酱油均符合相关产品的要求标准，可产生一定的经济效益。如利用废酵母生产酱油，不需要复杂的设备，技术含量低，投资少，且这种酱油味道鲜美，营养价值高于普通酱油，特别适用于一些中小型啤酒生产企业采用。

（3）环境可行性分析

经测算，酵母回收利用技术可减少由于酵母排放而产生的COD负荷的70%，即万吨啤酒可减少排放COD负荷5200kg。另外，酵母中的氮、磷含量较高，而普通废水处理技术对氮、磷的去除率都偏低，故废酵母回收利用后，可使处理后啤酒废水中的氮、磷含量大大降低。

3.5 结论

通过开展清洁生产审核，共提出清洁生产方案68项，其中无低费方案48项，中高费方案20项。预计年节约标准煤822t，废水排放量削减10%。通过推行清洁生产，企业可以取得明显的经济效益、社会效益和环境效益。

参考文献

[1] 孙晓峰，李晓鹏．啤酒工业清洁生产技术需求探析［J］．中国环保产业，2010，2：49-51.

[2] 张华，阚久方，张雁秋．略论啤酒清洁生产［J］．重庆环境科学，2001，23（3）：66-69.

[3] 贺应强．我国啤酒工业发展趋向及对策之我见［J］．中国啤酒通讯，1996，（3）：5-6.

[4] 梁多，彭超英．啤酒工业废水治理及清洁生产实例［J］．酿酒，2004，31（3）：84-86.

[5] 李延，徐济勤，曹昌洋．浅谈啤酒工业中的清洁生产［J］．产业研究，2007，23：12-13.

[6] 刘研．浅析啤酒全生命周期中的清洁生产机会［J］．环境科学与管理，2008，33（9）：186-190.

饮料制造业清洁生产审核案例研究

蒋彬，吕竹明，简玉平

（中国轻工业清洁生产中心，北京，100012）

摘要：碳酸饮料是常见的软饮料品种，本文对碳酸饮料的生产和排污状况进行了归纳分析，列出了目前典型先进的清洁生产技术，并介绍了某碳酸饮料生产企业的清洁生产审核案例。

关键词：碳酸饮料；清洁生产审核；案例

Case Study of Cleaner Production Audit on Soda Drink Industry

Jiang Bin，Lv Zhuming，Jian Yuping
（China Cleaner Production Center of Light Industry，Beijing，100012）

Abstract：Soda drink is a kind of soft drink，which is very normal in life. This paper analyses the production processes and pollutants generation & emission conditions of soda drink，lists some typical & advanced cleaner production technology，setting XX soda drink factory as a case study，to show how to implement cleaner production auditing.

Key words：soda drink；cleaner production audit；case study

1　碳酸饮料行业现状

2011年上半年，我国碳酸饮料产量达到7411892t，比2010年同期增长31.15％，占软饮料行业总产量的13.28％。其中广东省以1508436t的产量稳居全国碳酸饮料产量第一，占比达到了全国的20.35％，累计产量比2010年同期增长47.49％；四川省以574491t的产量位居全国第二，占全国产量的7.75％，累计比2010年同期增长251.42％；天津市产量为552767t，占全国产量的7.46％，累计比2010年同期增长15.34％；上海市占全国产量的6.35％，产量达到470713t，累计比2010年同期相比增长13.81％，位居全国第四；北京市以358992t的产量位居全国第五，占全国比重的4.84％，比2010年同期增长了2.04个百分点。

2　碳酸饮料行业的生产工艺和产排污状况

2.1　碳酸饮料行业的生产工艺流程及排污环节

一般生产车间包括制水车间、溶糖车间、灌装车间、动力车间，生产工艺流程如下（见图1）。

① 制水　进厂自来水经过砂滤预处理后进入制水车间，生产用水包括软水和RO水，其中软水用于清洗，RO水用于配制饮料。

② 溶糖　可乐型软饮料的主要原料是糖，一般采用蔗糖和果糖配制糖浆。

③ 混合　将经RO处理后的精水输送到混合机，同时从糖浆室配制好的最后糖浆以及经净化后的二氧化碳一同进入到混合机中，按照混比规程要求在混合机中进行混合，完成混合后输送到灌装工序。

④ 灌装　完成混合的饮料经泵输送线灌装机后灌装到经冲瓶后空瓶内，完成产品的灌装过程。

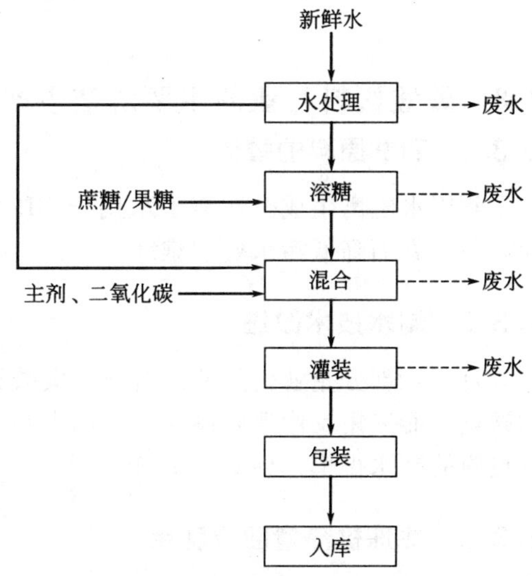

图1　可乐型碳酸饮料生产工艺流程及主要产污节点

灌装完成后的产品进入到封盖机，将从瓶盖储存箱输送过来的瓶盖旋到瓶子上。旋盖后的产品经输送线输送到喷码机位置，由喷码机在瓶身或瓶盖上喷印生产日期。

经喷码后的产品，进入到成品检测机，检测产品是否符合要求。

⑤ 包装　经过暖瓶后的产品经成品输送线输送到包装机，将瓶的产品按一定规格包装成一包产品，一般使用的热收缩膜包装的方式将一组产品包装成一个整体。

⑥ 入库　生产完的产品进入到库房中贮存。

2.2　饮料行业产排污状况及污染治理状况

生产中的主要废物为废水，来自于生产过程中冲瓶水、温瓶水以及 CIP 清洗废水。废水的主要污染因子为 COD，产生浓度约为 1500mg/L，废水主要是含糖的有机废水，废水经厌氧处理后，污染物去除率达 90%，再经好氧系统处理，总去除率达 95%以上。

厌氧系统采用的是上流式厌氧污泥床（UASB），厌氧池中有大量颗粒状的厌氧生物菌，在布水管水流的作用下，厌氧菌不断的升起和落下，充分与污水中的有机物接触反应，反应过程中生成大量的甲烷气体，经三相分离器的分离，将收集到的甲烷气体输送到燃烧器中或锅炉中燃烧，经厌氧处理后的污水溢流到中间池，再经中间池流入传统的曝气池中进行好氧处理。污水处理工艺流程如图 2 所示。

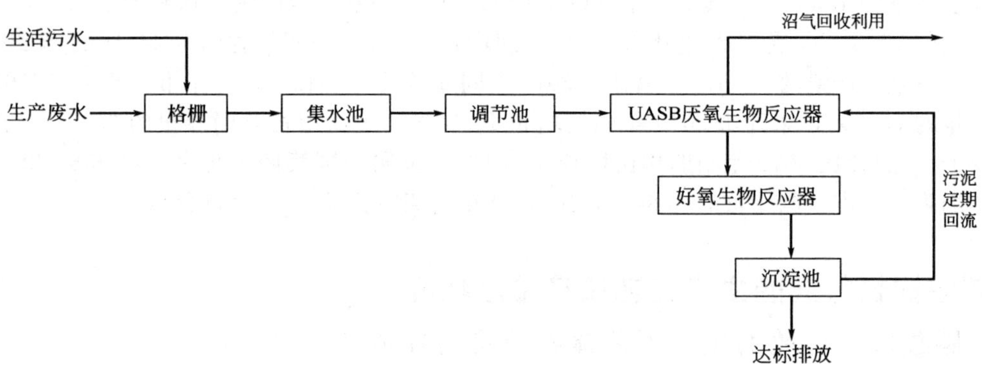

图 2　污水处理工艺流程

2.3　碳酸饮料行业的主要清洁生产工艺

2.3.1　清洗原料的替代

利用水电离生成碱性离子水用于 CIP 清洗，彻底取消用碱，一方面可以减少原料的消耗，另一方面降低污水处理难度。

2.3.2　制水技术改进

目前，部分企业仍然使用石灰与碳酸钠法制备生产用软水，存在效率低、水质难以控制的缺点，而采用反渗透膜制备生产用水则可以提高生产效率，保证水质，目前的三段式反渗透设施的制水得率达到 80%以上。

2.3.3　冷冻机热量回收利用

冷冻机组采用氨压机，氨压机的冷却水用量很大，将该冷却水用于洗瓶，不仅可以取消冷却塔风机和循环泵的电机，改善氨压机的工况，进而节约电力，而且可以让带有一定温度的热水用于洗瓶，又可节约部分蒸汽。同样，空压机的冷却用水也可以重复利用。

3　典型案例

3.1　企业基本情况

某企业现有水处理车间、糖浆车间、动力车间以及五条现代化灌装生产线，每年饮料产量达到 30 万吨。

3.2　预审核概况

3.2.1　生产工艺与设备情况

生产工艺流程参见图 1。

主要生产设备：包括注入机、混合机、塑包机、螺杆式制冷压缩机、冷水机组等。

环保设备：包括污水泵、UASB 反应器、好氧生物反应器、鼓风机等。

对照《高耗能落后机电设备（产品）淘汰目录（第一批）》（工节［2009］第 67 号）和《部分工业行业淘汰落后生产工艺装备和产品指导目录（2010 年本）》，该企业无国家明令禁止的落后淘汰设备。

3.2.2　计量器具配备情况

对照《用能单位能源计量器具配备和管理通则》（GB 17167—2006）和《用水单位水计量器具配备和管理通则》（GB 24789—2009），该企业电表、水表和蒸汽流量计均能满足二级计量要求。

3.2.3　原辅材料消耗情况

生产过程中使用的原辅材料主要为反渗透纯水（精水）、蔗糖、果糖，此外还有 CIP 清洗消耗的烧碱等。

3.2.4　能源和水资源消耗情况

企业能源消耗主要包括电和蒸汽，其中电外购自电网，蒸汽外购自热力公司企业用水则取自市政管网。单位产值能耗为 7.93kgce/t，优于《饮料制造综合能耗限额》中规定的先进值（9 kgce/t）。单位产品取水量为 1.82L/L 优于《饮料制造取水定额标准》规定的一级标准（2.0L/L）。

3.2.5　产排污现状分析

企业主要污染物为废水，来自于生产过程中冲瓶水、温瓶水以及 CIP 清洗废水。

废水的主要污染因子为 COD，产生浓度约为 1000mg/L，经过厌氧＋好氧两级生化处理后，出水 COD 在 50mg/L 以下，达标排放。

3.2.6　产业政策与清洁生产水平分析

（1）产业政策符合性分析

对照《部分工业行业淘汰落后生产工艺装备和产品指导目录（2010 年本）》、《产业结构调整指导目录（2011 年本）》，企业现行生产和装备符合要求。

(2) 清洁生产对照分析

对照《饮料制造综合能耗限额》、《饮料制造取水定额标准》，企业生产能耗和取水量均处于领先水平。

3.2.7 确定审核重点和设置清洁生产目标

综合考虑能源消耗、新鲜水消耗、清洁生产机会和废物产生量等多方面情况，通过咨询机构清洁生产审核专家和企业清洁生产审核工作小组共同研究，经过权重打分排序后，建议将动力车间、制水车间、溶糖车间作为本轮的清洁生产审核重点。将水耗、能耗、废水排放量、COD 排放量作为清洁生产指标，并制订了近远期目标值。

3.3 审核过程及审核结果分析

3.3.1 物料平衡分析

根据生产的产品品种及产量的理论用量和实际用量的比较，计算各种原料的收获率为：果糖 99.8%，糖 99.79%，二氧化碳 72.68%，主剂 99.88%。从收获的结果来看，主要原辅料的收获率控制很好，其中二氧化碳为因工艺需要有部分飘逸的，当日的收获率为 72.68%，年平收获率为 68%左右，二氧化碳收获率有待提高。

通过物料平衡发现（见图 3），生产中主要物料为精水，共计输入 1662205kg，其余物料输入为 21232kg，主要产污工序为糖浆罐清洗产生的废水。

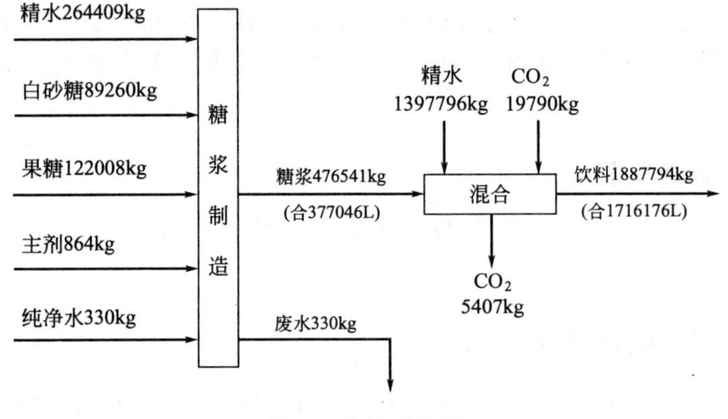

图 3 物料平衡图

3.3.2 水平衡分析

生产中主要的用水点为制水车间和溶糖车间，制水车间采用精滤和反渗透系统将自来水制为纯净水和反渗透水（精水），在进行物料平衡测试的同时进行了水平衡测试（见图 4）。

根据水平衡分析，企业现在水的利用控制较好，每生产 1L 饮料的新水取用量为 1.6L，好于国内优秀标准，但因用水量较大，企业还应在此方面加大力度，做好节水工作，其中在使用反渗透方法制造纯水方面，现有的收获率为 78%左右，有待提高。

企业内建有一个大型的水质软化处理车间，两套 R 反渗透系统产水量 53m^3/h，两套 SOFTENER 软化水系统产水量 37m^3/h 供生产使用。水源进入车间后，经过炭滤、砂滤、反渗透系统等严格复杂软化过程，分别制成供冲瓶机和冷冻机冷却塔使用的软化水，供饮料车间调制饮料使用的纯水。浓水用于冲厕等用途。

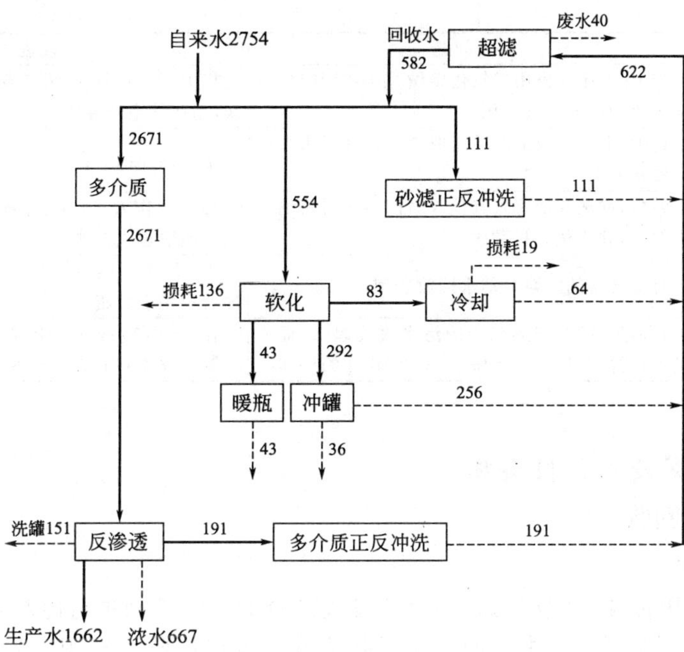

图 4　生产水平衡图（单位：m^3/d）

3.4　无低费方案及实施效果

审核中共确定 25 项无低费方案，通过实施无低费方案（见表 1），能够节电 39.45 万千瓦时/年，节省蒸汽 825t/a，节水 12500t/a，节能折 126 吨标煤/年，折合减排 CO_2 316t/a，减排废水 10000t/a，减排 COD0.5t/a；项目总投资为 19.73 万元，总的经济效益为 72 万元/年，具有明显的经济效益和环境效益。

表 1　无低费方案汇总表

项目	编号	存在问题	改进建议
一、原料能源节约和替代	1	将 500mL 产品的包装膜宽度减去 10mm	将宽度由 590mm 改为 560mm
	2	水处理源水泵从水池抽水浪费能源，可以将市政水接入到水处理车间	市政供水压力为 4×10^5Pa 左右，大部分时间可以满足水处理压力要求
二、技术工艺改造	3	PET400 线氨压机不能自动回油，改造为自动回油将油引回到压缩机油箱	由设备厂家进行改造成自动回油系统
	4	将现有的 PET 生产线上的湿式润滑改为干式润滑，可以节省水资源	将 PET 生产线的润滑方式由湿式润滑剂改为干式润滑剂
	5	将风冷空压机的热量进行能源回收	将 3 台风冷空压机的热风在冬季时回到生产车间，以补充车间温度
	6	现有点火系统装置技术落后，点火成功率低，应改为高压脉冲式点火装置	将污水处理的沼气点火装置更换为脉冲式点火装置
	7	CAN 冲罐水无自动，建议为自动控制，当注入机停机时，停冲罐水	加装控制开关，并和输送线连动，实现自动控制
	8	将 CAN 罐口喷淋冲洗水长开改成注入机面板按钮操作，时间继电器控制，便于操作节约用水	评估改动后对产品质量没有影响，因此加装时间控制器，控制阀门开关
	9	PET600 线暖瓶机溢流管常有水流出，建议进行改造	将 3 个溢流管中加挡板，将溢流水位提高，这样水回流时就不会溢流

续表

项目	编号	存在问题	改进建议
三、过程控制优化	10	现PET注入机用二氧化碳做背压，浪费严重，建议改为压缩空气背压	将PET600线吹瓶机压缩空气引到PET250线，用压缩空气背压
	11	将PET生产线上的暖瓶取消一台常温水泵以节省水和电	冬季仅开第1台水泵
	12	转机、冲洗和消毒及其他长时间停机时将输送带关上，并优化开机顺序	培训操作人员，要求操作人员对于长时间的停机关闭输送线及热缩炉
四、废物减排与循环利用	13	将混比器的水泵冷却水回收利用	将PET600线混比器的冷却水回到超滤进行处理后再用于冲瓶等环节
	14	在做清洗时，把第三步的清水收集起来，而不是直接排放，用这些水做下一次清洗水第一步	在PET400线的CIP系统进行改造，加装一台水罐以收集CIP第三步冲洗用水

注：1bar=0.1MPa。

3.5 中高费方案及可行性分析

3.5.1 制冷机热回收

(1) 方案简述

原制冷系统采用传统的螺杆机，利用蒸发式冷凝器对制冷剂进行冷却，其中蒸发式冷凝器会有大量的热量散失到大气中。如果采用制冷系统废热回收和利用，到达节省能量物质，降低出产成本，还可提高制冷效率。

将制冷机在制冷的同时产生的热量进行回收，大部分用于污水处理加热污水，另外一部分用于加热5℃的二氧化碳，其余部分用于经太阳能加热后给暖瓶机加温用。

(2) 效益汇总

效益汇总见表2。

表2 效益汇总表

名称	指标
环境效益	采用热回收系统可以回收制冷系统的废热，预计回收的热量折合蒸汽1812t/a，折合标煤196t/a，间接减排$CO_2$490t/a，具有明显的节能减排效果
经济效益	节能折合蒸汽1812t/a，折合41.7万元/年

3.5.2 液态二氧化碳冷回收

(1) 方案简述

进入企业的液态二氧化碳原来是由蒸汽直接加热到气态使用，经过改造后改为用给产品降温的制冷剂（乙二醇）先给液态二氧化碳加热，然后再用回收热进行加热（见图5）。这

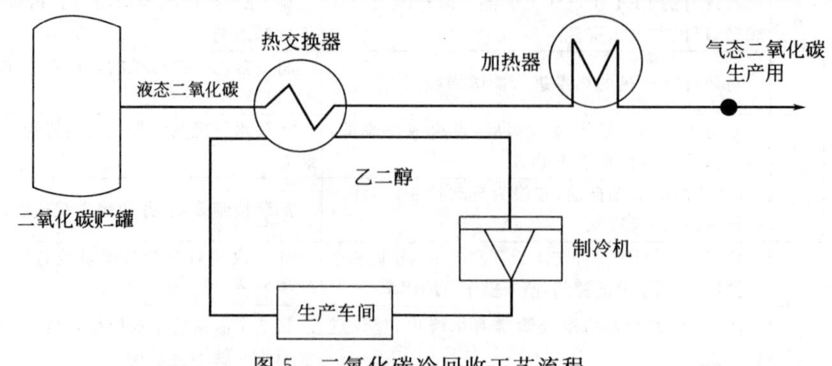

图5 二氧化碳冷回收工艺流程

样不仅节省了蒸汽加热的费用也可以节省制冷机的用电费用。

（2）效益汇总

效益汇总见表 3。

表 3　效益汇总表

名称	指　标
环境效益	本方案具有明显的节能效益，节电 17.8 万千瓦时/年，节省蒸汽 510t/a，折合标煤 77.27t/a，间接减排二氧化碳 192t/a
经济效益	节电 17.8 万千瓦时/年节省蒸汽 510t/a，折合标煤 77.2t/a，节约资金 2.77 万元/年

3.5.3　水处理浓水回收

（1）方案简述

将反渗透的浓水再进反渗透预处理后进入原水池回用，新上水处理时采用三段反渗透系统（见图 6），将原来浓水再进一次低压膜过滤，水的利用率由 75%提高到 90%。

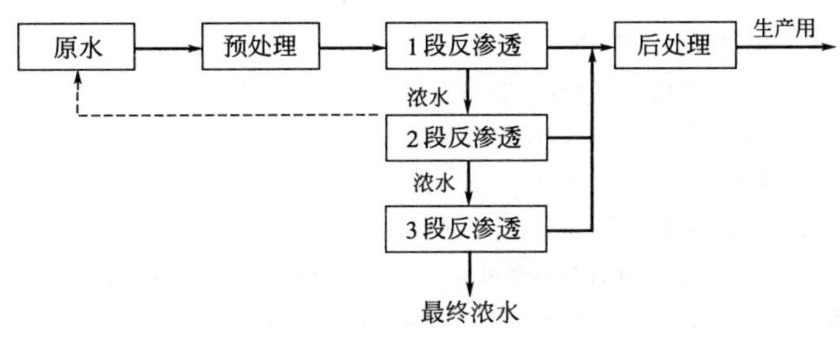

图 6　水处理浓水回收工艺流程

（2）效益汇总

效益汇总见表 4。

表 4　效益汇总表

名称	指　标
环境效益	采用三段反渗透能够进一步回收利用反渗透浓水，提高水的利用效率，并减少废水排放，能够节约新鲜水 1 万立方米/年，同时减排废水 1 万立方米/年
经济效益	节水合计 1 万立方米/年，同时减排废水 1 万立方米/年，节约成本 2.85 万元/年

3.5.4　水处理系统改造

（1）方案简述

原水处理系统工作原理为经反渗透处理后的水先进入到贮罐中进行贮存并加氯，然后再使用泵并经过活性炭过滤器、精过滤器输送到生产线上的用点。这种方法的缺点就是：a. 在贮存过程中需要加入次氯酸钙进行消毒；b. 活性炭过滤器需要进行反洗及活化，增加了水的消耗及活性炭废物的排放；c. 需要定期对精过滤器进行更换。

新方案为反渗透产水经过中间水罐缓冲后，经过紫外线杀菌后直接输入到生产线上进行生产，中间没有任何化学用品的消耗及水消耗。可以节省费用同时也起到节能减排的作用。

（2）效益汇总

效益汇总见表5。

表5 效益汇总表

名称	指标
环境效益	节电3700kW·h/a，节省蒸汽300t/a，节水16000t/a，节约活性炭6t/a，节约次氯酸钙3500kg/a
经济效益	节约成本约为58.8万元/年

3.6 方案实施效果分析

方案全部实施之后，可以节电77.62万千瓦时/年，节约蒸汽4045.88t/a，节水5.35万吨/年，折合节能477.28tce/a，折合减排$CO_2$1194.18t/a，减排废水42800t/a，减排COD2.2t/a，具有明显的经济效益和环境效益。

参考文献

[1]《中华人民共和国清洁生产促进法》(2012年).
[2]《清洁生产审核暂行办法》(国家环境保护总局令第16号).
[3]《饮料制造综合能耗限额》(QB/T 4609—2010).
[4]《饮料制造取水定额标准》(QB/T 2931—2008).
[5] 国家环保总局编. 企业清洁生产审核手册. 北京：中国环境科学出版社，1996.
[6]《清洁生产审核培训教材》国家环保总局科技标准司编. 北京：中国环境科学出版社，2001.
[7]《高耗能落后机电设备（产品）淘汰目录（第一批）》(工节［2009］第67号).
[8]《部分工业行业淘汰落后生产工艺装备和产品指导目录（2010年本）》.
[9]《产业结构调整指导目录（2011年本）》.
[10]《用能单位能源计量器具配备和管理通则》(GB 17167—2006).
[11]《用水单位水计量器具配备和管理通则》(GB 24789—2009).
[12]《企业水平衡测试通则》(GB/T 12452—2008).
[13]《综合能耗计算通则》(GB/T 2589—2008).

乳制品行业清洁生产审核案例研究

蒋彬，吕竹明，简玉平
（中国轻工业清洁生产中心，北京，100012）

摘要：乳制品是食品工业产品中重要的组成部分，近年来我国乳制品行业发展速度较快。本文对乳制品行业（液态奶）的生产和排污状况进行了归纳分析，列出了目前典型先进的清洁生产技术，并介绍了某乳制品生产企业的清洁生产审核案例。

关键词：乳制品；清洁生产审核；案例研究

Case Study of Cleaner Production Audit on Dairy Products Industry

Jiang Bin，Lv Zhuming，Jian Yuping
(China Cleaner Production Center of Light Industry，Beijing，100012)

Abstract：Dairy products is an important product for consumption in modern food industry system，and grows up rapidly in recent years. This paper analyses the production processes and pollutants generation & emission conditions of dairy production，lists some typical & advanced cleaner production technology，setting XX dairy products factory as a case study，to show how to identify potential modifications.

Key words：Dairy products；cleaner production audit；case study

1　概述

我国乳制品工业发展时间仅20年历史，技术装备水平、企业规模均与世界领头企业有所差距。主要表现在乳业装备依赖进口，产品结构不够合理、乳品品种少等方面。2011年上半年，全国乳制品生产量累计达到1082.14万吨，同比增长13.93%，较2010年同期增速回升5.05个百分点；其中全国液体乳的累积产量为927.12万吨，同比增长12.97%。

2　乳制品行业的生产工艺和产排污状况

2.1　乳制品行业的生产工艺流程及排污环节

以液态奶生产为例，分为常温奶和低温奶（又称酸奶），常温奶和低温奶生产的预处理工序基本一致，均采用巴氏消毒法进行灭菌，多数生产企业的常温奶和低温奶生产线共用一个预处车间。

2.1.1　低温奶生产工艺

低温奶大致包括凝固型酸奶、乳饮料、脱脂酸奶、搅拌酸奶等几个品种，其中以搅拌型酸奶为主要产品，其生产过程可以分为以下7个步骤。

（1）原奶的收购与贮存

① 检测　依据原奶收购标准和检验计划检测无抗生素、无三聚氰胺、掺碱及其他异物，煮沸实验无结块、有纯正的乳香味；检测合格后进行接收。

② 净乳　采用离心过滤的方法去除原奶中的固体杂质。

③ 预巴杀　通过预巴杀系统对原奶进行杀菌，便于贮存。

④ 冷却、贮存　预巴杀后的牛奶经过板式交接器降温至6℃以下贮存，放置时间不超过16h。

（2）原料接收

产品生产所用的原料在入库前依据相关标准进行检测，符合相应原料质量标准后方可投入使用。

（3）配料定容

① 配料　在配料罐中调入适量牛奶，通过混料机循环并升温至一定温度，按照一定比

例加入白砂糖等配料，同时启动配料罐搅拌。

② 定容　按配方使用合格的原奶直接进行定容。

(4) 巴氏杀菌

杀菌温度 (95±3)℃，杀菌时间 300s；当杀菌温度低于设定值时，杀菌机自动执行循环程序，循环杀菌直至杀菌温度达到设定标准范围。冷却后转入发酵罐中准备发酵。

(5) 接种、发酵、缓冲贮存

当料液打入发酵罐时，将发酵菌种接入，同时启动搅拌，进料结束后继续搅拌，停止搅拌开始计时发酵，同时取样检测。

(6) 原辅料接收

① 辅料接收　灌装前所使用的各种辅料在入厂前依据标准进行检测，符合相应的辅料质量标准后方可投入使用。

② 贮存和使用前处理　产品灌装所使用的辅料（预制杯、复合膜等）在进入辅料贮存间前去掉外包装，经过辅料缓冲区，确保所使用的辅料表面干净无杂物。

(7) 灌装

产品在灌装前先进行调整灌装机参数及打印日期，确保产品的打印质量，贮存罐中的料液在 12h 内灌装完毕。

2.1.2 常温奶生产工艺

(1) 收奶

① 原奶到厂的检测　原奶检测无抗生素、无掺碱及其他异物，煮沸实验无结块、有纯正的乳香味；

② 收奶线过滤　收奶线采用粗滤、精滤两级过滤去除原奶中的固体杂质。

③ 冷却和缓冲存储　牛奶经过冷板后到暂存罐后保证温度≤6℃。

④ 净乳　采用离心过滤的方法去除原奶中的固体杂质。

⑤ 冷却和贮存　牛奶经过冷板后到奶仓后温度≤7℃贮存。

(2) 巴氏杀菌

① 预热　预热温度达到 70～75℃。

② 均质　均质总压力为 15～17MPa，一级压力为 12～14MPa，二级压力为 2～4MPa。

③ 杀菌　杀菌温度控制在 (85±2)℃，时间 15s。

(3) 闪蒸

蒸去牛奶中多余的水分，闪蒸后的牛奶达到所需的理化指标。

(4) 超高温杀菌

牛奶经过超高温瞬时灭菌处理，完全破坏其中可生长的微生物和芽孢。

(5) 辅料的接收、储存和灌装

① 辅料接收　灌装前所使用的各种辅料在入厂前检测合格后方可投入使用。

② 贮存　杀菌后料液在 6℃条件下可以贮存 8h。

③ 灌装　采用利乐包、利乐枕等灌装设备进行自动灌装。

④ 日期打印　产品在灌装前先进行调整灌装机参数及打印日期，提高产品的打印质量。

(6) 包装、贮存和出厂

将灌装好的产品进行包装密封，产品在2～6℃冷库低温贮存，产品温度达到10℃以下方可出库，检测合格后产品出厂。

2.2　乳制品行业产排污状况及污染治理状况

乳制品加工企业主要污染是各种清洗废水，生产中一般使用外供蒸汽；固体废物为生产中产生的少量包材和废水处理的污泥；生产中部分设备如制冷压缩机等有一定噪声。

根据我国污染源普查数据，液体乳生产中废水产生量为6.1m^3/t（产量≥100t/d），由于生产废水中主要成分是残留的牛奶，成分比较单一，可生化性较好，处理方案一般采用调节池＋UASB反应器＋好氧池＋沉淀池工艺，也有部分企业进一步采用生物膜＋过滤的工艺进行深度处理，利于出水回收再利用。

2.3　乳制品行业主要清洁生产技术

(1) 热能回收技术

一方面生产过程中杀菌及生产线的清洗消毒等工序需消耗蒸汽，另一方面清洗废水的温度较高，带有一定的热量。由此导致生产过程在消耗大量能源的同时排放了相当可观的能源。采用污水源吸收式热泵机组，利用废水的热量，将低位热能提升到可以重新利用的高位热能。

(2) 高效蒸发技术

乳制品特别是乳粉生产过程中，需要进行蒸发浓缩，目前较多企业采用两效蒸发器，二次蒸汽热量利用效率较低。若采用四效蒸发器，每蒸发1t水理论汽耗仅为0.25t，既有多效、节能优点，更具有浓缩温度、出料浓度等自动控制功能。这对其后的喷雾干燥设备稳定运行、保证产品干燥度和颗粒度等指标的稳定起重要作用。

3　典型案例

3.1　企业基本情况

某企业通过统一化的管理模式，集约型的经营方式，不断扩大生产规模和技术水平，库房全部采用电脑控制，实现输出输入的全自动化。

3.2　预审核概况

3.2.1　生产工艺与设备情况

生产工艺流程参见2.1.1、2.1.2部分内容。

主要生产设备包括发酵罐、均质机、螺杆式制冷压缩机、冷水机组等。

环保设备包括污水泵、UASB反应器、鼓风机等。

对照《高耗能落后机电设备（产品）淘汰目录（第一批）》（工节［2009］第67号）和《部分工业行业淘汰落后生产工艺装备和产品指导目录（2010年本）》，该企业无国家明令禁止的落后淘汰设备。

3.2.2 计量器具配备情况

对照《用能单位能源计量器具配备和管理通则》(GB 17167—2006) 和《用水单位水计量器具配备和管理通则》(GB 24789—2009),该企业电表、水表和蒸汽流量计均能满足二级计量要求。

3.2.3 原辅材料消耗情况

生产过程中使用的原辅材料主要为鲜奶、白糖,此外还有 CIP 清洗消耗的烧碱和硝酸等。

3.2.4 能源和水资源消耗情况

企业能源消耗主要包括电和蒸汽,其中电外购自电网,蒸汽外购自热力公司。单位常温奶(常温奶)产品综合能耗 36.19kgce/t,企业用水则取自市政管网。

3.2.5 产排污现状分析

企业主要污染物包括:各种清洗废水;厂区没有自备锅炉,也没有其他固定废气排放源;固体废物为生产中产生的少量包材和污水处理产生的少量污泥。

(1) 废水

企业的废水主要为原位清洗 (CIP) 产生的废水,其水质较为简单,采用 UASB+好氧处理工艺,部分废水处理后回用于厂区绿化等用途,目前回用率为 10%。

(2) 固体废物

生产中产生的包材类固废全部出售给生产企业进行回收或重复使用,污水处理产生的少量污泥交由环卫部门处理。

3.2.6 产业政策与清洁生产水平分析

(1) 产业政策符合性分析

对照《部分工业行业淘汰落后生产工艺装备和产品指导目录 (2010 年本)》、《产业结构调整指导目录 (2011 年本)》,企业现行生产工艺装备符合要求。

(2) 清洁生产对标分析

对照《清洁生产标准 乳制品制造业 (纯牛乳及全脂乳粉)》(HJ/T316—2006),常温奶生产中水耗指标还处于清洁生产二级水平,电耗还有提升空间。

3.2.7 确定审核重点

综合考虑能源消耗、新鲜水消耗、清洁生产机会和废物产生量等多方面,常温奶产量较大,而低温奶的单耗较高,因此,为全面寻找清洁生产机会,将低温奶、常温奶生产全过程确定为本次清洁生产审核的重点。

3.3 审核过程及审核结果分析

3.3.1 低温奶生产物料平衡分析

低温奶生产单位批次的输入物料总计为 113365kg,输入物料总和为 113050kg,误差约

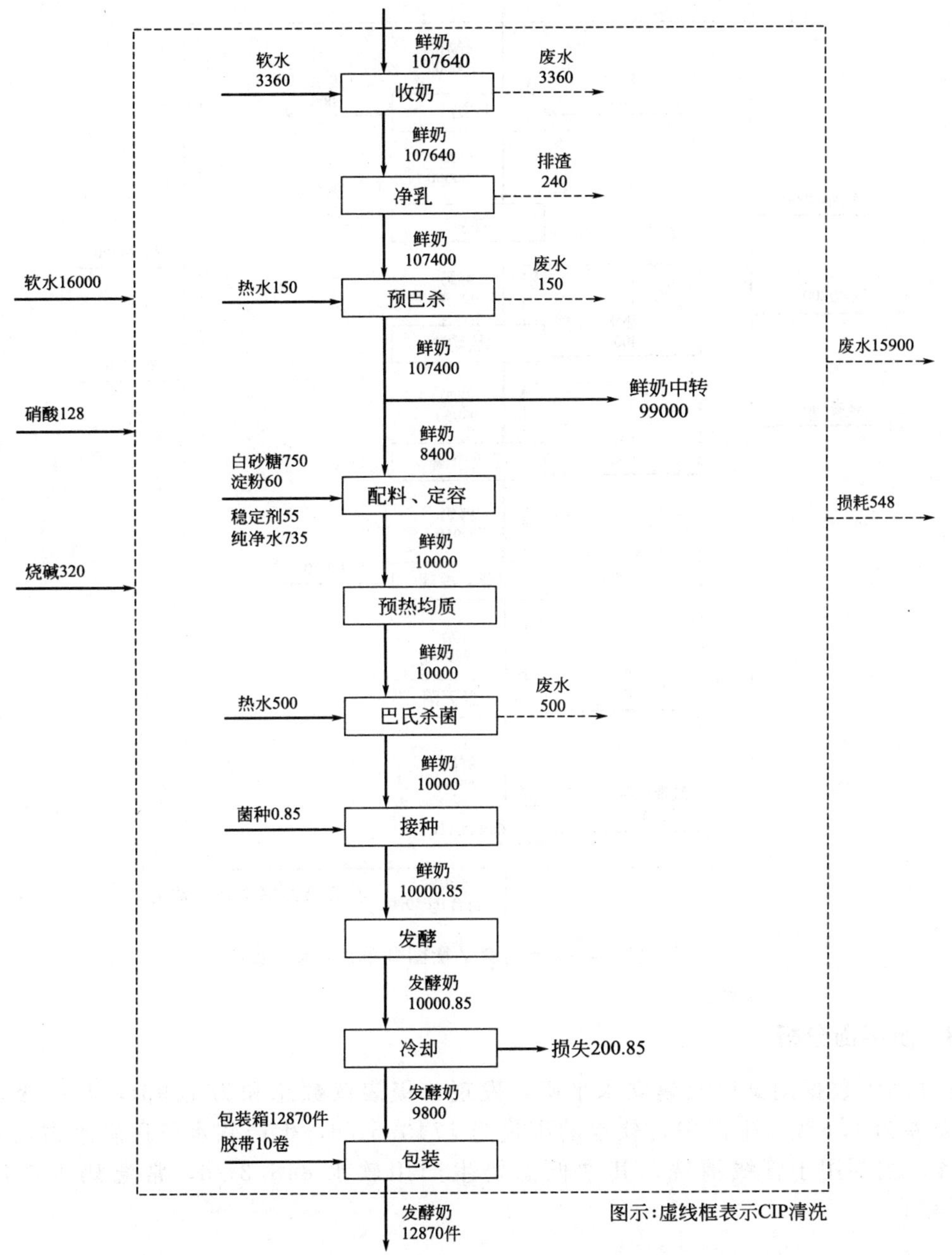

图 1　低温奶生产物料平衡图（单位：kg/批）

为 0.3%，符合物料平衡要求。其中主要物料损失工段为净乳（排渣 240kg，进入废水系统），发酵冷却（微生物代谢损失 200.85kg）。如图 1 所示。

3.3.2　常温奶生产物料平衡分析

常温奶生产单位批次输入物料为 102700kg，输出物料合计为 102700kg，排放废水 1050kg。主要损失的工段为净乳（排渣 50kg）、闪蒸（蒸发水 50kg）。常温奶生产物料平衡见图 2。

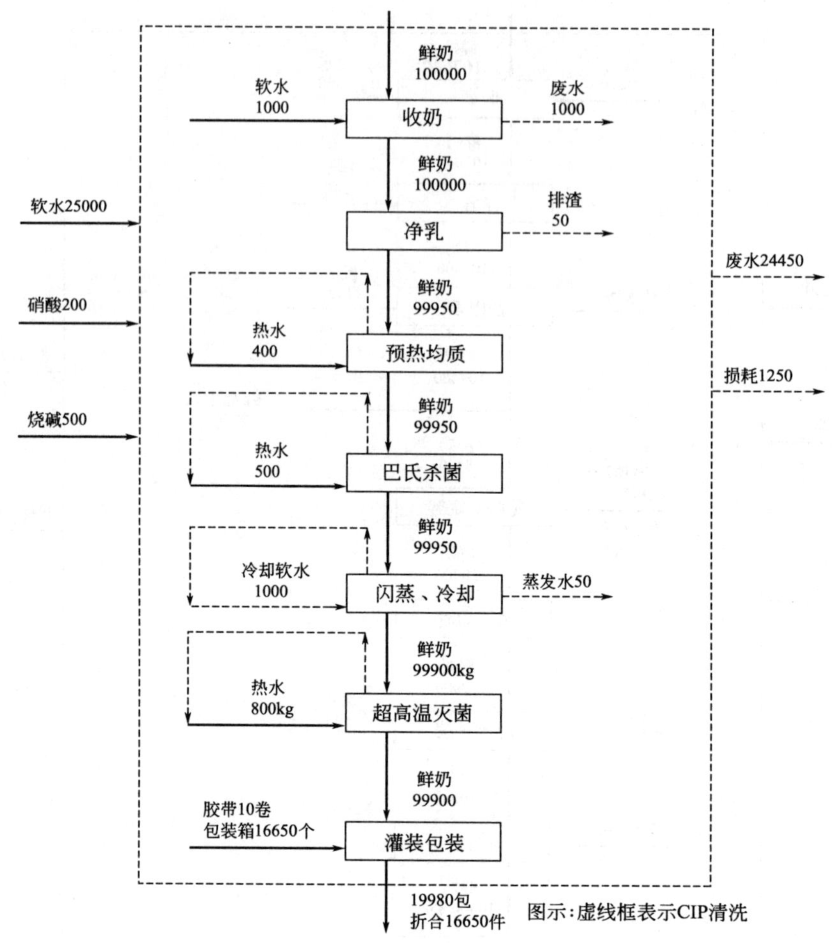

图 2 常温奶生产物料平衡图（单位：kg/批）

3.3.3 水平衡分析

通过用水数据测试以及建立水平衡，发现二级表读数总和为 1893t，与一级表相差 91t，误差为 4.6%。生产中，软水的用量为 1743.6t/d，生产软水所用新水占新水总量的 88%，主要用于管线清洗，其中低温奶生产用软水 848.3t/d，常温奶生产用软水 731.3 t/d。

3.3.4 电平衡分析

通过用电数据测试和分析，发现二级表读数总和为 50653kW·h/d，与一级表相差 147kW·h，误差为 0.3%。总用电量合计为 50653kW·h/d，主要用电部位为生产公用（53%）、低温奶生产（21%）。生产公用中的制冷动力和空压机的用电量较大，分别占用电量的 53%、38%。

3.4 无低费方案及实施效果

在清洁生产审核过程中，企业贯彻边审核边实施的方针，共实施了 30 项清洁生产审核无/低费方案，取得了较为明显的效益。通过清洁生产的实施，可以实现节约用电 171.8 万千瓦时/年，节约用水 144424t/a，节约压缩空气 3153.6m^3/a，减少废水排放 115539t/a，减少化学需氧量（COD）排放 4.74t/a，减少二氧化碳（CO_2）排放 528t/a，年节约资金约 260 万元。主要无低费方案见表 1。

表 1　主要无低费方案

项目	序号	存在问题	改进方案
一、设备维护和更新	1	小枕链条下没有积水槽，导致水流到地上	将小枕链条安装节水槽，避免水流到地上
	2	屋顶包现在使用的是滑板，浪费冰水	滑板改为滑轮，不再使用润滑冰水，节约了冰水费用
	3	奶台冰水泵功率 30kW、实测电流为 51A，泵效低，耗电量大	直接改成冰水泵，功率为 15kW、实测电流为 26A，而且完全满足使用要求。节能 50%
	4	使用 40W 的灯管，使用寿命太短，易损坏	采用二极管照明灯管，使用寿命长，且比较省电，经改造后，安装新式的二极管照明灯
	5	原海斯亚装箱机设备自带装箱机，因设备变化箱子改版后，车间不能使用纸箱子，装箱机不能使用，继续安装不仅浪费能源，而且增加维保费用，有时因装箱机的扎包导致停机影响产能	将装箱机的机械部分与电气部分拆除，故障率可以比以前有所降低，对电，气等能源都有所节约
	6	原使用的塑封机使用过程中每台功率 40kW，耗电量大	现因市场需求使用的塑封机的功率分别为 5.5kW 和 10kW，每台设备的运转时间为 20h
	7	车间利用的大量冷却用水已改为冰水，因此原来配套的循环凉水塔便是大马拉小车浪费能源	将原来的封闭式凉水塔循环方式改为开放式，减小了循环水的阻力，又减少了 4 台凉水塔风机总功率达 45kW
	8	封箱机摇盖重锤利用率较低，操作难度大	在封箱机摇盖重锤处加一组撑箱杆，使重锤轻而易举可以打到箱体里，提高了设备的利用率，同时也降低了成本，主动架两边安装了一组可调节的固定螺丝座，有效防止震动而出现的不过箱压痕现象
	9	温控仪报警造成设备停机或损坏	百利灌装机电柜温控仪会接入一个中间继电器，通过外部无菌空气温控仪设置的最高温度报警点输出 24V，控制中间继电器线圈，将中间接电器的常闭点接入由 PLC 输出的无菌空气加热器接入器线圈的线路中，当温度超过最高温度时，中间继电器线圈得电，通过常闭触点使得接触器线圈断电，停止加热
	10	叉车液压转向器长期处于工作状态，使用一段时间后极易出现漏油现象，且不能修复，只能更换液压转向器总成	将液压转向器更换为原厂油封，提高设备部件的使用寿命
	11	百利包灌装机双氧水流量原有设备没有流量监控系统，在生产过程中双氧水耗用，导致流量不够或没有，对产品质量造成隐患	在原有回流管路加装流量检测开关，在流量不够或没有时设备及时报警
	12	因长期以来喷码机故障频繁，如打印不好，低高压电源烧坏，主板坏等	原因就是电压不稳，遇上雷雨天电压更是变化不定，严重影响灵敏设备的正常使用，故提出加装稳压电源或带 UPS 电源来防护设备的使用寿命，保障设备正常运行

续表

项目	序号	存在问题	改进方案
一、设备维护和更新	13	原有双氧水与电磁阀板的门为单扇，导致空气腐蚀线路和电磁阀	将双氧水与电磁阀板的门由单扇改为双开扇，在加密封条密封，从中间将双氧水罐一边和电磁阀板隔离，使具有腐蚀性的空气不能进入电磁阀板一边腐蚀线路和电磁阀，也间接的延长了电磁阀板及线路和气管的使用寿命
	14	利乐枕清洗系统原有管路没有流量控制装置	在利乐枕清洗系统原有管路通过改造串联安装，并在进口处加装蝶阀控制流量，这样可达到理想清洗效果
	15	利乐枕容量盒更换困难	在利乐枕(200g)夹爪容量盒圆孔未损坏之前将两面的孔开通，如果生产过程中容量翼断裂，直接用一根6mm的冲子穿过去击打，很方便快捷的就将断裂的容量翼剩余部分取出，安装新的使用。不仅节约了维修时间，更提高了工作效率，同时节约了成本
	16	由于常低温由于生产原因新增部分设备，导致原有能源冰水温度不能满足现状，造成杀菌机灌注温度较高，为了能够符合工艺参数要求，只能将冷却水循环水排地处理，造成能源的浪费	在原有循环系统中串联一个10平方，在附近另一趟冰水管道对接一路冰水，这样将原有冷却水经过两次打冷后满足现有工艺要求
二、过程控制优化	17	均质机耗电严重	建议改造，在不需要均质的时候能短接
	18	利乐枕生产线有产品流失造成成品污染	将光标电眼装于原利乐枕打印字轮架上，从电柜内取一个24V电源。将电眼信号线连接于PLC输入模块A105的一个闲置点B3上，中间安装一个旋钮开关。在操作屏下方安装一个蜂鸣器，从输出模块A106上取一个闲置点A5作为控制信号，并编辑好所需要的程序到PLC
三、技术工艺改进	19	三万杯成型模具冷却水在循环时由前处理打冷板换打冷，接着用循环泵循环，经由管路打回三万杯成型模具	将打冷循环线改造成水箱，用冰水冷却循环水使其降温，节省打冷板换一套，循环泵一台同时节约冷却循环水
	20	杯灌装机出口经常拥堵，边角料不能顺利排出，经常携带于产品之上	延长灌装机出口导轨，降低杯灌装机出口堵塞问题，减少产品拖带边角料，节省能源
	21	设备做热消毒线路共计81条(贮罐17条，发酵罐15条，巴氏奶罐8个，供料线13条，灌装机16条，巴杀出口线2条，酸奶线3条，发酵出口线5条，菌种注入线2条)	建议改变清洗程序，节约能源
	22	没有做到自动采样，不利于品质追踪	通过自制自动采样设备为企业节约固定资产的投入，同时通过自动化使采样手法一致，时间统一，达到及时准确，避免了未采样与漏采样现象，使保温样更具代表性，为产品追溯做好的基础，同时减轻了操作工采样计时的负担
四、废物减排与循环利用	23	H_2O_2冷却水直接排地	对H_2O_2排地冷却水进行回收利用
	24	预处理和灌装工段有水直接排地	可以将这部分水放在贮存罐里，打扫卫生时进行利用
	25	现有凝结水未加利用	在现有冷凝水回收罐下安装离心泵，将冷凝水回收用于调配酸碱，冷凝水温度在80℃左右，调配后不用蒸汽升温，提高清洗效率，节约能源
五、管理优化	26	产品在生产过程中损包严重	提高本岗位关键工序的操作技能

3.5　中高费方案及可行性分析

3.5.1　热能提取再利用工程

（1）方案简述

牛奶生产过程中既需要加热，也需要冷却。牛奶杀菌及生产线的清洗消毒等工序需消耗蒸汽，而污水系统、制冷系统排放的废水温度较高，带有一定的热量。由此导致生产过程在消耗大量的能源的同时排放了相当可观的能源。

① 热需求　前处理车间热需求量最大：一是对牛奶进行多次升温杀菌（预巴杀、巴杀、超高温灭菌）；二是CIP系统对生产管线和设备采用清水、碱液、清水、酸液、清水、蒸汽进行程序清洗消毒（清洗温度一般为70℃以上），这两方面消耗大量蒸汽。

② 热排放　热排放环节有两部分：一是牛奶灭菌、发酵工序后使用制冷系统产生的冰水进行冷却，氨制冷系统通过凉水塔释放大量的热量；二是污水处理厂处理废水2000～2500t/d，水温25℃左右，排放大量的低温热值。

基于上述两方面，通过污水源吸收式热泵机组、水冷冷凝器等方法能够对废水系统、制冷系统的废热进行科学利用，同时优化技术工艺，达到较好的节能效果。项目改造内容包括：采用污水源吸收式热泵机组回收废水的热量，采用水冷冷凝器回收制冷系统高压氨蒸气的热量。

热能提取再利用工程将系统排放的能源回收用于生产，达到节约能源，提高能源利用效率的目的，实现企业节能减排。

（2）效益汇总

效益汇总见表2。

表2　效益汇总表

名称	指　　标
环境效益	回收热量折合蒸汽13387t/a，节电1.17×10^{6}kW·h/a
经济效益	节约标煤1402t/a，经济效益370万元/年

3.5.2　灌装设备集中冲洗

（1）方案简述

原有CIP系统为每台设备单独进行清洗，不便于操作。根据设备的实际清洗流量要求，制作与之相配套的清洗机。清洗机主要由酸、碱和清水罐组成，在清洗机出口位置增加离心泵。在每台罐装机的回流管出口位置增加流量开关，对设备的清洗流量进行监控。设备在清洗过程中，按PLC程序设定进行清洗。当在操作程序上选择自动清洗后，整个清洗过程自动进行，不需要人工进行干预。

（2）效益汇总

效益汇总见表3。

表3　效益汇总表

名称	指　　标
环境效益	通过本项目的实施，可以减少使用酸14.59t/a，减少使用碱36.47t/a，节约蒸汽541t/a，节水2705t/a
经济效益	降低生产成本19万元/年

3.5.3 均质泵替代均质机

（1）方案简述

企业前处理工艺配置的均质机为一台 10t/h 国产均质机，功率为 90kW，因为此台均质机已投入使用五年多，致使故障频繁且泄露严重，料封平均更换周期为 5d，均质头、打压杆密封平均更换周期为 2d，泵头密封更换周期平均为 15d，每年更换 4 次润滑油，每次更换 1 桶。

根据其他部门对均质泵的使用效果证明均质泵完全能够代替现行使用的均质机，维护费用能够降至 1 万元/年。

（2）效益汇总

效益汇总见表 4。

表 4　效益汇总表

名称	指　　标
环境效益	原有的均质机功率为 90kW，采用均质泵的功率降至 14.5kW，大大节约了电能，预计节电 244530kW・h/a，间接减排 CO_2 244.5t/a
经济效益	通过本项目的实施节约电费 17.12 万元/年，节约维修成本 3.8 万元/年，总计可以产生经济效益约 20.92 万元/年

3.6 方案实施效果分析

通过实施无低费和中高费方案，可以实现节约用电 203.6 万千瓦时/年，节约用水 15.7 万吨/年，节约蒸汽 1216.2t/a，节约压缩空气 3153.6 立方米/年。同时减少废水排放 125863t/a，减少 COD 排放 5.16t/a，减少 CO_2 排放 1848t/a。

参考文献

[1]《中华人民共和国清洁生产促进法》(2012 年).
[2]《清洁生产审核暂行办法》(国家环境保护总局令第 16 号).
[3]《北京市水污染物排放标准》(DB 11/307—2005).
[4]《工业企业厂界环境噪声排放标准》(GB 12348—2008).
[5]《清洁生产标准 乳制品制造业 (纯牛乳及全脂乳粉)》(HJ/T 316—2006).
[6] 国家环保总局. 企业清洁生产审核手册. 北京：中国环境科学出版社，1996.
[7] 国家环保总局科技标准司. 清洁生产审核培训教材. 北京：中国环境科学出版社，2001.
[8]《高耗能落后机电设备 (产品) 淘汰目录 (第一批)》(工节 [2009] 第 67 号).
[9]《部分工业行业淘汰落后生产工艺装备和产品指导目录 (2010 年本)》.
[10]《产业结构调整指导目录 (2011 年本)》.
[11]《用能单位能源计量器具配备和管理通则》(GB 17167—2006).
[12]《用水单位水计量器具配备和管理通则》(GB 24789—2009).
[13]《企业水平衡测试通则》(GB/T 12452—2008).
[14]《综合能耗计算通则》(GB/T 2589—2008).

制糖行业清洁生产审核案例研究

王璐，孙晓峰，郭逸飞
（中国轻工业清洁生产中心，北京，100012）

摘要：通过分析制糖行业的污染物排放现状及目前的生产工艺水平，以某甘蔗制糖厂为例，通过清洁生产审核，提出大量清洁生产方案，取得了显著的经济效益和环境效益。总结出在审核中需注意的几个关键点，使其真正发挥作用，达到节能、降耗、减污、增效的目的。

关键词：制糖；清洁生产；污染物治理

Case study of cleaner production auditing on sugar industry

Wang Lu，Sun Xiaofeng，Guo Yifei
（China Cleaner Production Center of Light Industry，Beijing，100012）

Abstract：By analyzing the pollutants discharge conditions and current production process of sugar manufacturing industry，cleaner production approaches have been proposed，with significant economic and environmental profits. Some key points during the auditing have been emphasized，to achieve the purposes of energy saving，consumption mitigation，pollutants reduction and profit addition.
Key words：sugar manufacturing；cleaner production；pollutants treatment

1 制糖行业现状

我国有 15 个产糖省区，沿边境地区分布。主要糖区集中在北部、西北部和西南部。甘蔗糖产区主要分布在广西、云南、广东、海南及邻近省区；甜菜糖主要分布在新疆、黑龙江、内蒙古及邻近省区。见图 1。

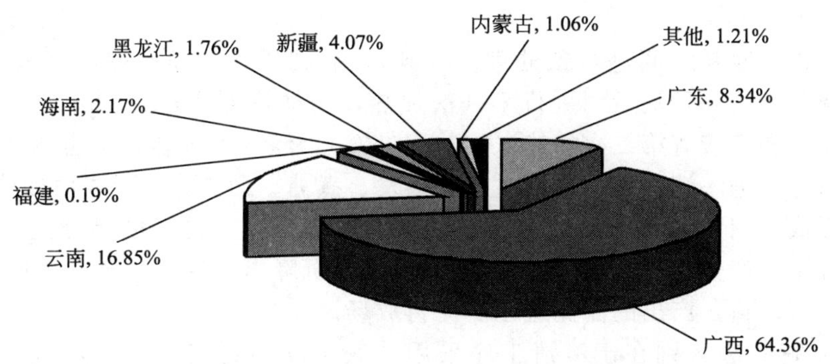

图 1　2010～2011 年制糖期全国食糖产量分布

从食糖产地来看，广西是全国主要产糖区，以2010～2011年制糖期为例，广西产糖量占全国食糖总产量的64.36%，其次是云南省和广东省，分别占比16.85%、8.34%。

从原料来看，全国食糖总产量以甘蔗糖为主，广西是甘蔗糖的主要产区。以2010～2011年制糖期年制糖期为例，甘蔗制糖产量占全国食糖总产量的92.4%，甜菜糖占7.6%。

从食糖品种来看，主要有绵白糖、赤砂糖和红糖、原糖及其他、精制糖及优级、一级白砂糖（见图2）。2010～2011年制糖期，全国共生产食糖1045.42t。其中精制糖及优级、一级白砂糖产量989.12万吨，绵白糖30.93万吨，赤砂糖和红糖21.95万吨，原糖及其他3.42万吨。

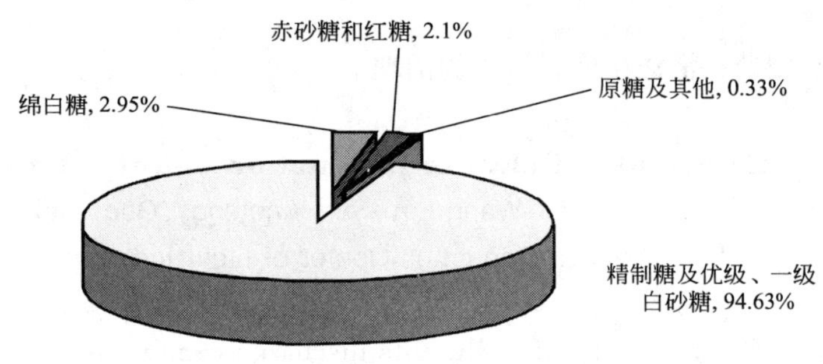

图2　食糖品种划分

2　制糖行业的生产工艺和产排污状况

2.1　制糖行业的生产工艺流程

2.1.1　甘蔗制糖生产工艺

甘蔗制糖的过程，一般包括提汁、清净、蒸发和结晶成糖等工序。其中蒸发、结晶成糖的工艺路线较为固定，而提汁与清净工序则由于可采用不同的方法而有不同的工艺路线与手段。提汁方法有压榨法、渗出法与磨压法；清净工序以其所使用的澄清剂的不同而有不同的方法，如亚硫酸法、石灰法、碳酸法、电澄清法和离子交换法等，其中以亚硫酸法和碳酸法为主，图3为亚硫酸法制糖工艺流程，图4为碳酸法制糖工艺流程。

原料甘蔗先进入原料车间进行预处理（破碎），后到压榨车间压榨，蔗水经过筛滤后，加入磷酸、石灰除杂质和预灰后，进行第一次加热，当加热温度达到55～70℃后，通入二氧化硫进行硫熏中和，接着第二次加热（103～105℃）。经二次加热后的蔗水进入沉降器进行沉降澄清，清汁先进入清汁箱，后经过五效蒸发、煮糖、助晶分蜜形成白砂糖（其中在助晶分蜜过程中形成的副产品如赤砂糖也全部回溶于煮糖工序，再经助晶分蜜全产白砂糖）。在助晶分蜜过程中将产生部分桔水（糖蜜）。由沉降器沉降出来的泥汁经自动吸滤机吸滤后，滤清汁循环进入清汁箱，产出的滤泥运至滤泥暂放场。

碳酸法与亚硫酸法区别在于澄清工序采用二氧化碳和石灰作为澄清剂。工艺如图3所示。

碳酸法制糖与亚硫酸法制糖相比较，能去除糖汁中更多的非糖杂质和色素，生产质量更

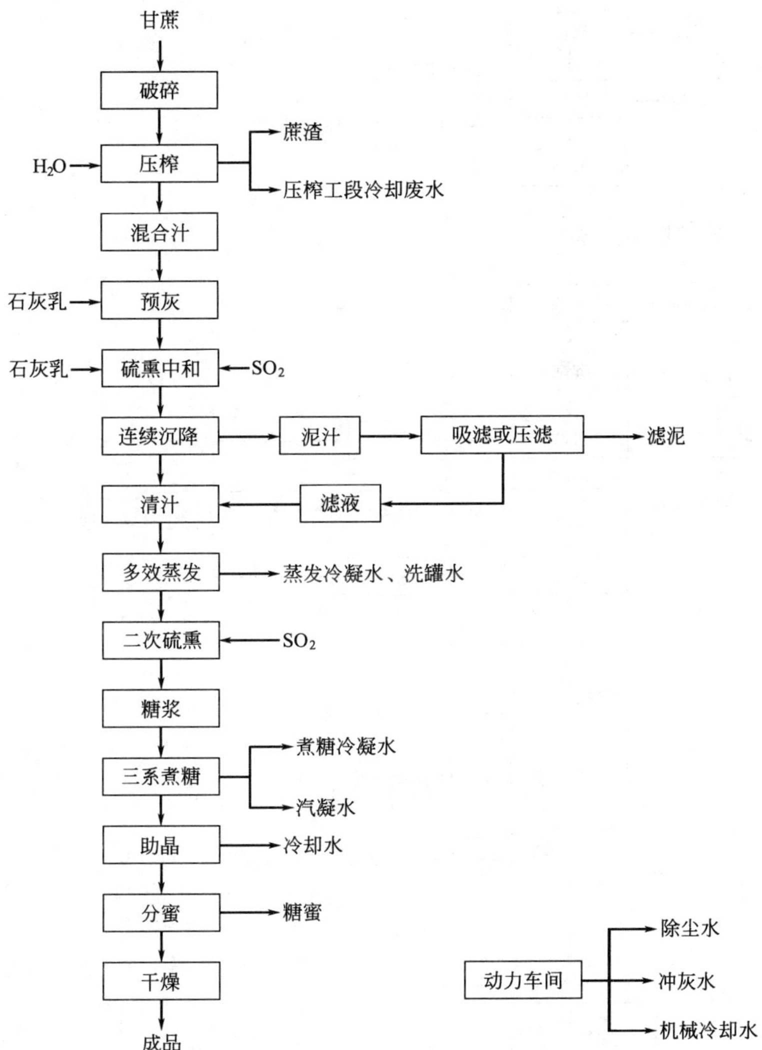

图 3 甘蔗制糖亚硫酸法工艺

高的白砂糖，且糖分回收率较高。

2.1.2 甜菜制糖生产工艺流程

成熟的甜菜含糖率一般在 14%～19%。由于甜菜组分与甘蔗不同，甜菜制糖均采用碳酸法。

工艺过程简介如下。

(1) 甜菜预处理及渗出

甜菜经除土、除草、除石后进洗菜机进行洗涤。甜菜洗涤后经切丝机，切好的菜丝进入连续渗出器。渗出的糖汁经除渣、加热后送入下一工段。

(2) 清净

清净工序包括加灰饱充和硫漂两个环节。

① 加灰饱充　采用双碳酸法。加灰清净包括两个主要工序：第一个工序为加灰和一碳

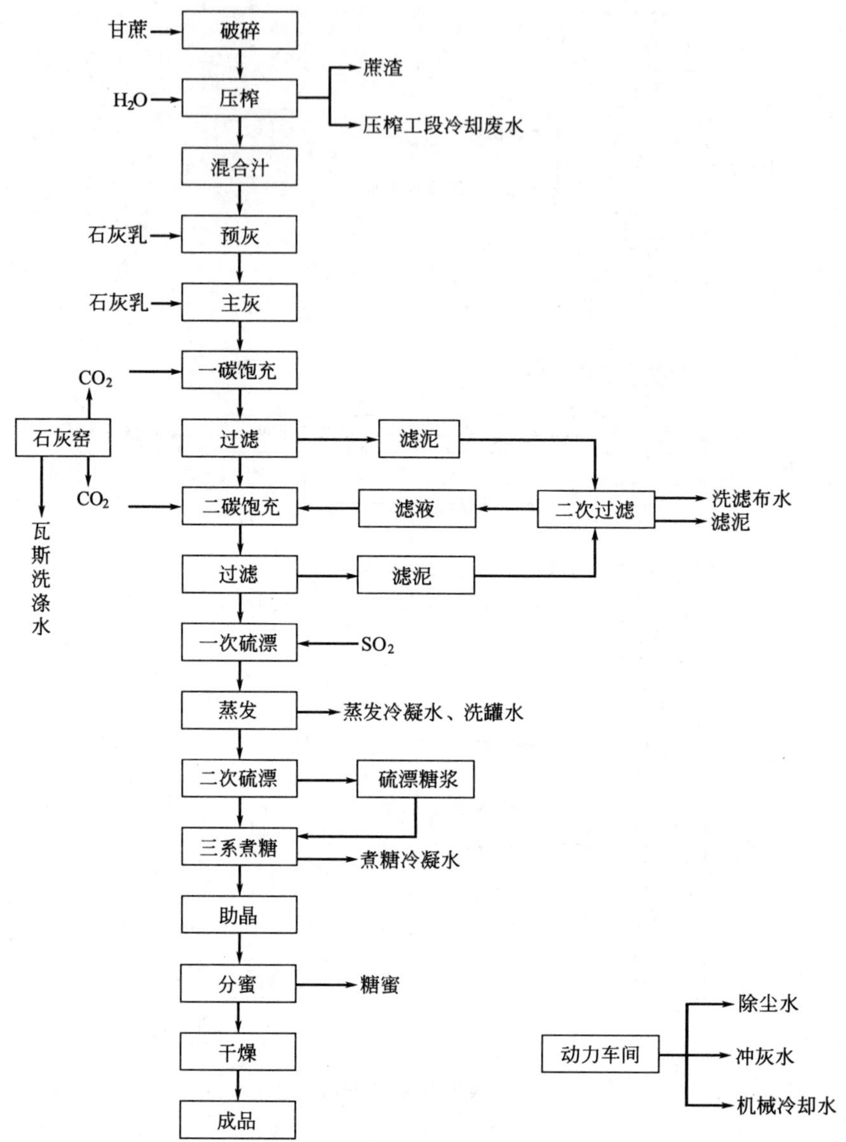

图 4 甘蔗制糖碳酸法工艺

饱充，加入石灰和通入对糖汁进行碳酸饱充，除去其中杂质，饱充后的一碳汁经过滤，滤泥作为固废收集；第二个工序为二碳饱充，滤清汁进入二碳饱充罐进行二次饱充，通入 CO_2 使糖汁中多余的石灰进一步沉淀分离，二碳汁经过滤，滤清汁进入下步硫漂工序，滤泥作为固废收集。

② 硫漂　硫漂的主要目的是降低糖汁的色度。糖汁快速进入硫漂器中产生负压，将经过冷却的 SO_2 气体吸入，并在管道内与糖汁充分混合，并迅速完成 SO_2 气体的吸收，通入糖汁中的 SO_2 气体首先溶解于水变成具有强还原性的亚硫酸，然后将有机色素还原成无色的化合物，对糖汁进行脱色。脱色后的糖汁经过滤后送入蒸发工序。

(3) 蒸发

糖汁蒸发一般采用四效或五效蒸发系统。经蒸发后去除其中水分，糖汁浓缩成糖浆。

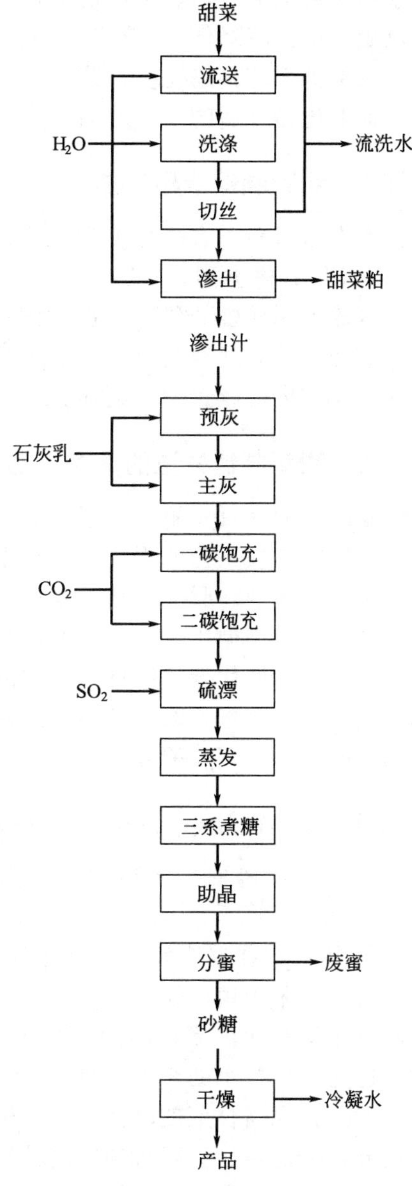

图 5　甜菜制糖工艺

(4) 煮糖

糖浆在真空条件下，进一步加热浓缩，得到含有白砂糖结晶的过饱和浓缩溶液，经助晶、分蜜、干燥、筛分得到成品白砂糖。工艺流程如图 5 所示。

2.2　制糖行业产排污环节及污染治理状况

制糖行业企业用水系统特点是用水量大，同时在生产过程中产生大量废水。废水中一般含有有机物和糖分，COD、BOD 浓度很高。2007 年全国制糖行业取水量 6.75 亿吨，水重复利用率 70%，吨糖取水量 45t。年废水产生量 45 亿吨，排放量 6.9 亿吨，占全国工业废水排放总量的 2.8%。其中吨糖废水产生量 300t，排放量 53t。COD 产生量 160 万吨，排放量 32 万吨，占全国工业废水 COD 排放总量的 6.26%。其中吨糖 COD 产生量 106kg，吨糖 COD 排放量 21.5kg。

制糖废水按其污染程度可分为三类，处理时通常先进行清污分流。低浓度废水主要是设备冷却水、冷凝水和制炼工序喷射冷凝用水。这部分废水量较大，占糖厂废水总量的 70%左右，COD 浓度在 50mg/L 以下，水温一般在 40～60℃左右，这部分污水一般循环使用，只有当 COD 浓度过高或温度较高时，将一部分冷却水或冷凝水外排至污水处理站，并补充新鲜水。

中浓度有机污水包括澄清压榨工序的洗滤布水（亚硫酸法糖厂），滤泥沉淀池溢出水（碳酸法糖厂），洗罐污水以及锅炉湿法排灰、烟囱水膜除尘废水等。这类污水含糖、悬浮物和少量机油，COD 和 SS 达几百到几千毫克/升，废水排放量较少，约占制糖总排水量的 20%～30%。这部分废水通常经过净化处理后排放。

高浓度废水主要指碳酸法糖厂湿法排滤泥废水（碳酸法排放滤泥量大，除部分厂采用滤泥干排工艺外，大部分采用湿法排泥，冲入河流中去），以及综合利用车间所排出的各类废水。高浓度废水的水量约占总排水量的 5%。这部分废水经处理后排放。

制糖废水处理一般采用生化法或氧化塘，常用工艺有 SBR 法和 CASS 法。

2.3　制糖行业清洁生产工艺

2.3.1　甜菜切丝工艺

洗涤后的甜菜进到一大贮斗中，一般能储备 60～90min 的加工量，它起到均衡生产的作用。切丝机有多种多样，各具特点。

法国 Maguin 公司和德国 Putch 公司是鼓式切丝机的主要生产厂商，Putch 切丝机的切丝能力可以达到 8000t/d。该机的换刀系统实现了自动操作，一个独特装置能有效除去鼓中的杂物，机上的旋转刷不停地清刷刀片保持刀刃锋利。德国 Rain 糖厂应用新型 Maguin 切丝机后，提汁率降低了 5%～10%，废粕含糖低于 0.3%。切丝机不仅能力提高，而且自动控制及保护系统日趋完善，菜丝质量显著提高。切丝机动力消耗低、易于维护、自动换刀，刀片标准化是今后的发展方向。

2.3.2 甜菜制糖渗出工艺

渗出器目前仍有多种类型在应用，广泛使用的渗出设备有 DDS 双螺旋型、RT 转鼓型和 BMA 塔式等类型。

以德国为代表的研究人员试图采用压榨法替代现行的渗出法。该法采用石灰乳处理菜丝，处理后的菜丝经高效压榨机压汁，压榨汁去清净工序处理。压榨后的菜丝加水后再进行二次压榨，废丝经干燥作饲料。这一工艺最大的优点是节省用于废粕干燥所耗的能量。

2.3.3 甜菜制糖先进的清净工艺

在过去的一百年里，除了工艺控制以及开发了一些新型设备外，清净工艺没有本质变化。不同的糖厂工艺流程或参数都不完全相同，但是本质上没有区别，仍然以石灰和二氧化碳为主要清净剂。膜分离技术是近 30 年发展起来的新型分离技术，具有节能、高效的特点。膜技术应用于制糖工业，将改变传统的制糖工艺，使制糖工艺简化，更易于实现自动化。此项技术主要是取代现行制糖工艺中的清净工序，取消石灰的生产及消和系统，不产生滤泥，减少污染物排放量，改善环境。同时也起到了节能降耗的作用。应用膜技术可以使糖汁中的非糖分减少，多回收糖分。

2.3.4 新型提汁、清净、煮炼设备不断涌现，煮糖工序连续化

① 甘蔗破碎使用多种型式的高效、重型撕裂机，转速逐渐增高，甘蔗预处理指数达 90%以上。

② 压榨机在提高效能方面有两种趋势：一种是在传统的三辊压榨机加装强制压力喂料装置，顶辊采用藕筒辊，并配合使用高位槽、高的甘蔗压榨破碎度和高温度的渗透水，从而提高压榨量和抽出率；印度采用 FCB-K.C.P 自调压榨机，实现四辊式压榨机具有三次压榨，这是压榨技术的突破；另一种是提倡压和渗相结合的轻压提汁法（L.P.E），该法的工艺特点是：提高甘蔗破碎度，然后进行 8～10 级双辊轻压，结合蔗汁回流形成的饱和渗透提取糖分，在巴西、墨西哥和印度糖厂应用，节省投资和动力。澳大利亚在新建糖厂提汁部分采用 4 台双辊压榨机，它们的抽出率可达 96%。

③ 德国、古巴、毛里求斯和澳大利亚已成功地把液压马达用于糖厂压榨机驱动，优点是取消减速传动装置，具有高效、节能、无级调速和占地面积小等优点。

④ 国外半自动和全自动压滤机有新发展。精炼糖厂和印度糖厂趋向使用管式或板式降膜式蒸发罐。

⑤ 煮糖逐渐采用带机械搅拌的强制循环结晶罐，并采用微机控制煮糖过程。

⑥ 国外已有不少糖厂使用白糖流化干燥冷却器干燥白砂糖，该种设备可使干燥与冷却同时在一个装置内完成，较好的保持晶粒的外表形状和光泽，干燥后白糖温度较低。

⑦ 高级糖膏应用 1～1.2t 大容量全自动节能离心机。法国 F.C.B 公司生产的处理甲、乙糖膏的 D412 和 D612 间歇离心机，每筛装料量分别达到 1.25t 和 2t。

⑧ 国外用于白砂糖和原糖的散装糖仓已达数百座，容量为 10000～70000t，全机械自控操作，并有空气调节，白糖质量稳定，只需一个人操作。

⑨ 德国BMA公司研制的塔式四层连续煮糖罐和法国F. C. B公司以及英国FS公司生产的卧式连续煮糖罐在世界各地共有近200家甘蔗糖厂使用，使煮糖供需达到连续化，并能使用低参数的汁汽和降低汽耗。

⑩ 世界各国越来越多糖厂使用立式连续助晶机，其中德国的舒里士威糖厂首先在生产中使用甲膏真空连续助晶机，前者单位体积助晶量和处理糖膏量相对造价比较低，可比间歇式助晶机降低废蜜重力纯度约4度，增加煮炼收回率2.5%，后者在不耗用蒸汽的前提下，提高煮糖罐的生产能力达1/3，而且整套设备露天安放。

⑪ 澳大利亚STG公司开发应用于高级糖膏的白糖连续分蜜机采用全不锈钢制造，生产能力25～30t/h，每吨糖膏耗电仅为0.5kW·h，只有间歇分蜜机的1/3，糖的质量可达到间歇式分蜜机高质量产品的水平，无糖晶破碎现象。

2.3.5 无滤布真空吸滤机

在甘蔗亚法糖业生产中，有25%～30%蔗汁需经过滤，过滤环节很重要，涉及糖分的回收率以及环保的压力，还直接关系到成品糖的质量。

无滤布真空吸滤机在国外早已使用，主要用在原糖生产。从1998～2004年间，我国已在广西、云南、湛江、海南等地，有近40家亚法白砂糖厂70多台设备在生产中使用。使用效果明显，很好地解决了环保与生产相矛盾的问题。

无滤布真空吸滤机能够得到广泛应用，主要有以下几个方面的特点。

① 干滤泥转光度低　干滤泥转光度一般≤5%，平均值为3.5%；与别的过滤设备相比，由于滤泥转光度低，回收的糖分较多，经济效益明显。

② 无洗滤布水　糖厂的主要污染源之一为洗滤布污水。无滤布真空吸滤机由于不使用滤布，没有洗布水，实现洗布污水的零排放。糖厂洗布污水的环保压力很大，往往每年的污水处理费用达到10万～40万元。

③ 效率高　过滤速率平均为$0.008m^3/(m^2 \cdot min)$，过滤量大，一台$55m^2$洗滤机可过滤相当于日榨2000～2500吨/日的过滤量。

④ 自动化程度高　设备过滤过程连续、自动、工艺稳定可靠，操作方便，一个操作工可管理多台设备。

⑤ 使用寿命长，4个榨季以上。

2.3.6 甘蔗制糖低温磷浮法

目前，在我国制糖工业有两种主要工艺：二次碳酸法和亚硫酸法。前者过程复杂，生产成本较高，产品质量较好，滤泥的处理是个棘手的问题；后者工艺过程较短，生产成本相对低，清净效果较差。

低温磷浮法是在碳酸法或亚硫酸法原有澄清工序之前，增加低温磷浮法的处理。将预灰至中性的混合汁加热到约50℃，加入磷酸和少量的其他药剂，以及由制泡机制备的幼细、均匀并有良好活性的气泡，再加灰至中性，加入高效絮凝剂，适当搅拌以促进絮凝。此时蔗汁中的大量杂质，包括蔗糠、蔗蜡、蔗脂、淀粉和部分色素、胶体与磷酸钙和絮凝剂一起凝聚成为稳固的内部含大量微细气泡的颗粒。然后进入平流式浮清器，上述杂质即迅速浮上顶部，逐渐浓缩成为浓稠的、褐黑色的浮渣，底部成为清汁。由于蔗汁中的杂质已被大量除去，随后的澄清处理就容易很多。只需加较少的澄清剂，就得到良好的澄清效果，减少澄清剂使用。该法对于碳酸法糖厂，在保持清净效果好和产品质量高的前提下，可以彻底解决滤泥污染问题，把全部滤泥都变成可再利用的资源，并大幅度减少石灰用量和滤泥产量。用在亚硫酸法糖厂，可大幅度提高澄清效果，生产低色值的白糖。亦可以降低硫熏强度和硫磺用量。

2.3.7 压粕水回收技术

压粕水是甜菜制糖工业主要污染源之一，通过对压粕水的回收可以回收大量的热能和糖分，减少废水排放量，起到了节水、节电、降低污染程度的作用，具有显著的经济效益和环境效益。

2.3.8 甘蔗制糖水循环利用技术

甘蔗制糖过程中用水量较大，蔗糖的渗透提取、物料的稀释、蒸汽的产生、冷凝以及设备的冷却等都需大量水。采用直供水工艺的制糖厂，每吨甘蔗耗新鲜水约 30～50m³，而采用循环用水工艺则耗水量成倍下降。循环利用的供水流程如图 6 所示。

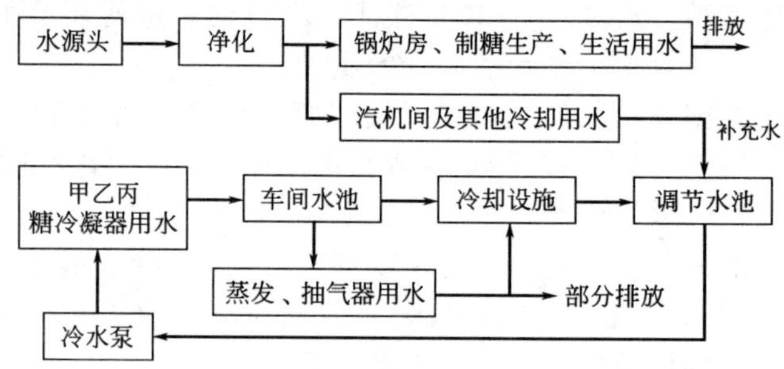

图 6 循环利用供水流程

在低浓度废水循环利用过程中，冷却设施为循环冷却的核心，通常有如下 3 种：自然塘（湖）冷却，机械通风冷却塔冷却和喷水池冷却。三种冷却设施比较如表 1 所列。

表 1 三种冷却设施的比较表

冷却形式	冷却温度	占地面积	受环境影响程度	投资多少	其他优缺点
自然塘冷却	2～4℃	大	易	最低	池中易发生淤积，且清理困难，对周围环境有热影响
机械通风冷却塔冷却	10～15℃	小	不易	较高	水量损失少，对周围环境影响小，但机械维修工作量较大
喷水池冷却	7～9℃	较大	易	中等	对水质、水温的变化适应性强，结构较为简单，可形成水景美化环境，在停榨期可兼作游泳池或养鱼池

3 案例分析

3.1 企业概况

某甘蔗制糖企业生产能力为日榨量 4000t。榨季生产时间一般在每年的 11 月份至下一年的 3 月份左右。根据甘蔗产量的多少，调整榨季时间长短。该企业具有完善的组织机构，设有农务科、生产科、质检科、企管科、储运科、财务科、办公室等科室。并根据甘蔗制糖工序设置了澄清车间、煮糖车间、压榨车间、电力车间和锅炉车间五个生产及动力车间。

该企业制糖工艺为亚硫酸法，其中澄清工序采用糖浆上浮工艺，技术先进，在海南省尚属先例。制糖行业是海南省主要支柱产业之一，同时也是能源消耗量大、水资源消耗大、水环境主要污染源之一。企业生产时间为 62 天/榨季，共消耗甘蔗 213220.8t，生产白砂糖

29020t。每吨甘蔗耗水量约为0.53t。水循环利用率达到96%。为有效减少污水中各项污染物的排放量，缓解资源环境对制糖行业的发展约束，该制糖企业不断改善污水处理工艺和处理能力。目前建有日处理量达到1600t的CASS法生化污水处理站，主要处理煮糖及蒸发工序洗罐废水、设备高温冷却水、少量车间高浓度清洗废水。经CASS法处理后，污水中的有机物经好氧微生物分解为无机物，净化污水。

3.2 预审核概况

该制糖企业近三年主要原材料消耗、能源消耗和主要污染物排放情况如表2和表3所列。

表2 主要能源消耗情况

榨季	产量/t	新鲜水		电		标煤	
		单耗/(t/t蔗)	年耗/t	单耗/(千瓦时/吨蔗)	年耗/万千瓦时	单耗/(吨/百吨蔗)	年耗/t
榨季1	42024	0.58	180877	35.9	1119.57	4.9	
榨季2	30905	0.59	140420	37.2		5	11834
榨季3	28939	0.53	113223	37.7		5.5	10631

表3 主要污染物排放情况

指标	排放状况	指标	排放状况
废水排放量/万吨	131400	悬浮物排放量/kg	4971.6
COD排放量/kg	2314.44	烟尘排放量/t	7738.71
氨氮排放量/kg	147.44		

本轮清洁生产审核将制糖车间（包括压榨、澄清、煮糖车间）、锅炉车间、电力车间作为备选审核重点。通过对污染物产生量、耗水量、能耗、清洁生产潜力权重总和计分排序确定本轮清洁生产审核的重点。与制糖行业清洁生产标准进行对标分析，设置清洁生产目标（见表4）。

表4 清洁生产目标

类别	项目	现状	目标	
			近期目标	远期目标
水资源利用指标	吨蔗耗新鲜水量/(m^3/t)	0.53	0.48	0.46
	水重复利用率/%	96	97	98
能源利用指标	百吨蔗耗标煤/(t/100t)	5.5	5.2	4.8
污染物指标	吨蔗废水产生量/(m^3/t)	0.61	0.55	0.5
	吨蔗化学需氧量产生量/(kg/t)	0.011	0.0099	0.009
	吨蔗悬浮物产生量/(kg/t)	0.023	0.021	0.0189
环境管理指标	清洁生产审核	持续按照《企业清洁生产审核手册》进行审核		
	环境管理	按照ISO14001标准要求改进环境管理体系		

3.3 审核过程及审核结果分析

根据物料平衡测算、水平衡测算、“三废”产生原因结果以及资源能源消耗和产污分析，该制糖企业开展了清洁生产合理化建议征集活动，发动全体员工从管理、操作、设备、技术、工艺等方面提出合理化建议，同时注重本行业清洁生产技术工艺的推广应用，请行业专家根据行业发展状况提出改进措施。部分清洁生产方案如表5所列。

表5 部分清洁生产方案一览表

序号	分类	方案简述	经济效益和环境效益
1	设备维护更新	增加煮糖糖蜜稀释箱搅拌装置	煮糖煮制时间缩短0.5～1h,减少煮糖汽耗10%,每榨季可减少蔗渣消耗500t,产生经济效益20万元
2		锅炉除尘器冲灰水改造	每榨季可节约用电132000kW·h,节约电费23.76万元
3		增加pH值控制系统:增加对压榨预灰pH值、中和pH值、二次预灰pH值自动控制系统	一级白砂糖提高50t,增加经济效益25万元/年
4		一级循环水池硬化:清理及平整一级循环水池池底及护墙,硬化池底及护坡,防止出现污泥翻底,全池水质发黑的现象	减少新鲜水补给,减少COD排放,每榨季可减少排污费16万元
5		1#、2#、3#锅炉引风机电机改为变频调速	每榨季可节约用电46.37万千瓦时
6		新增一套二氧化氯发生器系统	提高产品质量
7	过程控制	原有蒸发液面操作为手动操作控制,不稳定,糖浆浓度时稀时浓,不能发挥蒸发应有的效能。现改为DCS自动控制系统,可实现低液面控制	每榨季可节约蒸汽1421.62t,可发电1051kW·h
8	资源综合利用	锅炉车间设备冷却水循环使用	每天可节约新鲜水240t,榨季节水24000t
9		热水循环使用,提高锅炉初始水温	每榨季可节省蔗渣1000t,可增加收益18万元/榨季
10		将生产工艺产生的80℃左右的汽凝水回收使用	每天可节约新鲜水150t,每榨季工作日为100d,可节约新鲜水15000t
11	加强管理	加强设备维护保养,提高生产效率	避免设备损坏带来的污染。保证生产效率和产品品质,减少待工损失
12		成品间消毒间改造	保证产品质量

3.4 中高费方案可行性分析

3.4.1 增加pH值控制系统

(1) 技术评估

增加对压榨预灰pH值、中和pH值、二次预灰pH值自动控制系统,将可以保证清汁的pH值,从而确保产品质量的稳定。pH值自动控制系统是一项成熟的技术,因此,此方案技术可行。

(2) 环境评估

通过加强对生产过程的控制,提高一级白砂糖的产率的同时,可以减少对环境的负面影响,因此,此方案环境可行。

(3) 经济评估

按照每榨季一级白砂糖产量增加50t考虑,按每吨5000元计,每榨季可带来经济效益25万元,项目总投资为34万元。此方案投资偿还期为1.94年,内部收益率IRR为51.36%,此方案经济可行。

3.4.2 一级循环水池池底硬化

(1) 技术评估

企业建有循环水池,供喷射冷凝用水和设备冷却水循环使用。修建时池底及护坡一直未加固。目前池底渗漏现象较明显，大量 COD≥800mg/L 的循环水从池底渗透。此外，由于池底未硬化，十年来底层的污泥从未清除，生产期间水温超过 45℃时会出现污泥翻底全池水质发黑的现象，导致污水必须外排并大量补充新水。

一级循环水池池底硬化方案主要内容为清理及平整池底及护墙、硬化池底及护坡。该方案技术成熟，风险低，因此技术可行。

（2）环境评估

改造后年节水量将达到 10 万吨以上，节约了大量水资源，减少 COD 排放，可减少排污费 16 万元/榨季。因此，该项目环境效益明显。

（3）经济评估

该方案总投资 80 万元，年效益为 16 万元，此方案投资偿还期 4.86 年，内部收益率 20.06%，方案经济可行。

3.4.3　1#、2#、3#锅炉引风机电机改为变频调速

（1）技术评估

企业共有 3 台锅炉为生产车间和电力车间提供蒸汽，燃料为蔗渣。锅炉引风机原选型过大，其中 1#、3#炉选用 12.5 号风机，电机功率为 132kW，实用功率为 60～70kW；2#炉选用 20 号风机，电机功率为 380kW，实用功率约为 230kW，由于风机运行时电机是全速运行的，仅靠风门调节风量，造成风机振动且无功损耗大。该风机启动系统为液阻启动，其缺点是起动力矩大、电流大、压降大等。每次启动时都必须经两次以上的起动后电机方能投入运行，有时甚至经三次以上的起动仍不能投入运行，因此造成液阻水温过高，限温系统禁止设备再次起动，影响了开榨或复榨生产前的时间部署，造成被动局面。改用变频调速器既实现了起动电流小、压降小、平滑启动运行，又可利用变频器优良的调速性能根据锅炉引风量需要将电机的工作频率由 50Hz 调为约 30Hz，使风机能低转速高转矩无强振地运行，节能效果达 30%以上。该项目技术成熟、风险小、作用明显。因此该项目技术可行。

（2）环境评估

改用变频调速器后，将实现起动电流小、压降小、平滑启动运行等特点，并可利用变频器优良的调速性能根据锅炉引风量需要将电机的工作频率由 50Hz 调为约 30Hz，使风机能低转速高转矩无强振地运行，节能效果达 30%以上，每天可节约用电约 4636.8kW·h，按榨季生产时间为 100 天计算，每榨季共节约用电 463680kW·h。节约用电即减少蔗渣燃烧，减排烟尘等大气污染物的排放。因此，该项目具有明显的环境效益。

（3）经济评估

企业用电大部分为自发电，节约用电即节约蔗渣用量。根据企业 2010～2011 年榨季生产数据显示，发电 1kW·h 消耗约 5.26kg 蔗渣（非干蔗渣）。每榨季共节约蔗渣 2440.15t。1t 蔗渣销售价格为 180 元左右，年经济效益为 43.92 万元。项目总投资费用为 54.05 万元。方案投资偿还期 1.21 年，内部收益率 83.46%，方案经济可行。

3.4.4　新增一套二氧化氯发生器系统

（1）技术评估

企业蔗源还原糖份含量较高，一般可以达到 0.65%～1.2%，甘蔗破碎及压榨时在蔗带

及榨机上产生大量的细菌，细菌侵食大量的蔗糖形成蔗饭，影响压榨收回较大。企业目前采用普通杀菌剂消毒，但效果不显著。新增一套二氧化氯发生器系统，该系统可以破坏产生嗅味的化合物，抑制蔗饭生成，氧化蔗汁中的铁、锰、镁离子以及硫化物，提高絮凝作用和去除色素。

(2) 环境评估

此改造项目主要为了提高产品质量和产量，因此无明显环境效益。

(3) 经济评估

此改造项目共投资 15 万元。产品产量提高，每年可产生经济效益 30 万元。此方案投资偿还期 0.48 年，内部收益率（*IRR*）＝209.48％。方案经济可行。

3.4.5 蒸发自动控制系统

(1) 技术评估

蒸发罐原有蒸发液面操作为手动操作控制，因此不稳定，糖浆浓度时稀时浓，不能发挥蒸发应有的效能。现改为 DCS 自动控制系统，可实现低液面控制，雾沫夹带糖分较少，不容易跑糖，Ⅰ、Ⅱ效冷凝水都能满足入炉水的要求，减少锅炉冷凝水的补充，提高热能的利用；糖浆由原来的 55～62BX°提高到 62～64BX°，此方案技术可行。

(2) 环境评估

一方面可节约 1％与蔗比的耗汽量，另一方面还可以提高每日的榨蔗量，由原来的 2250t/d 提高到 2700t/d。因此，此方案具有一定的环境效益。

(3) 经济评估

每榨季可节约蒸汽 1421.62t，可发电 1051kW·h，折成蔗渣为 5.528 电价按市场 0.8 元计；按照榨蔗天数缩短 9.34 天计算，每年可产生经济效益 52.21 万元，项目总投资为 96 万元。

总投资费用（I）：I＝96 万元

年运行费用总节省金额（P）：P＝52.21 万元

新增设备折旧费（D）：$D=I/Y$＝6.4 万元（15 年）

应税利润（T）：$T=P-D$＝45.81 万元

净利润（E）：$E=T\times$（1－33％）＝30.69 万元

年增加现金流量（F）：F＝净利润＋年折旧费＝37.09 万元

投资偿还期（N）：$N=I/F$＝2.59 年

净现值（NPV）：NPV＝264.25 万元

内部收益率（IRR）：IRR＝38.34％

此方案投资偿还期 N 为 2.59 年，净现值 NPV 为 264.25 万元，内部收益率 IRR 为 38.34％，此方案经济可行。

“蒸发自动控制系统”方案，从技术、环境、经济方面均可行，因此本确定本方案可行。

3.5 结论

通过开展清洁生产审核，共提出清洁生产方案 26 项，其中无低费方案 20 项，中高费方案 6 项。预计年节约标准煤 822t，废水排放量削减 10％。通过推行清洁生产，企业可以取得明显的经济效益、社会效益和环境效益。

参考文献

[1]《中华人民共和国清洁生产促进法》(中华人民共和国主席令 第七十二号).
[2]《清洁生产审核暂行办法》(国家环境保护总局令第 16 号).
[3]《重点企业清洁生产审核程序的规定》(环发 [2005] 151 号).
[4]《企业清洁生产审核手册》(国家环保总局编，中国环境科学出版社，1996 年).
[5]《清洁生产审核培训教材》(国家环保总局科技标准司编，中国环境科学出版社，2001 年).
[6]《制糖工业水污染物排放标准》(GB 21909—2008).
[7]《清洁生产标准 甘蔗制糖业》(HJ/T 186—2006).

铅蓄电池行业清洁生产审核案例研究

孙慧，孙晓峰，李键，薛鹏丽
(中国轻工业清洁生产中心，北京，100012)

摘要： 铅蓄电池行业是铅污染重点防控行业之一。本文通过分析铅蓄电池行业生产工艺和产排污状况，并结合某铅蓄电池企业清洁生产审核案例，介绍铅蓄电池企业如何通过实施清洁生产，加强铅污染防治。

关键词： 铅蓄电池；清洁生产审核；案例

Case Study of Cleaner Production Audit on Lead-acid Battery Industry

Sun Hui, Sun Xiaofeng, Li Jian, Xue Pengli
(China Cleaner Production Center of Light Industry, Beijing, 100012)

Abstract: Lead-acid battery industry is an important source of lead pollution. This paper analyzed the production processes and pollutants generation and emission conditions, setting XX lead-acid battery company as a case study, to help other lead-acid battery companies enhance lead pollution prevention by implementing cleaner production audits.

Key words: lead-acid battery; cleaner production audit; case study

1 铅蓄电池行业现状

铅蓄电池是世界产量最大，用途最广的电池，也是重金属消费量最多的行业之一，铅消费量占全球总耗铅量的 82%。随着交通、通讯、电子等工业的迅速发展和人们生活水平的提高，我国的电池工业发展迅速，已经成为世界最大的电池生产基地与出口基地。铅蓄电池属于二次电池，在产值、产量方面的市场份额一直保持在 50%以上。铅蓄电池产品类型多样、应用广泛，如汽车、船舶等用的启动型蓄电池，用于电信、电厂、UPS 电源等的固定型蓄电池，各类电动车用的动力型蓄电池和太阳能、风能用的储能蓄电池等。铅蓄电池是所有化学与物理电源中唯一能够垄断一种有色金属资源的电池，也是目前唯一能够实现再生循环利用的电池。我国铅蓄电池产量的增长主要归因于电动自行车和汽车的迅速增长、太阳能与风能储能需要迅速增加、电信与移动快速发展等。

目前，铅蓄电池在我国动力与储能电池领域处于绝对的垄断地位。无论光伏系统的储能电池，还是电动自行车等电池车辆的动力电池，98%以上使用铅蓄电池，而且基本上是免维护阀控密封铅蓄电池（VRLA）。2010 年我国铅蓄电池的产量为 14417 万千伏安时。产量比较大的省份集中在浙江、广东、河北、山东、江苏、湖北。2011 年 1～6 月，启动型铅蓄电池出口量 825 万只，同比增加 3.6%，出口额 1.54 亿美元，同比增加 36.6%。

铅蓄电池行业是一个劳动密集型产业，技术含量相对不高，管理模式也较为粗放。近年来，铅蓄电池行业血铅事故频发，引起了国家高度重视。《重金属污染综合防治“十二五”规划》将铅蓄电池列为重金属重点防控行业。《关于深入推进重点企业清洁生产的通知》（环发［2010］54 号）指出：铅蓄电池企业需每两年实施一轮清洁生产审核。

2 铅蓄电池行业生产工艺

铅蓄电池的生产工艺流程如图 1 所列。

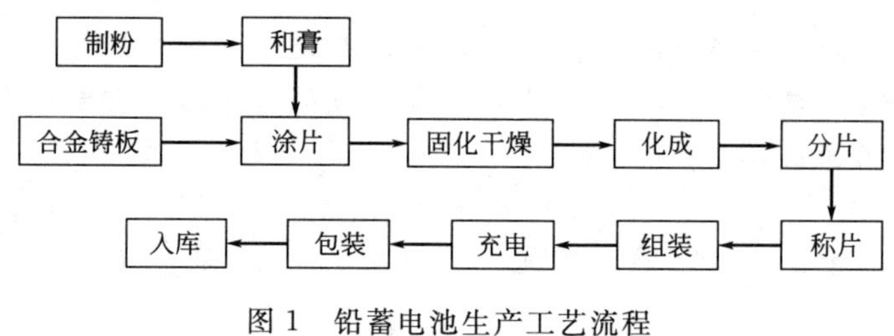

图 1　铅蓄电池生产工艺流程

2.1 铅蓄电池主要生产工序

（1）制粉工序

将电解铅熔融切粒，将切粒输送至球磨机中，球磨所得铅粉通过风力输送。通过旋风原理降落而收集，剩余颗粒经脉冲袋式集粉器口收集，由布袋过滤将其吸附于布袋表面。

（2）合金铸板工序

将符合要求的铅钙合金或铅锑合金在铅锅熔化，然后将熔融的铅合金注入格栅注模，再用水冷却。冷却以后，打开模具，取出格栅。

（3）和膏工序

铅蓄电池在生产过程中要制备两类铅膏：一类是正极铅膏；另一类是负极铅膏。和膏所需的材料有氧化铅、硫酸、水和其他添加剂。和膏是将所需的几种材料按一定比例调和均匀，形成稠度合适的膏状混合物，然后涂布在铸造好的前合金板栅上。氧化铅是铅膏的主要组分，含量在 85%左右。

（4）涂片工序

正负极铅膏要分别涂布在铅合金板栅上，制成正负极板。涂填好的极板，要立即浸硫酸溶液中，保持 3～5s，然后提出置于极板架上，防止干燥后出现裂纹。

(5) 固化干燥工序

经过表面干燥（或手工涂板浸酸）的极板，要在控制相对湿度、温度和时间的条件下，使其失去水分和形成可塑性物质，进而凝结成微孔均匀的固态物质，此过程称为固化。经过固化的极板具有良好的机械强度和电性能，具有良好的容量和寿命。

(6) 化成工序

目前，大部分企业采用外化成工艺。该工艺条件易于控制，但要经过水洗极板、浸渍极板、干燥极板等工序，消耗大量的水，并且会产生大量硫酸雾。

(7) 分片工序

分片一般是机械化操作，用机械手把成卷的极板送入分板机，在机器的另一端手工收集切割的极板，并堆积起来用于电池的组装。也有用手工进行分片操作的。

(8) 称片工序

将同规格、同厂家、同日期的极板按规定（如正七片负八片称）拿七片或八片称出规定重量，若偏轻或偏重调换小片极板称出符合要求的重量（其中挑出不符合要求的极板）。

(9) 组装工序

将不同型号不同片数极板根据不同的需要组装成不同类型的铅蓄电池。电池组装主要包括焊极群、插隔板、装槽、装电池盖、灌装封口剂、焊接链条、焊端子等主要步骤。

(10) 充电工序

组装好的电池进行充放电。

(11) 包装入库

充好电的电池进行包装后入库。

2.2　铅蓄电池行业清洁生产技术分析

2.2.1　铅减渣剂

目前，铅减渣剂广泛应用于铅冶炼、铅合金、铅蓄电池企业，既可以清除或者减少铅渣量，大幅度地减少铅渣再生造成的铅以气态或粉尘形式汇同冶炼过程中所产生的二氧化硫污染，还可以减少铅渣再生造成的能源浪费。

新型铅减渣剂表现出良好的节能减排方面技术性能和特点：减渣剂的复合无机盐反应充分，不残留有害成分于熔融铅或铅合金中；烟尘少，无刺激性气味，不产生有毒有害气体和腐蚀性气体；减少有效有价合金元素（如铅、锡、铝、钙、锑等）的损耗，减少铅损耗；铅与渣分离效果好，合金中有效元素回流，提高铅及合金利用率；减渣剂在铅液中产生大量气泡，搅拌并将铅液中夹杂和余渣带出，可消除铅及铅合金中的有害杂质；减渣剂起助燃作用，能缩短熔铅炉升温时间，使铅渣温度升高而便于铅渣中的合金元素回流入铅炉中。铅减渣剂可加入合金、板栅及片耳等边角料回收重熔的铅锅中作为除渣、清渣剂使用，也可以放入铸造铅钙合金板栅的熔铅炉中、铸焊机的熔铅炉中作为除渣、清渣剂使用，可以起到明显的节能减排效果。

2.2.2　内化成工艺

极板化成（外化成）的优缺点主要表现在：化成时间短，生产效率高，极板的质量便于观察和控制；最大的缺点是酸雾很大。极板水洗耗水严重，排放大量含酸含铅废水；极板干燥要彻底，能耗高；极板干燥后产生的铅尘很严重；极板化成的环保配置与运行费用非常高。

电池化成（外化成）符合节能减排的要求。其优点是省去了极板化成的多余工序，如极板化成引起的水洗与干燥。电池化成程序简单，便于实施机械化生产，节省能源，减少排放，生产环境得到改善，劳动强度相对下降。电池化成的最大缺点是：极板的质量不便于监控，易带酸出厂；因自放电而影响电池的存放。

2.2.3 循环水洗工艺

极板的水洗或淋洗所消耗的水资源和给环境造成的污水排放压力很大。酸性废水回用循环水洗涤极板清洁生产工艺。该循环水洗涤极板清洁生产工艺可以解决铅蓄电池企业水耗高、污水排放量大及蓄电池干荷电性能失效等质量不稳定等难题。实际应用案例表明：取水量仅为原来的10%～20%；污水排放量仅为原来的10%～20%，解决了生产中排放大量酸性废水、严重污染环境的问题，减轻了对环境的压力；生产污水无需处理已达到排放标准，可直接排放或在生产中作其他用途，大大减少了工厂废水处理设施的投入，减轻了废水池处理的压力。同时，实现了蓄电池极板水洗的自动化控制，提高了生产效率，降低了生产成本。

2.2.4 节能型充放电设备

目前，一些电池厂的充电设备仍采用传统的模拟电路进行控制，电源只具备单一的稳压、稳流工作方式。传统的“一充到底”的充电模式已经不能满足新工艺的要求。阀控密封蓄电池对与之相关的化成设备提出了更高的要求，如恒电阻/恒功率充放电，脉冲方式充放电以及温控、单只电池监控等更高性能。这就需要对旧的充电设备进行改造。

例如，可以利用智能控制系统，对旧充电设备进行嫁接改造，在只需少量资金投入的情况下，使原有设备控制性能达到或接近智能型设备的指标，而且老设备也可以同智能型设备一样联网运行。

传统的蓄电池充放电装置一般采用晶闸管相控整流方案，不可避免的会导致网测功率因数低、谐波含量高、对电网的污染严重，同时增加用户的电能损耗和电气设备的投资费用。而我们的设计方案采用新型IGBT功率器件为核心的PWM整流方案，应用先进的矢量控制技术和工业自动化技术，研制开发了新一代的节能型GCD系列全智能蓄电池绿色重放电机。该设计合理、运行可靠，能减少谐波污染、节能降耗。

3 案例分析

3.1 企业概况

某企业主要从事电动车用纳米高性能环保型蓄电池、极板和零配件的研发、生产和销售。产能为150万千伏安时。

厂区主要构成如下：涂片车间、浇铸车间、分片车间、化成车间、称片车间、组装车间，厂区北侧分布配料间、空压机房、高压电房，厂区南侧为充电车间、污水处理站、成品仓库。

3.2 预审核

3.2.1 生产工艺与设备情况

生产工艺流程参见图1。

主要生产设备包括：铸板机、铸粒机、铅粉机、和膏机、涂片机、干燥机、充放电电源等。

环保设备包括：高效铅烟净化装置、玻璃钢酸雾净化系统、LZDF 除尘器、气箱式脉冲布袋除尘器、污水处理系统。

对照《高耗能落后机电设备（产品）淘汰目录（第一批）》（工节［2009］第 67 号）和《部分行业淘汰落后工艺目录》（工产业［2010］第 122 号），该企业无国家明令禁止的落后淘汰设备。

3.2.2　计量器具配备情况

对照《用能单位能源计量器具配备和管理通则》（GB 17167—2006）和《用水单位水计量器具配备和管理通则》（GB 24789—2009），该企业电表能满足计量要求，但水表和蒸汽流量计还达不到相关要求。一些生产车间尚未配备水表计量。为加强水和蒸汽使用考核和管理，应配置完善的二级水、汽计量器具。

3.2.3　原辅材料消耗情况

铅蓄电池生产过程中使用的原辅材料主要有铅锑合金、铅钙合金、铅粉和硫酸。

3.2.4　能源和水资源消耗情况

企业能源消耗主要包括电和蒸汽，其中电外购自电网，蒸汽外购自热力公司。单位产品综合能耗 10.3 kgce/kV·A·h。企业用水则取自市政管网。

3.2.5　产排污现状分析

企业主要污染物包括含铅废水、铅烟、铅尘、硫酸雾等。

（1）废水

生产废水主要来自和膏溢流工艺水、化成车间冲洗极板水、装配车间设备清洗水以及制水车间浓水。所有生产废水均排入自建污水处理站，经处理达标后排入市政管网，送入城市污水处理厂进行处理；生活废水主要来自办公、洗浴、洗衣房，其中洗衣房废水排入自建污水处理站，经处理达标后排入市政管网，其他生活废水进入化粪池排入市政管网。

污水处理工艺采用斜板沉淀工艺，设计处理水量为 80t/h，主要采用三级 pH 值调节，再使用 PAC、PAM 絮凝沉淀，沉淀后出水使用焦炭过滤深度处理，最终出水达标排放。

（2）废气

废气主要是铅烟、铅尘、硫酸雾，其中铅烟、铅尘来自球磨机、分片车间、铸板，硫酸雾来自化成车间。

所有排放废气工序都按照要求装置了环保治理设施，其中铅尘主要采用脉冲布袋除尘器处理，铅烟主要采用高效铅烟净化装置处理，硫酸雾主要采用玻璃钢酸雾净化器处理。经处理后废气达标排放。

（3）固体废物

固体废物主要包括来自污水处理站的铅泥、废水输送过程中残留在管道和贮存设施中的含铅污泥、合膏工序产生的铅泥、含铅的废弃劳保用品、板栅浇铸过程中的铅渣、废弃电池、组装过程中的边角料以及其他一般工业固废。

根据《国家危险废物名录》（2008 年），铅蓄电池生产过程中产生的废渣和废水处理污泥属含铅废物，废物类别为HW31。企业对所有危废严格按照危险废物处理要求进行规范处理。所有危废均交给有危废处理资质的单位进行处理，严格执行五联单制度。

3.2.6 产业政策与清洁生产水平分析

（1）产业政策符合性分析

对照《产业结构调整指导目录（2011年本）》，企业现行生产和装备符合要求。

（2）清洁生产对标分析

对照《清洁生产标准 铅蓄电池工业》（HJ 447—2008），企业单位产品取水量、水重复利用率、化成工序单位产品耗电量、单位产品废水产生量离清洁生产三级水平有一定差距。其他指标均能达到清洁生产三级或三级以上水平。

3.2.7 确定审核重点和设置清洁生产目标

综合考虑能源消耗、新鲜水消耗、清洁生产机会和废物产生量等多方面，并采用权重总和积分排序法，确定了本次清洁生产审核的重点为极板生产。

依据清洁生产标准，结合企业实际情况，企业设置了近、远期清洁生产审核目标。

3.3 审核

3.3.1 物料及铅平衡分析

极板生产工序包括：铅粉制造、铸板、和膏、涂板、固化干燥、化成（含干燥）、分片。通过跟踪主流产品，从铅粉生产到最终分片工序，进行物料平衡测试。

本文仅对分片工序物料平衡进行分析，分片工序物料输入、输出结果见图2。

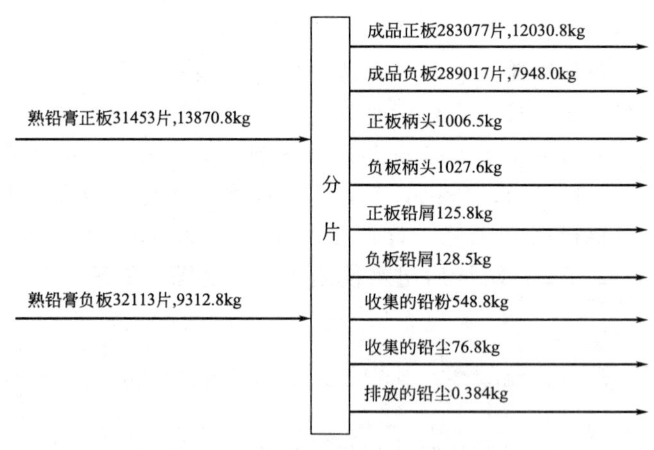

图2 分片工序的输入、输出图

实测结果分析：熟铅膏正（负）板的分片数均为9片。在分片时，铅屑的平均产生量为4克/片，废柄头的平均产生量为32克/片。单位质量熟片产生的铅粉的量为23.7kg/t、铅尘的量为3.3kg/t。

通过各工序物料的输入、输出测试和分析，极板生产过程中铅粉、铅尘产生情况见图3。分片过程中污染物产生最多，需加强污染物的控制和管理。目前，企业分片为人工分片，污染物产生量大，应改为自动分片。

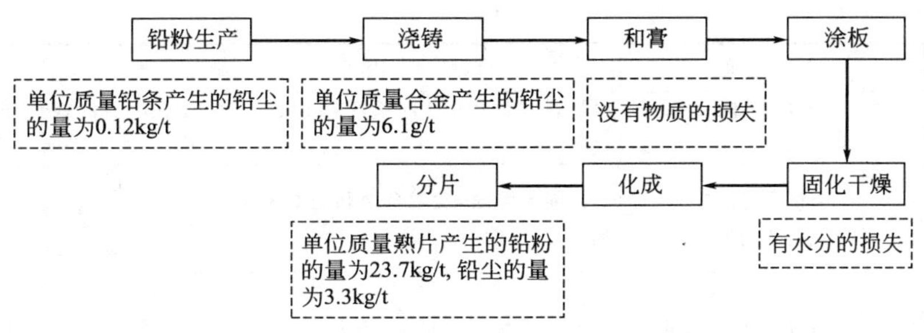

图3　铅粉、铅尘产生情况

3.3.2　水平衡分析

水平衡测试以水表法为主，首先安装水表，一、二级水表计量率达100%，然后进行水平衡测试。测试结果表明，生产用水和生活用水的比例分别为57.5%、42.5%，全厂的生活用水有很大的节水潜力。在审核过程中，发现生活用水测试结果和实际情况发生偏差，通过排查，发现给水管道（暗管）泄露现象较严重，随即将所有的管道进行重新铺设，改成明管，便于检修，防止渗漏。

3.3.3　全厂用电分析

通过全厂用电分析，发现化成车间用电量最大，占全厂用电的48.92%，其次为充电车间，占全厂用电的11.3%。照明用电仅占0.10%。因此若要降低全厂的生产用电水平，则主要从降低化成车间的用电量进行考虑。

3.4　方案产生和筛选

根据预审核阶段的基础数据分析和审核阶段的平衡分析的分析结果，充分调动广大员工的参与，全面系统地提出并汇总清洁生产方案共征集到方案100多条，最终确定了28项无低费方案和5项中高费方案。部分清洁生产方案汇总如表1所列。

表1　清洁生产无/低费方案一览表

项目	序号	名 称	原　因	对　策
一、原料、能源节约和替代	1	污水处理片碱使用改进，改用液碱	使用片碱过程中，需花大量时间配成液碱，存在安全隐患，配碱过程中释放大量热量对设备损坏大，而且碱的浓度不稳定造成处理过程经常出现问题，液碱也有价格上的优势	直接使用液碱，降低员工工作强度和安全隐患，降低设备故障率，提高处理能力，节约成本
	2	包片机安装节能灯	在包片机上方安装日光灯效果不好，且人员离岗不能随时关灯，造成浪费	每台包片机内部安装一台11W节能灯
	3	自来水管网改造	原先自来水管道属暗管，实测时发现用水量与实际理论值相差甚远，经排查，自来水管道泄漏现象较严重	将管道进行改造，所有的管道进行重新铺设，改成明管，便于检修，防止渗漏
	4	将部分照明普通灯具改成平面节能灯	厂区内使用的照明灯具部分还不是节能灯	将厂区内的照明普通灯具改成平面节能灯

续表

项目	序号	名称	原因	对策
二、产品的优化	5	板栅结构的设计优化	物料实测时，发现板栅结构也有待提高	在以后的板栅结构设计中，不断优化，减少废柄头的产生
	6	调整合金的配方，提高合金利用率	物料实测时，发现合金利用率还有待提高	在以后的产品设计中，不断优化合金的配方，及时向合金供应方提出配方要求，提高合金利用率
三、设备维护和更新	7	静置架上安装电池防护挡板(见图4)	静置架与滚道配合不顺畅，造成电池摔伤	利用报废的酸雾塑料块，将其固定在静置架滚道中间，防止电池摔落，利用PVC板，做成长条护栏，减少电池摔坏
	8	滚磨机吸尘装置改装	滚磨机灰尘大，影响车间工作环境，主要是吸尘口太高，空间大导致吸尘效果差	在两边钢丝轮上安装两个吸尘罩，接上风管，把吸尘空间缩小，刷极耳时的粉尘可直接吸走
	9	制水的中空纤维过滤装置改装为活性炭过滤装置	在日常工作中因中空纤维过滤装置与OR膜制水机组装置不协调，水跟不上导致OR膜机组频繁停机，另外此装置水资源浪费较大，排出废水的量为2t/h	取消中空纤维，改装为活性炭过滤装置，能改善产能，杜绝OR膜制水机组频繁缺水停机
四、过程控制优化	10	增加输送滚道自动控制装置	设备故障率高，人员投入较多，劳动强度大，电池摔坏数量大	增加输送管道自动控制装置：1. 利用感应系统来控制滚道；2. 通过时间控制滚道的速度
五、技术工艺改进	11	充电车间回胶改良	目前胶容易沉淀，对生产不利	利用回胶软管将胶回收到搅拌大桶，重新搅拌，次日使用时，效果会更好
六、管理优化	12	球磨车间实行错峰用电	球磨车间用电量较大，可错峰用电，合理节约电费	对球磨车间实行错峰用电
	13	工作服管理	员工上下班将工作服穿出厂区，将污染带出厂外	对员工工作服进行管理，工作服统一由企业洗衣房清洗，一律不准穿出厂区
	14	新增水表	浇铸工序、涂片工序、化成工序、分片工序没有水表进行计量	对浇铸工序、涂片工序、化成工序、分片工序安装水表进行计量，便于管理
七、废物减排与循环利用	15	利用PVC板残料制作称片台丝网架	原有木质材料丝网架易损坏，需要提前申报丝网架备用	利用PVC板残料废物利用代替木质材料

未安装　　　　安装后

图4　静置架上安装电池防护挡板

3.5 中高费方案可行性分析

3.5.1 蒸汽冷凝水的回收利用

（1）项目背景

蒸汽冷凝水是指蒸汽做功后冷凝而成的水，它不仅是经过处理的软化水，还带有相当高的温度，如能回收利用则不仅可以节约大量的热量，还可以节约大量的水和水处理费用。

目前，企业固化室和化成烘干窑每月使用蒸汽约为4500m^3，蒸汽做功后产生的冷凝水约为4000t，水温大约70～80℃，该部分冷凝水直接排放至污水处理站，不仅浪费了大量水资源，同时增加了污水处理站的处理负荷。

（2）方案简介

化成烘干窑和固化室产生的蒸汽冷凝水的水质能满足各自的水质要求。拟将化成烘干窑/固化室产生的蒸汽冷凝水通过冷凝水收集系统各自回收至储水箱中，再进入化成烘干窑/固化室循环使用，以实现冷凝水的回收利用。见图5。

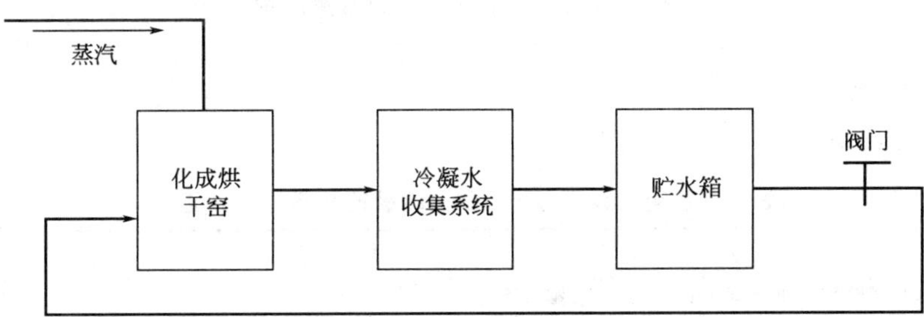

图5 化成烘干窑的蒸汽冷凝水回收利用过程

注：固化室的蒸汽冷凝水回收利用过程与化成烘干窑的类似。

（3）效益汇总

效益汇总见表2。

表2 蒸汽冷凝水的回收利用效益汇总

名称	指标
环境效益	减少新鲜水用量7.6万吨/年，减少污水排放4.8万吨/年，减少软水制备和处理废水耗用的电能3.84万千瓦时/年，减少CO_2排放0.38t/a
经济效益	减少外购蒸汽量2400t/a，节省外购蒸汽成本42万元/年；外购水量减少7.6万吨/年，节省外购水资源费30.4万元/年；减少软水制备和处理废水耗用的电能为3.84万千瓦时/年，则节省电费3.07万元/年，共节省成本为75.47万元/年

3.5.2 （新建）淋浴使用IC卡计量控制系统

（1）项目背景

浴室原先使用的是老式淋浴装置，采用球阀开闭式控制。不限量、不限时使用，员工节水意识淡薄，淋浴时间长，造成水资源浪费，浪费新鲜水量为70t/d（330天），约合2.3万吨/年。这些污水直接排入污水处理站，增加了污水处理站的运行负荷。

（2）方案简介

新建的生活区拟采用淋浴IC卡计量控制系统（见图6）来代替老式的淋浴装置，合理规范淋浴用水量，提高员工的节水意识。

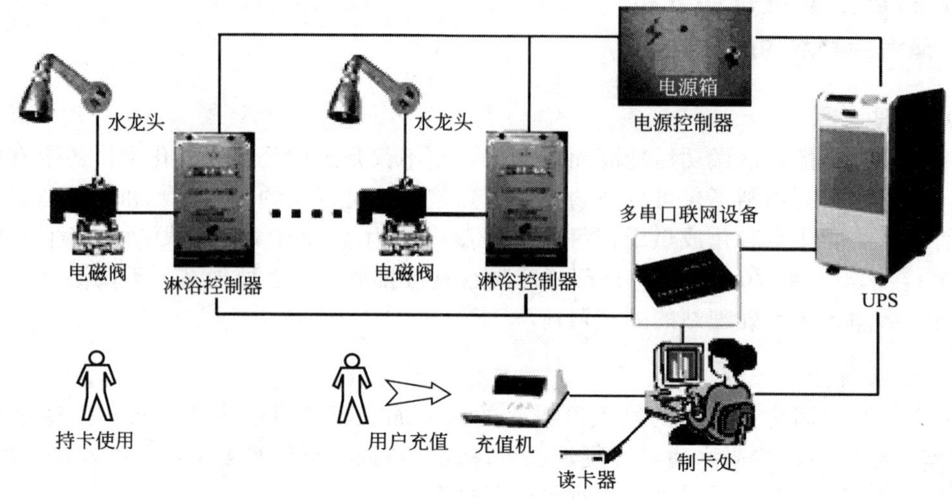

图 6　淋浴 IC 卡计量控制系统原理

（3）效益汇总

效益汇总见表 3。

表 3　（新建）淋浴使用 IC 卡计量控制系统效益汇总

名称	指　标
环境效益	可节约新鲜水 2.3 万吨/年，减少污水排放 2.3 万吨/年
经济效益	减少新鲜水用量 2.3 万吨/年，节省水资源成本 9.2 万元/年；节省加热用蒸汽量约 30t/a，节省蒸汽成本 0.53 万元/年，合计可节约 9.77 万元/年

3.5.3　组装车间设备更新

（1）项目背景

组装车间的完成的工序有铸焊和包片。原有的铸焊机均为手工操作，劳动强度大，受人工因素影响产品质量也不稳定，且在铸焊过程中会产生大量的铅烟，环境差。铅烟是含铅物质中对操作者危害最大的一种形态。各焊接工序产生铅烟的部位往往位于操作者的近前下方，高浓度的铅烟极易被操作者直接吸入。同时，铅烟可以在通风较差的车间空气中长时间留存。人工包片也存在人为因素大，劳动强度大，工效低的问题，同时也会产生大量的铅尘。铅尘则是含铅物质中对操作者构成危害的另一种形态，可以通过食道进入人体。产生方式主要是因震动使含铅粉尘逸散到空气中，当生产场所通风除尘设备运行不良时，地面或设备表面的集尘可形成二次扬尘。

目前，铸焊共有 2 条生产线，包片共有 3 条生产线。

（2）方案简介

拟将原先的铸焊机更换为全自动铸焊机，手工包片机逐步改为全自动包片机，减少人工，提高产品质量，减少铅烟排放量。

（3）效益汇总

组装车间设备更新效益汇总见表 4。

表 4　组装车间设备更新效益汇总

名称	指　　标
环境效益	可大大减少铅烟/铅尘的无组织排放，改善工作环境
经济效益	全年共可节约成本 856 万元/年。其中：铸焊机更换为自动铸焊机后，可节约原材料成本 222 万元/年，节约人工费用 504 万元/年，共可节约成本 726 万元/年。手工包片改为全自动包片机包片，可节约人工 132 万元/年，但多消耗电能，电费为 1.65 万元/年，则共可节约资金 130 万元/年

3.5.4　厂区采用电动洗地车

(1) 项目背景

铅酸蓄电池的生产过程中会产生大量的铅尘，未进入处理设施的铅尘将散落在车间地面上，当车间内有人走动时会引起扬尘。而铅尘被人体吸收后，对人体影响很大。为了避免铅尘的影响，车间内会经常对地面进行清洗。

原先清洗车间地面均是人工操作，耗用大量的人力、时间，且清洗时需耗用大量的水。且清洗过程中会引起扬尘，给环境带来一定的影响。

(2) 项目简介

针对此情况，企业拟采用电动洗地车洗地替代人工清洗地面，解放人力，同时节约一定的水资源。

(3) 效益汇总

厂区采用电动洗地车效益汇总见表 5。

表 5　厂区采用电动洗地车效益汇总

名称	指　　标
环境效益	湿法洗地，能有效减少扬尘
经济效益	可节约人力成本 21.6 万元/年，全年耗用的电费为 3.96 万元/年。每年易损件更新费用预计为 0.72 万元/年，则全年可节约费用 16.9 万元/年

3.5.5　化成车间充电机谐波治理

(1) 项目背景

化成车间老式充电机未采用抗谐波补偿柜。国家标准规定电压谐波畸变率需低于 5%，电流谐波畸变率需低于 25%。而企业实际谐波含量为电压谐波畸变率 27%，电流谐波畸变率 110%，已远远超出国家标准，造成线路及配电柜元器件经常烧损。经估算每年因谐波给企业造成 80 多万元的损失，同时带来了很多不安全因素（例如线路老化造成短路、电柜元器件经常烧损起火等）。

(2) 方案简介

将化成车间的老式充放电机进行更换，淘汰老式充电机，使用新式充电机，同时对化成老式充电机的无功补偿柜进行改造，加设滤波电抗器，以达到治理谐波的目的，改造后谐波含量将低于国家标准，线路损耗下降，电网运行将趋于稳定。

(3) 效益汇总

化成车间充电机谐波治理效益汇总见表 6。

表6 化成车间充电机谐波治理效益汇总

名称	指标
环境效益	全年的节电量为1200万千瓦时/年，折合减排 CO_2 120t/a
经济效益	年节约电费960万元/年

3.6 方案实施效果分析

本轮清洁生产审核共实施方案28项无低费方案，3项中高费方案。实现节水19.2万立方米，减少废水排放14.1万立方米；节电1200万千瓦时/年。单位产品取水量从审核前0.28m³/(kVA·h)降低至0.13m³/(kVA·h)；水重复利用率从52.4%提高至60.7%；化成车间电耗从21.6kW·h/(kVA·h)削减至12.4kW·h/(kVA·h)。通过开展清洁生产审核，企业各项指标均能达到《清洁生产标准 铅蓄电池工业》(HJ 447—2008) 三级标准。

参考文献

[1]《中华人民共和国清洁生产促进法》(中华人民共和国主席令 第七十二号).

[2]《清洁生产审核暂行办法》(国家环境保护总局令第16号).

[3]《重点企业清洁生产审核程序的规定》(环发［2005］151号).

[4]《清洁生产标准 铅蓄电池工业》(HJ 447—2008).

[5]《国家危险废物名录》(2008年).

[6] 国家环保总局编. 企业清洁生产审核手册. 中国环境科学出版社，1996.

[7] 国家环保总局科技标准司编. 清洁生产审核培训教材. 北京：中国环境科学出版社，2001.

[8]《高耗能落后机电设备（产品）淘汰目录（第一批）》(工节［2009］第67号).

[9]《部分行业淘汰落后工艺目录》(工产业［2010］第122号).

[10]《用能单位能源计量器具配备和管理通则》(GB 17167—2006).

[11]《用水单位水计量器具配备和管理通则》(GB 24789—2009).

荧光灯制造业清洁生产审核案例研究[❶]

孙晓峰，李键，薛鹏丽

（中国轻工业清洁生产中心，北京，100012）

摘要： 荧光灯制造业是我国主要耗汞行业之一，也是汞污染重点防控行业之一。本文通过分析荧光灯制造业生产工艺和产排污状况，并结合某荧光灯制造企业清洁生产审核案例，介绍荧光灯制造企业如何开展清洁生产审核、通过污染预防，削减汞污染物的产生和排放。

关键词： 荧光灯；清洁生产审核；案例

❶ 国家发展和改革委员会（NDRC）/联合国开发计划署（UNDP）/全球环境基金（GEF）“中国逐步淘汰白炽灯、加快推广节能灯（PILESLAMP）项目”第七分包“开展节能灯生产企业清洁生产审核”。

Case study of cleaner production auditing on fluorescent lamp manufacturing industry

Sun Xiaofeng, Li Jian, Xue Pengli
(China Cleaner Production Center of Light Industry, Beijing, 100012)

Abstract: Fluorescent lamp manufacturing is a major consumer of mercury in China and a key mercury pollution source. This paper analyzed the production processes and pollutants generation & emission condictions, setting XX fluorescent lamp company as a case study, to help other fluorescent lamp companies control and reduce mercury pollution by implementing cleaner production audits.

Key words: Fluorescent lamp; Cleaner production audit; Case study

1　荧光灯制造业现状

2009 年，我国照明电器行业销售额 2600 亿元，出口由于金融危机影响有所下降。据调查显示，2008 年全国规模以上照明器具制造企业数为 3240 家，工业总产值 1864 亿元，工业销售产值 1809 亿元，利税总额 153.9 亿元，利润总额 96.6 亿元。具体情况如表 1 所列。

针对全国 204 家生产企业的统计，2009 年荧光灯产品总产量 55.2 亿支，与上年基本持平。各种产品的生产情况如表 2 所列。

据统计，2009 年全国荧光灯行业规模以上企业的产品总产量近 35 亿支，各省的产量如图 1 所示。

表 1　照明电器企业汇总

企业类型	企业数量/家			
	电光源制造企业	照明灯具制造企业	灯用电器附件及其他照明器具制造企业	照明器具生产专用设备企业
大型企业	4	7	4	0
中型企业	100	154	57	0
小型企业	715	1655	544	100
合计	819	1816	605	100
工业生产总值	536	949	380	37

表 2　2009 年全国荧光灯产量统计

产品类型	产量/亿支	同比 2008 年增长/%
双端荧光灯	14.6	−11
其中：T5 荧光灯	7.0	−22.7
T8 荧光灯	4.4	1.5
环型荧光灯	1.8	27
紧凑型荧光灯(节能灯)	38.8	3.4
其中：自镇流荧光灯	36.5	12.9

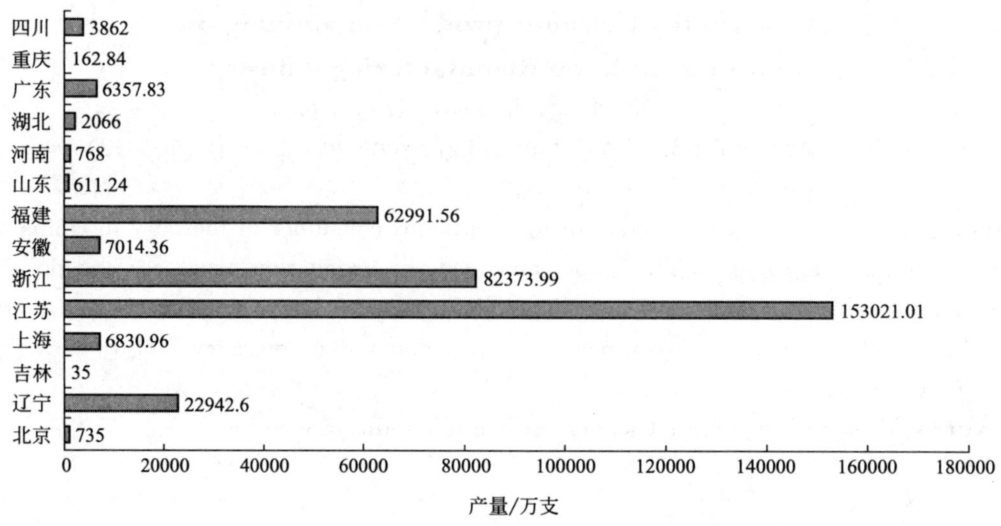

图 1　全国各省规模以上荧光灯企业产量统计

2　生产工艺与产排污状况

荧光灯生产工艺如图 2 所示。

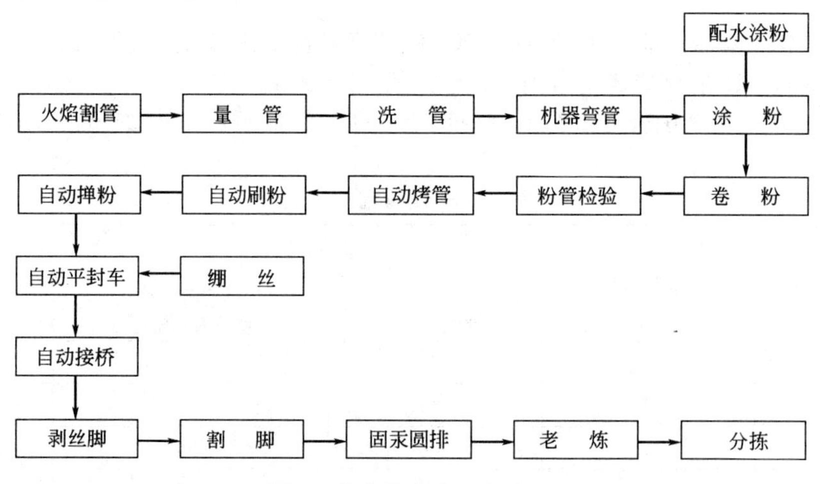

图 2　荧光灯生产工艺流程

主要污染物排放主要来源于以下环节。

(1) 大气污染物

汞污染主要来源于注汞、灯管排气等工序；焊接烟气主要来源于自动波峰焊和手工焊；粉尘主要来源于擦粉工序。

(2) 水污染物

含汞废水主要来源于生产车间含汞清洗废水、注汞岗位工作服洗涤等；荧光粉回收排放的废水；生活污水。

(3) 固体废物

主要包括含汞废灯管（属于危险废物），不含汞废灯管（一般固废）等。

3　案例分析

3.1　企业概况

某荧光灯制造企业通过连续几年的技改扩产，引进模组型自动贴片机、轴向引线元件自动排料插件机、圆排机等先进生产检测设备，建立了业内具有领先水平和规模的自动化生产线，现已具备年产节能灯 2.5 亿只、5 万套户外公共设施照明系统的能力。

3.2　预审核

3.2.1　产品、工艺与设备情况

生产工艺流程参见图 2。

主要生产设备包括：注汞机、圆排机、超声波清洗机、灯管老化台、割脚机、烘箱、扣丝机等。对照《高耗能落后机电设备（产品）淘汰目录（第一批）》（工节［2009］第 67 号）和《部分行业淘汰落后工艺目录》（工产业［2010］第 122 号），该企业无国家明令禁止的落后淘汰设备。

企业产品以螺旋型荧光灯为主。在铅、汞等有害物质的控制方面，完全达到 ROHS 等国内外各项指令要求，通过了北美 UL、CUL、CSA、FCC 认证，欧洲 CE、TUV、GS 认证，日本 PSE 认证等国际市场的各种技术、安全、环保和能效的认证，以及中国 CCC 认证、能效认证。产品符合《产业结构调整指导目录（2011 年本）》鼓励类：高效节能电光源（高、低压放电灯和固态照明产品）技术开发、产品生产及固汞生产工艺应用。

3.2.2　能源和水资源消耗情况

企业产品产量及电、水、液化气消耗情况如表 3 所列。

表 3　产品产量、电、水、液化气消耗情况

项目	单位	2010 年	项目	单位	2010 年
CFL 产量	万支	20709.42	单位产品耗电量	kW·h/万支	1128.29
耗电量	kW·h	23366353	单位产品取水量	m^3/万支	16.16
取水量	t	334621	单位产品耗气量	kg/万支	5.569
液化气	m^3	48931.51	单位产品综合能耗	kgce/万支	148.21

3.2.3　产排污现状分析

3.2.3.1　大气污染物排放及控制情况

废气主要来源生产车间注汞后的排气工序。含汞废气经集气罩收集后，通过管道送入含汞废气净化处理装置，废气处理后经排气筒（15m）排放。汞污染物排放监测值 0.00076mg/Nm^3，远低于排放标准 0.012mg/Nm^3。含汞废气处理流程如图 3 所示。

3.2.3.2　水污染物排放及控制情况

企业废水主要包括生产废水和生活污水。生产废水为清洗灯管废旧荧光粉液通过超声波清洗、三级沉淀回收荧光粉后的废水。

企业建有含汞污水处理设施（含汞废水处理工艺流程见图 4），生产废水与生活污水混合后进入市政管网。汞污染物排放监测值 0.00088mg/L，远低于排放标准 0.05mg/L。

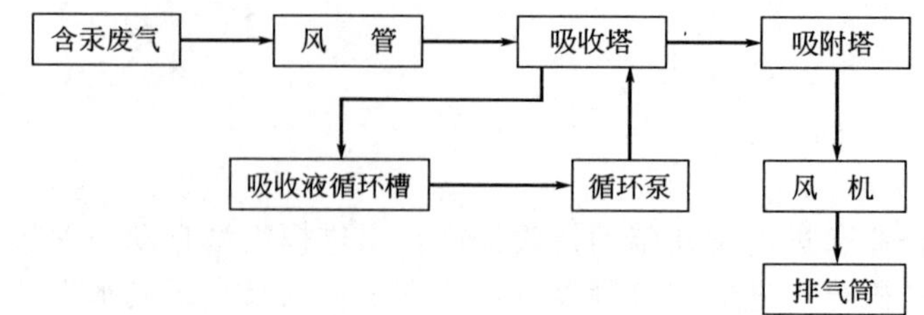

图 3　含汞废气处理流程

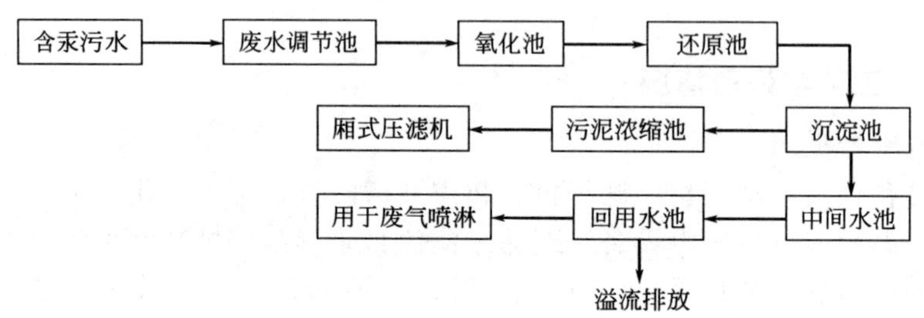

图 4　含汞废水处理工艺流程

3.2.3.3　固体废物产生及控制情况

企业设置含汞废玻管的集中堆放场所，堆放场地进行固化处理；废玻璃经安全处理后由玻璃厂家回收利用；含汞废水处理产生的含汞污泥和含汞废活性炭，定期放入专用桶内，暂存放于专用“危废仓库”，定期委托危废处理机构处理。固废处理流程如图 5 所示。

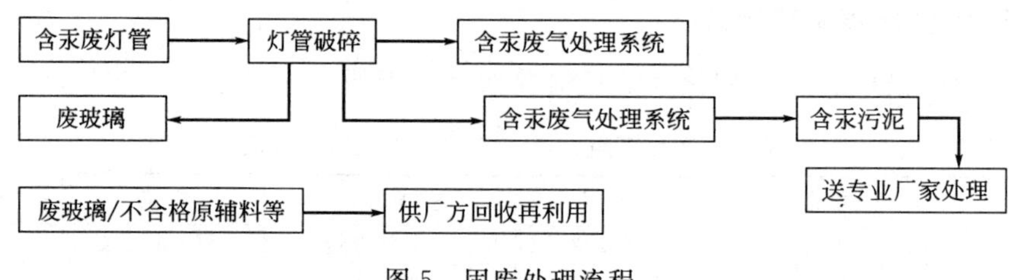

图 5　固废处理流程

3.2.4　职业卫生状况分析

企业定期委托专业机构对车间空气进行检测；同时购置 Hg（水银）蒸气测定仪开展车间空气日常监测工作（见表 4）。监测结果表明，车间空气符合《工作场所有害因素职业接触限值第 1 部分：化学有害因素》（GBZ 2.1—2007）相关规定。

表 4　车间有害物质监测浓度　　单位：mg/m^3

检测地点	检测项目	结果		标准值	
		TWA	STEL	PC-TWA	PC-STEL
手工长排车间手工长排	汞	0.003	0.003	0.02	0.04
圆排车间 2 号圆排	汞	0.004	0.004	0.02	0.04
灌汞车间手工灌汞	汞	0.003	0.004	0.02	0.04
电子部调胶	苯	＜3.33	＜3.33	6	10
	甲苯	＜3.33	＜3.33	50	100
	二甲苯	＜3.33	＜3.33	50	100

3.2.5 设置清洁生产目标

依据清洁生产标准，结合企业实际情况，设置清洁生产审核目标如表 5 所列。

表 5 清洁生产目标

指	标	单位	现状	近期目标	远期目标
资源能源消耗指标	耗电量	kW·h/万支	1128.29	1100	1050
	液化气消耗量	kg/万支	5.569	5.4	5.1
	综合能耗	kgce/万支	148.21	143	137
	取水量	m^3/万支	16.16	14.5	13.0
	汞消耗量	mg/支	1.5	1.45	1.4
环境管理指标	清洁生产审核		定期开展清洁生产审核		
	环境管理		按照 ISO14001 标准要求改进环境管理体系		

3.3 审核

3.3.1 荧光粉平衡测试与分析

如图 6 所示，荧光粉物料平衡图表明荧光粉的利用率为 93.79%，损失的主要为废灯管中的荧光粉。机器上刮粉、涂粉不良粉管回洗粉和擦粉时产生的损失一般均得到回收利用。

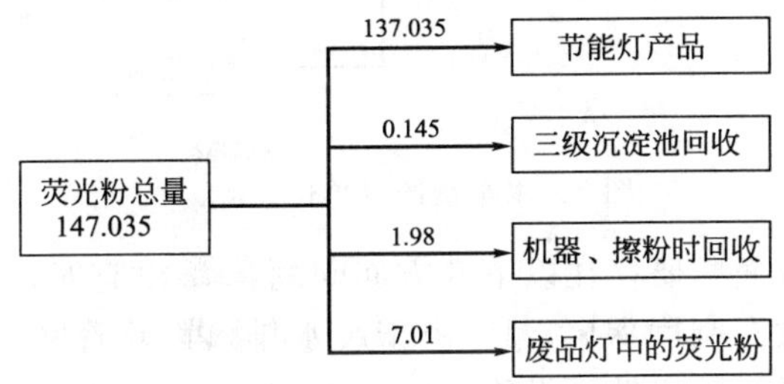

图 6 荧光粉消耗平衡（单位：kg/d）

3.3.2 汞平衡测试与分析

对于涉重金属行业，进行汞平衡测试分析尤为重要。如图 7 所示，生产过程中使用的汞有 92.00%进入了合格产品当中，在排气工序中有 0.64%的无序排放，此外，灌汞、烧尖、排气、下脚、烘汞、老化、检验和包装过程中还会有一些报废灯管，这些报废灯管中所含的

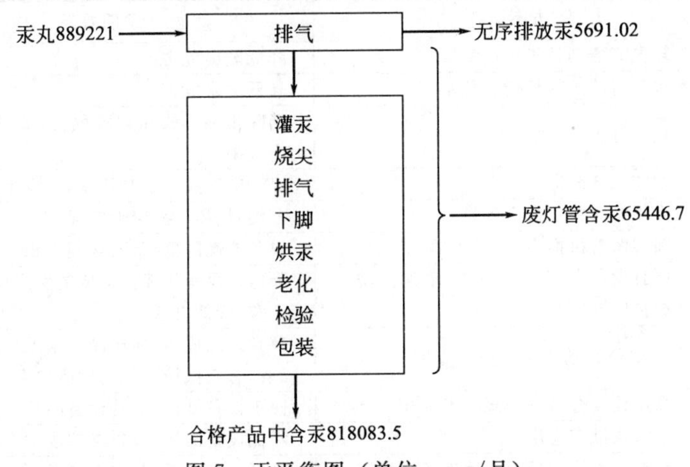

图 7 汞平衡图（单位：mg/月）

汞量占总使用汞量的 7.36%。

3.3.3 水平衡测试与分析

如图 8 所示，荧光灯制造企业生活用水占总用水量 60%左右，主要用水环节包括食堂、卫生间、宿舍和绿化等；生产用水环节包括纯水制备、灯管清洗和设备清洗等。

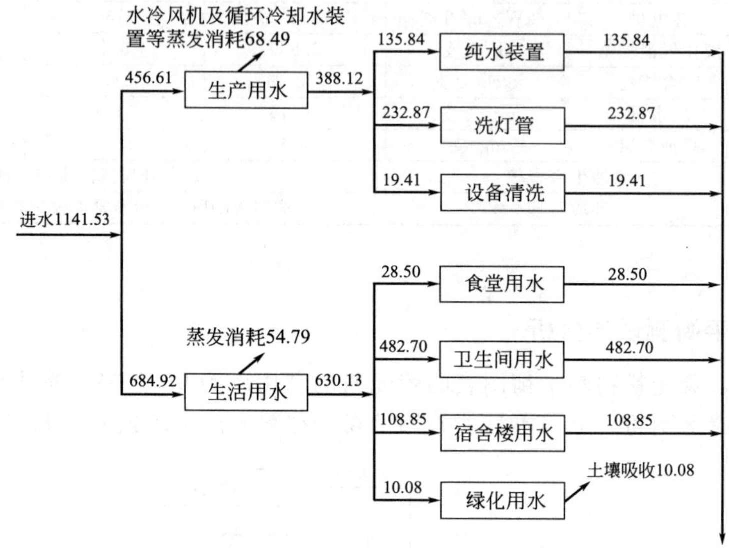

图 8　水平衡图（单位：m^3/d）

企业在水资源管理方面主要存在以下几方面问题：a. 没有对水资源消耗规定考核指标，企业和员工的节水动力没有制度保障；b. 由于废水排入市政管网，企业主要以生活污水为主，可达标排放，尚未建设污水处理设施。

3.4 方案产生和筛选

根据预审核阶段的基础数据分析和审核阶段的平衡分析的分析结果，充分调动广大员工的参与，最终确定了 30 余项清洁生产方案，部分方案如表 6 所列。

表 6　清洁生产方案汇总表

项目	序号	方案名称	预期效果	方案类别
一、原辅材料和能源替代	1	环保清洁剂替代环己酮	降低健康危害	无低费
	2	包装清洁酒精替代香蕉水	降低健康危害	无低费
二、技术工艺改造	3	免焊灯头工艺	消除铅烟排放和健康危害，节省成本，提高生产效率	中高费
	4	粘胶工艺改进	提升效率及设备利用率，减少粘胶不良	中高费
三、设备维护和更新	5	无积粉涂粉机推广项目	节约材料损耗，降低能耗	中高费
	6	圆型烤管机推广	设备能耗降低，节省场地面积	中高费
	7	所有设备做到定期检查、定期清洗、定期维护修理	降低因设备故障而造成的生产损失，确保生产正常，降低电耗	无低费
	8	12 工位自动注汞机推广应用	节省人工成本，使产品多汞无汞比率会减少 0.5%，有效保护员工的健康安全	中高费
	9	高压强复合型分子泵技术应用	便于设备维护，节约设备能耗	中高费
	10	十室泵推广应用	降低设备能耗，节省维护成本	中高费
	11	涂粉＋烤管＋后道整体连线改造	降低设备能耗，节省人工，提高产品合格率	中高费

续表

项目	序号	方案名称	预期效果	方案类别
四、过程优化控制	12	缩短老化时间	节省电耗，提高生产效率	无低费
	13	减少设备空转现象	提高设备使用效率，降低能耗	无低费
	14	完善主要车间、工序水、电计量仪表	加强水、电管理	无低费
五、产品	15	采用无铅玻璃代替有铅玻璃	降低铅污染，保护员工健康	中高费
六、废物回收利用和循环使用	16	圆排机冷却水循环利用	减少水耗，降低能耗	无低费
	17	废水循环再利用	降低水耗	无低费
	18	擦管机吸粉装置	加装吸粉装置，减少粉尘污染	无低费
	19	荧光粉回洗	提高荧光粉循环利用，降低浪费	无低费
七、员工与管理	20	加强培训，提高员工操作水平	减少灯管破损，降低物耗	无低费
	21	照明、空调使用节电管理	节约能耗	无低费
	22	硫磺皂洗手	降低员工汞污染的风险	无低费

3.5 中高费方案可行性分析

3.5.1 无积粉涂粉技术

3.5.1.1 技术可行性

传统螺旋管上粉方式为垂直喷涂方式，荧光粉注满灯管后自然流出，使得灯管底部有较厚积粉，积粉会对灯管产生不良影响：a. 多余积粉给灯管造成了粉耗成本增加至少10%以上；b. 灯管在涂粉和烤管时积粉不易烤干需要加大设备加热能耗；c. 积粉阻碍荧光粉的光转换效果，影响产品的光参数性能指标。

目前，市场上的无积粉涂粉设备在2007年、2008年开始技术试验，部分设备公司已经制造出技术相对成熟的无积粉涂粉设备。本技术方案先对双螺旋明管的一个端口定量注入粉浆，然后边旋转明管边对该端口吹（热）气，使该端口内的定量粉浆在重力和气体压力的共同作用下，沿着明管内壁向尚没有粉浆涂覆的部分移动，直至明管内需要有荧光粉的地方都被均匀涂覆，并且定量的粉浆基本用完。在干燥粉浆和烤管步骤，需要对粉管的一个端口吹（热）气和旋转粉管。

无积粉工艺的优点：a. 粉耗比常规工艺节约10%；b. 光通量指标有所上升；c. 成品率大于93%。

3.5.1.2 环境可行性

按满负荷生产计算，环境效益如表7所列。

表7 环境效益分析

序号	分析内容	原模式或设备	新设备	增益	环境效益
1	荧光粉损耗	产生多余积粉，用粉量0.6g/支	无积粉，用粉量0.53g/支	粉耗降低约12%（0.07g/支）	节约3.08t荧光粉
2	设备能耗	能耗35kW·h	能耗20kW·h	能耗降低42.85%（15kW·h）	节电72.6万千瓦时

3.5.1.3 经济可行性

本方案总投资154万元。方案实施后可节省荧光粉246.4万元，节电56.628万元。每年可产生经济效益合计303.028万元。经济效益分析如表8所列。

表 8 经济可行性分析

序号	项目	计算式	金额/万元
1	总投资费用 I		154
2	年运行费用总节省 P		303.028
3	折旧期 N		10 年
4	年折旧费 D	$D=I/N$	15.4
5	应税利润 T	$T=P-D$	287.63
6	净利润 E	$E=T(1-20\%)$	230.10
7	年增现金流量 F	$F=E+D$	245.50
8	投资偿还期 N	$N=\frac{I}{F}$	0.63
9	净现值(NPV)	$NPV=\sum_{j=1}^{n}\frac{F}{(1+i)^j}-I$	1582.33
10	内部收益率(IRR)	$\sum_{j=1}^{n}\frac{F}{(1+IRR)^j}-I=0$	159.41%

3.5.2 12 工位自动注汞机

3.5.2.1 技术可行性

随着固汞产品的品质和环保要求的越来越严格，原手工注汞存在许多弊病，主要存在以下几方面问题：a. 人工成本增加；b. 汞暴露在大气中造成污染，汞本身也受到氧化污染；c. 因员工操作失误造成的多汞、无汞难以控制，影响产品品质。

目前市场上小型 12 工位的自动注汞机设计成熟，设备精度高，能耗低，技术成熟。

3.5.2.2 环境可行性

本方案采用自动注汞机替代手工注汞，增加了能源消耗，但可以降低汞污染发生的机率，保护人体健康。

3.5.2.3 经济可行性

电费按 0.78 元/(kW·h)，工资按 2000 元/月，经济效益如表 9 所列。

表 9 环境效益分析

序号	分析内容	原模式或设备	新设备	增益	经济效益
1	设备能耗	人工模式	能耗 0.5kW/h	能耗增加 0.5kW/h	−1.89 万元
2	人工成本	2 人	无需人工	工资支出降低	35.2 万元
3	多汞无汞比率	1.0%	0.5%	效益增加 0.5%	47.3 万元

本项目总投资 33.4 万元，经济效益合计 80.61 万元。经济效益分析如表 10 所列。

表 10 经济可行性分析

序号	项目	计算式	金额/万元
1	总投资费用 I		33.4
2	年运行费用总节省 P		80.61
3	折旧期 N		10 年
4	年折旧费 D	$D=I/N$	3.34
5	应税利润 T	$T=P-D$	77.27
6	净利润 E	$E=T(1-20\%)$	61.82
7	年增现金流量 F	$F=E+D$	65.16

续表

序号	项目	计算式	金额/万元
8	投资偿还期 N	$N=\frac{I}{F}$	0.51
9	净现值(NPV)	$NPV=\sum_{j=1}^{n}\frac{F}{(1+i)^j}-I$	427.42
10	内部收益率(IRR)	$\sum_{j=1}^{n}\frac{F}{(1+IRR)^j}-I=0$	195.07%

3.5.3 高压强复合型分子泵技术

3.5.3.1 技术可行性

目前，企业采用圆排车自动线，生产效率高，产品质量一致性好。但是，圆排车一般配置均为直联式真空泵和罗茨真空泵作为机组，主要有以下几方面问题：a. 耗电量大；b. 噪声大；c. 占用面积大。已有企业将高压强分子泵替代罗茨泵，节能效果明显。

本方案采用整体转子加工工艺，大幅度提高了转子的整体强度，同时大大减少了动片各层级间的气体返流，可以更快地获得更好的真空性能；转子中央巧妙的腔式设计大大减小了异物的掉进对泵造成破坏的概率；上述特点使得该分子泵可以在较大的气流冲击或异物（碎玻璃）掉入等恶劣环境下工作；同时，它拥有一般分子泵的噪声低，能耗低，占地小，维护费用低，真空度高，抽速大，无油污染等优点。

3.5.3.2 环境可行性

现有设备功率15.6kW，新设备功率5.16kW，年节电55.12万千瓦时。

3.5.3.3 经济可行性

本方案总投资72万元。每年节电42.99万元，增加维护成本1.77万元，年经济效益41.22万元。经济效益分析如表11所列。

表11 经济可行性分析

序号	项目	计算式	金额/万元
1	总投资费用 I		72
2	年运行费用总节省 P		41.22
3	折旧期 N		10年
4	年折旧费 D	$D=I/N$	7.20
5	应税利润 T	$T=P-D$	34.02
6	净利润 E	$E=T(1-20\%)$	27.22
7	年增现金流量 F	$F=E+D$	34.42
8	投资偿还期 N	$N=\frac{I}{F}$	2.09
9	净现值(NPV)	$NPV=\sum_{j=1}^{n}\frac{F}{(1+i)^j}-I$	171.41
10	内部收益率(IRR)	$\sum_{j=1}^{n}\frac{F}{(1+IRR)^j}-I=0$	46.77%

3.6 方案实施效果分析

本轮清洁生产审核过程中，企业贯彻边审核边实施的方针，共实施了24项清洁生产审核无低费方案。本轮审核无低费方案共投资5.5万元，通过效益可以量化的清洁生产无低费方案的实施，可以实现节电 11 万千瓦时/年，节水 1500t/a，回收荧光粉 5t/a。

参考文献

[1]《中华人民共和国清洁生产促进法》(中华人民共和国主席令 第七十二号).

[2]《清洁生产审核暂行办法》(国家环境保护总局令第 16 号).

[3]《重点企业清洁生产审核程序的规定》(环发 [2005] 151 号).

[4] 国家环保总局编. 企业清洁生产审核手册. 北京：中国环境科学出版社，1996.

[5] 国家环保总局科技标准司编. 清洁生产审核培训教材，北京：中国环境科学出版社，2001.

[6]《高耗能落后机电设备（产品）淘汰目录（第一批）》(工节 [2009] 第 67 号).

[7]《部分行业淘汰落后工艺目录》(工产业 [2010] 第 122 号).

[8]《工作场所有害因素职业接触限值第 1 部分：化学有害因素》(GBZ2.1—2007).

纺织行业清洁生产审核案例研究

简玉平，宋云，吕竹明，李晓鹏

（中国轻工业清洁生产中心，北京，100012）

摘要： 我国是世界上纺织产品的生产、消费和贸易大国。本文主要介绍我国纺织行业基本情况以及主要生产工艺和产排污状况，并结合具体的纺织企业清洁生产审核案例，分析如何在纺织行业开展清洁生产审核，并提出切实可行的清洁生产方案。

关键词： 纺织行业；清洁生产审核；清洁生产方案

Case Study of Cleaner Production Auditing on Textile Industry

Jian Yuping, Song Yun, Lv Zhuming, Li Xiaopeng

(China Cleaner Production Center of Light Industry, Beijing, 100012)

Abstract: Textile products are mainly produced consumed and traded in China. This paper mainly introduces the basic situation, production process and pollutants generation & emission condition of textile industry. According to a textile company, this paper analyses how to develop cleaner production audits in textile industry, and puts forward practical clean production project.

Key words: textile Industry; cleaner production audit; cleaner production project.

1 前言

在中国，纺织服装业不仅是传统优势产业，并自改革开放以来，通过承接全球纺织服装业的国际转移，中国已成为世界上最大的纺织品生产国和贸易国。近年来，随着原材料价格上涨、人民币升值、绿色贸易壁垒频发等问题的凸显，使得我国纺织行业不得不重新思考未来行业发展新模式。产业结构调整优化、研制更绿色的产品将成为未来行业可持续发展的必然选择。

而清洁生产本质就是实行污染预防和全过程控制，最大限度地将实现经济效益、社会效益和环境效益的统一。它是在人们反省末端治理的污染控制方式代价昂贵、效果不佳的背景下产生的。其所倡导的“污染预防、废物最小化、源控制、低废、无废工艺技术”等，能够最大限度地符合工业生产实现可持续发展的战略需要，取得环境效益和经济效益的“双赢”。因此推进清洁生产是纺织工业可持续发展的内在需求。

2　纺织行业主要环境问题

纺织行业的主要污染来自其生产过程中产生的废水、废气及噪声。

2.1　废水

废水是纺织行业最主要的环境问题。纺织部门是一个用水量和排水量较大的工业部门之一。纺织废水主要包括印染废水、化纤生产废水、洗毛废水、麻脱胶废水和化纤浆粕废水五种。印染废水是纺织工业的主要污染源。据不完全统计，国内印染企业每天排放废水量约300万～400万吨，印染厂每加工100 m织物，将产生废水量3～5 t。排放的废水中含有纤维原料本身的夹带物，以及加工过程中所用的浆料、油迹、燃料和化学助剂等。其废水具有COD变化大，pH值高，色度大，水温变化大等特点。

另外，传统的印染加工过程会产生大量的有毒污水，加工后废水中一些有毒染料或加工助剂附着在织物上，对人体健康有直接影响。如偶氮染料、甲醛、荧光增白剂和柔软剂具致敏性；聚乙烯醇和聚丙烯类浆料不易生物降解；含氯漂白剂污染严重；一些芳香胺染料具有致癌性；染料中具有害重金属；含甲醛的各类整理剂和印染助剂对人体具有毒害作用等。这样的废水如果不经处理或经处理后未达到规定排放标准就直接排放，不仅直接危害人们的身体健康，而且严重破坏水体、土壤及生态系统。

2.2　废气

纺织行业的废气主要来自两个方面：一方面是燃料燃烧所产生的废气、二氧化硫和烟尘；另一方面的排放源来自纺织生产过程。纺织工业生产工艺排放的废气主要来自于化学纤维，尤其是粘胶纤维的生产过程。化纤生产过程中使用了大量的二硫化碳和硫化氢为合成原料，由于工艺原因和过程控制的不彻底，直接导致了一部分废气的排放。

面对国际国内竞争形势，我国纺织印染和服装企业必须提高认识，把环境保护纳入企业的决策要素之中，从纺织新产品的开发、设计，原材料的选用、生产过程，到最终产品的包装、使用和服务等各个环节，都要考虑并符合环境保护法规和标准的要求，重视产品的全过程控制，以高质量的环保产品参与国际市场竞争。在企业中应积极推行清洁生产，开展产品生命周期分析，大力发展循环经济，加大对污染物质的回收和综合利用，减少资源的浪费。这些，对企业研究和开发安全无害的绿色生产技术，生产出绿色安全的产品都具有极其重要的意义。

3　纺织企业清洁生产案例

3.1　企业基本情况

某苎麻纺织企业有长麻纺和短麻纺。

3.2 预审核概况

预审核是清洁生产审核的初始阶段，是发现问题和解决问题的起点。主要任务是从清洁生产审核的八个方面入手，调查生产过程中最明显的废物和废物流失点；物耗、能耗最多的环节和数量；原料的输入和产出；物料管理现状；生产量、成品率、损失率；管线、仪表、设备的维护和清洗等，从而发现清洁生产的潜力和机会，确定本轮清洁生产审核的重点。在结合本企业生产过程的实际情况的基础上，通过摸清污染现状和主要产、排污环节，并经过比较和分析，确定审核重点和设置预防污染的目标。

在结合企业纺纱、织布过程的实际情况的基础上，通过摸清污染现状和主要产排污环节，并经过比较和分析，确定审核重点和设置清洁生产的目标，提出并实施污染物削减的无低费方案。

(1) 现状调研

审核小组依据清洁生产审核程序，在全厂范围内广泛收集审核所需要的资料，主要包括：组织管理架构；生产经营状况；生产工艺流程；生产设备流程；供水状况；供热蒸汽管网情况；供用电线路情况；电力、水、天然气、原材料等的消耗情况；管理制度、操作规程、岗位责任等。

(2) 现场考察

在原始资料收集的基础上，清洁生产专家在企业相关负责人的带领下对企业的脱胶车间、纺纱车间、织布车间、动力、材料库房、污水处理设施及消防设施等进行了现场考察。认真核对系统图，并核查企业主要电耗、水耗等指标，查找电耗、水耗大的环节、检查设备运行及维修状况，进一步明确企业的组织机构、运行情况。

纺织工艺由多个分工序组成，该企业的生产线主要包括快速脱胶工艺技术生产线和梳纺工艺生产线，图 1～图 3 分别为脱胶工艺流程、梳纺工艺流程和织造工艺流程。

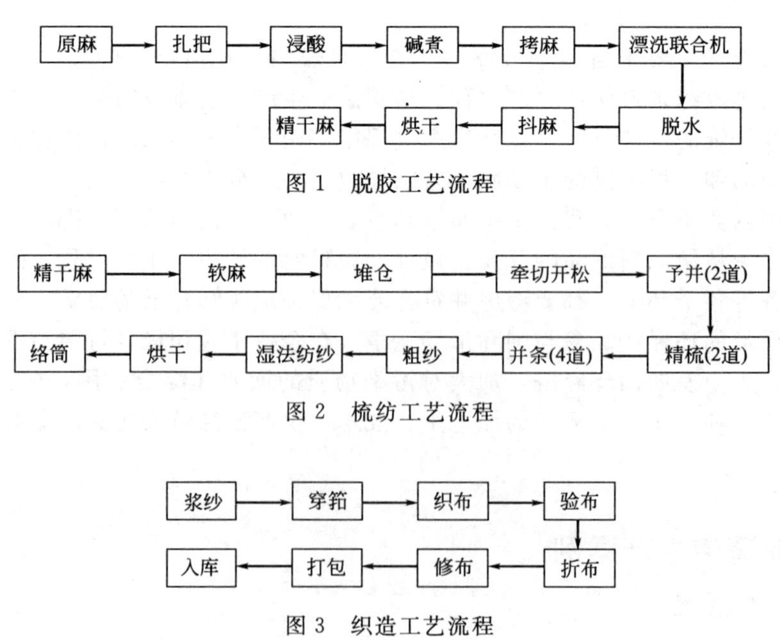

图 1 脱胶工艺流程

图 2 梳纺工艺流程

图 3 织造工艺流程

(3) 确定审核重点

根据企业总体规划，按照污染物产生量及排放量的多少、环境代价的大小及清洁生产潜力大小，部门关心配合的程度等多方面综合考虑，审核工作组采用权重总和法，确定本次清洁生产审核的重点。

根据现状调查和现场考察情况的分析，确定企业主要生产过程中的三个部门，包括：苎麻脱胶、梳理、织布三个车间为本次审核的备选审核重点，通过权重总和法的分析，将苎麻脱胶车间确定为本轮清洁生产审核重点。

(4) 设置清洁生产目标

设置清洁生产目标是通过设置定量化指标，使清洁生产真正得以落实，达到节能、降耗、减污、增效的目的。

在审核过程中，工作小组对企业近 3 年的生产以及消耗状况进行了分析，根据近 3 年原辅料消耗、能源消耗、水耗和污染物排放情况的分析，结合该企业近远期生产目标和经营状况，清洁生产审核小组与企业领导共同制定清洁生产目标。见表 1。

表 1　清洁生产审核目标一览表

项　目	指标名称	指标单位	现状值	近期目标	中远期目标
一、单位产品的原辅材料/能源消耗类指标	吨精干麻用原麻	t/t	1.7	1.62	1.54
	吨精干麻用蒸汽	t/t	12.0	10.0	7.5
	吨精干麻用水	t/t	630	480	300
	吨精干麻用电	kW·h/t	460	420	350
二、单位产品的污染物产生负荷（末端处理前）类指标	废水量	m^3/t	762	520	340
	COD_{Cr}	mg/L	5020	4300	4000
	SO_2	t/a	180	150	100

注：污水量指需要处理的高/低浓度废水。

3.3　审核过程及审核结果分析

审核是开展清洁生产审核工作的第三阶段，目的是通过实测和理论衡算，建立物料平衡、水平衡、纤维平衡，在此基础上，对审核重点的原辅材料、生产过程以及废物的产生等多方面因素进行审核，分析物料和纤维流失的环节，找出污染物产生的原因。

3.3.1　审核重点概况

苎麻脱胶的主要原料为原麻。生产过程包括分级扎把、装笼、浸酸及水洗、煮炼及水洗、拷麻、氯漂、酸洗、水洗、轧干、给油、脱水、烘干等工序，产生的精干麻可作为产品直接销售，或进入梳理车间。该工序输入输出示意见图 4。

3.3.2　平衡测算

此次审核重点的物料平衡从三个方面进行考虑：一是总物料的平衡，该平衡测算的主要目的是分析苎麻脱胶过程中总的物料消耗和流失情况，包括化学品的消耗和流失情况，因为化学品的消耗不仅关系着企业的成本，而且其流失对水体、对环境也会造成一定的影响；二是纤维平衡，苎麻纺织的特点就是纤维是生产的最主要原料和产品的最主要成分，纤维的利用率或流失率对企业的效益和成本起着至关重要的作用，所以要进行纤维平衡的测算；三是水平衡，主要目的是分析和测算生产系统的水平衡，查找出水的流失及使用不合理环节。

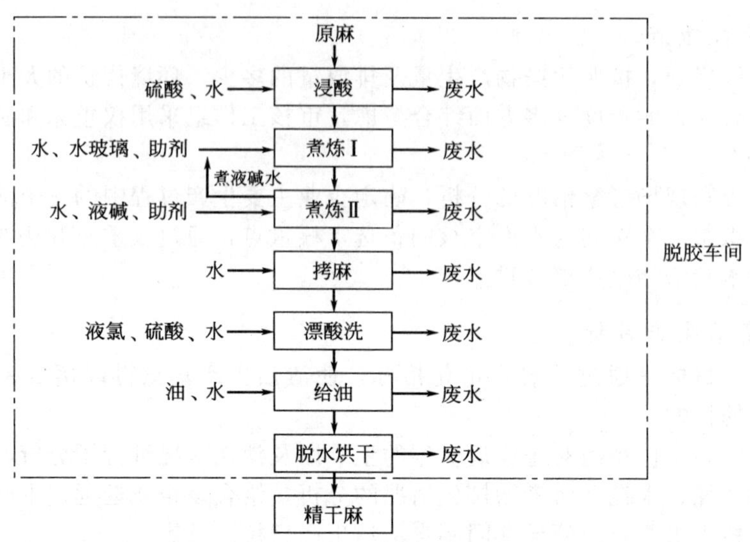

图4 苎麻脱胶工艺流程

通过平衡测试，对苎麻脱胶车间的物流，包括原料、辅料、水、蒸汽等各类物质的量进行测定，为进行物料平衡测算提供了充足的数据基础，并在实测的基础上建立了物料平衡、纤维平衡及水平衡。

通过建立物料平衡和水平衡，准确地判断出审核重点中物料利用率、流失率、流失的部位和环节、流失物料的排放走向，定量地描述废物的数量和成分，从而找出以往无组织排放和未被注意的物料流失，为分析查找原因和提出清洁生产方案提供了科学依据。

3.3.3 实测结果分析

(1) 物料及水平衡

通过物料平衡和水平衡发现，每生产1t精干麻需要消耗原麻1.667t，需要消耗水700t。拷麻、漂白、酸洗、水洗工序消耗的水量最大，占总用水量的88.39%，其次是浸酸、煮炼工序用水，占总用水量的11.61%。

(2) 能源消耗

蒸汽主要消耗在浸酸、煮炼工序，占总消耗量的65.08%，其余是烘干工序，占总消耗的34.92%。

(3) 废水产生

拷麻、漂白、酸洗、水洗工序产生的废水量量大，占总废水量的89.14%，其次是浸酸、煮炼工序产生的废水量，占总废水量的10.66%。废水中的COD主要来源于：a. 精干麻制成率只有60%，其余40%的胶质和杂质及少量纤维到了废水中；b. 吨精干麻耗液碱0.945t，硫酸135kg，助剂47.6kg，液氯30kg，这些化学物质的使用增加废水的污染负荷。

3.4 无低费方案及实施效果

清洁生产方案的数量、质量和可实施性，直接关系到企业清洁生产审核的成效，是审核过程的一个关键因素。因此，审核专家对审核小组成员进行了专门的培训，并发动我厂广大员工积极参与清洁生产方案的产生，通过现场的调查，与车间技术人员、操作工人座谈，鼓励员工提出清洁生产建议和方案。经发动、动员，并经审核专家的指导，审核小组共收集到清洁生产方案 22 项，其中，无低费方案 19 项，中高费方案 3 项。部分清洁生产无低费方案见表 2，中高费方案见表 3。

表 2　部分清洁生产无低费方案

序号	方案名称	方案简述
1	工艺流程长	采取泡麻、一道常压煮练后拷麻的生产工艺进行苎麻脱胶，改变了化学脱胶强酸强碱、高温高压、二煮一拷的生产工艺，减少料煮练次数缩短工艺流程和煮练时间，提高了生产效率和脱胶制成率节约用水
2	油没有充分渗透	给油后堆置 24h 再脱水，油充分渗透，含油率均匀
3	原煤的含硫量高，采购含硫量低于 1%的原煤	湖南的原煤含硫量均在 2%～5%，要到外省 去采购含硫量为 1%以下的原煤，以提高原煤的质量
4	原麻质量差，原麻刮制不好	采购刮制干净、杂质少、支数高的原麻，减少脱胶化工用量
5	脱胶车间蒸汽消耗量大，总耗汽占企业总产汽的 80%以上	企业煮炼压力一般为 0.25MPa，排废时将废液集中排入回收桶，可连续产生 130℃左右的废蒸汽。利用管道将废蒸汽输送至余热回收装置，在该装置内废蒸汽与冷水接触发生热交换，冷水变成热水。热水集中到水箱，再流入煮锅供生产用
6	水洗次数多，用水量大	煮炼后水洗 2 次改为 1 次
7	用汽量大	常压煮炼一次
8	疏水器排出的水温高	采购节能型疏水器
9	农民在家里分散打麻，质量不好控制且打麻成本高	建立集约化机械打麻厂 在种麻集中地进行打麻
10	拷麻机用水量大，全过程都是流动水洗麻	拷麻机可采用节水开关，控制拷麻最大用水量
11	谷壳燃烧时会产生灰尘，对环境有一定的影响	通过谷壳引风机从旋风落料斗分离出来的风量送入立式除尘器中，除尘器主要是采用大喷嘴、低压力、低流量、高雾化的 DF-I 喷嘴逆流喷淋
12	为了保证锅炉的正常运行	加强司炉工操作运作管理，防止谷壳燃烧运送堵塞不畅，合理调整锅炉风机设备，确保谷壳充分燃烧，消除烟尘浓波动
13	为了保证生产设备的正常运行	建立正常维修制度，及时更换磨损部件，修补锈蚀破损构件和部位，保证生产正常运行
14	为了保证废水处理设施的正常运行	加强日常运行管理，调整好各处理系统参数，提高各系统对污染物的去除率
15	操作不注意，易将产品落地	操作人员在工作中加强操作细节，避免产品落地，保证产品出厂质量

表 3　中高费方案

序号	方　案　名　称	方　案　简　述
1	短流程工艺设备改造方案	对原有工艺进行了短流程工艺设备改造，用牵切纺替代老梳纺工艺，减少了 9 个生产工序，缩短了工艺流程
2	蒸汽余热回收利用	通过蒸汽余热回收装置对蒸汽余热进行回收
3	低浓废水回收利用项目	对苎麻在机械物理处理、氧化处理过程中产生的轻度废水进行利用

通过权重总和计分排序后，3 项中高费方案的排序依次为短流程工艺设备改造项目、低浓废水回收利用项目和蒸汽余热回收利用。

3.5　中高费方案及可行性分析

本阶段的主要任务是对筛选出来的备选方案进行综合分析，包括技术可行分析、环境可行分析和经济可行分析。本文对三个权重较大的方案进行可行性分析。

3.5.1 方案简介

(1) 短流程工艺设备改造项目

目前梳纺工艺采用绢毛纺工艺，工艺流程长，生产效率低。本方案采用牵切针梳替代开松、梳麻、皮圈牵伸、针梳四道工序，较好地解决了目前梳纺工艺麻粒多、超长纤维多、制成率低的技术难题；同时方案中采用了剑杆织机替代有梭织机，提高产品质量，解决了有梭织机噪声污染问题；在梳、并工序采用蜂窝除尘机组进行除尘处理，有效地降低粉尘浓度。

(2) 蒸汽余热回收利用

脱胶车间蒸汽消耗大，总耗汽占总产汽80%以上。其中，煮炼压力一般为0.25MPa，排废时将废液集中排入回收桶，可连续产生130℃左右的废蒸汽。脱胶车间共有烘干机5台，同时使用产生的冷凝水相当大。

(3) 低浓废水回收利用项目

苎麻原麻在脱胶处理过程中产生的废水分为两类：一类是苎麻在浸酸、煮炼过程中产生的废水，这类废水含有较多化学成分，这类废水称为中高浓度废水，只能通过污水深度处理；另一类是苎麻在机械物理处理、氧化处理过程中产生的废水，这类废水化学成分较少，只是悬浮物较多，称为低浓废水，这类废水经过处理，可予以回用。

3.5.2 可行性分析

(1) 技术可行性分析

① 短流程工艺设备改造项目　节能环保快速脱胶生产精干麻纤维质量高、纤维平直，为牵切纺创造了条件，用牵切机代替原有的扯麻、开松、梳麻、预并等工序。牵切纺一直保持了纤维的平直，提高了纤维的整齐度、平行伸直度，提高梳理制成率2%，麻条中的超长纤维减少，纺纱性能得到了提高，麻条优化率由80%提高到95%，且节能省工。此外，试制出的“复式开纤机”、“牵切机”、“牵伸针梳机”机械设计合理，运转正常，故障率降低，基本克服了罗拉绕麻、卡麻、堵麻等现象，因此可以组织大批量生产。

② 蒸汽余热回收利用　方案设计5套余热回收装置，供20台煮锅分别使用。使用后冷水温度可升至300℃，自来水温以常温20℃计，热水温度可达50℃。并将余热回收装置安装在煮锅室外的8.1m平台上，蒸汽和自来水都无需加压，热水集中到水箱可自流进入煮锅，故整套装置运行能耗几乎为零。

③ 低浓废水回收利用项目　废水经过前期处理，净化池和调节池，沉淀物沉于池底，人工定期消除，而后废水进入高效浅层气浮处理。低浓废水中含有悬浮物减少了90%，沉淀物减少了95%，一部分洁净水可用于生产。

(2) 经济可行性分析

① 短流程工艺设备改造项目　本项目实施可节约人工费用，提高梳纺制成度2%，减少的工序年节电量72万千瓦时，减少费用54万元，节省物料费用132万元。内部收益率为36.98%，2.68年可以全部收回投资。

② 蒸汽余热回收利用　蒸汽余热回收项目需要总投资700万元左右。通过方案实施，余热回收比例达13%，余热回收节约费用230.4万元/年。内部收益率为35.05%，3年内可以全部收回投资。

③ 低浓废水回收利用项目　废水回收利用项目需要总投资586.9万元，方案实施后企业每年可节约用水费用估计67.2万元，节约原料成本为2.4万元，内部收益率为16.2%，

需要五年半左右收回全部投资。

（3）环境可行性分析

① 短流程工艺设备改造项目 每吨麻条可节约电 200kW·h、水 200t，节约人工 90%（省工 140 人），车间粉尘可减少 50%，废水量和粉尘量大大减少，噪声明显降低，对环境污染减少，污水治理工作量减少，节物省工。

② 蒸汽余热回收利用 煮锅废液排放时产生的蒸汽，几乎不含有害物质，与自来水热交换后产生的热水也没有任何污染，通过该装置的运行，不但使热能循环利用，而且避免了废热排放对环境温度造成影响。

③ 低浓废水回收利用项目 废水回收利用不会产生对大气环境有危害的气体，占地面积小，操作方便，运行效率高，运行时噪声小，通过废水回收利用，回收了生产时流失的长纤，方案实施后企业每年可减少生产用水 67.2 万吨，每年可回收长纤 5t，可以产生良好的社会效益和环境效益。

3.5.3 可行性分析的结论

通过对三个方案的可行性分析，审核小组认为这三项方案在技术上是成熟可靠的，在环境上是友好的，在经济效益上是显著的。

参考文献

[1] 2011 年我国纺织行业现状、趋势及风险 . http：//club. china. alibaba. com.
[2] 联合国环境署《清洁生产》和《关于环境保护与经济发展 win-win》.
[3] 中国纺织行业的环境污染问题及应对措施 . http：//www. sinotex. cn/news.

制药行业清洁生产审核案例研究

钱堃，吕竹明，简玉平，张琳，孙晓峰
（中国轻工业清洁生产中心，北京，100012）

摘要：就某制药企业的清洁生产实例，说明清洁生产审核在制药企业的实施过程和注意要点。论证了制药企业通过清洁生产审核可以从末端治理的被动反应，转变为进行清洁生产主动行动，采用一系列清洁生产技术和方法，达到“节能、降耗、减污、增效”的目的，使企业最终实现环境和经济的“双赢”。

关键词：清洁生产；清洁生产审核；制药企业

Case study of cleaner production auditing on pharmaceutical industry

Qian Kun，Lv Zhuming，Jian Yuping，Zhang Lin，Sun Xiaofeng
（China Cleaner Production Center of Light Industry，Beijing，100012）

Abstract： The cleaner production case of the pharmaceutical enterprise illustrates the implementation process and attention points of cleaner production auditing in the pharmaceutical enterprise. Demonstrating that the pharmaceutical enterprise could change dependent response of end control to active reaction of cleaner production. Using a series of cleaner production technique and methods to achieve the purpose of energy saving, consumption reduction, pollution reduction, efficiency increment, making the enterprise to ultimately achieve the double win of environment and economy.

Key words: Cleaner production; Case production audit; Pharmaceutical enterprise

1 制药行业概况

1.1 制药行业简介

制药行业是永续增长的朝阳行业，生物制药则是朝阳中的朝阳。相对传统医药行业，生物制药行业的市场集中度较高，更有利于优势企业的发展壮大，形成一批细分领域的领导型企业。因此，传统化学制药企业开始将注意力转移到生物制药领域，战略联盟日趋频繁。

医药工业是既有传统产业属性，也有现代产业属性的国际化产业。随着人民生活水平的提高和对医疗保健需求的不断增长，我国医药工业一直保持着较快的发展速度。

我国医药企业有4000多家，可以生产化学原料药1500种左右，化学药品制剂4000余种，总产量约193.5万吨，2009年医药工业总产值达1.04万亿元。

医药企业主要分布在河北、山东、山西、河南、江苏、浙江、安徽、广东、上海、辽宁、黑龙江、四川、内蒙古、宁夏、西藏、青海和新疆等地。近年来，随着国家西部大开发以及开发大东北战略的实施，借助经济发展的区位优势，以粮食深加工为主的发酵类原料药生产企业在四川、宁夏、内蒙古等地得到快速发展，并逐步向东北地区扩展。

1.2 制药工业生产工艺类型

制药生产工艺主要分为生物制药和化学制药。

1.2.1 生物制药

生物制药是通过微生物将粮食等有机原料进行发酵、过滤、提炼制药物。生物制药包括发酵工程制药、基因工程制药、细胞工程制药、酶工程制药、生物制药，生物制药法常见的是用于生产抗生素，如生产青霉素、链霉素、土霉素、麦迪霉素、庆大霉素、四环素、螺旋霉素、维生素C等药品。还有的工艺的后加工采用化学法或生化法生产半合成抗生素（如氨苄青霉素）。

抗生素的生产步骤：菌种培养→发酵液过滤→提炼抗菌素物质并精炼→产品的干燥与包装。抗生素的生产工艺包括微生物发酵、过滤、萃取结晶、化学提取、精制等。

1.2.2 化学制药

化学制药采用化学方法使有机物质或无机物质发生化学反应生产药物；也有先发酵成初级产品，再进行化学合成制药；或采用合成初级产品，再进行发酵制药。

化学制药主要采用化学方法，是有机物、无机物质发生化学反应制药。化学制药产品主要有扑尔敏、安乃近、扑热息痛、新诺明、非那西汀、氯霉素、维生素B1、抗菌素增效剂、磺胺类药物、血黄药、对氨基水杨酸、咖啡因等。由于反应步骤多，化学原料多，造成原料利用率低，流失严重，这类制药产生的废水中含种类繁多的有机物、金属和废酸碱等污染物。

2　制药行业环境污染状况

制药业通常被人们称为健康产业。然而，由于过去对环境保护意识的淡薄，企业在生产药品治病救人的同时，也给环境带来了很大程度的污染。制药企业环境污染问题已经成为阻碍行业发展、危害公众健康的一大痼疾。

制药行业废气主要来源为生产车间粉尘和锅炉废气，固废多为生活垃圾、包装废物和废试剂，主要污染物为工业废水。制药工业废水通常属于较难处理的高浓度有机污水。因药物产品不同、生产工艺不同而差异较大。制药工业废水通常更具有组成复杂，有机污染物种类多、浓度高等特点，COD_{Cr}值和 BOD_5 值波动性大，并且废水的 BOD_5/COD_{Cr}值差异较大，NH_3-N 浓度高，色度深，毒性大，固体悬浮物 SS 浓度高等特点。

2.1　制药工业废水分类

制药工业废水按产品可分为四大类：

（1）合成药物生产废水

该类废水的水质、水量变化大，多含生物难以降解的物质和微生物生长抑制剂；化学合成制药废水 COD 浓度高，含盐量大，主要污染物质为有机物，如脂肪、苯类有机物、醇、酯、石油类、氨氮、硫化物及各种金属离子等。

（2）生物发酵法制药（生产抗生素和维生素）生产废水

分为提取废水、洗涤废水、维 C 生产废水和其他废水，其中发酵滤液、提取的萃余液、蒸发釜残液、吸附废液导管废液等废水的有机物浓度很高，COD 高达 5000～80000mg/L；SS 浓度可达 5000～23000mg/L；废水存在难生物降解和有抑菌作用的抗生素物质，当抗生素浓度大于 100mg/L 时会抑制好氧污泥活性。

（3）中成药生产废水

其水质波动性较大，COD 可高达 6000mg/L，BOD 可达 2500mg/L，主要含有天然有机物质。

（4）各种药物生产过程的洗涤水和冲洗水

主要来自药剂残液、原料洗涤水和地面冲洗水。

2.2　发酵类制药废水

发酵类生物制药的过程是通过微生物生命活动，产生可以作为药物或药物中间体的物质，再通过各种分离方法将他们分离出来的过程，此类物质包括抗生素、维生素、氨基酸、核酸、有机酸、辅酶、酶抑制剂、激素、免疫调节物质等。

发酵类物质的生产过程排放的废水可以分为四类。

（1）生产过程排水

此类排水是最重要的一类排水、包括废滤液（从菌体中提取药物）、废母液（从滤液中提取药物）、其他母液、溶剂回收残液等。该废水浓度高、酸碱性和温度变化大、药物残留，是此类废水最显著的特点，虽然水量未必很大，但是其中污染物含量高，对全部废水中的COD贡献比例大，处理难度大。

(2) 辅助过程排水

辅助过程排水包括工业冷却水（如发酵罐、消毒设备冷却水）、动力设备冷却水（如空气压缩机冷却水、制冷机冷却水）、循环冷却水系统排污、水环真空设备排水、去离子水制备过程排水、蒸馏（加热）设备冷凝水等，此类废水污染物浓度低，但是水量大，并且季节性强，企业间差异大，此类废水也是几年来企业节水的目标。

(3) 冲洗水

冲洗水包括水容器设备冲洗水（如发酵罐冲洗水等）、过滤设备冲洗水、树脂柱（罐）冲洗水、地面冲洗水等，其中过滤设备冲洗水（如板框过滤机、转鼓过滤机等过滤设备冲洗水）悬浮物污染物浓度也很高；树脂柱（罐）冲洗水水量也比较大，初期冲洗水污染物浓度高，并且酸碱性变化大，也是一类重要废水。

(4) 生活污水

该类污水与企业的人数、生活习惯、管理状态相关。

2.3 化学制药废水

化学制药是利用有机或无机原料通过化学反应制备药品或中间体的过程，包括纯化学合成制药和半合成制药（利用生物制药方法生产的中间体作为原料之一生产药品）。

化学制药废水的分类如下。

① 母液类　包括各种结晶母液、转相母液、吸附残液等。

② 冲洗废水　包括过滤机械、反应容器、催化剂载体、树脂、吸附剂等设备及材料的洗涤水。

③ 回收残液　包括溶剂回收残液、前提回收残液、副产品回收残液等。

④ 辅助过程排水及生活污水。

2.4 清洁生产措施

① 节约用水　定期开展水平衡测试，防止跑、冒、滴、漏情况发生，车间清扫使用二次水，降温水用于职工洗澡，蒸发冷凝水用于锅炉补水。

② 母液回收　对母液进行回收，蒸馏回收母液中的溶剂。

3 典型案例

3.1 企业基本情况

3.1.1 企业简介

某制药厂拥有20条生产线，全部生产线通过国家GMP认证，通过了ISO9001质量体系认证。主要生产六味地黄丸、感冒清热颗粒、牛黄解毒片等100余种产品。

主要生产中药，产品涉及100多个品种，并具有丰富的已开发新产品和在开发新产品的储备。企业未来将继续致力于传统中药现代化，改进现有传统中药产品并进行天然药物的开发，逐步实现中药现代化、国际化，拓展营销网络，推动现代中药进入国际医药主流市场。

3.1.2 生产工艺

企业的产品涉及 100 多个品种，每种产品的生产工艺都不尽相同，图 1 为主要剂型生产工艺流程。

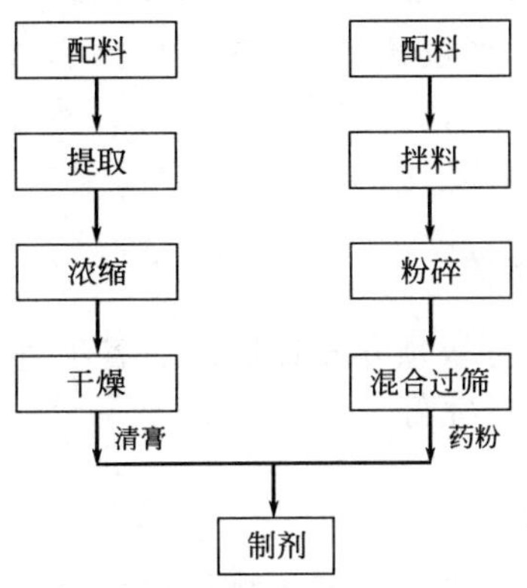

图 1　生产工艺流程

3.2 审核准备

成立清洁生产审核小组并明确责任分工，由总经理任审核小组组长，小组成员包括副总经理、总会计师、药材部部长、工程部部长、产品质量部部长等。通过培训，提高审核小组工作能力，提高清洁生产意识，掌握清洁生产审核程序及方法。同时，通过黑板报、各种例会、宣传手册和企业内网等多种形式对企业的全体员工开展了广泛的宣传和教育，增强员工清洁生产意识，从而为顺利开展清洁生产审核工作奠定了良好的基础。

3.3 预审核

通过对企业近 3 年生产状况、管理水平及整个生产过程的调查结果的分析和评估，根据企业各部门原材料和能源的消耗情况、污染物的排放情况及存在的清洁生产机会，采用权重总和积分排序法，从污染物产生量、资源消耗量、污染处置费用、清洁生产潜力以及公众压力和车间积极性 5 个方面，对备选审计重点分别进行打分，最终清洁生产专家和审核小组成员将企业整个中药生产过程确定为本轮审核重点，并设置了清洁生产目标。

3.4 审核

经过预审核阶段的分析，企业确定整个中药生产过程为本次清洁生产审核重点。但是由于企业生产的中药剂型、品种较多，因此在审核阶段，审核小组根据生产过程完整，涵盖了主要的工艺过程和生产设备；资源能源消耗较大；污染物排放较大；清洁生产潜力较大；实测期间正在生产运行等原则，选择软胶囊；口服液剂；蜜丸；颗粒剂等品种。为做好物料实测工作，审核小组根据企业的实际情况，对监测方法、监测点位、监测项目和频次进行了设定。根据实测结果，绘制审核重点的物料平衡图。

由物料平衡可以看出，各操作单元的输入和输出数据平衡，在生产感冒清热颗粒过程中，每生产 1kg 感冒清热颗粒需要消耗药材 0.64kg，每生产 1kg 感冒清热颗粒需要耗水 9.77kg，总物料损失率为 71.7%。

3.4.1 平衡测试分析

在企业现有数据基础上，本轮审核对企业的物料输入输出、用水、用电情况进行了实测和理论衡算，测定结果比较准，误差在允许范围内，故各单元操作的输入输出测定值和由此产生的物料平衡、关键因子平衡、水平衡和电平衡可作为评估分析的依据。

3.4.2 对运行和维护管理的审核

企业在生产过程中有严格的各级领导责任制度、各项管理制度和应急预案，有专职的检修人员和设备管理人员，保障设备完好。

3.4.3 对物料和水消耗的审核

通过物料平衡和水平衡发现，粉碎工序的物料损耗量较大，平均损耗率为 8%左右，低温粉碎机的损耗率为 1%左右；提取浓缩工序的水耗较大，平均每千克药材消耗水 15～18kg；蜜丸吊蜡工序的蜡损耗较大，损耗率为 3%。

3.4.4 能源消耗的审核

提取浓缩工序和干燥工序的能耗较大，提取浓缩工序每千克药材消耗蒸汽 5～10kg，干燥工序平均每千克干膏耗蒸汽 5.97kg。此外，粉碎工序的耗电量也较大，平均每千克药材耗电 0.58kW·h。

3.4.5 对废物产生情况的审核

企业主要生产固废为提取工序产生的药渣，占原料消耗量的 20%～50%，并且全部委托有资质单位进行处理。通过药渣成分的测试分析，不含有害物质，但是组成种类较多，因此从废物综合利用的角度，可以考虑开展药渣堆肥处理。

3.5 方案产生、筛选与实施

通过采取以下措施，提出清洁生产方案：全体员工合理化建议；根据物料平衡、水平衡分析等进行原因分析；收集国内外同行业先进技术；结合企业现状及行业专家技术咨询等。本轮审核经分析、归纳、整理、汇总等，最后形成 23 项清洁生产备选方案。其中无/低费方案 20 项，中/高费方案 3 项。

方案筛选主要针对方案汇总中技术较为复杂，实施难度较大，周期性较长，投资额较高的清洁生产中/高费方案，需要做可行性研究才能确定。由于可行性研究花费较大，不可能对提出所有中/高费方案都进行可行性分析，需对高费方案进行初步筛选。方案筛选依据主要考虑：所削减的废物数量、浓度及有害性；降低废物处理费用和生产成本；技术先进性、可靠性；是否对产品质量有不利影响；投资及运行维护费用以及方案与本企业实际情况是否符合等。依此并采用备选方案权重总和记分排序方法对中/高费方案进一步筛选。

此次清洁生产审核过程中，企业贯彻边审核边实施的方针，无/低费方案已全部实施。部分无/低费方案效益汇总表见表 1。

表 1 部分无/低费方案汇总表

序号	项目名称	方案项目内容
1	配制计量器	对原辅材料进行严格计量管理，配制天平，建立计量管理制度
2	锅炉冷凝水回收利用项目改造	为了节约能源降低消耗，设计把冷凝水循环使用，引进锅炉内
3	冷却水延长使用周期	在循环冷凝水中加入缓蚀阻垢剂和杀菌剂延长循环水的使用周期
4	细化产品工艺	采用生产效率高、生产周期短、消耗水平低、污染物排放少的先进工艺，增加循环，降低排污
5	利用报废设备，达到降耗目的	合理利用报废的日期批号打印机上完好的零件，节约外购备件的开支。目前已使用三根轴，四只轴承和其他小配件
6	塑料编织袋重复利用	将本车间其他环节使用的塑料编织袋重复利用，用于挑拣、整理等工序
7	配制高压清洗枪清洗设备死角	设备死角不易清洗，会产生二次细菌污染
8	更换灌封机针头	将原来老化的针头淘汰，更换新针头
9	灌封机改变送瓶轨道	降低转盘轨道，使送瓶轨道与转盘轨道处于同一水平线上，减少机械夹瓶
10	灯检机改造	在送瓶轨道增加挡片，使送瓶轨道和灯检工作面水平，减少夹瓶数量
11	加强沟通，生产完成时立刻停锅炉	加强沟通、协调管理，专人及时通知锅炉停炉
12	节能减排、降低油耗	对司机进行节能意识的教育和培养，提高司机的驾驶技术，合理规划交通线路，节省过路费等

3.6 中/高费方案可行性分析

经过审核小组成员及外部专家组成员认真细致地分析和讨论，在清洁生产方案中通过权重分析法筛选中/高费方案，作为进行可行性分析的备选方案，最终确定“颗粒丸剂车间蒸汽回收系统节能改造”、“离子水制备改进”等中/高费方案。

3.6.1 颗粒丸剂车间蒸汽回收系统节能改造

(1) 方案简述

企业颗粒车间 8 台沸腾干燥设备和丸剂车间 6 台滚筒式干燥机分别用于颗粒和丸剂的干燥工序，在清洁生产审核过程中发现大量的热蒸汽从 60cm 的井口喷出，有时高达 2～3m。每天生产 8h，造成极大的能源浪费。经检查，在原管道中使用的疏水器质量不过关，管道中的组件不合理，管道安装不合格。

通过蒸汽回收系统改造（见图 2），更换现有疏水器，在主进汽管上加装电动调节阀，当温度没有达到设定要求时该阀处于常开状态，当达到设定温度后该阀则自动关闭。当蒸汽在热交换器内释放大量的热能后，转化为冷凝水，通过疏水器，经过单流门，再排入回汽管道。

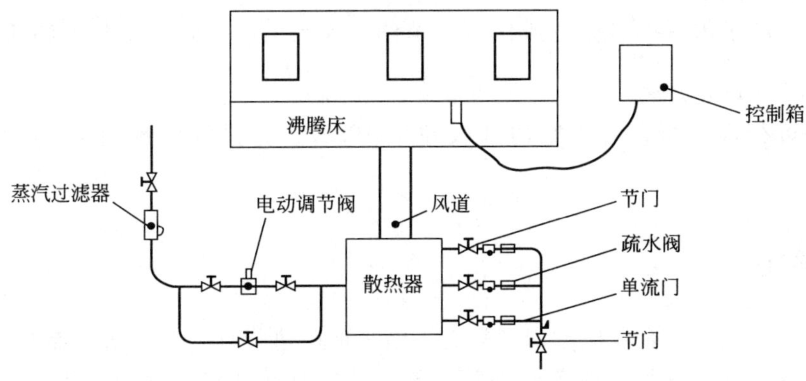

图 2 颗粒沸腾床蒸汽改造示意

(2) 技术可行性分析

疏水器、控温装置都是工业上常用设备，设备发展已经比较成熟，施工也比较简单，在技术上是可行的。

(3) 环境可行性分析

本方案的实施，可有效减少蒸汽浪费。

(4) 经济可行性分析

通过经济可行性分析，本方案内部收益率 24.52%，投资回收期 3.62 年，方案经济可行。

3.6.2 去离子水制备改进方案

(1) 方案简述

现有的去离子水制备工艺见图 3。

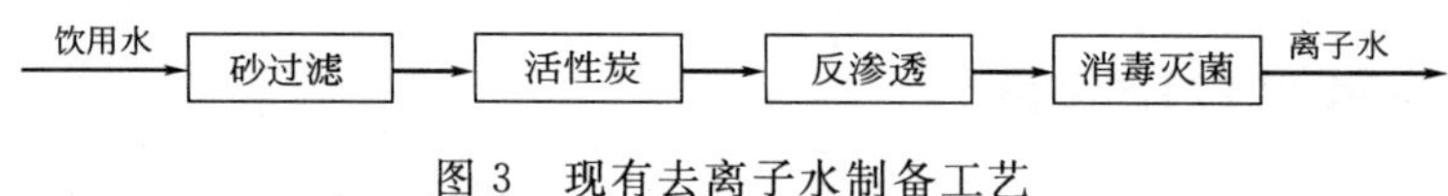

图 3 现有去离子水制备工艺

改进后的去离子水制备工艺见图 4。

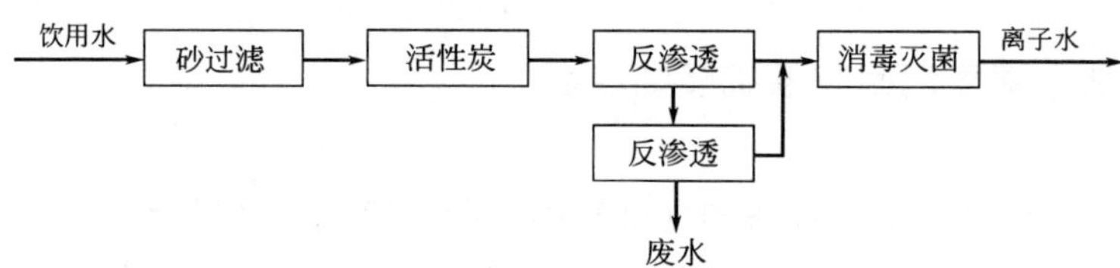

图 4 改进后去离子水制备工艺

(2) 技术可行性分析

增加一级反渗透设备，通过安装即可实现提高去离子水的制备率。反渗透工艺设备成熟，技术上是可行的。

(3) 环境可行性分析

改进后，去离子水得率可提高到 85%，节约自来水用量，减少废水和 COD 排放。

(4) 经济可行性分析

通过经济可行性分析，本方案内部收益率 18.52%，投资回收期 4.73 年，方案经济可行。

4 结论与建议

在清洁生产审核中，企业应意识到只有不断采取改进设计，使用清洁能源和原料，采用先进工艺与设备，综合利用，改善管理等措施，才能从源头削减污染、提高资源能源利用率，减少或避免生产过程中污染物的产生和排放。清洁生产审核取得的经济效益和环境效益多少，与企业主要领导对清洁生产审核工作的主动性和重视程度以及全体员工参与程度有关。通过推行清洁生产，企业可以实现“节能、降耗、减污、增效”的目标；同时也要增强企业领导及全体员工继续深入进行清洁生产审核工作的信心，从末端治理的被动反应，转变为进行清洁生产的主动行为，通过采用一系列清洁生产技术和方法，使企业最终实现环境效益和经济效益的“双赢”。

参考文献

[1] 符国基．医药厂环境影响评价的清洁生产分析．安全与环境工程，2007，(4).
[2] 郭斌，庄源益．清洁生产工艺［M］．北京：化学工业出版社，2005.
[3] 制药工业水污染排放标准［S］．国家环境保护总局环境标准研究所.
[4] 钱易，唐孝炎．环境保护与可持续发展［M］．北京：高等教育出版社，2000：19-326.
[5] 李均，李志宁．药品的清洁生产与绿色认证［M］．北京：化学工业出版社，2004.
[6] 周中平，赵毅红，朱慎林．清洁生产工艺及应用实例［M］．北京：化学工业出版社，2002.
[7] 魏立安．清洁生产审核与评价［M］．北京：中国环境科学出版社，2005.

水泥行业清洁生产审核案例研究

郭逸飞，孙晓峰，程言君
（中国轻工业清洁生产中心，北京，100012）

摘要：水泥工业是我国重污染行业之一，其节能减排潜力巨大。本文以某水泥集团清洁生产审核为例，介绍水泥行业开展清洁生产审核的流程和重点。指出通过推行清洁生产，水泥企业可以取得显著经济效益、环境效益和社会效益。

关键词：水泥；清洁生产审核；案例

Case Study of Cleaner Production Audit on Cement Industry

Guo Yifei, Sun Xiaofeng, Cheng Yanjun
(China Cleaner Production Center of Light Industry, Beijing, 100012)

Abstract: Cement industry is a key polluting industry in China, with very obvious energy conservation and emission reduction potentials. This paper contains a case study of the cleaner production of a cement company. According to the cleaner production auditing at the stage, the company has received significant economic, environmental and social benefits.

Key words: Cement; cleaner production audit; case study

1 水泥行业现状

水泥是国民经济建设的基础性材料，目前国内外尚无一种材料可以替代它的地位。作为国民经济的重要基础产业，水泥工业已经成为国民经济社会发展水平和综合实力的重要标志。长期以来，它作为一种重要的胶凝材料，广泛应用于土木建筑、水利、国防等工程。

2010 年全国水泥产量 18.8 亿吨，是 2005 年的 1.7 倍，年均增长 11.9%。规模以上工业企业完成销售收入 7100 亿元，利润总额 650 亿元，年均分别增长 22%和 58%。2010 年新型干法水泥熟料产能为 12.6 亿吨，是 2005 年的 2.6 倍。新型干法水泥熟料产能占总产能的 81%，比 2005 年提高 41 个百分点。日产 4000t 及以上熟料的产能占 57%。五年淘汰落后产能 3.4 亿吨。2010 年新增新型干法水泥熟料产能中，中西部布局进一步得到优化，中部地区占 25%，西部地区占 56%。

2000～2010 年全国水泥产量及增长率如图 1 所示。

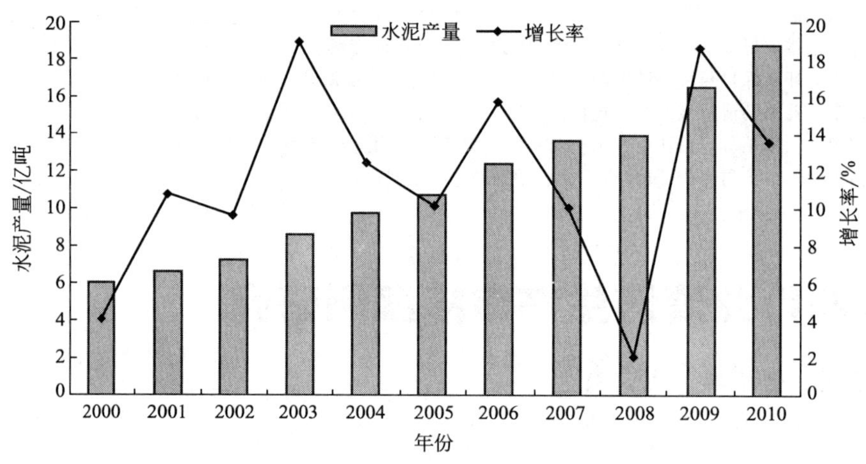

图 1　2000～2010 年全国水泥产量及增长情况

2　水泥生产工艺及产排污状况

2.1　生产工艺流程

水泥生产工序为生料磨制→煅烧→粉磨。水泥生产随生料制备方法不同，可分为干法（包括半干法）与湿法（包括半湿法）两种。干法生产是将原料同时烘干并粉磨，或先烘干经粉磨成生料粉后喂入干法窑内煅烧成熟料的方法。但也有将生料粉加入适量水制成生料球，送入立波尔窑内煅烧成熟料的方法，称之为半干法，仍属干法生产之一种。湿法生产是将原料加水粉磨成生料浆后，喂入湿法窑煅烧成熟料的方法，也有将湿法制备的生料浆脱水后，制成生料块入窑煅烧成熟料的方法，称为半湿法，仍属湿法生产之一种。其中煅烧熟料的过程应用立窑或回转窑等设备进行。图 2 为传统湿法生产和新型干法生产的工艺流程。

2.2　水泥行业产排污状况及污染治理情况

粉尘是水泥工业的主要污染物。在矿山开采、水泥制造和水泥制品生产的每个环节，都存在着不同程度的粉尘污染。有时粉尘无组织排放会成为当地主要环境问题，但对更大范围的环境空气质量来说，含尘工艺尾气（通过高烟囱排放）的影响则要广泛得多。水泥煅烧系统是最重要的大气排放源，产生的污染物种类很多，主要包括：a. PM；b. NO_x；c. SO_2；d. CO、CO_2；e. VOCs（有机化合物）；f. PCDD/Fs（二噁英、呋喃）；g. 金属及其化合

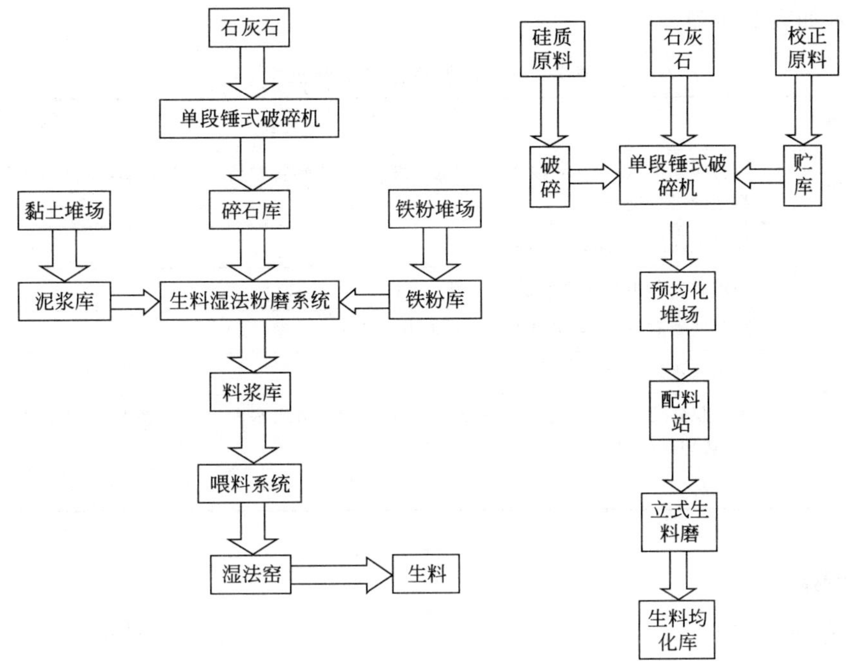

图 2 水泥生产工艺（左为传统湿法生产；右为新型干法生产）

物，如 Hg、Tl、Cd、Pb、As 等；h. 卤素及其化合物，如 HF、HCl 等；i. 氨。同时，矿山废水、厂区内生产排水，以及设备托轮进水槽的含油废水是重要的水污染物来源。

目前，水泥企业常见污染治理设施如表 1 所列。

表 1 水泥企业常见的污染治理措施

污染种类		污染治理措施
烟气		高烟囱排放，袋除尘或高静电除尘器，湿法脱硫，SCR 或 SNCR 脱硝，设置烟气污染源自动连续监测系统
废水	生活污水	生活污水经处理后循环利用
	生产废水	冷却水：经回收后可补入循环水系统； 循环水排污水：可用于输煤系统冲洗、煤场喷洒和除灰渣系统补水； 化学排水：化学反渗透装置的浓水回收后可用于输煤系统冲洗水、煤场喷洒用水和除灰渣系统补水； 非经常性排水：非经常性排水如锅炉酸洗水、空预器冲洗水等废水，经污水处理站处理后可用于输煤系统冲洗水、煤场喷洒用水和除灰渣系统补水
灰渣		灰渣分除、干除灰，粉煤灰综合利用，炉渣综合利用
噪声		尽量选用低噪声设备，采用降噪、隔声等措施

2.3 水泥行业清洁生产技术

清洁生产是实现经济和环境协调持续发展的重要手段之一，也是 20 世纪 90 年代以来国际社会努力倡导的新环境战略，其实质是把预防污染的综合环境策略持续应用于生产过程、产品和服务中。将清洁生产的理念运用在水泥制造中，即在原材料选用上应优先考虑清洁能源，燃煤采用清洁利用的方法；在生产过程中通过改进技术工艺、设备和优化过程控制，以减少粉尘、颗粒物、二氧化硫、氮氧化物、噪声、废水、灰渣等污染物的产生；通过废水回收处理和再循环利用技术，减少废水排放对环境的影响；通过干排灰、干排渣技术，提高灰渣的综合利用水平；通过变压器经济运行等技术，减少发电设备的电能损耗。水泥厂的清洁生产工艺技术如表 2 所列。

表 2　水泥厂清洁生产工艺技术

过程及排放物	清洁生产工艺技术
燃料输送、燃烧过程	全封闭除尘，燃料清洁输送；燃用低硫燃料，高硫燃料脱硫后燃用，燃煤中加入多种改良元素；采用高效低氮燃烧方式
过程节能	杜绝跑、冒、滴、漏；余热回收
SO_2、NO_x	因地制宜采用高效脱硫、脱硝方法
噪声	选用低噪声设备，采用吸声、隔声、消声等措施
粉尘、颗粒物	采用高效袋除尘或电除尘
废水	采用膜处理及电去离子水处理法，减少运行中酸碱废水和重金属废水；其他废水多级处理，梯级利用，达到零排放
废料	回收利用

3　案例分析

3.1　企业基本情况

某水泥厂占地 9.5 万平方米，建筑面积 2.8 万平方米。企业现拥有一条 $\phi 3.5\times 54$m 的五级单系列悬浮预热器窑外分解窑，日产熟料 1500t，年产水泥 53 万吨。企业拥有 6 个生产车间，职工 200 人。已通过 ISO9001：2000 认证。

3.2　预审核

企业采用回转窑，其主要生产工序包括：原料采运、贮存和破碎制备；煤粉制备贮存；生料制备；熟料煅烧；水泥粉磨和贮存；产品包装和发运等。企业的水泥生产线拥有包含破碎工段、原料准备、生料制备、熟料制备、煤粉制备、水泥制成、水泥贮运等单元。水泥厂各单元功能见表 3。

表 3　水泥厂各单元功能

单元名称	工艺描述	功能简介
破碎工段	运输至厂→破碎	原料准备
原料制备	进厂→原材料化验→预均化堆场→储存	原料准备
生料制备	原材料→粉磨→生料	生产生料
熟料制备	生料→预热、分解、高温煅烧、冷却→熟料	生产熟料
煤粉制备	原煤→烘干、粉磨→煤粉	生产煤粉
水泥制成	熟料、炉渣、脱硫石膏→粉磨→水泥	生产水泥
水泥贮运	水泥仓→库底斜槽→提升机→斜槽→水泥仓(方便汽车外运)	水泥出厂

企业主要污染物来源和控制措施如下所述。

① 粉尘　生产过程各个工序均有粉尘产生，虽经收尘处理，但由于设备、管理、人员操作等原因，仍有部分粉尘排入大气。

② 废气　由于使用煤作为煅烧手段，高温造成一定量 NO_x 和 SO_2 排入大气。

③ 废水　水泥厂废水包括生产及生活及生活废水，生产废水主要是冷却水为主，其中

不含特殊污染物质，只有少量油类悬浮物等。

④ 噪声　由于生产过程噪声设备较多，运转中机械产生较强噪声。

根据企业总体规划，按照大气污染排放、能源消耗、清洁生产机会和废物产生量等多方面综合考虑，审核工作组采用权重总和计分排序法，确定了本次清洁生产审核的重点：窑系统、水泥磨系统，重点审核窑系统的物料和能量平衡，并分析废物产生原因。

3.3　审核过程及结果分析

通过对窑系统的物料平衡可知，物料工艺损耗 1.8%（行业平均水平为 2%），排尘（2 个点，窑头、尾）为 0.163t/h；烧失量 76.98t/h；主要污染物为窑头、尾的粉尘排放。通过对制成车间的物料平衡可知：物料工艺损耗 0.94%（行业平均水平为 1%），排尘（1 个点，磨尾收尘器）为 0.0167t/h；主要污染物为粉尘排放。

通过窑热平衡分析可知，主要热量消耗在烟气带走显热 1262kJ/kg，熟料带走显热 520.8 kJ/kg，两项共计 1782.8 kJ/kg，占总热量支出的 42%，热量浪费巨大，需进行余热利用。

水泥磨生产线的废物产生量较大且能耗损失较高，主要原因如表 4 所列。

表 4　水泥磨生产线废物产生分析及能耗损失原因分析

<table>
<tr><th>因素</th><th>无组织排放及物料泄漏</th><th>电耗高</th></tr>
<tr><td>原辅材料及能源</td><td>无毒、无害，不直接排放</td><td>个别批次质量不合格</td></tr>
<tr><td>技术工艺</td><td colspan="2">国内成熟工艺，但已落后，据先进水平存在很大差距，除尘器采用国内先进的气箱脉冲袋式除尘技术，严格达标排放</td></tr>
<tr><td>设备</td><td>管道磨损，没有及时进行维修；收尘器运行阻力较大；输送皮带防罩部分缺失</td><td>个别设备故障率、停机率高，磨机级配不合理</td></tr>
<tr><td>过程控制</td><td colspan="2">计量仪表参数有时发生漂移或中断，影响操作</td></tr>
<tr><td>产品</td><td>输送过程发生扬尘</td><td>产品周期时间不够稳定</td></tr>
<tr><td>管理</td><td colspan="2">设备维护和工艺操作管理体系不够完善，维修助剂不停辅机</td></tr>
<tr><td>员工</td><td colspan="2">部分人员职业健康和环境卫生整体观念较差；参与生产积极性不高</td></tr>
</table>

3.4　方案产生与筛选

本轮审核共提出清洁生产方案 44 项，其中无低费方案 36 项，中高费方案 8 项。部分无低费方案如表 5 所列。

表 5　部分无低费方案

编号	分类	方案名称
1	原辅材料及能源	供应部门加强进场料的稳定性控制
2	工艺	调整水泥磨参数，提高、稳定台时
3	过程控制	将水泥磨线单机收尘器改用机旁控制
4	管理	加强班组管理，完善奖惩条例
5	员工	引进高素质人才，补充管理队伍

该企业通过实施无低费清洁生产方案，取得了明显的环境效益，预计可节约用电 432 万千瓦时/年，回收物料 296t，减少无组织排放损失 54t，每年产生经济效益 84.55 万元。

3.5 中高费方案可行性分析

3.5.1 水泥磨系统改造

3.5.1.1 技术可行性

目前，虽然生产线运行较稳定，但存在台时低、综合能耗高等问题。通过采用磨内筛分技术对磨机内部进行改造，能提高整个系统效率，同时解决过粉磨、三角区、滞留区的问题，可提产20%～30%，无现场土建、水电要求，无需增加负荷，具有一定可实施性。

3.5.1.2 环境可行性

该技术不需要增加系统通风量，不增加粉尘排放，不产生任何污染物，符合行业卫生及环境要求。通过方案实施，单位产品电耗可降低10kW·h/t。

3.5.1.3 经济可行性

每年节电580万千瓦时，节约费用290万元。

3.5.2 煤磨系统升级改造

3.5.2.1 技术可行性

利用动态选粉机配备防爆式高效袋式收尘器代替原粗、细粉旋风分离器及电收尘器，优化煤磨系统的生产工艺流程，降低意外粉尘排放损失和提高产量。该项改造技术和选粉机、袋收尘器制造技术在国内已经非常成熟，技术先进，控制简单，安全可靠。

改造后可提高系统产量10%～20%，单位能耗降低10%～15%，大大提高煤粉细度，降低粗粉筛余，增加粉磨效率的同时提高烧成系统燃料燃烧效率。改为袋收尘后，不采用热风炉系统，大大减少系统火源产生，降低燃爆事故概率，可使烘干温度更稳定，便于粉磨质量控制。

3.5.2.2 环境可行性

该改造不产生废水、废气及固废等污染物。方案实施不仅可以使排放口粉尘浓度达到《水泥大气污染物排放标准》要求，而且可以减少粉尘排放量27.52t，具有良好的环境效益。

3.5.2.3 经济可行性

每年节电137.54万千瓦时，折68.77万元；年减粉尘排放量27.52t，折1.5万元。共产生经济效益70万元。

3.6 方案实施效果分析

本轮所有清洁生产方案实施后，中高费方案产生经济效益明显，环境效果显著。削减粉尘排放27.52t/a，产生经济效益360万元，具有良好的环境效益和经济效益。

参考文献

[1] 中国水泥网. 2000-2010年全国水泥产量. http://www.ccement.com/news/2011/3-18/C13597705.htm.
[2]《水泥工业大气污染物排放标准》(GB 4915—2004).
[3]《水泥企业能耗等级定额标准》(GB/T 16780—1997).
[4]《水泥行业清洁生产评价指标体系（试行）》.
[5]《清洁生产标准 水泥行业》(HJ 467—2009).

汽车制造业清洁生产审核案例研究

郭逸飞，孙晓峰
（中国轻工业清洁生产中心，北京，100012）

摘要：就某汽车制造企业的清洁生产实例，说明清洁生产审核在汽车企业的实施过程和注意要点。论证了汽车企业通过清洁生产审核可以从末端治理的被动反应，转变为进行清洁生产主动行动，采用一系列清洁生产技术和方法，达到“节能、降耗、减污、增效”的目的，使企业最终实现环境和经济的“双赢”。

关键词：汽车制造；清洁生产审核；案例

Case study of cleaner production auditing on automobile manufacturing industry.

Guo Yifei，Sun Xiaofeng
（China Cleaner Production Center of Light Industry，Beijing，100012）

Abstract：The cleaner production case of one automobile enterprise illustrates the implementation process and attention points of cleaner production auditing in the automobile manufacturing industry. Demonstrating that automobile manufacturing enterprises could change dependent response of end control to active reaction of cleaner production. Using a series of cleaner production techniques and methods to achieve the purposes of energy saving，consumption reduction，pollution reduction，efficiency increment，making an enterprise to ultimately achieve the win-win of environment and economy.
Key words：Automobile manufacturing；cleaner production audit；case study

1 汽车制造业发展现状

汽车工业是一个庞大的社会经济系统工程，其产品是一个高度综合的最终产品，需要组织专业化协作的社会化大生产和相关工业产品与之配套。我国的汽车工业经过 50 年的发展，已经具备了较好的产业基础，总产量已跃居世界第 4 位。汽车工业已经初步显示出产业关联度大、资金积累能力强和就业人口多的特点。随着汽车工业的进一步快速发展，汽车工业对国民经济发展的贡献越来越突出。

据中国汽车工业协会统计，我国 2011 年累计生产汽车 1841.89 万辆，同比增长 0.8%，销售汽车 1850.51 万辆，同比增长 2.5%，产销同比增长率较 2010 年分别下降了 31.6 和 29.9 个百分点。其中，乘用车市场保持平稳增长，商用车市场下降较为明显。2011 年，乘用车产销分别完成 1448.53 万辆和 1447.24 万辆，同比分别增长 4.2%和 5.2%，同比增长率较 2010 年分别下降 29.6 和 28.0 个百分点；商用车产销分别完成 393.36 万辆和 403.27 万辆，同比分别下降 10.0%和 6.3%，同比增长率较 2010 年分别下降 38.1 和 36.2 个百分点。

2 汽车制造业生产工艺及产排污情况

2.1 汽车制造业生产工艺

在汽车制造业中，冲压、焊装、涂装、总装合为汽车制造的四大核心技术（即四大工艺）。具体如图1所列。

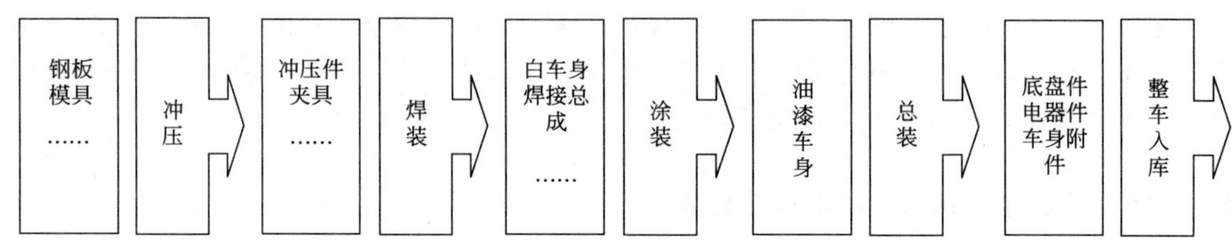

图1 汽车制造工艺流程

冲压是把钢板在切割机上切割出合适的大小，一般进行冲孔、切边之类的动作，然后进入冲压成形工序。

焊装是冲压好的车身板件局部加热或同时加热、加压而接合在一起形成车身总成。在汽车车身制造中应用最广的是点焊，焊装的好坏直接影响了车身的强度。

涂装有两个重要作用，第一车防腐蚀，第二增加美观。涂装工艺过程比较复杂，技术要求比较高。主要有以下工序：漆前预处理和底漆、喷漆工艺、烘干工艺等，整个过程需要大量的化学试剂处理和精细的工艺参数控制，对油漆材料以及各项加工设备的要求都很高。

总装是将车身、发动机、变速器、仪表板、车灯、车门等构成整辆车的各零件装配起来生产出整车的过程。汽车装配是汽车全部制造工艺过程的最终环节，是把经检验合格的数以千万计的各类零件，按规定的精度标准和技术要求组合成分总成、总成、整车，并经严格检测程序，确认其是否合格的整个工艺过程。

2.2 汽车制造业排污环节及污染治理情况

汽车制造属于高能耗、高污染行业之一。其中，涂装工序是汽车制造过程中产生废水排放最多的环节之一，含有树脂、表面活性剂、重金属离子、油、磷酸盐、涂料、颜料、有机溶剂等污染物，COD_{Cr}也很高。

汽车制造厂的废气主要产生于：a. 锅炉燃料会产生二氧化硫和烟尘；b. 中涂室和面漆室产生的漆雾和二甲苯气；c. 中涂和面漆烘干的有机废气，主要污染物为二甲苯。

汽车制造的主要固体废物来源于：a. 焊装、打磨等工序等产生的一般固废；b. 漆渣、磷化废渣均属于危险固废；c. 废包装；d. 污水处理站的产生的污泥；e. 经毡滤料布袋除尘器去除下的PVC粉末；f. 生活垃圾。汽车制造的主要噪声源有各类风机、循环水泵及空压机、焊接设备、鼓风机、柴油发电机、试车噪声等。

针对汽车制造业产生的环境污染，环境保护部于2006年颁布实施了《清洁生产标准 汽车制造业（涂装）》（HJ/T 293—2006）引导企业进行清洁生产技术改造。

3 案例分析

3.1 企业基本情况

某企业拥有两座整车生产厂、一座发动机生产厂和一座承担自主研发的技术中心。其中整车工厂具有 2 条冲压线，200 余台焊接机器人，全封闭式喷涂生产线，装备了 40 台机器人，可喷涂颜色达到 15 种及 200 多个总装主线生产工位。

3.2 预审核

预审核对企业的生产设备（包括冲压生产线、焊接生产线、涂装生产线、整装生产线）和公用设备（包括锅炉房、电站、空调机组、天然气系统、供油系统、二氧化碳气供应系统、面漆通风系统、焊接烟尘通风系统、总装有机废气处理系统、噪声设备减震系统、废水处理站、焊接烟尘集气罩、涂装废气处理系统、隔声棚、涂装 CO_2 自动灭火系统等）进行现场考察。通过核对系统图，核查企业主要电耗、水耗等指标，查电耗、水耗大的环节、检查设备运行及维修状况，进一步明确企业的组织机构、运行情况。

3.2.1 生产工艺流程

该企业汽车生产工艺主要分为冲压、车身、涂装、总装四大工序。钢材卷料通过冲压车间分部件冲压成型后送入车身车间焊接，车身焊接工序主要由侧围、顶盖、地板、车门、车身总成等几大部分组成。通过冲压及车身车间后白车身形成，送入涂装车间进行前处理、电泳、上涂、涂胶、检查场等工序后，车身框架基本形成，送入总装车间安装部件检查测试后即可出厂。图 2 为汽车厂生产工艺总流程。

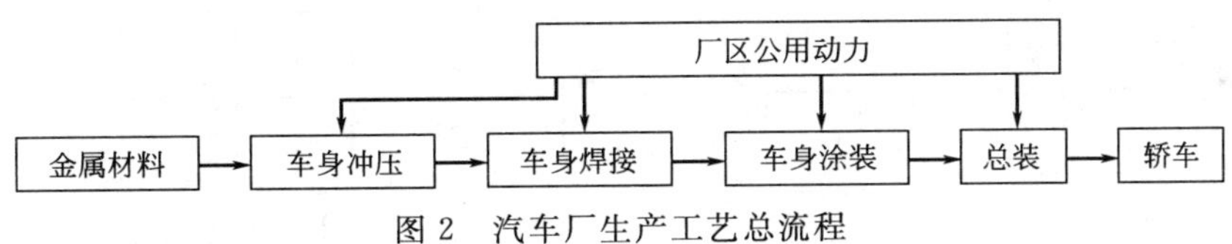

图 2 汽车厂生产工艺总流程

3.2.2 能源消耗情况

企业近年能源消耗情况见表 1。

表 1 近年企业能耗情况

序号	电力/kW·h	单位产品耗电量/(kW·h/辆)	燃气(LPG)/Nm³	单位产品耗气量/(Nm³/辆)
1	4305000	1278.21	1239973	368.16
2	5981400	592.92	904002	89.61
3	5854984	440.62	889849	66.97
4	9018952	575.63	951805	60.75
5	9137464	865.45	636847	60.32
6	5655737	855.89	371971	56.29
7	5461940	804.65	380390	56.04
8	3986860	682.92	481893	82.54
9	4421780	825.27	832668	155.41
10	5060000	417.49	2031778	167.64
11	5777240	467.11	2675899	216.36
12	8408330	607.19	3030753	218.86
13	6365690	324.78	2580473	131.66
14	7817930	363.62	1937152	90.10
15	8066450	335.17	1240821	51.56
16	8242190	353.82	980068	42.07

3.2.3 水耗情况

企业用水全部使用市政水，分两路进厂，一路为工业用水供应办公、生产、动力和生活服务等 34 个单位和部门，另一路为消防水送入消防水系统以保证单位消防用水，另外也供门卫、KD 库和绿化等部门用水，厂区市政水先输入到水处理厂，处理达标后存入工业水池。企业的新水用量主要是涂装车间生产用水和辅助生产用水。表 2 为近年来水资源消耗情况。

表 2 近年的水耗情况

序号	水耗/m^3	单位产品水耗/(m^3/辆)	序号	水耗/m^3	单位产品水耗/(m^3/辆)
1	44780	13.30	9	42547	7.94
2	61472	6.09	10	75890	6.26
3	91842	6.91	11	56996	4.61
4	66454	4.24	12	59979	4.33
5	61507	5.83	13	77325	3.95
6	41659	6.30	14	85773	3.99
7	29066	4.28	15	97010	4.03
8	39304	6.73	16	103073	4.42

3.2.4 产排污情况

（1）废水排放

废水主要包括生产废水和生活废水。废水处理工艺如图 3 所示。涂装重金属废水和电泳漆废水分别经过絮凝沉淀分离出污泥后，将污水与一般工业废水混合再次处理，絮凝曝气后

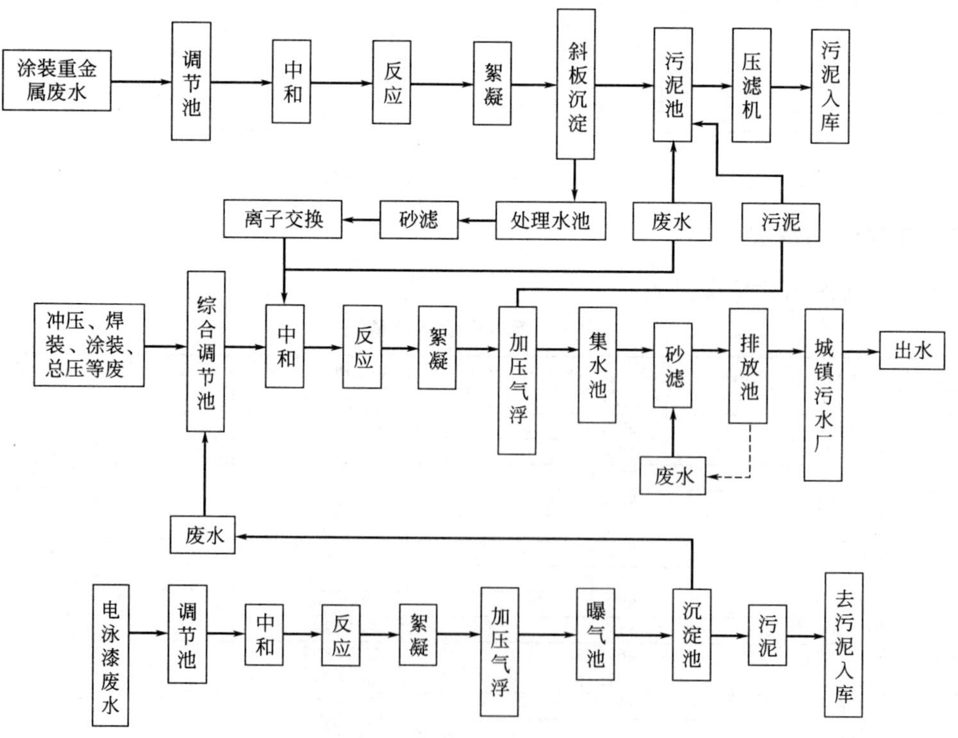

图 3 废水处理工艺流程

经砂滤后排放，污泥交予专业回收公司处理。废水经处理后可达标排放，排入城镇污水处理系统，排放情况见表 3。

表 3　汽车厂污水处理站废水排放情况（单位：除 pH 值外，其他指标均为 mg/L）

项目	COD_{Cr}	BOD	SS	石油类	pH 值	总 Zn	总 Ni	NH_3-N
排放值	148	79.0	70	0.6	8.0	0.45	0.21	0.95
标准值	500	300	400	10	6～9	5.0	1.0	—

（2）废气排放

废气主要为涂装废气和锅炉废气。有机废气采用 RTO 处理技术；锅炉废气配有脱硫除尘装置。表 4 和表 5 为废气排放情况，均可达标排放。

表 4　汽车厂涂装车间废气排放情况

项目	甲苯/(mg/m^3)	二甲苯/(mg/m^3)	非甲烷总烃/(mg/m^3)
涂装车间北排口	0.55	0.29	19
涂装车间南排口	0.67	0.39	15
RTO 排口	<0.01	<0.02	7.3
排放标准浓度	合计 18		30

表 5　汽车厂锅炉大气污染物排放情况

项目	烟尘/(mg/m^3)	SO_2/(mg/m^3)	NO_x/(mg/m^3)
排放值	4.3	0.014	0.27
标准值	30	50	150

（3）固体废物排放及控制情况

固体废物包含一般废物和危险废物。一般废物主要有金属废物、生活垃圾；危险废物有涂装车间产生的废漆渣、污水处理站污泥以及预脱脂、脱脂废液处理车身的磷化废渣等。

3.2.5　确定清洁生产审核重点

通过预审核，根据产品产量、物料消耗、能源消耗、废物产生情况，确定出本轮的审核重点。选取生产工艺复杂，能源和物料消耗较多、产生废物较多的涂装工序作为本次清洁生产的审核重点。最终确定涂装工序作为本次清洁生产的审核重点，把全厂用能、用水、原辅材料消耗、废物的排放等作为本次审核范围进行审核。

3.2.6　设置清洁生产目标

经审核小组与企业领导的研讨，结合企业实际情况，分别对全厂和涂装车间制定了以下清洁生产目标。具体情况见表 6 和表 7。

表 6　汽车厂清洁生产审核目标设置一览

指标	单位	现状	目标	
			近期(降 3%)	远期(降 6%)
单位产品综合能耗	kgce/辆	210.03	203.73	197.43
单位产品电耗	kW·h/辆	656.59	636.89	617.19
单位产品燃气消耗	m^3/辆	97.25	94.33	91.42
单位产品 CO_2 排放量	kg/辆	722.95	701.26	679.57
单位产品水耗	t/辆	6.18	5.99	5.81

表 7 汽车厂涂装车间清洁生产审核目标设置一览表

指标	单位	现状	标准值	目标	
				近期(降 3%)	远期(降 6%)
单位面积新鲜水用量	m^3/m^2	0.031	≤0.1	0.030	0.029
循环水利用率	%	97.01	≥85	97.50	98.0
耗电量	$kW \cdot h/m^2$	2.86	≤30	2.77	2.69
废水产生量	m^3/m^2	0.025	≤0.09	0.024	0.023
VOC 产生量	g/m^2	17.31	≤60	16.79	16.27
总磷产生量	g/m^2	0.04	≤5	0.039	0.038
废漆渣产生量	g/m^2	22.11	≤20	20	19
直通率	%	84.2	/	85.9	87.6

3.3 审核

审核过程中通过实测和理论衡算，建立物料平衡、水平衡、关键因子平衡和能量平衡，在此基础上，对审核重点的原辅材料、生产过程以及废物的产生等多方面因素进行审核，分析物料和能量流失的环节，找出污染物产生的原因。查找在原辅材料的存储、运输与使用、生产运行状况、工艺流程、设备的运行与维护、过程与参数控制、管理、人员以及废物的处理处置与回收利用等方面存在的问题，并将其与国内外先进水平进行对比，寻找差距，为进一步的产生并筛选清洁生产方案奠定基础。

3.3.1 物料平衡和主要污染因子平衡

审核重点的物料损失原因分析见表 8。

表 8 审核重点物料损失原因分析

因素分类	因素分析
原辅材料和能源	冲压车间的产量及报废量大，使用整板钢材，造成边角料的浪费，钢板利用率难提高，产生的边角废料只卖给其他单位处理
技术工艺	氩弧焊焊接方法改善、喷涂大灯方案改善
设备	新建厂房，设计时存在能耗过高缺陷，照明设备节能潜力较大；设备电源开关无人管理
过程控制	电泳补水、烤箱的过程优化控制
废物	电泳漆、密封胶回收利用
管理	严格的岗位制度、巡视制度、运行管理制度、事故处理应急制度，有专职的设备检修和公共工程维护人员，保障设备完好
员工	鼓励员工多交流、多学习，更精练地掌握专业技术

3.3.2 水平衡分析

审核重点的水耗情况见表 9。

表 9 审核重点水耗分析

用水类型	总用水量/(t/d)	新水用量/(t/d)
冲压车间模具用水、涂装前处理用水、电泳用水、总装淋雨用水、检查场用水和 PDI 淋雨清洗用水(主要生产用水)	1049.2	1049.2
各个车间和部门的循环水、冷却用水和补水量(辅助生产用水)	45794.8	305.4
生活用水	324.4	324.2
其他用水	661.3	661.3
合计	47938.3	2352.1

生产废水主要来自于涂装车间前处理阶段，其中电泳工段由于车身要完全进入电泳池，当车身离开电泳池时易携带大量水分造成流失，此部分改进潜力较大。辅助生产用水的补水量在12%左右，属正常水平，节水潜力不大。生活用水很大程度存在人为控制因素，工厂生活用水的主要水损失来自于食堂、厕所用水的浪费。企业其他用水量主要包括浓水水池、绿化用水和景观水池的用水，通过增加雨水利用，降低绿化用水，节约水资源；同时，加强管理，提高节约意识，是节水的关键。

3.3.3　能源平衡分析

表10为企业的能源消耗分析。

表10　能源消耗情况

车间名称	电耗情况/(m^3/d)	燃气消耗情况/(m^3/d)	车间名称	电耗情况/(m^3/d)	燃气消耗情况/(m^3/d)
冲压车间	9074	—	总装车间	26298	—
车身车间	25530	—	动力站	43650	5916.9
PDI	5784	10	合计	289942	20543.6
涂装一车间	137200	13909.4			
涂装二车间	37030				

电能主要供应于四大车间的及动力站的空压机工艺消耗和照明用电上。在设备使用维护和能源使用管理方面存在较大节能潜力，目前10kV变压器多数处于轻载状态，负荷率普遍在30%～40%或更低的状况，造成大量电能的浪费。若经过优化，精简运行台数，将是十分有效的节能措施。

涂装车间燃气耗量大，原因是由烘干工艺和RTO所至，汽车厂涂装工艺采用的是5C5B，5次烘干势必造成大量天然气消耗，而且采用水性漆涂料，烘干时间相对要求更长，因此必须加强对烘干温度和时间等参数的优化控制，才能寻求节气的突破口。此外企业为达到最低环境危害的目标，对废气采用了RTO处理系统，由于采用的水性漆工艺对VOCs的产生量已大大削减，所以对RTO的依赖程度较低，将此处作为突破口，优化RTO的运行参数也是一项有效的节能手段。

3.4　方案产生

3.4.1　无低费方案及实施效果

本轮清洁生产审核工作产生了66项无低费方案。部分无低费方案如表11所列。

表11　部分无低费方案汇总

项目	序号	方案名称	方案描述
一、原辅材料和能源替代	1	缩小底涂宽度	宽度由25mm±1mm调整到20mm±2mm。单台节省量:190g
	2	减少冲洗稀料	洗钩子的时候用稀料枪冲湿擦布。用布擦钩子可节约稀料
	3	喷漆室安全阻隔涂料应用	采用新型阻隔涂料，成本低廉，美观整洁，具有阻燃性又可溶于水，清洗方便。加强了涂装作业的安全性，降低了对环境的污染
	4	生产线板料节俭使用	在上料之前由叉车工对每包第一张板料进行全方位的擦拭，保证板料达到生产所需要的品质，然后通过程序调整，使用第一张料，节约大量资金
二、技术工艺改造	5	自制减震块	制作一个拆卸方便的减震物体代替海绵块装在门内板上，可回收重复使用，可以杜绝材料的大量浪费
	6	喷涂大灯方案改善	机器人喷涂大灯需30mL涂料，将此处不喷后可节省30mL涂料，每辆车可节省涂料60mL
	7	降低电泳补水量	调节手动节门降低喷淋量，前处理水洗减为8m^3/h；前处理最终纯水洗减为7m^3/h；电泳最终纯水洗减少为6m^3/h

续表

	序号	方案名称	方案描述
三、设备维护和更新	8	工位灯替换厂房灯	在卡具工人工作的区域安装4组工位灯(功率36W,共8根)替换厂房灯
	9	楼道间加装分控开关	楼道拐角处照明灯改用翘板开关控制。加装分控开关后共节省5灯的耗电
	10	减少涂装机清洗次数	将涂装机接地线取消使之绝缘,防止漆雾返吸。改后2h清扫一次。共三条生产线。每天节约清扫机器人时间250min。每小时节约15min
	11	喷涂机器人可清洗衣服	选用机器人可清洗衣服,重复使用程度高,月可节省19.74万元。且更换方便快捷,节约工时2940min约1.08万元,在对环境的保护和涂装安全方面有很大的优势。可清洗机器人衣服每套成本1029元
	12	CWS除渣设备的改善	选用过滤袋,减少了漆渣中的含水量,节约了企业处理费用,减少资源的浪费和对环境的保护。每个过滤袋20.5元,年采购300个。单车漆渣量3.99kg/台
	13	调漆间增设废水回收设备	设计废水回收设备,将废水排放到车间循环水处理系统中,节约了处理废水的费用以及处理废漆的费用
	14	钣金锉锉片延长使用	在锉片和锉架之间加装一块硬纸板,防止锉片和锉架的钢板直接产生摩擦,将锉片使用寿命延长1倍
	15	顶盖凹凸问题改善	通过将中间带孔传送带更换到两侧位置,经观察顶盖凹凸现象明显减少,RWK率下降。月不良率降为3.3%。修复每件顶盖需用一个打磨片
	16	后备箱外板工位器具改善	查找到磕件部位后,经过锯割、打磨后,把原来的直角打掉,圆角过度,收到了良好的效果,再没出现过报废现象
	17	自制感应开关紧固工具	按照感应开关紧固螺母的尺寸制作专用工具套管,使接近感应开关螺母紧固到位,避免了生产时设备素材异常现象的发生,提高生产性
	18	自制油铲	利用废旧的油桶铁皮制作油铲,每次都用小铲来取油既节省了黄油的浪费
四、过程优化控制	19	按季节调整设备启动	夏季各工作区域设备较冬季晚启动10min
	20	涂装A/S部件程序变更	将原有程序变更为3种部件涂装程序。使机器人只喷涂实际Patt部分
	21	喷涂配件车节约用漆	在原有的ABB_ROBOT整车喷涂程序的基础上制作专门喷涂配件车的ROBOT程序。平均每月做配件车420台,喷涂配件950件。每台配件车节省色漆1.079L,罩光漆1.034L
	22	降低电泳最终纯水补水量	前处理最终纯水由15t降至6t,RO_1,RO_2水质可以控制在范围内。对下道工序无影响。每天生产700辆车需喷淋9.7h
	23	机器人横梁顶喷改善	修改ROBOT程序,将顶盖的横向喷涂路径减少60mm,大大提高了喷涂质量,每辆车省30mL油漆,年节省涂料5099.76L
	24	模具清洗改善	因燃油需求大,改为加热温度为50℃,去油效果与原要求效果相同。每月节柴油20L
五、产品更换或改进	25	保护减震器	在存放减震器的料盒里铺一层泡沫板,增加缓冲力,防止减震器相互碰撞造成的不良品
	26	调整FDC尾门开启时间及工位	调整后尾门开启工作放到F214工位,保证风挡胶已凝固一段时间,再开启后尾门时就可避免风挡下滑现象,保证了整车的产品质量
六、废物回收利用和循环使用	27	气动泵回收电泳漆	为避免生产停线,减少排放大量的电泳漆,在静压液计出口端用变径连接快接接头与可移动式气动隔膜泵,把排放出来的电泳漆打回电泳本槽,避免浪费,减轻水污染,疏通液位计,确保生产
	28	可移动泵回收电泳漆	用可移动泵连接电泳漆排放管路与循环管路,使电泳漆返回电泳本槽
	29	修复液压杆再利用	将液压杆磕伤的不良品固定铁片拆下,安装在缺少铁片的液压杆上。减少了不良品的数量
七、加强管理	30	烤箱烟道维护	将滴油处用塑料布铺好或用塑料盒接油
	31	电泳辅料码放标识牌	把电泳储备间所有存放的辅料按不同种类用不同的方法进行保存及使用

3.4.2 中高费方案及实施效果

3.4.2.1 10kV系统经济运行方案

（1）方案描述

10kV变压器负荷率普遍在30%～40%甚至更低的状况。在同一变电站内，通过联络开关使2台同容量的变压器在0.4kV侧相连，即可提高运行的可靠性。在目前的负荷下还可停其中一台，使运行的变压器台数减少，达到节电的经济运行的目的。

（2）技术可行性分析

改造没有过多新增设备，仅需添加少量开关、电缆即可完成，没有过多的施工阻碍，技术上可行。整个变压器负载情况如表12所列。

表12　变压器负载率情况

位置	变压器安装台数(容量kVA)	负载率(5～11月最大值)	可停止运行变压器数量
冲压车间	4台(2000*2/1600/1250)	53%;42%;50%;20%	2
车身车间	6台(1600*6)	38%;38%;33%;57%;41%;45%	3
动力站	4台(5000*2/1600*2)	0%(已退出);43%;31%;24%	1
技术中心	3台(1250/1600/2000)	31%;12%;19%	因距离较远暂不考虑
涂装1车间	6台(2000*3/ 5000*3)	51%;59%;62%; 81%;81%;35%	5000kVA在每年10.18～第2年3.18停1台;2000kVA停1台
涂装2车间	3台(2000*3)	29%;45%;45%	每年10.18～下年3.18可停1台
总装车间	4台(2000*3/ 1250)	36%;42%;32%;38%	2
PDI	1台(1250)	35%	
KD仓库	1台(630)	27%	

（3）环境可行性分析

如表13所列，该方案年节电301276kW·h/a。

表13　节电效益表

变压器容量/(kVA)	每小时节约能源/kW·h	停运变压器台月数	每年节约能源/(kW·h/a)
5000	6.37	18	82555
2000	3.47	30	74952
1600	3.04	48	105062
1250	2.24	24	38707
合计	—	—	301276

（4）经济可行性分析

经济可行性分析指标汇总见表14。

表14　方案经济分析指标汇总表

序号	项目	单位	计算式	结果
1	总投资(I)	万元	—	15.75
2	设备费(S)	万元	—	15.75
3	年节约费用(P)	万元	—	19.88
4	折旧年限(n)	年	—	5
5	折旧费(D)	万元/年	$D=0.95S/n$	2.99
6	应税利润(T)	万元	$T=P-D$	16.89
7	年增现金流量(F)	万元	$F=(1-25\%)T+D$	15.66

续表

序号	项目	单位	计算式	结果
8	投资偿还期(N)	年	$N=\frac{I}{F}$	1.01
9	净现值(NPV)	万元	$NPV=\sum_{j=1}^{n}\frac{F}{(1+i)^j}-I$	48.71
10	内部收益率(IRR)	%	$\sum_{j=1}^{n}\frac{F}{(1+IRR)^j}-I=0$	95.98

经过可行性分析，10kV系统经济运行方案在环境满足当前企业的需要，能够取得较大的环境效益，有利于环境友好型企业的推进和清洁生产的减排目标、指标的实现，是配合未来几年环保趋势的有效措施。技术上施工简单、技术成熟有保障，切实可行。经济上投资小见效快，投资偿还期1年，经济可行性显著。

3.4.3 清洁生产效果汇总

本次清洁生产审核工作一共提出66条无低费方案和1条中高费方案，总投资21.41万元，年节约资金1122.01万元。具体的效果见表15。

表15 清洁生产效果汇总表

统计项目	无低费方案	中高费方案	备注
实施方案数	66	0	
已完成方案数	66	0	
待实施方案数	0	1	
实施率	100%	0	
总投资/万元	5.66	15.75	预计实施方案的投资
经济效益/(万元/年)	1102.13	19.88	预计实施方案的效益
环境效益	节水9.4万吨/年；节电125.4万千瓦时/年；折合$CO_2$944.2万吨/年		以实施方案的效益

参考文献

[1]《清洁生产审核暂行办法》(国家环境保护总局令第16号).

[2]《北京市<清洁生产审核暂行办法>实施细则》(京发改[2006]364号).

[3] 北京市地方标准《水污染物排放标准》(DB 11/307—2005).

[4]《清洁生产标准 汽车制造业(涂装)》(HJ/T 293—2006).

[5]《工业企业厂界环境噪声排放标准》(GB12348—2008).

[6]《产业结构调整指导目录》(2011年本).

[7] 刘小艳，何湘阳．汽车制造的污染防治措施及环境评价．岳阳职业技术学院学报，2006，21(6)：65-69.

[8] 李付伟．汽车企业的绿色制造．科技信息，2010，(25)：406.

[9] 李树廷，魏明．汽车制造业节能减排方案分析．节能，2010，(10)：10-13.

[10] 潘继芳．汽车制造企业的环境管理．科技信息，2011，(21)：771，813.

[11] 孙旭红，冯炘，李德生等．汽车制造环境空气影响评价．天津理工学院学报，2004.20(2)：109-112.

[12] 王皓．我国汽车制造业实施绿色制造战略探讨．装备制造技术，2009，(9)：113-115.

[13] 张承海．汽车产业与资源环境．公路与汽运，2006，(114)：1-3.

[14] 章春根．浅谈绿色设计与制造在汽车行业中的应用．江西化工，2010，(1)：30-32.

集成电路制造业清洁生产审核案例研究

李键，孙晓峰，李晓鹏
（中国轻工业清洁生产中心，北京，100012）

摘要：通过对集成电路制造业生产工艺及污染物排放水平的分析，总结了行业生产过程中主要的产污环节及污染物治理工艺和清洁生产工艺，并在此基础上通过对典型企业的案例分析，介绍了集成电路制造业开展清洁生产的原则和途径，介绍了一些成功的清洁生产方案。

关键词：集成电路；清洁生产；环境污染

case study of cleaner production auditing on integrated circuit manufacturing industry

Li Jian，Sun Xiaofeng，Li Xiaopeng
（China Cleaner Production Center of Light Industry，Beijing 100012）

Abstract：Through the analysis of IC manufacturing process and the level of pollutant emissions，summed up the major part of production pollution，and clean technology and pollution control production processes. On this basis，through a case study of a typical enterprise，describes integrated circuit industry to conduct cleaner production principles and ways to introduce a number of successful cleaner production program.

Key words：Integrated circuit；Cleaner production；Environmental pollution

集成电路（Integrated Circuit，IC）是构成电子产品的关键部分，它的发展使电视机、电冰箱、洗衣机等家用电器趋向智能化，微机、手机等电子器件更新换代加速，可以说已经成为现在生活中不可或缺的一部分。但随着 IC 的开发与生产，越来越多的有机溶剂、加工原材料以及在加工过程中产生的废水、废气和废渣排入周围的环境，对人类及其赖以生存的生态系统构成了严重威胁。

1　集成电路行业现状

我国的 IC 产业的发展水平相对薄弱。2005 年我国自主设计的 IC 供应只占全球市场的 0.3%。2002 年以后我国 IC 产业属于高速增长期，2002 年到 2006 年我国集成电路生产量分别达到 96.31 亿、124.1 亿、211.47 亿、265.78 亿和 335.7 亿块，分别比上一年增长 189.83%、28.85%、70.4%、25.68%和 26.3%。2004 年长江三角洲、京津地区和珠江三角洲这三个集成电路主产区的产值占全国 IC 产业产值的 95%以上。从 2000 年到 2005 年，我国 IC 行业出口数量分别为 40.4 亿、33.02 亿、55.93 亿、110.98 亿、162.26 亿、216.09 亿块，分别较上一年增长 18.8%、－2.39%、30.18%、79.69%、33.9%、20%，但是我国IC行业的贸易竞争指数却处于比较低的水平，这反映了我国集成电路产业发展水平仍然较低，产业国际竞争力仍然薄弱。

由于IC制造业设计到300多种不同性质的原料和溶剂，其中绝大部分是毒性大和危险性高的物质。由于工艺和管理两方面的原因，这些物质在制造过程中会挥发、泄露等形式进入环境。据统计，美国半导体制造业每年排放的危险废物有7000多吨，其中绝大部分为废溶剂和酸碱，对人体健康和生态环境危害较大。

2 IC制造业的生产工艺和产排污状况

2.1 IC生产工艺流程及排污环节

IC生产可以分为晶体材料生产、晶片制造和器件组装三个阶段，其中污染最严重的主要是晶片制造阶段。生产工艺流程如图1所示。

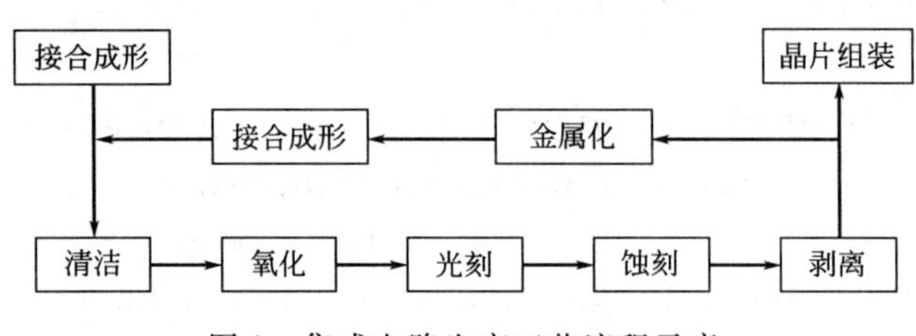

图1 集成电路生产工艺流程示意

在常用的单晶材料生产工艺中，反应管尾气排放AsH_3、PH_3、H_2Se等污染物，晶片机械加工产生废水和废渣。

氧化、光刻、蚀刻和剥离四项工艺形成电路图像。先将光刻胶涂在氧化层上，用紫外线通过线路模板使对应部分的光刻胶脱落，再经蚀刻之后，晶片上形成与模板一致的图像，剩余部分的光刻胶由剥离工艺去除。上述过程大量使用的化学品毒性很大，有的甚至具有致癌性，如作为光刻胶的2-乙氧基乙醇和2-乙氨基乙醇戊酸等。此外，使用的氟里昂、氢氟酸等会造成严重的大气污染和臭氧层破坏。

金属化过程是在晶片表面沉积导体物质以实现集成电路的内连接。该工艺产生的污染物与所采用的抛光方法有关，常见的污染物包括有机酸、无机酸和重金属等。

接合成形工艺的目的是在晶片表面的特定区域引入不纯物质，常用的方法有扩散和离子植入。产生的污染物主要是含砷、锑、磷、硼的固体废物。

此外，生产车间的生产环境及生产过程中都需要消耗大量的高纯水和去离子水清洗晶片，产生大量的清洗废水。IC制造过程中产生的不同污染物归纳为表1。

表1 集成电路行业排放污染物一览

排放废物	所含污染物种类
废水	氟化物、酸碱废液（H_2SO_4、HCl、HF、HNO_3、H_3PO_4）、有机废液（异丙醇、丙酮、乙醇）、重金属离子污染物（铜、银、铬、铅、汞）等
废气	氟化物、酸碱废气（H2SO4、HF、HNO_3、可能有PFOS）、VOC、氟化氢、氰化物、磷烷、硼烷、砷烷、硅烷、一氧化二氮、NH_3、H_2、CO等剧毒气体物质
固废	(1)固体废物：重金属（如铅、汞、铜、锡、镉、铬等） (2)高浓度废液：大量有机污染物（丙酮、丁酯、乙酸等）

2.2　IC 制造业污染治理情况

IC 制造业在生产过程中将产生废水、废气和固废及废液。废水主要有酸碱废水、含氟废水及重金属废水；废气主要包括含酸废气、有机废气；固废及废液主要有废水处理污泥、含砷废物、有机废液、废酸等。因此，针对不同的污染物要采取不同的污染物处理工艺，目前典型的废水处理措施见表 2。

表 2　IC 制造厂污染物产生及治理措施

污染源名称	来　源	主要污染物	治理措施
工艺酸碱废水	加工使用的硫酸、磷酸、盐酸等超纯试剂及超纯水对硅片清洗	酸、碱	酸碱中和处理
含氟废水	刻蚀工序等使用氢氟酸、氟化铵、用高纯水清洗水及废气洗涤塔排水	氟、氨	加石灰乳(或氯化钙)絮凝沉淀处理
重金属废水	电镀工艺等	铜	絮凝沉淀
酸性废气	工艺中使用各种酸液清洗、刻蚀等	HF、HCl、硫酸雾、氮氧化物	NaOH 碱液喷淋吸收
有机溶剂废气	各工序使用有机溶剂清洗硅片过程	丙酮、异丙醇等有机物	沸石浓缩转轮吸附燃烧处理/活性炭纤维吸附处理
工艺废气	生产全过程	PFC、H_2、SiF_4、PH_3、AsH_3 等	吸附＋中央废气洗涤塔
废水处理污泥	含氟废水处理	主要成分为 CaF_2	一般固体废物 分类收集 存放交由有资质的专业单位统一处置
有机废液	匀胶 光刻 清洗 显影等	废光刻胶废显影液、废有机溶剂	分类收集、存放在相应的专用贮罐中交由有资质的专业单位统一处置
废酸	清洗、刻蚀等	硫酸 磷酸等	

2.3　IC 制造业的主要清洁生产工艺

IC 制造业的环境污染问题已经逐步引起人们的注意，除了应用传统的末端治理技术，还必须大力开发和应用清洁生产工艺，力图从全过程来控制环境污染，降低能源资源的消耗。目前行业内已经有一些成功的清洁生产方案，包括单晶材料切割工艺管理方案、无尘室废气收集系统管理方案、化学药品分配自动控制系统、蚀刻工艺中全氟化物的替代技术、CFC 替代技术等。

3　案例分析

3.1　企业基本情况

某企业致力于半导体集成电路制造和销售，企业约有 1300 多人。企业目前扩散工艺技术水平为 6in、0.35μm，生产能力为月投片 15000 片，主要产品有遥控电路、显示驱动电路等；组装生产线生产能力年 22000 万块集成电路，主要产品以遥控器、微处理器为主。

3.2　清洁生产审核

清洁生产是一项全员参与的工作，它不是靠环保部门几个人就能解决的，同时它又是一个有开头没有结尾的工作，只有持续实施清洁生产，才能达到削减污染、保护环境的目的。

（1）宣传发动

通过企业内部网络、黑板报、内部刊物、专题讲座、培训班等形式，向职工宣传清洁生产的概念、内涵、基本方法，充分调动全厂职工的积极性，同时利用同行业已经开展清洁生产的实例来进行讲解，就更有说服力，从而解决思想上的障碍。

（2）成立专门领导班子，制订清洁生产管理制度

成立以企业领导为组长，各部门主任、处长、厂环保员为小组成员的清洁生产领导小组。车间、班组分别成立清洁生产小组。实行三级清洁生产审核网络，层层推进，并将实施清洁生产作为企业的长期发展规划，写入厂内部管理制度。

（3）制定清洁生产审核计划

按照清洁生产流程列出计划，分为预审核、审核、备选方案的产生与筛选、可行性分析、方案实施等几个方面，同时要列出完成清洁生产时间及取得成果。最后再根据本次清洁生产的结果，进行总结，持续开展清洁生产，以期取得更大成果。

根据 IC 制造行业品种多，产量变化大，生产周期长，生产原料种类多，过程复杂，特别是生产过程中需要恒温、恒湿生产环境，消耗大量纯水的特点，结合清洁生产审核的总体思路，通过对企业生产全过程中每一个环节、每道工序的物质流、能源流及可能产生的污染物进行监测和物料衡算，分析出高能耗物耗和污染物产生的地点废物产生的原因，有针对性地提出消除废物产生的方案。

3.3 清洁生产方案

企业通过各种形式广泛宣传，全面动员，克服了清洁生产的思想和技术障碍，组织全体员工结合自己的工作经验，提出了很多清洁生产方案，最后有专家筛选出了 45 项方案，其中无低费方案 32 项，中高费方案 13 项，见表 3。

表 3 企业清洁生产方案汇总

方案类别	无/低费方案数	中/高费方案
原辅材料和能源	1	0
工艺技术改造	7	5
设备	13	8
过程控制	8	0
管理	3	0
员工	0	0
废物回收和循环利用	0	0
合计	32	13

3.4 方案实施效果

该企业以节能降耗为目的，以电、水、物料平衡为分析手段，以废水、废气、固体废物及能源的有效利用率为重点，对工艺路线、工艺装备、耗水、耗能、产排污现状以及综合利用等方面存在的问题实施改造，推进清洁生产。该轮清洁生产企业共实施方案 45 项，其中无低费方案 32 项，共投资 4.39 万元，节水 20485t，减少废水排放量 16333t，减少 COD 排放量 0.77t；节电 232.26 万吨，节约标煤 285.45t；节约费用 111.1 万元/年。

3.5 典型方案分析

3.5.1 空压机余热回收利用

由于IC制造企业生产车间需要恒温、恒压、恒湿的生产环境。因此，工厂配有大量的空调冷冻机组及空压机组。该企业配有7冷冻机，月耗电量近828000kW·h；配有9台空压机，月耗电量近321000kW·h。此外，空压机循环冷却水的降温需要消耗大量的电量，该企业估算一期4台空压机额定总功率440kW，4台空压机发热量即132kW。考虑板式换热器效率90%，需要冷冻水提供的冷量是146.6kW。冷冻水每提供1kW冷量，需要消耗的综合电能0.95kW。所以，循环冷却水消耗的综合电能是139.3kW。循环冷却水系统有交换泵5.5kW和循环泵7.5kW，水泵消耗的电能13kW。所以一期空压机循环冷却水系统消耗的总电能是每小时152.3kW，即109656千瓦时/月。同时，该厂7号厂房需要使用升温后的地下水消耗大量的蒸汽。

该方案通过空压机工作时产生的余热对地下水进行加热（图2），使加热后的地下水直接用于生产，同时空压机的循环水也得到冷却，从而降低电量和蒸汽的消耗。

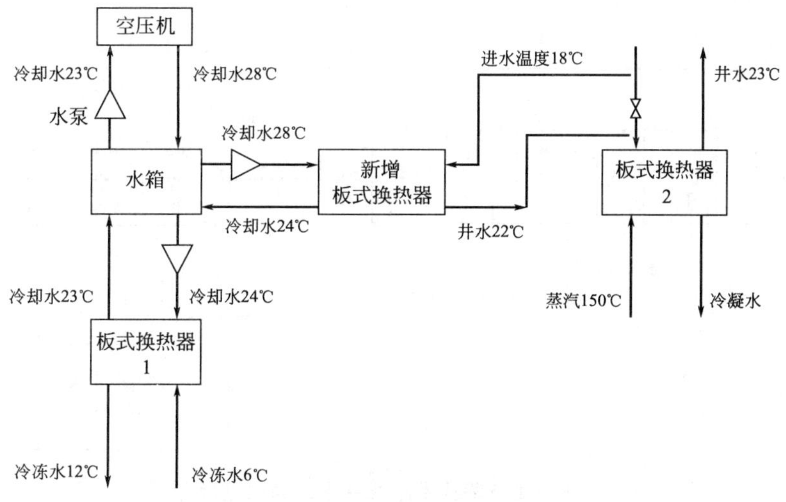

图2　空压机预热回收技术路线

(1) 技术可行性分析

根据调查和技术分析，技术改造需要新安装板式换热器（图2），使空压机循环冷却水温度从28℃降低到24℃，地下井水温度从18℃升高到22℃。循环冷却水原有的板式换热器、井水原有的板式换热器都保留，对水温起微调作用，循环冷却水和地下井水的温度满足各自工艺的要求。

(2) 环境可行性分析

通过该方案的实施，预计可减少蒸汽使用1380t/a（减少约80%），减少电能消耗1052688kW·h/a（减少约80%），年节约标煤279.21t，按每生产1千瓦时电产生的污染物二氧化碳为1000g、二氧化硫为30g计算，该项目实施后，每年当于减少二氧化碳排放1053t，减少二氧化硫31.6t，从环境角度看是可行的。

(3) 经济可行性分析

项目总投资38.5万元，年产生经济效益107.4万元，投资偿还期为0.3年，内部收益率（IRR）370.34％，运行成本大大降低。

3.5.2 办公空调夏季地热利用

夏季办公楼需要空调制冷，目前办公室空调机均由冷冻水提供冷量，冷冻水由冷冻机生产，需要消耗大量电能。目前办公楼夏季实际冷量需求约为 80kW/h。冷冻水每提供 1kW 冷量，需要消耗的综合电能 0.95kW·h。所以，办公楼空调机夏天制冷每小时耗电 76kW·h。目前，企业供水系统有一个 1000m³ 蓄水池作为供水中继，水源来自地下井，水温常年 16～18℃，因此，大水池是一个很大的冷源。

因此，企业拟购买安装冷盘管，引深井水流过冷盘管，降低办公室温度，然后回流至大水池，而办公楼空调机仅提供新风。

(1) 技术可行性分析

大水池井水温度 16～18℃，降低房间温度后，井水自身温度升高至 22～23℃，回流至大水池。由于大水池容量大，且不断更新，水池水温不会有明显变化，可以循环利用。办公楼空调夏季地热利用改善方案对现有的空调机设备运行和办公无影响，从技术上看是可行的（见图 3）。

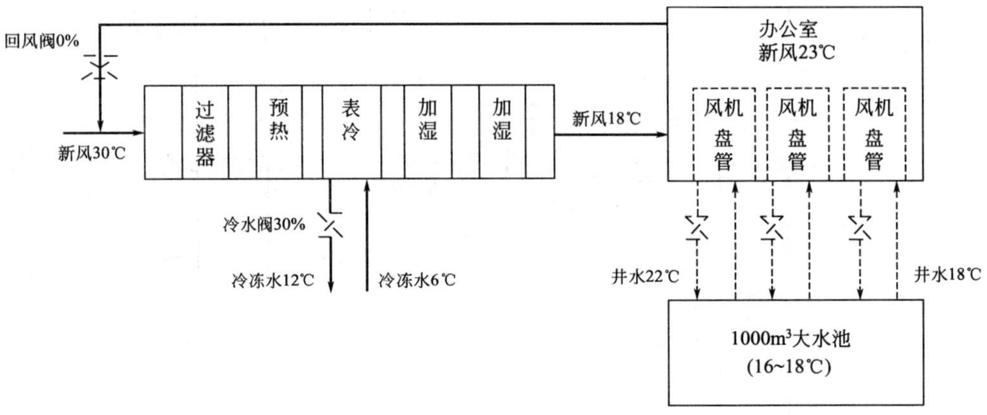

图 3 办公楼空调技术路线（虚线为改进部分）

(2) 环境可行性分析

通过该方案的实施，预计可减少电能消耗 54720 千瓦时/月（改善后办公楼空调机冷冻水停止），按空调开启时间共 4 个月计，全年共节约用电 218880kW·h，年节约标煤 26.9t，间接减少二氧化碳排放 21.89t，减少二氧化硫排放 0.66t，具有明显的环境效益。

(3) 经济可行性分析

项目总投资 23.7 万元，年产生经济效益 15 万元，投资偿还期为 2 年，内部收益率（IRR）50.45％，运行成本大大降低。

3.5.3 旧空压机更换为变频空压机

由于大量生产设备需要使用洁净的压缩空气。企业动力系统共有 9 台空压机。空压机吸入室外空气，经过“预过滤、压缩、冷却、再压缩、再冷却、过滤、干燥、再过滤”后，输送至各用气点。9 台空压机总额定功率 1100kW，是能耗较大的设备。其中某一空压机使用时间长，设备效率低。拟购入额定产气量 11Nm³/min、额定功率 75kW（电机配变频器）

的新空压机代替原来的额定产气量 11Nm³/min、额定功率 110kW 的旧空压机。

（1）技术可行性分析

由于空压机马达的转速与空压机的实际消耗功率成一次方关系，降低马达转速将减少实际消耗功率。变频式空压机是用压力感测器即时感应系统中实际气压和用气量。通过电器控制和变频控制的精确配合，在不改变空压机马达转矩（即拖动负载的能力）的前提下来即时控制马达转速（即输出功率），经由改变压缩机转速，来响应系统压力的变化，并保持稳定的系统压力（设定值），以实现高品质空气的按需输出（图 4）。当系统消耗风量降低时，此时压缩机提供的压缩空气大于系统消耗量，变频式压缩机会降低转速，同时减少输出压缩空气风量；反之则提高马达运转速增加压缩空气风量，以保持稳定的系统压力值。

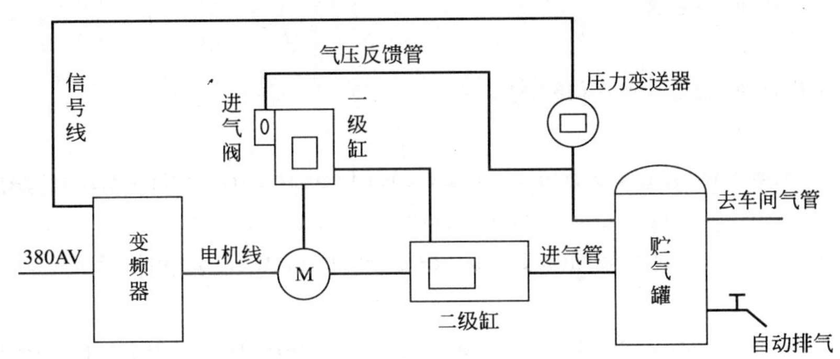

图 4　变频空压机工作原理

（2）环境可行性分析

通过该方案的实施，预计可减少电能消耗 25200 千瓦时/月（减少约 30%），年节约电能 302400kW·h，年节约标煤 37.16t，间接减少二氧化碳排放 30.24t，减少二氧化硫排放 9t，具有一定的环境可行性。

（3）经济可行性分析

项目总投资 50 万元，年产生经济效益 20.5 万元，投资偿还期为 2.3 年，内部收益率（*IRR*）40.48%，运行成本大大降低。

4　结语

该企业通过实施清洁生产审核工作，不仅改造了工艺设备、提高了生产产品的产量和质量；而且节约了大量的电、煤和水；同时减少了 SO_2、废水和固废的排放；因此，在集成电路生产企业开展清洁生产节能、降耗、减污和增效潜力巨大。

参考文献

[1] 张亚明．推进福建集成电路产业发展［J］．合作经济与科技，2006，20：24-25.
[2] 陆楠．珠三角论坛透视中国 IC 产业机遇与挑战［J］．电子设计技术，2006，8：112-113.
[3] David Gilles. Waste Generation and Minimization in Semiconductor Industry［J］. Environ. Eng，1995，121：264.
[4] 闻瑞梅等．半导体材料于器件生产工艺尾气中砷、磷、硫的治理及检测［J］．半导体学报，1995：187-194.
[5] 杨钧．半导体材料加工推行清洁生产刍议［J］．有色金属-冶炼部分，1998：42-44.
[6] 魏致中．半导体制程化学危害介绍［J］．工业安全科技，1994：14.

电子行业（薄膜电容器）清洁生产审核案例

刁晓华，吕竹明，简玉平
（中国轻工业清洁生产中心，北京，100012）

摘要：本文主要论述了我国电子行业（薄膜电容器）的发展现状，该行业的主要生产工艺以及在生产过程中的主要污染环节。通过清洁生产案例介绍，指出电子行业在清洁生产实施过程中所要注意的审核要点。

关键词：电子行业；环境污染；审核要点

The cleaner production audits case of electronics industry (film capacitors)

Diao Xiaohua，Lv Zhuming，Jian Yuping
（China Cleaner Production Center of Light Industry，Beijing，100012）

Abstract：This paper mainly discusses the electronic industry（film capacitors）development present situation，the industry's main production process and in production process of the main environmental pollution link，through claner production case studies，and points out that the electronic industry in clean production in the implementation of the key points of attention to review.

Key words：the electronics industry；the environmental pollution；the audit points

1 电子行业现状

近年来，家用电器、电子整机、信息产业等行业持续平稳增长。同时，国家加大对电力基础设施的投资，加之西电东送、城乡电网改造等工程的实施，直接拉动了薄膜电容器的市场需求。

薄膜电容器的主要原材料为电子薄膜、金属材料、树脂材料、引线及引片材料、壳体材料，其中电子薄膜约占全部原材料总成本的70%。因此，薄膜电容器的行业态势与市场容量直接决定了电子薄膜行业的发展。

据中国电子元件行业协会信息中心统计，全球薄膜电容器2008年的市场销量为620亿只，生产主要集中在美国、欧洲、中国大陆、日本、韩国、中国台湾等地区。随着我国经济的高速发展以及全球范围内的中国采购，2008年，我国薄膜电容器的产量已达259亿只，约占全球市场总产量的42%，位居全球第一。

随着电子薄膜材料生产技术的提高及超薄化的发展，薄膜电容器的应用领域也在不断被拓展，并应用于混合动力汽车用电容器、节能灯电容器、风力发电电容器领域。目前薄膜电容器在整个电容器产业中的比重约为7%～8%，随着应用范围的持续拓宽，其市场增长空间十分广阔。作为薄膜电容器的核心介质材料，电容器用电子薄膜产业也呈现了快速增长的趋势。在过去的15年中，国内电容器用聚丙烯电子薄膜需求量从6000吨/年发展到目前的

4.2万吨/年，年复合增长率为14.91%。其中，2006年国内需求量为3.7万吨，2007年达到4.4万吨，2008年受国际金融危机影响国内需求量略有下降至4.2万吨。中国电子元件行业协会行业分析报告显示，“十一五”期间，国内电容器用聚丙烯电子薄膜的复合增长率将超过15%。

2 电子行业的生产工艺和产排污状况

2.1 电子行业的生产工艺

(1) 薄膜电容器工艺流程

薄膜电容器（金属化聚丙烯膜）工艺流程：分切—卷绕—热压—喷金—赋能—焊接编带装框—浸渍—涂覆—分选—标志打印—成检—包装。

(2) 金属化薄膜工艺流程

薄膜电容器（金属化聚酯膜）工艺流程：切割—卷绕—编带—热压—涂硅—环氧包封—标志打印—外观检查—分选—成检—包装。

具体描述如下。

分别将金属化薄膜和聚酯薄膜分切成卷、将金属化薄膜和聚酯薄膜与引出线一起卷绕成电容器芯子、连续完成电容器芯子在环氧板上的编带及对引出线的表面涂覆硅油、热压定型成扁形芯子、芯子包封等，并控制热压环境温度为130～150℃、热压时间为70～120s，包封后的热风干燥温度为105℃±10℃、干燥时间为140～180min。

① 分切 分别将金属化薄膜和聚酯薄膜分切成卷。

② 卷绕 在卷绕机上将金属化薄膜和聚酯薄膜与引出线一起卷绕成电容器芯子。

③ 编带涂硅 在专用的编带涂硅机上连续完成电容器芯子在环氧板上的编带及对引出线的表面涂覆硅油。

④ 热压 将环氧板上的一组电容器芯子放入热压定型器内热压定型成扁形芯子。

⑤ 包封 在热压定型后的扁型芯子外进行封装。

2.2 电子行业产排污状况及污染治理状况

电子行业在生产过程中污染物排放主要涉及废气、废水、固体废物及噪声等，由于生产过程中不涉及用水，所以废水主要来源于工厂职工生活用水。废气主要来源于：喷金工序和涂装工序的废气，主要废气污染物为锌、锡混合的金属粉尘和环氧树脂粉尘，废气一般经除尘器处理后高空排放。废气经处理后达到国家或地方《大气污染物综合排放标准》要求；固体废物主要包括喷金粉渣、铝箔、废引线、粉碎废产品、废产品膜、废喷金轮、废工装、废纸板、废树脂桶、废油、废树脂、废丙酮、电子废物等，其中大部分固体废物经回收后再利用或出售处理，少量危废产品要求由专业资质危废处置单位回收处置；厂区噪声应执行《工业企业厂界噪声排放标准》。

3 典型案例

3.1 企业基本情况

某电子企业主要生产、销售薄膜电容器，产品为彩电、VCD、录像机、音响、数字程控交换机、手机、数字视频设备等电子整机配套所用，产品技术代表当今世界电子元件行业的先进水平。

企业自成立以来，一直秉承“以人为本”和“与地球环境共存”的经营理念，在谋求自身发展的同时，努力谋求与地球环境的协调发展，致力于环境的保护和改善，企业在建立初期及后期更衣楼改建时，均依据《中华人民共和国环境保护法》和《建设项目环境保护管理办法》，对建设项目进行环境影响评价，严格执行了“三同时”的原则。

3.2 预审核概况

3.2.1 企业概况

该阶段主要对企业的整体情况进行调查了解，包括经营状况、主要生产工艺、现有工程的组成、现有设备（包括空调系统和压缩空气系统）等，并对各产品生产线、除尘系统、污水处理设施及消防设施等进行了现场考察。同时核对系统图，并核查企业主要电耗、水耗等指标，查电耗、水耗大的环节、检查设备运行及维修状况，对历年原材料消耗及能源消耗情况进行统计分析等。

3.2.2 主要污染物排放及控制情况

现场考察企业生产工艺，核对主要污染物的排放来源及排放口，核实污染物的处理工艺及处理设施，了解环保设施的运行情况记录，分别对大气污染物、水污染物、废物的种类及排放，以及厂界噪声情况了解分析，查看监测报告等。

3.2.3 确定审核重点

根据现场查看情况中发现的问题和历年原辅材料和能源消耗情况综合考虑，权重打分最终确定某条生产线作为全厂此次清洁生产的审核重点。

3.2.4 设置清洁生产目标

在审核过程中，工作小组对企业近三年的生产产量以及各类消耗状况进行了分析，根据生产规模、生产产量目标，以及企业近远期生产目标和经营状况，清洁生产审核工作小组制定了清洁生产目标。将能源及原材料的利用指标作为清洁生产目标的考察项目。

3.3 审核过程及审核结果分析

审核过程中通过实测和理论衡算，建立物料平衡、水平衡、关键因子平衡和能量平衡。在此基础上，对审核重点的原辅材料、生产过程以及废物的产生等多方面因素进行审核，分析物料和能量流失的环节，找出污染物产生的原因。查找在原辅材料的存储、运输与使用、生产运行状况、工艺流程、设备的运行与维护、过程与参数控制、管理、人员以及废物的处理处置与回收利用等方面存在的问题，并将其与国内外先进水平进行对比，寻找差距，为进一步的产生并筛选清洁生产方案奠定基础。

审核重点的物料损失原因分析见表1。

表1 审核重点物料损失原因分析

原因分类	原因分析	原因分类	原因分析
设备	电检设备的部件老化、磨损，造成误判多。	管理	品质管理第一，保证生产周期在标准范围内。
过程控制	强化标准作业，减少人为造成不良品增加。	员工	员工对清洁生产意义认识不足。

审核重点的废物产生原因分析见表2。

表2　审核重点废物原因分析

原因分类	原因分析
原辅材料和能源	夏季因为湿度大易造成产品起包，增加不良品 没有标准化作业，造成落下品、不良品增加 不良品破碎处理，造成电能耗费
技术工艺	FT加工机折叠部气缸速度过快，易发生引线加工不良
设备	垃圾运送车两侧无挡板，运输时易造成废物撒落 QE新增熔接机2台，未加装排放甲苯通风管道
过程控制	粉尘清理露天作业，风雨天易造成粉尘的扬散
产品	外观不良BOX：97%；DIP：91%
管理	提高材料收支；强化品质管理；提高涂装线合格率
员工	提高员工技能，较少落下品

审核重点电能不合理利用原因分析见表3。

表3　审核重点电能不合理利用原因分析

原因分类	原因分析
原辅材料和能源	材料合格率低：切割材耗增加；外观起包：不良品增加→电耗增加 选择材料不同，可影响电能使用（树脂硬化温度90～110℃）
技术工艺	FT设备运转不供料时，吹气管仍处吹气状态，造成能源消耗； 大气含浸加热设备3台，生产能力过剩，全部开启造成能耗损失
设备	切割间照明亮度不足，且灯具安装位置不适合生产的需要； G寸吹铜管使用圆孔，单位时间气流量大，造成能源浪费； 气枪使用量大，由于喷嘴大，喷出的气流量大且气流发散，用气时间长，浪费能源； 干燥箱、老化炉、硬化炉等炉门不严，把手损坏，温度损失大，造成能源浪费
过程控制	集中供热及制冷，因作业性质不同，不能及时调整温度或局部控制温度，浪费能源； 空压机房温度高，能量损失大； 卷取机热风头保温性能不足，造成温度自然损失； 涂装工序生产过程中需要加热的硬化炉较多，耗能大； 烘漏油产品不集中（炉内空间较大），造成能源浪费
产品	制造条件不同，可使能耗增加（如改善，如110～90℃）
废物特性	不良品增加→破碎品增加→增加耗能
管理	一人或几人加班，空调无节制开放，温度随意调控； 照明控制开关过于集中，一开关控制多灯管
员工	人员离开时不关闭照明和空调

3.4　无/低费方案及实施效果

无/低费方案的经济效益汇总见表4。

表4　无/低费方案的经济效益汇总

序号	项目名称	方案项目对策
1	加强对废旧电池的回收和管理	·修改《废物管理规定》追加对废旧电池的管理条款 ·设立固定回收/保管场所
2	除尘器清灰改造	新装通风清理柜，柜内清灰杜绝扬散
3	空调机冷暖 调控标准的改善	·公共区域张贴和实施温度标准 ·低温区空调出口封堵，增加高温区风量 ·清理风机过滤网，提高制冷效率

续表

序号	项目名称	方案项目对策
4	照明标准化实施	·现场测量照明亮度,对照标准增减日光灯数量 ·对串联的多管控制开关改装为少管控制开关 ·加强巡视,现场提示和操作
5	完善空调温度的管理	·分区域增加温度计,随时监控和调整现场温度:夏季室温不得低于26℃冬季室温不得高于22℃ ·加强巡视,现场提示和调节
6	废产品的运送管理	·改装垃圾运送车,两侧(或一侧)加装挡板,防止废物散落 ·对即将运送的废物码放齐整,确保不遗撒
7	对漏油产品处理改善	完善作业文件,规定集中烘漏油的操作标准和要求
8	耗能设备的维护与修缮	·确认热能损失点 ·维护及修理把手及部件 ·炉门加装密封条
9	追加排风管道,改善熔接工序作业环境	·追加排风管道
10	涂装降低加热温度的工艺改善	·新厂家材料研讨及使用 ·低温硬化粉体,降低涂装、硬化炉温度,降低能耗。(材料本地化推进)

3.5 中高费方案及可行性分析

3.5.1 电检设备部件/部品的更新改善

(1) 方案简述

电检工序电检机上用的夹具触点长期使用磨损大,使电检设备机经常发生误判等事情,易造成产品合格率降低。经调查发现,其设备夹具触点老化、磨损严重,造成设备误判多,因此更换夹具触点。

(2) 环境可行性分析

方案实施后,合格率可以由原来的98%提高到98.5%,提高了0.5%,每年可以减少不良品60000只。

(3) 经济可行性分析

方案总投资2.8万元。经济可行性分析本方案实施后的内部收益率为95.10%,投资回收期为1.05年,方案经济可行。

3.5.2 卷取机热风头保温的改善

(1) 方案简述

N型和四轴卷取机热封头全部裸露在外,外部没有保温措施,造成热量大量流失,且给外部空调造成极大负荷,造成浪费。因此,将卷取机的热封头用保温材料进行保护,以减少热源流失。

(2) 环境可行性分析

方案实施后,将卷取机的热封头用保温材料进行保护,每台卷取机可降低50%的能源流失,每年可以减少电能损失93208.32kW·h,减少CO_2排放69t。

(3) 经济可行性分析

方案总投资2.0479万元,方案实施后,每年可减少电能损失93208.32kW·h,每年可节约电费 57789 元。本方案实施后的内部收益率为 291.45%，投资回收期为 0.34 年，方案经济可行。

3.5.3　设备漏气耗能的改善

（1）方案简述

设备漏气现象严重，如涂装、喷金等工序设备的电磁阀、气缸，由于常年使用一大部分磨损严重，造成空压机处于高负荷状态运转，造成电资源的浪费。因此，对电磁阀与气缸上磨损的密封圈进行交换，以修复电磁阀和气缸。对于不能交换密封圈的部品进行整体交换。

（2）环境可行性分析

方案实施后，预计可节约气量 10%，每年可以节电 196272kW·h，减排 CO_2 145.28t。

（3）经济可行性分析

方案总投资 3 万元，方案实施后每年可以节约电费 121688.64 元。方案实施后的内部收益率为 415.17%，投资回收期为 0.24 年，方案经济可行。

参考文献

[1] 我国薄膜电容器用电子薄膜的行业现状及市场容量 http：//www.chinairr.org.

火力发电行业清洁生产审核案例研究

孙慧，简玉平，吕竹明，蒋彬
（中国轻工业清洁生产中心，北京，100012）

摘要：火电行业在整个发电行业中有着举足轻重的地位，节能减排潜力大。本文以某火电厂的清洁生产为例，对企业进行深入分析。通过本轮清洁生产审核，该电厂取得了明显的经济效益、环境效益和社会效益。

关键词：火电行业；清洁生产；效益

Case Study of Cleaner Production Audit on Thermal Power Industry

Sun Hui，Jian Yuping，Lv Zhuming，Jiang Bin
（China Cleaner Production Center of Light Industry，Beijing，100012）

Abstract：Thermal power industry plays a vital role in the power industry and has a great potential in the energy saving and emission reduction. In this paper，the cleaner production of a coal-fired power plant was taken as an example. After the cleaner production audit，the plant obtained obvious economic benefit，environmental benefit and social benefit.

Key words：thermal power industry；cleaner production；benefit

1 火电行业现状

电力行业是国民经济的基础产业，直接关系到一个国家的经济安全，在国民经济中扮演着重要地位。我国由于缺乏石油等资源，因而以煤炭为燃料的火电行业在整个电力行业中有着举足轻重的地位。

截止到 2009 年，全国基建新增发电设备容量 8970 万千瓦，全国发电设备总容量达 87407 万千瓦，同比增长 10.23%。其中，火电 65205 万千瓦，同比增长 8.16%，约占总容量 74.6%，较 2008 年年底下降 1.45 个百分点。随着火电装机容量的饱和以及节能减排压力的增加，核能、风能等清洁能源的比重逐渐加大，火电的比重会有所下降，但即使比重按照目前的速度下降，未来 3 年内火电依然会保持在 70%以上的比重。从发电量来看，火电发电量占总的发电量 80%以上，高于其设备所占的比重，虽然 2008 年和 2009 年火电发电量的比重有所下降，但降幅有限，预计未来几年火电发电量依然会占据 75%以上的份额。因此，在未来几年，火电在整个发电行业依然会起着举足轻重的作用。

2002～2009 年火电装机容量及火电装机容量份额见图 1。

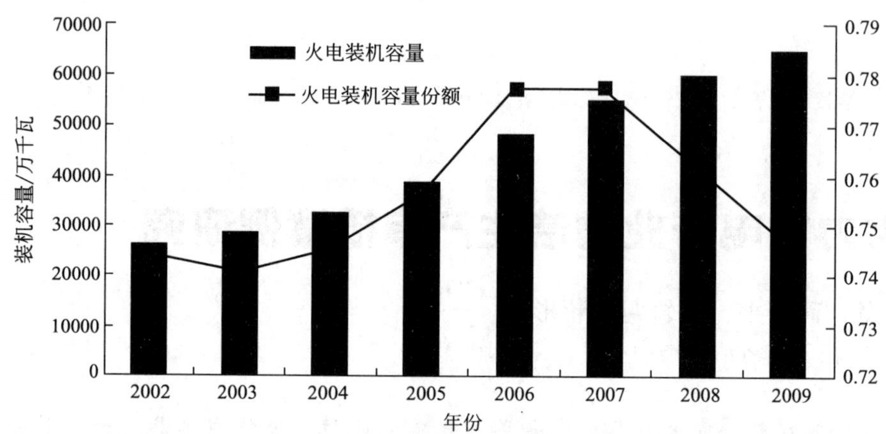

图 1 2002～2009 年火电装机容量及火电装机容量份额

数据来源：国家统计局。

2 生产工艺与产排污状况

2.1 生产工艺流程

火力发电是一个能量转化的过程，主要包括锅炉和汽轮机系统。其中锅炉将原煤的化学能通过燃烧转化为热能，并传递给汽包中的软化水产生蒸汽，蒸汽推动汽轮机转动，并同时带动同轴发电机产生电能。电力生产过程中的能量转换示意见图 2。

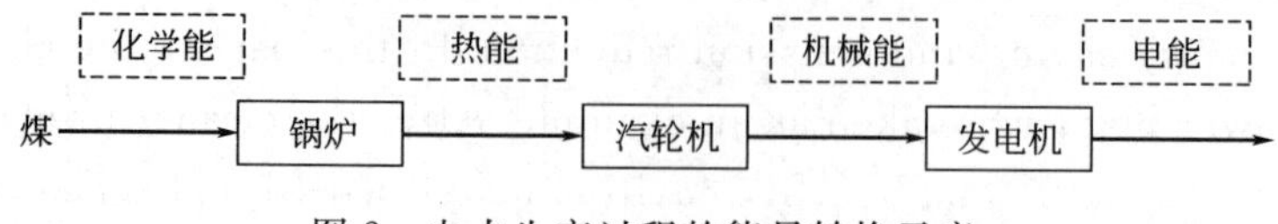

图 2 电力生产过程的能量转换示意

2.2　火电行业产排污状况及污染治理现状

火力发电的主要污染物包括烟尘、二氧化硫、粉煤灰、炉渣及冲灰渣水和温室气体二氧化碳。根据《中国能源统计年鉴2008年》，我国2007年二氧化硫排放量为2468Mt，其中燃煤排放量占85.0%；2005年我国二氧化碳排放量为1368Mt，占世界总排放量的19.0%，其中燃煤排放量为1175Mt，占我国总排放量的84.8%。根据国家环保部发布的《火电厂大气污染物排放标准编制说明》（二次征求意见稿），按照目前的排放控制水平，预计到2015年，NO_x、SO_2、烟尘排放量将分别达到1116万吨、993万吨、281万吨以上；到2020年将分别达到1234万吨、1016万吨、299万吨以上。同时，燃煤发电也是汞排放的主要来源，到2015年火电汞的产生量将达到359t以上，到2020年达到431t以上。火电大气污染物排放对生态环境的影响将越来越严重。

火电企业常见的污染治理措施见表1。

表1　火电企业常见的污染治理措施

污染种类		污染治理措施
烟气		高烟囱排放，高效静电除尘器，湿法脱硫，锅炉采用低NO_x燃烧技术，设置烟气污染源自动连续监测系统
废水	生活污水	生活污水处理站，处理后回用
	生产废水	冷却水：经回收后可补入循环水系统； 循环水排污水：可用于输煤系统冲洗、煤场喷洒和除灰渣系统补水； 输煤冲洗排水：汇集至煤水处理室，处理后重复使用； 化学排水：化学反渗透装置的浓水回收后可用于输煤系统冲洗水、煤场喷洒用水和除灰渣系统补水； 非经常性排水：非经常性排水如锅炉酸洗水、空预器冲洗水等废水，经污水处理站处理后可用于输煤系统冲洗水、煤场喷洒用水和除灰渣系统补水
灰渣		灰渣分除、干除灰，粉煤灰综合利用，炉渣综合利用
噪声		尽量选用低噪声设备，采用降噪、隔声等措施

2.3　火电行业清洁生产技术

将清洁生产的思想和理念运用在火电生产中，即在原材料选用上应优先考虑清洁能源，燃煤采用清洁利用的方法；在发电过程中通过改进技术工艺、设备和优化过程控制，以减少粉尘、二氧化硫、氮氧化物、噪声、废水、灰渣等污染物的产生；通过废水回收处理和再循环利用技术，减少废水排放对环境的影响；通过干排灰、干排渣技术，提高灰渣的综合利用水平；通过变压器经济运行等技术，减少发电设备的电能损耗。火电厂的清洁生产工艺及技术汇总见表2。

表2　火电企业清洁生产技术

过程及排放物	清洁生产技术
燃料输送、燃烧过程	全封闭除尘，燃料清洁输送；燃用低硫燃料，高硫燃料脱硫后燃用，燃煤中加入多种改良元素；采用高效低氮燃烧方式
过程节能	杜绝跑、冒、滴、漏；余热利用
SO_2、NO_x	因地制宜，采用高效脱硫、脱硝方法，低氮燃烧技术
噪声	选用低噪声设备，并采用吸声、隔声、消声等措施
尘	采用高效除尘器
粉煤灰	分级利用：高级（提取铁粉、碳粉等）；中级（生态水泥、加气混凝土等）；低级利用（筑路、填埋）
废水	采用膜处理及电去离子水处理法，减少运行中酸碱废水；其他废水多级处理，梯级利用，达到零排放
废料	回收处理

3 典型案例

3.1 企业基本情况

该电厂为热电联产，主要产品为电力和供热。

3.2 预审核

该电厂的主要生产系统可以分为输煤系统、制水系统、制粉系统、给水系统、锅炉燃烧系统、发电系统、变电系统等，各系统的具体功能见表3。

表3 生产系统表

单元名称	功能简介
输煤系统	燃煤的接卸、破碎、输送至锅炉原煤仓
制水系统	将新鲜水经过水处理系统处理制成电厂所需的工业水
制粉系统	锅炉制粉，由原煤斗、给粉机、磨煤机、分离器、粉仓等组成。主要作用是将原煤磨制成一定细度的煤粉，供给锅炉
给水系统	锅炉供水，由汽机给水泵，通过给水门、调整门进入汽包，保证锅炉给水水量，满足不同负荷的需要
锅炉燃烧系统	由引、送、排风机风道、送风管道、风门、挡板及喷燃器组成，通过调整各部设备，保证锅炉各种工况下稳定经济燃烧
除尘脱硫系统	消除烟气中烟尘、二氧化硫，保护环境
输灰系统	将灰渣浆输送至灰场，或由用户装车拉走
工业水系统	由工业水泵及相应管路系统组成，供给各转动设备冷却水、密封水等，以保证其正常运行
锅炉蒸汽系统	由汽包、过热器、再热器、减温器及安全门等组成，作用是将饱和蒸汽加热成一定温度和压力的过热蒸汽送至汽机作功
汽机蒸汽系统	主蒸汽从锅炉到汽轮机，通过蒸汽管道及电动主阀门，进入高压联合主汽门，然后进高压缸，在高压缸内作过功的蒸汽经过管道中压主汽门进入低压缸作功，最后排至凝汽器
抽气系统	是汽轮机作部分功的蒸汽从一些中间级抽出来，导入高、低压加热器，加热锅炉给水和凝结水，减少冷源损失，提高机组的热经济性
油系统	润滑和冷却汽轮发电机组，支持轴承和推动轴承，汽轮机启停时向盘车装置和顶轴装置供油，发电机组密封用油，防止氢气外泄，同时还为机械超速危急遮断系统提供压力油
循环水系统	供凝汽器、冷油器等设备冷却用水以保证机组正常运行
凝结水系统	汽轮机排汽冷却成凝结水，出凝结水泵升压经过轴封冷却器低压加热进入除氧器。保证汽轮机正常运行
发电系统	将汽轮机转轴上的动能通过发电转子与定子间的磁场耦合作用，转换到定子绕组上变成电能
变电系统	升高电压或降低电压进行电力输送和分配

该电厂的主要污染物来源和控制措施主要包括以下几项。

(1) 大气污染物

大气污染物排放主要为两台锅炉燃煤时产生的二氧化硫、烟尘、氮氧化物等，以及来自贮灰场、煤场和输煤系统的粉尘。两台锅炉均安装了除尘脱硫设施。

(2) 废水

废水的来源主要是：化学制水除盐设备和凝结水处理设备的再生中和废水、锅炉排污水、设备冲洗废水、化学排放的其他废水以及部分生活废水等。这些废水排入污水处理站进行处理，处理方法为：采用物理化学法进行沉淀、调节中和，然后回用于生产。具体回用途径见图3。

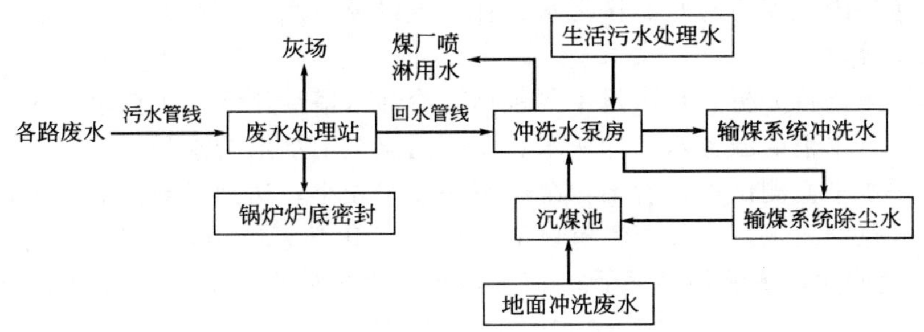

图 3　厂区污水回用工艺流程

(3) 固废

固体废物主要为灰渣、煤泥和生活垃圾等。灰渣进行综合利用，煤泥沉淀池清理出来的煤泥回收至煤场，生活垃圾运至专门垃圾场填埋贮存。

贮煤场和贮灰场都采取了有效措施防止扬尘。

(4) 噪声

该电厂的各产噪设备均采取了吸声、消声、隔声等降噪和防护措施。

在进行现状调查和现场考察的基础上，审核工作小组按照国家发改委 2007 年颁布的《火电厂清洁生产指标体系》评价其清洁生产水平。评价结果表明：该电厂整体处于清洁生产水平。

根据企业总体规划，按照能源消耗、新鲜水消耗、清洁生产机会和废物产生量等多方面综合考虑，审核工作组采用权重总和积分排序法，确定了本次清洁生产审核的重点：锅炉系统，并重点审核全厂水耗情况。

3.3　审核过程及审核结果分析

(1) 锅炉

分别进行了锅炉热效率测试，锅炉物料输入、输出测试，锅炉的硫平衡分析。

测试结果表明：锅炉热效率测试结果表明：锅炉效率为 91.55%，接近设计值 91.89%；主要热损失为排烟热损失。锅炉物料输入、输出测试结果表明：生产中每消耗 1 吨原煤，烟尘排放量为 0.29kg，二氧化硫排放量为 0.35kg，氮氧化物排放量为 3.73kg，灰渣合计 0.34t，除尘效率为 99.90%，脱硫效率为 94.23%。

锅炉的硫平衡见图 4。

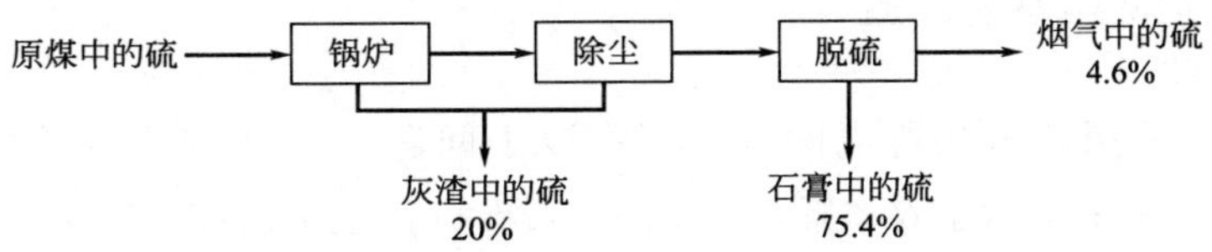

图 4　锅炉硫平衡分析

(2) 全厂水平衡

全厂的取、供、排水分为以下 5 个系统：a. 取水系统；b. 化学水系统；c. 工业水系统（包括高压消防用水、低压消防用水、煤场冲洗用水、空压机冷却水、工业水泵用户）；d.

循环水系统（包括凝汽器冷却水、排污水、补充水以及冷水塔消耗）；e. 工业废水、生活污水处理及排水系统。

对水平衡结果进行分析，耗水量主要包括：冷却水塔溢流水、工业水、生活水以及部分无法回收而排至下水道的服务水、冲灰水、水箱溢流至下水道的水量。

通过全厂用水平衡测试可以看出，全厂不平衡率较小，达到了规范的要求，但发电水耗还是没有达到规范的要求，主要因素有以下几点：a. 化学系统消耗量偏大，制水得率较低；b. 冷水塔排污量偏大，浓缩倍率偏低；c. 生活水使用量偏大；d. 冲灰水未能回收，利用率偏低。

3.4 方案

通过学习和贯彻清洁生产思想，发动和调动企业广大员工积极参与，并且充分调动厂外专家为企业的清洁生产方案献计献策，本次审核共提出大量清洁生产方案，经过初步筛选后得到 33 项清洁生产方案，其中无低费方案 25 项，中高费方案 5 项。

3.4.1 无低费方案及实施效果

部分无低费方案摘录见表 4。

表 4 部分无低费方案

编号	分类	方案名称	方案内容
1	设备维护更新	循环水泵电机双速改造	循环水泵配套的是恒速电动机，季节变化时，采用调节水泵阀门挡板的开度来调节水量，不能调节水泵转速来改变水流量以达到节能目的。将电机改造为可变速的电动机来驱动水泵，冬季时，采取低速小功率运行，就可节约大量的电能
2	过程控制优化	6＃机组凝结水流量测量系统改造	现无凝结水流量测量，为准确测量机炉效率，6＃机组除氧器前要加流量喷嘴，加装 6＃机组凝结水流量测量系统
3	物料回收和循环利用	炉引风机轴承冷却水回收利用	将引风机轴承冷却水引至水平烟道稳压水箱

该电厂通过清洁生产的实施，取得了明显的环境效益，多数无低费方案的环境效益和经济效益都无法量化，对可量化的无低费方案的环境效益进行汇总，通过这些无低费方案的实施，可以实现节约用电 181 万千瓦时/年，节约用水 8.8 万吨/年，折合节约标煤 588.9t/a，减排二氧化硫 2.52t/a。

3.4.2 中高费方案及可行性分析

3.4.2.1 1# 机组除尘系统改造

(1) 方案简介

鉴于机组目前采用四电场静电除尘，存在以下问题：a. 当年设计除尘效率 99.72%，2010 年 8 月测试表明平均除尘效率降至 99.10%，出口含尘浓度在 400mg/Nm^3 以上，对脱硫系统产生很大影响；b. 除尘系统耗电量大，年耗电约 600 万千瓦时。

拟将四电场静电除尘器改为电袋复合除尘器，从而提高除尘效率，保障脱硫系统运行。

(2) 技术可行性分析

电袋复合型除尘器又称预荷电袋式除尘器，是通过电除尘与滤袋除尘的有机结合的一种新型高效的除尘器。

(3) 环境可行性分析

本项目实施后电袋除尘的除尘效率预计达到为99.90%。除尘效率比原来提高了0.80%。可见，该项目实施后将会大大提高除尘效果，并且对脱硫系统的运行具有良好的保障。减少粉尘排放量212t/a；除此之外，还能够节约电力约400万千瓦时/年，折合标煤1300t/a，减排二氧化碳3250t/a，粉尘1.08t/a，二氧化硫5.56t/a，氮氧化物11.36t/a。

(4) 经济可行性分析

本项目投资约为2600万元，主要经济效益体现：a. 改造后效率提高到99.90%，排放浓度≤30mg/Nm^3；b. 设备更新后大幅度减小检修工作量和备品消耗量；c. 节约用电400万千瓦时/年，折合120万元/年。

3.4.2.2 冲灰水回收利用

(1) 方案简介

① 现状　电厂均采用气力除灰，但部分没有外售的粉煤灰采用水力输送至灰场贮存。目前采用低固相输送方式，灰浆水量900 t/h，其中灰浆水含杂质与水的比例约为1∶9，灰场的大量水资源没有回收利用。

② 改造方案　将灰渣水用管道送到灰场后，灰渣浆中的粗分散杂质在灰场沉淀下来，澄清后的水可以送回电厂循环使用。

(2) 技术可行性分析

其工作方式是将燃烧后的粉煤灰用水稀释，再用灰浆泵送往贮灰场中，灰和水分离后，用泵将水输回灰场区冲灰，形成闭路循环。

(3) 环境可行性分析

目前灰浆水量900 t/h，其中含水量为90%，按回收率50%计算，可回收用水405万吨/年。

(4) 经济可行性分析

本方案投资约1650万元，项目实施后能够回用水405万吨/年，折合405万元/年。

3.4.2.3 凝汽器加装抑菌除垢系统

(1) 方案简介

① 现状　凝汽器由于长期运行，铜管表面结垢脏污严重，使换热效果大幅下降。

② 改进方案　在凝汽器循环水进、出水管和凝结水出水管处，加装智能化电磁储能式抑菌除垢系统。

(2) 技术可行性分析

投用前后相比，同工况下机组低缸排汽温度平均下降约1.2℃，能够提高机组效率，达到节能的目的。

(3) 环境可行性分析

本方案实施后预计能够节约标煤2400t/a，折合减排二氧化碳6000t/a，粉尘2t/a，二氧化硫10t/a，氮氧化物21t/a。

(4) 经济可行性分析

凝汽器加装抑菌除垢系统投资为120万元，实施后每年将节省标煤约2400t/a，节约成本约220万元/年。

3.4.3 方案实施效果分析

本轮所有清洁生产方案实施后，可以实现节电781万千瓦时/年，节约标煤1万吨/年，节水460万吨/年，减少废水排放372t/a，总投资为5110万元，取得的经济效益为1627万元/年。该电厂通过清洁生产，取得了显著的经济效益、环境效益和社会效益。

参考文献

[1] 2010年火电行业风险分析报告.
[2] 吴刚，涂鸿．我国火电环保产业价值的技经分析．电力建设，2011，32（9）：81-84.
[3] 贾海娟，黄显昌，谢永平．火电行业清洁生产水平分析与评价——以M火电企业为例．能源环境保护，2010，24（2）：54-57.
[4]《火电行业清洁生产评价指标体系（试行）》（国家发展和改革委员会2007年第24号公告）

农业循环经济与清洁生产

简玉平，刁晓华，孙　慧
（中国轻工业清洁生产中心，北京，100012）

摘要：本文主要论述了农业清洁生产的内涵，从农村的发展模式、农村清洁生产工作的开展等几个方面对构建“资源节约型、环境友好型”的两型新农村进行了研究，提出农村循环经济的发展模式。模式以节能技术、节水技术和污染物减排技术为出发点，在建立循环经济发展模式的前提下，提出了在农业领域开展清洁生产的新思想，并从清洁生产的七个步骤对在农业领域开展清洁生产工作进行了详细的论述。

关键词：农业；农村；清洁生产；发展模式；可持续发展

Agricultural Circulation Economy and Cleaner Production Analytical

Jian Yuping，Diao Xiaohua，Sun Hui
（China Cleaner Production Center of Light Industry，Beijing，100012）

Abstract：this paper mainly discusses the connotation of the agricultural cleaner production，to study the new type countryside of “resource conservation and environment friendly” from rural development pattern and the work development of rural clean production，proposing the development mode of recycle economy which takes the energy-saving technology，water saving technology and pollutant reduction technology as a starting point，it has proposed the new ideas of establishing circular economic development mode under the premise of establishing circular economic development mode，and discussed the work of clean production in agriculture field from seven steps.

Key words：agriculture；countryside；cleaner production；development mode；sustainable development

1　总体思路

根据国内一些省市构建“两型社会”的经验，可以从两个层次来构建“两型社会”。

(1) 区域层次

可以引进和发展节能减排的新技术，延伸农村的产业链，形成农村循环经济产业链提高产品附加值。

(2) 企业（行业）层次

可以开展清洁生产审核，发掘企业（行业）的清洁生产潜力，提高企业（行业）的资源能源利用率，减少企业（行业）的污染物排放。

2　农业循环经济发展模式

农业系统是种植业、林业、渔业、牧业及其延伸的农产品加工业、农产品贸易与服务业、农产品消费之间相互依存、密切联系、协同作用的耦合体。农业产业部门间的“天然联系”、农业产业结构的整体特性，正是农业循环所要求的，是建立农业循环经济产业链发展模式的基础。主要有以下几种：a. 农林复合型发展模式；b. 农牧渔综合养型发展模式；c. 以沼气为纽带资源利用型发展模式；d. 农业生态恢复型发展模式；e. 农村庭院型发展模式；f. 畜禽粪便利用型模式；g. 农作物秸秆利用型发展模式。

2.1　农业循环经济

农业实施节能减排工作与发展循环经济是相互联系的，采用节能减排的技术是发展循环经济的基本单元组成，对于农业循环经济而言，在采用节能减排技术的基础上，需要注重的是各个产业链之间的链接，采用“3R”（减量化、再利用、再循环）原则实施农业循环经济。见图 1。

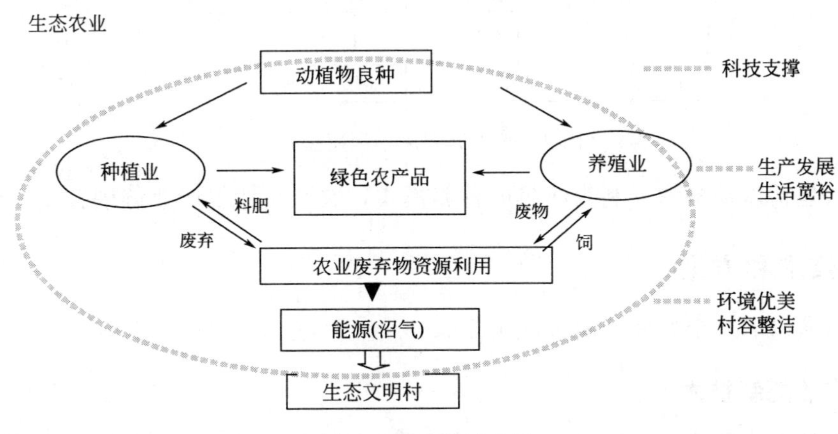

图 1　农业循环经济

这种各产业链的链接往往产生以下几种循环经济模式。

(1) 以沼气为纽带的能源生态模式

以某生态园区循环经济试点为例，其主要生态物流链见图 2。

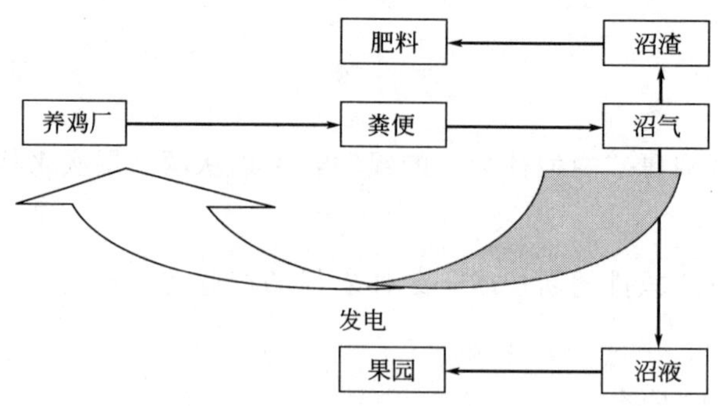

图 2　某生态园区生态物流链

该生态园区采用欧洲最先进的沼气发电法，将废水收集起来和鸡粪共同发酵，产生沼气，发酵后废水变成非常好的液体有机肥料，可以大量应用于当地的有机果园及农业生产中；沼气用来发电，并入华北电网，产生极大的经济效益，达到变废为宝、综合利用、循环经济的目的。

(2) 某生态园废物利用模式

图 3 是某生态园废物利用模式。首先养牛场与周围农户建立起相互依托的模式签订供给合同，每年农户种植的植物饲料全部由牛场收购，但种植饲料的肥料由奶牛场直接供给，农户不得自行使用其他肥料。牛场养牛产生的粪便分成两种部分用途：一部分作为沼气发电站的原料发电，产生的电力资源供牛场和农户使用，产生的沼渣和沼液作为高档有机肥作为绿色农田的有机肥料；另一部分牛粪通过晒干、灭菌后接种，再植入菌蘑发育，最后成为绿色食品输出。

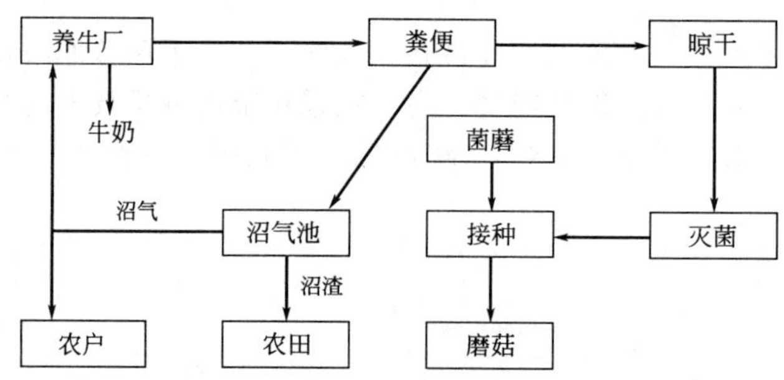

图 3　某生态园废物利用模式

其他模式包括以动植物互利为纽带的种养模式，农产品加工产业链耦合模式等。

2.2　节能技术和方案

农业可以从以下几个方面开展节能工作。

2.2.1　推广节能新技术

目前采用较多的节能技术包括：a. 绿色照明技术；b. 太阳能发电技术；c. 风能发电技术；d. 秸秆、畜禽粪等的资源利用技术；e. 节能型农用机械设备的使用；f. 农村家庭节能器具的使用；g. 电机系统变频技术；h. 地源热泵和水源热泵技术；i. 建筑节能，包括选用节能材料，节能设计；j. 供配电系统优化节能；k. 省柴节煤炉灶和节能炕等。

对于农村节能工作而言，面对农村丰富的秸秆、风力、太阳能等自然资源，开发新能源的使用往往更有效果。以某市为例，十分重视新能源、绿色能源的发展，在该市能源“十一五”规划中，明确提出要大力发展生物质能、地热能、太阳能和风能，到2010年逐步形成“多能利用、多元互补”的利用新格局，可再生能源利用量达到260万吨标准煤，在能源消费总量中达到4%。

一是加快发展绿色电力。包括风力发电和太阳能发电。

二是积极发展可再生能源供热。在生态涵养区的城镇地区积极发展地热及浅层地能采暖制冷。

三是积极推广生活用能新方式。发展一批与建筑一体化太阳能热水系统，建设一批太阳能集中浴室，推广应用一批沼气、秸秆气化等生物质集中供气。

对于农村建设而言，节能灯、太阳能、秸秆、畜禽粪等的资源利用技术、节能型农用机械设备的使用、农村家庭节能器具的使用、电机系统变频技术、地源热泵和水源热泵技术、建筑节能、供配电系统优化、省柴节煤炉灶和节能炕等节能技术和方案都可以进行推广和应用，但需结合当地的具体情况进行深入分析，进而选择适合当地情况的技术方案。

2.2.2 建立节能示范工程

每个地方的具体情况不同，所采用的具体的节能技术和方案也不相同。

因此就需要对当地农村的具体情况进行调研和对比分析，分析各种节能技术方案在当地农村应用的可行性，并确定几项较为可行的技术方案建立示范工程。

建立示范工程很重要，通过示范工程在较小的范围应验证节能技术方案的实际可行性；成功的示范工程还可以对周边地区起到引导和辐射作用，从而减少节能技术方案推广的阻力。

该市重点建设的生态示范农村某县大力发展新能源的使用，主要包括以下几个示范工程：

(1) 农作物秸秆生物质气化高效利用工程

全县年产作物秸秆23万吨左右，2001年前资源化利用（生物质气化、青贮饲料、秸秆加工）利用率不足30%，大多秸秆还田。2005年，新建150m^3的生物质气化站2个，运行成本0.15元/m^3，年处理秸秆657t，产气量131.4万立方米，解决1800多户生活用气，比使用液化气节约资金84元/（年·户），同时推广小型生物质气化炉1000台，1户1台，简单经济。

在此之后，全县2006年已经建设10个集中气化站，2007年建成使用26个，2008年计划在各乡镇的100个村建设秸秆集中气化站，预计投资14000万元。

(2) 畜禽粪便生物质气化利用工程

该县在县内8个村开展畜禽粪便气化工程，将每年畜禽养殖厂产生的93万吨粪便用于生物质化产生沼气，所产生沼气直接供居民炊事。

(3) 大型太阳能光伏发电工程

建设10MW并网光伏发电系统，年发电量达1500万千瓦时。建成目前世界上最大的太阳能光伏发电系统。同时，具有科普教育功能和旅游观光功能。

(4) 小型太阳能发电工程

在居民家中安装小型太阳能板，可用于家中照明、电视、电脑等小功率电器用电。

(5) 垃圾填埋场沼气综合利用发电工程

投资5000万元，建立7000m^{3}沼气池4个，年发电量达1400万千瓦时。

(6) 省柴灶的使用

投资20万元，在1000户农户改省柴灶1000台。

(7) 生物质多元供暖工程

该县拟在各乡镇建设秸秆集中气化供热示范村和沼气集中供气供热示范村，推广生物质颗粒燃料供暖工程，解决农户冬季采暖问题。计划每年在乡镇建设5个秸秆集中气化供热示范村，共1080户农民采暖，投资175.1万元；建设1个沼气集中供气供热示范村，共680户农民采暖，投资115.6万元；推广生物质颗粒燃料供暖工程3500户，投资1050万元。

2.3 节水技术和方案

2.3.1 推广节水新技术

(1) 农业用水优化配置技术

① 积极发展多水源联合调度技术。大力推广各种农业用水工程设施控制与调度方法，高效使用地表水，合理开采地下水，在时间上和空间上合理分配与使用水资源。

② 逐步推行农业用水总量控制与定额管理。

③ 建立与水资源条件相适应的节水高效农作制度。提倡发展和应用适水种植技术。

④ 发展井渠结合灌溉技术。推广和应用地表水、地下水联合调控技术；提倡井渠双灌、渠水补源、井水保丰。

⑤ 发展土壤墒情、旱情监测预测技术。

(2) 高效输配水技术

① 因地制宜应用渠道防渗技术。

② 发展管道输水技术。改造较小流量渠道时优先采用低压管道输配水技术；在高扬程提水灌区和有发展自压管道输水条件的灌区，优先发展自压式管道输水系统。

③ 推广采用经济适用的防渗材料。提倡使用灰土、水泥土、砌石等当地材料；推广使用混凝土和沥青混凝土、塑料薄膜等成熟的渠道防渗工程常用材料等。

④ 发展防渗渠道断面尺寸和结构优化设计技术。

⑤ 积极发展渠系动态配水技术。发展和应用实时灌溉预报技术；加强灌区用水管理技术的研究与应用，提倡动态计划用水管理。

⑥ 加快发展灌区量测水技术。

⑦ 发展输水建筑物老化防治技术。积极研究输水建筑物老化防治技术、病害诊断技术和防腐蚀、修复、堵漏技术。

(3) 田间灌水技术

① 改进地面灌水技术。推广小畦灌溉、细流沟灌、波涌灌溉；合理确定沟畦规格和地面自然坡降，缩小地块等。淘汰无畦漫灌。

② 大力推广以稻田干湿交替灌溉技术为主的水管理技术。提倡水稻灌区格田化和采用水稻浅湿控制灌溉技术；推广水稻泡田与耕作结合技术等。

③ 因地制宜发展和应用喷灌技术。

④ 鼓励发展微灌技术。在果树种植、设施农业、高效农业、创汇农业中大力推广微喷

灌与滴灌技术等。

⑤ 在春旱严重、后期天然降水基本可满足作物生长需要的地区，大力推广坐水种技术。

⑥ 鼓励应用精准控制灌溉技术。

⑦ 缺水地区大力发展各种非充分灌溉技术。

（4） 生物节水与农艺节水技术

① 鼓励研究和应用水肥耦合技术。提倡灌溉与施肥在时间、数量和使用方式上合理配合，以水调肥、水肥共济，提高水分和肥料利用率。

② 提倡深耕、深松等蓄水保墒技术和生物养地技术。

③ 在土质较轻、地面坡度较大或降水量较少的地区，积极推广保护性耕作技术。

④ 推广田间增水技术。发展覆膜和沟播技术；加强低成本、完全可降解地膜研究；加强土壤表面保墒增温剂的研究与开发。

⑤ 发展和应用蒸腾蒸发抑制技术。提倡在作物需水高峰期对作物叶面喷施抗旱剂等。

⑥ 推广抗（耐）旱、高产、优质农作物品种。

⑦ 鼓励使用种衣剂和保水剂进行拌种。加强低成本、多功能保水拌种剂、经济作物和草场专用保水剂产品和设备的研究与开发。

（5） 降水和回归水利用技术

① 推广降水滞蓄利用技术。

② 推广灌溉回归水利用技术。

③ 大力发展雨水集蓄利用技术。

（6） 养殖业节水技术

① 加快发展抗（耐）旱节水优良牧草品种选育技术。

② 发展和推广适合天然草地和旱作人工草地的节水抗旱型优良牧草栽培技术。

③ 推广人工草场的节水灌溉技术。推广草地节水灌溉制度；因地制宜发展草地灌溉渠道防渗衬砌和管道输水灌溉技术；鼓励在适宜条件下发展草地喷灌技术；改进草地地面灌水技术等。

④ 发展草原节水耕作技术。提倡应用草原免耕直播技术；发展人工补播和人工种植技术等。

⑤ 发展集约化节水型养殖技术。提倡家畜集中供水与综合利用；推广“新型”环保畜禽舍、节水型降温技术和饮水设备等。

⑥ 推广养殖废水处理及重复利用技术。推广养殖废水厌氧处理后的再利用技术及深度处理和消毒后用于圈舍冲洗的循环利用技术等。

⑦ 发展畜产品、水产品加工节水技术。鼓励研究和开发多功能、低成本、节水、环保型加工工艺和技术装备。

（7） 村镇节水技术

① 发展和推广村镇集中供水技术。

② 鼓励研究开发并推广村镇家用水表和节水型用水设施，缺水地区要逐步开展村镇家庭用水分户计量。

③ 发展村镇饮用水处理与水质监测技术。水质不达标地区提倡饮用水源集中处理；建立水质检测制度；鼓励开发并推广适宜村镇管理条件的简易监测设备和便携式监测设备。

2.3.2 建立节水示范工程

(1) 蔬菜滴灌节水工程

滴灌技术作为节水示范项目在全国各地都得到了应用，取得了很好的节水效果，滴灌系统采用管道输水和完备的压力及水量调节系统，可以有效调节灌水流量，适用于山区、丘陵和平原各种地面坡度条件下不同土壤的灌溉。由于滴灌投资大，技术含量高，适用于经济条件较好的地区、种植效益较高的蔬菜、花卉等附加值高的经济作物。

(2) 膜下暗灌节水工程

膜下暗灌节水技术作为农业种植技术在北京的农村蔬菜种植得到了广泛的应用。

膜下暗灌节水技术是蔬菜定植后，在两小行之间的沟上覆盖一层塑料薄膜，做成灌水沟，在膜下沟中进行灌溉，两个相近大行之间不覆盖地膜。其优点有 3 个：a. 它的投资成本最少，每亩成本约 50 元；b. 省水，易于管理。根据试验，膜下暗灌技术比传统的畦灌节水 50%～60%左右，比不覆膜沟灌可节水 40%左右；c. 适合设施、露地等各种形式的瓜菜栽培。

2.4 减排技术和方案

2.4.1 农业污染的主要问题

农业污染的特点主要为面源污染，所谓面源污染，主要是指农业生产活动引起的各种污染物（沉淀物、营养物、农药、盐分、病菌等）以低浓度、大范围的形式缓慢地在土壤圈内运动和从土壤圈内向水圈、大气圈扩散。

农业面源污染的主要危害：有害物质在土壤积累，危及土壤生物、影响食物安全；淤积水体，降低水体生态功能；引起水体富营养化，破坏水生生物的生存环境；污染饮用水源，危害人体健康（致癌、致畸、蓝婴儿等多种疾病）；产生有害气体、影响大气质量，破坏大气臭氧层。

农村面源污染具体体现在：a. 农药、化肥和农膜等农用化学品对土壤及地下水的污染；b. 农业生产废物（作物秸秆）、农村生活垃圾；c. 养殖业畜禽粪便；d. 农村生活污水、地表径流、污水灌溉。

这些面源污染一方面影响着人们的生活环境。另一方面由于土壤和地下水受到污染，导致农作物产品也受到污染，直接对人体有不利影响，据有关单位检测，2002 年食用农产品有害物残留超标率 18%，其中禽蛋制品 37%、蔬菜 20%、水果 18.7%、肉类 17.6%。叶菜类硝酸盐超标达 70%以上。

2.4.2 推广减排新技术

减排新技术，主要包括：a. 生物农药；b. 生物肥料；c. 可降解地膜、塑料；d. 病虫害生物防治技术；e. 食用菌栽培技术；f. 畜禽粪便无害化处理技术等。

2.4.3 建立污染物减排示范工程

由于面源污染的特征，采用集中处理的方法效果往往不理想，因此比较有效的措施还是采用过程减排的方法处理面源污染，具体主要是指对农作物废物进行综合治理，循环利用，对于农药、化肥采用减量化、无害化的方法进行喷施，对于灌溉污水要控制水质，采用节水技术进行灌溉。以某市为例，对于农业减排工作，某市已实施或拟实施的主要包括以下工作：

(1) 垃圾填埋场沼气综合利用发电工程

总装机容量为2×1250kW，2007年4月底已建成发电。

(2) 畜禽粪便、秸秆的高效综合利用

在全市建设30座大中型沼气综合利用工程，建设20座秸秆集中气化工程，新增万户居民集中炊事供气。

秸秆除可气化外，还可加工成型煤，并计划在一些区县利用秸秆、优质煤、煤矸石加工成生物质型煤等清洁煤，实施10个重点镇区域供热工程。

(3) 环境友好型肥料推广工程

这项工程主要是以某县为示范点，2005年该县年化肥使用量3.9万吨，化肥利用率不足30%，推行使用环境友好型肥料后，3年累计推广缓释肥12000多吨，占全县化肥用量的10%以上，减少化肥用量2500t左右；推广面积24万亩次，其中蔬菜8万亩，果树3万亩，大田13万亩。玉米平均增产率14.5%，蔬菜平均增产率16.5%，果树平均增产率12.8%。蔬菜、葡萄体内硝酸盐含量降低21.1%、12.7%。

(4) 病虫害综合防治工程

该县3年累计推广物理（高压汞灯150盏）及生物农药防治面积13.8万亩次，示范区减少化学用药40%，降低费用150万元，减少用工15万个，为农民增收1800万元。蔬菜农药检测合格率达到99%。

3 农业清洁生产

建设两型社会新农村，一方面需要政府的倡导，资金和技术的支持，并且进行规划性建设；另一方面，需要推行农业清洁生产审核，发现农业生产单元的节能减排潜力，各产业链之间的链接性，才能有效保障上述政策的实施。

农业清洁生产实质是指把污染预防的综合环境保护策略，持续应用于农业生产过程、产品设计和服务中，通过生产和使用对环境友好的绿色农用品如绿色肥料、绿色农药、绿色地膜等，改善农业生产技术、减少农业污染物的产生、减少生产和服务过程对环境和人类的风险性，并最终有利于保障农产品的食品安全。它并不完全排除农用化学品，而是在使用时考虑这些农用化学品的生态安全性，实现社会效益、经济效益、生态效益的持续统一。

农业的产业化经营为在农村开展清洁生产提供了基础条件。可以选择一些重点龙头企业开展清洁生产试点，通过重点龙头企业的示范作用，带动当地农业的清洁生产工作开展以及循环经济产业链的构建。

实施农业清洁生产基本程序包括：a. 审核准备；b. 预审核；c. 审核；d. 实施方案的产生与筛选；e. 实施方案的确定；f. 方案实施；g. 持续清洁生产。

3.1 审核准备

审核准备阶段是进行清洁生产审核工作的第一阶段，目的是通过宣传发动，使企业或农户正确认识清洁生产的理念及清洁生产审核的目的、意义，了解清洁生产审核的内容、要求及工作步骤和程序，积极参与，为清洁生产审核工作的全面展开奠定坚实的群众基础。

3.2 预审核

预审核是清洁生产审核的初始阶段，是发现问题和解决问题的起点。主要任务是从清洁生产审核的八个方面入手，调查企业生产活动中最明显的废物和废物产生点；能耗最多的环节和数量；能源的输入和产出；能源管理现状；发电量、供电量、能源损失率；管线、仪表、设备的维护和清洗等，从而发现清洁生产的潜力和机会，确定清洁生产审核的重点。

对于种植业，需要还重点了解土壤及地下水本底情况，分析化肥、农药喷施对土壤的影响，分析灌溉水的水质情况，秸秆的产生量，了解作物的食品安全情况，再确定审核重点，清洁生产目标；对于畜牧养殖业，还需要了解养殖场所使用的饲料情况，产生的粪便处理情况。

3.3 审核

审核是企业开展清洁生产审核工作的第三阶段，目的是对审核重点的原辅材料、生产过程以及废物的产生等多方面因素进行审核。通过对审核重点的能量平衡、水平衡及污染因子平衡进行实际测算，分析物料和能量流失的环节，找出污染物产生的原因。查找在原辅材料的存储、运输与使用，生产运行状况，工艺流程，设备的运行与维护，过程与参数控制，管理，人员以及废物的处理处置与回收利用等方面存在的问题，并将其与国内外先进水平进行对比，寻找差距，为进一步的产生并筛选清洁生产方案奠定基础。

本阶段工作重点是实测输入输出物流，建立平衡，分析废物产生的原因，并提出相应的清洁生产方案。

对于种植业，重点是实测作物耕作周期内，化肥、农药的喷施量、灌溉水量，相应的作物产量，按照标准取样方法检测作物食品安全情况，同时还要实测农用机械的耕作时间。

对于养殖业，要实测原料即饲料的消耗量，水耗，场内设备电耗，畜禽的有效消耗量，出生率，死亡率，产生粪便量，最终做出物料平衡图，水平衡图，对于关键因子，可以按照HACCP的方法实测农药从喷施起，在土壤、作物、地下水，农产品的残留情况，如果灌溉水质不良，则需考察一些典型污染物的环境行为。

3.4 清洁生产方案的产生与筛选

方案产生与筛选阶段的任务是根据审核重点的物料平衡和废物产生原因的分析结果，全面系统地提出清洁生产方案，从中发现是否有节能减排的潜力，例如粪便是否可以足够产生沼气，化肥能否减量食用，农药能否替代为绿色生物农药，是否可以考虑采用节水灌溉技术等。

3.5 实施方案的确定

本阶段的主要任务是对筛选出来的备选方案进行综合分析，包括技术可行分析、环境可行分析和经济可行分析。通过方案的分析比较，以选择技术上可行又获得经济效益和环境效益最佳效益的方案。

3.6　方案实施

本阶段的主要任务制定方案的实施计划并组织实施方案。

3.7　持续清洁生产

与工业企业持续清洁生产不同，对于农业清洁生产，可以考虑建立适合审核对象的一套清洁生产种植或养殖规范。

3.8　农业清洁生产案例分析

3.8.1　企业概况（以鸡场为例）

① 畜禽种类　农大 3 号、海兰灰。

② 养殖方式　封闭式地上散养。

③ 主要产品　柴鸡蛋及淘汰鸡。

④ 生产能力　15.37 万只（产蛋期）。

⑤ 鸡蛋产量　1925t。

⑥ 淘汰鸡 205t。

3.8.2　预审核

重点考察了鸡场的养殖模式，企业管理方法，配套的养殖设备情况、饲料使用情况，其主要生产流程如图 4 所示。

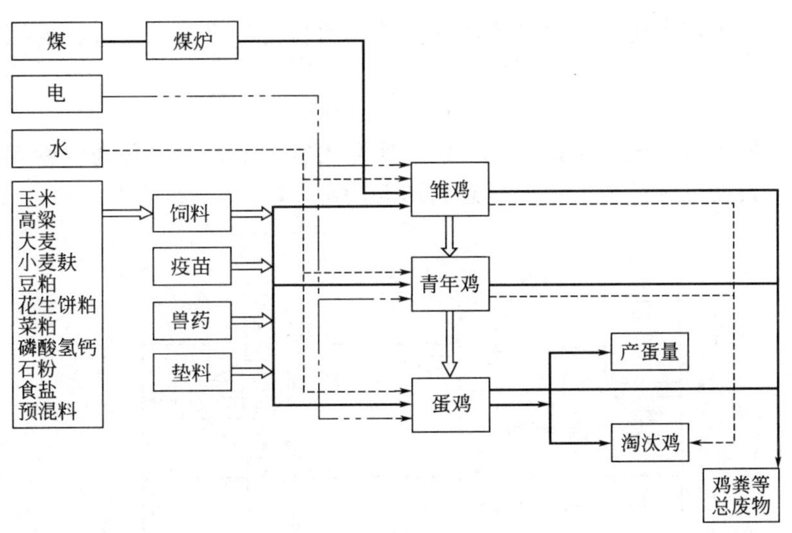

图 4　鸡场的养殖流程

重点考察了养殖场耗饲料、兽药、消毒剂、水、电的使用情况，产排污情况，主要污染物为粪便、废气废水和垫料等其他固体废物。

其中废气来自于粪便，其中浓度较高、对人畜健康影响最大的有害气体主要有包括氨气（NH_3）、硫化氢（H_2S）、胺、二氧化碳（CO_2）和少量的甲烷（CH_4）和粉尘。原因在于禽粪中含有大量的未被消化吸收的有机物。这些有机物大体可分为碳水化合物和含氮化合物。碳水化合物在有氧条件下分解释放热量，大部分分解成二氧化碳和水。在无氧条件下，氧化反应不完全，可分解成甲烷、有机酸和醇类。含氮化合物主要是蛋白质，在有氧条件下，蛋白质分解的最终产物是硝酸盐类；而在无氧条件下，可分解成氨、乙烯醇、二甲基硫醚、硫化氢、甲胺、三甲胺等恶臭气体。

（1）垫料

锯末、稻壳等，主要用于育雏、产蛋窝和鸡舍等处，垫料一般和粪便混合在一起，清粪时与粪便一起清理到堆肥场。各养殖户对垫料的使用物品和使用量没有统一的标准。

（2）浪费的饲料

在鸡只的采食过程中，必然会浪费掉部分饲料。这些饲料直接掉落到养殖场的地面，与鸡粪等混合，因此难以准确计量。

（3）煤灰

主要为育雏供暖产生的，一般采取如下处理方法：作为运动场垫料、直接放入粪便堆肥、垫道路。

（4）坏蛋

养殖场会产生少量的破蛋，未变质的破蛋一般降价出售和作为工作人员食用。变质的破蛋，与粪便一起做堆肥处理。

（5）死鸡

本社全群全年鸡只的存活率为95%，其中育雏期死淘率最高。据估算，本社全年死亡鸡只率约大于3.5%，约为5000只，总毛重为3.5～4t。这些死亡鸡只大部分直接放入堆肥场所，与粪便一起发酵堆肥。

经过预评估，确定本轮清洁生产审核重点为饲料兽药的投入和总废物的综合治理。

3.8.3 审核

对审核重点的输入输出情况进行了实测，实测内容主要是饲料兽药的输入量，产生产品鸡蛋量、死鸡、粪便量等。输入输出示意如图5所示。

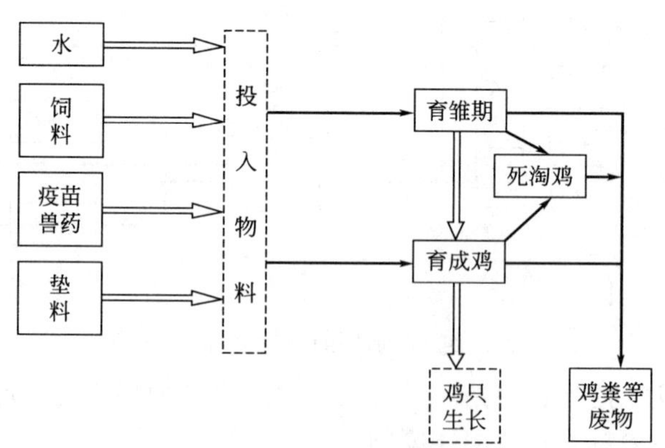

图5 鸡场的养殖系统输入输出

3.8.4 清洁生产方案的产生和筛选

清洁生产方案一般从以下8个方面产生。

① 原辅料　如选择杂毛鸡，以本地土鸡为父本，海兰灰母本培育商品代。现在已经有这种鸡只。

② 设备　如利用多层进行网上式育雏，可以充分利用空间。

③ 过程控制　如改变以前直接用煤炉对育雏室加温的方式为用暖气加温。

④ 技术工艺　如在饲料中添加植酸酶，以提高植物饲料中磷的利用率，降低矿物磷的使用量。

⑤ 废物　如对鸡粪便进行综合利用。

⑥ 产品　用高锰酸钾和漂白粉熏蒸鸡蛋。

⑦ 管理　每个养殖鸡只严格采用全进全出法，预防交叉感染。

⑧ 人员　如建立定期对社员的培训制度，提高社员的生产技术水平。

3.8.5　清洁生产方案的实施

该鸡场提出采用四层育雏笼育雏，充分利用空间，方案投资1700元/千只鸡，通过方案实施可以降低供暖用煤成本，增加育雏成活率，降低育雏成本。

依据本方案试点社员的试验结果分析，采用本方案育雏1800只鸡，较同期常规育雏省煤2.7t，直接减少固体废物排放约1.1t，节约煤炭成本明显，环境效益明显。同时，1800只育雏鸡整个育雏期仅死亡鸡只23只，育雏死亡率仅为1.3%，较常规育雏方案大为降低，育雏效果明显。

综合估算，如果周转使用“四层育雏笼”育雏，仅需3.6个批次且大致不到一年时间即可收回该设备投资，经济效果明显。同时能减少煤炭的使用量和减少废物的排放量，环境效果也非常明显。

由于本合作社的实际情况，本次清洁生产审核所取得的方案，将采取先示范后逐步全社实施的办法。从各个子方案在不同的示范户中的实际效果看，大部分无/低费方案都有一定的环境效益和经济效益。

依据几个试点养殖户的实际效果估测，预计上述无/低费方案中的80%在全合作社实施后，全社平均每只鸡年产蛋量提高4%达到13.01kg，全社全群饲料消耗指标料蛋比降低5%到3.07∶1，单位产品煤炭消耗能降低7%，单位产品废物产生量可降低4%，其经济效益和环境效益明显。

4　结论

以上通过对该市近几年新农村建设的简单介绍，我们可以清楚地认识到抓好农村节能减排工作，是推进新农村建设必不可少的一个环节，是农业可持续发展的有效途径。农村节能，就应该以节肥、节药、节水、节地、节能技术推广为重点，构建农村节约型生产和生活方式。

参考文献

[1] 中国农业年鉴（2010）. 中华人民共和国农业部. 中国农业年鉴编辑委员会. 2011.

[2] 熊文强，王新杰. 农业清洁生产——21世纪农业可持续发展的必然选择. 软科学，2009，7（23）：114-123.

[3] 王坚，陈润羊. 中国农业清洁生产研究. 安徽农业科学，2009，37（8）：3718-3720.

[4] 贾继文，陈宝成. 农业清洁生产的理论与实践研究. 环境与可持续发展，2006年第4期：1-4.

[5] 吕志轩．农业清洁生产的经济学分析．山东农业大学，2005.

服务业清洁生产审核特点研究

孙晓峰，郭逸飞，宋云
（中国轻工业清洁生产中心，北京，100012）

摘要：随着服务业的快速发展，环境污染和资源能源消耗问题日益突出。将清洁生产理念引入服务业，可促进服务业绿色化发展进程。本文从外在和内在因素详细分析服务业清洁生产特点，旨在提高服务业清洁生产推行工作的科学性和高效性。

关键词：服务业；清洁生产；特点

Study on cleaner production auditing features for services

Sun Xiaofeng，Guo Yifei，Song Yun
（China Cleaner Production Center of Light Industry，Beijing，100012）

Abstract：The rapid development of services has led to severe environmental pollution and energy exhaustion. It is feasible to improve the greening of services by bringing cleaner production principle in the whole industry. This study specifically analyzed of cleaner production features of services according to into external and internal factors，to enhance the rationality and effectiveness of cleaner production business for services.
Key words：services；cleaner production；feature

1 研究背景

服务业又称“第三产业”，国民经济行业分类中除农业、工业、建筑业之外的所有产业部门。服务业的发展水平是衡量一个国家或地区发展水平的重要标志。随着我国市场经济的发展和经济结构的调整，服务业在我国经济结构中的比重越来越高。然而，服务业在高端发展的同时，其行业空间集聚特征及对油、气、电等优质能源的高需求不但对能源消费提出了挑战，能耗、水耗、污染物排放量也呈现出较快增长态势，加剧了城市大气、水等环境污染，影响了人们的正常生活，甚至损害人体健康，对经济增长的瓶颈效应日益凸显。服务业已经成为继工业之后的又一个污染环境和浪费资源的领域。

清洁生产是一种创新型理念，将整体预防的环境战略持续应用于生产过程、产品和服务中，以增加生态效率和减少人类及环境的风险。多年来，我国在工业领域清洁生产积累了丰富的经验。而服务业与工业相比，存在涉及领域多、业务范围广、运营设施多样化、企业发展不均衡等特点，住宿、餐饮、商场、医疗、洗染等行业特点大相径庭。因此，必须了解服务业与工业审核的区别，根据其特点选择合适的方法和程序，才能确保服务业企业清洁生产工作的顺利开展。

2　服务业清洁生产审核特点

服务业清洁生产特点分成外在因素和内在因素。外在因素包括政策体系、科技水平、顾客主导、环保投诉等；内在因素包括业主类型、理念提升、职能部门、员工管理、环境管理等方面。

2.1　政策标准尚需完善

环境政策是推动行业调整、促进技术改造、加强环境管理、控制污染物排放和降低能耗物耗的主导因素。与工业领域拥有专门针对不同行业的污染物排放标准、清洁生产标准、清洁生产推行方案、污染防治技术政策等政策性文件不同，服务业节能环保规章制度杂而多。以餐饮业为例，规范整个行业的政策标准就包括《饮食业油烟排放标准》（GB 是 18483—2001）、《建筑照明设计标准》（GB 50034—2004）、《饮食业环境保护技术规范》（HJ 554—2010）、《环境标志产品技术要求　一次性餐饮具》（HJ/T 202—2005）、《环境标志产品技术要求 燃气灶具》（HJ/T 311）等。如果餐饮企业设在北京，还受《北京市餐饮经营单位节能规范》、《北京市餐厨垃圾收集运输处理管理办法》等地方政策性文件的约束。服务业繁多的政策规范性文件给企业执行带来巨大难度，也给技术服务单位增加了困难。

因此，针对服务业清洁生产工作，相关部门应加强重点领域清洁生产评价指标体系和审核指南的研制工作。同时，作为清洁生产审核工作的执行者，企业和技术服务单位必须对行业政策法规标准进行系统梳理，结合企业水平进行全面评价。

2.2　技术改造力度不够

技术水平是决定企业能否有效预防和削减污染物、降低资源能源消耗的关键因素。服务业清洁生产审核工作必须加大技术设备升级改造力度，并在行政和经济方面给予优惠。当前服务业开展清洁生产，多以节能技术改造为主，也应关注环保领域的投资改造。服务业实施清洁生产技术改造可涉及以下方面：公共技术涉及空气调节与采暖系统节能技术、供配电系统节能技术、绿色照明技术、灭火系统、中水回用、雨水回收等；医疗机构可推广医疗废物无害化处理、无汞医疗器械等技术；餐饮企业可推广废弃油脂和厨余垃圾无害化/资源化技术、先进油水分离器、环保型排油烟设备等；洗染企业可推广绿色洗涤剂、节水节能洗衣机、封闭式干洗机等设备。

2.3　顾客主导节能环保

宾馆、餐厅、医院、洗浴、学校等服务业的能源消耗水平的污染物排放水平与消费者的消费习惯、生活习惯密切相关。因此，服务行业清洁生产审核工作不应局限于企业自身的基础设施建设和服务能力，同时应当关注消费者的行为习惯。为此，可以考虑将绿色消费、低碳生活理念的宣传、互动等活动作为服务业清洁生产审核的重要考评依据。

2.4　环保投诉重视不足

与工业企业、工业园区等远离居民区、商务区不同，服务业企业主要集中在居民区、商业区，更加贴近人民日常生活，成为环保投诉的重点对象。以北京市环保投诉现状为例，主要集中在大气和噪声方面，占90%以上。其中，大气占59%，主要集中在餐饮油烟、机动车污染、工地扬尘等方面。而很多企业在审核过程中，忽略了对周边人群环保投诉的调查，导致审核工作的严重漏项。因此，服务业清洁生产审核必须重点关注其环保投诉及整改情况，以制定可行的清洁生产方案。

2.5 业主类型复杂繁多

服务业涉及行业多，经营模式千差万别。在开展清洁生产审核前，必须对业主进行识别，确定审核主体。重点应考虑单位性质、建筑类型、经营规模、服务品质等四个方面。

服务业按单位性质可分成商业机构和预算单位两大类。商业机构包括商场、超市、宾馆、汽车维修厂、洗浴中心等；预算单位包括学校、医疗机构等财政预算单位。对于预算单位而言，必须提高机关、事业单位的节能环保意识，确保其清洁生产技术改造资金来源。

服务业多以建筑物为主。若企业为承租方，则审核工作必须与出租方（业主）进行良好沟通，否则计量器具安装、设备改造实施的实施会困难重重。

超市、洗染、汽车维修厂（包括4S店）等众多服务业企业规模小，如采用工业清洁生产审核的方式开展工作，很难达到预期目标。为此，审核工作必须充分考虑行业特点，制订有针对性的程序，必要时简化审核流程。

与工业执行统一的单位产品能耗、水耗不同，服务业企业受其服务品质的影响较大，需要将企业进行分级，在统一级别中进行比较。例如，宾馆、饭店、医院、学校等应在同一级别进行对比分析。

2.6 环保理念有待提升

清洁生产最早起源于工业污染防治，随着清洁生产的深入开展，多数工业企业对清洁生产已有较为深刻的认识。然而，由于宣传不够，服务业对清洁生产仍存在一定误区。例如，“生产是工业范畴，与服务业无关”；“服务业不存在污染”；“开展清洁生产的资金不足，投资无回报”等。如果理念不能提升，清洁生产工作将难以推广。

因此，为了能够在服务业开展清洁生产审核，需要提升相关企业的理念。必须充分发挥行业协会和中介机构的力量，通过宣传培训，提高企业清洁生产意识，积极参与服务业清洁生产示范（或试点）工作；通过示范工程，逐步在全行业推行清洁生产。

2.7 部门职能划分不清

与企业拥有专职的环保、能源、安保部门不一样，大多数服务业企业没有专职的管理部门。一般情况，物业公司掌握企业能耗、水耗、电耗等的数据信息。因此，服务业的审核工作，必须加大对基础信息收集和分析力度。此外，通过审核工作，应协助企业组建完善的能源环保管理机构，或者培养高素质的专职技术人员。

2.8 员工管理仍需提高

服务业属于员工流动性很强的企业。据有关数据统计，我国餐饮业员工流失率达30%；饭店业员工流失率达近34%，部分城市高达45%。较高的员工流失不仅给企业经营带来不便，也会影响清洁生产理念在员工层面的灌输。为此，清洁生产审核工作必须在企业层面建立节能环保的管理机制、营造绿色环保的经营氛围，才能保证清洁生产审核工作的持续开展。

2.9　环境管理急需改善

由于在很多地方服务业不属于重点环境监管范围，很多企业缺少餐饮油烟、锅炉废气、地下车库汽车尾气、餐饮废水、生活污水等污染物排放监测报告；固体废物（污泥、废灯管等危险废物）贮存处理处置不健全，缺少危险废物联单；一些企业甚至没有配套的污染治理设施。服务业企业开展清洁生产，必须实施精细化管理。企业应定期委托具有资质的第三方机构对其各项污染物排放进行监测，要确保其各项环保指标国家和地方法律法规标准的要求。

参考文献

[1] 刘学，刘天彦．我国城市第三产业清洁生产的几个问题．现代化工，2003，(S1)：115-117.
[2] 卢莉芳．第三产业清洁生产与第一、二产业清洁生产的辩证统一．北京化工大学学报（社会科学版），2009．
[3] 唐琪虎，朱国伟．第三产业清洁生产战略研究．安徽化工，2003，(6)：37-39.
[4] 朱国伟．第三产业推行清洁生产初探．中国人口、资源与环境，2001，11 (3)：104-106.
[5] 朱国伟，陈锦伦．第三产业清洁生产指标体系．污染防治技术，2002，15 (1)：31-34.

大型公共建筑清洁生产审核案例研究

孙晓峰，张琳
（中国轻工业清洁生产中心，北京，100012）

摘要：大型公共建筑不但能耗高，环境污染问题也不容忽视。本文以某大型公共建筑为例，通过清洁生产审核，提出并实施清洁生产方案，取得了显著的环境效益和经济效益。

关键词：公共建筑；清洁生产审核；案例

Case study of cleaner production auditing on large public constructions

Sun Xiaofeng，Zhang Lin
(China Cleaner Production Center of Light Industry，Beijing，100012)

Abstract：Large public constructions are not only energy-consumptive，but also environmentally polluting. This paper set XX building as an example，according to the cleaner production audit，proposed and implemented the cleaner production measures，getting apparent environmental and economic benefits.

Key words：Public construction；Cleaner production audit；Case study

1　背景

随着我国经济的飞速发展，能源和环境紧缺问题日益凸现。在一些大城市，建筑能耗比重越来越高。以北京市为例，建筑能耗占全社会能耗的36%。据统计，北京市现有的各类大型公共建筑约为2000万平方米，虽然仅占北京市民用建筑总面积的5%，其总电耗却高达33亿千瓦时，与全市所有居民住宅的总用电量相当。可见，大型公建能耗非常大，开展大型公建清洁生产审核工作，是落实国家“十一五”节能减排工作的有效途径，意义重大。

2 案例分析

2.1 基本情况

某高档智能综合写字楼，位于北京繁华地段，占地面积8500m²，建筑面积96000m²，建筑高度125m，地下4层，地上32层。大厦配套设施完善，会议、银行、餐饮娱乐、咖啡、航空售票等一应俱全。该大厦2003年通过ISO9001 、ISO14001 、OHSAS18001三项体系认证，2004年获得北京市优秀物业示范大厦称号，2006年获得全国优秀物业示范大厦称号。

2.2 预审核

2.2.1 基础设施情况

在预审核阶段，对大厦的围护结构、通讯及供配电系统、中央空调系统、给排水系统、消防系统、楼宇自控系统和电梯等基础设施进行了系统分析。基本信息见表1。

表1 基础设施基本情况

序号	基础设施	基本情况
1	围护结构	大厦外墙墙体采用240厚空心砖墙；内墙标注为120或240厚的，均为空心砖墙或陶粒空心砌块，各墙体及屋面保温层为特种珍珠岩保温块。玻璃幕墙采用中空镀膜玻璃能够减少太阳辐射
2	供配电系统	采用10kV双路供电，4台变压器，总装机容量6500kV·A，并配有960kW专用柴油发电机组。办公间照度500lx，公共区照度200lx，停车场照度75lx
3	中央空调系统	美国约克(YORK)牌制冷机组，可调控室内温度、湿度和新风。主楼办公楼层采用风机盘管加新风系统的空调方式。每个楼层总新风量为3200m³/h，一般办公室25m³/(人·h)，高职办公室40m³/(人·h)
4	给排水系统	采用节水器具，具有中水回用设施
5	消防系统	哈龙1301灭火系统；干粉灭火器
6	楼宇自控系统	采用美国霍尼维尔(HONEYWELL)楼宇自动控制系统
7	电梯	15部电梯，9部原装进口瑞士迅达电梯，采用MICIO智能控制专利技术

2.2.2 能源消耗情况

(1) 电耗情况

近年来，大厦通过采用变频技术、安装夜景照明节电器、加强用电管理杜绝浪费等技术措施，总用电量呈逐年下降趋势。大厦耗电情况见表2。

表2 大厦耗电情况分析

项目	用电量/(万千瓦时/年)	建筑面积/m²
大厦总耗电量	1109.24	96000.00
非餐饮、娱乐区域耗电量	751.44	77061.96
餐饮、娱乐耗电量	357.80(延时供冷47.3)	18938.04
大厦单位面积耗电量/(kW·h/m²)	115.55	
非餐饮、娱乐区域单位面积耗电量/(kW·h/m²)	97.51	
餐饮、娱乐区域单位面积耗电量/(kW·h/m²)	188.93	

（2）水耗情况

近年来，大厦通过采取节水措施，总用水量呈逐年下降趋势。如将冷却水药剂更换为羟基羧酸盐，减少冷却水排污量，每年可节水5000t。大厦耗水情况见表3。

表3 大厦耗水情况分析

项 目	用水量/(m^3/a)	建筑面积/m^2
大厦总耗水量	156237.8	96000.00
非餐饮、娱乐区域耗水量	82630.69	77061.96
餐饮、娱乐耗水量	73607.11	18938.04
大厦单位面积耗水量/(m^3/m^2)	1.63	
非餐饮、娱乐区域单位面积耗水量/(m^3/m^2)	1.07	
餐饮、娱乐区域单位面积耗水量/(m^3/m^2)	3.89	

2.2.3 主要污染物排放及控制情况

2.2.3.1 水污染物控制及排放情况

大厦日用水量450m^3，排水量约360m^3。主要污水源和处理措施如下。

① 盥洗排水、空调循环冷却系统排污水 进入中水系统，经处理后循环利用。

② 厨房排水 经二级隔油排入市政污水管网。

③ 冲厕排水 经化粪池排入市政污水管网。

监测数据表明，废水排放口化学需氧量、氨氮、悬浮物、pH值均符合北京市地方标准。

2.2.3.2 大气污染物控制及排放情况

大厦员工餐厅实际使用灶头数9个，采用湿式油烟净化器，油烟排放的高峰期时段为：7：00～8：30，10：00～12：30，16：00～18：00。油烟排放口为裙楼顶，距离楼顶高度为3.5m，总高度为30m左右。油烟排放浓度≤1.5mg/m^3，达标排放。

大厦停车场设计车位数为500个，实际车位数为500个，尾气较为严重时段为8：30～9：30，17：30～18：30，期间开启排风机进行排风，排风口的位置为裙楼顶，对周边环境影响较小。氮氧化物排放浓度0.22mg/m^3；CO排放浓度5.32mg/m^3；SO_2排放浓度0.03mg/m^3，均可实现达标排放。

2.2.3.3 固体废物处理、处置情况

大厦进行垃圾分类收集，一般固体废物和危险废物处理处置情况见表4。

表4 固体废物分类及处理处置情况

分类	废物名称	处理方式
一般固体废物	生活垃圾（如洗手间废物、过期变质食物、瓜皮果壳等）	委托海淀环卫进行收集处理
	泔水	
	包装纸箱、办公废纸、废报纸、废杂志、废书籍等	
	废木材（一次性木筷、柜台、包装箱等）	
	纸杯、纸吸管	
	易拉罐等金属器皿、其他废金属	
	玻璃器皿、碎玻璃	
	废塑料带、废电线等	
危险废物	灯管	由飞利浦公司统一回收处理
	废油、硒鼓、墨盒、油漆桶	由北京红树林公司进行处理
	电子废物	由北京市危险废物处置中心处理

2.3 审核

2.3.1 水平衡测试

大厦水平衡测试结果如图 1 所示。

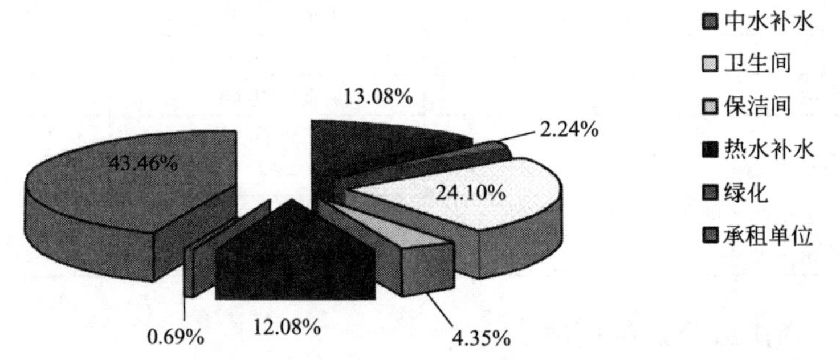

图 1 水耗分布

通过测试，大厦用水最多的环节为承租单位（43.46%）。承租单位用水大户多为餐饮娱乐类。承租单位每天耗水 193.85t，其中 160t 左右为餐饮用水，这部分水出水水质较差，采用大厦现有的中水处理设施无法处理。采用两级隔油后排入污水管网。虽然，大厦具有中水处理系统（处理能力为 100t/d），但由于水源为盥洗水和循环冷却水排污水，水量较小，中水处理设施实际处理量仅为 10t/d。

2.3.2 电平衡测试

本次审核进行了为期 28d 的电平衡测试。测试期间大厦总用电量为 846420kW·h，客户用电 454500.75kW·h，占总用电量的 53.7%；大厦自用电 391919.25kW·h，占总用电量的 46.3%。客户用电主要包括照明、办公设备、风机盘管、饮水机等，由于无法进行分项统计电耗，本次清洁生产审核主要站对大厦自用电部分进行了分项统计。电平衡测试如图 2 所示。

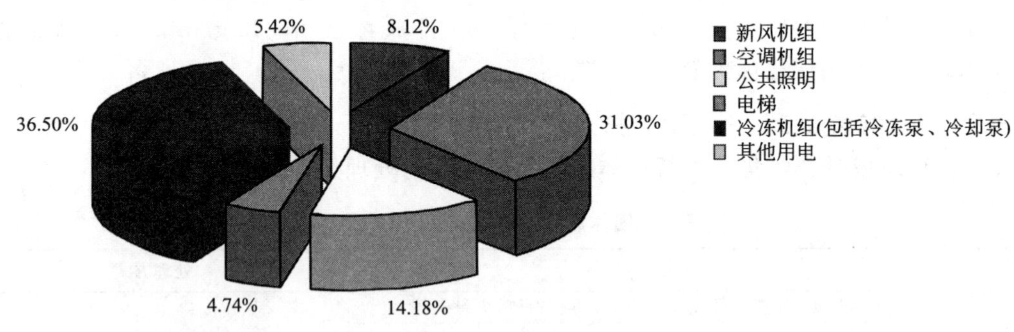

图 2 用电分布

测试结果表明，大厦耗电最大的环节为冷冻机组 36.50%；其次为空调机组 31.03%；再次为公共照明 14.18%，然后是新风机组 8.12%。

(1) 空调系统分析

空调系统是大厦主要耗电环节，通过系统测试与调节，开展空调系统关键设备（冷冻水输配系统、冷却水输配系统、风系统、空调箱等）性能测试与平衡校核、能耗不合理测试分析和系统优化运行等方面的工作，可以提高空调运行效率，具有节电潜力。

中央空调通风系统尘土过多会影响空调的制冷、制热和排风效果，同时也会影响室内空气环境。大厦已开展部分楼层通风系统的清洗工作，并将于近期完成通风系统的全部清洗工作，既能保证大厦空气质量，又可以达到节能效果。

大厦三台制冷机额定制冷量均为750RT。由于KTV通宵营业，夜间仍需开启一台制冷机供冷，造成了电力浪费。下一步，大厦将通过变频改造来解决现有问题。

(2) 照明系统分析

大厦自用电照明主要包括办公照明、夜景照明、公共区域照明、地下车库照明、霓虹灯等。夜景照明使用T5灯管，并安装了照明节电器；走廊使用10W横插灯，为节能灯。

在各项照明负荷中，办公室照明和地下车库照明的负荷最大。目前，主要采用T8荧光灯，这些灯具的优点是发光效率高、光色较好、安装简便等；缺点是功率因数低、对电压要求严格、耗电量大等。通过更换电子镇流器、T5荧光灯、安装照明节电器等方法可以减少照明电耗。

(3) 客户耗电量分析

大厦可出租面积为60467.61m^2，其中餐饮出租面积为18118.06m^2，占总可出租面积的30%。当每天下班和周末休息，本应是大型公建耗电较少的时段，正是各类餐饮、娱乐场所运营高峰，是大厦总耗电量偏高的原因之一。以电平衡实测期间为例，仅三家大型娱乐、餐饮场所用电量（241657kW·h）就占了84家客户总用电量（454500.75kW·h）的53.2%。

2.3.3 照明测试

以大厦某办公室为测试对象，进行照明测试，测试结果见表5。

表5 照明测试对比表

国家标准	普通办公室		高档办公室		大厦办公室
照明功率密度	11	9	18	15	19.23
W/m^2	（现行值）	（目标值）	（现行值）	（目标值）	
对应照度值/lx	300		500		524.44

测试结果表明，大厦的设计平均照度为500lx，与普通办公室的照度值有很大的差距。即便与高档办公室的标准相比，其照明功率密度和照度值仍明显偏高。可以通过减少照明灯具数量或采用节能灯等措施，降低照明功率密度和照度。

2.4 方案产生与筛选

根据清洁生产审核的要求，结合大厦的实际情况，本次清洁生产审核从设备、过程控制和管理三个方面出发，共提出清洁生产方案34项，其中，无/低费方案27项，中/高费方案7项。清洁生产方案见表6，中/高费方案见表7。

表6 清洁生产方案一览表

序号	类型	清洁生产方案
1	设备	更换节能灯
2		卫生间镜前灯改为人体自动感应开关
3		空调系统节能改造
4		更换节电型电热水器
5		加装定时器，减少电热水器开启时间
6		中水系统改造，提高中水回用率
7		更换哈龙1301灭火系统

续表

序号	类型	清洁生产方案
8	过程控制	建立智能报修系统
9		建立远程抄表系统
10		空调系统测试，调节运行参数，提高系统运行效率
11		调整空调系统运行时间
12		调整夜景照明开启时间
13		地下车库照明系统改造
14		大堂照明节电改造
15		主楼楼层通道灯节电改造
16		完善主楼电梯厅照明节电改造
17		公共区域照明为24h常开，人员流动少时部分开启
18		白天关闭采光能力强的地方的照明
19		白天关闭自动转门照明
20		卫生间排风机改为间歇运行
21		加强临时施工用电管理
22		根据北京市主要行业用水定额，控制大厦用水量
23	管理	将节能、节水纳入员工考核制度，建立奖惩机制
24		定期开展节能、环保宣传及培训工作
25		有时出现电脑、灯、空调无人时开启现象，应做到人走灯灭，电脑等办公设备长时间不用时，关闭电源，减少待机能耗
26		根据国家照明标准，减少办公室照明灯具数量
27		加装电表、水表，进行用电、用水分项统计
28		加强宣传，提高客户节能、节水意识
29		通过宣传，减少客户夏季开窗，室温控制在26℃以上
30		下班后，关闭饮水机
31		3层以下无重大事件，员工走步行梯上下楼
32		制定节能工作方案及节能工作计划
33		建立能源消耗统计记录及能源消耗分析报告
34		与业主共享节能收益

表7　清洁生产中/高费方案一览表

序号	项目名称	项目内容
1	更换节能灯	将T8荧光灯更换为宜电宝
2	空调系统节能改造	冷水机组变频改造和风机盘管群控系统改造
3	中水系统改造，提高中水回用率	聘请专业企业进行设计，主要目的在于提高中水回用率
4	更换哈龙1301灭火系统	七氟丙烷灭火系统
5	建立智能报修系统	PDA智能报修系统
6	建立远程抄表系统	建立三表远传系统
7	空调系统测试，调节运行参数，提高系统运行效率	空调系统关键设备性能测试与平衡校核；用能不合理典型问题测试与优化

2.5　中高费方案可行性分析

2.5.1　空调系统节能改造（冷水机组变频+风机盘管群控）

2.5.1.1　方案简述

（1）冷水机组变频改造

大厦现有3台制冷机组。大型公建的空调冷负荷一天中存在不同时刻的负荷差别，一年中存在不同季节的负荷差别。对于空调系统而言，不同时刻的负荷变化更明显，日间负荷大，晚间负荷小。而中央空调冷水机组的冷量匹配往往能满足建筑物的最大负荷需求，致使中央空调冷水机组在99%左右的运行时间内都运行在部分负荷状态。通过安装变频控制器，任何运行工况，任何时刻都能充分发挥离心式冷水机组的部分负荷高效节能作用，避免恒速离心机组低负荷高能耗工况下运行，大大节省了整个空调工程的运行费用。

（2）风机盘管群控

大厦在供冷高峰期间需要开启两台冷冻机组，每台机组的负荷均在90%以上，机组基本全天处于满负荷运载。加上夜间裙楼餐饮单位、娱乐业的延时供冷需求，导致冷冻机组的停机时间很短。以裙楼延时供冷为例，只要有一家客户要求供冷，就需要开启一台冷冻机组，且机组处于满负荷运行状况。其主要原因在于18层以下的各楼层、各房间没有单独的控制阀，导致一开冷冻机18层以下就会全部供冷，这样无形中加大了机组的负荷，浪费了企业的费用。鉴于此种情况大厦工程部曾分别给餐饮客户安装了空调水路控制阀，阀门不开其管路里的空调冷冻水就不循环，以此来控制其延时供冷。并且可在B4冷冻机房的集、分水器上安装开关阀，以此对“风机房供水”、“裙楼供水”、“18层空调供水”进行管路控制。同时为更加准确地控制供冷区域，还可在每层楼道内的空调主管路（每层两个回路）上安装控制阀，将控制阀的线路接入YORK的ISN群控系统，这样工程部可以单独控制半层的供冷，与目前动辄18层以下或18层以上的多楼层同时供冷相比，此改造将有很大的节电空间。

2.5.1.2　技术可行性

（1）冷水机组变频改造

自1979年，约克开始给离心机组配备专用变频调速装置，至今已有20多年，2000台以上机组的工程经验，节能效果显著，广受用户青睐。自1997年下半年开始，约克推出了适应中国市场的50Hz变频离心机。

（2）风机盘管群控

大厦主楼1、2、5、36、37层为重点区域，需保证长期供冷、供暖，不需要单独增加控制阀，需要增加控制阀的区域为6～35层，每层安装2个*DN*70控制阀，合计50个；由于大厦内餐饮企业已安装了电磁阀，因此裙楼需要给银行等部分客户另外安装控制阀的客户。本项目由YORK公司负责安装调试，技术上可行。

2.5.1.3　经济可行性

（1）项目投资

本项目投资见表8。

表8　项目总投资

设备型号	数量	单价/万元	设备型号	数量	单价/万元
YKFCFBHCSE/750RT/R134A	1台	78.50	控制线		60.00
变频器安装工料及调试费		3.500	安装、调试费		3.00
*DN*70控制阀	50		合计		145.00
ISN模块					

(2) 冷水机组变频项目实施前后经济运行指标对比分析

根据大厦运行情况，离心机组运行时间为：

开机月份：全年5.5个月，165d；

平均运行时间：AM7：00～PM22：00；

$$15h/d \times 165d = 2475h;$$

电费按1.06元/(kW·h)计算（依据北京市峰、谷、平和尖峰电价计算）。

机组电机功率489kW。

根据ARI（美国制冷学会）规定的评估冷水机组耗电指标的最新标准（ARI550—98）——NPLV（分级运行部分负荷数据）计算两种方案下的年运行费用，标准主要计算内容如下：

$$NPLV=\frac{1}{0.01/A+0.42/B+0.45/C+0.12/D} \quad (kW/TR)$$

式中 A——100%负荷时的耗电指标，kW/TR；

B——75%负荷时的耗电指标，kW/TR；

C——50%负荷时的耗电指标，kW/TR；

D——25%负荷时的耗电指标，kW/TR。

项目实施前后能耗指标及年运行费用对比见表9。

表9 项目实施前后能耗指标及年运行费用

项 目	原系统	改进方案
机组型号	YKFCFBHCSE	YKFCFBHCSE +VSD
机组满负荷冷量/(RT/台)	750	750
机组平均负荷冷量80%计	600	600
机组100%负荷能效/(kW/RT)	0.675	0.683
机组90%负荷能效/(kW/RT)	0.644	0.638
机组80%负荷能效/(kW/RT)	0.637	0.597
机组70%负荷能效/(kW/RT)	0.650	0.583
机组60%负荷能效/(kW/RT)	0.684	0.575
机组50%负荷能效/(kW/RT)	0.691	0.569
机组40%负荷能效/(kW/RT)	0.750	0.578
机组33.5%负荷能效/(kW/RT)	0.825	0.789
NPLV/(kW/RT)	0.573	0.373
年运行时间/h	2475	2475
年运行能耗/(kW·h)	850905	553905
年运行费用/(元/年)	901959.3	587139.3

(3) 风机盘管群控实施前后经济运行指标对比分析

通过计算：大厦可出租面积为60467.61m²，餐饮单位的面积为18118.06m²。通过采取以上措施能够减少延时供冷面积为42349.55m²，供冷负荷能够减少70.04%，从根本上节能。改造完成后冷冻机组只需要开启现在1/3时间即能够满足延时供冷的需要。现在延时供冷，冷冻机组每天开启5h，改造完成后只需要开启1.7h。节约电量为：(489+90+90+32)×(5−1.7)=2313.3kW·h，每月节约用电量为2313.3×30=69399kW·h，每个供冷季可节电69399×5=346995kW·h，节省费用367814元[电费按1.06元/(kW·h)计算]；其中，489为冷冻机组功率，

90 为冷冻泵的功率，90 为冷却泵的功率，32 为冷却塔的功率（两台，每台 16kW)。

(4) 空调系统节能改造经济效益分析

该方案的总投资 145 万元，其中设备投资 138.5 万元。该方案的经济效益分析如表 10 所列。其中新增效益（节电）68.26 万元/年，投资偿还期为 2.12 年，NPV=337.77 万元＞0，IRR=46.01%，大于行业基准收益率（写字楼行业的基准收益率范围在 9.3%～17.7%左右)。因此，该项目在经济上可行。

表 10　冷水机组变频改造经济效益分析

项　　目	冷水机组变频改造	
	计算式	金额/万元
总投资		145.0
设备投资		138.5
安装及调试费		6.5
新增效益(节电)		68.26
冷水机组变频节电		31.48
风机盘管群控节电		36.78
折旧费	138.5×0.95/10	13.16
投资偿还期	$N=\frac{I}{F}=\frac{145.0}{68.26}$	2.12 年
净现值(NPV)	$NPV=\sum_{j=1}^{n}\frac{F}{(1+i)^j}-I$	337.77
内部收益率(IRR)	$\sum_{j=1}^{n}\frac{F}{(1+IRR)^j}-I=0$	46.01%

2.5.1.4　环境可行性

按每生产 1kW·h 电产生的污染物二氧化碳为 1000g、二氧化硫为 30g 计算；该项目实施后，每年可节电 643995kW·h，每年相当于减少二氧化碳排放 643.995t，减少二氧化硫排放 19.32t。

2.5.2　更换节能灯

2.5.2.1　方案简述

荧光灯已有近百年的历史，已从早期的 T12、T10 直管发展到目前市场用量最大的 T8 直管荧光灯。中国地区采用电感式直管荧光灯的应用量占总量的 90%左右。交流噪声、有频闪、光效比低（55LM/W)、功率消耗高（45W 左右)、功率因数低（0.5 左右)、低电压启动难，使用寿命相对较短（6000～8000h）等缺点已经成为困扰使用单位的顽症。

大厦办公室照明、地下室照明以及地下车库照明等均使用 T8 荧光灯，也存在着上述问题。为此，大厦通过对市场上销售的各种节能型荧光灯的比较，并进行了一个星期的荧光灯耗电量实测，最终确定采用“益电宝”技术。

2.5.2.2　技术可行性

“益电宝”采用最先进的嵌入式 PFC 控制技术，其独特高频微电感电路设计，嵌入（60mm×28mm）的适配器中。其外围电路均与普通荧光灯的电感镇流器完全相同。用户只需像更换灯管和起辉器一样，立即完成节能改造，从而避免用户增加灯具投资，就能达到 40%以上的节能效率。

该技术克服了普通灯管的光衰难题，运行 10000h 后亮度是初始亮度的 90%，运行

15000h 后亮度是初始亮度的 80%。由于其光衰减缓，使用寿命长，因而减少了更换频率，将为大厦节省一大笔开支。

2.5.2.3 经济可行性

(1) 项目投资

本项目投资见表 11。

表 11 项目总投资

设备	数量	单价/元	小计/万元
益电宝	2000 套	57 元/套	11.4
灯管	2000 支	11 元/支	2.2
合计			13.6

(2) 普通电感式与“益电宝”的比较分析

通过对比，“益电宝”节电分析见表 12。

(3) 照明系统节能改造经济效益分析

本次清洁生产审核，大厦拟更换灯管 2000 支，该方案的总投资 13.6 万元，其中益电宝投资 11.4 万元。

该方案的经济效益分析如表 13 所列。其中新增效益 11.22 万元/年，投资偿还期为 1.21 年，NPV=65.75 万元>0，IRR=82.3%>i_0（基准收效益），大于行业基准收益率（写字楼行业的基准收益率范围在 9.3%～17.7%左右）。因此，该项目在经济上可行。

表 12 节电分析

	普通电感式	益电宝
飞利浦灯管	36W+8W(电感镇流器)	30W
使用寿命①	6000～8000h	15000h
灯管价格	8 元/支	11 元/支
益电宝价格	无	57 元/套
使用寿命	无	10 年
每年用电时间	365×10=3650h	365×10=3650h
平均电价	0.8 元/千瓦时	0.8 元/千瓦时
每年电费②	44×3650×0.8/1000=128.48 万元	128.48×0.6=77.09 万元

① 普通灯管由于光衰的缘故，使用到 4000h 左右，光通量就直线下降，只相当于初始光通量的 50%左右。通常使用一年就必须更换。

② 经实测，益电宝节电 45%。

表 13 照明系统改造经济效益分析

项　目	冷水机组变频改造	
	计算式	金额/万元
总投资	1.1+1.2	13.6
益电宝投资		11.4
灯管投资		2.2
新增效益	2.1+2.2	11.22

续表

项目	冷水机组变频改造	
	计算式	金额/万元
灯管节省费用	(8－3.3)×2000	0.94
节省电费	128.48×0.4×2000	10.28
折旧费	11.4×0.95/10	1.08
投资偿还期	$N=\frac{I}{F}=\frac{13.6}{11.22}$	1.21 年
净现值(*NPV*)	$NPV=\sum_{j=1}^{n}\frac{F}{(1+i)^j}-I$	65.75
内部收益率(*IRR*)	$\sum_{j=1}^{n}\frac{F}{(1+IRR)^j}-I=0$	82.3%

2.5.2.4 环境可行性

按每生产 1kW·h 电产生的污染物二氧化碳为 1000g、二氧化硫为 30g 计算；该项目实施后，每年可节电 128480kW·h，每年相当于减少二氧化碳排放 128.48t，减少二氧化硫排放 3.85t。

2.6 方案实施效果分析

大厦通过对设备、过程控制和管理三个方面进行改进和完善，本着边审核边实施的原则，开展了无/低费方案的实施工作。此次清洁生产审核过程中，共实施了 21 项清洁生产审核无/低费方案，实现节电 36.53 万千瓦时/年，每年可获得经济效益 32.886 万元。

从清洁生产目标实现情况来看，本轮清洁生产审核结束时，单位面积耗电量为 111.74kW·h/(m^2·a)，基本实现预定目标。节水目标尚未实现，但通过实施以下方案，可确保目标实现。

① 据北京市主要行业用水定额，控制大厦用水量；与用水定额作比较，如存在差距，应及时制定方案进行调整，达到节水目的。

② 将节水纳入员工考核制度，建立奖惩机制，通过制度规范员工行为，达到节水目的。

③ 加装电表、水表，进行用电、用水分项统计，通过分析，发现用水不合理的环节，及时制定方案，达到节水目的。

3 结论

该大厦通过实施清洁生产审核，提出 30 余项清洁生产方案，通过实施无低费方案，基本实现了近期清洁生产目标。通过实施空调系统节能改造、更换节能灯以及其他中高费方案，可实现中远期清洁生产目标。该案例表明，通过实施清洁生产，推广绿色建筑，将有效推进城市节能减排工作。

参考文献

[1]《清洁生产审核暂行办法》(国家环境保护总局令第 16 号).

[2]《北京市〈清洁生产审核暂行办法〉实施细则》(京发改［2006］364 号).

[3]《建筑照明设计标准》(GB 50034—2004).

[4] 北京市地方标准《水污染物排放标准》(DB 11/307—2005).

[5]《饮食业油烟排放标准》(GB 18483—2001).
[6]《清洁生产审核培训教材》(国家环保总局科技标准司编，中国环境科学出版社，2001 年).

商场清洁生产审核案例研究

郭逸飞，孙晓峰
(中国轻工业清洁生产中心，北京，100012)

摘要：随着社会经济事业快速发展，我国工商业得到了极大发展。本文通过对百货商场服务活动中排放的污染物及其危害的分析，凸显了百货商场开展清洁生产的必要性与紧迫性。并结合医院具体的审核案例，分析如何为医院开展清洁生产审核，并提出切实可行的清洁生产方案。

关键词：百货商场；清洁生产审核；案例研究

Case study of cleaner production auditing on superstore

Guo Yifei，Sun Xiaofeng
(China Cleaner Production Center of Light Industry，Beijing，100012；

Abstract：With the rapid development of the socio-economic cause and the gradual improvement of the commercial industry. This paper analyses the emission of pollutants from superstore service activities and their harmful effects，and highlights the necessity and urgency of superstores to carry out clean production. Combined superstore specific case of audit，this paper analyses how to develop cleaner production audits in superstore，and puts forward practical clean production project.
Key words：Superstore；Cleaner production audit；Case study

1 前言

随着社会经济的发展，商场消费成为现代日常生活的重要组成部分。在当今商场规模日益壮大的同时，能源与环境的过度消耗问题日益突显。由于其建筑面积大，一般一日运行 12 小时以上，客流密度和各种照明、电器密度高，且多采用中央空调系统。因此，大型商场单位面积耗电密度高、全年总电耗量大，节能潜力巨大。因此，开展百货商场的清洁生产审核工作，是落实我国“十二五”节能减排工作的有效途径之一，具有重大意义。

2 案例分析

2.1 基本信息

某百货商场其占地面积 16.4 万平方米，营业面积 13.8 万平方米。该商场是集购物、饮食、休闲于一体，以青春、时尚、精品为风格的大型百货商场。拥有员工 500 多人。

2.2　预审核

2.2.1　基础设施

在预审核阶段，对商场综合馆（本馆）和绅士馆（新馆）的围护结构、采暖空调通风系统、给排水系统、天然气系统、楼宇控制系统、配电系统、消防系统及电梯等基础设施进行了系统分析。基本信息如表 1 所列。

表 1　基础设施基本情况

序号	基础设施	基　本　情　况
1	围护结构	进口西班牙粉红麻花岗岩外墙，进口美国 intepane 银色双层中空玻璃和进口日本 ykk 铝型材料及 national 复合铝板组成的玻璃幕墙
2	供配电系统	采用 10kV 双路供电；有 3 个变配电机房，分别为本馆、新馆和地库供电；本馆和新馆各有 4 台变压器；高供高计的剂量方式，不同用户端安装计量表。
3	采暖空调通风系统	中央空调系统包括 3 台 1210kW 冷水机组和 2 台 1350kW 冷水机组，总装机 6330kW，为商场本、新馆供冷，与冷冻水泵、冷却水泵设置并联；采暖为市政供暖，分 2 个换热站，分别为本、新馆供暖，采用全空气是空气调节系统，并设有 143 台空调机组和 19 台新风机组
4	给排水系统	供水来自城市自来水，管径 *DN*150，水压 0.18MPa；中水水源为经处理后的生活污水，管径 *DN*60，水压 0.2MPa，中水系统分低区（1～3 层）和高区（4～20 层），由地下一层的变频中水供水设备提供；排水采用污废分流形式，污水和生活废水分别经化粪池或潜污泵排入市政污水管网
5	消防系统	自动喷淋、消火栓、烟感器、防火卷帘以及灶台温感器和煤气报警器
6	楼宇自控系统	美国 AT&T 综合布线系统，有美国江森自控和德国西门子公司提供
7	天然气系统	各式餐厅厨房设备
8	电梯	23 部直梯，包括 2.5t 的 8 部、1.6t 的 7 部、2t 的 6 部和 1.35t 的 2 部，设有 24h 闭路电视监控系统；配有扶梯 112 部，其中本馆 66 部，新馆 46 部，根据上下行分，上行 62 部，下行 50 部

2.2.2　能源消耗情况

近年来，商场的能源测试主要为电力、天然气、热力和燃料油。其中热力由市政热力供给，按面积收取采暖费，因此本轮审核工作暂不分析热力。近 3 年能耗情况如表 2 所列。商场各区域耗电情况如图 1 所示。

表 2　商场能耗情况分析

项　目		年度 1	年度 2	年度 3
商场面积/万平方米		16.4		
电力	商场用电	3096.19	3147.29	2703.67
	本馆空调制冷用电/(10^4kW·h/a)	236.65	198.83	186.03
	新馆空调制冷用电/(10^4kW·h/a)	176.83	150.78	139.99
	总耗电量/(10^4kW/a)	3509.68	3496.9	3029.69
	折标煤量/(tce/a)	4313.39	4297.69	3723.49
	单位面积综合电耗/[kW·h/(m^2·a)]	214	213.23	184.74
天然气	总汽耗量/(m^3/a)	172460	164616	167952
	折标煤量/(tce/a)	209.42	199.89	203.94
	单位面积气耗/[m^3/(m^2·a)]	1.05	1.00	1.02
汽油	总耗油量/L	10955	9389	1655
	折标煤量/(tce/a)	11.93	10.22	1.8
综合能耗/(tce/a)		4534.74	4507.8	3929.23
单位面积综合能耗/[kgce/(m^2·a)]		27.65	27.49	23.96

注：折标系数为：电力 10000kW·h=1.229tce；天然气 10000Nm^3=12.143tce；汽油 1kg=1.4711kgce。

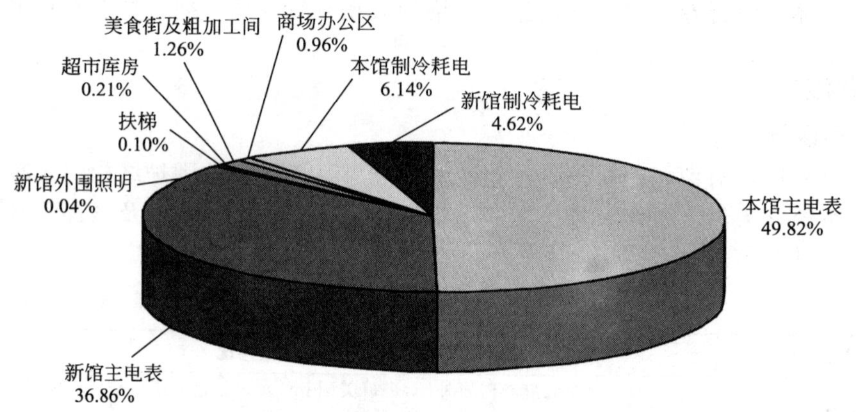

图1　商场各区域电耗比例

2.2.3　水耗情况

商场新鲜水消耗主要包含餐饮区用水和公共区域用水。2008～2010年商场各部分新鲜水消耗量如表3所列。其中，商场各区域的新鲜水消耗比例如图2所示。

表3　近3年用水量指标评价

项目		年度1	年度2	年度3
商场面积/万平方米			16.4	
耗水量	总耗水量/(t/a)	336293	299378	252463
	餐饮耗水量/(t/a)	102994	105056	94176
	单位面积水耗/[t/(m^2·a)]	2.05	1.83	1.54
	单位面积日取水量/[L/(m^2·a)]	5.60	5.01	4.22

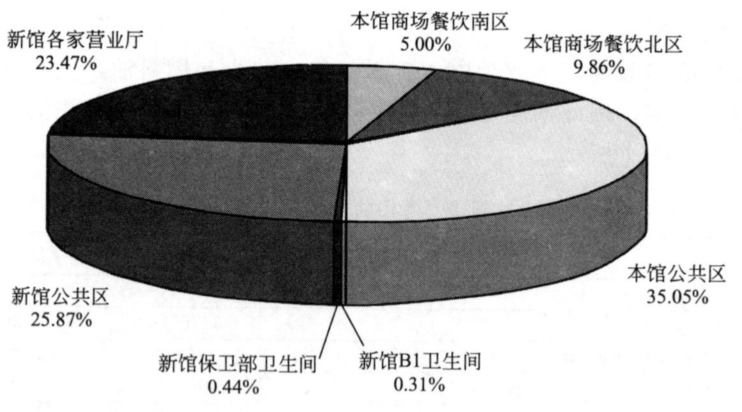

图2　商场各区域水耗比例

2.2.4　主要污染物及控制情况

2.2.4.1　水污染物控制及排放情况

污水源主要是公共卫生间废水和餐饮废水。一层以上污水自流排至室外，经化粪池排入市政管网，地下层污水自流至地下污水集水坑，用潜污泵提升排入化粪池后排放市政管网；一层以上生活污水排至室外废水管道，地下层生活废水自流至地下废水集水坑，用潜污泵提升排至废水管网。厨房排水点均设隔油器，去油后排至室外污水井。整个商场废水排放水质如表 4 所列。

表 4　污水处理站废水排放情况

单位：除 pH 值外，其他指标均为 mg/L

项目	COD_{Cr}	SS	动植物油	pH 值	LAS
排放值	363	266	53.8	8.6	10.5
标准值	500	400	100	6.5～9.0	15

2.2.4.2　废气产生及排放情况

废气污染源主要为商场餐饮区的油烟。当前，各餐饮单位按要求每 60d 进行一次烟道清洗和检测。

2.2.4.3　固体废物产生及排放情况

商场固体废物主要为生活垃圾和餐厨垃圾。商场对垃圾进行分类收集，并设置可回收物、餐厨垃圾和其他垃圾。垃圾的清运管理工作由外单位承担。此外，商场服务过程也产生极少电子垃圾如硒鼓墨盒、废电池和废旧灯管。其中硒鼓墨盒由相关单位进行回收，废电池送往附近小区电池处理站，废旧灯管暂存于库房。

2.3　审核

2.3.1　水平衡测试

商场水耗测试结果如图 3 所示。从图中可以看出，制冷耗水量占总用水量比例最大。本馆和新馆平均每天用水相差不大。本馆当中公共区用水量较大；新馆中餐饮区用水所占比重较大。由于餐饮用水量较高，因此加强餐饮区用水管理是商场节水工作一项重点。

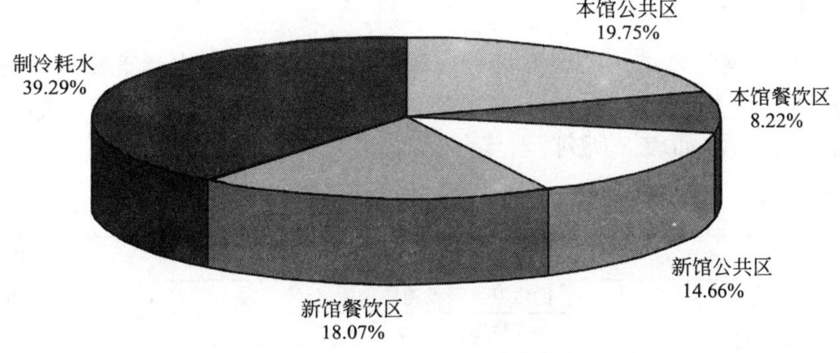

图 3　商场水耗分布

2.3.2　电平衡测试

商场用电测试结果如图 4 所示。商场有 5 个配电室，其中 J、K、L、M 四区由本馆配电室供电，N、O、Q 区和新馆小吃街由新馆配电室供电，本馆小吃街和新馆外围照明由主楼配电室供电，冷冻机组由冷冻机房配电室供电，地库配电室为地库供电。商场各配电室的电量损耗情况如图 5 所示。从图 4 和图 5 中可知，冷冻机组每天的用电量最高，新馆外围照明的用电量最低。本馆和新馆的配电室的电损都比较高。不过，5 个配电室的损耗占所在配电室总供电的 2.5%以下，符合《评价企业合理用电技术导则》（GB/T 3485—1998）的要求，损耗处于合理范围。

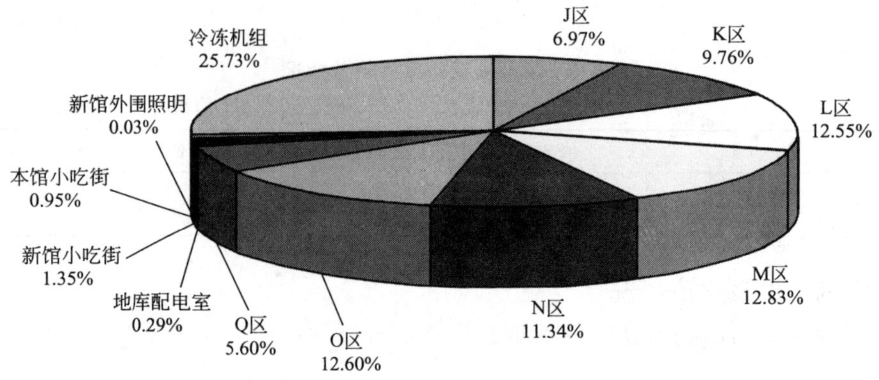

图 4　商场用电量分布

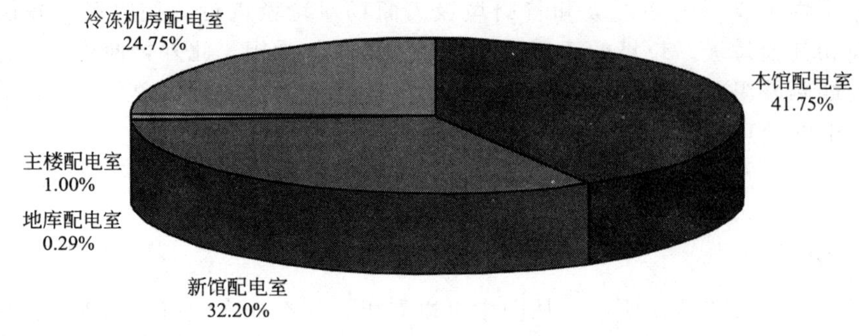

图 5　商场电量损失情况

2.4　方案产生与筛选

根据清洁生产审核的要求，结合商场的实际情况，本次清洁生产审核从设备、过程控制和管理三个方面出发，共提出清洁生产方案 25 项，其中，无/低费方案 21 项，中/高费方案 4 项。所有清洁生产方案如表 5 所列。

表 5　清洁生产方案一览表

序号	类型	方案名称	方案类别
1	服务流程	优化卫生间设施使用	无/低费
2		改善指示标志	无/低费
3		减少宣传用小挂件	无/低费
4		调整空调温度	无/低费
5	设备维护更新	更换传真机	无/低费
6		楼道加装时控、声控温度	无/低费
7		扶梯相控调压改造	中/高费
8		减少员工通道灯管数量	无/低费
9		营业区光源替换为 LED 光源	中/高费
10		定期空调清洗	中/高费
11		安装节能器	无/低费
12		进行水平衡测试,完善计量仪表	中/高费
13	过程优化控制	各部门间表格统一化	无/低费
14		闭店时电梯关闭措施	无/低费
15		厂家配电箱外装	无/低费
16		夜间施工节电措施	无/低费

续表

序号	类型	方案名称	方案类别
17	废物回收循环利用	节约办公用品，倡导无纸化办公	无/低费
18		推广二次用纸，倡导双面打印	无/低费
19	教育培训	加强清洁生产知识培训	无/低费
20	管理	加强用电设备管理	无/低费
21		减少办公区电灯开关次数	无/低费
22		电梯使用制度	无/低费
23		电脑节能降耗	无/低费
24		加强餐饮区用水管理	无/低费
25		加强新馆非装饰灯管理	无/低费

2.5　中高费方案可行性分析

2.5.1　扶梯相控调压改造

2.5.1.1　方案简述

该方案属于节约电能类型方案，与清洁生产和循环经济的要求相符。商场自动扶梯保持恒速运行，负载多为50%以上工况有处于轻载或空载状态，电能损耗较大。因此，结合商场客流量变化规律，在客流量小的时间里对电梯进行相控调压改造，通过控制电机运行时检测电机电压、电流及其相位角，驱动输出单元强制实现电压、电流同步，较少电压、电流不同步的电能浪费。

2.5.1.2　技术可行性

相控调压技术基于晶闸管应用技术三相异步电动机降压节能，是一项成熟的节能技术。

异步电动机空载、轻载是输出功率减少，同时转子铜耗随之降低，但铁耗和杂散损耗基本不变。由于励磁电流未变，定子铜耗降低。因此电动机效率和功率因数大为降低。相控调压节电技术使用晶闸管作为输出单元，利用计算机控制输出单元的输出电压，是电动机输出功率与负载相匹配，达到低耗、节能目的；计算机全程随时监测电动机运行状态，一旦有断相和超载等故障即刻采取适当安全保护。

扶梯相控改造的设备为相控调压节电器，为大功率 IGBT 绝缘栅模块和超高速 DSP 控制单元，把电动机电枢电流特征信号经 A/D 转换并送入单片机进行计算后发出信号，控制电动机主电路的输出控制单元，使之导通截止，实现电动机输出功率与负载相匹配，达到低耗、节能目的。

在商场 112 部扶梯串接对应功率的相控调压节电设备，加装旁路装置，以防发生故障时扶梯正常运行。目前商场扶梯 112 部，其中本馆 66 部，新馆 46 部；商场上行电梯 62 部，下行电梯 50 部。装机总功率 840kW，每天运行 13h，365 天运行。

2.5.1.3　环境可行性

电梯变频改造方案实施后，每年可减少电力消耗 14.95 万千瓦时，相当于 148.45t 二氧化碳排放。

2.5.1.4　经济可行性

扶梯相控调压改造方案实施过程的费用包括设备购置费用 43.6 万元；施工费 5.04 万元；因此总投资约 48.64 万元。方案实施后，预计每年结缘电量 14.95 万千瓦时，节省

14.95万元[按电价1元/(kW·h)计算]。此方案投资偿还期为3.98年，内部收益率24.16%，经济可行。

扶梯相控调压改造经济效益分析汇总见表6。

表6 扶梯相控调压改造经济效益分析汇总

序号	项　目	单位	结果
1	总投资(I)	万元	48.64
2	年运行费用总节省金额(P)	万元	14.95
3	折旧期(Y)	年	12
4	年折旧费(D):$D=I/Y$	万元	4.05
5	应税利润(T):$T=P-D$	万元	10.9
6	净利润(E):$E=T\times(1-0.25)$	万元	8.17
7	年增加现金流量(F):$F=E+D$	万元	12.23
8	投资偿还期(N):$N=I/F$	年	3.98
9	净现值(NPV):$NPV=\sum_{j=1}^{n}\frac{F}{(1+i)^j}-I$	万元	56.01
10	内部收益率(IRR):$\sum_{j=1}^{n}\frac{F}{(1+IRR)^j}-I=0$	%	24.16

2.5.2 营业区域光源替换为LED光源

2.5.2.1 方案简述

该方案属于节约电能类型方案，与清洁生产和循环经济的要求相符。根据商场现有能源利用状况的统计，照明系统电耗偏大，占建筑总电耗比重较大，与灯具数量多，采用传统荧光灯密切相关。采用全部封场对四层和五层天花板进行改造，五层灯具全部替换为LED光源，四层灯具80%替换为LED光源。

2.5.2.2 技术可行性

该方案将商场营业区四层和五层中采用节能灯统一更换为应用广泛的LED光源。因此该方案技术上可行。

2.5.2.3 环境可行性

LED光源替代的节能改造实施后，每年可减少电力消耗32.51万千瓦时，相当于322.82t二氧化碳排放。同时方案实施后可减少废气灯管数量，降低固体废物产生量，减少末端治理费用。

2.5.2.4 经济可行性

将商场营业区四层采用的灯具1565只，五层采用灯具898只，将四层灯具全部替换为LED光源，屋顶改造后共采用节能灯1692只，五层80%灯具替换为LED光源，屋顶改造后共采用节能灯973只，预计方案初期投资246万元。

替代前的总功率159.02kW，按照LED光源替代后的总功率69.957kW，每年节电56%，共计32.51万千瓦时，节约电费32.51万元。此方案投资偿还期为8.34年，净现值6.41万元，经济可行。

商场LED光源替代改造的经济效益分析汇总见表7。

表 7　商场 LED 光源替代改造的经济效益分析汇总

序号	项　目	单位	结果
1	总投资(I)	万元	246.19
2	年运行费用总节省金额(P)	万元	32.51
3	折旧期(Y)	年	15
4	年折旧费(D)：$D=I/Y$	万元	20.52
5	应税利润(T)：$T=P-D$	万元	11.99
6	净利润(E)：$E=T\times(1-0.25)$	万元	9
7	年增加现金流量(F)：$F=E+D$	万元	29.51
8	投资偿还期(N)：$N=I/F$	年	8.34
9	净现值(NPV)：$NPV=\sum_{j=1}^{n}\frac{F}{(1+i)^j}-I$	万元	6.41
10	内部收益率(IRR)：$\sum_{j=1}^{n}\frac{F}{(1+IRR)^j}-I=0$	%	8.42

2.5.3　中央空调定期清洁

2.5.3.1　方案简述

中央空调机组长期运行后通风系统极易污染，还会造成灰尘、污垢等堵塞管道，从而影响制冷效果，浪费能源，增加维修成本。因此，中央空调使用一段时间后需要定期清洁、清洗、疏通通风管道。按照北京市地方标准《公共场所中央空调通风系统卫生管理规范》(DB11/485—2007)，目前商场的中央空调已快到清洗时间，建议相关部门进行清洗，节约能耗，延长机组使用寿命，降低机组故障风险。

2.5.3.2　技术可行性

该方案委托中央空调专业清洗公司对商场中央空调机组进行清洗，技术可行。

2.5.3.3　环境可行性

方案实施后，每年可减少电力消耗 32.6 万千瓦时，相当于 323.72t 二氧化碳排放。

2.5.3.4　经济可行性

中央空调机组送排风管道及整个系统清洗费用大约 80 万元，清洗后估计节约 10%能耗。以 2010 年空调制冷耗电量 326 万千瓦时，平均电价 1 元/(kW·h) 计算，清洗实施后可节约 32.6 万千瓦时，节省电费 32.6 万元。此方案投资偿还期为 3.06 年，净现值 143.55 万元，经济可行。

中央空调定期清洗的经济效益分析汇总见表 8。

表 8　中央空调定期清洗的经济效益分析汇总

序号	项　目	单位	结果
1	总投资(I)	万元	80
2	年运行费用总节省金额(P)	万元	32.6
3	折旧期(Y)	年	12
4	年折旧费(D)：$D=I/Y$	万元	6.67
5	应税利润(T)：$T=P-D$	万元	25.93
6	净利润(E)：$E=T\times(1-0.25)$	万元	19.45
7	年增加现金流量(F)：$F=E+D$	万元	26.12
8	投资偿还期(N)：$N=I/F$	年	3.06

续表

序号	项　目	单位	结果
9	净现值(*NPV*)：$NPV=\sum_{j=1}^{n}\frac{F}{(1+i)^j}-I$	万元	143.55
10	内部收益率(*IRR*)：$\sum_{j=1}^{n}\frac{F}{(1+IRR)^j}-I=0$	%	32.15

2.6　方案实施效果分析

根据中高/费方案的技术、环境和经济的可行性分析，可知三项方案都具有良好的技术、环境和经济效益，确定实施。考虑到完善计量器具实施后可细化和验证商场在节水节电工作的成绩，虽然经济效益不可行，但也应予以实施。

商场通过对服务流程、设备维护更新、过程控制、废物回收利用、教育培训和管理6个方面进行改进和完善，本着边审核边实施的原则，开展了无/低费方案的实施工作。此次清洁生产审核过程中，共确定了19项清洁生产审核无/低费方案和4项中高/费方案。本轮清洁生产审核的方案中有18项无/低费方案（实施率95%）和1项中高/费方案（实施率25%）得到实施；总共23项方案有19项得到实施，实施率达82%。

本轮清洁生产审核工作中，商场共投资0.7万元实施无低费方案，估计每年获得经济效益5.25万元；共投资80万元实施中高费方案，估计每年获得经济效益32.6万元。

3　结论

该商场通过实施清洁生产审核，提出20余项清洁生产方案，通过实施无低费方案，基本实现了近期清洁生产目标。通过实施中央空调定期清洁清洗等中高费方案，可实现中远期清洁生产目标。该案例表明，通过实施清洁生产，推广绿色服务业，将有效推动整个城市的节能减排工作。

参考文献

[1]《清洁生产审核暂行办法》(国家环境保护总局令第16号).
[2]《评价企业合理用电技术导则》(GB/T 3485—1998).
[3] 国家环保总局科技标准司编. 清洁生产审核培训教材. 北京：中国环境科学出版社，2001年.

医院清洁生产审核案例研究

简玉平，李晓鹏
（中国轻工业清洁生产中心，北京，100012）

摘要： 随着社会经济事业快速发展、医疗制度的逐步健全，我国卫生事业得到了极大发展。本文通过对医院医疗服务活动中排放的污染物及其危害的分析，凸显了医院开展清洁生产的必要性与紧迫性。并结合医院具体的审核案例，分析如何为医院开展清洁生产审核，并提出切实可行的清洁生产方案。

关键词： 医院；清洁生产审核；案例研究

Case study of cleaner production auditing on hospital

Jian Yuping，Li Xiaopeng
（China Cleaner Production Center of Light Industry，Beijing，100012）

Abstract：With the rapid development of the socio-economic cause and the gradual improvement of the health care system，the health services industry developed greatly. This paper analyses the the emission of pollutants from hospital medical service activities and their harmful effects，and highlights the necessity and urgency of the hospital to carry out clean production. Combined hospital specific case of audit，this paper analyses how to develop cleaner production audits in hospital，and puts forward practical clean production project.
Key words：Hospital；Cleaner production audit；Case study

1　前言

现代社会中，根据国家有关环保法规的要求，医院是环境保护工作中需要给予特别保护的目标，但同时根据医院医疗服务的性质，医院又是产生许多危险污染物的场所。所以医院做好环境保护工作，减少各类污染物的排放，不仅有利于保护医院周围环境及居民健康，而且对于树立医院良好的环境形象，保护医院医务人员、患者的健康，造福社会亦有重要意义。

清洁生产是一种从源头削减污染，提高资源利用效率，减少或者避免生产、服务和产品使用过程中污染物的产生和排放的方法学，以减轻或者消除对人类健康和环境的危害。将清洁生产应用于医院的环境保护工作中不但可以减少有害物质的产生，还可以提高服务过程中对人体和环境的危害。

2　医院主要污染物及其危害

当前，随着医学科学技术的迅猛发展以及人民群众生活水平的逐步提高，刺激了医院规模的进一步扩大，同时大量的高科技诊疗仪器临床应用的不断普及，实验性检查项目的日益增多，一次性用品的广泛使用等因素，使得医院开展的业务种类大大拓宽，生产效率明显提高，接诊能力显著增强，医院各类污染物的排放量也随之增大。医疗服务活动本身以及为医疗活动提供技术、后勤支撑条件的其他服务活动都会产生污染物，对环境和公众造成危害。一般来说，医院产生的污染物按照其类别可以划分为以下几大类。

2.1　废气

医院产生的废气主要有：具有挥发性的药品、溶剂产生的废气，中药晾晒、煎制、加工等过程产生的废气，综合性医院制剂车间产生的废气，高温消毒产生的废气，食品加工过程中的烹调油烟以及供热、供暖、供气锅炉产生的烟气等。

2.2 废水

废水大体上来自门诊部（包括肠道病门诊和肝炎门诊）、病房和附属用房（包括洗衣房、太平间、锅炉房、制剂车间、食堂）3 大部分。医院废水，尤其是传染病科室排放的污水中含有多种病原微生物、寄生虫卵和一些有毒、有害的化学物质，如重金属类、含砷化合物、氰化物和叠氮化合物等。如果这类污水不经处理，直接排放，人们食用了被污染的食物和蔬菜时，将会引起各种传染病的发生和流行，严重危害人类的健康。

2.3 固体废物

医院在医疗服务中产生的医疗废物包括临床废物、化验废物、手术残物、生物培养、动物实验废物、包扎残余物、化验检查残余物、敷料、废水处理污泥、废医用塑料制品、玻璃器皿、针管、有毒棉球、病人用过的带唾液和脓血的卫生纸巾等废物。

医药废物包括从综合性医院制剂车间药品生产和制作中产生的废物（不含中药类废物），包括化学药品制造中产生的各种残渣、废催化剂、各种废母液、生产中产生的报废药品及过期原料、废抗菌药、甾类药、抗组织胺类药、镇痛药、心血管药、神经系统药、杂药、基因类废物、过期报废的无标签的及多种混杂的药品（物）和积压或报废的药品（物）。

X 光和 CT 检查中产生废胶片、像纸、感光原料及药品，各类包装物及包装材料，生活垃圾以及锅炉产生的炉渣等废物。

2.4 噪声

医院产生的噪声主要有交通噪声、人员喧哗、空调设施、空压机运行噪声以及中药切割、粉碎等加工过程产生的噪声，锅炉工作时鼓风机、引风机等也会产生噪声。

2.5 电磁辐射

随着各种高科技诊疗设备（施）不断进入医疗服务领域，这些设备（施）在工作时所产生的电磁辐射强度增大，致使环境辐射污染水平增高。

2.6 放射性废物

随着各种放射性核素诊疗技术的应用，放射性物品的生产、使用、收集、处理、运输、贮存及处置等各个环节若处理不当，都会对环境造成放射性污染。

根据以上分析，现代医院医疗服务活动中，产生的污染物种类繁多、污染源点多面广、污染物排放情况复杂。许多污染物不仅具有毒性、易燃性、易爆性、腐蚀性和（或）化学反应性，而且含有多种病原微生物、寄生虫卵，具有传染性，对环境和公众健康造成较大的危害。因此、医院许多污染物已被列入国家危险废物名录，必须注意妥善收集、分类、运输、贮存和处置。

3 医院清洁生产案例

3.1 医院基本情况

某医院始建于 20 世纪 50 年代，该院是集医疗、教学、科研、康复保健于一体的综合性二级甲等医院。医院占地 7 万余平方米，建筑面积 4 万平方米，现编制床位 430 张，年门诊人次 10 万余人次，年出院病人 8000 余人次，在职职工 690 人，设立 16 个临床科室，8 个医技科室。

医院拥有日本岛津大型 C 臂 X 线机，德国西门子欢悦高档双螺旋 CT，日本岛津 4500TF 型全身 CT，美国 apogee-800 型彩超、美国贝克曼全自动生化分析仪、血气分析仪、美国伟洛克 1000 型血液净化仪、德国狼牌腹腔镜、椎间盘镜、关节镜、前列腺电切镜、日本潘太克斯电子胃镜、日本 Olympus 胃镜、肠镜、气管镜、膀胱镜等系列内窥镜、高压氧舱、碎石机、人工心肺机、肺功能等大型医疗设备 140 台（件）。

3.2 预审核

预审核的主要任务是利用清洁生产理念，调查组织活动、医疗服务中最明显的废物和废物流失点；物耗、能耗最多的环节和数量；原辅料的使用和输出；原辅料管理现状；就诊率、出院率、设备的维护和清洗等，从而发现清洁生产的潜力和机会，确定本轮清洁生产审核的重点。在结合本院医疗服务过程的实际情况的基础上，通过摸清污染现状和主要产、排污环节，并经过比较和分析，确定审核重点和设置预防污染的目标，提出并实施污染物削减的无低费方案。

（1）现状调研

审核小组依据清洁生产审核程序，需要对医院相关单位进行现状了解。因此，预审核阶段在全院范围内广泛收集审核所需要的资料，主要包括：医院组织架构；主要业务经营情况；医院的医疗现状；医院原辅材料消耗；医院电力、水、天然气等能源消耗情况；医院管理制度、就诊流程、岗位责任等。

（2）现场考察

根据现状调研所需材料的基础上，审核小组对医院进行了实地考察，了解了医院就诊过程，并详细调查了院内各部门物耗、水耗、能耗、电耗等技术指标，查找物料流失和污染物产生的环节、检查设备运行及维修状况，进一步明确了医院的组织机构、污染物的产生和排放情况。

（3）确定审核重点

针对医院产品的特殊性医疗服务，结合清洁生产审核的基本方法和理念，本着过程控制的指导思想，本轮审核中医院决定选取医疗服务过程中的医疗服务过程、水耗、医疗废物作为本次审核的重点，在取得经验的基础上，再逐步在其他相对比较复杂，污染负荷大，清洁生产潜力大的环节开展，因此，本次清洁生产审核的重点是医疗服务过程、水耗和医疗废物。

（4）设置清洁生产目标

由于我国尚未颁布医院相关清洁生产审核标准，因此，通过医院在医疗服务中能源的消耗情况及与医院自身最好水平的对比，根据医院现状与医院历年最好水平的差距，并结合当地行业用水定额标准的要求，制定出本轮清洁生产审核的目标。

3.3 审核过程与问题发现

3.3.1 审核重点确定

医疗服务主要是指从一个病人入院挂号到出院的整个医疗服务过程，包括挂号、就诊、取药、注射（如需）、入院（如需）、出院等的就诊流程。为了本次审核将以医疗服务为对象进行实测，以便更准确的了解服务过程物质流向，包含主要水流向、医疗废物产生节点。

审核组在医院就诊现场进行了观察和测量。主要按照医院医疗服务流程，从病人入院取号开始，到病人拿药、就诊完出院为止，整个医疗过程进行了测量，主要测量在服务过程中医疗用品的使用量、医疗服务质量的高低（主要通过医疗服务的平均每一位病人的就诊时间来看），医生和护士在为病人提供医疗服务的过程中，有无耽误患者的就诊时间、在就诊过程中是否做到最低的医疗成本、在服务过程中是否拥有先进行的信息管理系统等等。图 1 医疗服务就诊流程。

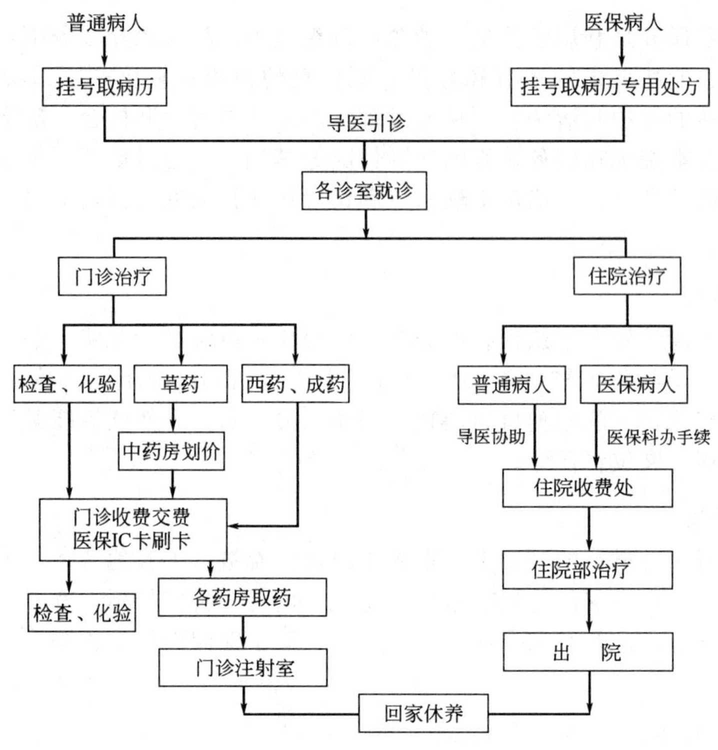

图 1　医院医疗服务就诊流程

3.3.2　审核重点实测

由于医院及其他服务行业的行业特殊性，其部分物料消耗根据服务的需要，伴随服务过程会转移到服务对象方，而这部分物料损耗的量化十分困难。因此，传统意义上的物料物料衡算及审核过程都应与工业清洁生产过程应有所区别。

（1）水平衡测试分析

医院分为临床科室、门诊科室、机关和后勤科室。医院对于这四大部门的用水考核主要通过水表计量。医院用水计量共分为一级表、二级表、三级表三个等级。实测阶段主要是对医院的清水用量的三级计量水表进行实测。

审核组在现场进行了为期 3d 的水实测记录，得到相关数据。通过对不同级水表读书偏差的分析发现该医院清水资源浪费严重、工作人员节水意识淡薄、中水回用率较低等问题。

（2）医疗废物产生量测试分析

医院的医疗废物主要分为：a. 一般废物；b. 病理废物（组织、脏器）；c. 感染性废物；d. 损伤性废物（锋利性物质）；e. 化学性废物；f. 药剂废物；g. 放射线废物；h. 爆炸性废物（压缩器）。通过调研发现被审核医院医疗废物主要有病理废物、感染性废物、损伤性废物、药剂废物等，然后统一收集，集中在焚烧炉中进行焚烧。

通过对实测数据的分析发现，医院每天排放的医疗废物有 50.3kg。经过进一步的现场调查，在医疗废物中如青霉素之类的小药瓶占 75%之多，即 37.7kg/d，而剩下 25%，即 12.6kg 为一次性输液管、输液器及医疗辅料之类。小药瓶进行焚烧并不能被烧毁，而后又造成二次污染，且小药瓶在收集中并没有被垃圾感染。因此，医疗垃圾在产生源头，医院没有对垃圾进行有效的分类收集，导致小药瓶之类可以回收的垃圾废物进入焚烧炉中。小药瓶不进入垃圾焚烧系统，从而可以减少医疗废物的量，将环境影响降低，同时还可以为医院创造效益。

3.4　方案产生与筛选

方案产生与筛选阶段的任务是根据实测数据的物料平衡和废物产生原因的分析结果，充分调动广大员工的参与热情，全面系统地提出并汇总清洁生产方案。医院全体领导及员工从医疗原辅料的领用和使用、医疗服务过程、医疗设备的维护和更新、医疗废物的管理、能源的使用、物料的回收和利用、人员及管理七个方面入手，提出合理的方案。

通过发动全院广大职工积极参与方案的产生，并且充分的调动院外清洁生产专家为清洁生产方案献计献策，共提出清洁生产方案 48 项，其中，无费方案 26 项，低费方案 12 项，中费方案 5 项，高费方案 5 项，方案如表 1 所列。无低费方案边审核边实施，取得了良好的环境效益。

表 1　部分清洁生产方案列表

序号	七个方面	清洁生产方案内容简介	方案类型
1	医疗原辅料的领用和使用	原材料的领用不合理，导致浪费严重。应按量领取，实行按月领用，对领用科室认真做好领用记录	无费
2		材料库存量过大，导致资金占用严重。建议总务科，药械科每月提前到各科室统计需要药品的种类和数量，按计划采购	无费
3		对碘酒、酒精等消毒品应配备各种规格，方便使用	无费
4		医用 CT 胶片过大，浪费严重，建议医院配备各种不同规格的胶片	无费
5	医疗服务过程	病人就诊程序不清，往往耽误就诊时间。应加大导诊的作用，引导病人就诊	无费
6		药房人员分发到科室的药品，统一配制	无费
7		部分就诊科室就诊时间过长，建议在保证医疗质量的前提下，缩短就诊时间	无费
8		设立床位协调部，在遇到特殊情况例如病房爆满，或出现病床利用率科室之间不均衡的情况，由该部门在全院范围内统一调配，提高住院病区病床利用率	低费
9		为方便收集医护意见及实现办公自动化，实现全院高效办公及信息交流等	高费
10	医疗设备维护和更新	设备安排专人负责维护，并定期对设备进行检修	低费
11		病房区的空调由于长期没打扫尘土过多，导致空调无端能耗升高。应经常对空调之类的设备进行清扫，以保证设备在最佳状态运行	无费
12		加强对医疗设备的维护和管理，对于大功率的医疗设备，做到“人走断电”，防止空转现象浪费电量	无费

续表

序号	七个方面	清洁生产方案内容简介	方案类型
13	医疗废物的管理	医疗过程中产生的医疗废物。应采用规定颜色的废物袋进行分类收集	无费
14		对医护人员进行医疗废物分类管理的培训，并与各自的工作联系起来，不同的废物进不同医疗废物桶	低费
15		增加医疗废物收集的次数，每天两次，以保证医疗区的环境卫生的整洁	无费
16		医疗废物存放于敞开的容器中，容易导致废物影响的扩散。应将废物存放于密闭容器中，统一更换废物收集桶	中费
17	能源使用（水、电、气）	加强对非考核科室用水、用电的管理，实行限定定额的方式进行管理，做到“不浪费一滴水、不浪费一度电”	无费
18		医院部分灯管使用年限长，而且大部分灯管电耗高。建议对医院的照明系统进行节能灯更换	中费
19		医院在二级水管和三级水管之间水泄漏严重，应对管线进行整修或重铺，以节约清水用量	高费
20		医院四部电梯每天不间断的使用，浪费大量的电能。建议电梯上安装节电装置，在电梯运行过程中以期达到节电的目的	高费
21		加强对电梯使用的管理，制定电梯使用规范，达到人为控制电梯使用，以期节约用电	无费
22	物料的回收和使用	废水处理产生的碱液直接排放，不仅污染环境，还浪费碱液。建议医院将碱液收集用于洗衣房或其他需要用碱的地方	中费
23		加强中水回用率，回用于冲厕	低费
24		在电解二氧化氯过程中要补充清水，在处理后的废水达到规定要求后，可以将处理后中水作为清水对电解过程进行补充，以减少清水用量	中费
25	加强管理	加强对候诊室的地面清扫，采用温式清扫方式，防止灰尘或扬尘污染室内空气，影响就诊环境	无费

3.5 方案可行性分析

通过审核小组成员及外部专家组成员对已产生方案的认真细致地分析和讨论，并在10个中高费方案中选取3个方案对其进行详细的可行性分析。

（1）方案简介

① 门诊楼电梯节能方案　新增两套组合式静电除尘装置。该设备具有去除效率高、操作简单、维护管理方便等特点；同时可回收增塑剂，平均每天可回收增塑剂（DOP）200kg左右（约合人民币2000元）。这样既给企业带来了一定的经济效益，同时又带来了社会效益和环境效益。

② 电解二氧化氯碱回收方案　该医院废水采用二氧化氯方法进行消毒处理后排放，而二氧化氯是通过用食盐电解制取。因此，在电解过程中就会产生大量的氢氧化钠，直接排放不仅污染环境，而且浪费了碱液。所以该方案是将电解后产生的碱回收。具体方案：用一个收集容器与电解设备的自动排碱管相连，将排出的碱液收集起来，安排专人负责看管和收集，并对每次收集的碱液测定其碱含量，然后送往需要用到碱液或其他清洗的地方。

③ 加强医院中水回用方案　该方案主要是将补充冲洗厕所的清水用中水完全的替换，全部用中水进行冲洗，这样可以节约大部分清水资源。具体方案是：在门诊楼的附近修建一个蓄水池，用于收集处理达标后的中水，将中水用泵泵入储水池待用。

（2）技术可行性分析

① 门诊楼电梯节能方案　目前这种有源能量回馈器在南方诸省已经开始使用，且取得了一定的效益，而且在安装过程中只是简单地将五条电线与交相电源和变频器相连即可，在运行中只进行一些简单的维护即可。

② 电解二氧化氯碱回收方案　目前自动排碱管是直接排入污水出水管道，进入城镇污水系统，该方案是将排入污水管网的碱液用容器收集，在技术上不存在难点，只要注意收集过程中注意容器的密闭、及时更换收碱容器即可。

③ 加强医院中水回用方案　目前医院已经铺设了中水回用的管道，对中水回用医院已经有了一定的经验，只是没有最大量的将中水利用起来，利用率较低，该方案是将处理达标后的中水部分回用，完全替代清水冲洗厕所的浪费。

（3）环境可行性分析

① 门诊楼电梯节能方案　电梯只要启动便开始消耗电能，而且医院的电梯目前处于非控状态，人为消耗也较严重。通过有源能量回馈以后，可以从根本上减少电量的消耗，就节约医院的电量，因此，该方案实施后在一定程度上节约了电能。

② 电解二氧化氯碱回收方案　氢氧化钠溶液是一种强碱溶液，直接排入污水管网，不仅增大了污染的负荷，而且还会污染周围的环境。如将碱液收集起来不仅降低环境负荷，而且还可以回收用于清洗衣物或其他需要用碱的地方。

③ 加强医院中水回用方案　医院目前有大部分厕所是用清水来冲洗的，而医院处理后的中水完全达标，直接排放就加大了对清水的用量，导致水资源的白白浪费。因此，该方案的实施，可以从很大程度上减少清水的使用量，降低医院的废水负荷。

（4）经济可行性分析

① 门诊楼电梯节能方案　虽然该方案要四年半才能收回成本，但是对于电梯在运行过程中节约电量，降低电量的消耗能起到一定的作用。因此，该方案的实施在经济上也是可行的。

② 电解二氧化氯碱回收方案　医院每天的清水用量大约为 $240m^3/d$，我们取每天的污水排放，即需要处理的污水量为 $200m^3$，每天向阴极室补充的清水量为 $10m^3$，即自动排碱管排出的碱液就为每天大约 $10m^3$，通过对该项目的投资分析可知该项目投资回收期约为 12 天，每天可节约费用 99.6 元，具有经济可行性。

③ 加强医院中水回用方案　医院每天的污水处理量可以达到 $200m^3/d$，目前医院厕所用水每天为 $50m^3$，该方案实施前，每天利用中水为每天大约 $10m^3$，而且医院已经安装了水泵，该方案的实施 2 个月即可收回成本，且每天可节约费用 120 元，具有经济可行性。

（5）可行性分析的结论

通过对该医院清洁生产 3 个主要方案的技术可行性、经济可行性、环境可行性的分析可知，这三项方案的实施，不但技术成熟，而且会使医院取得良好的经济效益和环境效益。

参考文献

[1]《清洁生产审核暂行办法》（国家环境保护总局令第 16 号）.

[2] 国家环保总局科技标准司．清洁生产审核培训教材．北京：中国环境科学出版社，2001.

海南洋浦经济开发区生态工业园规划研究

宋云，吕竹明，李晓鹏
（中国轻工业清洁生产中心，北京，100012）

摘要： 本文针对洋浦经济开发区的特点，提出了洋浦经济开发区生态工业园规划的总体框架、指导思想和目标，对园区的主要行业石化行业和造纸行业提出了行业生态工业发展规划，从废气、废水、固废和能源方面提出了资源利用和污染物控制规划，并列出了相应的重点支撑项目和保障体系。

关键词： 生态工业园；规划

Research of Ecological industrial park planning for Yang Pu economic development zone in Hainan

Song yun，Lv Zhuming，Li Xiaopeng
（China Cleaner Production Center of Light Industry，Beijing，100012）

Abstract：According to the characteristics of Yang Pu economic development zone，this paper put forward the framework，guiding ideology and objective of the plan. This paper put forward the development planning of the main industry in petrochemical industry and paper industry and put forward the resource utilization and pollutant control planning on waste gas，waste water，solid waste and energy，and list the key support project and security system.

Key words：Ecological industrial park；planning

1 洋浦开发区概况

1.1 开发区形成背景

洋浦经济开发区位于海南岛西北部的洋浦半岛，陆地面积 31km^2，开发区所在的洋浦半岛地区原由儋州市干冲镇、三都镇和峨蔓镇三镇组成。开发区共有 18 个居委会、44 个自然村，现有总户数 9646 户，47511 人。1992 年 3 月经国务院批准设立，1993 年 3 月动工建设。开发区已投入资金 60 多亿元用于基础设施建设，建成地下管道、深水港口、道路、电厂、邮电通讯等一批高标准的基础设施项目，使洋浦具备了大规模开发建设的条件。洋浦经济开发区是国家级开发区，享受特区、开发区和保税港区三区合一的特殊优惠政策。

洋浦模式的形成有它的历史背景。1992 年 9 月，由中国香港熊谷组发起成立了“海南洋浦土地开发有限公司”作为洋浦开发项目的承建发展商，负责开发区内的建设和招商任务。1993 年 4 月，省政府向洋浦派出管理局，作为洋浦地方行政管理部门，直接向省政府负责。管理局采取“小政府、大社会”的模式，代表国家行使行政管理权力。外商洋浦土地开发公司负责用地开发建设和招商工作。由于受到大陆沿海地区改革开放、良好的基础设施、丰富的能源/原材料等因素的影响和制约，使开发区处于竞争劣势，造成了发展缓慢的状态。

1.2 开发区的经济发展

从 1995 年开始，海南省政府逐渐介入洋浦的招商工作，并敦促洋浦管理局主动负起招商的责任。招商不仅面向外商，也面向内商。从 1998 年开始，洋浦开发的形势有了很大变化。优越的港口、基础设施和土地资源条件已经引起大型工业投资企业的关注。开发区政府积极响应海南省政府提出的“大企业进入、大项目带动、高科技支撑”的发展战略，综合分析了洋浦的自身发展条件、优势、机遇以及石化和浆纸两大龙头产业的发展前景等因素，将开发区的发展目标由“以技术先进工业为主导，第三产业相应发展的外向型工业区”，进一步明确为“一个港口、三个基地”。一个港口就是服务于开发区的洋浦港；三个基地分别是石油化工生产基地、石油商业储备基地和浆、纸、纸制品、印刷、包装一体化生产基地。2000～2005 年之间分别引进了投资 160 亿元的海南金海浆纸业有限公司项目（100 万吨木浆）、投资 116 亿的中石化 800 万吨炼油项目，天然气发电厂和洋浦面粉厂等大型工业项目进入本区建设，证明了洋浦的发展大型资源、临港性工业的优势和潜力，投资 3 亿元的苯乙烯项目等，以及洋浦电厂重组、洋浦港三期等基础设施的建设，正式加快了洋浦开发区的发展。

截至 2009 年底，洋浦经济济技术开发区目前已建成投产的主要项目有 16 个，包括海南金海纸业有限公司一期 100 万吨/年木浆项目、海南炼化有限公司 800 万吨/年炼油项目（15 套生产装置）、海南实华嘉盛化工有限公司 8 万吨/年催化干气制乙苯/苯乙烯项目、海南洋浦海发面粉有限公司 37.5 万吨/年淀粉加工项目、海南洋浦椰岛淀粉工业有限公司 5.6 万吨/年木薯变性淀粉项目和中海海南发电有限公司 44 万千瓦天然气发电项目等，其余项目规模较小。此外，洋浦港已完成一、二、三期建设，开发区已建成日供水 5 万立方米的自来水厂和年供气 16 亿立方米的天然气输配系统。

据统计资料 2008 年，洋浦经济开发区生产总值 95.8 亿元，其中第一产业 16.2 亿元，第二产业 78.1 亿元，第三产业 16.08 亿元。工业总产值 473.5 亿元，工业增加值 72.8 亿元。截止 2008 年底止，固定资产投资历年累计为 376.4 亿元。区内浆纸、油气化工等主导产业的雏形初步形成，经济正呈加速发展。

1.3 开发区的环境状况

开发区的主要污染源包括洋浦经济开发区已建成并投产的企业有金海浆纸业有限公司、中海油发电有限公司、海南洋浦椰岛淀粉工业有限公司、洋浦傲立石化有限公司、中国石化海南炼油化工有限公司等，2006 年洋浦工业废水排放量为 1902.3 万吨，工业 COD 排放量为 3251.61t，氨氮排放量为 479.13t；工业废气排放量为 127.15 亿标立方米，工业 SO_2 排放量为 2518.74t，工业烟尘排放量为 625.19t，固体废物共产生量为 30.08 万吨，其中工业固体废物综合利用量为 20.26 万吨，综合利用率为 67.36%。工业固体废物贮存量为 9.82 万吨。

洋浦海域总体水质现状良好。其中的 pH 值、溶解氧、化学需氧量、生化需氧量、无机氮、非离子氨、活性磷酸盐、石油类、硫化物、挥发性酚、汞、Cd、Pb、Cu、As 等符合《海水水质标准》GB 3097—1997 中的二类标准，同时除溶解氧有 42.5%的监测值超海水一类标准外，其余的各项监测因子的监测值均符合《海水水质标准》（GB3097—1997）中的一类标准。

区内大气环境监测的各个监测点所有污染物 SO_2、NO_2、TSP、PM_{10} 均小于 GB 3095—1996《环境空气质量标准》（修改版）中二级标准。区域内大气环境质量现状良好。

2 规划的总体设计

2.1 规划的范围和时限

目前开发区海关控制线内实际面积 31km^2，根据重新修编的开发区总体规划，开发区总用地面积 69km^2，其中关内（即原开发区面积）31km^2，关外预留（新增）38km^2。具体范围：东到新英湾，南到洋浦湾，西到北部湾，北至峨蔓、雷得港附近。

本规划基准年为 2008 年，本规划期限为 2009～2018 年，分为近期和中远期。

近期为 2009～2013 年，完善规划设计、初步建设阶段；

中远期为 2014～2018 年，发展、完善规划建设阶段。

2.2 规划的总体框架

以循环经济理念、低碳经济和工业生态学原理为指导，结合洋浦开发区的特点，合理进行功能布局，完善现有的生态产业链，建立以石化产业为主体，以工业共生和物质循环为特征的生态工业体系；通过企业之间，以及企业与科技开发机构、热电厂、污水处理厂、固体废物填埋场等公共设施之间的物质、能量和信息交换，构成一个完整的共生系统，从而实现可持续发展。

主要生态链如下。

（1）物质循环

工业废物经分类收集后，首先考虑在企业内综合利用，例如，炼化厂的重油催化裂化装置的废催化剂可以通过筛分、水洗等低磁化处理过程恢复活性后重新使用，造纸厂活性有机污泥可以通过堆肥的途径进行综合利用。对于无法进行综合利用的工业废物集中收集后送到固体废物填埋场集中处理。开发区的生活垃圾全部收集至垃圾中转站，再统一运至儋州市生活垃圾处理厂。

（2）水循环

开发区工业企业内部建立了水资源梯级利用系统和污水处理系统，日常生活产生的污水进入开发区污水处理厂，处理后的中水根据其所含污染物的状况可考虑作为水质要求不高的厕所冲洗、城市绿化等。

（3）信息交换

各种研发机构（包括企业内的研发机构）在是开发区科技开发的重要支柱，为企业的产品研发、副产品交换、节能降耗、水和固废的综合利用提供技术支持。

（4）工业生产生态链

根据“循序渐进，虚实结合”的原则，结合项目招商情况、当地的产业现状和市场需求，筛选、确定了开发区生态工业园区近期优先发展的企业：石化产业。核心企业、周边的配套企业及其相关的附属企业组成工业生态群落，群落间通过产品和能量、水的梯级使用与区外企业联系在一起，构成多种物质能量链接的生态链网络。

2.3　指导思想

以科学发展观、循环经济和产业生态学为指导，以提高资源利用效率、转变经济增长方式、建设节约型社会为目标，以发展低碳经济为主导的发展模式，以技术创新和制度创新为动力，健全法律法规，完善政策措施，遵循自然、社会和经济发展规律，坚持经济、资源、生态环境协调发展。以石化行业为核心，构建不同产业之间以及与自然生态系统之间的生态耦合和资源共享的生态产业链，积极采取各种有效措施，以尽可能少的资源消耗和尽可能小的环境代价，取得最大的经济产出和最少的废物排放，实现洋浦开发区生态工业链网中物质、能量和信息高效转化和流动。通过政府、企业与公众的共同努力，把洋浦经济开发区建设成为一个包含高度生态文明、内在与外表相统一、经济建设与环境建设协调、稳定、高速发展的生态工业园区。

2.4　规划原则

本规划遵循以下原则：a.“3R”原则，即“减量化、再利用、资源化”原则；b. 环境、经济和社会协调发展原则；c. 环境资源的可持续利用原则；d. 预防为主、防治结合、综合治理的原则；e. 提升产业关联发挥区域优势的原则；f. 坚持“科技创新与制度创新并举”的原则，调整经济结构，转变增长方式；g. 坚持“全面部署、重点推进”的原则，实现企业、开发区、社会的点线面三个层面的互动发展。

2.5　规划目标

以生态文明、低碳经济和工业生态学理论为指导，以经济发展和资源可持续利用为核心，结合海南省建设生态省的目标，构建以工业共生和物质循环为特征，以可再生、可循环物质为载体的生态工业体系。以石化行业为依托，构建上下游产业链，优化资源配置，在现有工业的基础上形成一批高效益、高技术的产业集群；加快基础设施建设，加强生态保护与环境治理，改善人居环境；不断提高资源转化利用率，建设资源再生产业基地，培育新的经济增长点。用10年左右的时间使洋浦经济开发区能真正走上以最有效利用资源和保护环境为基础的生态工业之路，将洋浦经济开发区建设成为我省乃至全国生态工业园的示范区域，发挥洋浦经济开发区在区域经济中的辐射和带动作用。

3　行业生态工业发展规划

3.1　主导行业

3.1.1　已有产业链组成

洋浦经济开发区依托南海丰富的天然气资源和洋浦深水避风良港以及丰富的电资源，具有发展石化工业的优越条件，在此条件下，截至规划基准年2008年，中石化投资在海南洋浦经济开发区建设了中国石化海南炼油化工有限公司800万吨/年炼油项目和实华嘉盛8万吨/年乙苯/苯乙烯项目，实华嘉盛建设在炼油项目内，共用公用工程设施，中国石化海南炼油化工有限公司是园区内石化行业的核心企业。

两个企业共建有16套工艺生产装置以及辅助设施，其中14套炼油装置、2套化工装置、硫磺回收系统，构成了四条产业链，形成了现有的产业链基础。

(1) 炼油产业链

即现有主要上游产业链，原料为原油，主要装置是14套炼油装置，产品是汽油、柴油、石脑油、煤油、燃料油等油品产品，苯、丙烯、MTBE等化工产品、汽化气、干气等燃料气。

(2) 炼油-乙苯/苯乙烯产业链

即以催化装置副产催化干气中的乙烯和连续重整装置的产品纯苯为原料，采用气相烃化、液相反烃化技术制乙苯，并在水蒸气存在的条件下负压脱氢制得苯乙烯产品，见图1。

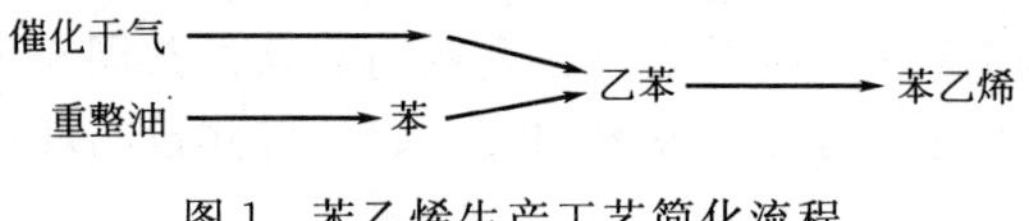

图1 苯乙烯生产工艺简化流程

(3) 炼油-LPG-聚丙烯产业链

即充分利用炼油生产过程产生的LPG生产丙烯，见图2。

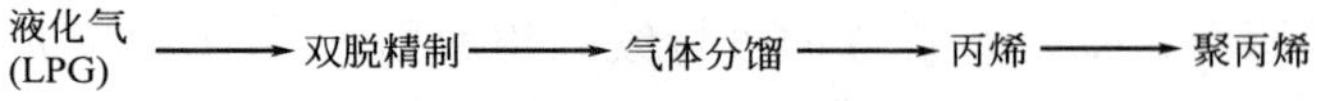

液化气(LPG) → 双脱精制 → 气体分馏 → 丙烯 → 聚丙烯

图2 聚丙烯生产工艺简化流程

(4) 炼油-硫磺产业链

即由双脱装置和硫磺回收装置溶剂再生来的富H_2S酸性气及加氢来的富NH_3酸性气生产硫磺。

上述产业链形成了目前洋浦经济开发区石化行业的产业链雏形，其中炼油产业链、炼油-乙苯/苯乙烯产业链是主要产业链。

3.1.2 生态工业发展模式的构建与完善

3.1.2.1 生态产品链的构建与完善

(1) 炼油—芳烃—PTA产业链—PET—聚酯产业

近期规划（至2013年），在现有800万吨炼油规模基础上，建设PX项目，建设内容包括：23万吨/年芳烃抽提、180万吨/年歧化及烷基转移、103万吨/年（苯/甲苯）分离、377万吨/年二甲苯蒸馏、335万吨/年吸附分离、274万吨异构化等装置，通过该产业链的实施，以国内领先、国际先进的标准引进芳烃产业链可提高园区整体的工业增加值，使用清洁生产方案降低产业链消耗、污染水平，尤其可公用炼油产业链富余能源，减少油品的输送、贮存消耗，即可降低新增工业增加值消耗，因而该产业链的引进有利于提高园区石化行业整体的生态效率水平。

(2) 乙烯—聚烯烃-塑料制品的产业链

远期规划（至2018年），利用炼油生产的300万吨裂解轻油作为原料，新建100万吨乙烯工程，建设一条采用国际上先进乙烯裂解和分离技术的生产线，所产乙烯将全部由自身配套和下游装置加工。下游装置包括两套聚乙烯生产装置［35万吨/年高密度聚乙烯（HDPE）装置，20万吨/年高压聚乙烯（LDPE）装置］、50万吨/年聚丙烯装置（2×25万吨）。

（3）石油储备—石油加工一体化

由于“意见”中提出要在海南省适时规划建设国家石油战略储备基地，鼓励发展商业石油储备和成品油储备。因此根据行业发展规模和开发区的需要，解决原油装卸和中转问题，拟远期规划建设石油储备基地。

3.1.2.2　废物代谢链的构建和完善

（1）酸性水—氨水甲醇/—甘氨酸—氯化铵产业链

近期规划（至 2013 年），可以利用酸性水中氨气，回收制备氨水，与现有炼化副产品甲醇合成制造医药中间体甘氨酸，并且在制造过程中，产生副产品氯化铵。甘氨酸生产项目在《产业结构调整指导目录》（2005 年版）中属于鼓励类（一、鼓励类　九、化工　4. 高效、低毒、安全新品种农药及中间体开发生产）。

（2）己内酰胺—聚酰胺—锦纶 6、锦纶 6 膨体长丝—服装面料、帘子布、地毯、工程塑料产业链

中远期规划（至 2018 年），采用洋浦海南炼化项目的副产苯、硫磺为原料，生产己内酰胺、聚酰胺等产品，可弥补国内己内酰胺生产能力的不足。

下游产业展望进一步生产锦纶丝、锦纶地毯、帘子布和工程塑料等下游产品。可供下游选择的项目有：己内酰胺，聚酰胺，高性能化学纤维生产及加工，如聚酯长丝、短纤、无纺布、帘子布等。

（3）乙烯—丁二烯、苯乙烯—溶聚丁苯橡胶产业链

中远期规划（至 2018 年）乙烯裂解副产的丁二烯，可与苯乙烯共聚，进一步生产溶聚丁苯橡胶、SBS、ABS 等系列聚合物。

产业展望该产业链的发展可为海南省橡胶轮胎及工业和民用橡塑制品提供原料，形成从原料到橡胶制品上下游一体化的产业链。

（4）炼油/PX/乙烯废催化剂的回收

在建设 PX 项目及乙烯项目后，项目产生的废催化剂由厂家经过复活后回用，由于该产业链原料是可以保证的，因此足以形成可持续发展的产业。

上述产业链都是对产品代谢链的补链环节，并且部分产业链可起到增加园区工业增加值的作用，充分体现了生态工业园的生态特征。

3.1.3　提高生态效率方案

3.1.3.1　现有企业改造方案

对于现有的洋浦海南炼化和实华嘉盛，重点工作主要在于大幅提高资源综合利用率，然后在一定程度上降低能源消耗。

（1）资源的综合利用

① 废物的综合利用　提高废油的回收利用率，如重油催化裂化装置罐区有轻污油，目前进入提升管，可根据对轻污油化验，如果馏分组成较轻，可考虑进行分馏，达到节约资源的目的。

回收处理酸性气体，即将现有的酸性水气体装置的酸性水，进行回收氨气制液氨，从而提高资源综合利用率。

② 提高原料综合利用率　针对目前重油深加工利用率不高的情况，可通过增加延迟焦化工艺，提高对重油的深加工利用率，从而整体上提高资源利用率，减少废物产生量。

(2) 节能改造

① 能效提高　洋浦海南炼化常减压装置加热炉要采用集成节能技术，发挥DCS仪表控制的优势，进行优化操作和控制，提高能源利用率；

洋浦海南炼化催化裂化装置是炼油企业的重油深加工的关键装置，也是全厂经济效益好坏的关键装置，要发挥提升管催化裂化工艺的优势和DCS先进控制的特点，提高轻油回收率。

② 能源回收利用　在实际富裕量比较大的设备或负荷波动较大的设备上，可通过加装变频器，达到节能的效果，如针对常减压机泵富裕量较大的情况，可增设低压变频，降低电力消耗；针对空冷机随天气变化而开停的状态，可在电机上增设变频装置，用风机转速控制冷却风量，既节能又很好地控温。

加强能量梯级利用，如在催化裂化装置上设烟气能量回收设备，对于加氢裂化和常减压蒸馏装置产生的低温余热，可建立热水站，将低温热量集中回收再利用，可用于气体分馏装置塔底重沸器、替代热工水处理装置制取除氧水的加热蒸汽、油罐的加温、管线的伴热等。

3.1.3.2 新建项目设计方案

(1) 提高废物回收利用率

新建化工项目甘氨酸项目、PX项目、PTA项目、乙烯项目，项目在实施过程中会产生大量的废弃溶剂，废溶剂可以通过建立溶剂脱水塔、回收塔、冷阱等回收装置回收，提高废物回收利用率。

新建甘氨酸项目会产生废弃包装物，此部分材料可以回收利用；该项目的工艺废气含有氨气、甲醇，可以在进行回收利用后再排放。

(2) 减少废气排放

新建项目均要使用低硫燃料，并尽量使用炼化厂富余的干气作为替代燃料，不足部分由外购天然气补充，减少废气排放。对于热源，新建项目可尽量使用炼油项目的富余蒸汽，回收烟气热能，并设置重沸器，减少加热炉的设置，从源头消减废气排放量。

甘氨酸项目工艺中可使用特种膜分离代替甲醇萃取，微波干燥代替传统的热风干燥，可减少甲醇的挥发。

为减少废气无组织排放，新建项目各罐采用浮顶罐、氮封贮存，罐顶废气采用活性炭吸附后，由压缩分离器分离废气排入燃料气系统管网作燃料气回收利用，减少无组织废气排放对大气环境的影响。

(3) 提高原料利用率

乙烯项目首先要优化原料结构，提高产品收率，降低生产成本。油田液化气、凝析油、轻烃及石脑油是乙烯裂解的优质原料，要首选这几种原料作为洋浦乙烯项目的主要原料，同时对较重的原料如轻柴油和加氢尾油也要有灵活性，达到合理利用资源提高综合效益的目的。

各项目之间充分利用装置的副产资源，提高原料利用率，乙烯装置副产物裂解汽油中富含芳烃，先进行加氢处理，然后进入芳烃抽提装置，经过一系列工艺过程得到纯芳烃。

在工艺选择方面，要选择高效率、先进水平的工艺，如以乙烯的丁二烯抽提装置的抽余碳四和甲醇为原料，采用甲基叔丁基醚生产MTBE及丁烯-1产品。该项目采用技术先进的工艺而且扩大了碳四资源的综合利用，并为乙烯下游聚乙烯装置提供了重要的原料。

（4）节约能源

新建项目均要注重节能电机的使用，使用电阻小的输送线路，注重蒸汽、烟气的梯级利用，使用热夹点技术优化能源系统，其他具体措施包括以下几种。

PX 项目精馏塔采用热回流方案，通过对联合装置内产汽单元、产汽等级以及用汽类型的总体优化，实现热联合和蒸汽逐级利用。

甘氨酸项目采用具有很好的节能效果的多元混合相合成、特种膜分离、四效蒸馏结晶、微波干燥四种先进工艺技术。

PTA 项目使用催化氧化法处理有机废气，将有机废气分解后，再用于驱动膨胀机以回收其能量。

3.1.3.3　所有项目均要实施清洁生产审核

企业要节能减排，需要对行业内企业全部进行清洁生产审核，并且通过对员工意识的培训，清洁生产常设机构的建立，使得清洁生产审核具有可持续性。因此企业在借助外部咨询机构力量的同时，不断地对企业员工进行内部清洁生产审核方法学的培训，并且建立常设的清洁生产机构，建立一支有效可靠的清洁生产审核队伍，帮助企业不断地提高水平，节能减排。

3.2　造纸行业

3.2.1　已有产业链组成

目前，海南金海浆纸业有限公司生产规模为年产 100 万吨漂白硫酸盐木浆，其生产工艺流程由主要生产产业链、辅助生产产业链及配套产业链这三大产业链组成。其中主要生产产业链包括备料、制浆、浆板三个生产部分；辅助生产产业链包括碱回收、化学品制备两个部分；配套产业链包括公用工程及储运设施部分。主要生产产业链为厂区的主导产业链；辅助生产产业链为主要生产产业链提供生产必要的元素（化学品）以及消化由主要生产产业链生产的代谢物（黑液）；配套产业链则为主要生产产业链提供配套及服务，以支持主要生产产业链的正常循环和运转。

目前海南金海浆纸业有限公司已经建立了以原木为原料的制浆生产线。依此为基础，在实现源头减量化的前提下，海南金海浆纸业有限公司逐步形成了原木→备料→蒸煮→漂白→抄浆→浆板、煤→CBF→煤灰渣→水泥厂、备料（树皮、木屑）→CBF→能源、蒸煮→黑液→碱回收→碱→蒸煮、蒸煮→黑液→碱回收→能源等的物料代谢链。

3.2.2　生态工业发展模式的构建与完善

（1）生态产品链条的构建与完善

目前现有区内造纸企业产品只有漂白硫酸盐木浆、卫生纸、在建项目新增了文化纸品种，项目全部投产后，由于造纸过程中会产生大量废渣，可作为生产包装用纸的材料，因此在本产品链的下游可以增设包装用纸生产线，由此还可以带动薄本加工和印刷业的下游产业链；在上游链上，造纸工业需要大量化工填料助剂，可以在开发区直接建厂提供给造纸厂，减少运输成本。随着文化用纸生产线的建设，配套的碳酸钙、淀粉、有机助剂生产厂会被同时牵动在开发区投资，同时纸厂包装所需的木栈板、纸盒、纸芯管的配套厂也会聚集在开发区形成上游产业链。

（2）废物代谢链条的构建与建设

目前在金海浆厂内部的生产线已经部分实现了能源、资源从“自然界-第二产业-自然界”的循环，以此为基础，造纸行业的废物代谢将更加完善，更加体现园区造纸行业的生态特征。

制浆污水污泥含有很高的有机质，是生产肥料的良好资源。通过微生物堆肥技术可以实现污水处理产生的污泥无害化、资源化综合处理。海南金海浆纸业有限公司预联合华南热带农业大学、上海豫园生物工程有限公司建设海南金海生物有机肥料项目。该项目拟采用好氧发酵法将制浆污水污泥制成有机肥料，结合中国热带农业科学院的配方施肥技术，加入微生物菌种粉，制成适合浆纸林种植的浆纸林专用微生物肥料。该项目设计规模为每天处理纸浆污水污泥 230t（合年 8.4 万吨），如将纸浆林目前所施用的化肥采购价格定为生物有机肥销售价基准，利润不低于 430 元/吨。如以正式投产后第一年，桉基肥和桉追肥各生产 3 万吨，桉专肥生产 4 万吨计算，利润为 5509 万元。

造纸污水处理厂一沉池污泥可以用作燃料送往多燃料锅炉焚烧，生物污泥则可以用来堆肥。

锅炉的底灰可以作为建筑水泥的材料，经电除尘器的干灰可以作为水泥和制砖的原料直接利用。因此热电厂的底灰和飞灰均可以得到充分利用，对节约能源起到了重要的作用。

建设固体废物的燃烧系统，将可燃性的固体废物在特种锅炉中燃烧，以达到既处理了废物又可获得最大经济效益的双重功效。

海南金海浆纸业有限公司的绿泥、盐泥、石灰渣目前的处理方式是堆放，规划完成后预计将产生盐砂和盐泥 2831t/a、绿泥 26400t/a，大量的固废堆存，不仅占用大量的场地，且有污染环境的潜在危险。日本王子造纸公司采用燃烧的方法现已成功的解决这一难题，建议海南金海浆纸业有限公司采用适当的方法对现堆存的固体废物综合利用。

3.2.3 提高生态效率方案

3.2.3.1 消减废水产生量的方案

（1）提高水循环利用率

白水回收：造纸车间的白水回收是纸机减少废水排放及纤维流失的最主要措施。不同清洁程度的白水及其回用部位：超清白水可用于各种湿端喷淋水或部分化学药品稀释水等；清白水可用于碎浆稀释水，浆线浓度控制稀释水、网部冲落水等；浊白水可用于各损纸散浆冲落水及稀释水、浆料短循环稀释水、各筛选机清洗水。

冷凝水回收：应尽快优化蒸发工艺，减少黑液泄漏和溢流，保证冷凝水的质量，提高回用率。也可以设置单独的处理装置（如生物处理和膜分离）净化重污冷凝水，提高回用水的水质。纸机干部蒸汽系统所产生的冷凝水，经过冷却后可部分用于纸机作喷淋水或化学药品的泡制水。

（2）使用节水工艺设备

新建文化纸厂主要设备使用节水型设备，纸机采用高效靴型压榨脱水的新技术，采用高浓度浆筛选过程，筛浆浓度达 5%以上，减少用水量。

漂白过程提高浆的漂白浓度，可进一步显著减少漂白用水量。提高漂白使用压榨洗涤器的出浆浓度和逆流洗涤的比例，减少用水量。使用造纸工段的白水和碱回收系统的废热水替代新鲜水的使用。

3.2.3.2 消减废气产生量的方案

① 造纸厂废气主要来自多燃料锅炉中煤的燃烧烟气，为了减少二氧化硫的排放金海浆纸厂除采用部分燃料使用清洁燃料天然气外，建议采用生物质能的方法，减少燃煤的使用。

② 利用天然气燃烧产生的热能直接干燥纸加工的产品和驱动大型动力设备，减少工厂煤的消耗，从而减少废气排放量。

③ 现有碱回收锅炉启动油枪油改气，减少废气排放量。

3.2.3.3 降低能耗的方案

① 将干部汽罩改为全封闭式、并有真空辊通风，气罩补风和热回收系统以提高烘干部的热效率，从而提高单位烘缸面积蒸发水量，节省了蒸汽。

② 通过实施节能技术减少泵的耗能：通过将大功率水泵和浆泵改造为变频控制，使在不同的负载状态下，调节水泵电机转速达到降低水泵电耗的目的。当泵流量为额定的 60% 时，变频调节控制比阀门控制相比，功率下降了 60%，所以进行变频改造是十分有利的。

③ 浆板机干燥部采用气垫式干燥，干燥纸浆后的热水汽经换热器预热空气回收热能；纸机干燥部密闭汽罩中排出的湿热空气，送入热回收装置，通过气/汽热交换器回收利用这部分热能。

4 生态工业链配套港口规划

4.1 发展概况

2008 年洋浦经济开发区所在区域的港口码头有：海南炼化 30t 级原油码头 1 座、成品油码头 1 座，金海浆纸专用码头 1 座，洋浦港一、二、三期，其中洋浦港区有港口泊位 8 个，岸线总长 1696m。一期 1 个 3 千 t 级工作船泊位和 2 个 3.5 万吨级通用泊位，码头前沿水深 －10.8m；二期 1 个 5 万吨级多用途泊位，2 个 5 万吨级通用泊位，码头前沿水深 －12.3m；三期 3 个 5 万吨级通用散货泊位，码头前沿水深 －13.5m，设计年通过能力 760.4 万吨。现有仓库 5 座（保税仓库 1 座），总面积 3.2 万平方米；堆场总面积 49.6 万平方米，其中集装箱堆场 13.8 万平方米，散杂货堆场 30.8 万平方米。各类主要生产机械设备百余台，2800 匹马力和 3600 匹马力拖轮各 1 艘。主要装卸的货种有：集装箱、镍矿、煤炭、铁矿等。洋浦港航道总长 8.1km，底宽 100m，底高程 －9.2m。2 万吨级船舶不需乘潮可随时进港。

现有洋浦所属港口吞吐量不大，主要用于区内企业的货物中转、运输，由此说明港口的经济发展水平有待提高，一方面是为了满足将来石化生态产业链非常巨大的货运需求；另一方面也是为了希望能够利用洋浦经济开发区有利的地理和政策优势，能够扩大港口的服务范围，为整个海南省的发展提供一个较好的基础设施。

4.2 生态港口产业规划

中远期规划（2018 年），洋浦拟建设拥有 2 个 30 万吨级泊位、2 个 10 万吨级、2 个 5 万吨级泊位的公用原油及成品油码头。

建设浦保税港区，规划范围为洋浦一、二、三期港和干冲从滨海路至电厂的区域以及 15 区、13 区、1 区、14 区、4 区局部区域，包括港区（杂货港区、化学品港区）和仓储加工区。其中，仓储加工区的主要功能是开展出口加工、组装、分装等业务，包括化工产品仓储加工专区，一般货物仓储加工区。规划到 2020 年，洋浦保税港区建设生产性泊位 14 个（其中 5 万吨级集装箱泊位 3 个），泊位通过能力 1660 万吨/年（其中集装箱 100×

10^4 TEU)。

4.3 配套绿色物流

实施绿色运输配送，首先是对货运网点、配送中心的设置做合理布局与规划，通过缩短路线和降低空载率，实现节能减排的目标。通过运输方式的转换可削减总行车量以及运输造成的废气排放、噪声和交通阻塞等。改进内燃机技术和使用清洁燃料，以提高能效。防止运输过程中的泄漏问题，加强安全运输管理。

促进生产部门尽量采用简化的、环保的以及由可降解材料制成的包装，逐步淘汰不可降解的塑料包装材料。对仓储库房进行合理布局，以节约运输成本。布局过于密集，会增加运输的次数，从而增加资源消耗；布局过于松散，则会降低运输的效率，增加空载率。

5 园区资源循环利用和污染控制规划

5.1 大气污染控制

5.1.1 现状和发展预测

2008 年，洋浦经济开发区工业废气排放量为 3625477 万标准立方米/年，其中 SO_2 排放量 3143.44t/a，NO_x5130.457 t/a，烟尘 625.59 t/a，非甲烷总烃 1124.9t/a。金海 100 万吨/年纸浆项目和洋浦海南炼化 800 万吨/年原油加工项目是开发区主要的排污企业，SO_2 排放量分别为 1492t/a 和 1404t/a。

目前园区内大气污染物主要排放企业为洋浦海南炼化和金海浆纸厂。

洋浦海南炼化产生的废气主要有燃烧废气、工艺废气等有组织排放废气以及无组织排放废气。洋浦海南炼化采取的主要防治措施包括：对加工过程中产生的酸性水进行汽提，脱除硫化氢、氨，使水净化。脱出的酸性气与各装置产生的酸性气合并进行硫磺回收，硫磺回收装置产生的尾气经处理焚烧后排放；对不可回收的工艺尾气采取了相应措施，使其中污染物达标排放；汽车装车和码头装卸设油气回收装置回收率达 80%，生产装置中采样均采用密闭方式。

金海浆纸厂产生的废气主要为热电站多燃料锅炉、碱回收炉、石灰窑烟气以及漂白和化学品各制备车间排放的废气。金海纸浆厂采取的主要控制措施有：循环流化床锅炉采用静电除尘＋石灰石进行脱硫除尘处理，脱硫效率达到 80%以上，除尘效率大于 99%。碱回收锅炉为低臭炉静电除尘，石灰窑采用静电除尘；制浆过程中产生的恶臭气，其主要成分是 TRS（主要是硫化氢）。金海浆纸厂对全厂臭气进行了回收处理，送碱回收锅炉燃烧。

洋浦开发区 2009～2013 年间规划的主要项目包括：60 万吨/年 PX 项目、LNG 发电项目、精细化工中间体项目以及金海二期 160 万吨/年造纸项目等。预计随着规划项目的实施，到 2013 年开发区工业 SO_2 排放量将增加 1431.21t/a，NO_x 排放量将增加 3563.03t/a，烟（粉）尘将增加 452.7t/a，烃类将增加 110t/a。

5.1.2 大气污染控制方案

基于洋浦开发区大气污染物排放现状及其发展趋势，开发区应重点关注 SO_2、NO_x 等主要污染物，将石油化工产业群作为开发区内工业二氧化硫控制的重点产业。一方面对规划项目采取严格的准入政策控制大气污染物的增加量；另一方面通过对现有企业进行技术改造进一步提高其污染防治水平，减少污染物排放量。着重从以下几个方面进行：a. 优化产业结构，严格控制入园项目的条件；b. 优化园区布局；c. 加强大气污染治理；d. 加强监管，推行总量控制制度；e. 加强风险防范。

5.2　水污染控制和循环利用

5.2.1　现状和发展预测

开发区的污水主要由工业废水和生活污水构成，其中工业污水主要来自金海100万吨/年纸浆项目的生产污水。开发区工业废水排放量共计2093.34万吨/年，主要污染物COD排放量为2924.18t/a。其中金海浆纸厂废水量占开发区废水总量的98.36%，COD排放量占开发区COD排放总量的99.41%。

开发区内两个大型企业——金海浆纸厂和洋浦海南炼化分别建有自己的初期雨水收集处理系统、污水处理厂和深海排放管线。其中浆纸厂一期污水处理厂设计处理能力为7万立方米/天，实际处理6.8万立方米/天左右，处理后的污水达标、深海排放；炼化厂一期污水处理厂处理能力为1.6万立方米/天，由于采用MBR工艺，出水水质较好，部分可以作为循环冷却补充水回用。

根据洋浦开发区2009～2013年间规划的主要项目，预测到2013年开发区将增加污水排放量2078.9万吨/年，增加COD排放量1934.42t/a。

5.2.2　水循环利用和水污染控制方案

(1) 水资源利用减量化

石油化工企业可以控制工艺过程，减少水资源消耗。不断优化工艺过程和控制，改进工艺技术装备，选用清洁生产工艺、设备和原料，最大限度地压缩新鲜水的消耗和废水排放。如，在石油炼制生产中用干式减压蒸馏替代湿式减压蒸馏、用重沸器替代蒸汽汽提。提高水的重复利用率，减少用水量和排水量。

制浆业的各工段可以通过优化工艺，在保证产品质量、正常生产的前提下，考虑生产用水的科学管理，达到节水的目的。

(2) 新水源的开发

目前开发区的水资源在经过一次利用后，作为废水送至污水处理厂，经处理后达标排放，基本属于一次线形利用；而通过将污水处理厂的排水、海水和雨水，进行适当的处理后，回用到生产过程中，可以形成水资源的闭路循环，提高水资源的综合利用率，是减少新鲜水资源消耗量的重要措施之一。

(3) 废水处理与资源化

在目前水资源不断紧张的局势下，对污水进行处理和资源化，不仅能够减少水污染物对环境的影响，而且能够部分替代新鲜水。污水处理厂的二级处理出水，进行深度处理后得到再生水，然后通过管道输送到可以使用这类品质再生水的回用用户。

5.3　固体废物循环利用和污染控制

5.3.1　现状和发展预测

海南洋浦经济开发区2008年的工业固体废物产生总量约为36.39万吨，包括一般工业固体废物和危险废物。工业固体废物主要来自金海浆纸厂和炼化厂。一般工业固体废物年产生量约为36.15万吨，危险废物的年产生量约为2420t。

根据洋浦开发区2009～2013年间规划的主要项目情况，到2013年开发区将增加工业固体废物量19万吨/年，其中一般工业固体废物18.9万吨/年，危险废物1111.5t/a。

5.3.2 固体废物生态工业方案

洋浦开发区应从源头管理、培育资源化能力、加强末端控制三方面实现废物减量化的目标，核心是培育开发区固废产生量源头消减和资源化能力。具体从建立区域固体废物管理模式、开展企业的生态管理，推行生活垃圾的有序管理，培育资源回收企业四个层面，建立洋浦开发区一体化固体废物资源管理系统。着重从以下几个方面进行：a. 制定分拣标准，实施垃圾源头分拣示范；b. 建立废物处理和资源回收公司；c. 开展区内外副产品交换；d. 加强末端监管，进一步完善处置模式；e. 推行企业生态管理；f. 开发一体化固体废物资源管理信息系统。

5.4 能源利用规划与低碳经济的建设

5.4.1 现状和发展预测

洋浦现有一个44.4万千瓦的燃气电厂，与海南省电网联网。电厂规划最终规模为135万千瓦，可以承担开发区较大的工业用电负荷。同时，还有42万千瓦的企业自备电厂，建成三级配电系统。年供气16亿立方米的天然气输气管道、实现了“供水、供电、供天然气、排水、排污、道路、通讯、土地平整”等“七通一平”。

开发区2008年总的综合能源消耗量为约106.38万吨标准煤，其中以天然气为主占68%；其次是燃煤，占22%，重油占9%。

5.4.2 低碳经济的建设与能源利用

(1) 源头低碳化-可再生能源的利用

加大潮汐能的开发和利用。目前洋浦开发区还没有开发利用潮汐能，应当规划潮汐能的利用前景。

金海浆纸厂在污水处理过程会产生大量的沼气，经过过滤处理，既可以供周边的居民作为生活用燃气，又可以作为锅炉的辅助燃料，达到节约能源的目的。

目前金海浆纸厂发电厂也间断利用木屑、农作物秸秆等生物质能源，同时回收黑液中的可燃烧的生物质，作为燃料，回收利用。但是由于性价比低，供应不稳定，电厂使用积极性不高。建议未来根据国家政策鼓励使用废弃的生物质能源，消化当地产生的可燃烧生活垃圾和废弃的生物质。

中海油与海南省合作建设的LNG项目定址洋浦，建设规模为每年进口液化天然气300万吨，配套燃气电厂装机规模为106万千瓦，分两期实施。近期天然气发电规模达到70万千瓦，消耗天然气200万吨，远期规模达到106万千瓦，消耗天然气300万吨，总投资75亿元。

(2) 过程低碳化-能效的提高

根据洋浦开发区人口少、工业结构简单、重点工业突出、开发区面积集中和布局特点，除了电力外，可以统一规划热能以及冷能的需求，实现全开发区的热、电、冷联产，实现真正意义上的分布式能源利用。

建设大型的燃气—蒸汽联合循环热电联产发电机组，按照热用户对蒸汽参数的需求，抽取不同等级压力下的蒸汽用于工业热用户，如提供给金海浆纸业有限公司生产用蒸汽，提供给洋浦海南炼化生产用蒸汽，提供给其他工业热用户，同时可以利用低温的余热作为动力，作为吸收式制冷机组的热源，实行区域集中供冷，达到节约能源的目的。

（3）节能方案

要尽可能完善开发区内各企业内部的合理用能规划，提高能源利用效率，减少温室气体的排放，协调发展，规模发展，降低综合能源利用指标。按照减量化、清洁化、多元化的原则，更多采取先进的管理和工艺，降低能源消耗，使园区达到能源得到高效利用。

根据国家“十一五节能规划”和国务院关于《“十一五”十大重点节能工程实施方案》，根据国内先进技术水平，对开发区各行业建立耗能目标，结合清洁生产，开展节能降耗工作，具体工作如下：a. 推进政府节能工作的开展；b. 大型公建节能工作的开展；c. 工业高能耗企业节能工作的开展；d. 倡导低碳生活。

6 重点工程

洋浦经济开发区建设成国家生态工业示范园区，其目的既是定位和配置资源优势，逐渐形成完善的产业链，也是与之相适应配套设计和实施以物质的封闭循环、能量的梯级转换和信息的有序流动为特征的生产生态化和生态生产结构，从而实现“增产不增污”的发展目标。为此，洋浦经济开发区生态工业园区建设必须围绕其建设目标，突出重点领域和主要任务，有序扎实地开展各项重点工程建设，夯实生态工业园区建设和发展的基础，发挥重点工程的支撑作用，推进生态工业园区建设各项工作的全面落实，为洋浦的生态工业园区建设提供有力支撑。

本次规划的重点工程项目主要包括生态产业链补链项目、低碳建设项目、废物资源化利用项目、水资源综合利用项目四大类 11 项重点支撑项目。

7 保障体系

海南洋浦生态工业园区规划保障体系的建设主要包括规划的组织机构、管理制度、政策保障、技术保证和实施手段等方面。在保障体系的建设过程中需要开发区的政府、企业、公众等方方面面进行观念的创新、制度的创新、体制的创新，用全新的视角和手段对其进行综合的、全方位的管理，对权利、义务、责任和程序进行有效安排。政府作为规划实施统一领导者、管理者和协调者，在保障体系中处于主导地位。企业从事各种经济活动，直接与资源、环境以及服务对象发生联系，是实现生态工业发展目标的主体；公众则是规划的基层实施者和直接受益者。

海南洋浦生态工业园区规划保障体系设计的总体目标是：以政府行为引导和约束企业行为和公众行为，促使企业改变传统的生产消费模式、实现清洁生产，提高公众参与意识并发挥舆论监督的作用。政府加强自身综合决策和宏观管理能力，将生态工业园区和循环经济城市建设纳入到战略与政策制定、规划与行动计划之中，并利用法律、行政、经济、信息、宣传教育等多种手段，发挥其领导、管理和协调作用。同时，注意生态工业示范园区建设中的信息公开和公众参与等。

参考文献

[1]《国家生态工业示范园区管理办法（试行）》，环发［2007］188号.
[2]《关于印发国家生态工业示范园区建设工作会议材料的通知》，环办［2008］46号.
[3]《生态工业示范开发区规划指南（试行）》，环发［2003］208号.
[4]《生态工业园区建设规划编制指南》（HJ/T 409—2007）.
[5]《综合类生态工业园区标准》（HJ 274—2009）.
[6]《海南洋浦经济开发区总体规划》（2003～2018）.
[7]《洋浦经济开发区总体规划环境影响报告书》.
[8]《洋浦经济开发区产业发展规划》（2007）.
[9]《洋浦经济开发区产业链发展规划》（2005）.
[10]《洋浦经济开发区炼油化工产业发展规划》（2005）.
[11]《石化产业调整和振兴计划》，国务院办公厅文，2009年5月.